U0246436

内容简介

　　本书是一部科学性与艺术性、学术性与普及性、工具性与收藏性完美结合的蘑菇高级科普读物，详细介绍了全世界最具代表性的600种蘑菇及其近似种。这些重要蘑菇分布范围遍及全球，分布地从原始森林到广袤草原，从戈壁滩涂到沙漠荒丘。

　　每种蘑菇都配有两种高清原色彩图，一种图片与原物种真实尺寸相同，另一种为特写图片，能清晰辨识出该物种的主要特征。此外，每种蘑菇标本均配有相应的黑白图片，并详细标注了尺寸。全书共1800余幅插图，不但真实再现了各种蘑菇的大小和形状多样性，而且也展现了它们美丽的艺术形态。

　　作者还简要介绍了蘑菇采集、收藏和鉴定的基本方法，以及蘑菇的地理分布、生境、宿主、生长方式、频度、孢子印颜色、食用性等基本信息。特别是，本书为蘑菇的分类，提供了重要依据。

　　本书既可作为蘑菇研究人员的重要参考书，也可作为收藏爱好者的必备工具书，还可作为广大青少年读者的高级科普读物。

世界顶尖菌物专家联手巨献

600幅地理分布图，再现全世界最具代表性的600种蘑菇及其近似种

详解地理分布、生境、宿主、生长方式、频度、孢子印颜色、食用性，

以及采集、收藏和鉴定方法

1800余幅高清插图，真实再现各种蘑菇美丽的艺术形态

科学性与艺术性、学术性与普及性、工具性与收藏性完美结合

❧◈ 本书作者 ◈❧

〔英〕彼得·罗伯茨 (Peter Roberts)，担任英国皇家植物园高级专家14年，一直从事菌物野外调查研究，其足迹遍布不列颠群岛、欧洲、南美洲北部和中部地区以及加勒比海和非洲地区。发表了大量温带和热带地区的真菌。他是*New Naturalist: Fungi*的合著者，也是*Field Mycology*等期刊的编委会成员。

〔英〕谢利·埃文斯 (Shelley Evans)，担任英国菌物学会菌物保育负责人十余年，欧洲真菌保护理事会执行委员，真菌世界自然保护联盟小组专家成员。*Pocket Nature:Fungi*系列书籍的合作者。她也是一位野外调查经验十足的菌物学家，一直从事真菌资源野外调查，其足迹遍布不列颠群岛、欧洲和北美洲地区。

The Book of Fungi

蘑菇博物馆

博物文库

总策划： 周雁翎

博物学经典丛书	策划：陈　静
博物人生丛书	策划：郭　莉
博物之旅丛书	策划：郭　莉
自然博物馆丛书	策划：唐知涵
生态与文明丛书	策划：周志刚
自然教育丛书	策划：周志刚
博物画临摹与创作丛书	策划：焦　育

博物文库·自然博物馆丛书

The Book of Fungi
蘑菇博物馆

〔英〕彼得·罗伯茨 (Peter Roberts)
〔英〕谢利·埃文斯 (Shelley Evans) 著

李玉 张波 何晓兰 李艳双 译
姚一建 审校

北京大学出版社
PEKING UNIVERSITY PRESS

著作权合同登记号 图字：01-2015-4751

图书在版编目(CIP)数据

蘑菇博物馆/(英) 彼得·罗伯茨 (Peter Roberts), (英) 谢利·埃文斯
(Shelley Evans) 著；李玉等译. — 北京：北京大学出版社, 2017.10
(博物文库·自然博物馆丛书)
ISBN 978-7-301-27980-9

Ⅰ.①蘑… Ⅱ.①彼… ②谢… ③李… Ⅲ.①蘑菇—介绍 Ⅳ.①S646.1

中国版本图书馆CIP数据核字(2017)第007841号

The Book of Fungi by Peter Roberts, Shelley Evans
First published in the UK in 2013 by Ivy Press
An imprint of The Quarto Group
The Old Brewery, 6 Blundell Street, London N7 9BH, United Kingdom
© Quarto Publishing plc
Simplified Chinese Edition © 2017 Peking University Press
All Rights Reserved
本书简体中文版专有翻译出版权由The Ivy Press授予北京大学出版社

书　　　名	蘑菇博物馆
	MOGU BOWUGUAN
著作责任者	〔英〕彼得·罗伯茨 (Peter Roberts)
	〔英〕谢利·埃文斯 (Shelley Evans) 著
	李　玉　张　波　何晓兰　李艳双　译
	姚一建　审校
丛书主持	唐知涵
责任编辑	唐知涵
标准书号	ISBN 978-7-301-27980-9
出版发行	北京大学出版社
地　　　址	北京市海淀区成府路 205 号　100871
网　　　址	http://www. pup. cn　　　新浪微博：@ 北京大学出版社
微信公众号	通识书苑（微信号：sartspku）　科学元典（微信号：kexueyuandian）
电子邮箱	编辑部 jyzx@pup.cn　　　总编室 zpup@pup.cn
电　　　话	邮购部 010-62752015　发行部 010-62750672　编辑部 010-62753056
印　刷　者	北京华联印刷有限公司
经　销　者	新华书店
	889 毫米 ×1092 毫米　16 开本　41.75 印张　450 千字
	2017 年 10 月第 1 版　2024 年 5 月第 3 次印刷
定　　　价	680.00 元

目录

Contents

右图：牛舌菌（*Fistulina hepatica*）缓慢地腐解硬杂木栎树和栗树活立木的心材，使树干逐渐变得中空。

前 言

艳丽缤纷，离奇怪异，魔幻神秘——菌物已经进化形成了各式各样、莫名其妙的令人惊叹的奇形怪状，遍布于地球上，从热带到两极的每一个角落。从白蚁土丘上冒出的巨伞，以恶臭气味吸引苍蝇传播孢子的鬼笔，在森林深处浮现的火焰色珊瑚菌，缓慢掏空古树心材的巨大多孔菌……这些菌物在我们的周围辛勤劳作着，但它们经常被我们忽视，得不到赏识。

本书精选了世界上600个不同的物种来赞美菌物，选中的每一个种，不仅只是因为它的外观，还因为它在整个生命巨链中所扮演的角色。

大家都知道有些菌物是可以食用的，而且蘑菇也被栽培作为我们的食物。但是你是否知道大部分树木和有花植物也依靠其菌物伙伴来满足营养需求？或者，你是否知道全世界所有的树木都是通过菌物腐解而进入再循环——促使产生植物生长所需的肥沃土壤？又或者，你是否知道很多治愈我们疾病所依赖的许多药物最初亦是源自菌物？

本书展示的每一个物种都有其独特的生活方式，不同的生活方式也使它们形成了各自特有的生物形态。这里描述的有些真菌的子实体看起来像微小的鸟巢，利用雨滴把孢子弹射到空气中；有的会生长到周围的真菌上面，在这些"邻居"的菌盖上面萌发出自己的子实体；有的在干旱沙漠上生长，坚韧到足以抵御烈日和风沙；有的在雨林里能在半空中截留落叶；有的能设置圈套来捕获线虫；还有的则能以雄性野猪的信息素来引诱觅食的母猪。

食用菌也在这里展示了，包括一些人们现在不太熟悉、但也已经在超市的货架上出现的种类。本书还包括了一些毒菌，有几种具有致幻作用；还有其他一些已经显示出具有潜在的有益特性——主要是用于研制更好的新药。

全世界已经描述的菌物有75000余种，而且这个数量仍在逐年增长。即使忽略一些微小的种类，其数量仍然不是任何一部书可以涵盖的。因此，本书的目的是以图文并茂的形式展现惊人的菌物多样性的概貌，书中涵盖的物种不仅包括来自遥远国度的稀有物种和奇特物种，还包括许多令人感兴趣的、显而易见的普通种类，它们也许就生长在当地的林地、公园或是你自家的后院里。

本书不是一本野外指南，但也许可以鼓励你走近和了解我们周围的菌物世界。当然你没有必要记住所有菌物的名称，或是记住你所看到的某一个物种的全部细节。但如果本书能够帮助你辨识一些菌物的形和状——同时提供一些到底什么是菌物的见解——这就超出了本书的目的。

下图：菌物是落叶和木材主要的再循环器，将其分解为丰富的、肥沃的腐殖质。

概　述

目前，基于DNA序列分析的最新分类系统将真菌界划分为至少7个不同的类群或门。尽管它们都非常有趣（如新丽鞭毛菌门 Neocallimastigomycota 中的真菌生活在反刍动物的胃里，帮助分解瘤胃中植物），其中大部分个体都十分微小，本书中并不涵盖这些微小的类群。本书选择的所有种类都形成较大型、肉眼可见的子实体，隶属于子囊菌门 Ascomycota 或担子菌门 Basidiomycota。

上图：显微镜下子囊菌门真菌的子囊及子囊孢子（染为红色）的形态特征。

子囊菌

　　世界上子囊菌门至少包含了40000种不同的物种，它们大多数并不惹人注意，但也有一些大家较为熟悉的类群，如羊肚菌、块菌、盘菌和大部分地衣，还有一些微型霉菌和酵母。它们在称为子囊的微小细胞内产生孢子，通常子囊成熟时在压力条件下开裂向空中弹射孢子。

担子菌

　　世界上担子菌门至少包含了30000种不同的真菌，包括许多我们非常熟悉的类群，如所有的伞菌（可食用的蘑菇和毒蘑菇）、马勃、鬼笔、多孔菌、鸡油菌、棒状和珊瑚状真菌，也包括植物寄生菌锈菌和黑粉菌。这些类群在称为担子（就如其名字一样）的微小细胞的外表面产生孢子，其子实体进化出了许多独特的释放孢子的方式。

本书是如何编排的？

不久以前，大型真菌的科学分类是基于子实体宏观和微观特征建立的，非常简单和直观。然而DNA水平的研究证明，并不是所有直观的都是正确的。一些形态上相距甚远的物种事实上亲缘关系很近，而一些形态上相近的物种其亲缘关系却较远。例如，马勃（马勃属*Lycoperdon*的物种）和栽培的蘑菇（双孢蘑菇*Agaricus bisporus*）属于同一个科，但是如果仅仅观察子实体或是其微观结构，你绝不会发现它们的亲缘关系是这样的。

为了方便读者阅读，本书采用和大多数实用的野外参考书相似的方式编排物种，首先是伞菌类（有褶类群中的蘑菇和毒蘑菇），其次是牛肝菌，随后是非褶类群，包括鸡油菌、多孔菌和马勃。而大型的子囊菌选择了羊肚菌和块菌这两个类群。每个类群的物种顺序是按照字母顺序排列的，可以通过第24—27页图片检索方式查找物种。对于感兴趣的读者，相对更科学和正式的分类系统在第648—649页可以查找到。

本书描述的600个物种都配有实物尺寸的照片，并详尽介绍了已知的分布地、典型的生境，以及宿主（如特定的树种）、生长方式（是地上单生还是树干上簇生）等。而物种发生频度是基于全球而言，可能其局部的意义并不大。分布图直观地标记了每个物种的全球分布状况，手绘图提供了不同角度的子实体形态或其未成熟的形态，并配以高度和直径等重要的尺寸。通常依照植物学的惯例也引用了每一个物种的定名人（有关本条的解释见第649页）。

9

栽培蘑菇（双孢蘑菇 *Agaricus bisporus*）

具刺马勃（长刺马勃 *Lycoperdon echinatum*）

左图显示，外型未必是判断同科成员的好标准：蘑菇在其外部产生孢子，而马勃在其内部产生孢子，但DNA测序表明这两个物种的亲缘关系非常近。

什么是菌物？

100年前，甚至更久以前，菌物还被人们视作低等的植物或是隐花植物，与苔藓植物相提并论。尽管它们不开花且"种子"非常小，但当时仍然被归为植物。然而，人们渐渐发现菌物和植物的亲缘关系很远甚至可以说毫无关系。菌物不像植物那样由纤维素构成，而是由几丁质（通常与昆虫有关的一种物质）构成。它们也没有叶绿素，不能够利用光能将二氧化碳转化为糖。因此，20 世纪 60 年代，菌物独立为界——菌物界。事实上，更令人惊奇的是，现代 DNA 研究也进一步证明了菌物与植物的亲缘关系相距甚远。菌物是后鞭毛生物类群的一部分——而动物也是这一类群的成员。这样看来，菌物和动物曾有一个共同的祖先，在植物独立进化之后的某个阶段，它们也形成了各自的进化途径。

上图：植物通过光合作用利用光能将二氧化碳转化为食物，而真菌和动物通过降解有机物获得所需要的养分。

菌物是怎样生存的？

动物和植物都是由细胞组成的，而菌物是由微型管状的菌丝组成的。当菌丝聚集在一起时，在地上堆积的枯枝落叶上、废弃物上，甚至在霉变的食物表面也经常会见到蛛网状的菌丝束。

真菌是通过菌丝细胞壁吸收食物而"吃"东西的，吸收的大部分是单糖和氨基酸类的物质。如果不能马上获取这些物质，它们可以分泌酶降解更复杂的物质来获取所需成分。真菌的这种吸收方式像动物——包括人类——在胃里消化食物的时候也会利用相似的酶类物质。真菌与动物、人类相似——只不过真菌的消化系统在体外。

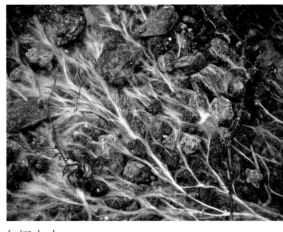

寻菇之路

当去采蘑菇时，我们通常寻找的是一个能够产孢的子实体，我们称之为蘑菇、毒菌或者马勃，等等。而"真正的真菌"——由菌丝组成如蛛网状的菌丝体——通常生长在土壤里，散布在枯枝落叶上，抑或是盘绕生长在朽木中。就好像是橡树，我们看不到树木在地面下的生长，只看得到每年地面上新结出来的橡子果实一样。

上图：菌丝是菌物的"身体"，通常可以吸收土壤、腐木或者是落叶的营养物质。

11

死亡之帽（毒鹅膏*Amanita phalloides*，见下图）是真菌子实体的一个典型例子。菌丝体生长数周后，它会迅速地从菌蕾阶段生长成熟。这种爆发式的生长就产生了蘑菇和毒菌一夜"长成"的古老传说。

蘑菇的子实体具有明显的能够支撑着菌盖和菌褶离开地面的柄，从而使孢子能够更好地释放。孢子（等同于真菌的"种子"）本身是微小的，数以百万计地生长在菌盖下面的菌褶上。对于毒鹅膏来说，幼时菌褶是由菌幕（膜）包裹的，随着菌盖长大，菌幕破裂，常会在菌柄上留下菌环。另外，幼时包裹着整个子实体的膜，随着子实体的成熟，上部分残留在菌盖上形成鳞片，下部分残留在菌柄的基部形成袋状的菌托。

其他类型的子实体如多孔菌、鬼笔或羊肚菌的形状和孢子释放的方式虽不尽相同，但其产孢的机理基本上是一样的。

菌盖（Cap）

菌褶（Gills）

菌环（Ring）

菌柄（Stem）

菌托（Volva）

左图：子实体的各部分名称，毒鹅膏产生孢子的结构。

右图：地衣是两种完全不同的生物——真菌和藻类——互惠互利共生的著名例子。

植物和动物的"伴侣"

地球上超过 90% 的植物物种都是依靠菌物为其供给营养的。菌物和植物协同演化、互惠共生一直延续至今，二者共同支撑着整个地球的生态系统。除植物之外，菌物与细菌、藻类、昆虫或者是其他的动物之间的合作关系也在不断地演化。

植物怎样获得养分？

菌物是优秀的再循环器，它们通过产生酶类把复杂的物质降解为可以利用的养分。它们是干燥陆地的第一批"殖民者"，并且与早期的植物相互影响。这一相互作用起初只是寄生的关系，但是渐渐演化为共生的关系。菌物利用植物获得糖，而植物也借助菌物获得了必需的营养物质，尤其是氮和磷。

营养物质的交换是通过菌根（菌物的"根"）进行的。通常情况下，内生菌根真菌生长在植物根系的内部。这些真菌属于球囊菌门真菌Glomeromycota——一个对于大多数菌物爱好者来说并不熟悉的类群——因为它们中的大多数仅在显微镜下才能被观察到。外生菌根菌ecotomycorrhiza 是人们较为熟悉的类群。"外生"表示真菌生长在植物的外部，菌丝通过缠绕在根的表面使其连接在一起。虽然这里涉及的植物物种相对较少，但是却包括了一些我们熟知的树木——如橡、榉、桦、柳、桤、松、冷杉、云杉、铁杉、桉和南方山毛榉。它们的真菌"伴侣"们包括许多的林地生菌类，如伞菌、牛肝菌、鸡油菌和块菌。

地衣——二合一"物种"

　　菌物不能进行光合作用，但地衣型的真菌通过与藻类或者是蓝细菌（光合细菌）的亲密合作而找到了很好的生存办法。这些菌物的生存方式完全依赖它们的合作伙伴，但是藻类和蓝细菌却能独立生存——所以这种合作关系有点一边倒。这种关系也使藻类和蓝细菌获得了庇护，从而可以蔓延生长到一些它们原本无法生存的地方。这种合作关系是如此成功，使得地衣成为一种"极端微生物"——它们能够在世界上最恶劣的环境中生长。

白蚁和蚂蚁的真菌花园

　　菌物和动物的关系也在不断演化，一个最特殊的例子就是分布在非洲和亚洲的白蚁真菌。众所周知，白蚁吃木屑，但是它们却很难消化掉木屑。一些白蚁的肠道内携带着能够降解纤维素的微小菌物，而另一些白蚁则把这种菌保存在它们的巢里。由这种古老的合作关系诞生了一类真菌：蚁巢伞属 *Termitomyces*。白蚁像"园丁"一样繁育和养护着这些真菌的菌丝体，为它们带来新鲜的植物材料并让"花园"保持着合适的温湿度。在中美洲和南美洲，切叶蚁们也"照料"着类似的真菌"花园"。

左图：蛀木食菌小蠹虫，例如柱体长小蠹（*Myoplatypus flavicornis*），它们携带真菌到自己的树洞里，尔后与它们的幼虫一起取食真菌的菌丝体，而不是木材。

蛀木食菌小蠹虫和荷兰榆树病

　　小蠹虫（树皮甲虫）经常携带着真菌的孢子，有时放在称作"贮菌器"的特殊的袋子里。当它们钻进树皮时会释放真菌孢子，而真菌——这些木腐的物种——将会在虫洞中生长。随后甲虫或者它们的幼虫也将获得菌丝作为食物。这使得真菌和甲虫受益，但是树木却被破坏了。在不列颠群岛，小蠹属 *Scolytus* 甲虫传播外来真菌新榆枯萎病菌（新榆蛇喙壳 *Ophiostoma novo-ulmi*），使荷兰榆树的病害大量发生，估计导致了约2千万棵树木死亡。

自然界再循环器

在世界各地，尤其是在讲英语的国家里，一提到菌物，人们首先就会联想到腐烂和腐败，这是菌物名声不好的原因之一。但是如果没有腐败，我们整个陆地的生态系统就会迅速陷入危机直至停顿。所以，菌物恰恰是伟大的再循环工程师，它们将死掉的植物如落叶和茎秆、枝杈和树干等转变为营养丰富的腐殖质和土壤。

将死亡的植物转化为土壤

大多数菌物是腐生生物，腐生生物的名词解释是"取食死物质的生物"。为了将这些物质降解转化为供其赖以为生的糖和氨基酸，真菌进化产生了一系列有价值的酶。一些真菌酶能够降解构成植物结构的基础物质——纤维素。

叶子在落下之前，其腐败的过程就已经开始了。许多微型的菌物定殖在叶子上，直到叶落前一直处于休眠状态。当叶子开始下落时，这些微型菌物就会苏醒过来，快速增殖，抢在其他竞争者到来之前开启降解模式。叶子下落时，还有其他的真菌也在准备行动。在热带雨林里，叶子有时候并不能落到地上，因为真菌在空中的根状菌索（丝状结构）能够网住、捕获正在下落的叶子。真菌马毛疫菌（马鬃小皮伞*Marasmius crinisequi*）就是一种能够用这样的手段来"捕食"叶子的小型伞菌。

上图：松鼠移居在一个树枝腐烂后留下的树洞里。一些特殊的菌物会渐渐导致树木芯材的死亡，留下一些老树洞。

木腐——"专家们"的工作

所有的植物都含有纤维素，但木本植物还含有木质素——使木材更坚硬的物质。褐腐真菌降解纤维素而留下褐色的木质素，残留物像是粉末做成的蛋糕。而更常见的白腐菌同时降解纤维素和木质素，残留下灰白的、纤维状的腐木。

与叶子腐烂的情形相似，木材腐烂的过程也很早就开始。菌物以许多微小的休眠繁殖体在活木上定殖，耐心地等待着它们所在的树干或枝丫的死亡。在接收到一连串化学信号之后，真菌休眠体会苏醒过来，在树枝上开始它们的"工作"，而此时这些死掉或是将死的树枝往往还没有脱落。大部分这样的菌物都有高度特异性，它们通常只能生长在特定的树种上。

然而当树枝落到地面，各路木腐"能手"们即在其残骸上开始了战斗，在这场"战争"中，木腐菌们的"化学武器"可用来争夺或保卫其资源。有些物种是快速的定殖者，但是它们会被那些速度较慢但却更具战斗力的物种取代，所以，在落枝被缓慢腐败降解的过程中，会有许多不同的菌物陆续出现和消失。树干的芯层坚硬而致密，死木通常含有大量的单宁酸、油脂和其他的有毒化学物质。而少数高度进化的"专家"——大部分为多孔菌——能够攻击树木的芯材。最终（可能需要几十年）芯材腐烂消失，树木仍然非常健康，但留下了一个空洞——一个野生动物的天堂。

上图：落下的树枝已经被一系列不同的菌物降解，这些真菌既能降解纤维素，也能降解木质素。

角，蹄和毛发

一些真菌释放酶来降解角蛋白，角蛋白是毛发、羽毛、蹄、角和皮肤的主要成分。大部分能够腐解角蛋白的菌物是非常微小，其中的一些种类，例如癣，可能会感染活体的皮肤、指甲或毛发。马爪甲团囊菌*Onygena equina*是较大型的物种，产生的子实体像小马勃，生长在陈旧脱落的角和其他动物残骸上。它的另一种近缘种，鸦爪甲团囊菌*Onygena corvina*则生长在老的、掉落的羽毛上。

右图：蜜环菌（*Amillaria mellea*）能够侵蚀和破坏活的树木和灌木，造成严重的园林问题。

有害和寄生生物

有时在互惠共生关系和寄生关系之间有一个明显的界限，但是少数的真菌确实能越过这条界限，且无可否认地寄生在植物、动物甚至是另一种真菌上，成为有害生物。在森林中降解倒木的真菌或许是有价值的物种。但是同样的事情如果发生在家里，那它就成了"有害的"了。

蜜环菌——园林杀手

蜜环菌*Amillaria mellea*是一种木腐菌，它演化出了一种特殊而有效的方式以定殖到新基物上——形成可在地下蔓延的菌索（看起来像是老式的黑色鞋带）。当四周环绕着大量的死木时，这样是无害的。但如果周围没有死木，它就会攻击活的树木和灌木。没有什么能够阻止蜜环菌在花园里肆虐。

木材的食客

家用木材通常因太干而不适合真菌生长，但是如果水分含量超过20%，一些真菌就开始蠢蠢欲动了。干腐菌（伏果干腐菌*Serpula lacrymans*）比其他真菌更能忍耐干燥条件，层叠子实体也能产生数量庞大的孢子。如果湿度增长到40%，湿腐菌（粉孢革菌*Coniophora puteana*）和其他的物种也会加入破坏的队伍。

杂酚油和其他的木材防腐剂被用于木材防腐，但是有少数真菌对防腐剂有耐受性。如"铁路肇事者"（鳞盖新香菇*Neoleutinus lepideus*），因腐蚀老式铁路上的枕木而留下恶名。而另一些真菌则是木质电线杆或矿井支柱上的"有害物"。

虫生真菌

虫草属*Cordyceps*的物种能够侵染蝴蝶、甲虫、黄蜂甚至是蚂蚁等多种昆虫。最著名的例子之一就是中国的冬虫夏草*Ophiocordyceps sinensis*，在这里被侵染的是蝙蝠蛾的幼虫。当幼虫转入地下准备化蛹的时候，真菌在昆虫体内开始生长，最终在地面上长出子实体。传统的中国医药中记载了这个奇怪的现象——即"冬天是虫，夏天是草"——这非常贴切，现在采集其子实体（连同被寄生的虫体）贩卖是一种非常赚钱的生意。

上图：冬虫夏草的干品对于传统中医药而言贵过黄金。

菌丝套的捕食

说起真菌的捕食，听起来挺荒谬，但是在微观世界里确实有一些真菌是活跃的捕食者。它们会设计陷阱捕食小型的线虫。这类真菌包括熟知的侧耳属真菌糙皮侧耳*Pleurotus ostreatus*，它的菌丝有黏的突起。通过的线虫会粘在突起上。真菌就会摄取线虫的营养物质作为自己的氮源。一些小型的盘菌小内脐蠕孢菌属*Drechslerella*的物种进化出了套状的陷阱——当线虫经过时菌丝环就会被触发而迅速收缩。

菌寄生菌

一些真菌能够通过一些奇怪的方式寄生它们的同胞，这已经不算是件令人惊讶的事情了。这其中最为奇特的是菌瘿伞*Squamanita*蘑菇。所有这些并不常见的物种都能够寄生在其他伞菌的子实体上，通常在寄主的柄上形成它们自己的菌盖和菌褶。

龙虾菇，又叫泌乳菌寄生*Hypomyces lactifluorum*，是另一个让人奇怪的对象。它能"吞噬"其他蘑菇，其自身许多微小的子实体像层壳一样覆盖寄主，但又保持着原来寄主的形状。事实上更加奇怪的是，这些寄生后的子实体被认为可以食用并且对人有益。

上图：寄生性的龙虾菇（泌乳菌寄生）已经覆盖了寄主真菌的子实体，外表鲜艳光亮。

右图：由于块菌子实体具有独特而强烈的气味，所以块菌的采集可以由经过训练的狗来完成。

食物、民俗和菌物药

人类是杂食动物，从人类出现伊始，就已经毫无疑问地把菌物当成了饮食的一部分。然而由于文化的差异，一些国家和民族喜爱蘑菇，是真菌的爱好者；而另一些国家和民族则讨厌蘑菇，对所有毒物有着深深的怀疑。当然，这通常都掺杂着民间的信仰和习俗。传统医药对真菌的使用遵循着类似的模式，但是近代医药科学已经开始着重探索其潜在的功用，事实上今天许多成功的药物都源于菌物。

150万吨蘑菇

每年全球栽培的双孢蘑菇*Agaricus bisporus*大约有150万吨。栽培的历史可以追溯到17世纪的法国，大量蘑菇工厂在巴黎周围的废弃矿井洞穴里渐渐发展起来。甚至直到今天，法国的栽培蘑菇仍然以*Champignons de Paris*著称。蘑菇的现代商业化生产在美国趋于成熟，而机械化生产则兴盛于荷兰。

令人惊讶的是，双孢蘑菇仅占世界蘑菇栽培总量的大约40%。其余的是香菇*Lentinula edodes*、平菇*Pleurotus ostreatus*和毛木耳*Auricularia cornea*等，它们的生产和消费主要集中在东亚地区，但其中的一些种类在西方世界也已日渐流行。

原野的呼唤

人们仍在采食着许许多多的野生的可食用蘑菇，但这不仅仅限于蘑菇爱好者，更多的是基于商业目的的大规模采集。究其原因，是因为那些外生菌根菌与树木关系紧密，不能离开寄主去栽培。美味牛肝菌*Boletus edulis*和鸡油菌*Cantharellus cibarius*都是最受欢迎的种类。而松口蘑*Tricholoma matsutake*在日本最受喜爱，常被作为昂贵的礼品，巨大的利润也带动了巨额的进口贸易。

终极大奖——松露

松露（块菌属物种）是外生菌根菌，在地下形成子实体，以信息素和诱人的芳香吸引动物来传播它的孢子。当然这气味也吸引着人类，一些种类，如意大利的白块菌*Tuber magnatum*，一直是欧洲稀有且昂贵的美食。最近几年，菌根化苗——块菌已通过种植接种了菌丝体的树——使得块菌成功进行半人工栽培，但它们仍然是极其奢侈的食物之一。

神奇蘑菇和女巫的黄油

在喜欢蘑菇的国家里，真菌通常在民间故事里扮演着积极的角色，由于巫师会利用一些像毒蝇伞（毒蝇鹅膏*Amanita muscaria*）致幻的特点来寻求与精神世界的联系，使得这些蘑菇获得了近乎神圣的地位。在不喜欢蘑菇的国家里，人们则对此持怀疑态度。女巫的黄油*Tremella lutescens*（黑耳*Exidia glandulosa*）[①]是几种仅能用巫术来解释其神秘性的真菌之一，而硬柄小皮伞*Marasmius oreades*形成的蘑菇圈则是危险的小精灵飞地的标识。

菌物药

菌物在传统医药中扮演着重要的角色，尤其是在东亚国家，一些种类如灵芝*Ganoderma lucidum*直到今天也具有较高的价值。在现代西方药学中，抗生素如产黄青霉*Penicillium chrysogenum*产生的青霉素和土曲霉*Aspergillus terreus*产生的免疫抑制剂环孢菌素都是经过临床证实的源自真菌的药物。

上图：毒蝇鹅膏（蛤蟆菌*Amanita muscaria*）又名毒蝇伞，是传统童话中的毒蘑菇，也是强烈致幻蘑菇。

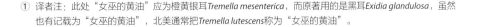

① 译者注：此处"女巫的黄油"应为橙黄银耳*Tremella mesenterica*，而原著用的是黑耳*Exidia glandulosa*，虽然也有记载为"女巫的黄油"，北美通常把*Tremella lutescens*称为"女巫的黄油"。

19

分布与保育

上图：可食用但是极度濒危的野生白阿魏菇（内布罗迪侧耳 *Pleurotus nebrodensis*）仅产于西西里岛北部，现在已经可以人工栽培。①

在地球上，菌物无处不在。至少与动物和植物相比，有些菌物物种是世界广泛分布的。然而不幸的是，这并不能改变一些菌物物种由于栖息地的丧失而受到威胁的现实，保育问题已日益紧迫。

菌物世界，从南极到北极

没有人知道世界上到底有多少种菌物，广泛被接受的估计数值约为150万种，而目前人们描述过的仅是其中的很小部分。在这些类群中不仅包括人们熟悉的温带大型真菌，也包括人们调查较少的热带地区真菌，以及数不清的小型菌物，等等。我们通常不会把菌物认为是海洋生物，但已经发现至少有800种菌物适应了海洋生活——低于海平面2000~3000英寻（4000~6000 m）的深海区发现的。在南极洲的港口已经报道了超过600个菌物物种，其中3种是最近在探险家斯科特船长的小屋木头上被发现的。

温带和热带真菌

典型的菌物物种分布遵循着古代大陆的板块分布模式。北温带的欧洲、亚洲北部和北美洲的西部都发现了许多菌物物种。但奇怪的是，大

① 译者注：白阿魏菇有人认为是白灵菇，也有人使用内布罗迪侧耳的名字作为白灵菇的学名，但白灵菇实际为中国新疆产的刺芹侧耳托里变种 *Pleurotus erngii* var. *tuoliensis*。内布罗迪位于意大利西西里岛的西北部，但此种模式标本并不是采自此山，而是希腊，错用了该地名作为种加词。

平原常常截断了这种分布，使得北美东部形成了与众不同的特有类群。热带地区的分布大同小异，只是在南美洲有时会略有不同。在南半球，陆地更加稀少，澳大利亚和新西兰有许多独特的菌物物种，但其他地方却很难发现。

森林和林地的菌物

对于大多数的蘑菇爱好者来说，一提起采蘑菇，首先就会想到森林。森林当然是真菌物种多样性最丰富的地方，一方面是因为许多真菌生长在腐叶和腐木上，另一方面是因为一些真菌的形成离不开树木。奇怪的是在热带雨林中，外生菌根菌共生的现象并不常见，在那里子实体有时十分少见。

草原，沙丘和沙漠的真菌

草地，尤其是放牧后的欧洲草地，会产生一些有趣的物种。沼泽、湿地和泥沼也会有许多特别的与湿地的树种相关的菌物物种。甚至在干燥地区，如草原、沙漠和沙丘也会有一些独特的物种分布。

受到威胁的栖息地和物种

由于我们通常依赖子实体来判断真菌的存在，所以，有时候会分不清究竟是某种菌物真的很罕见，抑或只是其很少形成子实体。而且大型真菌也不是每年都会产生子实体。对于整体肉眼可见的地衣来说，评价其稀有度则是相对容易的。

上图：栖息地的破坏，尤其是原始森林和未利用的草地的破坏，是全球范围内真菌物种的主要威胁。

目前，最为脆弱的物种似乎是那些承受着栖息地丧失的物种。栖息地的消失包括原始森林的消失，农业改良带来的氮水平增加，污水排入湿地，以及其他的大规模土地用途变更。一些国家列举出他们需要保护的濒危大型真菌的"红色名录"，有的物种甚至需要制定法律来保护。然而全球自然保护国际联盟的红色名录中仅包含了两种分布区域极为有限和极度濒危的菌物：内布罗迪侧耳*Pleurotus nebrodensis*和地毛面衣*Erioderma pedicellatum*。

菌物的采集和鉴定

对于每一位对大型真菌鉴定感兴趣的人来说，从来都没有一条捷径可以选择。你必须观察大量的标本，花费足够多的时间去熟悉其生境，幼时或老时、干燥或潮湿时的变化，以及与其他物种的显著区别特征，才能准确地认识它们。

上图：大青褶伞
Cholophyllum molybdites
绿色的孢子印。

了解本地的菌物

就像观察鸟类、采集植物一样，了解生活所在地周围的菌物也是令人兴奋的。对于研究大型真菌来说，有一本好的地方或地区级的野外指导书是十分必要的，但世界上一些地区还很缺少这样的工具书。一些物种可能特征明显，一眼就能辨认出，但是大部分物种需要详细描述，使用检索表才能被鉴定出来，绝不能仅仅查找一些相似的照片来鉴定标本。经验是很重要的，当然参加地方菌物社团或俱乐部是一个认识更多不同物种和分享专业知识的好方式。

"危险和可怕的食物"

1526年出版的《克里特草本志》提醒讨厌菌物的英国人吃蘑菇要自担后果，这种警告对所有到野外采食蘑菇的人都适用。有许多蘑菇是有毒的，甚至有些毒性能致命。本书不是采蘑菇、吃蘑菇的指导书，并且也从来不想成为那样的一本书。对于蘑菇采集者来说最好的

建议就是要学会识别致命的蘑菇。如果你没有十足把握，那么就一定不要吃它。

值得注意的是，在一些国家，采蘑菇需得到土地所有者的许可才可以进行。而在一些地区，还需要有官方的许可——甚至有一些地方是禁入的，严格限制可食用菌物的采集。在自然保护区内，蘑菇的采集一般也会受到限制，甚至在一些国家采集特定的珍稀菌物是违法的。

鉴定菌物的第一步

采集伞菌标本时，要采集完整的子实体。不要碰断柄，对于致命的鹅膏属的种更要注意这点，因为缺少了菌托后，有的鹅膏属物种看起来更像是可食用的菌类。标本最好放在平底的篮子或分格容器里，以尽量减少对标本的损坏和混淆。其野外生境及宿主信息；记录蘑菇在日光下的颜色，也包括伤后或触碰后标本颜色的变化等；记录蘑菇的气味。携带一个手持放大镜以便帮助观察标本的细微特征。每一份标本都要制作孢子印，尤其对于伞菌类，孢子印尤为重要。将成熟的菌盖子实层朝下放在一块玻璃上，用一个杯子倒扣着压在上面以防干燥，放置几个小时或者过夜。这时只要是菌盖够弹射孢子的种类就可以留下带着孢子颜色的孢子印了，但有些类群如多孔菌（通常状况下其实是不育的）就很难得到孢子印。

上述描述几乎已经获得了鉴定一种菌类的全部宏观信息，尽管也许仍然不能鉴定到种，但范围可以缩小到属或者某一类群。

菌物指南

这部分的指南并不是检索表，但可以帮助你鉴定一些常见和广泛分布的物种——或者至少是将其划分到相应的类群。本书涵盖的种不足以达到已报道的全部物种的1%，因此，你要寻找的物种有可能并不包含在本书中。

伞菌

子实体肉质，有或无菌柄，菌盖下具菌褶（很少为菌孔）。此部分包括子实体具菌褶的种类，但要注意的是也包括一些具有褶状脊或脉的鸡油菌（476-483页）和一些坚硬、木质、下表面褶状的多孔菌（364-420页）。

孢子白色至灰白色，无菌柄或菌柄侧生的木腐菌

碳褶菌属（62页），脉褶菌属（73页），亚侧耳属（150页），小香菇属（196页），月夜菌属（249页，250页），扇菇属（255页，256页），黄毛侧耳属（266页），侧耳属（267-270页），红褶伞属（281页），裂褶菌属（297页）

孢子白色至灰白色，菌柄中生，无菌环，菌盖小，最大直径达2 in（50 mm），菌柄没有明显的环

白洁伞属（59页），星孢属（65页），丽蘑属（69-71页），拟拱顶伞属（72页），毛皮伞属（116页），鳞盖伞属（117页），囊小伞属（121页），树生金钱菌属（122页），胶孔菌属（133页，134页），丝牛肝菌属（135页），胶柄菌属（139页），卷孔菌属（149页），湿菇属（151页，152页），湿伞属（153-163页），蜡蘑属（180页），乳金钱菌属（195页），环柄菇属（200-205页），地衣亚脐菇属（216页），小皮伞属（224-232页），微脐菇属（237页），小菇属（238-247页），小瑞克革菌属（282页，283页），露珠菌属（285页），翼孢菌属（307页），干脐菇属（322页）

孢子白色至灰白色，菌柄中生，菌盖较大，直径一般超过2 in（50 mm），菌柄没有明显的环

鹅膏属（42-58页），杯伞属（60页，61页），丽蘑属（69，71页），杯伞属（79-82页），火焰菇属（136页），裸脚菇属（144-146页），湿伞属（153-163页），拟蜡伞属（164页）蜡伞属（165-168页），玉蕈属（170页，171页），漏斗杯伞属（172页），蜡蘑属（179页，180页），乳菇属（182-194页），微香菇属（197页），香菇属（198页，199页），环柄菇属（200-205页），香蘑属（206-208页），白桩菇属（215页），离褶伞属（218页，219页），巨盖伞属（220页），大囊伞属（221页），铦囊蘑属（233页），褶孔菌属（265页），假杯伞属（277页），红菇属（286-296页），丽瘿伞属（298页），蚁巢伞属（306页），口蘑属（308-316页），拟口蘑属（317页，318页），干菇属（323页）

孢子白色至灰白色，菌柄中生，菌柄有明显的菌环

鹅膏属（42-58页），蜜环菌属（63页），乳头蘑属（75页），青褶伞属（76页，77页），囊皮伞属（119-120页），毛菇属（137页），环柄菇属（200-205页），白环蘑属（211页），白鬼伞属（212-214页），黏伞属（217页），大环柄菇属（222页，223页），新香菇属（248页），小奥德蘑属（251页），口蘑属（308-316页）

孢子粉色至略带红色，菌柄中生

斜盖伞（83页），粉褶蕈属（123-132页），香蘑属（206-208页），大囊皮伞属（221页），黑褶菇属（234-235页），光柄菇属（271-274页），粉金钱菌属（280页），小包脚菇属（320页，321页）

伞菌（续前页）

孢子绿色，菌柄中生

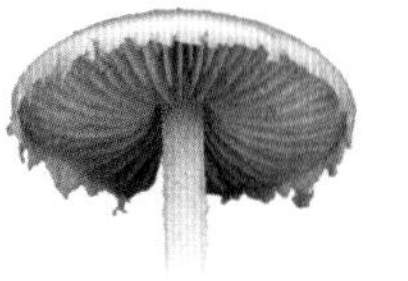

青褶伞属（76页，77页），黑褶菌属（234页，235页）

孢子锈色至褐色，菌柄无或侧生，大多数是木生

靴耳属（113–115页），小塔氏菌属（304页，305页）

孢子锈色至褐色，菌柄中生

田头菇属（40页，41页），南桩菇属（66页），粪伞属（68页），锥盖伞属（84–86页），丝膜菌属（93–112页），盔孢伞属（138页），裸伞属（142页，143页），滑锈伞属（147–148页），丝盖伞属（173–177页），库恩菇属（178页），疣孢斑褶菇属（252页），桩菇属（258页），金钱菌属（259页），褐环柄菇属（260页），暗小皮伞属（261页），鳞伞属（262–264页），假脐菇属（319页）

孢子巧克力色至黑色，菌柄中生

蘑菇属（32–39页），色钉菇属（78页），鬼伞属（87–92页），囊蘑菇属（118页），铆钉菇属（140页，141页），韧伞属（169页），垂齿菌属（181页），勒氏菌属（209页，210页，517页），斑褶菇属（253页，254页），近地伞属（257页），小脆柄菇属（275页，276页），裸盖菇属（278页，279页），球盖菇属（299–303页）

牛肝菌

子实体肉质；菌盖有柄；菌盖下面是海绵状的菌孔。一些多孔菌类真菌（例如乌芝属368页和拟牛肝菌属371页）也是菌柄中生，菌盖下子实层为菌孔。几个主要的热带伞菌（如：胶孔菌属133页，134页；丝牛肝菌属，135页）也具菌孔。

条孢牛肝菌属（326页，327页），牛肝菌属（328–342页），小瘤孔牛肝菌属（343页），圆孔牛肝菌属（344页，345页），网孢牛肝菌属（346页），疣柄牛肝菌属（347–350页），假牛肝菌属（351页），粉末牛肝菌属（352页），松塔牛肝菌属（353页），乳牛肝菌属（354–358页），粉孢牛肝菌属（359–361页）

多孔菌

子实体肉质至坚硬，大部分为弧状或层架状，具菌孔（很少具菌齿），典型地生在树干上或树干基部。一些物种为多年生并且质地坚硬，一些物种为一年生且质地柔软。大部分有菌盖，很少具有中生的柄，且看起来有点接近牛肝菌（324–361页）。

菌盖硬，木质或革质，无中生的柄

隐孔菌属（376页），迷孔菌属（377页），拟孔菌属（378页），异薄孔菌属（379页），木齿菌属（380页），层孔菌属（383页），拟层孔菌属（384–385页），灵芝属（386–387页），异担子菌属（392页），蜂窝菌属（393页），薄皮孔菌属（397页），革裥菌属（399页），木层孔菌属（405页），暗纤孔菌属（414页），密孔菌属（415页），硬孔菌属（416–417页），栓孔菌属（419页），附毛孔菌属（420页）

菌盖硬，木质或革质，菌柄中生

假芝属（368页），集毛菌属（375页），木质孔菌属（400页），小孔菌属（402页），多孔菌属（409–411页）

菌盖软，肉质或柔韧，无中生的菌柄

残孔菌属（364页），深黄孔菌属（369页），烟管菌属（370页），瘤孢孔菌属（372页），肉齿革菌属（374页），棱孔菌属（381页），牛舌菌属（382页），褶孔菌属（388页），奇果菌属（389页），彩孔菌属（390页），齿孔菌属（394页），纤孔菌属（395页，396页）绚孔菌属（398页），亚灰树花属（401页），暗孔菌属（404页），滴孔菌属（406页，407页），拟沟褶菌属（408页），多孔菌属（409–411页），波斯特孔菌属（412页，413页）

菌盖软，肉质或柔韧，菌柄中生

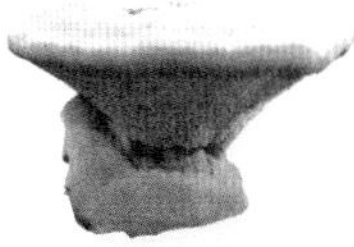

地花孔菌属（365–367页），拟牛肝菌属（71页），昂尼孔菌属（403页），多孔菌属（409–411页）

无菌盖或菌柄，小块状

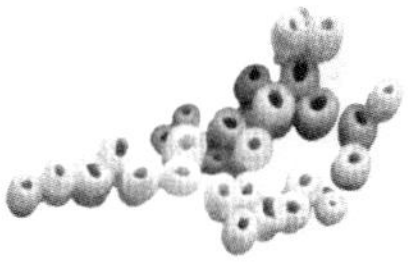

蜡孔菌属（373页），薄孔菌属（379页），哈宁管菌属（391页），纤孔菌属（395页，396页），裂孔菌属（418页）

壳质真菌

子实体形状各异，表面光滑，有脉纹或具齿，大部分木生，形成硬壳。一些像多孔菌，但下表面光滑（见木耳属，443–445页）。很少为扇形，球形或玫瑰花形。与叶状的地衣类（如梅衣属，636页）较为相似。

不具菌盖，壳状或块状

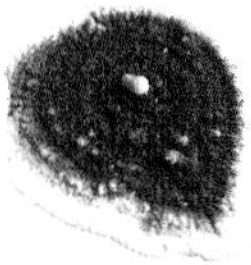

盘革菌属（421页），粉孢革菌属（423页），脉革菌属（425页），锈革菌属（427页），射脉革菌属（429页），肉齿革菌属（434页），腐菌属（435页），软质孔菌属（440页）

具菌盖，弧状或层架状

银叶菌属（422页），地衣属（426页），干朽菌属（428页），干腐菌属（435页），韧革菌属（437–439页），革菌属（441页，442页）

具菌盖，扇形或玫瑰花形

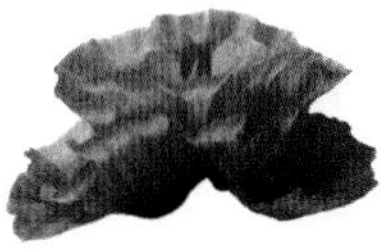

波边革菌属（424页），柄杯菌属（430页，431页），干腐菌属（432页），绣球菌属（436页），革菌属（505页）

胶质真菌

凝胶状或橡胶状子实体形态各异，包括一些同样呈凝胶状的盘菌（如囊盘菌属，552页，胶陀螺菌属，554页）。也包括一些带有分枝的似棒状或珊瑚状的真菌（484–505页）。

木耳属（443–445页），胶角菌属（446页，447页），花耳属（448页），假花耳属（449页），黑耳属（450页，451页），胶盘耳属（452页），假齿菌属（453页），蜡壳耳属（454页），联轭孢属（456页），银耳属（457–460页），刺银耳属（461页）

齿状真菌和刺状真菌

子实体具菌刺或菌齿，替代菌褶或菌孔。 地生的子实体具菌柄和菌盖，子实层刺状。木生的子实体具有成簇的长刺或分枝的刺（北方齿耳菌374页和刺齿菌属380页）。如胶状子实体见假齿菌属（453页）。

地生

烟白齿菌属（465页），亚齿菌属（469页，470页），齿菌属（471页），栓齿菌属（474页），肉齿菌属（475页）

木生或果生

耳匙菌属（464页），龙爪菌属（466页），猴头菌属（467页，468页），尖齿瑚菌属（472页，473页）

鸡油菌类

子实体常为漏斗状或喇叭状，下表面光滑或脉状。

鸡油菌属（476–479页），喇叭菌属（480页，481页），钉菇属（482页，483页）

棒状或珊瑚状真菌

子实体棒状或细长刺状，分枝或不分枝。 包括几种胶质真菌（如胶角菌446页，447页，刺银耳属461页）与该群有相似的形状，但胶质菌类子实体是凝胶状的。也包括一些无亲缘关系的棒状或珊瑚形的核菌（虫草菌属，611页，肉座壳菌属，622页）。

子实体分枝

悬革菌属（485页），珊瑚菌属（486–490页），锁瑚菌属（492页），拟珊瑚菌属（493页，494页），茸瑚菌属（495页），羽瑚菌属（498页），枝瑚菌属（499–503页），拟枝瑚菌属（504页），革菌属（441页，442页，505页）

子实体不分枝

异珊瑚菌属（484页），珊瑚菌属（486–490页），棒瑚菌属（491页），拟瑚菌属（493页，494页），大核瑚菌属（496页），膨瑚菌属（497页）

马勃、腹菌和地星类真菌

子实体球形，有或无柄，或基部呈星状。 一些具柄马勃类的物种可能看起来像老后仍为开伞的伞菌。一些无柄的马勃类更像块菌（603–609页）

具柄

钉灰孢属（509页），丽口菌属（511页），青褶伞属（513页），栎樱菌属（514页），勒氏菌属（517页），长伞属（518页），马勃属（519–521页），褶菇灰包属（522页），蒙塔假菇属（523页），轴灰包属（526页），柄灰包属（530页），僧帽菰属（531页）

无柄，星状

硬皮地星属（508页），地星属（515页，516页），多口地星属（524页）

无柄，非星状

灰球菌属（510页），秃马勃属（512页），豆马勃属（525页），须腹菌属（527页），硬皮马勃属（528页），冠孢菇属（529页）

鸟巢菌

子实体杯状或星状，里面装有"鸟蛋"。

黑蛋巢菌属（532页，533页），红蛋巢菌属（534页），弹球菌属（535页）

鬼笔

子实体从"蛋"中长出来，孢子堆黏，具腐烂味道。 鬼笔柄基部留有蛋状残骸起着支撑作用。钉灰包属（509页）在"蛋"上生长，但孢子堆为干粉状。

筒状的

蛇头菌属（542页，543页），鬼笔属（544页，545页），豆鬼笔属（547页）

形成臂或笼头状

星头鬼笔属（536页），笼头菌（537页，538页），栎网鬼笔属（539页），散尾鬼伞属（540页，541页），三叉鬼笔属（546页）

杯状真菌

子实体盘状或杯状，有时有柄。子实体成熟时扭曲或成群生长，包括地衣类（黄枝衣属，638页）和假羊肚菌（马鞍菌属，595-598页）也产生盘状或酒杯状的子实体，还包括与真菌不太相关的几个类群（美瑞丝菌属，236页）和一些革菌（波边革菌属，424页）。长颈瓶形（610-626页）和马勃类（508-531页）真菌也发现有鼓槌形子实体。

子实体杯状，无柄

网孢盘菌属（550页，551页），囊盘菌属（552页），胶陀螺菌属（554页），美杯菌属（555页），皱盘菌属（562页），盔盘菌属（564页），地盘菌属（565页），土盾盘菌属（567页），新胶鼓菌属（577页），盘菌属（579-583页），歪盘菌属（584页），肉杯菌属（586页），肉盘菌属（587页），球肉盘菌属（588页），疣杯菌属（591页）

子实体高脚杯状，有柄

网孢盘菌属（550页，551页），美杯菌属（555页），杯盘菌属（557页），毛杯菌属（559页），毛地钱菌属（563页），小毛盘菌属（568页），粒毛盘菌属（569页），叶杯菌属（570页），微座孢菌属（575页），侧盘菌属（578页），盘菌属（579-583页），疣杯菌属（591页），脚瓶盘菌属（593页）

子实体盘状，有柄或无

囊盘菌属（552页），小双孢盘菌属（553页），胶陀螺属（554页），小碗菌属（556页），皱盘菌属（562页），小毛盘菌属（568页），粒毛盘菌属（569页），新胶鼓菌属（577页），盘菌属（579-583页），歪盘菌属（584页），根盘菌属（585页），肉座菌属（586页），盾盘菌属（589页）

高尔夫球形，南方榉木上成簇的生长

瘿果盘菌属（560页，561页）

棒形或鼓槌形，长柄的顶端膨大或球形

绿水盘菌属（558页），锤舌菌属（571页，572页），小舌菌属（573页，574页），地杖菌属（576页）

羊肚菌

头部浅裂或蜂窝状，有柄

鹿花菌属（594页），马鞍菌属（595-598页），柄地杖菌属（599页），羊肚菌属（600页，601页），钟菌属（602页）

块菌

子实体球形或马铃薯形，全部或部分子实体在废弃物或土壤里。假块菌须腹菌属（527页）和冠孢盘菌（529页）形态相近。

大团囊菌属（603页），地杯菌属（604页），小杯盘菌属（605页），地菇属（606页），块菌属（607-609页）

核菌

子实体形状各异，通常坚硬，表面常疱疹状。许多核菌"子实体"真菌实际上是不育的子座，而真正的子实体为埋生，放大镜下具瘤尖或点状颗粒。包括一些棒状或珊瑚状的真菌（484-505页）。

棒槌状或盘状
子实体具有球形或盘状的头部有柄

麦角菌属（610页），大团囊虫草属（613页，614页），爪甲团囊菌属（620页），孔座菌属（623页）

球形或垫状，木生短柄或无柄

炭壳菌属（612页），拟肉座菌属（615页），炭团菌属（618页），丛赤壳菌属（619页）

棒状或珊瑚状
分枝或不分枝

虫草属（611页），线虫草属（621页），肉座壳菌属（622页），炭角菌属（624-626页）

伞菌上寄生
疱疹状硬壳全部或部分覆盖在子实体上

寄生菌属（616页，617页）

地衣类

子实体灌丛状，具分枝，发状或革质，可能生长在岩石上，通常为灰色、近绿色或近黄色。地衣"子实体"事实上是地衣体，为真菌菌丝与藻类或蓝藻细菌细胞相混合的一个复合体。一些具有生长在地衣菌体上形状为盘状小子实体。

灌丛状或头发状，多分枝，或不分枝的线状

小孢发属（627页），石蕊属（628-630页），扁枝衣属（633页），刷耙衣属（634页），黄枝衣属（638页），松萝属（640页）

子实体宽裂瓣状或叶状，非多孔菌状

胶衣属（631页），毛面衣属（632页），肺衣属（635页），梅衣属（636页），地卷属（637页），石耳属（639页），石黄衣属（641页）

尺寸

注意：正文中每一个物种的大小仅供参考，因子实体大小通常有一定的变化范围。线条图提供另一种参考方式——一定条件下表示了成熟的子实体和不成熟子实体的区别。

菌　物

Fungi

伞 菌

Agarics

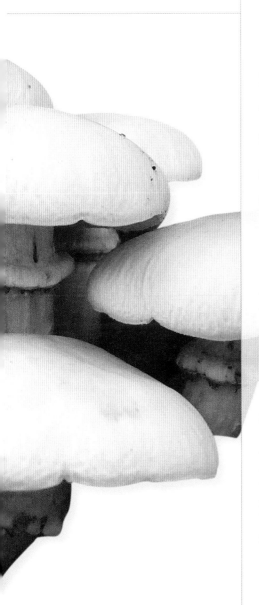

提及菌物一词，人们就会联想到有菌盖、菌褶和菌柄的伞菌子实体。回顾18世纪，当时所有这种形状的菌物都被归入了蘑菇属*Agaricus*里，*Agaricus*一词也由此而来。但在日常英文用语中，这类伞菌被称为"蘑菇"（mushroom）和"毒菌"（toadstools），蘑菇表示可食用的类群（种类很少）；而毒菌表示非食用的、几乎都是有毒的类群（种类很多）。毒菌使用的toadstools这个词来自于英语里的蟾蜍（toad）一词，由于一提到蟾蜍就会联想到有毒，因此而得名。

现在，在英伦三岛、澳大利亚和新西兰都认为伞菌这个词仍然是指代可食用的蘑菇。而在北美，蘑菇（mushroom）一词几乎包括了所有的大型真菌。为了避免与mushroom一词混淆，本书中采用agaric代表伞菌的类群。

并不是所有产生伞状子实体的物种在亲缘关系上都很接近。例如香菇属*Lentinus*的物种（198—199页）虽带有菌褶却归属于多孔菌类；又如褶孔牛肝菌属*Phylloporus*（265—296页）中的物种带有菌褶，但属于牛肝菌的类群等。由此看来，形成菌盖、菌褶和菌柄这种形态已经经过多次演化，非常有利于孢子的传播。

科	伞菌科Agaricaceae
分布	北美洲、欧洲、亚洲、澳大利亚、新西兰
生境	营养丰富的草地和牧场，林地中分布很少
宿主	草地
生长方式	单生、群生于地上或形成蘑菇圈
频度	常见
孢子印颜色	巧克力褐色
食用性	可食

子实体高达
5 in
(120 mm)

菌盖直径达
6 in
(150 mm)

32

野蘑菇
Agaricus arvensis
Horse Mushroom

Schaeffer

野蘑菇又称马蘑菇（Horse Mushroom），是真正的蘑菇里子实体最大的种类之一，在老旧的牧场里较为常见。新鲜时带有八角或桃仁的甜味，且伤后菌盖和菌柄变黄。英国传统的观念认为野蘑菇比稍小的蘑菇*Agaricus campestris*更硬，且其食用性不确定，然而很可能是轻视了"马蘑菇"的名字（尽管也可能因其子实体大小或是因常在马场里生长的缘故）。事实上，野蘑菇完全可以食用。近年来已经进行了商业化和市场化栽培，成为一个昂贵的"外来"蘑菇。

相似物种

巨盖蘑菇*Agaricus macrocarpus*与该种形态非常相似，但其子实体稍大，常生于林地中。而麻脸蘑菇*Agaricus urinascens*的子实体更大些，且时常散发出氨气的味道。上述两种蘑菇都可食用。而有毒的黄斑蘑菇*Agaricus xanthodermus*菌柄细，且基部球状，菌柄基部受伤后迅速变为明显的亮黄色，同时释放出油墨般化学药品的味道。

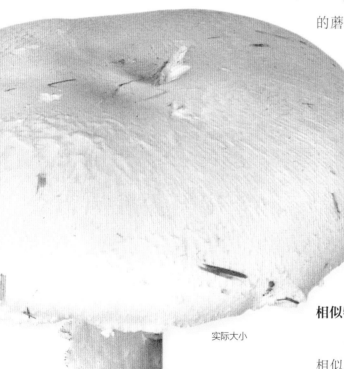

实际大小

野蘑菇菌盖展开后为钟形，逐渐平展。菌盖表面光滑，稍具鳞片。白色至奶油色，伤后变为黄色。菌褶初时呈浅灰粉色，逐渐变为巧克力褐色。菌柄白色至奶油色，光滑，具下垂的大环，其下部边缘为锯齿状。

科	伞菌科Agaricaceae
分布	北美洲、欧洲、亚洲、新西兰
生境	草地和路边，近海岸线，或有含盐径流的路段
宿主	草地上
生长方式	单生，或群生于地上
频度	偶见
孢子印颜色	巧克力褐色
食用性	可食

子实体高达
5 in
(120 mm)

菌盖直径达
8 in
(200 mm)

嗜盐蘑菇
Agaricus bernardii
Salt-Loving Mushroom
Quélet

　　嗜盐蘑菇是一个特殊的嗜盐（喜盐）的种类，子实体天然喜好生长于盐沼地中。现在在这种地方仍能找到该物种，有时会形成蘑菇圈，但近年来报道该种已沿着在冬天布满砂盐的道路逐渐向内陆传播生长。子实体较大，通常明显开裂，尤其是生长在路边等暴露的环境里，该种气味难闻，呈鱼腥味或海水味（可能形容得并不是很贴切）。尽管如此，嗜盐蘑菇却是可食用的物种，虽然并非备受追捧。

嗜盐蘑菇是一个粗壮的物种，子实体典型的宽，不高。菌盖圆形，初时为白色，光滑，老后常开裂，开裂后的菌盖表面颜色暗淡，常被有浅灰色的鳞片。菌褶粉色，后变为巧克力褐色。菌柄粗，具上翘的环，基部常袋状。伤后部分菌肉变为浅红褐色（如下图所示）。

相似物种

　　大肥蘑菇 *Agaricus bitorquis* 是近缘种，形态与嗜盐蘑菇极为相似，但大肥蘑菇具双环，菌柄基部不呈袜状，不带有嗜盐蘑菇的鱼腥味。大肥蘑菇似乎喜欢生长在紧实的地面，常见于道路上，生长在路石之间，或城市里的其他地方。该种也可食用。

实际大小

科	伞菌科Agaricaceae
分布	北美洲、欧洲、北非、亚洲；可能已传入澳大利亚、新西兰
生境	公园、花园、路边
宿主	土壤和腐殖质肥沃的地方，有时也生于针叶林内
生长方式	单生或群生于地上
频度	常见
孢子印颜色	巧克力褐色
食用性	可食

34

子实体高达
3 in
(80 mm)

菌盖直径达
5 in
(120 mm)

双孢蘑菇
Agaricus bisporus
Cultivated Mushroom

Imbach

双孢蘑菇的栽培始于 17 世纪的法国。从那以后，双孢蘑菇在世界范围内广泛栽培，每年生产的总产量可达 150 万吨。双孢蘑菇的野生种常为褐色，且具鳞片。

栽培初期不常见的奶油色品种受到人们的青睐，直到 20 世纪 20 年代，白色的变种被发现，很快成为市场的主流。最初的褐色品种目前被冠以各种名字进行售卖，如褐色蘑菇（portabella），褐菇（crimini）或栗色（chestnut）蘑菇，这些商业名都是近年来创造出来的。双孢蘑菇子实体含有蛋白质、维生素、矿物元素，但也检测到一种已知可致癌的物质——蘑菇碱，但这种风险因素很低，与花生油或白酒里的含量相当。

相似物种

通过显微镜观察双孢蘑菇担子上仅产生 2 个孢子（因此种加词 "bisporus" 为双孢），而不是 4 个孢子，所以很容易鉴定。而双孢蘑菇与亚毛蘑菇 *Agaricus subfloccosus* 较相近，但亚毛蘑菇子实体菌盖纤毛状，而非鳞片状的褐色菌盖；另一相近种大肥蘑菇 *Agaricus bitorquis* 具双层菌环。亚毛蘑菇和大肥蘑菇都可以食用，伤后菌肉部分变为粉红色。

实际大小

双孢蘑菇是非常知名的种类，但野生种的菌盖典型为褐色，向边缘渐灰，并具羽毛状鳞片（极罕见奶油色或不具鳞片）。菌褶幼时粉红色，逐渐变为巧克力色。菌柄白色，光滑，具加厚的中型的环，稍下垂。伤后菌肉部分变为粉红色（见右图）。

科	伞菌科Agaricaceae
分布	北美洲、欧洲、北非、亚洲、澳大利亚、新西兰
生境	牧场、草地和浅的草皮上
宿主	肥沃的草地
生长方式	地生；群生或形成蘑菇圈
频度	常见
孢子印颜色	巧克力褐色
食用性	可食

蘑菇
Agaricus campestris
Field Mushroom

Linnaeus

子实体高达
3 in
(80 mm)

菌盖直径达
4 in
(100 mm)

35

在一些讨嫌菌物的国家，如英国和爱尔兰，人们认为大部分伞菌都是毒菌，但是蘑菇仍然是他们传统采集的少数可食的物种之一。具有讽刺意味的是，尽管蘑菇带有大家所熟知的"蘑菇味"，但它并非很容易被识别出的物种。该种通常生长在牧场里，形成大蘑菇圈，且在蘑菇丰年子实体大量发生。该种也生长在草地上、公园里和不被干扰的浅草皮上。过去在野外常被采集，并在市场上销售，但是今天销售的大多数"野蘑菇"（Field Mushroom）其实是栽培的双孢蘑菇 *Agaricus bisporus*，他们为双孢蘑菇滥起名字。

相似物种

野蘑菇 *Agaricus arvensis* 也生长在牧场，但是其子实体通常较大，且具较大的下垂环。有毒的毒粉褶蕈 *Entoloma sinuatum* 孢子是粉色的，无环，有淀粉味道。而致命的毒鹅膏 *Amanita phalloides* 的孢子印是白色的，具袋状的菌托，散发出令人恶心的甜味。

实际大小

蘑菇菌盖半球形（见左边的照片），逐渐扁平。菌盖表面光滑，白色至灰白色，成熟时有时带有黄色。菌褶粉色，逐渐变为红褐色，最终为巧克力色。菌柄光滑，具小的薄环，通常易消失。菌肉白色，罕有颜色的变化。

科	伞菌科Agaricaceae
分布	非洲、亚洲南部
生境	公园、花园、路边和林地
宿主	土壤、腐殖质和落叶层肥沃的地方
生长方式	地生
频度	偶见
孢子印颜色	巧克力褐色
食用性	非食用

子实体高达
3 in
(75 mm)

菌盖直径达
2 in
(50 mm)

褐鳞蘑菇
Agaricus crocopeplus
Golden Fleece Mushroom
Berkeley & Broome

1871 年伯克利（Berkeley）和布鲁姆（Broome）在斯里兰卡第一次描述了该物种，尽管子实体稍小，但却被誉为"一个华丽的物种"。加词 *"croco-peplus"* 意思是"穿着臧黄色的外衣"，这形象地描绘出该物种艳丽且被鳞片的菌盖。褐鳞蘑菇在南亚分布广泛，非洲也有报道。令人奇怪的是，在中国商业化栽培的褐菇（Brown）或褐色蘑菇（Portabella）(双孢蘑菇 *Agaricus bisporus*) 被广泛称为褐鳞蘑菇，虽然这两个种看起来并不是很相似。

相似物种

另一个热带物种硫色囊蘑菇 *Cystoagaricus trisulphuratus* 的子实体颜色、亮黄色鳞片的特征都与褐鳞蘑菇很相似。主要的区别为它们的显微结构十分不同。几个分布于热带的鹅膏属 *Amanita* 的种在形态上也与该种相似，但鹅膏属的物种菌褶和孢子印都为白色。

实际大小

褐鳞蘑菇菌盖圆锥形，逐渐变得平展，菌盖表面覆盖着直立的、羊毛状鳞片，边缘鳞片下垂，初时为镉黄，逐渐变为黄褐色。菌褶淡粉褐色，逐渐变为巧克力色。菌柄具羊毛状鳞片，与菌盖同色，具明显的环。

科	伞菌科Agaricaceae
分布	北美洲、欧洲、北非、亚洲、澳大利亚
生境	林地
宿主	针叶林和阔叶林
生长方式	地生；群生或形成蘑菇圈
频度	常见
孢子印颜色	巧克力褐色
食用性	可食

子实体高达
6 in
(150 mm)

菌盖直径达
6 in
(150 mm)

白林地菇
Agaricus silvaticus
Blushing Wood Mushroom
Schaeffer

白林地菇又称红木菇（Blushing Wood Mushroom）或出血菇（Bleeding Mushroom），是菌柄相对较长的林地生蘑菇之一，鲜时碰伤或切开时会变成红色，十分引人注目。那些子实体有强烈变色反应的个体通常都被称为红肉蘑菇 *Agaricus haemorrhoidarius*。尽管白林地菇伤后菌肉变为红色，并带有古怪气味或蘑菇味，但该种却是非常美味可口的蘑菇。一些替代药物的宣传资料里，白林地菇常与赭鳞蘑菇 *Agaricus subrufescens* 混淆。某商业公司甚至奇怪地声称"这种皇家蘑菇（Royal Agaricus Mushroom）……是 1991 年巴西籍的日本人首次描述"，而早在 1762 年德国的博物学家已描述了该物种，并谦逊地称其为红木菇。

相似物种

赭褐蘑菇 *Agaricus langei* 与白林地菇是极为相似的种类，子实体伤变红色，并且也是林地生的物种，它与白林地菇最大的区别是在显微特征上，该种具较大的孢子。贝内什蘑菇 *Agaricus benesii* 的子实体受伤也变为红色，但较矮壮，菌盖苍白色至白色。赭鳞蘑菇可能形态看起来相似，但伤后菌肉不会变为红色，且带有杏仁味。

实际大小

白林地菇幼时鼓槌状，菌盖展开后略为凸镜形，褐色至红褐色，菌盖被有羽毛状的鳞片。菌褶初时略带灰粉色，逐渐变为巧克力色。菌柄长，光滑，具薄的下垂的大环。伤后菌肉很快由浅粉红色变为血红色（见左图）。

科	伞菌科Agaricaceae
分布	北美洲、中美洲和南美洲；可能已传入欧洲；亚洲有栽培种
生境	公园、花园、路边和林地
宿主	肥沃的土壤、腐殖质和落叶层
生长方式	丛生或群生于地上
频度	不常见
孢子印颜色	巧克力褐色
食用性	可食

子实体高达
6 in
(150 mm)

菌盖直径达
7 in
(180 mm)

38

赭鳞蘑菇
Agaricus subrufescens
Almond Mushroom
Peck

赭鳞蘑菇〔由于带有杏仁味也称为杏仁菇（Almond Mushroom）〕为美国的本土物种，美国东部曾大规模商业化栽培，直到后来被广泛栽培的双孢蘑菇所替代。在巴西，赭鳞蘑菇被误认为是巴氏蘑菇 *Agaricus blazei* 和白林地菇 *Agaricus silvaticus*，在当地被认为具有增强免疫力的药用价值。在 20 世纪 70 年代，赭鳞蘑菇培养物被带入日本，随后日本开始栽培该种蘑菇，并以干品或提取物（作为药物替代品）的形式销往世界各地。赭鳞蘑菇也被称为巴西蘑菇 *Agaricus brasiliensis*，但这是多余（不合法）的名称。

相似物种

广泛分布且可食用的大紫蘑菇 *Agaricus augustus* 是较为相似的物种，也具杏仁味，但触摸后其子实体整体往往变为青黄色。有毒的黄斑蘑菇 *Agaricus xanthodermus* 菌柄基部切开后变为更鲜艳、更深的黄色；且不似赭鳞蘑菇那样子实体带有红褐色色调，闻起来带有甜味。

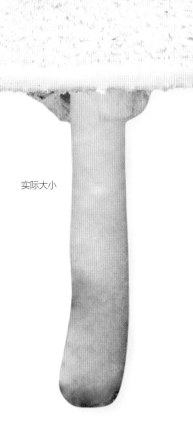

实际大小

赭鳞蘑菇菌盖半球状，展开后略为球形。菌盖褐色至红褐色，被有浓密的纤毛状小鳞片。菌褶初时淡灰粉褐色，逐渐变为巧克力褐色。菌柄光滑，常具易撕裂或易消失的薄环。菌柄基部伤后变为黄色。

科	伞菌科Agaricaceae
分布	北美洲、欧洲、北非、亚洲、澳大利亚
生境	林地、公园、花园
宿主	针叶树和阔叶树
生长方式	地生；群生或形成蘑菇圈
频度	常见
孢子印颜色	巧克力褐色
食用性	有毒

子实体高达
6 in
(150 mm)

菌盖直径达
6 in
(150 mm)

黄斑蘑菇
Agaricus xanthodermus
Yellow Stainer

Genevier

　　黄斑蘑菇也被称为染黄菇（Yellow Straining Mushroom），虽然有人宣称食用该种后无任何问题，但通常它却是引起胃肠中毒的一类蘑菇之一。黄斑蘑菇菌盖呈白色或奶油色，菌柄相对细长且基部球形膨大，通常一眼就能被识别。菌柄基部伤后立即变为黄色是该种最明显的特征。整个子实体带有墨汁味道，烹熟后味道更强烈（十分倒胃口），黄斑蘑菇的味道和它的毒性源自其含有的酚醛代谢物（与石炭酸相关的化合物）。

相似物种

　　灰鳞蘑菇 *Agaricus moelleri* 是形态较为相似的种，不同的是该种菌盖为灰褐色，且具鳞片。相同的是两种蘑菇都具有黄变反应和毒性。可食用的赭鳞蘑菇菌盖呈深红褐色，带有清新的味道，菌柄基部伤后仅带有微弱的黄色反应。

实际大小

黄斑蘑菇是菌柄相对较长的物种，菌盖光滑，白色至奶油色，有时带有灰色或褐色的色调。菌褶初时粉灰色，逐渐为暗巧克力褐色。菌柄长，光滑，白色至奶油色，具下垂的薄环。菌柄基部为典型的球状，伤后变为明亮的铬黄色（见右图）。

科	球盖菇科Strophariaceae
分布	北美洲南部、欧洲、北非、中美洲、亚洲
生境	林地和灌木
宿主	阔叶树，尤其是杨树
生长方式	丛生于树干或枯木上
频度	偶见
孢子印颜色	褐色
食用性	可食

子实体高达
6 in
(150 mm)

菌盖直径达
5 in
(125 mm)

40

柱状田头菇
Agrocybe cylindracea
Poplar Fieldcap
(De Candolle) Maire

柱状田头菇又称为杨树菇（Poplar Fieldcap）或黑杨菇 (Black Poplar Mushroom)，是北温带地区最常见的蘑菇之一，子实体簇生于榆树、老柳树和杨树等一类阔叶树上。该种（现在仍常被称为 *Agrocybe aegerita*，而该名称是柱状田头菇的异名）可食用，在意大利长期以来进行半人工化栽培，在当地常被称为 *"Pioppino"*。其子实体中谷氨酸类化合物含量高，甚至高于美味牛肝菌 *Boletus edulis* 中的含量。柱状田头菇已在中国、泰国和其他国家进行商业化栽培，从鲜品到干品都有出口，目前已成为农户喜爱的、广泛栽培的品种。

相似物种

田头菇属 *Agrocybe* 的物种大多群生于草地、土壤或木片覆盖的地方。大多数木生、簇生且子实体大型的蘑菇通常包括两类：一类是孢子印为白色的（通常无环），如斑玉蕈 *Hypsizygus marmoreus* 和侧耳属 *Pleurotus* 的种等；一类孢子印为锈色的（通常菌盖锈色或具鳞片），如鳞伞属 *Pholiota* 的种。

柱状田头菇子实体簇生。菌盖凸镜形，展开后稍扁平，光滑或具褶皱，褐色至肉桂-浅黄色，逐渐变为象牙白至奶油色，并具细微的裂纹。菌褶幼时鲜黄色，逐渐变褐色。菌柄光滑，近白色，向基部由赭色至锈色，具膜质的环。菌肉白色，菌柄基部菌肉近褐色。

实际大小

科	球盖菇科Strophariaceae
分布	北美洲西部、欧洲
生境	公园、花园和路边
宿主	木屑覆盖物上
生长方式	簇生或群生于地上
频度	产地常见
孢子印颜色	褐色
食用性	非食用

木生田头菇
Agrocybe putaminum
Mulch Fieldcap
(Maire) Singer

子实体高达
3 in
(80 mm)

菌盖直径达
4 in
(100 mm)

41

出于对时尚的追求，人们用大量外来的木片修饰灌木丛而使木生田头菇广泛快速地传播。该种 1913 年描述于法国，当时发现它生长在埋有李子核的花园土中。随后 70 年里鲜有有关该种分布的描述，直到 1985 年丹麦也在含木屑的护根物中发现了该种真菌，情况从而发生转变。自此以后，罕见的木生田头菇变得常见，在整个欧洲广泛传播，该种总是生长在护根物上，且最近发现它已入侵到了加利福尼亚。当木生田头菇子实体发生时，常成大群地出现，充分利用其丰富的营养源。

相似物种

田头菇属 *Agrocybe* 另两个物种也常见于护根物上。细沟田头菇 *Agrocybe rivulosa* 是另一个最近定殖在木屑片上的种，菌盖褶皱，圆锥形。田头菇 *Agrocybe praecox* 是该属中较为著名的种，常发生于春季或早夏，也是草地上常见的物种。两种的主要区别是木生田头菇菌柄上具明显的环。

实际大小

木生田头菇是个体较大、肉质的蘑菇。菌盖半球形，幼时褐色，成熟时菌盖具褶皱，圆锥形，光滑，无光泽，淡黄褐色。菌褶土褐色。菌柄光滑，但上部呈沟纹状，与菌盖同色，向下基部稍膨大，生有白色假根状的菌丝束。

科	鹅膏科Amanitaceae
分布	新西兰
生境	林地
宿主	山毛榉的外生菌根菌
生长方式	单生或小群生于地上
频度	常见
孢子印颜色	白色
食用性	有毒

子实体高达
4 in
(100 mm)

菌盖直径达
4 in
(100 mm)

42

南方鹅膏
Amanita australis
Far South Amanita

G. Stevenson

由于南方鹅膏是新西兰特有种，因此该种英文名"远南"中"Far South"实质上是指新西兰。它与当地的南方山毛榉形成外生菌根。菌盖被有圆锥形或菱形疣状鳞片，这些鳞片是由包裹整个子实体的菌幕残余形成的。当子实体展开，外菌幕破裂，在球状的菌柄基部和菌盖上留下了鳞片状残余。大雨后这些鳞片和疣很易被冲洗脱落，使得鉴定该种变得更加困难。

相似物种

南方鹅膏的生境和生长的地点都十分与众不同。其颜色和球形的特征与欧洲的橙黄鹅膏 *Amanita citrina* 相似，但橙黄鹅膏菌盖上菌幕残余平状（不呈疣突状）。北美洲的奇特鹅膏 *Amanita abrupta* 的菌盖上也有圆锥形的疣状鳞片，但它的菌盖和疣都是白色。

实际大小

南方鹅膏具菌盖，初时凸镜形，逐渐平展。菌盖黄色至赭色，表面被有灰褐色的、易脱落的、圆锥形的疣状鳞片。菌褶白色。菌柄白色，中空，光滑或下部光滑或稍具细鳞片，具沟槽状膜质环。基部截形鳞茎状，其边缘被有褐色菌幕残余。

科	鹅膏科Amanitaceae
分布	欧洲南部、北非、亚洲西部
生境	林地
宿主	尤其是栎树和松树，外生菌根菌
生长方式	地生
频度	不常见
孢子印颜色	白色
食用性	可食

子实体高达
6 in
(150 mm)

菌盖直径达
6 in
(150 mm)

橙盖鹅膏
Amanita caesarea
Caesar's Amanita
(Scopoli) Persoon

　　值得庆幸的是橙盖鹅膏或橙盖蘑菇（Caesar's Mushroom）是鹅膏属 *Amanita* 里可食用的种类，主要分布于欧洲的南部和地中海地区，在那里人们常从野外采集并在市场上销售。据说罗马大帝最喜欢橙盖鹅膏，他认为这就是一种最美味的菇"*boleti*"，但现在"*boleti*"指代的是另一个完全不同的真菌类群。也有传说克劳迪亚斯王[①]就是吃了一道他的妻子阿格里皮娜（Agrippina）做的混有毒鹅膏 *Amanita phalloides* 的橙盖鹅膏而被毒死。这个故事告诫我们鹅膏属的有些物种是致命的，且世界上与橙盖鹅膏形态相近的蘑菇有很多。

相似物种

　　橙盖蘑菇的相似种很多，大部分属于"Slender Caesars"这一类[②]。美国杰克逊鹅膏 *Amanita jacksonii* 也是此类群中的一个。来自日本和远东地区的拟橙盖鹅膏 *Amanita caesareoides* 以及来自斯里兰卡和印度的红黄鹅膏 *Amanita hemibapha* 与橙盖鹅膏亲缘关系都非常近。

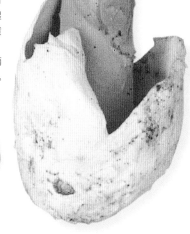

实际大小

橙盖鹅膏幼时菌盖亮橘红色，成熟后逐渐变浅、变暗。菌盖展开时光滑（有时被有白色片状的菌幕残余），湿时黏，边缘具条纹。菌褶黄色。菌柄黄色，具下垂的、黄色的环（见下图），菌柄基部的菌托大，袋状，白色。

---

① 古罗马的一位暴君。——译者注
② 包括红黄鹅膏、美国杰克逊鹅膏和 *Amanita zambiana* 等物种。——译者注

科	鹅膏科Amanitaceae
分布	北美洲西部、中美洲
生境	林地
宿主	鞣皮栎和杜鹃木，外生菌根菌
生长方式	地生
频度	本地常见
孢子印颜色	白色
食用性	可食

44

子实体高达
4 in
(100 mm)

菌盖直径达
8 in
(200 mm)

帽皮鹅膏
Amanita calyptroderma
Pacific Coccora
G. F. Atkinson & V. G. Ballen

北美洲太平洋沿岸分布的帽皮鹅膏是十分常见的种类。最初的科学采集者之一曾指出意大利人的后裔因该种与欧洲的橙盖鹅膏的子实体形态较为相似而将两种蘑菇混淆，从而导致错误采食。但幸运的是帽皮鹅膏是鹅膏属 *Amanita* 中可食用的蘑菇，而非致命的有毒物种。Coccora（意思是虫茧）为橙盖鹅膏 *Amanita caesarea* 意大利名字，现在被美国当地蘑菇采集者使用。太平洋虫茧（Pacific Coccora）也曾被称作鳞盖鹅膏 *Amanita calyptrata* 和莱恩鹅膏 *Amanita lanei*，但帽皮鹅膏是最早的合法名称。

相似物种

北美洲西部春季出现的种与其相似，但子实体颜色较浅，目前尚未明确是否为帽皮鹅膏或者是另一个独立的种。真正的"虫茧"为橙盖鹅膏，是分布于地中海地区的欧洲种，菌盖亮橙红色，菌褶黄色。

帽皮鹅膏幼时完全包裹在像虫茧的白色厚菌幕里。成熟时展开，菌盖表面持久地残留大的不规则的块状残余，菌盖表面光滑橘褐色至金褐色，或者春季形成浅黄色的子实体（如图所示）。菌褶淡黄色，菌柄白色至淡黄色，具膜质的环，菌柄基部具菌托，菌托大，袋状。

实际大小

科	鹅膏科Amanitaceae
分布	欧洲、亚洲西部
生境	林地
宿主	山毛榉、栎树和鹅耳枥，外生菌根菌
生长方式	地生
频度	不常见
孢子印颜色	白色
食用性	非食用

子实体高达
8 in
(200 mm)

菌盖直径达
5 in
(120 mm)

45

蛇皮状鹅膏
Amanita ceciliae
Snakeskin Grisette
(Berkeley & Broome) Bas

蛇皮状鹅膏属于鹅膏属 *Amanita* 中有时称作灰鹅膏的这一类，其菌柄上无环。这种高大蘑菇的俗名来源于菌柄上具有曲折，看起来像蛭蛇皮的花纹。1854 年，该种最早描述自英格兰，其种加词是为了纪念伯克利神父的妻子塞西莉亚，她曾为贝克利的许多标本作图。该种之前常被称为金疣鹅膏 *Amanita inaurata* 或咽喉鹅膏 *Amanita strangulata*，且认为它在美国广泛分布，但最近的研究显示来自美国的标本属于一个或多个亲缘关系较近的种，但至今尚未命名。

相似物种

形态与该种相似，分布在中美洲和南美洲但颜色较暗的种，原被称作蛇皮状鹅膏，而现被称作姐妹鹅膏 *Amanita sororcula*。北美洲相近的种需要进一步研究。分布在欧洲的亚膜鹅膏 *Amanita submembranaceae* 是颜色较为相似的种，但该种具明显袋状菌托，灰色。*Amanita beckeri* 与其形态较为相似，但其菌盖和菌柄为褐色。

蛇皮状鹅膏相对较粗壮，菌柄较长。菌盖光滑，菌盖边缘具条纹，浅黄褐色至暗黄褐色，散布灰褐色粉末状菌幕残余。菌褶白色，逐渐为浅灰色。菌柄灰色，具明显的蛇皮状的纹饰，菌柄基部灰褐色，被有羊毛状的脊纹和环带。

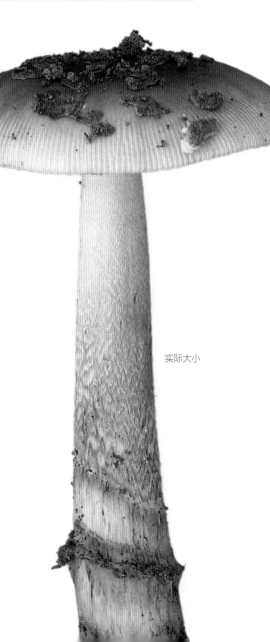

实际大小

科	鹅膏科Amanitaceae
分布	欧洲、北非、亚洲北部
生境	林地
宿主	阔叶树和针叶树，外生菌根菌
生长方式	单生或小群生于地上
频度	常见
孢子印颜色	白色
食用性	非食用

子实体高达
6 in
(150 mm)

菌盖直径达
4 in
(100 mm)

橙黄鹅膏
Amanita citrina
False Death Cap
(Schaeffer) Persoon

橙黄鹅膏是一种常见的蘑菇，能与较多的树种形成共生。该种菌柄基部截球状，且伤时或切开后带有强烈的生马铃薯气味，通常易被鉴定。目前该种下已报道两个变种，一个菌盖为白色，另一个为灰黄色。北美洲报道的橙黄鹅膏常带有薰衣草色，可能是一个不同的种。橙黄鹅膏无毒，但鲜以食用。这不仅因其气味难闻，而且就像它的俗名一样，很容易和致死蘑菇（毒鹅膏 *Amanita phalliodes*）混淆。

相似物种

真正的毒鹅膏 *Amanita phalloides* 子实体呈黄橄榄色，偶有苍白色和白色，菌托袋状，但基部不呈球状，没有假毒鹅膏的生马铃薯气味。花蕾鹅膏 *Amanita gemmata* 也与该种颜色较为相似，但不具假毒鹅膏生马铃薯的气味，菌柄基部也不呈球状。毒鹅膏和花蕾鹅膏都有毒。

橙黄鹅膏幼时菌盖凸镜形（见右图），逐渐平展。菌盖表面光滑，柠檬黄色（或有时为白色），常被有外菌幕形成的褐色的碎片。菌褶白色。菌柄白色至浅黄色，具明显的环。菌柄基部明显膨大，膨大的边缘带有不明显的菌托状的残余。

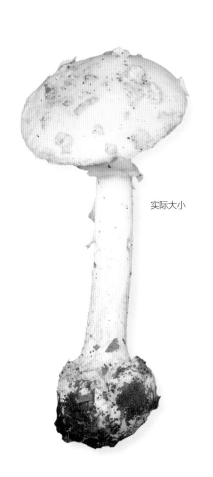

实际大小

科	鹅膏科Amanitaceae
分布	欧洲、亚洲西部
生境	林地
宿主	针叶树和阔叶树，尤其是桦树，外生菌根菌
生长方式	单生或小群生于地上
频度	不常见
孢子印颜色	白色
食用性	可食（烹熟时）

橘色鹅膏
Amanita crocea
Orange Grisette
(Quélet) Singer

子实体高达
9 in
(225 mm)

菌盖直径达
4 in
(100 mm)

47

橘色鹅膏是鹅膏属 *Amanita* 里最迷人的种，属于鹅膏属中菌柄上无环的类群。一直以来，人们都认为该种分布于北美洲、中美洲以及欧洲，但似乎美国的"橘色鹅膏"是形态上相似的近缘种（但一直未命名）。据说橘色鹅膏可食用，俄罗斯和东欧人喜欢吃这种蘑菇。但对其食用性还稍有怀疑，有报道认为橘色鹅膏即使充分烹饪后也会引起消化的问题。

相似物种

分布于北美洲和中美洲的较为相似的种类一直未正式定名。一些无菌环的鹅膏属物种形态上较为相似，但颜色不尽相同。欧洲赤褐鹅膏 *Amanita fulva* 菌盖呈暖褐色。橙盖鹅膏 *Amanita caesarea* 菌盖橘色，菌柄上具下垂的菌环。

实际大小

橘色鹅膏幼时菌盖圆锥形至凸镜形（见右图），逐渐至凸出形。菌盖表面光滑，淡橘色，边缘有条纹。菌褶白色。菌柄上无环，略带白色，表面具明显的淡橙色齿状纹饰。菌柄基部有袋状的大菌托，外部为白色，内部为浅橙色。

科	鹅膏科Amanitaceae
分布	北美洲东部、中美洲
生境	林地
宿主	阔叶树，尤其是栎树，外生菌根菌
生长方式	单生或小群生于地上
频度	常见
孢子印颜色	白色
食用性	有毒

子实体高达
8 in
(200 mm)

菌盖直径达
10 in
(250 mm)

48

胡萝卜鹅膏
Amanita daucipes
Carrot Amanita
(Berkeley & Montagne) Lloyd

鹅膏属 *Amanita* 内许多物种的菌柄基部都具有球状膨大的特征，但胡萝卜鹅膏远超出这些类群。胡萝卜鹅膏的球状菌柄基部不仅在地上部分膨大，而且一直膨大延伸到地下，就像胡萝卜一样。拉丁语"*daucipes*"即为"胡萝卜"。根状的菌柄甚至在碰触擦伤时都会变为橙红色，然而胡萝卜鹅膏与该属的其他鹅膏一样不能食用，可能有剧毒。它带有强烈的难闻味道，据说具有令人作呕的甜味，或者带有过期的火腿的味道。

相似物种

胡萝卜鹅膏的膨大的根状菌柄区别于该属其他的种。据报道 *Amanita atkinsoniana* 也出现在胡萝卜鹅膏分布地，且也有一个较大的、一定程度上呈根状的膨大基部，但该种的球状基部和菌盖上通常被有红褐色的环状小疣。广泛分布的赭盖鹅膏 *Amanita rubscens* 子实体的颜色与胡萝卜鹅膏相近，但其菌盖上的鳞片不呈明显的颗粒状，且缺少"胡萝卜"状的菌柄基部。

实际大小

胡萝卜鹅膏菌盖半球形，成熟后凸镜形至平展。菌盖白色至淡粉色或橙黄色，被有小颗粒状的外菌幕残余。菌柄白色，具鳞片，带有明显的环，菌柄的基部膨大，球状，长6 in（150 mm），且伤后变为橙红色至粉红色。

科	鹅膏科Amanitaceae
分布	北美洲、欧洲、北非、亚洲北部；已传入南非
生境	林地
宿主	阔叶树，外生菌根菌
生长方式	单生或小群生于地上
频度	常见
孢子印颜色	白色
食用性	有毒

子实体高达
6 in
(150 mm)

菌盖直径达
6 in
(150 mm)

块鳞青鹅膏灰色变种
Amanita excelsa var. *spissa*
Gray-Spotted Amanita
(Fries) Neville & Poumarat

块鳞青鹅膏灰色变种是极为常见的种类，尽管其准确的名字和分类地位常有争议。据说灰色变种比纤细而不常见的块鳞青鹅膏 *Amanita excelsa* 子实体更大、更矮壮。很有可能北美洲的标本代表的是一个或多个形态相似但仍未命名的物种。其英文名来自菌盖上灰色的菌幕残余碎片，尽管这些残片易脱落或有时由于一场大雨的淋洗而消失。该种不能食用，据说含有鹅膏毒素（在毒鹅膏里也发现含有该种有毒物质），所以最好避免采食。

相似物种

不常见的豹斑鹅膏 *Amanita pantherina* 菌盖呈暖褐色，带有白色菌幕残余，菌柄基部为球状，球基上部边缘明显。极为常见的赭盖鹅膏 *Amanita rubescens* 菌盖近粉褐色，带有近灰白色的菌幕残余，伤后或切开时菌肉逐渐变为红粉色。

块鳞青鹅膏灰色变种幼时菌盖半球形，后逐渐平展。菌盖表面光滑，灰褐色，具灰色不规则片状菌幕残余。菌褶白色。菌柄白色，带有明显的环（见右图），菌柄上部具条纹，下部具环形排列的颗粒状的菌幕残余。菌柄基部球状，没有明显的边缘。

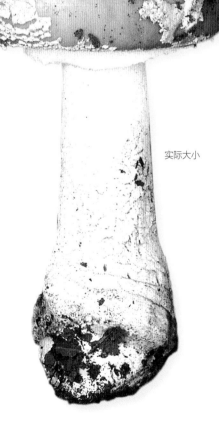

实际大小

科	鹅膏科Amanitaceae
分布	北美洲东部、中美洲
生境	林地
宿主	阔叶树和针叶树，外生菌根菌
生长方式	单生或群生于地上
频度	常见
孢子印颜色	白色
食用性	很可能有毒，勿食

子实体高达
5 in
(125 mm)

菌盖直径达
4 in
(100 mm)

黄片鹅膏
Amanita flavoconia
Yellow Dust Amanita
G. F. Atkinson

黄片鹅膏的子实体颜色明亮，据说是分布于北美洲东部的最常见种类之一，可与多个树种形成菌根。尽管色泽诱人（让人想到橙盖鹅膏 *Amanita caesarea*），但它很可能有毒，只是目前并未有人深入研究，所以最好避免食用。其俗名源于菌盖上外菌幕残余着疣状细鳞片，但鳞片会因雨水的冲洗而易消失，留下光滑的菌盖。

相似物种

稀有种 *Amanita frostiana* 与该种分布地一样，形态也较为相似，但其菌盖边缘具条纹。橙黄色的毒蝇鹅膏 *Amanita muscaria* 子实体常稍粗壮，菌盖上带有不易脱落的疣状鳞片。可食的杰克逊鹅膏 *Amanita jacksonii* 菌褶呈黄色，菌柄基部菌托袋状。

实际大小

黄片鹅膏菌盖幼时圆锥形，逐渐平展。菌盖表面亮红色至橘色，逐渐为橘黄色，被有疣状鳞片，至少幼时带有黄色的菌幕残余。菌褶呈白色，微黄。菌柄光滑至带细鳞片，呈白色至亮黄色，具黄色的菌环，基部球状，带有黄色的菌幕残余。

科	鹅膏科Amanitaceae
分布	欧洲、北非、亚洲西部
生境	林地
宿主	阔叶树和针叶树，尤其是桦树，外生菌根菌
生长方式	单生或小群生于地上
频度	常见
孢子印颜色	白色
食用性	烹熟后可食

子实体高达
6 in
(150 mm)

菌盖直径达
4 in
(100 mm)

赤褐鹅膏
Amanita fulva
Tawny Grisette
(Schaeffer) Fries

赤褐鹅膏是鹅膏属 *Amanita* 中较为纤细的种类（有时被归于拟鹅膏属 *Amanitopsis*），其菌柄基部具明显袋状的菌托但缺少菌环。直到最近还认为赤褐鹅膏是世界广布种，但现在看来似乎仅在欧洲临近地区有分布。其相似种发生在美国、亚洲东部和非洲。赤褐鹅膏子实体被认为可食用，但有时会引起胃部不适。其含有溶血毒素而导致贫血症，但烹熟后毒性常被破坏。

相似物种

尽管中美洲和哥伦比亚报道的暗褐色的灰黑鹅膏 *Amanita fuligineodisca* 与本种较为相似，但最为相似的美洲物种尚未被正式命名。分布在中国和日本的东方褐盖鹅膏 *Amanita orientifulva* 在形态上与赤褐鹅膏相似。与赤褐鹅膏形态上相似的种还有很多，但颜色都不尽相同。欧洲的灰鹅膏 *Amanita vaginata* 菌盖呈灰色，而橘色鹅膏 *Amanita crocea* 的菌盖呈橙色。

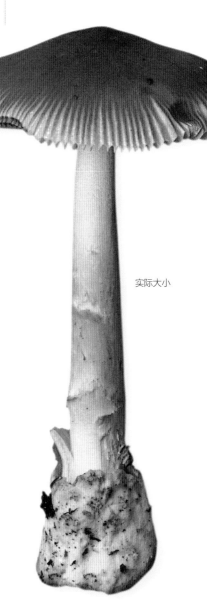

实际大小

赤褐鹅膏菌盖幼时圆锥形至凸镜形（见右图），逐渐至凸出形。菌盖表面光滑橘褐色至暖褐色，边缘具褶皱。菌褶白色。菌柄白色，无环；菌柄基部具袋状的大菌托；菌托白色，伤变锈褐色。

科	鹅膏科Amanitaceae
分布	北美洲东部、中美洲
生境	林地
宿主	栎树和松树，外生菌根菌
生长方式	地生
频度	不常见
孢子印颜色	白色
食用性	可食

子实体高达
6 in
(150 mm)

菌盖直径达
5 in
(120 mm)

杰克逊鹅膏
Amanita jacksonii
American Slender Caesar
Pomerleau

实际大小

　　杰克逊鹅膏首次被描述自魁北克，在整个北美洲东部向南到墨西哥人们都熟知这种蘑菇。过去常被认为是红黄鹅膏 *Amanita hemibapha*，但目前被认为是一个与红黄鹅膏近缘但有区别的物种。更早些时候，一直认为该种是分布在美洲的橙盖鹅膏 *Amanita caesarea*，但正如其英文俗名所示，杰克逊鹅膏子实体较为纤细，幼时颜色也更为明亮。因此被誉为鹅膏属 *Amanita* 内选美皇后也不无道理。和欧洲的橙盖鹅膏一样，该种也被认为是很可口的蘑菇。

相似物种

　　极为相似的物种分布于其他地方，红黄鹅膏 *Amanita hemibapha* 最早描述自斯里兰卡，印度也有该种的报道。日本和远东的拟橙盖鹅膏 *Amanita caesareoides* 与杰克逊鹅膏较为相近，前者过去也曾被叫作红黄鹅膏。而真的橙盖鹅膏是分布在地中海地区较为粗壮的种。

杰克逊鹅膏幼时菌盖亮红色，逐渐地由边缘向内变为橘色，之后为黄色。菌盖展开后光滑，边缘具条纹，菌盖通常凸出形。菌褶幼时橙黄色，逐渐变为黄色，菌柄黄色，但被有橘红色的蛇皮状的菌幕残余，且菌柄上具下垂的橙色环。菌柄基部带有袋状大菌托，白色。

科	鹅膏科Amanitaceae
分布	北美洲、欧洲、北非、中美洲、亚洲北部；已传入澳大利亚、新西兰、南非和南美洲
生境	林地
宿主	针叶树和阔叶树，尤其是桦树，外生菌根菌
生长方式	单生或小群生于地上
频度	极其常见
孢子印颜色	白色
食用性	有毒（致幻）

毒蝇鹅膏

Amanita muscaria
Fly Agaric

(Linnaeus) Lamarck

子实体高达
8 in
(200 mm)

菌盖直径达
12 in
(300 mm)

53

　　受童话故事插图作者的"青睐"，毒蝇鹅膏长期以来都背负着不祥的名声。曾经被认为其毒性极强，因能杀死落在菌盖上的苍蝇——就如其英文和拉丁名字一样（musca 意为"一只苍蝇"）。尽管著名的真菌毒素——鹅膏素——首次从该种的子实体中分离出来，但含量微小。其毒性活性成分实际上是蝇蕈素和鹅膏蕈氨酸，这两种成分不仅有毒，而且有致幻的作用。在拉普兰和西伯利亚地区毒蝇鹅膏曾被使用在萨满典礼上。也有传说认为圣诞老人的起源与毒蝇鹅膏有关，这主要指驯鹿是在迷幻的精神中飞跃，且圣诞老人也穿着红色和白色的服装。

毒蝇鹅膏菌盖幼时圆锥形，逐渐平展。菌盖表面光滑，鲜红色（罕见橘色至黄色），点缀着对比鲜明的白色羊毛状的小菌幕残余，雨水冲洗后易消失。菌褶白色。菌柄白色，具明显的环，菌柄基部球状，且边缘明显（见上面的照片）。

相似物种

　　在北美洲和中美洲，带有黄色菌幕残余的个体在遗传上与毒蝇鹅膏有所不同，有时它们被作为毒蝇鹅膏的一个变种，即毒蝇鹅膏黄托变种 *Amanita muscaria* var. *flavivolvata*。北极和北部温带山区报道的帝王鹅膏 *Amanita regalis* 与该种较为相似，但帝王鹅膏菌盖为黄褐色至暗褐色。菌盖红色的杰克逊鹅膏 *Amanita jacksonii* 及其近缘种菌柄基部有较大的袋状菌托。

实际大小

科	鹅膏科Amanitaceae
分布	北美洲东部、中美洲
生境	林地
宿主	针叶树和阔叶树，外生菌根菌
生长方式	单生或小群生于地上
频度	常见
孢子印颜色	白色
食用性	有毒

子实体高达
5 in
(125 mm)

菌盖直径达
4 in
(100 mm)

54

烟色鹅膏
Amanita onusta
Gunpowder Amanita
(Howe) Saccardo

烟色鹅膏的英文名字来自于其菌盖和球状的菌柄基部上方被有大量的烟灰色鳞片或疣凸。在尚未成熟时的"菇蕾期"覆盖着一层完整的菌幕，随着子实体的生长而破碎形成残余。就如鹅膏属 *Amanita* 里其他的物种一样，鳞片或疣凸与菌盖连接松散，很容易被手指擦掉或被大雨冲掉。烟色鹅膏是鹅膏属中子实体较小的种。通常不能食用，带有不好闻的漂白剂气味。

相似物种

小碎鹅膏 *Amanita miculifera* 是亚洲东部分布的相似种，子实体带有灰色的疣凸，菌柄根状。胡萝卜鹅膏 *Amanita daucipes* 主要发生在北美洲的东部，但其子实体较大，菌盖上的疣凸粉色至淡橙色，菌柄呈更明显的根状。

实际大小

烟色鹅膏菌盖凸镜形，成熟后平展。菌盖表面近白色至淡灰色，被有暗灰色至灰褐色的颗粒状或锥形的菌物残余。菌褶白色。菌柄白色，棉絮状，带有短暂的环，且球形、根状的菌柄基部被有深色的鳞片。

科	鹅膏科Amanitaceae
分布	欧洲、北非、亚洲北部；已传入南非
生境	林地，罕生于草场
宿主	阔叶树外生菌根，很少与针叶树和蔷薇类形成外生菌根菌
生长方式	单生或小群生于地上
频度	不常见
孢子印颜色	白色
食用性	有毒

子实体高达
6 in
(150 mm)

菌盖直径达
4 in
(100 mm)

豹斑鹅膏
Amanita pantherina
Panthercap

Krombholz

　　豹斑鹅膏的子实体非常漂亮，褐色的菌盖颜色均一，与其白色的鳞片对比鲜明。其共生宿主范围较广，令人更为惊讶的是，在钙质的牧场，该物种也能与开花植物半日花（半日花属 *Helicanthemum*）共生。最近的研究表明，北美洲的豹斑鹅膏可能是一个或多个相似但不同的种，并且与采自亚洲东部的标本也有着一定的区别。像毒蝇鹅膏 *Amanita muscaria* 那样，豹斑鹅膏也有毒，含有鹅膏蕈氨酸和蝇蕈素。这类物质使豹斑鹅膏具有潜在的致幻作用，但也有昏迷和惊厥的风险。很显然，该物种很少有致命的风险。

相似物种

　　较为常见的块鳞青鹅膏 *Amanita excelsa* 菌盖上菌幕残余不规则、淡灰色，菌柄基部球状，但边缘不明显。而同样常见的赭盖鹅膏 *Amanita rubescens* 菌盖为水浸状，呈粉褐色，具污灰白色的菌幕残余。菌柄基部也为球状但不具边缘。

实际大小

豹斑鹅膏菌盖幼时圆锥形，逐渐平展。菌盖表面光滑，暖褐色，点缀着对比鲜明的羊毛状的白色小菌幕残余。菌褶白色。菌柄也为白色，具明显下垂的环，环下部被有不完整的白色丛毛状、环带状菌幕残余。菌柄基部明显球状，菌托不明显，但边缘明显。

科	鹅膏科Amanitaceae
分布	欧洲、北非、亚洲西部；已传入北美洲、非洲东部和南部、南美洲、澳大利亚和新西兰
生境	林地
宿主	阔叶树，少数针叶树，外生菌根菌
生长方式	单生或小群生于地上
频度	常见
孢子印颜色	白色
食用性	有毒

子实体高达
6 in
(150 mm)

菌盖直径达
5 in
(125 mm)

56

毒鹅膏
Amanita phalloides
Death Cap
(Fries) Link

该种是毒蘑菇的代表，较其他有毒物种造成了更多的致死事件。虽然毒鹅膏的形态和颜色都明显与众不同，且随着子实体的成熟而带有令人呕吐的甜味，但该种仍有时被误认为可食用的种类。毒鹅膏含有的鹅膏素和毒肽，食用数小时内就会引起胃肠的反应，几天内引起细胞损伤（首先导致肝衰竭）。现代医学的重症监护治疗和器官移植等手段技术可将此类中毒事件的死亡率降低 20% 左右，但这可能对受害者没有多大的安慰。因此，最好是绝不采食野生的蘑菇，除非绝对确定所采蘑菇的毒性。

相似物种

在菌蕾期，毒鹅膏曾被当作一般的蘑菇（蘑菇属 *Agaricus* 物种）而被误采。该种蘑菇也易与孢子粉色（非白色）小包脚菇 *Volvariella volvacea* 混淆（尤其是东南亚的移民）。而橄榄黄色的橙黄口蘑 *Tricholoma flavovirens* 无菌环或菌托，菌褶为黄色。

实际大小

毒鹅膏菌盖凸镜形（见右图），逐渐平展，菌盖表面光滑（有时带有白色的片状的菌幕残余），淡橄榄色至近黄色、银灰色或近白色，通常具辐射状条纹。菌褶白色。菌柄白色，常具小锯齿状纹饰，菌柄上具下垂的、稍带沟纹的环，菌柄基部膨大，带有白色袋状的大菌托（有时内部为浅绿色）。

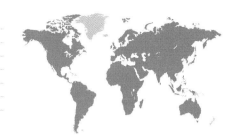

科	鹅膏科Amanitaceae
分布	北美洲、欧洲、非洲、中美洲和南美洲、亚洲、澳大利亚
生境	林地
宿主	与阔叶树和针叶树形成外生菌根
生长方式	单生或群生于地上
频度	极其常见
孢子印颜色	白色
食用性	烹熟后可食

赭盖鹅膏
Amanita rubescens
The Blusher
Persoon

子实体高达
4 in
(100 mm)

菌盖直径达
4 in
(100 mm)

57

赭盖鹅膏是最为常见的种类、可与多种不同的宿主形成外生菌根的物种之一。它也是地理分布较为广泛的蘑菇，而且随着大量人工林的种植，该物种已不经意地被传到了智利和南非等地区。种加词"*rubescens*"意思是"变红"，赭盖鹅膏子实体伤后或者切开时菌肉会慢慢地变为粉色。它们也可食用，但由于大多数鹅膏属 *Amanita* 的种具有致命的毒性，所以为了安全起见建议最好避免采食。赭盖鹅膏子实体含有一种毒性蛋白，即溶血毒素，但烹熟后溶血毒素被破坏，食用后不会出现有害的影响。

赭盖鹅膏菌盖半球形，逐渐平展至具宽凸出形。菌盖表面光滑，但散布近灰色小片状菌幕残片，褐色，边缘稍淡，伤后或老后浅粉色。菌褶白色。菌柄初时白色，伤后或老后浅粉色，具易碎菌环，菌环下部具鳞片，基部球状，具皮屑状鳞片。

相似物种

最近的研究显示真正的赭盖鹅膏可能仅分布在欧洲（但可能已传入其他地区），而美洲和其他的种群有可能是独立的种。最近北美洲西部报道的新鹅膏 *Amanita novinupta* 菌盖近白色，略带粉红色。鹅膏属其他物种，如豹斑鹅膏 *Amanita pantherina* 也是较为相似的种，但其菌盖绝不带红色。

实际大小

科	鹅膏科Amanitaceae
分布	北美洲、欧洲、中美洲、亚洲北部
生境	林地
宿主	阔叶树和针叶树的外生菌根菌
生长方式	单生或群生于地上
频度	不常见
孢子印颜色	白色
食用性	有毒

58

子实体高达
6 in
(150 mm)

菌盖直径达
5 in
(125 mm)

鳞柄白鹅膏
Amanita virosa
Destroying Angel
(Fries) Bertillon

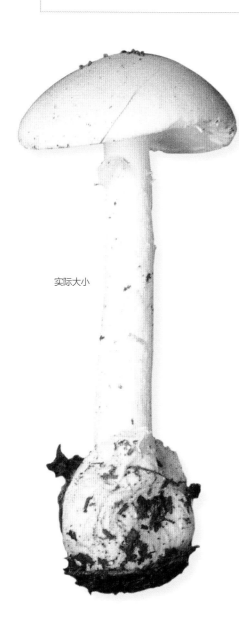

实际大小

像毒鹅膏 *Amanita phalloides* 一样，鳞柄白鹅膏也是一种典型的有毒蘑菇，在其分布区域导致了许多起蘑菇中毒死亡事件。子实体含有致命的鹅膏毒素，如食用后会引起主要细胞损伤，首先引起肝脏衰竭。鳞柄白鹅膏菌盖和菌褶呈白色，菌柄具菌环，其基部具有球状的菌托，新鲜时带有令人呕吐的甜味，这些明显区别于其他的物种，但鳞柄白鹅膏菇蕾时期的子实体易被误认为可食用的物种而被采食。最近分子实验证明世界上鳞柄白鹅膏是复合种，但复合种内所有的种都具有毒性。

相似物种

鳞柄白鹅膏仅在欧洲有分布，而其他地区分布的在遗传上不同的种群已被作为不同的物种，如北美洲东部的双孢鹅膏 *Amanita bisporigera*，北美洲西部的叶鞘鹅膏 *Amanita ocreata* 和亚洲分布的致命鹅膏 *Amanita exitialis*。这些物种在野外形态上极为相似，而且如果食用它们都同样很危险。

鳞柄白鹅膏菌盖半球形，后平展至具宽凸起。菌盖表面光滑（有时带有片状的菌幕残片），湿时黏，白色，后菌盖中央略带浅黄色。菌褶与菌柄都为白色，具易碎的鳞状环，环下部具鳞片，菌柄基部膨大，带有快速开裂的菌托。菌肉遇氨水（或其他碱类）变为亮黄色。

科	口蘑科Tricholomataceae
分布	中美洲和南美洲、亚洲东部（日本）、太平洋岛屿、夏威夷、新喀里多尼亚
生境	林地
宿主	阔叶树的外生菌根菌
生长方式	单生或小群生于枯枝落叶和腐木上
频度	不常见
孢子印颜色	白色
食用性	非食用

刺鳞白洁伞
Amparoina spinosissima
Flaky Bonnet
(Singer) Singer

子实体高达
2 in
(50 mm)

菌盖直径达
⅜ in
(8 mm)

这个古怪的小蘑菇幼时看起来像刚生长在枯枝落叶表面上带刺的小"马勃"。随着子实体的长大，小"马勃"长出菌柄，变成了一个小蘑菇，形态上像白色多毛的小皮伞属 *Marasmius* 或小菇属 *Mycena* 的物种。事实上，刺鳞白洁伞曾经被放到这两个属里，但是该种与这两个属都不相同。其表面上的刺状鳞片极易碎，易散落，这些刺也能作为繁殖体——意味着它们能生长并产生新的子实体上。

相似物种

刺鳞白洁伞的明显特征就是带有易碎的刺状小鳞片，且主要分布在热带地区，但一旦鳞片脱落后，它看起来就像小菇属、半小菇属 *Hemimycena*，或迷人菇属 *Delicatula* 中的白色物种，它们大多数也都生长在枯枝落叶上。

刺鳞白洁伞菌盖圆锥形或凸镜形，被有白色至淡黄色的薄而易落的小刺或颗粒，老后脱落，菌盖中央残留少许。刺下菌盖表面光滑，极薄，有条纹，白色。菌褶白色。菌柄具毛，白色，菌柄基部常稍有球状膨大。

实际大小

科	蜡伞科Hygrophoraceae
分布	北美洲西部
生境	林地
宿主	阔叶树和针叶树，尤其是赤杨
生长方式	单生或群生于地上或腐木上
频度	常见
孢子印颜色	白色
食用性	非食用

子实体高达
8 in
(200 mm)

菌盖直径达
8 in
(200 mm)

60

栗白安瓿杯伞
Ampulloclitocybe avellaneoalba
Smoky Brown Funnel
(Murrill) Harmaja

栗白安瓿杯伞是具有明显特征的、生长在北美洲西北的太平洋地区森林里的物种。栗白安瓿杯伞在该地区较为常见，常群生或簇生于老腐木上，通常生长在赤杨树与针叶树混交林里。与广泛分布的棒状安瓿杯伞 *Ampulloclitocybe clavipes* 的亲缘关系较近，但栗白安瓿杯伞的子实体较大，通常为棒状安瓿杯伞的二倍。种加词 "*avellaneoalba*" 意思为 "榛色和白色"，指的是栗白安瓿杯伞对比鲜明的暗色菌盖和白色菌褶。

相似物种

棒状安瓿杯伞是分布较为广泛的物种，典型的特征为菌盖颜色淡，子实体较小，菌柄基部明显膨大。杯伞属 *Ampulloclitocybe* 的几个物种，有些是有毒的，也具有延生的菌褶和呈漏斗形或凹陷的菌盖。

实际大小

栗白安瓿杯伞菌盖平展，逐渐为凹陷或老后为漏斗形，菌盖边缘常内卷。菌盖表面光滑至中央稍具鳞片，暗橄榄褐色至黑褐色。菌褶白色至奶油色，长延生。菌柄光滑，较菌盖颜色稍淡。

科	蜡伞科Hygrophoraceae
分布	北美洲、欧洲、中美洲、亚洲北部
生境	林地
宿主	针叶树，有时生于阔叶树
生长方式	单生或群生于地上
频度	常见
孢子印颜色	白色
食用性	有毒（酒后）

子实体高达
3 in
(80 mm)

菌盖直径达
3½ in
(90 mm)

棒状安瓿杯伞
Ampulloclitocybe clavipes
Club Foot
(Persoon) Redhead et al.

61

棒状安瓿杯伞是林地里广泛分布且常见的物种，因其菌柄基部极度膨大而易于识别。形态上与杯伞属 *Clitocybe* 物种较为相似，曾被放到该属中，但最近的 DNA 研究证明它们是不相关的类群。许多国家，如中国、墨西哥和乌克兰的人们喜欢采食该种蘑菇，但食用后几天内饮酒就会引起中毒反应。出现脸红，心跳加快，眩晕，甚至崩溃等症状，与食用墨汁拟鬼伞 *Coprinopsis atramentaria* 后饮酒的中毒症状较为相似。

相似物种

与杯伞属的几个物种，如肋纹杯伞 *Clitocybe costata* 是较为相似的物种，菌褶延生，菌盖凹陷或呈漏斗形。杯伞属中有些物种是剧毒的。淡灰色的水粉杯伞 *Clitocybe nebularis* 和近白色的向地漏斗伞 *Infungibulicybe geotropa* 的菌柄基部都常膨大，但通常情况下它们的子实体要大得多。

实际大小

棒状安瓿杯伞菌盖初时凸出形，后平展，老后常凹陷或漏斗形。菌盖表面光滑，颜色变化大，红褐色至橄榄褐色或灰褐色。菌褶白色，奶油色或淡黄色，长延生。菌柄浅黄色至灰褐色，光滑，基部通常（但不总是）明显膨大，颜色暗。

科	小皮伞科Marasmiaceae
分布	非洲东部和南部、亚洲南部
生境	林地
宿主	生于阔叶树
生长方式	群生于枯枝落叶上
频度	不常见
孢子印颜色	白色
食用性	非食用

子实体高达
⅛ in
(1 mm)

菌盖直径达
1½ in
(35 mm)

黑褶碳褶菌
Anthracophyllum melanophyllum
Cinnabar Fan Bracket
(Fries) Pegler & T. W. K. Young

碳褶菌属 *Anthracophyllum* 物种广泛分布于热带、亚热带和南温带地区。像靴耳属 *Crepidotus* 物种一样，它们生在枯枝上和死的树干上，呈檐状或贝壳形。子实体革质，坚韧，干后逐渐变硬，大部分菌褶的颜色较深（拉丁词 *melanoophyllum* 意思为黑褶），但其孢子为白色。该属与小皮伞属 *Marasmius* 同科，小皮伞属物种子实体颜色通常较为明亮，同样广泛分布在热带地区。

相似物种

在澳大利亚和新西兰，阿切尔碳褶菌 *Anthracophyllum archeri* 是最常见的物种，菌盖呈橘色至褐色，菌褶通常呈橘色至砖红色。侧生碳褶菌 *Anthracophyllum lateritium* 通常发生在北美洲的东南部和加勒比海地区，菌盖浅红色至砖红色，菌褶暗红色。

黑褶碳褶菌子实体革质，贝壳形，一侧附着于木头上，有时基部或留有退化的菌柄。菌盖具沟纹，幼时较柔软，后变硬，粉红至朱红色，后暗褐色。菌褶稀，亮朱红色，逐渐变为紫罗兰色至紫黑色。

实际大小

科	膨瑚菌科Physalacriaceae
分布	北美洲、欧洲、亚洲北部；已传入南非
生境	林地、公园、花园
宿主	阔叶树
生长方式	簇生于树干、树桩或树根部
频度	极其常见
孢子印颜色	白色
食用性	可食

子实体高达
7 in
(175 mm)

菌盖直径达
5 in
(125 mm)

63

蜜环菌
Armillaria mellea
Honey Fungus
(Vahl) P. Kummer

尽管蜜环菌的名字听起来很好听，但由于其在地下形成了长的黑色菌索而快速传播导致该种侵略性地寄生于树木和灌木上，因此对园丁来说该物种是较为可怕的。通常我们会在林地倒木的皮层找到似鞋带粗的菌索，这也是其另一个名字"鞋带真菌"（Bootlace Fungus）的由来。与该种亲缘关系较近的奥氏蜜环菌 *Armilaria ostoyae* 对针叶林有着毁灭性的危害，该种会很快传播，定殖整个森林。据报道在俄勒冈州发现的世界已知的最大的生物体之一就是奥氏蜜环菌，大约占地 2000 英亩（800公顷）。蜜环菌是可食用的，尽管有报道说食用后会引起胃部不舒服。

相似物种

世界范围内的这一复合群曾经都被称为蜜环菌，如新西兰报道的新西兰蜜环菌 *Armillaria novae-zelandiae* 也曾被叫作蜜环菌。在北温带地区，较为常见的奥氏蜜环菌子实体较为纤细，带有紫色色调。而另一个较为相近的种高卢蜜环菌 *Armillaria gallica*，通常成小簇地生长，菌柄的基部膨大，且该种是非寄生的。

蜜环菌菌盖凸镜形，逐渐凸出形至菌盖中部稍微凹陷。菌盖表面淡橄榄黄色至橙褐色，中部稍暗，被有淡褐色至暗褐色的小鳞片。菌褶延生，奶油色。菌柄上部奶油色，基部逐渐变为暗褐色，具明显的菌环；菌环边缘常呈深黄色。

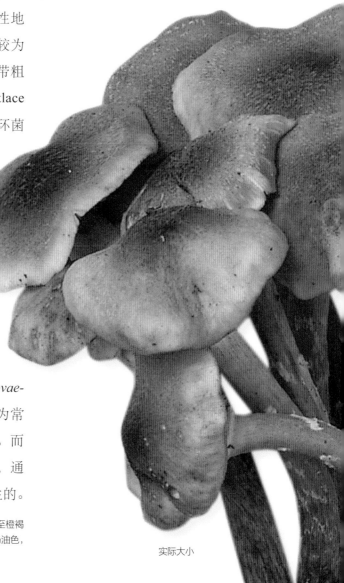

实际大小

科	口蘑科Tricholomataceae
分布	北美洲、欧洲
生境	潮湿的林地，年久的草坪和草地
宿主	生于苔藓上
生长方式	单生或群生于苔藓的茎干部
频度	不常见
孢子印颜色	白色
食用性	非食用

子实体高达
⅛ in
(1 mm)

菌盖直径达
½ in
(10 mm)

64

皱网健孔菌
Arrhenia retiruga
Small Moss Oysterling
(Bulliard) Redhead

皱网健孔菌子实体薄，倒碗形，菌盖中心或一侧生长在苔藓茎干上。老后子实体平展，形状十分不规则。菌盖表面光滑，灰黄色。菌盖表面下光滑至具浅脉，颜色与菌盖相近或稍淡。

皱网健孔菌及其相似种是阴暗潮湿地苔藓上十分常见的物种，子实体小而易被忽略。该种最易斑斑点点地在苔藓覆盖的草坪上发生，尤其是成群生长时。它们都是伞菌，有一些看上去像小型的侧耳（如糙皮侧耳 *Pleurotus ostreatus*），也因此其英文俗名叫 Small Moss Oysterling。然而皱网健孔菌产孢而并非菌褶，而是光滑的或是由浅浅的脉纹组成。该种确实是寄生在苔藓上，通过释放酶类物质降解寄主植物的细胞壁而使得菌丝穿透寄主植物组织向内部生长。

相似物种

小健孔菌属 *Arrhenia* 中几个颜色较为相近的种通常都生长在苔藓上。包括针状健孔菌 *Amanita acerosa*，但其子实体稍大，菌盖下面带有明显的菌褶；而耳盖健孔菌 *Arrhenia auricalpium* 和耳匙健孔菌 *Arrhenia spathulata* 两种都具有明显的菌柄，而对于极为相似的唇形健孔菌 *Arrhenia lobata*，只仅能通过显微特征来区分。

实际大小

科	离褶伞科Lyophyllaceae
分布	北美洲、欧洲、中美洲和亚洲北部
生境	林地
宿主	红菇上，罕见于乳菇上
生长方式	簇生于过熟的子实体上
频度	不常见
孢子印颜色	白色
食用性	非食用

子实体高达
2 in
(50 mm)

菌盖直径达
1 in
(25 mm)

马勃状星形菌
Asterophora lycoperdoides
Powdery Piggyback

(Bulliard) Ditmar

尽管没有人认为马勃状星形菌子实体引人注目，但该种确实也是一个有趣的物种。首先，马勃状星形菌寄生在其他的蘑菇上，在其寄主腐烂的菌盖上形成子实体。它喜欢寄生在黑红菇 *Russula nigricans* 和其他的老后变黑的红菇属 *Russula* 物种的子实体上，但也可生长在子实体不变黑的物种上，如美味红菇 *Russula delica* 和绒白乳菇 *Lactarius vellereus*。其次，其菌盖逐渐会破裂成褐色的粉末，看上去像成熟的马勃（*lycoperdioes* 意思为马勃状）。粉末是由褐色、带刺的无性孢子组成，无性孢子可以存活多年，直到找到一个新的寄主子实体后开始萌发。

马勃状星形菌菌盖半球形，幼时白色，光滑，后菌盖表面稍粗糙，渐破碎成黄色至淡褐色粉末。菌褶白色，常形成并不完全，极稀疏。菌柄光滑，白色至淡褐色。

实际大小

相似物种

分布于北美洲和欧洲的寄生星形菌 *Asterophora parasitica* 寄生于相同的寄主，但其菌盖不会变成粉末状。澳大利亚的美丽星形菌 *Asterophora mirabilis* 也是一样的。金钱菌属 *Collybia* 的几个小的、淡色的、菌柄细的物种也在老后的蘑菇子实体上生长，如红菇属和乳菇属 *Lactarius* 物种，但它们常是在寄主完全腐烂后才会生长形成子实体。

科	桩菇科Paxillaceae
分布	新西兰
生境	林地和公园
宿主	南方山毛榉的外生菌根菌
生长方式	单生或散群生于地上
频度	常见
孢子印颜色	褐色
食用性	有毒

子实体高达
4 in
(100 mm)

菌盖直径达
4 in
(100 mm)

66

麦克纳布南桩菇
Austropaxillus macnabbii
Orange Rollrim
(Singer, J. García & L. D. Gómez) Jarosch

麦克纳布南桩菇是新西兰的特有种，是南桩菇属 *Autropaxillus* 中仅分布在南半球的物种之一。长期以来，麦克纳布南桩菇都被置于桩菇属 *Paxillus* 中，桩菇属在北半球较为常见。但是 DNA 研究结果表明它们独立进化，形成有亲缘关系、但却不同的两个属。麦克纳布南桩菇与假山毛榉属 *Nothofagus* 物种——南方山毛榉——形成互惠共生的外生菌根关系，南方山毛榉也只分布在南半球。桩菇属物种有毒，麦克纳布南桩菇也是有毒的。

麦克纳布南桩菇菌盖初时凸镜形，逐渐平展，中央常具凹陷。菌盖边缘内卷。菌盖表面初时黄白色，逐渐变为橙黄色至黄褐色，通常被有褐色的小鳞片。菌褶延生，与菌盖同色。菌柄光滑，黄白色，伤后常为黄褐色。

相似物种

卷边桩菇 *Paxillus involutus* 分布较为广泛，也被传入新西兰，与新西兰的非原生树共生。其他与新西兰的南方山毛榉共生的物种有多毛南桩菇 *Austropaxillus squarrosus* 和假山毛榉南桩菇 *Austropaxillus nothofagi*。但多毛南桩菇菌肉黄色，伤后变为褐色，而假山毛榉南桩菇的菌盖颜色通常更暗，呈红褐色。

实际大小

科	粪伞科Bolbitiaceae
分布	北美洲、欧洲、亚洲北部
生境	林地
宿主	阔叶树
生长方式	生长于树桩、枯枝落叶层上、木屑上
频度	不常见
孢子印颜色	锈褐色
食用性	非食用

网盖粪伞
Bolbitius reticulatus
Netted Fieldcap
(Persoon) Ricken

子实体高达
2 in
(50 mm)

菌盖直径达
2 in
(50 mm)

67

网盖粪伞可能是十分常见的物种，但由于子实体生长期短暂，且通常易被人们忽略。就如该种的英文名和拉丁名所指的，网盖粪伞的菌盖上有脊状或脉状网纹，但采集时常会发现很多标本的菌盖是光滑的。网盖粪伞与光柄菇属 *Pluteus* 的物种形态非常相似，导致人们在野外采集标本的时候常常将它们混淆，但实质上它们的亲缘关系却相距较远。而网盖粪伞锈褐色的孢子印也明显与光柄菇不同。

实际大小

相似物种

网盖粪伞与网盖光柄菇 *Pluteus thomsonii* 的生活习性及子实体的形态较为相似，但光柄菇属物种的孢子印为粉色，菌褶也会因孢子而逐渐呈粉色，这些可与网盖粪伞区别开来。粉砂粪伞 *Bolbitius aleuriatus* 菌盖缺少脉状的网纹，但现在认为是网盖粪伞的异名。

网盖粪伞菌盖凸镜形，后平展至具不明显的凸出形。菌盖表面光滑或带有网脉，湿时黏，具条纹，浅灰褐色至暗灰褐色，带有紫色或淡丁香紫的色调。菌褶初时奶油色，老后肉桂色至锈褐色（如右图）。菌柄细，光滑，白色。

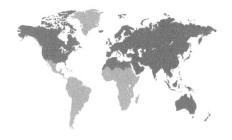

科	粪伞科Bolbitiaceae
分布	北美洲、欧洲、北非、亚洲、澳大利亚、新西兰
生境	牧场、花园
宿主	腐熟的粪肥或施过肥的地面
生长方式	单生或散群生于地上
频度	常见
孢子印颜色	暗锈褐色
食用性	非食用

子实体高达
4 in
(100 mm)

菌盖直径达
1½ in
(40 mm)

68

黄盖粪伞
Bolbitius titubans
Yellow Fieldcap
(Bulliard) Fries

实际大小

黄盖粪伞是一种颜色亮丽的小蘑菇，通常将其称为黄色野蘑菇（Yellow Fieldcap）或黄色牛粪毒蕈（Yellow Cowpat Toadstool），看上去较为迷人，但令人扫兴的是，该种喜好生长在有粪便及肥料的草地上，气候潮湿的时候，黄盖粪伞在这些地方十分常见和显眼。因粪便营养物质丰富但持续时间短暂，所以喜粪真菌常快速地定殖，子实体存在时间短暂。黄盖粪伞就是这样的一个物种，子实体小，易碎，很少能存活多于一两天，仅够释放孢子。黄盖粪伞原来被称为是粪伞 *Bolbitius vitellinus*，种加词的意思为蛋黄色，但颜色褪掉的时间比子实体消失更快。

相似物种

尽管黄盖粪伞菌盖中心常留有一点褪去的残色，但褪色的老子实体是很难与锥盖伞属 *Conocybe* 的物种区分开来，如白盖的柔嫩锥盖伞 *Conocybe apala*。与一些鬼伞（拟鬼伞属 *Coprinopsis*）的物种形态上较为相近，但拟鬼伞属黑色的菌褶和孢子很容易将其区分开来。

黄盖粪伞光滑，稍黏，亮黄色，菌盖初时圆锥形。菌盖薄，边缘具条纹，由外向内快速褪色，逐渐为水白色至淡黄色。菌褶淡黄褐色，菌柄细，易碎，淡黄色，后褪为白色。

科	离褶伞科Lyophyllaceae
分布	北美洲、欧洲、亚洲北部
生境	草地和草场，少分布在林地里
宿主	苔藓、草
生长方式	单生、小群生或簇生于地上
频度	常见
孢子印颜色	白色
食用性	有人认为可食

子实体高达
2 in
(50 mm)

菌盖直径达
2 in
(50 mm)

肉色丽蘑
Calocybe carnea
Pink Domecap
(Bulliard) Donk

Calocybe 意为美丽的蘑菇。这种迷人的小蘑菇最早描述自法国，常见于欧洲的草地和矮草坪上，但在北美洲可能较少见。它似乎较其他的草地真菌如湿伞属 *Hygrocybe* 的物种更加耐受肥沃的草坪。肉色丽蘑往往老后褪掉颜色，但是菌褶密，呈白色至奶油色而明显与众不同。据说肉色丽蘑是可食用的，但数量很少，而且易与有毒的粉褶蕈属 *Entoloma* 的物种混淆，因此无多大食用价值。

相似物种

杏香丽蘑 *Calocybe gambosa* 的子实体较大，呈白色，为早春出现的蘑菇。其他的近缘种，如粉紫丽蘑 *Calocybe ionides* 子实体或暗色，或亮黄色，通常地生长在树林里。一些草地上发生的粉色的粉褶蕈属物种形态上也较为相似，但粉褶蕈属的所有物种孢子为粉红色，使得成熟标本的菌褶也呈粉红色。

实际大小

肉色丽蘑菌盖初时半球形，但很快变为不明显的凸镜形至平展。子实体光滑，无光泽，玫瑰粉色至肉粉色，老后颜色暗淡，带有黄色。菌褶白色至奶油色，极密。菌柄与菌盖同色，光滑，从上向下渐细（但不总是表现该特征）。

科	离褶伞科Lyophyllaceae
分布	欧洲、亚洲北部
生境	含碳酸钙的林地、灌木和草地
宿主	含有碳酸钙的林地植物
生长方式	群生或簇生于地上
频度	常见
孢子印颜色	白色
食用性	可食

子实体高达
4 in
(100 mm)

菌盖直径达
6 in
(150 mm)

70

杏香丽蘑
Calocybe gambosa
St. George's Mushroom
(Fries) Donk

实际大小

杏香丽蘑是一种春季形成子实体的蘑菇，其英文名字是为了纪念英格兰守护神圣乔治，圣乔治纪念日是 4 月 23 日，而每年恰在此时间前后，杏香丽蘑的子实体开始出现。该种通常生长在石灰岩或含有碳酸钙的土壤里，由于其颜色和具有强烈的淀粉的味道而明显地不同于其他种。杏香丽蘑是很好的野生食用菌，在欧洲许多国家，包括保加利亚、罗马尼亚、法国和西班牙等，该物种被商业化采集并大量出口。2010 年 4 月在伦敦举行的 G20 高峰会议上，世界各国领导人的宴会菜单中就出现了采自英国的杏香丽蘑的菜肴，出乎意料是从此该种蘑菇备受人们的青睐。

相似物种

相对来说，在春季很少出现这种个体较大的蘑菇，但粉褶蕈属 *Entoloma* 中几个种与该种形态上较为相似。一些粉褶蕈属的物种如有毒的毒粉褶蕈 *Entoloma sinuatum* 等都因其鲑粉色的孢子印而明显区分开来。致命的春生鹅膏 *Amanita verna* 子实体为白色，是早春发生的物种，但其菌柄上具菌环，基部带有菌托。

杏香丽蘑子实体稍粗壮，菌肉实。菌盖为半球形，光滑，呈白色至奶油色，有时向着菌盖中央的方向带有褐色，菌盖偶有因天气干燥而龟裂。菌褶呈浅白色，稍密。菌柄粗，与菌盖同色，光滑，菌肉呈白色，不变色。

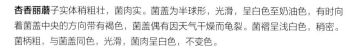

科	离褶伞科Lyophyllaceae
分布	北美洲、欧洲、亚洲北部
生境	含碳酸钙的林地
宿主	阔叶树和针叶树
生长方式	单生、小群生或簇生于地上
频度	不常见
孢子印颜色	白色
食用性	可食

子实体高达
2 in
(50 mm)

菌盖直径达
2 in
(50 mm)

紫色丽蘑
Calocybe ionides
Violet Domecap

(Bulliard) Donk

紫色丽蘑虽不常见，但分布广泛，该种在欧洲的一些国家里极其罕见，因此已作为濒危物种被列入该国的红色名录中。当走进森林里，紫色丽蘑的紫色菌盖和菌柄、奶油色的菌褶等对比鲜明，十分引人注目。其子实体也有明显的淀粉气味和味道。紫色丽蘑通常生长在含有碳酸钙的树林里，看来它是一个枯枝落叶分解者。1792 年让·巴普蒂斯特·布雅蒂首先描述该种并绘图，巴普蒂斯特是法国的菌物学家，他曾命名许多熟知的真菌，包括可食用的美味牛肝菌 *Boletus edulis* 和墨汁拟鬼伞 *Coprinopsis atramentaria*。

相似物种

更常见的肉色丽蘑 *Calocybe carnea* 常生长在草坪和草地上。不常见的金粉丽蘑 *Calocybe onychina* 是极为相似的物种，但其菌盖常为紫色而非紫罗兰色，且菌褶呈污黄色。紫丁香蘑 *Lepista nuda* 菌盖和菌柄为紫罗兰色，但其子实体稍大，菌褶呈丁香紫色至灰丁香紫色。

实际大小

紫色丽蘑菌盖呈不明显的凸镜形至平展。菌盖表面光滑，无光泽，亮紫色至黑紫色，老时变暗或呈褐色，通常边缘不褪色。菌褶奶油色，密。菌柄光滑，与菌盖同色或呈暗灰紫色。

科	蜡伞科Hygrophoraceae
分布	北美洲、欧洲
生境	含有碳酸钙的牧草地，长满青苔的草坪或林地
宿主	苔藓、草
生长方式	单生或群生于地上
频度	不常见
孢子印颜色	白色
食用性	非食用

子实体高达
3 in
(75 mm)

菌盖直径达
1½ in
(40 mm)

72

臭拟拱顶伞
Camarophyllopsis foetens
Stinking Fanvault
(W. Phillips) Arnolds

实际大小

拟拱顶伞属 *Camarophyllopsis* 的物种是个体较小的伞菌，多呈灰褐色；菌褶延生，呈明显弓形——这也是其英文名"Fanvault"的由来。它们与湿伞属 *Hygrocybe* 的物种亲缘关系较近，子实体都发生在相同生境，在欧洲通常见于长满苔藓的含有碳酸钙的牧草地上，而在北美洲更为多见于林地中。该种非常罕见，但是如果有适合其生长的生境，往往会有好几个不同的种生长在一起。种加词"*foetens*"意思为恶臭。臭拟拱顶伞由于带有强烈的、不好闻的卫生球（或花式樟脑球）的味道而非常容易被识别。

臭拟拱顶伞菌盖凸镜形，逐渐为平展或菌盖中部稍凹陷。菌盖表面光滑，淡灰褐色至褐色。菌褶延生，稀，与菌盖同色。菌柄光滑，向着基部渐细，赭褐色至与菌盖同色。

相似物种

拟拱顶伞属中其他的物种在形态上较为相似，但缺少臭拟拱顶伞特有的强烈味道。大多数相似种最好都通过显微特征来区分，但暗疣拟拱顶伞 *Camarophyllopsis atropunctata* 菌柄上带有黑色的斑点，能明显地从形态上将其区分开来。

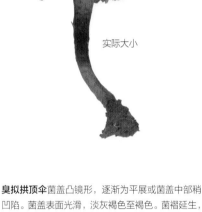

科	小皮伞科Marasmiaceae
分布	南美洲
生境	林地
宿主	竹林
生长方式	死的树干上
频度	不常见
孢子印颜色	白色
食用性	非食用

子实体高达
⅛ in
(2 mm)

菌盖直径达
1½ in
(35 mm)

铜绿脉褶菌
Campanella aeruginea
Turquoise Campanella
Singer

铜绿脉褶菌首次描述自阿根廷，在南美洲分布较广，通常生长在死竹子的茎部。它是小皮伞属 *Marasmius* 的近缘种，但其子实体胶质，菌盖下表面有与众不同的几乎为空状的菌褶。如果仔细观察，会发现有许多蘑菇的菌褶都有横脉相连，但对脉褶菌属 *Campanella* 物种来说，这些横脉非常明显，且分叉，因此看起来呈网状。尽管一些脉褶菌属的物种生长在枯枝上，但该属的物种也喜欢生长在枯草的茎干上（包括竹子）。

相似物种

欧洲的淡蓝脉褶菌 *Campanella caesia* 颜色较为相似，但其子实体较小，且生长在枯草上（而且除非仔细寻找，否则很难看到）。更多脉褶菌的其他物种，有些呈白色，另一部分是生长在热带和亚热带的、子实体呈黄色或带有蓝绿色的物种。

实际大小

铜绿脉褶菌子实体薄，菌盖胶质，初时为凸镜形，逐渐变平展。菌盖表面光滑，且具脊痕或凹槽，半透明，发白或呈略带有红色的青绿色和发红的蓝绿色。菌褶与菌盖同色，稀，网纹交错以至于菌盖下表面看起来呈孔状。菌柄无，菌盖一侧直接附着于基物上。

科	小皮伞科Marasmiaceae
分布	中美洲和南美洲
生境	林地
宿主	阔叶树
生长方式	群生于枯枝落叶上
频度	常见
孢子印颜色	白色
食用性	非食用

子实体高达
1 in
(25 mm)

菌盖直径达
¼ in
(6 mm)

74

蒙塔卡里披菌
Caripia montagnei
Pod Parachute
(Berkeley) Kuntze

这种形态奇特的小型真菌形态上像一个奇怪的马勃，但实际上它的孢子是在豆荚状的头部外表面形成，而不是在内部。该物种曾经与珊瑚菌属 *Clavaria* 并列处理，最近认为它与柄杯菌属 *Podoscypha* 近缘，但DNA研究显示它实质上与小皮伞属 *Marasmius* 这类小蘑菇的亲缘关系更近。为什么蒙塔卡里披菌进化出这种奇特的形状仍然是一个谜。该种是由巴西的北部海岸线的卡里披河而得名，是分布在美洲热带和亚热带地区十分常见的物种。

实际大小

蒙塔卡里披菌形态特殊，子实体球形或豆荚形。菌盖光滑，近白色至奶油色，逐渐变为平展或菌盖中部稍凹陷。边缘下延，外表面上产生孢子，颜色相近，初时光滑，老后带有脉状的褶皱。菌柄细，圆柱形，光滑，褐色至紫褐色。

相似物种

蒙塔卡里披菌的形态十分特别。它有可能会被误认为有柄的盘菌，如杜蒙提盘菌 *Dumontinia tuberosade*，但这些盘菌的孢子是在子实体的上表面产生，而且它们与蒙塔卡里披菌无任何亲缘关系。而亲缘关系较近的如圆形小皮伞 *Marasmius rotula* 与该种的形态较为相似，但菌盖为伞状，菌盖表面下带有菌褶。

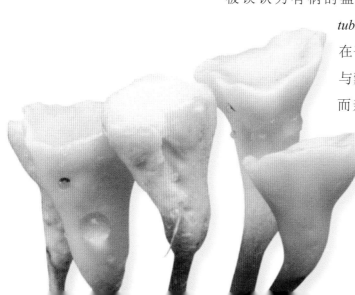

科	口蘑科Tricholomataceae
分布	北美洲、欧洲大陆、亚洲北部
生境	林地
宿主	针叶树，尤其是云杉的外生菌根菌
生长方式	单生或小簇生于地上
频度	不常见
孢子印颜色	白色
食用性	可食

子实体高达
7 in
(180 mm)

菌盖直径达
12 in
(300 mm)

乳头蘑
Catathelasma imperiale
Imperial Mushroom

(Fries) Singer

75

就如该种的俗名——帝王菇（Imperial Mushroom）一样，乳头蘑子实体较大，十分壮观，通常生长在土壤中含有碳酸钙的云杉林中。它与口蘑属 *Tricholoma* 的物种亲缘关系较近，但与口蘑属物种不同的是，该物种有独特的双环，且菌褶延生。该种蘑菇具明显的味道，描述多样：淀粉状、有黄瓜或西瓜的味道。乳头蘑子实体十分结实，但可食用，甚至罗马尼亚和中国已进行商业化的采集并出口。在欧洲一些国家，该物种非常罕见，并不断减少，它已作为濒危物种被列入国家红色名录。

相似物种

北美洲西部有些亲缘关系较为相近的物种，如梭柄乳头蘑 *Catathelasma vertricosum* 子实体通常较小，菌盖白色。而松口蘑 *Tricholoma matsutake* 和白口蘑 *Tricholoma magnivelare* 形态上与该种较为相似，但这两种蘑菇菌褶不呈延生状或不带有双环。这些相似种都可以食用。

实际大小

乳头蘑子实体大，粗壮，一半常埋藏于地下的苔藓和枯枝落叶下面。菌盖凸镜形至平展，光滑至纤毛状，幼时黏，浅褐色至中褐色。菌褶长延生，近白色至奶油色，随着成熟偶带灰色。菌柄粗，向着基部明显逐渐变细，常埋藏于地下。菌环双层；菌环上部菌柄白色，菌环下部菌柄浅黄褐色。

科	伞菌科Agaricaceae
分布	北美洲、非洲、中美洲和南美洲、亚洲、澳大利亚
生境	草地、公园、草坪
宿主	土壤和腐殖质丰富的针叶林和阔叶树
生长方式	地生；单生、群生或形成蘑菇圈
频度	常见
孢子印颜色	绿色至灰绿色
食用性	有毒

子实体高达
10 in
(250 mm)

菌盖直径达
12 in
(300 mm)

大青褶伞
Chlorophyllum molybdites
False Parasol
(G. Meyer) Massee

在北美洲，大青褶伞是当地蘑菇中毒事件的罪魁祸首，其他地方也有多起由该种蘑菇引起的中毒事件。大青褶伞是热带和亚热带分布的物种，尤其是在草地上常形成壮观的蘑菇圈。该物种已扩散至温带地区，北至加拿大、日本和韩国等，但在欧洲和新西兰却未见该种报道（除极少部分生长在温室和植物盆栽中）。其绿色的孢子印非常独特，易与其他种区分开来，但幼时子实体的菌褶没有颜色，这使得人们易将其与可食用的大环柄菇属 *Macrolepiota* 物种混淆。其毒素尚不明确，但能引起易感人群剧烈的胃肠反应症状。

相似物种

大青褶伞常与可食用的高大环柄菇 *Macrolepiota procera* 相混淆，但后者菌柄带有锯齿形的纹饰，菌肉不变红。也易与粗鳞青褶伞 *Chlorophyllum rhacodes* 和褐青褶伞 *Chlorophyllum brunneum* 混淆，有些人认为这两种蘑菇可食用，但也有可能它们是有毒的。

实际大小

大青褶伞菌盖初时半球形，后平展至具浅凸出形，中部被褐色或粉褐色的大鳞片，边缘围绕着颜色相似的小鳞片；鳞片下方菌盖白色。菌褶白色，逐渐变为绿色。菌柄光滑，近白色，有时向着基部渐变为褐色，具疏松的鳞状大环。菌柄基部切开后变为红色。

科	伞菌科Agaricaceae
分布	北美洲、欧洲、亚洲北部
生境	林地、公园和草地
宿主	针叶树和阔叶树，丰富的土壤和有机质上
生长方式	单生或群生于地上
频度	常见
孢子印颜色	白色
食用性	有毒（对于部分人群），避免食用

子实体高达
9 in
(225 mm)

菌盖直径达
9 in
(225 mm)

77

粗鳞青褶伞
Chlorophyllum rhacodes
Shaggy Parasol

(Vittadini) Vellinga

粗鳞青褶伞（先前被认为是粗鳞高大环柄菇 *Macrolepiota rhacode*）是北温带常见的物种，喜好生在肥沃土壤上，常发生于花园、施肥地和堆肥地。有些人采食该物种，但另一些人食用后却会引起胃部不良反应，所以最好避免食用。由于该种与明确具有毒性的大青褶伞 *Chlorophyllum molybdites* 形态极为相似，所以在北美洲、亚热带和热带地区，它常被过度自信的人们误认为粗鳞高大环柄菇而采食。种加词"*rhacodes*"意思为粗糙的，这准确地描述了菌盖被鳞片的特征。

相似物种

有毒的大青褶伞与该种极为相似，但其子实体成熟后孢子印和菌褶都为绿色。褐青褶伞 *Chlorophyllum brunneum*（北美洲西部和澳大利亚的"Shaggy Parasol"）、橄榄青褶伞 *Chlorophyllum olivieri* 与粗鳞青褶伞形态也较为相似，但它们的毒性不会比粗鳞青褶伞大。可食用的高大环柄菇 *Macrolepiota procera* 菌柄带有锯齿状的纹饰，无变红反应。

粗鳞青褶伞菌盖初时半球形，逐渐变为平展至具浅凸出形，菌盖中部褐色至红褐色，环绕杂乱的上翘的鳞片；鳞片与菌盖中部颜色相近或呈白色。菌褶白色。菌柄光滑，近白色，向着球状基部渐变为褐色，具疏松的鳞状大环。子实体新鲜时切开后变为亮橙红色，后褪为褐色（如右上图所示）。

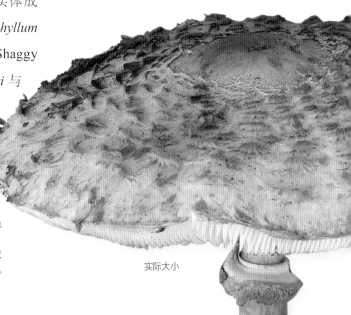

实际大小

科	铆钉菇科Gomphidiaceae
分布	欧洲、亚洲北部
生境	林地
宿主	可能是松树的外生菌根菌
生长方式	单生或小群生于地上
频度	不常见
孢子印颜色	黑灰色
食用性	可食

子实体高达
5 in
(125 mm)

菌盖直径达
6 in
(150 mm)

78

红橙色钉菇
Chroogomphus rutilus
Copper Spike

(Schaeffer) O. K. Miller

色钉菇属 *Chroogomphus* 的物种与铆钉菇属 *Gomphidius* 的物种亲缘关系十分近，但色钉菇属物种菌柄上无环。松树是这两个属物种的唯一宿主植物，推测它们可能是松树的外生菌根菌，但是最近的研究证明，它们可能是寄生菌——利用乳牛肝菌属 *Suillus* 物种形成的菌根。欧洲东部和亚洲的人们采食红橙色钉菇（通常去掉菌盖表面的黏液后），但好像并不是很受人们欢迎。分布于美国的一些近缘种的子实体也用于染色工艺，可染出橙色至灰绿色等一系列颜色。

相似物种

分子研究显示早期认为是红橙色钉菇的北美标本在遗传上与该种明显不同，应该是褐黄色钉菇 *Chroogomphus ochraceus*。北美洲的酒红色钉菇 *Chroogomphus vinicolor* 形态与其也较为相似，但通过显微特征能明显区分。亚洲的东方色钉菇 *Chroogomphus orientirutilus* 的菌盖颜色更偏红，很少呈凸出形。

红橙色钉菇菌盖初时为凸镜形，成熟后凸出形，光滑，湿时黏，赭黄色至酒红色或紫褐色。菌褶稀，长延生，橙灰色至紫灰色。菌柄光滑，幼时带有锯齿状的纹饰，上部紫褐色，下部橙色，基部黄色。

实际大小

科	口蘑科Tricholomataceae
分布	北美洲、欧洲、中美洲、亚洲北部、新西兰
生境	林地
宿主	阔叶林和针叶林丰富的土壤上
生长方式	地生；群生或形成蘑菇圈
频度	常见
孢子印颜色	白色
食用性	有毒（对于部分人群）

水粉杯伞
Clitocybe nebularis
Clouded Funnel
(Batsch) P. Kummer

子实体高达
5 in
(125 mm)

菌盖直径达
5 in
(125 mm)

水粉杯伞是发生较晚的蘑菇，喜好生长在含氮丰富的土壤上。该种与茶色香蘑 *Lepista flaccida* 常常生长在一起。该种具明显的气味，一些人认为其具有芳香的味道，而另一些人却（尤其是北美洲的人们）认为其带有腐烂的味道。也可能他们所指的并不是同一个物种，但研究显示其子实体包含至少 49 种挥发性的成分，会产生如玫瑰、奶酪、发霉的泥土、杏仁和排泄物的味道。水粉杯伞煮半熟后有时可以食用，但会引起胃部不舒服。它含有水粉菌素，这种细胞毒素被较广泛地应用在医学上和其他研究领域。

相似物种

向地漏斗伞 *Infundibulicybe geotropa* 与水粉杯伞的子实体大小和形态都较为相似，但呈奶油色至淡米黄色。大白桩菇 *Leucopaxillus giganteus* 子实体为白色，常生长在草地上。有毒的毒粉褶蕈 *Entoloma sinuatum* 幼时与该种在形态上较为相似，但其孢子常为粉红色。

实际大小

水粉杯伞菌盖肉质，初时凸镜形，展开后呈浅漏斗形。菌盖表面光滑，展开后常带有一层薄薄的白色粉状物，浅灰色、烟色、褐灰色，向边缘变淡。菌褶为奶油色，稍延生。菌柄与菌盖同色或稍淡，光滑，通常向着基部膨大。

科	口蘑科Tricholomataceae
分布	北美洲、欧洲、北非、亚洲北部
生境	林地
宿主	阔叶树
生长方式	单生或散群生于地上
频度	常见
孢子印颜色	白色
食用性	可食

80

子实体高达
4 in
(100 mm)

菌盖直径达
4 in
(100 mm)

黄绿杯伞
Clitocybe odora
Aniseed Funnel
(Bulliard) P. Kummer

黄绿杯伞的明显特征是子实体呈淡翡翠绿色及带有强烈的八角的味道，是森林落叶层常见的种类。通常单生，但有时也会成群地生长。经分析其八角的味道源自子实体内含有挥发性的化合物茴香醛，这也是其子实体产生的主要芳香物质。毫不奇怪，偶尔有人因可食用的黄绿杯伞带有八角的味道而采集，该种也可能作为调味原料，具有潜在商业开发价值。而杯伞属 *Clitocybe* 其他的物种是有毒的（有的物种甚至致命），所以最好避免食用。

相似物种

芳香杯伞 *Clitocybe fragrans*（先前被认为是香杯伞 *Clitocybe suaveolens* 或北美洲的 *Clitocybe deceptiva*）子实体较小，呈淡暗褐色，边缘带有条纹，该种分布广泛，极其常见，也带有强烈的八角的气味。欧洲颜色较淡的相似种芳香白杯伞 *Clitocybe albofrgrans* 和茴芹杯伞 *Clitocybe anisata* 子实体都呈粉色，而北美洲的波边杯伞 *Clitocybe oramophila* 也有相同的气味。

实际大小

黄绿杯伞菌盖凸镜形，逐渐平展至浅漏斗形。菌盖表面光滑，淡灰绿色，老后褪为浅黄色至淡黄色或灰色。菌褶奶油色，至比菌盖色稍淡，有时延生。菌柄与菌盖同色或稍淡，通常白色，基部毛毡状。

科	口蘑科Tricholomataceae
分布	北美洲、欧洲、北非、亚洲北部
生境	草地，偶尔生于灌木林和森林中
宿主	阔叶树或草地
生长方式	地生；群生或形成蘑菇圈
频度	常见
孢子印颜色	白色
食用性	有毒

环带杯伞
Clitocybe rivulosa
Fool's Funnel
(Persoon) P. Kummer

子实体高达
2 in
(50 mm)

菌盖直径达
3 in
(75 mm)

81

许多杯伞属 *Clitocybe* 的种都含有有毒的毒蝇碱，有些种含量较高。环带杯伞（也认为是白霜杯伞 *Clitocybe dealbata*）是最近报道物种之一，有剧毒，有时被误认是可食用的硬柄小皮伞 *Marasmius oreades*。这两种都形成蘑菇圈，常会生长在一起。在 1998 年之前的 25 年里，法国南部有 480 余名患者因毒蝇碱毒性而接受治疗，尽管其中有许多是由丝盖伞属 *Inocybe* 的物种引起的中毒。幸运的是所有的患者都已康复，但也说明了在一些喜爱蘑菇的国家中毒事件发生之多。

相似物种

许多颜色较浅的小型杯伞属物种很难被区分开。可食用的硬柄小皮伞与环带杯伞生长形态相似，但它的子实体呈奶油色至褐色，菌褶稀，非延生；菌柄韧。

实际大小

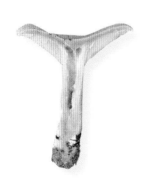

环带杯伞菌盖凸镜形，逐渐变平展至浅漏斗形（见右图）。菌盖表面光滑，白色至浅灰色或粉黄色，湿时有时带有水浸状的斑点。菌褶与菌盖同色，有时稍延生。菌柄光滑，也与菌盖同色。

科	口蘑科Tricholomataceae
分布	北美洲、欧洲
生境	林地
宿主	阔叶树
生长方式	单生或散群生于地上
频度	不常见
孢子印颜色	白色
食用性	非食用

子实体高达
2 in
(50 mm)

菌盖直径达
1½ in
(35 mm)

82

镘形杯伞
Clitocybe trulliformis
Dapper Funnel
(Fries) P. Karsten

该种是杯伞属 *Clitocybe* 中相对精巧的物种，其灰色的菌盖和菌柄与白色至奶油色的菌褶形成鲜明的对比。切开后具明显的淀粉的味道。然而它的名字可能让人有些疑惑，因为杯伞属的几个不同物种似乎都曾在不同时期被叫作镘形杯伞。这个杯伞也有人将其称作 *Clitocybe font-queri*，而且有些权威人士认为 *Clitocybe font-queri* 是一个独立的物种，这就更加让人迷惑了。拉丁词 "*trullformis*" 意思为 "勺形"[1]，似乎有些不恰当，除非是古罗马使用的勺子形状较为特殊。

相似物种

不常见的科里纳杯伞 *Clitocybe collina* 有时可见于沙丘中，它与镘形杯伞形态较为相似，但显微镜下较小的孢子能将二者区分开。水粉杯伞 *Clitocybe nebularis* 的菌盖和菌柄也为灰色，但该种的子实体较镘形杯伞大。

实际大小

镘形杯伞菌盖平展至中央稍凹陷。菌盖表面光滑，略呈毡状，暗至淡灰色至褐灰色。菌褶白色至奶油色，长延生。菌柄与菌盖同色，基部常带有白色的菌丝。

---

① 译者注：拉丁词为泥瓦用的镘。

科	粉褶革科Entolomataceae
分布	北美洲、欧洲、北非、中美洲、亚洲北部
生境	树林和公园
宿主	阔叶树，尤其栎树林，也常见于草地
生长方式	单生或小群生于地上
频度	常见
孢子印颜色	粉色
食用性	可食

斜盖伞
Clitopilus prunulus
The Miller
(Scopoli) P. Kummer

子实体高达
2 in
(50 mm)

菌盖直径达
3 in
(75 mm)

斜盖伞被赋予了一个古怪的英文名字 The Miller（磨坊主），是因其子实体带有强烈的淀粉气味。该种有点矮小，且常半掩在树旁的草丛中，但有时也生长在林地的落叶层上。斜盖伞的孢子为粉色，与粉褶蕈属 *Entoloma* 隶属于同一个科。粉褶蕈科中许多物种是有毒的，但斜盖伞却可食用，烹饪时其淀粉气味消失。1772 年意大利博物学家乔凡尼·安东尼奥·斯科普利（Giovanni Antonio Scopli）自斯洛文尼亚首次描述了该种，但该种广泛分布于整个北半球。

相似物种

不常见的杯状斜盖伞 *Clitopilus scyphoides* 较斜盖伞子实体小，而显微镜下杯状斜盖伞的孢子较小能明显区分开。有毒的环带斜盖伞 *Clitopilus rivulosa* 子实体呈白色至浅粉色，生于草地上，形态上与斜盖伞较为相似，但孢子印为白色（而非粉色）。

实际大小

斜盖伞菌盖凸镜形至平展，有时稍凹陷，有时呈凸出形，边缘常开裂或波状，内卷。菌盖表面绒状，白色，老后淡米黄色至苍白色或浅粉色。菌褶密，延生，幼时白色，逐渐变为淡粉色。菌柄与菌盖同色，光滑。

科	粪伞科Bolbitiaceae
分布	欧洲、北非
生境	草地和牧场
宿主	施过肥或营养丰富的草地
生长方式	单生或散群生于地上
频度	产地常见
孢子印颜色	浅锈褐色
食用性	非食用

子实体高达
4 in
(100 mm)

菌盖直径达
1 in
(25 mm)

84

柔嫩锥盖伞
Conocybe apala
White Conecap

(Fries) Arnolds

实际大小

潮湿的天气里，有许多生命短暂的蘑菇生长在营养丰富的草地上，它们的孢子形成后，子实体很快消亡，而柔嫩锥盖伞是其中一个典型的代表。这类蘑菇大多数菌褶为黑色，如沟纹近地伞 *Parasola plicatilis*，但柔嫩锥盖伞的菌褶却明显为浅锈褐色。该种先前被认为是乳白锥盖伞 *Conocybe lactea* 和乳白粪锈伞 *Bolbitius lacteus*，且广泛分布于欧洲和北美洲。但最近的分子实验研究证明北美洲的标本（通常菌盖没那么细长）可能代表另一个独立的物种——白锥盖伞 *Conocybe albipes*。

相似物种

锥盖伞属 *Conocybe* 是一个相对较大的属，大部分物种菌盖为棕褐色至橙褐色。描述自北美洲菌盖白色的易碎锥盖伞 *Conocybe crispa* 是双孢的，因此显微镜下很易区分，但它也有可能只是柔嫩锥盖伞的一个变种。其他的草地生、菌盖呈白色至苍白色、圆锥形的蘑菇，菌褶通常呈白色（小菇属 *Mycena* 物种）或黑色（近地伞属 *Parasola* 和斑褶菇属 *Panaeolus* 物种）。

柔嫩锥盖伞菌盖长圆柱形或长圆锥形，菌盖表面光滑或带有褶皱，白色至奶油色，有时菌盖中央带有浅黄色。菌褶淡锈橙色。菌柄细长，光滑，白色，基部通常呈球形。子实体极易碎。

科	粪伞科Bolbitiaceae
分布	北美洲、欧洲大陆、北非
生境	草地和牧场
宿主	施过肥或营养丰富的草地
生长方式	单生或散群生于地上
频度	产地常见
孢子印颜色	暗绣褐色
食用性	非食用

子实体高达
5 in
(125 mm)

菌盖直径达
1 in
(25 mm)

自溶锥盖伞
Conocybe deliquescens
Beansprout Fungus
Hausknecht & Krisai

这个小小的物种因其菌盖从不开伞，一直以来都被放在灰包菇属 *Gastrocybe* 中（乳白灰包菇 *Gastrocybe lateritia*）但 DNA 序列显示该种隶属于锥盖伞属 *Conocybe*，显然是该属中比较特殊的一个。自溶锥盖伞生长在北美洲中部、欧洲中部及欧洲南部的草地上，但因其子实体生命短暂且易碎而易被人忽略。该种很少直立，黏黏的菌盖看起来近乎破裂，研究显示这种现象可能是由细菌引起的，它与自溶锥盖伞可能存在某种相互的关系。

相似物种

自溶锥盖伞子实体形态与柔嫩锥盖伞 *Conocybe apala* 较为相似，但后者整个子实体为白色，较干。锥盖伞属中其他菌盖呈褐色至红褐色的物种，其子实体干，菌褶不黏。

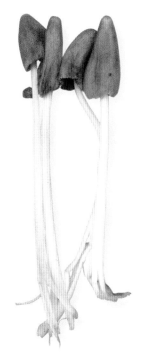

自溶锥盖伞菌盖为长圆柱形或长圆锥形，菌盖表面带有褶皱，极为黏滑，红褐色。菌褶与菌盖同色，不规则，黏，快速地溶解。菌柄细，疏松，光滑，白色。

实际大小

科	粪伞科Bolbitiaceae
分布	北美洲、欧洲
生境	含碳酸钙的林地、灌木丛、公园
宿主	木屑或落叶层
生长方式	单生或散群生于地上
频度	不常见
孢子印颜色	绣褐色
食用性	有毒

子实体高达
2 in
(50 mm)

菌盖直径达
1 in
(25 mm)

毒锥盖伞
Conocybe filaris
Fool's Conecap
(Fries) Kühner

没有人愿意用这种小蘑菇做一道菜肴，幸好是这样。毒锥盖伞含有鹅膏毒素，与毒鹅膏 *Amanita phalloides* 含有一样的有毒成分，因此该种的子实体具有潜在的致命的毒性，但极少中毒事件是由毒锥盖伞所引起的。菌盖水浸状，其颜色会因环境条件的干湿而明显改变，但其白色的菌环是非常独特的——尽管它与菌柄连接很松，容易脱落。

相似物种

锥盖伞属 *Conocybe* 中具环的物种有时被放到小鳞伞属 *Pholiotina* 中。这些物种的孢子印都为锈褐色。玫瑰锥盖伞 *Conocybe rugosa* 与毒锥盖伞在形态上极为相似，但玫瑰锥盖伞菌盖褶皱或带有沟纹。有毒的纹缘盔孢菌 *Galerina marginata* 孢子印锈色，有环，但该种木生。

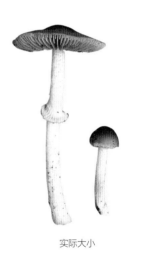

实际大小

毒锥盖伞 菌盖凸镜形至具不明显的突起。菌盖表面光滑，边缘具条纹，湿时红褐色，干后淡赭色。菌褶米黄色，后变为锈褐色。菌柄光滑至具纵条纹，带有灰色斑点，初时象牙白色至银白色，后从基部向上与菌盖同色，具明显的环，但与菌柄联结疏松，白色。

科	小脆柄菇科Psathyrellaceae
分布	北美洲、欧洲、非洲、中美洲和南美洲、亚洲、澳大利亚、新西兰
生境	林地
宿主	阔叶树
生长方式	簇生于腐木（通常是埋于土中的腐木）和树桩上
频度	极其常见
孢子印颜色	黑色
食用性	可食

白小鬼伞
Coprinellus disseminatus
Fairy Inkcap

(Persoon) J. E. Lange

子实体高达
2 in
(50 mm)

菌盖直径达
½ in
(15 mm)

白小鬼伞子实体小，但通常大量地群生在老的树桩上。子实体不仅个体小，且也易碎，因此采集单个子实体较为困难。令人惊讶的是在加纳或非洲其他的地区、东南亚当地的人采食这种广泛分布的小蘑菇。不像大多数鬼伞属的物种，它们的菌褶老后不会自溶。其子实体生命短暂，存活1—2天后子实体快速消失。

白小鬼伞子实体成大群地生长。菌盖凸镜形，菌肉极薄，易碎，具凹槽或脊，光滑或被细毛，初时淡白色至黄褐色，逐渐变为淡灰色。菌褶初时白色，逐渐变为黑色，菌柄白色至稍比菌盖颜色淡，光滑。

相似物种

鬼伞属几个小的物种形态上较为相似，但常为单生或小群生。不常见的龟裂小鬼伞 *Coprinellus hiascens* 子实体有点大，成簇生长的子实体与该种较为相似，但常不会成大群地生长。尽管微小脆柄菇 *Psathyrella pygmaea* 与白小鬼伞的亲缘关系较远，但微小脆柄菇成群生长，如不进行显微观察很难将其与白小鬼伞区分开。

实际大小

科	小脆柄菇科Psathyrellaceae
分布	北美洲、欧洲、亚洲北部
生境	林地，罕生于建筑物周围
宿主	阔叶树
生长方式	单生或群生于原木或枯枝上，罕生于建筑木材上
频度	常见
孢子印颜色	黑色
食用性	非食用

子实体高达
6 in
(150 mm)

菌盖直径达
3 in
(75 mm)

88

家生小鬼伞
Coprinellus domesticus
Firerug Inkcap
(Bolton) Vilgalys et al

除了生长在锈橙色"毛毯"上外，家生小鬼伞的子实体的其他特征并不明显。这个"毛毯"专业术语称为菌丝束，是由特殊的真菌菌丝组成的。也有可能只见到这些菌丝束，它们通常生长在落枝和腐木的下表面。当条件适宜子实体就会从菌丝束上长出。如木材和其他的材料极为潮湿的时候，家生小鬼伞有时也生在室内，其种加词"*domesticus*"也来源于此。令人惊奇的是，也有记录宣称它生长在毛毯和地毯上。

相似物种

小鬼伞属有几个生长在锈橙色的菌丝束上的近缘种，包括辐毛小鬼伞 *Coprinellus radians* 和黄小鬼伞 *Coprinellus xanthothrix*，它们最好通过显微观察来区分。如缺少菌丝束（有时是这样的），没有显微结构的观察就很难将家生小鬼伞与其他形态及子实体大小较为相近的鬼伞属物种区分开。

家生小鬼伞初时菌盖卵圆形，逐渐展开为圆锥形。菌盖表面具褶皱或浅沟纹，赭色或米黄色至棕褐色，幼时被有白色至褐色的粉末状小鳞片。菌褶幼时浅白色，逐渐变为黑色。菌柄白色，光滑，基部常膨大，常生长在锈色的菌丝束上。

实际大小

科	小脆柄菇科Psathyrellaceae
分布	北美洲、欧洲、非洲、中美洲和南美洲、亚洲、澳大利亚、新西兰
生境	林地、灌木丛、公园和路边
宿主	阔叶树
生长方式	群生于树桩和腐木（常常是埋于土中的腐木）上
频度	极其常见
孢子印颜色	黑色
食用性	可食

子实体高达
6 in
(150 mm)

菌盖直径达
1 in
(25 mm)

晶粒小鬼伞
Coprinellus micaceus
Glistening Inkcap

(Bulliard) Vilgalys, Hopple & Johnson

晶粒小鬼伞分布广泛，较为常见，就如其拉丁和英语名字一样，子实体幼时菌盖上带有闪烁的颗粒状鳞片。在花园、路边和其他的人为干扰的地方，常成大簇生长在树桩和腐木上。如果天气足够潮湿，晶粒小鬼伞成簇的子实体常年可见到。曾有一个研究者从5月至8月期间在一个榆树树桩上采到了38磅（17 kg）重的晶粒小鬼伞。作为一种食用菌，子实体大量群生可弥补其单个子实体较小的缺陷。

实际大小

相似物种

小鬼伞属中已报道了几个形态极为相似的物种，包括常见种平截小鬼伞 *Coprinellus truncorum*，但这些相似种与晶粒小鬼伞只是在显微特征上有一定差异，有可能最终会证实它们只是晶粒小鬼伞的变种。常见的墨汁拟鬼伞 *Coprinopsis atramentaria* 簇生的习性与晶粒小鬼伞较为相似，但其子实体呈淡灰色，无闪烁的鳞片。

晶粒小鬼伞子实体簇生。菌盖凸镜形，菌肉薄，具条纹或浅沟纹，被有闪烁的鳞片或颗粒，赭色或米黄色至棕褐色。菌褶幼时白色，后变黑色，老后自溶。菌柄白色，光滑，后向着基部变为灰褐色。

科	小脆柄菇科Psathyrellaceae
分布	北美洲、欧洲、非洲、中美洲和南美洲、亚洲、澳大利亚、新西兰
生境	林地、灌木丛、花园和路边
宿主	阔叶树
生长方式	群生于树桩和腐木（常常是埋于地下的腐木）上
频度	极其常见
孢子印颜色	黑色
食用性	有毒

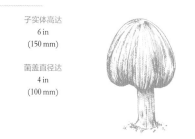

子实体高达
6 in
(150 mm)

菌盖直径达
4 in
(100 mm)

90

墨汁拟鬼伞
Coprinopsis atramentaria
Common Inkcap
(Bulliard) Redhead, Vilgalys & Moncalvo

墨汁拟鬼伞常浓密成簇地生长在腐木上，在公园和荒地比在林地中更常见。种加词"*atramentaria*"意思为墨汁，18世纪让·巴普蒂斯特·布雅德（Jean Baptiste Bulliard）最初描述该种时，他就注意到其自溶时菌褶上会产生墨汁状滴液。墨汁拟鬼伞可食用，但食用时要禁酒。其子实体中可能含有称为鬼伞素的代谢物，会与酒精（包括外用的化妆品）——即使很少量——发生反应，导致恶心、心跳加快和其他的不良症状。这也是墨汁拟鬼伞被称为酒鬼毒药（Tippler's Bane）的原因。

相似物种

墨汁拟鬼伞与 *Coprinopsis acuminata*、*Coprinopsis romagnesiana* 极为相似，但后面两者菌盖呈赭色至橙褐色。不常见的秃鬼伞 *Coprinus alopecia* 显微镜下孢子疣突状，易与该种区分。晶粒小鬼伞 *Coprinellus micaceus* 也成簇生长，但其菌盖为茶褐色，带有闪烁的鳞片。

实际大小

墨汁拟鬼伞子实体成簇生长。菌盖圆锥形，菌肉薄，具沟纹或脊，光滑（菌盖中央可能被有一些鳞片），浅灰色，带有褐色色调。菌褶幼时白色，逐渐变为粉色，最后呈黑色，老后自溶。菌柄白色，光滑，基部的上部具多毛，具脉状环纹。

科	小脆柄菇科Psathyrellaceae
分布	北美洲、欧洲
生境	林地，有时生长在护根上
宿主	阔叶树，尤其是山毛榉
生长方式	单生或小群生于地上
频度	不常见
孢子印颜色	黑色
食用性	非食用

鹊色拟鬼伞
Coprinopsis picacea
Magpie Inkcap
(Bulliard) Redhead, Vilgalys & Moncalvo

子实体高达
12 in
(300 mm)

菌盖直径达
3 in
(75 mm)

91

鹊色拟鬼伞看起来像一只鹊，十分抢眼，易与鬼伞属其他种类区分开。它有明显的汽油、粪便或樟脑球的味道，研究显示这些味道是来自甲基吲哚，这是一种奇特的有机物，可作为香水的固定剂，但该类化合物最常在煤焦油和粪便中分离得到。鹊色拟鬼伞在欧洲的山毛榉树林里最常见，通常生长在含碳酸钙的土壤中，但偶尔也生长在其他地方。近年来，许多蘑菇通过定殖在灌木丛和花圃覆盖物中的木屑上，使其自然分布范围不断扩大，而鹊色拟鬼伞也是其中之一。

相似物种

该种子实体较大，黑白相间的纹饰和带有不好闻的味道等特征明显地区分于其他种。有几个个体较小的物种有与鹊色拟鬼伞相似的纹饰，如欧洲的 *Coprinopsis stangliana*，但该种子实体的颜色更灰或发白，常生长在含碳酸钙的草地上；菌核拟鬼伞 *Coprinopsis sclerotiorum* 较为稀有（或易被忽略），常生长在粪便上。

实际大小

鹊色拟鬼伞子实体高，菌盖长圆锥形。幼时带有白色的菌幕残片，展开后菌幕破裂，露出褐色的菌盖表面。菌褶幼时为白色，后期为黑色。菌盖和菌褶从边缘向内自溶（变为液体）。菌柄长，圆柱形，白色，被有皮屑状的鳞片。

科	伞菌科 Agaricaceae
分布	北美洲、欧洲、北非、中美洲和南美洲、亚洲北部、澳大利亚、新西兰
生境	草地、林地、公园或路边
宿主	含氮丰富的土壤和草地
生长方式	单生或群生于地上
频度	常见
孢子印颜色	黑色
食用性	可食

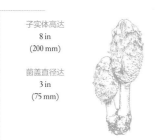

子实体高达
8 in
(200 mm)

菌盖直径达
3 in
(75 mm)

92

毛头鬼伞
Coprinus comatus
Shaggy Inkcap
(O. F. Müller) Persoon

毛头鬼伞（Shaggy Inkcap 或 Shaggy Mane）因菌盖圆柱形带有鳞片而易于鉴定，它也因此被赋予了另一个名字——律师的假发（Lawyer's Wig，几乎很少使用）。该种菌褶和菌盖老后自溶，以至于老后的子实体仅剩下长柄和自溶后的部分残余菌盖。在商品化墨水出现之前，毛头鬼伞的黑色液滴曾被用于书写。毛头鬼伞幼时可食用，已在中国商业化栽培。最近分子研究显示该种属于伞菌科，它与双孢蘑菇 *Agaricus bisporus* 的亲缘关系比大多数鬼伞类物种的亲缘关系更近。

相似物种

分布广泛的粪鬼伞 *Coprinus sterquilinus* 常生长在粪堆上，子实体相对较小。在北美洲西部，彩色鬼伞 *Coprinus colossus* 是一个不常见的物种，子实体巨大，高达 20 in（500 mm），但它生在树林里。柄轴灰包菌 *Podaxis pistillaris* 形态较为相似，但其菌盖干，且绝不会开伞。

毛头鬼伞菌盖近圆柱形，只在老后变为圆锥形。菌盖表面上被有浓密的粗糙鳞片，顶端浅黄赭色至褐色，鳞片的颜色与菌盖表面相同或呈白色。菌褶幼时白色，逐渐变为粉色，最后为黑色。菌褶和菌盖从基部向上自溶。菌柄光滑，白色，具易脱落的鳞片状菌环。

实际大小

科	丝膜菌科Cortinariaceae
分布	北美洲、欧洲、亚洲北部、澳大利亚
生境	林地
宿主	阔叶树的外生菌根菌
生长方式	小群生于地上
频度	常见
孢子印颜色	锈褐色
食用性	可食

子实体高达
3 in
(80 mm)

菌盖直径达
4 in
(100 mm)

白紫丝膜菌
Cortinarius alboviolaceus
Pearly Webcap
(Persoon) Fries

白紫丝膜菌非常引人注目，它隶属于丝膜菌属 *Cortinarius* 中丝盖组 *Sericeocybe*（"sericeus" 意思为丝状），菌盖表面幼时确实带有丝状光泽，乍看颜色有点介于银色、灰色和浅紫色之间。白紫丝膜菌是阔叶林林地中十分常见的种，常与山毛榉、桦、柳和其他的树木共生。白紫丝膜菌是丝膜菌属中较为独特的种类，它可食用，据说俄罗斯人采食。然而丝膜菌属许多相似种都是具有致命的毒性，而且很难区分。所以就像鹅膏属 *Amanita* 的物种一样，该类群的真菌最好避免食用。

白紫丝膜菌子实体干，菌盖凸镜形至平展，光滑，有丝状光泽，银灰色带有紫色色调，后褪为浅灰黄色。菌褶浅紫色，逐渐变为肉桂褐色。菌柄干，与菌盖同色，但顶端为深紫色，光滑，有丝状光泽，基部被有白色菌幕残余（通常呈锯齿形），常膨大。菌肉浅灰紫色（见左下角图片）。

相似物种

许多丝膜菌属的物种形态上与该种相近。包括退紫丝膜菌 *Cortinarius traganus*，但其颜色更深，菌柄、菌肉褐色，带有熟透梨子的气味；而异形丝膜菌 *Cortinarius anomalus* 子实体为灰紫色，颜色很快褪掉，菌柄上有浅黄褐色的菌幕残余。紫丁香蘑 *Lepista nuda* 孢子印浅粉色，而非锈褐色。

实际大小

科	丝膜菌科Cortinariaceae
分布	北美洲、欧洲、亚洲北部
生境	林地
宿主	桦树的外生菌根菌
生长方式	单生或散群生于地上
频度	常见
孢子印颜色	锈褐色
食用性	可食

子实体高达
6 in
(150 mm)

菌盖直径达
4 in
(100 mm)

94

环柄丝膜菌
Cortinarius armillatus
Red-Banded Webcap
(Fries) Fries

实际大小

环柄丝膜菌是北温带桦树林里常见的伞菌，通常见于树下的泥岩藓或其他的苔藓上。环柄丝膜菌菌柄上砖红色的环带是其主要特征，但其他的物种也可能带有类似的环带（但颜色常较暗）。至少俄罗斯人认为该种是可食用的，但众所周知丝膜菌属 *Cortinarius* 物种形态极为相似很难区分，并且大多数都是剧毒的，所以最好不要模仿俄罗斯人去采食。环柄丝膜菌也曾作为羊毛天然染料，据说能将纱线染为粉色。

相似物种

美国的中部，亲缘关系较近的栎树蜜环丝膜菌 *Cortinarius quercoarmillatus* 通常发生在栎树林而不是桦树林里。欧洲和北美洲的橙红丝膜菌 *Cortinarius haematochelis* 和不悦丝膜菌 *Cortinarius paragaudis* 形态与该种都较为相似，但它们的颜色更暗淡，而且它们是与云杉和松树形成共生关系。

环柄丝膜菌菌盖半球形（见左图），逐渐变为平展至浅凸出形。菌盖表面光滑至被有细微的纤毛，黄褐色至棕褐色，中央暗或近红色。菌褶灰黄色，逐渐变为锈褐色。菌柄浅灰褐色，向着膨大的基部带有蛛网状的菌幕和砖红色的菌幕残余环带。

科	丝膜菌科Cortinariaceae
分布	澳大利亚；已传入新西兰
生境	林地
宿主	桉树的外生菌根菌
生长方式	单生或小群生于地上
频度	不常见
孢子印颜色	锈褐色
食用性	可能有毒

南绿丝膜菌
Cortinarius austrovenetus
Green Skinhead
Cleland

子实体高达
4 in
(100 mm)

菌盖直径达
3 in
(75 mm)

南绿丝膜菌是澳大利亚特有的物种，与桉树的活树根形成互利互惠的共生关系。该种也曾被印制在澳大利亚的邮票上。南绿丝膜菌隶属于丝膜菌属 *Cortinarius* 中 *Dermocybe* 组，该种有时也被称为 *Dermocybe austroveneta*。该组中大部分伞菌菌盖为橙色至红色，但南绿丝膜菌却是个例外。真菌中子实体为绿色的物种不常见，也与植物的绿色不一样。从南绿丝膜菌上分离出的色素是一种先前未知的化合物，现在被称为真菌南绿色素。

相似物种

最近的研究显示，与蓝绿丝膜菌极其相似的澳大利亚蓝绿色物种*Cortinarius walkerae*可能就是蓝绿丝膜菌。菌盖呈绿色的北温带丝膜菌，如黑绿丝膜菌 *Cortinarius atrovires* 和紫绿丝膜菌 *Cortinarius ionochlorus* 隶属于丝膜菌属黏丝膜菌组 *Phlegmacium*，它们的子实体较大，稍矮壮，菌柄基部球状。

实际大小

南绿丝膜菌菌盖光滑，凸镜形，湿时稍黏，翡翠绿色至橄榄绿色，向中部颜色较深。菌褶幼时黄绿色，成熟后橘色至锈褐色。菌柄光滑，具蛛丝状菌幕残余，奶油色，通常带有黄色至褐色的色调，成熟后基部为橙色至红色。

科	丝膜菌科Cortinariaceae
分布	北美洲、欧洲、中美洲、亚洲北部
生境	林地
宿主	阔叶树，尤其是山毛榉和栎树的外生菌根菌
生长方式	单生或散群生于地上
频度	不常见
孢子印颜色	锈褐色
食用性	有毒

子实体高达
4 in
(100 mm)

菌盖直径达
3 in
(75 mm)

掷丝膜菌
Cortinarius bolaris
Dappled Webcap
(Persoon) Fries

掷丝膜菌是丝膜菌属 *Cortinarius* 最易鉴定的物种之一，该种为铜红色的鳞片非常引人注目。它常与栎树、山毛榉共生，也可能与桦树共生，喜好酸性的林地。传统上，掷丝膜菌被放在丝膜菌属多鳞丝膜菌组 *Leprocybe* 中，该组物种菌盖和菌柄通常较干（不黏）。但最近 DNA 研究显示它可能与 *Telamonia* 组物种，如半被毛丝膜菌 *Cortinarius hemitrichus*，亲缘关系更近。

相似物种

赤红丝膜菌 *Cortinarius rubicundulus* 的颜色较为相似，但它不具有掷丝膜菌那样的鳞片。此外，掷丝膜菌更粗壮；菌盖初时奶油色，且明显细纤毛状，但后期带有铜红色斑块，老后黄色。鳞丝膜菌 *Cortinarius pholideus* 的菌盖更尖，鳞片褐色，菌柄带有锯齿状的环带。

实际大小

掷丝膜菌菌盖半球形，逐渐变为平展。菌盖表面白色至浅黄褐色，被有平伏的、铜红色至砖红色的鳞片。菌褶奶油色至污黄色，逐渐变为锈褐色。菌柄白色，具蛛丝状的菌幕，菌幕下方菌柄与菌盖同色，被鳞片。伤后子实体变黄。

科	丝膜菌科Cortinariaceae
分布	北美洲、欧洲
生境	林地
宿主	针叶树尤其是云杉的外生菌根菌
生长方式	单生或散群生于地上
频度	不常见
孢子印颜色	锈褐色
食用性	非食用

奶酪丝膜菌
Cortinarius camphoratus
Goatcheese Webcap

(Fries) Fries

子实体高达
5 in
(125 mm)

菌盖直径达
4 in
(100 mm)

　　奶酪丝膜菌的名字（拉丁种加词 "camphoratus"）暗示该物种带有强烈的樟脑气味，但好像从未有人报道过该种有这种气味。该种肯定有一种刺鼻的气味——所以它另一个英文名字为刺鼻的皮质醇（Pungent Cort）有人认为这种刺鼻的气味带有咖喱（就像浓香乳菇 *Lactarius camphorarus* 的气味）、腐败的肉、老的山羊或山羊的奶酪、凉的烂土豆、烧焦的角质或汗脚的气味。除去其带有的气味，该种蘑菇还是很迷人的，只是老熟后子实体的浅紫丁香色至紫色会很快褪去。该种与针叶树，尤其是云杉共生，但也可和冷杉共生，在北美洲、欧洲针叶林的林地中广泛分布。

相似物种

　　退紫丝膜菌 *Cortinarius traganus* 的颜色与该种较为相似，但前者菌褶幼时浅褐色，而非紫色，常带有熟透的梨子气味。白紫丝膜菌 *Cortinarius alboviolaceus* 常分布在阔叶林中，无明显的味道。紫丁香蘑 *Lepista nuda* 孢子印为浅粉色。

实际大小

奶酪丝膜菌菌盖半球形，逐渐变为平展。菌盖表面光滑至被纤毛，浅蓝紫色至紫白色，后由中央到边缘变为黄色至浅黄色。菌褶初时浅蓝紫色，后锈褐色。菌柄与菌盖同色，带有稀疏的、蛛丝状的菌幕；老后为浅黄色。

科	丝膜菌科Cortinariaceae
分布	北美洲、欧洲、中美洲、亚洲北部
生境	林地
宿主	针叶树的外生菌根菌；也可与阔叶树和灌木形成共生关系
生长方式	单生或散群生于地上
频度	产地常见
孢子印颜色	锈褐色
食用性	可食

子实体高达
6 in
(150 mm)

菌盖直径达
5 in
(125 mm)

98

皱盖丝膜菌
Cortinarius caperatus
The Gypsy
(Persoon) Fries

大多数丝膜菌属 *Cortinarius* 的物种幼时菌褶上都被有蛛丝状的菌幕，当菌盖展开后菌柄上留下蛛丝状的环带（称为丝膜）。而皱盖丝膜菌菌幕较厚，在菌柄上留有明显的环。由于这个原因该种很长一段时间里它都被放在了另一个属，即罗鳞伞属 *Rozites*，直到最近的分子研究显示该种的确是丝膜菌属中的物种，具较厚的菌幕。皱盖丝膜菌是可食用的，且被广泛地采集，有时在中国、墨西哥、芬兰、东欧和俄罗斯的当地市场上销售。该种真菌的一种提取物已显示具有潜在的抗病毒功效。

皱盖丝膜菌菌盖凸镜形至圆锥形，逐渐平展至浅凸出形。菌盖表面光滑至带有褶皱，奶油色至赭色或亮棕褐色，有时中部浅肉桂色，幼时被有一层银白色的薄菌幕。菌褶初时白色，后奶油色至浅黄色，具明显的环。

相似物种

皱盖丝膜菌传统上易与金黄褐环柄菇 *Phaeolepiota aurea* 混淆，但后者子实体金黄色，孢子印白色。而同样有菌环的喜马拉雅物种喜山丝膜菌 *Cortinarius emodensis* 幼时菌褶紫色，中国西藏地区人们采食。其他一些有菌环的丝膜菌属物种分布在南温带地区，但通常依据颜色就能明显地与皱盖丝膜菌区分开。

实际大小

科	丝膜菌科Cortinariaceae
分布	北美洲东部、欧洲、亚洲北部
生境	林地
宿主	阔叶树尤其是桦树，外生菌根菌
生长方式	地生；小群生成形成菌环
频度	常见
孢子印颜色	锈褐色
食用性	非食用

子实体高达
3 in
(75 mm)

菌盖直径达
2 in
(50 mm)

半被毛丝膜菌
Cortinarius hemitrichus
Frosty Webcap
(Persoon) Fries

据说半被毛丝膜菌跟随着桦树就像海豚追逐着船只一样，在酸性的桦树林里，甚至是只有一棵桦树都能经常发现该种小蘑菇。半被毛丝膜菌隶属于丝膜菌属 *Cortinarius* 中 *Telamonia* 组，众所周知丝膜菌属的物种庞大，很难准确鉴定。然而半被毛丝膜菌比该属大多数物种都容易鉴定，这是因为它菌盖上白色的鳞片让它看起来就像有一层霜覆盖一样（它也因此而得名 Frosty Webcap）。半被毛丝膜菌另一重要特征是无明显气味，而与之极为相似的弯柄丝膜菌 *Cortinarius flexipes* 有天竺葵气味。

相似物种

Telamonia 组中的许多物种形态和颜色都较为相似，但大部分物种菌盖无灰白色鳞片。弯柄丝膜菌菌盖带有鳞片，但该种颜色通常较暗，常生长在针叶林里，也有报道该种生长在桦树林里，而且带有明显的天竺葵（天竺葵叶）气味。

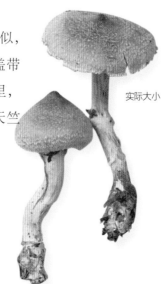

实际大小

半被毛丝膜菌菌盖初时为圆锥形，逐渐变为明显的凸出形。菌盖表面湿时暗灰褐色，干时淡灰赭色，被白色纤毛状的鳞片。菌褶浅灰褐色。菌柄灰褐色，但被有毛状的白色菌幕残余，有时形成环状条带。

科	丝膜菌科Cortinariaceae
分布	北美洲、南美洲中部和北部、亚洲北部
生境	林地
宿主	阔叶树，尤其是栎树的外生菌根菌
生长方式	小群生于地上
频度	不常见
孢子印颜色	锈褐色
食用性	非食用

子实体高达
3 in
(75 mm)

菌盖直径达
2½ in
(60 mm)

100

黏紫丝膜菌
Cortinarius iodes
Viscid Violet Webcap
Berkeley & M. A. Curtis

丝膜菌属中菌盖和菌柄黏滑的物种，如黏紫丝膜菌，属于黏盖丝膜菌组 *Myxacium*，但最近的分子研究显示这只是一种人为分组方式。这种黏性可能是进化过程中防止子实体生长时变干，也可能阻止昆虫和其他无脊椎动物啃食。即便在干燥的天气里，从其菌盖和菌柄上粘着的落叶和土壤仍可判断出子实体很黏滑。也可以在野外做一个小测试，用嘴唇碰触菌盖和菌柄——因嘴唇对黏性是极为敏感的——即使是采集真菌的人也会觉得这样的行为有些怪异。

相似物种

丝膜菌属中几个相似种也具黏性。北美洲的类黏紫丝膜菌 *Cortinarius iodeoides* 有几分相似，但该种带有苦味，显微结构特征明显不同。荷叶丝膜菌 *Cortinarius salor* 和黄蓝丝膜菌 *Cortinarius croceocaeruleus* 是广泛分布的物种，菌盖和菌柄黏，但不具有黏紫丝膜菌黄色斑点的特征。

实际大小

黏紫丝膜菌菌盖凸镜形，展开后逐渐为平展至凸出形。菌盖表面黏，幼时亮紫色，后色淡，带有奶油色至黄色的斑点。菌褶紫色，后锈色至灰褐色。菌柄黏，较菌盖颜色稍淡至白色，基部稍膨大。

科	丝膜菌科Cortinariaceae
分布	欧洲
生境	含碳酸钙的林地和公园
宿主	栎树、榛树和鹅耳枥的外生菌根菌
生长方式	小群生于地上
频度	罕见
孢子印颜色	锈褐色
食用性	非食用

藏红花丝膜菌
Cortinarius olearioides
Saffron Webcap
R. Henry

子实体高达
4 in
(100 mm)

菌盖直径达
5 in
(125 mm)

藏红花丝膜菌与栎树或榛树林共生，偏好含碳酸钙的土壤。该物种似乎喜欢较干的地方，在开阔少树的公园里更为常见，而少见于浓密潮湿的林地中。子实体切开后据说带有特殊的麦芽味道。藏红花丝膜菌在欧洲广泛分布却不常见，且在许多国家极其罕见，已被列入这些国家的濒危真菌物种红色名录中。

相似物种

欧洲几个不常见的种与该种形态上较为相似。例如碱丝膜菌 *Cortinarius alcalinphilus*，其颜色更暗沉，菌盖中央带有颜色更深的鳞片，喜好与山毛榉共生，而雅致丝膜菌 *Cortinarius elegantior* 的菌盖为黄褐色，通常与针叶树和桦树共生。

实际大小

藏红花丝膜菌菌盖凸镜形，后渐平展。菌盖表面光滑，湿时黏，金黄色至黄褐色或番红花橙色，边缘黄色更深，菌褶幼时黄色，后锈褐色。菌柄干，浅黄色至赭色，基部球状，黄褐色，上部边缘明显。

科	丝膜菌科Cortinariaceae
分布	北美洲、欧洲、亚洲北部
生境	林地
宿主	桦树的外生菌根菌
生长方式	小群生于地上
频度	不常见
孢子印颜色	锈褐色
食用性	非食用

子实体高达
6 in
(150 mm)

菌盖直径达
3 in
(75 mm)

鳞丝膜菌
Cortinarius pholideus
Scaly Webcap
(Fries) Fries

鳞丝膜菌为桦树的共生种，在酸性泥炭土的苔藓上常见。种加词"*pholideus*"意思为鳞片，菌盖上带有直立的小鳞片在丝膜菌属 *Cortinarius* 中少见，所以至少从上面观察时，鳞丝膜菌看起来像是鳞伞属 *Pholiota* 真菌。子实体带有些许肉豆蔻的味道，但其食用性还不明确，所以最好避免食用。与大部分丝膜菌属的物种一样，鳞丝膜菌仅分布在温带地区。丝膜菌属的物种罕见于亚热带，在热带地区几乎没有，所以似乎整个属是在寒冷的气候下进化的。

相似物种

结合菌盖带有鳞片以及菌柄干、带有环带这些特征，鳞丝膜菌可与其他物种区分开。常见丝膜菌 *Cortinarius trivialis* 形态上与鳞丝膜菌极为相似，但其菌盖光滑，黏，菌柄也黏。北美洲的多毛丝膜菌 *Cortinarius squamulosus* 菌盖褐色，干，具鳞片，但其呈显著球状的菌柄上并无环带。

实际大小

鳞丝膜菌菌盖凸镜形（见左图）至圆锥形，渐变为凸出形。菌盖表面干，暗黄褐色，被直立的暗褐色的鳞片。菌褶淡褐色，幼时带蓝紫色，成熟后锈褐色。菌柄干，白褐色，幼时上部有时为紫色，菌柄上具不规则的暗褐色鳞片形成的环带。

科	丝膜菌科Cortinariaceae
分布	欧洲、亚洲北部
生境	含钙的林地
宿主	阔叶树尤其是山毛榉的外生菌根菌
生长方式	地生；群生或形成蘑菇圈
频度	不常见
孢子印颜色	锈褐色
食用性	可食

巨丝膜菌
Cortinarius praestans
Goliath Webcap
(Cordier) Gillet

子实体高达
10 in
(250 mm)

菌盖直径达
10 in
(250 mm)

103

就如其英文名字一样，巨丝膜菌子实体巨大——是丝膜菌属 *Cortinarius* 子实体中最大的物种之一，当它们形成蘑菇圈时蔚为壮观。然而，尽管有些报道宣称该物种在某些区域并不少见，但该种在其分布大部分区域里较为罕见，它们仅生长在含有白垩和石灰岩的林地里。对于丝膜菌属物种来说可食用种类并不多，而该种却是可食用的，但由于太稀有而无法采食，并且在欧洲一些国家受法律保护。巨丝膜菌菌盖极黏，但菌柄干，隶属于丝膜菌属的黏丝膜菌组 *Phlegmacium*。

相似物种

近缘种波浪丝膜菌 *Cortinarius cumatilis* 与该种形态相似，但它生长在针叶林，通常只有巨丝膜菌子实体一半大小，菌盖蓝紫色。黏丝膜菌组中许多其他物种（菌盖黏，菌柄干）菌盖为褐色，菌幕残余紫色，但子实体远远小于巨丝膜菌。

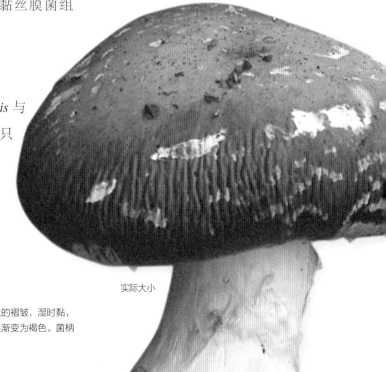

实际大小

巨丝膜菌菌盖半球形，后渐平展。菌盖表面光滑，逐渐具辐射状的褶皱，湿时黏，紫褐色，后红褐色，幼时菌幕残余为浅白色。菌褶浅灰紫色，逐渐变为褐色。菌柄光滑，白色，幼时被有紫色的菌幕残余，基部通常膨大。

科	丝膜菌科Cortinariaceae
分布	北美洲、欧洲、亚洲北部
生境	林地
宿主	针叶树的外生菌根菌
生长方式	小群生于地上
频度	不常见
孢子印颜色	锈褐色
食用性	有毒

子实体高达
4 in
(100 mm)

菌盖直径达
3 in
(75 mm)

104

淡红丝膜菌
Cortinarius rubellus
Deadly Webcap

Cooke

淡红丝膜菌也被称作细鳞丝膜菌 *Cortinarius speciossimus*a 或拟毒丝膜菌 *Cortinarius orellanoides*，毒性极大，在苏格兰和斯堪的纳维亚半岛最近发生的致命中毒事件都是由它引起的。与毒丝膜菌 *Cortinarius orellanus* 一样，淡红丝膜菌含有一种叫丝膜菌毒素的化合物，常在食用数天甚至数周后导致肾脏衰竭。淡红丝膜菌发生在松树、云杉和其他针叶树林里，在欧洲广泛分布，但在北美洲和亚洲（该地区可能存在着具同样毒性的丝膜菌属物种）很少为人熟知。

相似物种

在苏格兰发生的中毒事件中，淡红丝膜菌易与可食用的鸡油菌 *Cantharellus cibarius* 混淆。后者子实体厚，菌褶延生，菌盖下方呈褶状脊，孢子印白色（非锈褐色）。

实际大小

淡红丝膜菌菌盖圆锥形至凸镜形，展开后渐变为凸出形。菌盖表面光滑至丝光纤毛状，黄褐色至橙红色。菌褶幼时赭色，后锈褐色（见右图）。菌柄干，与菌盖同色或稍浅，菌幕残余黄色，折线状。

科	丝膜菌科Cortinariaceae
分布	北美洲、欧洲、亚洲北部
生境	林地
宿主	针叶树和阔叶树的外生菌根菌
生长方式	小群生于地上
频度	常见
孢子印颜色	锈褐色
食用性	很可能有毒

子实体高达
4 in
(100 mm)

菌盖直径达
2 in
(50 mm)

血红丝膜菌
Cortinarius sanguineus
Bloodred Webcap
(Wulfen) Gray

种加词"*sanguineus*"意思为"血色的",血红丝膜菌子实体为深红色,这是它的明显特征,子实体虽小但很引人注目。该种隶属于丝膜菌属 *Cortinatius* 中 *Dermocybe* 组,其颜色主要来自大黄素和皮层着色物,这两种化合物已经从其子实体中分离得到。因含有这些化合物,该种很长时间以来都作为天然染色剂。大黄素(子实体幼时含量较高)产生一系列黄色至橘色的色调,而皮层着色物(子实体老后含量较高)产生亮红色、粉色和紫色的色调。

相似物种

某些属于 *Dermocybe* 组的丝膜菌属物种与血红丝膜菌形态和大小相似,但子实体都不具有血红丝膜菌的深红色。朱红丝膜菌 *Cortinarius cinnabarinus* 是阔叶林中子实体相对较大的物种,幼时其整个子实体都呈红色,但老后菌盖呈红褐色。

实际大小

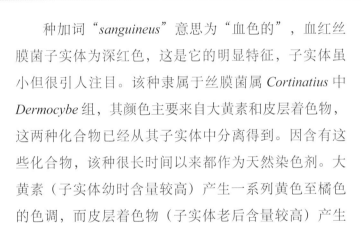

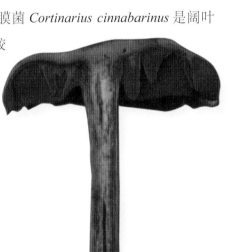

血红丝膜菌菌盖初时半球形,渐平展至浅凸出形。菌盖表面被有丝光状纤毛,深红色,老后较暗淡,菌褶与菌盖同色(见左图)。菌柄较菌盖颜色浅,幼时具赭色至红色的蛛网状菌幕残余。

科	丝膜菌科Cortinariaceae
分布	北美洲、欧洲
生境	林地
宿主	针叶树和桦树的外生菌根菌
生长方式	小群生于地上
频度	常见
孢子印颜色	锈褐色
食用性	很可能有毒

子实体高达
4 in
(100 mm)

菌盖直径达
2 in
(50 mm)

106

半血红丝膜菌
Cortinarius semisanguineus
Surprise Webcap
(Fries) Gillet

实际大小

从菌盖表面看，半血红丝膜菌形态上看起来像许多其他的褐色小蘑菇。但令人惊讶的是，当你翻转菌盖会发现暗红色的菌褶。其拉丁学名"泄了密"，该种与其近缘种血红丝膜菌 *Cortinarius sanguineus* 相似，其菌盖和菌柄也为红色。这两种有时被置于 *Dermocybe* 属中。如同血红丝膜菌一样，半血红丝膜菌也是深受青睐的真菌染料，可染出从红色、粉色至紫色等一系列颜色。

相似物种

尽管幼时子实体全为红色，朱红丝膜菌 *Cortinarius cinnabarinus* 子实体老后菌盖颜色常变成褐色，但菌柄一直为红色。其他归于 *Dermocybe* 组、菌盖为褐色的物种从表面看起来可能相似，但它们的菌褶呈黄色至橙色或棕锈褐色。

半血红丝膜菌菌盖幼时半球形，渐变平展至浅凸出形。菌盖表面被有丝光状纤毛，黄褐色至橄榄褐色。菌褶血红色（见左图），渐变为锈褐色。菌柄赭色至黄褐色，幼时具蛛丝状的菌幕残余。

科	丝膜菌科Cortinariaceae
分布	北美洲、欧洲
生境	林地
宿主	阔叶树尤其是山毛榉的外生菌根菌
生长方式	地生；群生或形成蘑菇圈
频度	不常见
孢子印颜色	锈褐色
食用性	非食用

子实体高达
3 in
(75 mm)

菌盖直径达
3 in
(75 mm)

大脚丝膜菌
Cortinarius sodagnitus
Bitter Bigfoot Webcap
Rob. Henry

大脚丝膜菌隶属于丝膜菌属 *Cortinarius* 中黏丝膜菌组 *Phlegmacium*，该组物种子实体相对较大，稍矮壮，菌盖黏。其膨大的"大脚"形基部，常具明显的边缘，是黏丝膜菌组物种的典型特征。该组中所有的物种都不常见或罕见，但在一些含有碳酸钙的林地中，尤其是老山毛榉林里，黏丝膜组的不同种会生在一起。大脚丝膜菌与其近缘物种均有一独特性质，即滴一滴稀氨水（或其他碱），菌盖就会变为亮粉红色，研究显示这是由于该种真菌产生的称为 sofshnitins 的新化合物所致。

实际大小

相似物种

蓝丝膜菌 *Cortinarius caerulescens* 和 *Cortinarius terpsichores* 两种的子实体较大脚丝膜菌稍大，但形态和颜色都较为相近。最好通过显微观察来区分。北美洲的多膜丝膜菌 *Cortinarius velicopius* 形态与之相似，但呈深紫色。老熟褪色后的子实体很难鉴定到种。

大脚丝膜菌菌盖凸镜形，黏，光滑，幼时深紫色，颜色逐渐褪至赭色。菌褶有时灰色带紫色褶缘（见右图），渐变为灰褐色至锈褐色。菌柄白色至紫色，具蛛丝状的菌幕残余，基部球状，且带有明显的边缘。

科	丝膜菌科Cortinariaceae
分布	北美洲、欧洲、亚洲北部
生境	林地
宿主	针叶树的外生菌根菌
生长方式	小群生于地上
频度	不常见
孢子印颜色	锈褐色
食用性	非食用

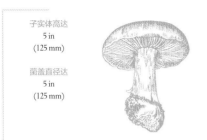

子实体高达
5 in
(125 mm)

菌盖直径达
5 in
(125 mm)

退紫丝膜菌
Cortinarius traganus
Gassy Webcap
(Fries) Fries

退紫丝膜菌菌盖初时半球形，后平展。菌盖表面光滑，具丝状光泽，紫色，后为浅黄色色调。菌褶苍白色至黄褐色，后锈色。菌柄光滑，具蛛丝状的环带，上部较菌盖颜色稍浅，后向着膨大的基部变为黄褐色。菌柄上的菌肉棕褐色至褐色（见右下图）。

退紫丝膜菌是丝膜菌属 *Cortinarius* 中较为漂亮的物种，但种加词"*traganus*"与山羊相关，显然其气味并不那么讨人喜欢。但奇怪的是许多人认为该种带有熟透的梨子的气味。很可能这个名称包括了两个或多个亲缘关系较近的物种。退紫丝膜菌在当地针叶林中尤其在北美洲北部的原始森林里常见，在云杉和松树林里都能发现。该种的食用性未知，但怀疑它跟丝膜菌属的许多其他物种一样有毒。

相似物种

丝膜菌属的许多物种形态都与该种较为相似。奶酪丝膜菌 *Cortinarius camphoratus* 幼时菌褶为紫色，据说带有腐肉、山羊或烧焦犄角的臭味。白紫丝膜菌 *Cortinarius alboviolaceus* 子实体为银紫色，生长在阔叶林中，没有明显的味道。紫丁香蘑 *Lepista nuda* 孢子印为浅粉色，非锈褐色。

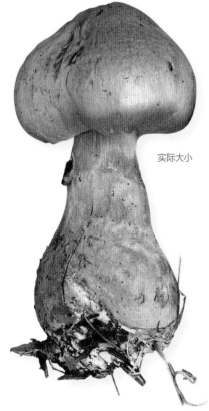
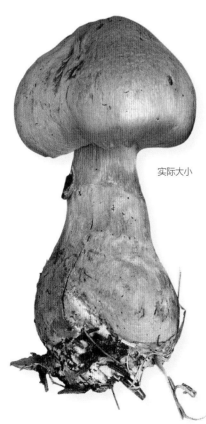

实际大小

科	丝膜菌科Cortinariaceae
分布	北美洲、欧洲、亚洲
生境	林地
宿主	桦树的外生菌根菌
生长方式	地生；群生或形成蘑菇圈
频度	常见
孢子印颜色	锈褐色
食用性	可食

凯旋丝膜菌
Cortinarius triumphans
Birch Webcap

Fries

子实体高达
6 in
(150 mm)

菌盖直径达
5 in
(120 mm)

凯旋丝膜菌只生长在桦树林里，它是桦树林中较为常见的一个物种。该种隶属于丝膜菌属 *Cortinarius* 黏丝膜菌组 *Phlegmacium*，因此具有该组物种的明显特征，即黏的菌盖和干的菌柄。1838 年，瑞典菌物学家埃利亚斯·弗里斯（Elias Fries）首次描述了该种，他一定对这个子实体较大、颜色明亮的蘑菇印象深刻，因为他给这个蘑菇定名为 *triumphans*（得意洋洋的丝膜菌）。凯旋丝膜菌可食用，瑞典人喜欢采食，但丝膜菌属的物种很难准确鉴定——该属中涵盖超过 500 个物种——所以最好避免食用。它的一些相似种剧毒。

相似物种

红丝膜菌 *Cortinarius saginus* 极为相似，但菌盖褐色，常生长在针叶林里。*Cortinarius cliduchus*（还包括香味丝膜菌 *Cortinarius olidus*，如果它与 *Cortinarius cliduchus* 不同的话）的菌柄上鳞片颜色更黄，通常生长在山毛榉树林里。常见丝膜菌 *Cortinarius trivialis* 菌柄黏，带有更明显的丝膜质环纹。

实际大小

凯旋丝膜菌菌盖凸镜形，黏，光滑，但边缘有时具纤毛，亮赭色至黄褐色。菌褶（见右图）灰白色，常带有蓝色色调，渐变为灰褐色至锈褐色。菌柄白色，具赭褐色菌幕残余，形成不完整的环带，柄基上部通常膨大。

科	丝膜菌科Cortinariaceae
分布	北美洲西部、欧洲、亚洲北部
生境	林地
宿主	阔叶树尤其是柳树、山杨树和栎树的外生菌根菌
生长方式	小群生于地上
频度	常见
孢子印颜色	锈褐色
食用性	非食用

子实体高达
5 in
(125 mm)

菌盖直径达
4 in
(100 mm)

常见丝膜菌
Cortinarius trivialis
Girdled Webcap
J. E. Lange

实际大小

常见丝膜菌是潮湿或泥泞林地的指示物种，在这种林地里十分常见（种加词"*trivialis*"意思为"常见的"）。其英文名字来自菌柄上带有鳞状厚环带，这个特征也使该种成为丝膜菌属*Cortinarius*中容易被识别的物种之一。尽管人类不采食，但它似乎却是红松鼠喜爱的食物。芬兰报道发现这些真菌，加上牛肝菌类和红菇属*Russula*的物种，占松鼠冬季的食物的四分之一。松鼠采集新鲜的子实体储存起来在树上晾干后作为整个冬季的食物。

相似物种

黏柄丝膜菌*Cortinarius collinitus*（最早在栎树旁发现）可能是常见丝膜菌早期的名字。然而该名称已被用于生于针叶林的一个相似种，其菌柄带有浅紫色而非白色的环带。丝膜菌属中其他具有黏滑菌盖和褐色菌柄的物种，缺少明显的环带。

常见丝膜菌菌盖凸镜形（见右图），渐变平展至凸出形。菌盖表面黏，黄色至红褐色，带有橄榄色色调。菌褶浅肉色，褶缘紫色，后快速地变为锈褐色。菌柄黏，顶端白色，向着基部变为棕褐色，具不规则的白色和褐色厚环，菌幕残余黏。

科	丝膜菌科Cortinariaceae
分布	北美洲、欧洲、亚洲北部
生境	潮湿林地
宿主	柳树的外生菌根菌
生长方式	小群生于地上
频度	产地常见
孢子印颜色	锈褐色
食用性	可能有毒，避免食用

子实体高达
3 in
(75 mm)

菌盖直径达
2 in
(50 mm)

111

湿地丝膜菌
Cortinarius uliginosus
Marsh Webcap

Berkeley

许多真菌已进化为耐受甚至喜好生长于沼泽、泥塘和湿地上。湿地丝膜菌就是如此（种加词"*uliginosus*"意思为湿地），它与柳树形成共生。该种具有丝膜菌属*Cortinarius*中*Dermocybe*组的典型形状，具有黄-红-锈色。与该组中其他物种一样，湿地丝膜菌子实体含有遇碱变成红色的化合物，曾经被用作天然染料。其菌褶幼时的颜色是区分*Dermocybe*组物种的重要特征，所以只采集到老熟标本是很难鉴定的。

相似物种

*Dermocybe*组中其他物种看起来形态相似，但湿地丝膜菌亮丽的颜色和生活习性明显地区分于其他种。黄球盖丝膜菌*Cortinarius croceoconus*子实体颜色暗，生长在针叶林。常见种黄丝膜菌*Cortinarius croceus*生长在多种树林里，菌盖暗黄褐色至红褐色。

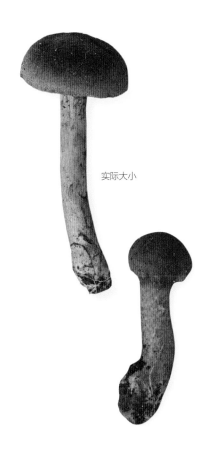

实际大小

湿地丝膜菌菌盖初时近圆锥形（见右图），展开后渐变为凸出形。菌盖表面带有丝光状纤毛，亮砖红色，老后色暗。菌褶幼时亮柠檬黄色，后锈褐色。菌柄具赭红色的菌幕残余环带，成熟后向着基部色暗。菌肉浅黄色。

科	丝膜菌科Cortinariaceae
分布	北美洲、欧洲、中美洲、亚洲北部、澳大利亚、新西兰
生境	林地
宿主	阔叶树和针叶树的外生菌根菌
生长方式	群生于地上
频度	不常见
孢子印颜色	锈褐色
食用性	可食

子实体高达
5 in
(125 mm)

菌盖直径达
6 in
(150 mm)

112

紫绒丝膜菌
Cortinarius violaceus
Violet Webcap
(Linnaeus) Gray

紫绒丝膜菌子实体大，带有明显的颜色，是丝膜菌属*Cortinarius*中在野外比较易于识别的物种之一。令人惊讶的是暗紫色菌盖却容易被忽略，尤其是当它生长在矮树丛中。紫绒丝膜菌分布广泛，却不常见，但如果碰到，它通常是成群地发生。新鲜的子实体有时带有香柏木的芳香味道。与大部分丝膜菌不同，紫绒丝膜菌可食用（有时带有苦味），但未被广泛采食。因许多丝膜菌是危险有毒的，所以最好避免食用。该种也被用作染料。

相似物种

有人认为针叶林里采集的子实体是另一物种——赫西恩丝膜菌*Cortinarius hercynicus*，显微镜下它们因孢子形态不同而得以区分。紫绒丝膜菌子实体大而色暗，菌盖表面带有细鳞片等特征，明显地区分于其他种。而紫丁香蘑*Lepista nuda*子实体颜色浅，菌盖光滑，孢子印浅粉色。

实际大小

紫绒丝膜菌菌盖半球形，渐变平展至宽凸出形。菌盖表面干，具细绒毛至鳞片状，暗紫色，老后紫灰色。菌褶与菌盖同色，渐变为紫褐色。菌柄较菌盖颜色稍浅，幼时常具同色的蛇纹状纹饰，菌柄向着基部逐渐膨大。

科	丝盖伞科Inocybaceae
分布	北美洲、欧洲、中美洲
生境	林地
宿主	阔叶树
生长方式	生于树桩和枯枝上
频度	不常见
孢子印颜色	褐色
食用性	非食用

子实体高达
小于⅛ in
(2 mm)

菌盖直径达
1 in
(25 mm)

朱红靴耳
Crepidotus cinnabarinus
Cinnabar Oysterling

Peck

113

尽管子实体不算大，这种个体较小的靴耳属*Crepidotus*物种却有着亮丽的深红色——相对于该属中颜色通常稍暗的蘑菇来说，朱红靴耳的颜色堪称惊艳。朱红靴耳首次描述自北美洲，在该地区分布广泛，但却不常见。欧洲包括不列颠群岛零星有报道，在这些地区不仅不常见，而且的确很稀有。与该属中其他物种一样，如将朱红靴耳新鲜的子实体放在白纸或载玻片上数小时后会观察到其褐色孢子印。

相似物种

大部分靴耳属*Crepidotus*的物种子实体都为白色至浅褐色。而极为相似的红色物种酒红靴耳*Crepidotus rubrovinosus*，最早描述自中美洲。而颜色稍浅，玫红色的玫瑰靴耳*Crepidotus roseoornatus*分布于欧洲大陆少数区域。最好通过显微观察来区分。

实际大小

朱红靴耳子实体为宽贝壳形，极软，一侧附着于木头上。菌盖稍呈凸镜形，初时多毛，后较为光滑，亮朱红色。菌褶初时与菌盖同色，孢子成熟后为褐色。

科	丝盖伞科Inocybaceae
分布	北美洲、欧洲大陆、中美洲和南美洲
生境	林地
宿主	阔叶树，极少针叶树
生长方式	生于枯枝上
频度	常见
孢子印颜色	褐色
食用性	非食用

子实体高达
小于⅛ in
(3 mm)

菌盖直径达
1½ in
(35 mm)

114

藏红花靴耳
Crepidotus crocophyllus
Saffron Oysterling

(Berkeley) Saccardo

大部分靴耳属*Crepidotus*的物种菌盖白色，菌褶褐色，子实体小且暗淡，但藏红花靴耳子实体较大且独特，其菌褶带有藏黄色至橘色的明亮颜色。藏红花靴耳的菌盖表面变化多样，尤其是颜色多变，不同程度上带有纤毛或鳞片，这可能导致了早期的菌物学家将该种描述为多个不同的名字。最近的研究显示这些不同的名称实质上是分布广泛的同一个物种，这显然非比寻常，因为通常来说，现在许多研究常会揭示出同一名称下包括了几个不同的隐存种。

相似物种

黏靴耳*Crepidotus mollis*子实体形态较为相近，有时具鳞片，但其颜色稍暗，菌褶白色至米黄色，后变为褐色。晚生扇菇*Panellus serotinus*和耳状小塔氏菌*Tapinella panuoides*的菌褶都为橙粉色，但其菌盖大，带有暗橄榄色或褐色。

藏红花靴耳菌盖宽贝壳形，子实体软，一侧附着于木头上。菌盖稍呈凸镜形，光滑，奶油色至赭褐色，被红褐色的纤毛或细鳞片。菌褶黄色至橙色，孢子成熟后变为褐色。

实际大小

科	丝盖伞科Inocybaceae
分布	北美洲、欧洲、北非、中美洲、亚洲北部
生境	林地
宿主	阔叶树
生长方式	常叠生于树干、树桩和段木上
频度	常见
孢子印颜色	褐色
食用性	非食用

黏靴耳
Crepidotus mollis
Peeling Oysterling
(Schaeffer) Staude

子实体高达
小于⅛ in
(3 mm)

菌盖直径达
3 in
(75 mm)

该物种本来平淡无奇，然而在潮湿的天气里，黏靴耳的胶质的、有弹力的透明菌盖表皮可能从菌盖上剥离，所以得名"Peeling Oysterling"。它的另一个英文名字——软靴耳（Soft Slipper）——或多或少是对其子实体松软和松弛特征的诠释。该种菌盖被红褐色纤毛或鳞片的程度变化多样，结果一些权威人士认为子实体较小且始终带有鳞片的物种为*Crepidotus calolepis*，而真正的黏靴耳菌盖光滑或仅带有少许鳞片。

相似物种

藏红花靴耳*Crepidotus crocophyllus*形态和菌盖上的纤毛鳞片与该种相似，但其颜色更亮丽，菌褶黄色至橙色，在树枝上和植物枯茎上常见的其他大多数靴耳属*Crepidotus*物种子实体小得多，菌盖白色，光滑，直径小于1 in（25 mm），菌褶浅褐色。

黏靴耳菌盖为宽贝壳形，子实体松软（湿时胶状），子实体一侧附着于木头上。菌盖略凸镜形，光滑，白色至浅褐色，有时被红褐色的纤毛或鳞片。菌褶白色，渐变烽浅粉褐色。

实际大小

科	小皮伞科Marasmiaceae
分布	北美洲
生境	林地
宿主	阔叶树
生长方式	散群生于枯枝、树杈上
频度	常见
孢子印颜色	白色
食用性	非食用

子实体高达
2 in
(50 mm)

菌盖直径达
1½ in
(35 mm)

116

环带毛皮伞
Crinipellis zonata
Zoned Hairy Parachute
(Peck) Saccardo

"*Crinipellis*"意思为"被毛表皮"的，该属中所有的物种子实体都相当小，菌盖表面因被有长毛而与众不同。该属与小皮伞属*Marasmius*的物种较为相似，常成群生于小的枯枝和树干上。环带毛皮伞分布于北美洲，菌盖上被有无光泽的环纹状长毛。环带毛皮伞是完全无害的菌物，但南美洲分布着一个相当有迷惑性的近缘种*Crinipellis perniciosa*，其菌盖呈粉色，却能引起可可树丛枝病，其危害严重。

实际大小

相似物种

北美洲的两个近缘物种，钟形毛皮伞*Crinipellis campanella*和黑片毛皮伞*Crinipellis piceae*常生长在针叶树上。它们的菌盖较小，被毛但不呈环纹状。欧洲的鳞盖毛皮伞*Crinipellis scabelly*是较为相近的种，但通常生长在枯草茎干上，而非生长在木头上。

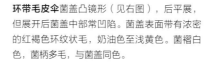

环带毛皮伞菌盖凸镜形（见右图），后平展，但展开后菌盖中部常凹陷。菌盖表面带有浓密的红褐色环纹状毛，奶油色至浅黄色。菌褶白色，菌柄多毛，与菌盖同色。

科	小脆柄菇科Physalacriaceae
分布	北美洲、非洲、中美洲和南美洲、亚洲、澳大利亚、新西兰
生境	林地
宿主	阔叶树
生长方式	枯树枝
频度	不常见
孢子印颜色	白色
食用性	非食用

金黄鳞盖伞
Cyptotrama asprata
Golden Scruffy
(Berkeley) Redhead & Ginns

子实体高达
2 in
(50 mm)

菌盖直径达
1 in
(25 mm)

117

鲜艳的金黄鳞盖伞广泛分布在热带地区腐木上，但也有少部分分布在温带的林地里（欧洲未见报道）。若干小刺扭曲，其尖端粘连在一起形成明显的鳞片，一些马勃也具有该特征。而根据最近的分子研究结果，金黄鳞盖伞与金针菇*Flammulina velutipes*而非马勃的亲缘关系更近。先前许多专业人士对该种的分类地位困惑不解且一直有争议，它曾被放在了不少于10个不同的属中：香菇属*Lentinus*，环柄菇属*Lepiota*，金钱菌属*Collybia*，侧耳属*Pleurotus*，口蘑属*Tricholoma*，小皮伞属*Marasmius*，蜜环菌属*Armillaria*，干菇属*Xerula*，拟口蘑属*Tricholomopsis*和裸脚菇属*Gymnopus*。

实际大小

相似物种

分布在温带地区的黄鳞伞*Pholiota flammans*子实体幼时颜色亮丽，形态上与该种极为相似；而翘鳞伞*Pholiota squarrosa*和刺猬暗小皮伞*Phaeomarasmius erinaceus*菌盖上都带有鳞片，但颜色较暗沉，偏锈褐色。这几个种孢子印都呈褐色（而非白色），且菌褶也呈褐色。

金黄鳞盖伞菌盖初为凸镜形，菌盖表面被黄色至橙色的锥形鳞片（用放大镜可观察到呈锥形），这些锥形鳞片是由菌盖上刺状附属物顶端粘在一起。老后鳞片易脱落。菌褶白色至奶油色，稍延生。菌柄与菌盖同色或色浅，被类似的小鳞片。

科	伞菌科Agaricaceae
分布	非洲、亚洲南部
生境	公园、花园、路边和林地
宿主	肥沃的土壤、堆肥和落叶层
生长方式	地生
频度	常见
孢子印颜色	巧克力褐色
食用性	非食用

子实体高达
3 in
(75 mm)

菌盖直径达
2 in
(50 mm)

硫色囊蘑菇
Cystoagaricus trisulphuratus
Scaly Tangerine Mushroom
(Berkeley) Singer

知名的英国菌物学家、牧师迈尔斯·约瑟夫·伯克利（Miles Joseph Berkeley）首次描述了硫色囊蘑菇这个亮丽的物种，其研究的标本由其女儿采集自桑给巴尔。该种在非洲的热带地区、印度和东南亚地区广泛分布。硫色囊蘑菇独特的多角形孢子使其被置于囊蘑菇属*Cystoagaricus*中，但最近的DNA研究证明该种属于蘑菇属*Agaricus*，所以其科学名称应该改回伯克利最初命名的硫色蘑菇*Agaricus triculphuratus*。

相似物种

褐鳞蘑菇*Agaricus crocopeplus*是极为相似的物种，该种也发生在非洲和亚洲的热带地区。但其鳞片偏亮黄色，而非橙色，但它们的主要区别是显微特征不同。鹅膏属*Amanita*中的几个热带地区分布的物种也具有鳞片和亮丽的颜色，但它们的菌褶和孢子印都为白色。

硫色囊蘑菇菌盖初时半球形，后凸镜形至平展。菌盖表面带有羊毛状的鳞片，盖缘的鳞片下垂；亮橘黄色至橘色。菌褶幼时白色，后巧克力褐色。菌柄被羊毛状的鳞片，与菌盖同色，具明显的菌环。

实际大小

科	伞菌科Agaricaceae
分布	北美洲、欧洲、亚洲北部、新西兰
生境	长青苔的林地和草地
宿主	阔叶树、针叶树和苔藓
生长方式	单生或群生于地上
频度	常见
孢子印颜色	白色
食用性	非食用

子实体高达
3 in
(75 mm)

菌盖直径达
2 in
(50 mm)

119

皱盖囊皮伞
Cystoderma amianthinum
Earthy Powdercap
(Scopoli) Fayod

到目前为止，皱盖囊皮伞是囊皮伞属*Cystoderma*里最常见的物种，经常现于长有苔藓的牧场、草地及林地里。种加词"*amianthinum*"意思为无斑点的，这对反映该种的特征几乎毫无帮助，但菌柄多毛和子实体为亮赭色的特征是非常与众不同的；它的另一个英文名称为"Saffron Powdercap"。该种通常有泥土的气味，但不像珍珠囊皮伞*Cystoderma carcharias*那样浓烈。极少情况下，皱盖囊皮伞的子实体会被另一种听起来骇人的蘑菇，俗称"粉帽菌杀手"（Powdercap Strangler，粉帽菌瘿伞*Squamanita paradoxa*）寄生。寄主自身的紫色菌盖和菌柄取代了寄主的菌盖和菌柄上部，寄主只剩下赭色菌柄的下部比较完好。

实际大小

皱盖囊皮伞菌盖凸镜形，渐平展至浅凸出形，菌盖表面幼时被有细颗粒状的鳞片，后光滑或具辐射状的褶皱，亮赭色至棕褐黄色，边缘带有白色下垂的菌幕残余。菌褶白色至奶油色。菌柄上有易脱落的菌环；菌环上部菌柄光滑，菌环下部菌柄与菌盖同色，被颗粒状鳞片。

相似物种

囊皮伞属和小囊皮伞属*Csytodermella*的其他物种通常并不常见，且仅生于林地里。杰森尼囊皮伞*Cystoderma jasonis*是极为相似的物种，但菌盖有些呈褐色。最好通过显微镜下其较长的孢子来区分。朱红小囊皮伞*Cystodermella cinnabarina*和粒鳞小囊皮伞*Cystoderma granulosa*菌盖红褐色或砖红色。

科	伞菌科Agaricaceae
分布	北美洲、欧洲、亚洲北部
生境	林地
宿主	针叶树
生长方式	单生或小群生于地上
频度	不常见
孢子印颜色	白色
食用性	非食用

子实体高达
3 in
(75 mm)

菌盖直径达
2½ in
(60 mm)

120

珍珠囊皮伞
Cystoderma carcharias
Pearly Powdercap
(Persoon) Fayod

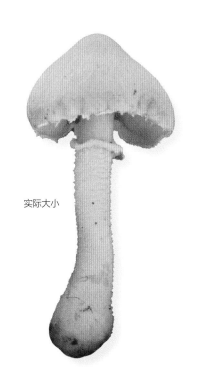

实际大小

珍珠囊皮伞菌盖和菌柄带有苍白色的颗粒状鳞片，且具不易脱落的环而明显地区分于他种。另外该种带有令人讨厌的气味，对其描述多样：发霉、陈腐、黏土甚至是煤气。已有分析发现其子实体中含有有机化合物土臭素（或泥土气），是持续干热后下雨时土壤气味的主要成分之一。珍珠囊皮伞并不如皱盖囊皮伞*Cystoderma amianthinum*那样常见，喜好生长在针叶林落叶而非长苔藓的草地里。种加词"*carcharias*"意思为"尖凸的"，可能用以描述颗粒状鳞片。

相似物种

强烈的气味和浅粉色子实体是珍珠囊皮伞明显区别于其他囊皮伞属*Cystoderma*和小囊皮伞属*Cystodermella*物种的特征，这些物种多为暗砖红色或黄色。囊小伞属*Cystolepiota*有几个物种子实体为粉色，菌盖和菌柄带有颗粒状或粉末状鳞片，但无珍珠囊皮伞那样明显的环。

珍珠囊皮伞菌盖浅白色，通常带粉红色。菌盖凸镜形，渐变为凸出形，菌盖表面被有细颗粒状的鳞片，边缘的白色菌幕残余下垂。菌褶白色至奶油色。菌柄具不易脱落的、向上的菌环；菌环上部菌柄光滑，白色，菌环下部菌柄颗粒状，与菌盖同色。

科	伞菌科Agaricaceae
分布	北美洲、欧洲、亚洲西南部
生境	含碳酸钙的林地
宿主	阔叶树
生长方式	单生或群生于地上
频度	不常见
孢子印颜色	白色
食用性	非食用

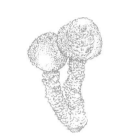

子实体高达
3 in
(75 mm)

菌盖直径达
1 in
(25 mm)

紫丁香囊小伞
Cystolepiota bucknallii
Lilac Dapperling
(Berkeley & Broome) Singer & Clémençon

就像近缘的环柄菇属*Lepiota*一样，囊小伞属*Cystolepiota*物种是含有白垩岩和石灰岩林地里的优势物种。紫丁香囊小伞是最易被识别和鉴定的物种之一，这不仅是因其颜色亮丽，而且也因其特殊的气味。已证明该菌产生有气味的吲哚类复合物，这类化合物闻起来带有强烈的煤气味——硫色口蘑*Tricholoma sulphureum*的主要特点也是有这样的气味和化合物。1881年，当地的菌物学家塞德里克·巴克纳尔（Cedric Bucknall）首次在英格兰布里斯托附近的石灰岩林地里采集到该种蘑菇，为了纪念塞德里克·巴克纳尔而用他的名字命名该种。

相似物种

紫丁香囊小伞因其粉状菌幕残余、亮丽的颜色、奶油色的菌褶及煤油气味而易鉴定。其他带有粉末状菌幕残余的囊小伞属物种，子实体常为白色至粉色，但绝无紫罗兰色。亲缘关系较远的污白丝盖伞紫色变种*Inocybe geophylla* var. *lilacina*的形态、大小和颜色都与该种较为相近，但无粉末状的鳞片，菌褶土褐色。

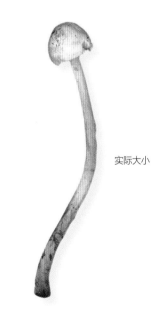

实际大小

紫丁香囊小伞子实体幼时被有颗粒状或絮片状的鳞片，老后紫色的外菌幕残余脱落。菌盖半球形，很少展开，老后带有紫色色调。菌褶奶油色。菌柄顶端奶油色，下部为暗紫色。

科	口蘑科Tricholomataceae
分布	北美洲西部、欧洲
生境	林地
宿主	乳菇或红菇上
生长方式	腐烂的子实体上
频度	不常见
孢子印颜色	白色
食用性	非食用

子实体高达
3 in
(75 mm)

菌盖直径达
½ in
(10 mm)

总状分枝金钱菌
Dendrocollybia racemosa
Branched Shanklet
(Persoon) R. H. Petersen & Redhead

总状分枝金钱菌子实体虽小，但形态却极为特殊。其菌柄上生有许多侧枝，每一个侧枝的末端都带有鼓起的小瘤，内部含有无性孢子——这是另一种繁殖方式，也是该物种独有的特征。更令人惊奇的是，总状分枝金钱菌生长在其他蘑菇腐烂的残骸上，尤其是红菇属*Russula*和乳菇属*Lactarius*物种，但这些蘑菇通常腐烂至难以辨认。总状分枝金钱菌的子实体自小的硬核般真菌组织——菌核长出，这个菌核可以长期在土壤里存活，直到新的宿主子实体再次出现才会萌发。

相似物种

没有其他蘑菇像总状分枝金钱菌那样菌柄上生有独特的侧枝。但金钱菌属*Dendrocollybia*的几个物种，包括拟金钱菌*Collybia tuberosa*与该种的形态和大小都较为相似。它们也由散布在乳菇和红菇残体中的菌核长出（但其菌核颜色通常较浅，呈赭色至红褐色）。

总状分枝金钱菌菌盖凸镜形，渐变平展至浅凸出形。菌盖表面光滑至具褶皱，浅灰色至灰褐色。菌褶与菌盖同色。菌柄细，与菌盖同色，光滑，柄上生有大量的短侧枝，末端形成微小的球型瘤。菌柄从基部黑色坚硬的球形菌核上长出。

实际大小

科	粉褶蕈科Entolomataceae
分布	欧洲、亚洲北部
生境	牧场、灌木丛
宿主	苔藓和草
生长方式	单生或小群生于地上
频度	产地常见
孢子印颜色	粉红色
食用性	可能有毒，最好不食用

灰粉褶蕈蓝色变种
Entoloma chalybeum var. *lazulinum*
Indigo Pinkgill
(Fries) Nordeloos

子实体高达	2 in (50 mm)
菌盖直径达	1½ in (35 mm)

灰粉褶蕈蓝色变种是粉褶蕈属*Entoloma*小粉褶蕈亚属*Leptonia*的典型代表。几乎所有的小粉褶蕈亚属种类都见于古老的、长苔藓的牧场和草坪（至少在欧洲如此）。它们的子实体相对较小、纤细，与小菇属*Mycena*的种类颇为相似，因此作为一个类群很容易识别——但却不易鉴定到种。这个类群中有不少种类具有暗蓝色的菌盖，与灰粉褶蕈蓝色变种相似。这个变种的拉丁名称"*lazulinum*"来源于罕见的暗蓝色宝石，即天青石。

灰粉褶蕈蓝色变种菌盖圆锥形至半球形，逐渐变为凸镜形至平展。菌盖表面光滑至中部具细鳞，潮湿时具条纹（通常灰粉褶蕈无条纹），呈靛蓝色至黑蓝色，随着老化而色彩暗淡。菌褶幼时呈蓝色，逐渐变为灰粉色。菌柄光滑，比菌盖颜色稍浅，基部白色绒毛状。

相似物种

正常的灰粉褶蕈*Entoloma chalybeum*与该变种的主要区别在于其菌盖无条纹，而鳞片更明显，此前它们也被当作两个不同的种。蓝黑粉褶蕈*Entoloma corvinum*的菌盖也无条纹，但其主要区别在于幼嫩时菌褶呈白色而非蓝色。蓝缘粉褶蕈*Entoloma serrulatum*也呈相似的颜色，但其菌褶边缘带有明显的蓝色。

实际大小

科	粉褶蕈科Entolomataceae
分布	新西兰
生境	林地
宿主	阔叶树和针叶树
生长方式	单生或群生于地上
频度	偶见
孢子印颜色	粉红色
食用性	非食用

子实体高达
3 in
(75 mm)

菌盖直径达
1 in
(25 mm)

124

翡翠粉褶蕈
Entoloma glaucoroseum
Jade Pinkgill
E. Horak

翡翠粉褶蕈是新近发表的一个物种，目前仅知分布于新西兰，在当地见于原生混交林中。与其他绿色真菌一样，其颜色与叶绿素——植物叶片的绿色——无关，而是来自一些真菌特有的色素。这些颜色是否具有功能，或者只是真菌子实体内天然产物的副产品——至今尚不明了，但这些颜色确实造就了一些极具魅力、形态奇特的物种。

相似物种

已知在澳大利亚的绿柄粉褶蕈*Entoloma rodwayi*呈现更为明亮的绿色。分布于北温带地区的灰白粉褶蕈*Entoloma incanum*味道很浓，具有橄榄色的菌盖和亮绿色的菌柄。铜绿胶柄菌*Gliophorus viridis*是新西兰的另一种绿色蘑菇，但其菌褶和孢子均为白色。

实际大小

翡翠粉褶蕈菌盖凸镜形，逐渐平展或中部凹陷。菌盖表面光滑或具细鳞，具条纹，灰绿色至翡翠绿，中部颜色较深。菌褶浅粉色，逐渐变为粉红色。菌柄光滑，顶部与菌盖同色，至基部渐变为黄绿色。

科	粉褶蕈科Entolomataceae
分布	北美洲、欧洲、亚洲北部
生境	含碳酸钙的牧场和灌木丛，罕见于林地
宿主	苔藓、草
生长方式	单生或小群生于地上
频度	产地常见
孢子印颜色	粉红色
食用性	可能有毒

灰白粉褶蕈
Entoloma incanum
Mousepee Pinkgill
(Fries) Hesler

子实体高达
4 in
(100 mm)

菌盖直径达
2 in
(50 mm)

灰白粉褶蕈这个小小的蘑菇可能看上去很招人喜爱，但其英文名却显露出实际上它的气味很难闻。事实上，作为定名人和绘图人，詹姆斯·索尔比（James Sowerby）最初曾将灰白粉褶蕈命名为*Agaricus murinus*［老鼠菇（the mouse agaric）］。[①] 现在使用的种加词"*incanum*"意为灰白的，可能是指其白色绒毛状的菌柄基部。灰白粉褶蕈生长在长有苔藓和含有碳酸钙的牧场，在这些地方比较常见。尽管其菌盖的特征也许并不突出，尤其是老化的时候，但其绿色菌柄和受伤变蓝的特征却非常独特。灰白粉褶蕈不太可能被食用，但像大多数粉褶蕈物种一样，它也可能有毒。

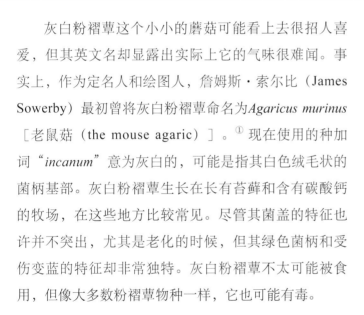

实际大小

相似物种

灰白粉褶蕈老的子实体绿色会褪掉（但其气味却不会消退），但一般来说，其菌柄顶端会始终呈绿色，这个特征也将它与生于草地上、形态相似但子实体较小的其他褐色粉褶蕈种类区别开来。青绿湿伞*Hygrocybe psittacina*也是草地上常见的一种绿色蘑菇，但其菌盖较黏，孢子印白色（非粉色）。

灰白粉褶蕈菌盖半球形、渐变为凸镜形至平展，中部凹陷（见右图）。菌盖表面光滑至中部具细鳞片，潮湿时具条纹；橄榄色至橄榄褐色，干时颜色变浅。菌褶带绿色，逐渐变为粉红色。菌柄光滑，黄绿色至橄榄色，受伤时变蓝绿色；菌柄基部白色绒毛状。

---

① *Agaricus murinus* Sowerby是一个非法名称，已废弃——译者注。

科	粉褶蕈科Entolomataceae
分布	北美洲东部、中美洲和南美洲、亚洲东部
生境	潮湿林地
宿主	针叶树和阔叶树
生长方式	单生或群生于地上
频度	常见
孢子印颜色	粉红色
食用性	可能有毒

子实体高达
4 in
(100 mm)

菌盖直径达
2 in
(50 mm)

穆雷粉褶蕈
Entoloma murrayi
Unicorn Pinkgill
(Berkeley & M. A. Curtis) Saccardo

穆雷粉褶蕈最早是由丹尼斯·穆雷（Dennis Murray）采集自新英格兰，因此用其名字Murray作为该种的拉丁种加词。牧师伯克利（Berkeley）和柯蒂斯（Curtis）于1859年正式描述了这个物种。他们认为这个蘑菇"非常漂亮"，事实也的确如此。因其菌盖中部具有延长的尖凸，它也常被称为"独角兽或黄色独角兽"（Unicorn, Yellow Unicorn）。穆雷在"潮湿的地面"采集到该种，这个种似乎也确实比较偏好潮湿的林地，在那种环境中很常见。与其极为相近的方孢粉褶蕈*Entoloma quadratum*有毒，因而穆雷粉褶蕈也很可能有毒。

相似物种

老的穆雷粉褶蕈与褪色的方孢粉褶蕈很相像，后者外观形态相似但呈橙红色。这两个种老后都有可能变为污黄色。暗黄粉褶蕈*Entoloma luteum*呈浅黄色但偏褐色，菌盖没那么明显的尖凸。子实体黄色、菌盖尖锥形的湿伞属*Hygrocybe*种类孢子印白色（非粉色）。

实际大小

穆雷粉褶蕈菌盖圆锥形，中部常具明显尖凸。菌盖表面光滑，幼时亮黄色，老时浅米黄色。菌褶幼时浅黄色，渐变为粉红色。菌柄纤细，光滑，与菌盖同色。

科	粉褶蕈科Entolomataceae
分布	北美洲东部、非洲（马达加斯加）、中美洲、亚洲东部
生境	林地
宿主	针叶树和阔叶树
生长方式	单生或小群生于地上
频度	常见
孢子印颜色	粉红色
食用性	有毒

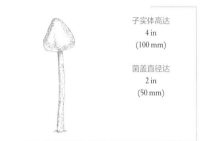

子实体高达
4 in
(100 mm)

菌盖直径达
2 in
(50 mm)

127

方孢粉褶蕈
Entoloma quadratum
Salmon Pinkgill
(Berkeley & M. A. Curtis) E. Horak

粉褶蕈属*Entoloma*中，许多种类菌盖中部常具尖凸，就像童话书中小精灵的帽子。其中方孢粉褶蕈颜色最为绚丽，该种广泛分布于北美洲东部和东亚地区，极为常见。方孢粉褶蕈种加词"*quadratum*"源于显微镜下其独特的方形孢子。很多时候这个种也被称为鲑鱼粉褶蕈*Entoloma salmoneum*，该名称是*Entoloma quadratum*的晚出异名。方孢粉褶蕈的子实体看起来太纤细而不宜食用，这其实倒是一件幸事。研究业已证明，方孢粉褶蕈是粉褶蕈属中毒性最强的物种之一。

相似物种

方孢粉褶蕈幼时形状和颜色独特，而变老褪色后可能会与形态相似但呈黄色的穆雷粉褶蕈*Entoloma murrayi*相混淆。另外，暗黄粉褶蕈*Entoloma luteum*带褐色，菌盖无明显的尖凸。有些颜色鲜艳、菌盖尖圆锥形的湿伞属*Hygrocybe*种类孢子印为白色而非粉色。

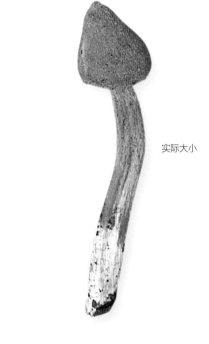

实际大小

方孢粉褶蕈菌盖圆锥形，中部具明显尖凸。菌盖表面光滑，幼时亮橙色至橙红色，老时退为暗黄色。菌褶橙色带粉色，老时颜色不变。菌柄细长，与菌盖同色，有时会形成一点绿色的印迹，光滑。

科	粉褶蕈科Entolomataceae
分布	北美洲、欧洲、亚洲北部
生境	林地
宿主	阔叶树
生长方式	单生或群生于地上
频度	常见
孢子印颜色	粉红色
食用性	有毒

子实体高达
6 in
(150 mm)

菌盖直径达
5 in
(120 mm)

128

褐盖粉褶蕈
Entoloma rhodopolium
Wood Pinkgill

(Fries) P. Kummer

褐盖粉褶蕈是阔叶林中常见的蘑菇，但它只是这一类知之甚少的复合群中的一种，这一复合类群还需深入研究。瑞士菌物学家埃利亚斯·弗里斯（Elias Fries）最早命名了该物种，但至今不清楚欧洲的这类标本是同一个物种还是几个不同的种。北美洲的这类物种可能与褐盖粉褶蕈非常近缘，但却有所不同。这个复合群中的一种，即此前为人们熟知的臭粉褶蕈*Entoloma nidorosum*，具有强烈的漂白粉气味，但其他物种顶多略带淀粉气味。这个类群中大多数都有毒，应避免食用。

相似物种

许多不同的变型、变种或近缘种已被描述和报道，但它们都没有非常典型的特征，很难区分开来。毒粉褶蕈*Entoloma sinuatum*也较为相似，但其子实体通常更大，菌肉更厚，颜色较浅，菌盖无条纹。

实际大小

褐盖粉褶蕈子实体较大，菌盖凸镜形至平展，有时中部下凹或略呈凸出形。菌盖光滑，潮湿时边缘具条纹，呈浅黄褐色至浅灰褐色。菌褶幼时白色，成熟后暗粉红色。菌柄白色，有时略带灰褐色，光滑但呈细微纤毛状，具丝状光泽。

科	粉褶蕈科Entolomataceae
分布	北美洲、欧洲
生境	含碳酸钙的林地和草地
宿主	阔叶树和苔藓草
生长方式	单生或群生于地上
频度	偶见至罕见
孢子印颜色	粉红色
食用性	非食用

玫红粉褶蕈
Entoloma roseum
Rosy Pinkgill
(Longyear) Hesler

子实体高达
3 in
(75 mm)

菌盖直径达
1½ in
(35 mm)

玫红粉褶蕈属于粉褶蕈属*Entoloma*小粉褶蕈亚属*Leptonia*，在欧洲通常生长在长有苔藓的牧场，但在其他地区更常见于林地中。它偏好长在含碳酸钙的土壤中，有时会见于海岸沙丘植被中。该种最早描述自北美，但在原产地却不常见甚至罕见，在欧洲也是如此。实际上，玫红粉褶蕈已经被包括丹麦和荷兰在内的一些国家列入濒危真菌物种红色名录。

相似物种

具有粉红色菌盖的相似物种包括暗褐粉褶蕈*Entoloma catalaunicum*和*Entoloma callirhodon*，但暗褐粉褶蕈常带蓝色，尤其是菌柄；而*Entoloma callirhodon*则带紫色。二者均不常见，且菌褶边缘均带有颜色。常见的肉色丽蘑*Calocybe carnea*与玫红粉褶蕈生境相似，也具有粉红色菌盖，但其菌褶和孢子印为白色。

实际大小

玫红粉褶蕈菌盖凸镜形，有时中部略凹陷。菌盖表面具细小纤毛状鳞片，玫粉色；中部颜色较深，常呈红褐色。菌褶幼时白色至粉色（见右上图），渐变为粉红色。菌柄光滑，与菌盖同色，基部具白色菌丝。

科	粉褶蕈科Entolomataceae
分布	北美洲、欧洲、亚洲北部
生境	林地
宿主	阔叶树，常长于黏土或碱土上
生长方式	单生或群生于地上
频度	常见
孢子印颜色	粉色
食用性	有毒

子实体高达
6 in
(150 mm)

菌盖直径达
8 in
(200 mm)

毒粉褶蕈
Entoloma sinuatum
Livid Pinkgill
(Bulliard) P. Kummer

毒粉褶蕈（曾经也被称为铅色粉褶蕈 *Entoloma lividum* 或真铅色粉褶蕈 *Entoloma eulividum*）是北温带地区子实体最大的粉褶蕈之一，通常生于阔叶林中，特别偏好黏性土。毒粉褶蕈具有甜味或淀粉气味，很早就有其毒性记载，主要是引起胃肠道炎症。19世纪的一个英国作家记载说"午餐时只吃了很小一块，结果导致持续而可怕的腹泻"。毒粉褶蕈较大的子实体和其粉色的菌褶可能会吸引那些寻找蘑菇 *Agaricus campestris* 或杏香丽蘑 *Calocybe gambosa* 的采集者。

实际大小

相似物种

褐盖粉褶蕈 *Entoloma rhodopolium* 与毒粉褶蕈相似，但它通常较小，菌盖颜色较深并且具条纹。褐盖粉褶蕈有时带漂白粉气味，与大多数粉褶蕈一样，它也有毒。可食的斜盖伞 *Clitopilus prunulus* 闻起来也有淀粉味，但它的菌盖为白色，毛毡状，并且通常小很多，菌褶较密。

毒粉褶蕈菌盖肉质，凸镜形，逐渐平展或略呈凸出形。菌盖表面光滑，浅灰赭色至黄褐色或灰褐色。菌褶幼时白色至黄色（见右图），成熟时粉红色。菌柄光滑，白色至浅菌盖色。

科	粉褶蕈科Entolomataceae
分布	北美洲、亚洲北部
生境	林地
宿主	针叶树和阔叶树
生长方式	单生或群生于地上
频度	偶见
孢子印颜色	粉红色
食用性	非食用

子实体高达
3 in
(75 mm)

菌盖直径达
2 in
(50 mm)

131

紫粉褶蕈
Entoloma violaceum
Violet Pinkgill

Murrill

紫粉褶蕈是菌盖被纤毛状鳞片的这类粉褶蕈之一，有些学者也将这一类群作为一个属，即毛盖伞属 *Trichopilus* （"*Trichopilus*" 意指"毛发状菌盖"）。这一类真菌生于林地中，但在欧洲最常见于牧场，并常与湿伞属 *Hygrocybe* 种类生长在一起。它们中大多数菌盖灰色至褐色，但是北美洲和亚洲北部的紫粉褶蕈颜色却非常鲜艳，呈或深或浅的紫色、紫罗兰色或紫黑色。该种食毒不明，但既然很多粉褶蕈种类都有毒，最好还是避而远之。

实际大小

相似物种

紫灰粉褶蕈 *Entoloma porphyrophaeum* 是一个分布广泛的北温带种，在欧洲草地上较常见；该种通常较大，菌盖呈灰色，顶多略带一点淡紫色印迹。北美洲的紫小粉褶蕈 *Leptonia violacea* 菌柄细长，形状与方孢粉褶蕈更相似。

紫粉褶蕈菌盖凸镜形，渐变至略呈凸出形。菌盖表面具细纤毛状鳞片，紫色至紫罗兰色或暗紫褐色。菌褶幼时白色，渐变为粉红色。菌柄被纤毛状鳞片，比菌盖颜色浅；菌柄近基部处白色。

科	粉褶蕈科Entolomataceae
分布	非洲（马达加斯加）、中美洲和南美洲、亚洲东部、澳大利亚、新西兰
生境	林地
宿主	阔叶树
生长方式	单生或群生于地上
频度	产地常见
孢子印颜色	粉红色
食用性	非食用

子实体高达
4 in
(100 mm)

菌盖直径达
2 in
(50 mm)

变绿粉褶蕈
Entoloma virescens
Skyblue Pinkgill

(Berkeley & M. A. Curtis) E. Horak ex Courtecuisse

亮蓝色在真菌中很少见，但绚丽夺目的变绿粉褶蕈是个例外。变绿粉褶蕈最早描述自日本，随后几个相似种在马达加斯加、新加坡和新西兰相继被描述。现在的一些观点认为它们都是同一个种，但仍需深入研究。在新西兰，变绿粉褶蕈也被称为赫氏粉褶蕈 *Entoloma hochstetteri*。它几乎被奉为新西兰的国菌，不仅被绘制于邮票上，甚至还出现在 50 新西兰元上，赋予了这个绚丽的物种无上的荣誉。

相似物种

变绿粉褶蕈新鲜幼嫩时色彩靓丽，不易被认错，但较老的子实体有可能变为暗绿色。在北温带，亮色粉褶蕈 *Entoloma euchroum* 生于腐木上，菌盖较平展，而且呈现出不同的蓝色。还有许多其他粉褶蕈颜色没有变绿粉褶蕈这么鲜艳，呈钢蓝色或者蓝灰色。

实际大小

变绿粉褶蕈菌盖圆锥形，有时中部具尖突，光滑，老时菌盖常撕裂，天蓝色，逐渐褪为绿色或一定程度上呈赭色。菌褶幼时浅蓝色，成熟后变为三文鱼色至褐粉色调。菌柄与菌盖同色。子实体各部位受伤或切开后都变绿色。

科	小菇科Mycenaceae
分布	非洲（马达加斯加）、东南亚；已传入欧洲（意大利）、东非、澳大利亚、新西兰
生境	林地
宿主	阔叶树，罕见于针叶树、蕨类植物和草本植物上
生长方式	簇生或群生于枯枝枯茎上
频度	产地常见
孢子印颜色	白色
食用性	非食用

美胶孔菌
Favolaschia calocera
Orange Pore Fungus
R. Heim

子实体高达
2 in
(50 mm)

菌盖直径达
1 in
(25 mm)

美胶孔菌于 1945 年描述自马达加斯加，它是一个非常有吸引力但却鲜为人知的物种，直到 20 世纪 60 年代才在新西兰再次发现其踪迹。此后美胶孔菌被发现分布在一些完全不同的区域，从意大利到澳大利亚都有其踪影，所有迹象都表明它是一种入侵真菌，不断扩张自己的领地。通常认为美胶孔菌是马达加斯加和东南亚的原生物种，无意中传播到了其他地方。最近在意大利采集的标本生于针叶树、老的蕨类植物茎秆或草本植物残骸上，这表明美胶孔菌种类具有极强的适应性，很有可能会传播到远的地方。

实际大小

相似物种

最初在新西兰发现美胶孔菌时，它被误认为是思韦茨胶孔菌 *Favolaschia thwaitesii*。思韦茨胶孔菌是一个很常见的热带种，最早描述自斯里兰卡，在亚洲和非洲都有其分布。尽管这两个种的颜色都非常绚丽，但思韦茨胶孔菌通常小得多，菌柄很短或者无柄，并且二者在显微特征上也有差别。

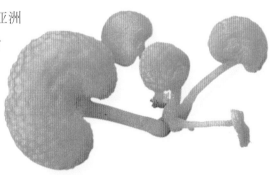

美胶孔菌菌盖凸镜形或贝壳状，菌柄明显，侧生，菌柄与基本相连。菌盖表面光滑或覆有隆起（菌盖下表面的镜像效果），呈亮橙色（见上图）。菌孔橙色，较浅，呈不规则多角形。菌柄圆柱形，光滑，橙色至橙黄色。

科	小菇科Mycenaceae
分布	东南亚、新西兰
生境	林地
宿主	阔叶树
生长方式	小群生于枯树干、树桩和原木上
频度	常见
孢子印颜色	白色
食用性	非食用

子实体高达
⅛ in
(1 mm)

菌盖直径达
3 in
(75 mm)

疱状胶孔菌
Favolaschia pustulosa
White Pore Fungus
(Junghuhn) Kuntze

疱状胶孔菌非常吸引人，几乎完全透明。1838 年，德国菌物学家弗里德里克·容洪（Friedrich Junghuhn）首次自爪哇报道了该种。随后，在东南亚其他区域、新西兰以及许多太平洋岛屿等地方也发现了该物种。尽管胶孔菌属 *Favolaschia* 的产孢面呈孔状，但实际上它们与褶状菌小菇属 *Mycena* 有亲缘关系，小菇属真菌通常也呈半透明状。疱状胶孔菌是胶孔菌属中子实体最大的物种之一，在新西兰尤为常见，在那里它通常生长于当地特有的塔瓦木上。

相似物种

胶孔菌属真菌虽然子实体很小，但它们在热带地区很常见。其中白色的杯状胶孔菌 *Favolaschia cyatheae* 和南方杯状胶孔菌 *Favolaschia austrocyatheae* 在新西兰也有分布，但这两个种只生长于老的树蕨类植物上。另一个相似的亚洲物种——盘状胶孔菌 *Favolaschia peziziformis*，生长于老的棕榈树叶上；热带美洲种类 *Favolaschia varariotecta* 也是一样。

疱状胶孔菌菌盖坚韧，凸镜形或贝壳状，表面半透明白色。菌盖光滑或覆有隆起物（菌盖下表面的镜像效果）。菌孔白色，较浅，呈不规则多角形。子实体侧生于木头上，有时以极短的白色菌柄附着在木头上。

实际大小

科	小菇科Mycenaceae
分布	亚洲东部和南部、澳大利亚
生境	潮湿的林地和雨林
宿主	阔叶树
生长方式	密集簇生于树干、树桩和原木上
频度	常见
孢子印颜色	白色
食用性	非食用

簇生丝牛肝菌
Filoboletus manipularis
Luminous Pore-Bonnet
(Berkeley) Singer

子实体高达
3 in
(75 mm)

菌盖直径达
1½ in
(40 mm)

135

簇生丝牛肝菌远远看起来非常像小菇，但近看会发现其菌盖下表面就像牛肝菌类一样呈孔状而非褶状。然而，其外表并没骗人，它也确实和小菇属 *Mycena* 亲缘关系很近，隶属于同一个科。簇生丝牛肝菌最早描述自斯里兰卡，是分布于亚洲、澳大利亚和太平洋岛屿的雨林或潮湿森林中的种类。当夜幕降临，其发光的子实体在黑暗中熠熠生辉，就像那些个头更大的日本类脐菇 *Omphalotus japonicus* 一样。

相似物种

纤细丝牛肝菌 *Filoboletus gracilis* 是簇生丝牛肝菌的近缘种，但它的菌孔非常小，分布于美洲热带地区。胶孔菌属 *Favolaschia* 的种类，例如疱状胶孔菌 *Favolaschia pustulosa*，也具有菌孔而无菌褶，但是这个种的子实体大多数是侧生（像小支架），通常无菌柄。

实际大小

簇生丝牛肝菌菌盖圆锥形至凸镜形，成熟后稍平展，通常呈凸出形。菌盖薄，表面光滑，由于菌孔面透射而看起来如有小坑般，白色，向中部呈奶油色带褐色色调。菌孔圆形，白色。菌柄脆而光滑，白色，基部呈褐色，毛发状。

科	膨瑚菌科Physalacriaceae
分布	北美洲、欧洲、亚洲北部
生境	林地
宿主	阔叶树，尤其是榆树
生长方式	密集簇生于枯树和树桩上
频度	常见
孢子印颜色	白色
食用性	可食，但最好不要生吃

子实体高达
4 in
(100 mm)

菌盖直径达
3 in
(75 mm)

毛柄小火焰菇
Flammulina velutipes
Velvet Shank
(Curtis) Singer

毛柄小火焰菇特别之处在于其比较耐寒，在北美洲地区也称为"冬菇"。已有研究表明，降温时毛柄小火焰菇不仅会产生甘油等防冻物质，而且低温也会刺激其出菇。在日本，毛柄小火焰菇被称为"Enoki"，它是一种深受日本民众喜爱的食用菌，在日本具有悠久的栽培历史。在暗培养和高二氧化碳浓度栽培条件下，毛柄小火焰菇形成白色、长柄、菌盖小的子实体。该种在市场上被称为金针菇（Golden Needles），它含有一种被称为火焰菇毒素的心脏毒素。这种毒素受热分解，因此最好不要生食金针菇。

相似物种

最近研究表明毛柄小火焰菇有许多近缘种，包括北美洲西部生于白杨树上的杨生小火焰菇 *Flammulina populicola*；欧洲长在柳树上的柳生小火焰菇 *Flammulina elastica*；以及长在芒柄花根部的芒柄花生小火焰菇 *Flammulina ononis*。它们最好通过显微观察来区分。

实际大小

毛柄小火焰菇菌盖幼时凸镜形，渐变平展。菌盖表面光滑，潮湿时黏滑，呈浅橙褐色至深橙褐色；菌盖边缘色浅，具条纹。菌褶白色至浅黄色或浅黄褐色。菌柄密被细绒毛，看起来很平整；幼时黄色，逐渐变为橙褐色，成熟后从柄基部至上为黑褐色。

科	伞菌科Agaricaceae
分布	北美洲、欧洲大陆、中美洲、亚洲北部
生境	干燥草地（美洲生于林地中）
宿主	白杨树，极少数针叶树（美洲）
生长方式	单生或群生于地上
频度	偶见
孢子印颜色	白色
食用性	可食

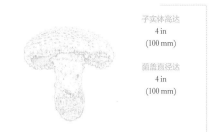

子实体高达
4 in
(100 mm)

菌盖直径达
4 in
(100 mm)

黄绿卷毛菇
Floccularia luteovirens
Yellow Bracelet
(Albertini & Schweinitz) Pouzar

黄绿卷毛菇最早记载自德国，它是一种在中欧地区较罕见但非常独特的蘑菇，其如此稀少以致在一些国家受到法律保护。黄绿卷毛菇生长在干燥的草地或草原上，向东更为稀少。在青藏高原这种蘑菇被称为 Sercha，是一种很常见的食用菌，在市场上有售。在北美洲西部地区，该种一般生长在杨树林中（偶见于针叶林中）。生境差异如此之大，暗示它们可能是两个不同的种。事实上，美洲的这种真菌曾被认为是黄绿卷毛菇的一个变种，即黄绿卷毛菇美洲变种 *Floccularia luteovirens* var. *americana*。很显然，这一类群还需要深入研究。

相似物种

近缘种白黄卷毛菇 *Floccularia albolanaripes* 分布于北美洲西部地区，其菌盖褐色且鳞片较少，亦可食用。金黄鳞盖伞 *Cyptotrama asprata* 菌盖也呈黄色且被鳞片，但其个体小得多且是木生种类。硫色囊蘑菇 *Cystoagaricus trisulphuratus* 成熟时菌褶呈褐色。

实际大小

黄绿卷毛菇菌盖凸镜形，开伞后稍平展，新鲜时呈柠檬黄至赭色，被鳞片，鳞片通常覆盖过菌盖边缘。菌褶白色至浅黄色。菌柄厚，基部通常呈球状；具双层菌环，菌环上部菌柄通常光滑呈白色，菌环下部菌柄被柠檬黄鳞片。

科	球盖菇科Strophariaceae
分布	北美洲、欧洲、亚洲北部
生境	林地
宿主	针叶树，少数阔叶树
生长方式	簇生于树桩、枯树干、木屑堆或覆盖物上
频度	常见
孢子印颜色	褐色
食用性	有毒

子实体高达
3 in
(75 mm)

菌盖直径达
1½ in
(40 mm)

138

纹缘盔孢伞
Galerina marginata
Funeral Bell
(Batsch) Kühner

盔孢伞属 *Galerina* 是一个较大的属，该属真菌子实体较小，褐色，许多种类生长于泥炭藓或其他苔藓上。它们在野外看起来非常相似，只有在显微镜下才能区分开来。纹缘盔孢伞相对较大，成群生长于木头上，这也使其不难识别。该物种新鲜时撕开闻起来有淀粉气味。其英文名——"Fungal Bell"或"Deadly Galerina"——清楚地表明，它是一种致命的剧毒真菌，其鹅膏毒素含量比毒鹅膏 *Amanita phalloides* 更高。纹缘盔孢伞很容易被误认为是可以食用的多变库恩菇 *Kuehneromyces mutabilis*，而不易被错认为是具致幻作用的光盖伞——尽管这种错误的确曾经发生过。

实际大小

相似物种

基于 DNA 证据，北美洲的秋生盔孢伞 *Galerina autumnalis* 和毒盔孢伞 *Galerina venenata* 现在被认为是纹缘盔孢伞的异名。和这个种看起来较相似的多变库恩菇是一种食用菌，这个种菌环以下菌的柄具明显的鳞片，闻起来并没有纹缘盔孢伞那样的淀粉气味。

纹缘盔孢伞子实体密集簇生，菌盖凸镜形至平展。菌盖表面光滑，新鲜时有点黏滑，呈赭黄褐色至浅褐色，干后颜色变浅或呈米黄色。菌褶赭色或浅褐色至黄褐色。菌柄光滑，白色至浅黄褐色；带有易消失的菌环；老时菌柄向下至基部呈褐色。

科	蜡伞科Hygrophoraceae
分布	澳大利亚、新西兰
生境	林地
宿主	阔叶树和针叶树
生长方式	单生或小群生于落叶层
频度	偶见
孢子印颜色	白色
食用性	非食用

子实体高达
2 in
(50 mm)

菌盖直径达
1½ in
(35 mm)

铜绿胶柄菌
Gliophorus viridis
Verdigris Waxcap
(G. Stevenson) E. Horak

139

铜绿胶柄菌最初被误认为是北温带的青绿湿伞 *Hygrocybe psittacina*，直到 20 世纪 60 年代才被确认为一个独立的物种，但这也不足为奇。这两个种子实体都呈绿色，发黏，但分布于澳大拉西亚的铜绿胶柄菌个体较小，呈翡翠绿或孔雀石绿色，并且还有其他一些显著的特征。与其他大多数湿伞类（Waxcap）的物种一样，它可能属于湿伞属 *Hygrocybe*。但事实上，自从菌物学家葛丽泰·史蒂文森（Greta Stevenson）在新西兰首次描述了史蒂文森蜡伞之后，铜绿胶柄菌在澳大利亚仍常被鉴定为史蒂文森蜡伞。

相似物种

草生胶柄菌 *Gliophorus graminicolor* 与铜绿胶柄菌非常相似，前者也同样分布于澳大利亚和新西兰。尽管也有报道记载草生胶柄菌有一种难闻的味道，但最好还是通过显微观察来区分它们。分布于北温带的青绿湿伞 *Hygrocybe psittacina* 更接近草绿色，某些部位通常会逐渐变为黄色。

实际大小

铜绿胶柄菌菌盖凸镜形，逐渐变得平展。菌盖表面光滑，极其黏滑，边缘具条纹，绿色至翡翠绿，成熟后渐褪色。菌褶略延生，白色至浅菌盖色。菌柄光而极其黏滑，与菌盖同色但向基部呈黄色。

科	铆钉菇科Gomphidiaceae
分布	北美洲、欧洲、中美洲
生境	林地
宿主	很可能是针叶树尤其是云杉及道格拉斯冷杉的外生菌根菌
生长方式	地生
频度	偶见
孢子印颜色	黑灰色
食用性	可食（去掉菌盖表面黏液）

子实体高达
4 in
(100 mm)

菌盖直径达
5 in
(125 mm)

140

黏铆钉菇
Gomphidius glutinosus
Slimy Spike
(Schaeffer) Fries

铆钉菇属 *Gomphidius* 物种与乳牛肝菌属 *Suillus* 真菌亲缘关系非常近，但是铆钉菇属的子实层为菌褶而非菌孔。就像乳牛肝菌属一样，它们只生长在针叶林下，因此曾有学者推断铆钉菇属可能是针叶树的外生菌根菌。然而，最近有关其近缘种玫瑰铆钉菇 *Gomphidius roseus* 的研究表明，它们可能是寄生菌——尽管可能并非所有铆钉菇属种类都是如此。黏铆钉菇的英文名也被称作"Slimecap"，它常见于云杉或冷杉林中，但也有报道说它与松树或其他针叶树生长在一起。据说去掉菌盖表面的黏液后，黏铆钉菇可以食用。

相似物种

北美洲有几个与黏铆钉菇颜色相近的种类。俄勒冈铆钉菇 *Gomphidius regonensis* 分布于北美洲西部，子实体簇生；而巨大铆钉菇 *Gomphidius largus*，从其种加词就可以看出，其子实体特别大。它们最好从显微特征来区分。在野外，黏铆钉菇与菌盖表面同样发黏的黄乳牛肝菌看起来有些相似，但后者很容易从其孔状而非褶状的子实层将其区别开来。

黏铆钉菇菌盖凸镜形，成熟后略成漏斗状，光滑，黏，灰紫色至灰褐色。菌褶稀，长延生，幼时白色，逐渐变为灰色或深灰色。菌柄黏，白色至灰色，近基部亮黄色；菌褶下方具颜色较暗的凝胶状环带。

实际大小

科	铆钉菇科Gomphidiaceae
分布	欧洲、亚洲北部
生境	林地
宿主	寄生于针叶树（尤其是松树）的外生菌根菌
生长方式	地生
频度	偶见
孢子印颜色	黑灰色
食用性	可食

子实体高达
2½ in
(60 mm)

菌盖直径达
2½ in
(60 mm)

玫红铆钉菇
Gomphidius roseus
Rosy Spike
(Fries) Fries

玫红铆钉菇分布于欧洲和亚洲北部，其颜色非常靓丽；北美洲地区的另一物种近玫红铆钉菇 *Gomphidius subroseus* 与其相似。很早之前就有学者注意到玫红铆钉菇似乎总是生长在松树附近，与黏盖乳牛肝菌 *Suillus bovinus* 混生在一起。现有的研究表明，玫红铆钉菇本身可能并不形成外生菌根，而是寄生在牛肝菌与松树形成的菌根上，这样玫红铆钉菇可与牛肝菌及松树都形成营养交换双通道，便于获取所需营养物质。美洲近缘种近玫红铆钉菇可能也有同样的生存机制，因为该菌通常与拉基乳牛肝菌 *Suillus lakei* 一起生长在花旗松附近。

相似物种

颜色较浅的玫红铆钉菇和黏铆钉菇 *Gomphidius glutinosus* 颜色较浅的子实体有些相似，但黏铆钉菇子实体通常带有明显的紫色，而菌柄基部带有明显黄色。在野外，玫红铆钉菇的菌盖看起来和红菇属 *Russula* 的种类有些相似，但仔细观察就会发现这个种与红菇属真菌的菌褶和菌柄完全不一样。

实际大小

玫红铆钉菇菌盖凸镜形，逐渐平展，成熟时略下凹；光滑，黏，呈浅粉色至深珊瑚粉色，有时带灰色色调。菌褶稀，长延生，幼时白色（见左图）逐渐变为灰色。菌柄黏滑，白色，有时带粉色色调。菌环凝胶状，位于菌褶基部。

科	球盖菇科Strophariaceae
分布	欧洲、亚洲南部、澳大利亚
生境	林地或绿地
宿主	棕榈树、阔叶树及针叶树
生长方式	树桩、倒木、木屑
频度	偶见
孢子印颜色	锈褐色
食用性	很可能有毒，最好不食用

子实体高达
4 in
(100 mm)

菌盖直径达
3 in
(75 mm)

142

红褐裸伞
Gymnopilus dilepis
Magenta Rustgill
(Berkeley & Broome) Singer

红褐裸伞最早报道自斯里兰卡，随后在印度和东南亚也发现有其分布，该物种生长在椰子树桩或油棕榈种植园内。因而，在英格兰几处不同区域发现这种绚丽的蘑菇生长在木屑堆上时，让人感到很惊奇。很显然，红褐裸伞和橙黄勒氏菌 *Leratiomyces ceres* 一样，将木屑堆开拓为自己的领地，这种热带物种可能正好利用了木头和锯末堆沤腐熟时升高的温度。

相似物种

紫裸伞 *Gymnopilus purpuratus* 与红褐裸伞看起来有些相似，它也是欧洲的一个外来种，可能起源于南美洲。最好从显微形态加以区分。北温带很常见的赭红拟口蘑 *Tricholomopsis rutilans* 的菌盖看起来也与红褐裸伞相似，但其菌褶黄色（孢子印白色），无菌环。

实际大小

红褐裸伞菌盖凸镜形，逐渐变得平展或具不明显突起。菌盖表面被鳞片，呈红紫色至紫红色，逐渐褪为灰色，最终赭锈色。菌褶浅黄色（见右图），逐渐变为锈色。菌柄比菌盖颜色浅，纤维状，菌环不整齐。

科	球盖菇科Strophariaceae
分布	北美洲、欧洲、北非、南美洲、亚洲、澳大利亚、新西兰
生境	林地
宿主	阔叶树，少生于针叶树
生长方式	生于树桩和树干，或埋于地下的木头上；单生或簇生
频度	常见
孢子印颜色	锈褐色
食用性	有毒

橘黄裸伞
Gymnopilus junonius
Spectacular Rustgill
(Fries) P. D. Orton

子实体高达
8 in
(200 mm)

菌盖直径达
8 in
(200 mm)

143

橘黄裸伞，就像其英文名 Spectacular Rustgill 一样，这个物种非常耀眼，令人印象深刻。它成群生长于木桩或枯树上，颜色鲜亮。直到现在该种仍然常被称作壮观裸伞 *Gymnopilus spectabilis*，但这个名称实际上是金黄褐环柄菇 *Phaeolepiota aurea* 的异名。橘黄裸伞味道很苦，被认为有致幻作用，在日本和北美洲东部被称为幻笑伞（Laughing Gym）。有研究已经证实欧洲的橘黄裸伞并不含有致幻化合物，这表明被称为橘黄裸伞的这一类群可能包括了不止一个种。橘黄裸伞也被用作天然染料，可染出黄色和金色。

相似物种

据报道，橘黄裸伞与北美洲西部地区的腹鼓状裸伞 *Gymnopilus ventricosus* 较相似，但二者明显不同，腹鼓状裸伞生长于针叶林内，而且显微特征明显不同，其孢子较小。其他很多裸伞属 *Gymnopilus* 的种类颜色也呈橙锈色，但子实体都明显较小。金黄褐环柄菇看起来与橘黄裸伞也比较相似，但其菌盖光滑，且并非木生种类。

实际大小

橘黄裸伞菌盖大，肉质，凸镜形，逐渐平展或具不明显突起。菌盖表面被细小纤维状鳞片，呈亮赭色或橙锈色，鳞片颜色与菌盖相似或稍深。菌褶浅黄色，逐渐变为锈色。菌柄与菌盖同色或稍浅，光滑或呈纤维状，具明显菌环，近基部处通常膨大。

科	小皮伞科Marasmiaceae
分布	北美洲、欧洲、北非、中美洲、亚洲北部
生境	林地和灌木丛
宿主	阔叶树（尤其是栎树）
生长方式	单生或群生于地上
频度	极其常见
孢子印颜色	白色
食用性	可能可食

子实体高达
3 in
(80 mm)

菌盖直径达
2½ in
(60 mm)

144

栎裸脚菇
Gymnopus dryophilus
Russet Toughshank
(Bulliard) Murrill

栎裸脚菇是北温带森林中最常见的真菌之一。正因为如此常见，真菌标本采集人员有时会将其作为随处可见的"野草"一般弃之不要。其种加词"*dryophilus*"意为"栎树的情人"。虽然栎裸脚菇也生于其他树种的树林中、篱笆墙和灌木林中，但该物种尤其常见于栎树林中的草丛或落叶中。据说栎裸脚菇可食，但它子实体较小，质地坚韧，几乎无食用价值。极少数情况下，栎裸脚菇会被另外一种真菌膨大联轭孢 *Syzygospora tumefaciens* 寄生，在其菌盖上形成明显的凝胶状瘿。

相似物种

有几个近缘种与其相似。多水裸脚菇 *Gymnopus aquosus* 是发生于春夏季节的一个物种，其主要特征在于菌盖颜色较浅但均一，菌柄基部稍膨大，具粉红色菌索。分布于欧洲的 *Gymnopus ocior* 以及分布于北美洲的早生裸脚菇 *Gymnopus earleae* 发生季节也比较早，但这两个种子实体颜色较深，菌盖呈红褐色，菌褶浅黄色或橙黄色。

栎裸脚菇菌盖幼时凸镜形，逐渐平展。菌盖表面光滑，潮湿时略呈油光状，幼时菌盖呈赤橙色，逐渐变为奶油色或赭色，中部颜色较深（淡赤色或暗橙色）。菌褶白色。菌柄细，光滑，极韧，与菌盖同色。

实际大小

科	小皮伞科Marasmiaceae
分布	欧洲、北非、亚洲北部
生境	林地
宿主	栎树，少数其他阔叶树
生长方式	树桩或活树基部
频度	常见
孢子印颜色	白色
食用性	非食用

子实体高达
6 in
(150 mm)

菌盖直径达
4 in
(100 mm)

褐盖裸脚菇
Gymnopus fusipes
Spindle Toughshank
(Bulliard) Gray

　　褐盖裸脚菇（以前被称为 *Collybia fusipes*）子实体群生，多生长于树干基部或树桩基部，是栎树常见的伙伴，尤其是公园中较老的栎树下。当天气干旱、其他蘑菇很少见的时候，褐盖裸脚菇显得更加突出。它的菌柄较长，半埋于地下，从地下黑色的菌核上长出（真菌的菌核相当于植物的块茎）。菌核形成于这些活立木根系之间，而褐盖裸脚菇寄生于活立木根部，引起根腐。研究表明这种寄生很少会造成树木死亡，但会抑制其生长，对林业作物造成经济损失。

相似物种

　　较长的根状柄、群生于栎树基部是褐盖裸脚菇的主要特征。群生裸脚菇 *Gymnopus acervatus* 也成群生长并且颜色相似，但其子实体较小而且通常生长于针叶林中。有些小菇属的种类同样群生于栎树林中，但小菇属 *Mycena* 菌盖较小，菌柄较细。

实际大小

褐盖裸脚菇子实体软骨质，密集群生。菌盖凸镜形，或具不明显突起，光滑，潮湿时深红褐色，干燥时淡粉褐色，通常带暗色斑点。菌褶比菌盖颜色浅。菌柄扁或扭曲，菌柄基部膨大但向下变细并呈根状；菌柄比菌盖颜色浅，但近基部处黑褐色。

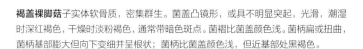

科	小皮伞科Marasmiaceae
分布	北美洲西部、欧洲、北非、亚洲北部
生境	林地
宿主	阔叶树
生长方式	簇生或群生于地上落叶层
频度	常见
孢子印颜色	白色
食用性	非食用

子实体高达
3 in
(80 mm)

菌盖直径达
2½ in
(60 mm)

146

绒毛裸脚菇
Gymnopus peronatus
Wood Woollyfoot
(Bolton) Gray

绒毛裸脚菇是森林中一种常见的生长于落叶层上的物种，至少在欧洲如此。在北美洲，该物种的分布似乎仅限于西北部地区。其米色至褐色的菌褶（尽管其孢子印白色）、毛发状或绒毛状的菌柄基部，使得该种很容易被辨认。约克郡的菌物学家詹姆斯·波顿（James Bolton）于1788年首次描述了这个物种，其种加词"*peronatus*"意指"穿着未鞣制的皮靴"，他一定是考虑到这个词非常符合其菌柄基部毛茸茸的样子。绒毛裸脚菇不宜食用，因为其子实体坚韧并且有辛辣味，它的这种味道也可以用来区分其他相似种和近缘种。

相似物种

在北美洲东部地区，近裸露裸脚菇 *Gymnopus subnudus* 常被误认作绒毛裸脚菇，但前者味苦（非辛辣味），且菌盖无黄色色调。二型裸脚菇 *Gymnopus biformis* 也相似，但其菌褶较窄，颜色较浅，味道温和。

绒毛裸脚菇菌盖光滑，无光泽至细微纤毛状，浅黄褐色至浅灰褐色。菌褶稀，米色至浅褐色（见左图）。菌柄细长，韧，比菌盖颜色浅（天气干燥时呈污白色）；菌柄基部略膨大，常弯曲，根状柄基被毛茸茸的白色菌丝。

实际大小

科	球盖菇科Strophariaceae
分布	北美洲、欧洲、亚洲北部；已传入澳大利亚、新西兰、南美洲
生境	林地
宿主	阔叶树和针叶树的外生菌根菌
生长方式	地生；群生或形成蘑菇圈
频度	常见
孢子印颜色	浅土褐色
食用性	有毒

子实体高达
5 in
(125 mm)

菌盖直径达
4 in
(100 mm)

小馅饼状滑锈伞
Hebeloma crustuliniforme
Poison Pie

(Bulliard) Quélet

尽管小馅饼状滑锈伞英文名为 Poison Pie（毒派），但并不意味着它是最毒的蘑菇，然而食用该蘑菇肯定会引发肠胃炎。其种加词"*crustuliniforme*"意指"小馅饼状"。小馅饼状滑锈伞含有一种被称为滑锈伞酸（hebelomic）的三萜类毒素，但目前并不清楚是否是由这种物质引起的中毒反应。其他滑锈伞属 *Hebeloma* 种类也含有相似的化合物，都应避免食用。小馅饼状滑锈伞可以和多种树形成外生菌根，在欧洲部分地区，这个种已被用于定殖新垦地的松树和其他树苗。

实际大小

相似物种

即便是在显微镜下，滑锈伞属的种类也很难区分开来。在野外，小馅饼状滑锈伞的主要特征在于其菌褶上的液滴以及菌柄上的颗粒物或斑点；菌肉苦，有萝卜气味。常见的甜味滑锈伞 *Hebeloma sacchariolens* 及近缘种有一股很强烈的、不好闻的甜味。

小馅饼状滑锈伞菌盖凸镜形，开伞后逐渐平展（见右图），有时呈凸出形。菌盖表面光滑，稍黏，奶油色至浅黄色。菌褶幼时白色，成熟后土褐色，潮湿时菌褶边缘有小液滴。菌柄白色，具白色斑点或颗粒，尤其是近顶部处，基部膨大。

科	球盖菇科Strophariaceae
分布	北美洲、欧洲、亚洲北部
生境	林地
宿主	阔叶树的外生菌根菌，或年久的鼹鼠、老鼠和鼩鼱洞穴里
生长方式	单生或群生于地上
频度	偶见
孢子印颜色	浅土褐色
食用性	有毒

子实体高达
5 in
(125 mm)

菌盖直径达
4 in
(100 mm)

长根滑锈伞
Hebeloma radicosum
Rooting Poison Pie
(Bulliard) Ricken

尽管是外生菌根菌，长根滑锈伞也是一种嗜氨的蘑菇，对氨非常偏好。长根滑锈伞一般生长在地下那些旧的鼹鼠巢穴里，有时也会生长于老鼠或鼩鼱洞里，并从中汲取营养。它那长长的假根向地下延伸至巢穴的通道和腔室中，其子实体在那里开始发育。当被埋葬尸体分解时，也会刺激黏滑伞属 *Hebeloma* 其他几种嗜氨的种类生长，这使得法医学研究可能对这类蘑菇感兴趣。*Hebeloma syrjense* 甚至曾被称为寻尸者，但大多数情况下它主要指示鸟类和小型哺乳动物的死亡场所。

相似物种

除了长根滑锈伞的假根，菌环和杏仁味也是其典型的特征。分布于日本的近长根滑锈伞 *Hebeloma radicosoides* 具菌环和假根，与其较为相似，这个种通常生长于富含尿素的土中。皱盖丝膜菌 *Cortinarius caperatus* 也具菌环，看起来也较相似，但其菌褶颜色较深，并且无假根。

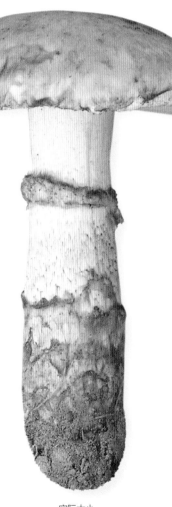

实际大小

长根滑锈伞菌盖凸镜形，逐渐变平展。菌盖表面光滑，稍黏，奶油色至浅米黄色，通常被灰褐色鳞片。菌褶土黄色。菌柄白色，具明显菌环，菌环上部通常光滑，下部具绒毛状鳞片。菌柄向地表下延伸，形成光滑的、和菌柄相似的假根。

科	多孔菌科Polyporaceae
分布	北美洲、南美洲；可能已传入南欧（意大利）和南非
生境	林地
宿主	阔叶树
生长方式	树桩、段木或枯枝上
频度	偶见
孢子印颜色	白色
食用性	非食用

沟纹卷孔菌
Heliocybe sulcata
Sunray Sawgill
(Berkeley) Redhead & Ginns

子实体高达
1½ in
(40 mm)

菌盖直径达
2 in
(50 mm)

沟纹卷孔菌和香菇属 *Lentinus* 种类亲缘关系很近，它们同样都有锯齿状的菌褶边缘。它和宽鳞多孔菌 *Polyporus squamosus* 也相近，具有坚韧的革状质地。这使得它能在所接触到的枯木——它最喜欢的基物——上生存下来。沟纹卷孔菌菌盖表面的沟纹有时非常明显，能在阳光下呈现出来，这也是其英文名的由来。该种主要分布于美洲，而意大利和南非此前所采集到的标本可能是由美洲传入。

相似物种

子实体小而坚韧、菌盖具深沟纹及鳞片是沟纹卷孔菌的主要特征。许多香菇属的种类子实体亦同样韧且较小，但香菇属种类通常形成漏斗状的菌盖，而沟纹卷孔菌通常或多或少地呈凸镜形至平展。

实际大小

沟纹卷孔菌菌盖凸镜形，逐渐变平展或凸出形。菌盖表面米黄色，被鳞片，边缘具深沟纹；鳞片呈黄褐色至红褐色。菌褶白色至浅黄色，边缘锯齿状。菌柄白色，下半部具细小的褐色鳞片。

科	侧耳科Pleuotaceae
分布	北美洲东部、欧洲、亚洲北部
生境	林地
宿主	阔叶树
生长方式	生于枯枝上
频度	偶见
孢子印颜色	白色
食用性	非食用

子实体高达 ¼ in (5 mm) 菌盖直径达 2½ in (60 mm)	

羊毛状亚侧耳
Hohenbuehelia mastrucata
Woolly Oyster
(Fries) Singer

羊毛状亚侧耳是一个广布种，见于多种阔叶林枯枝上，包括山毛榉、榛子树、桦树和枫树。这个物种通常不容易见到，已被一些欧洲国家列入国家濒危真菌物种红色名录。像其他侧耳属 *Pleurotus* 种类一样，羊毛状亚侧耳的菌丝可形成黏网捕捉微小的线虫，从而增加了其营养摄取能力。"*Mastrucata*"意指"穿着羊皮"，这很形象地描绘出了这个毛茸茸的物种。其拉丁属名以奥地利菌物学家和诗人 Ludwig Samuel Joseph David Alexander Freiherr von Hohenbühel Heufler zu Rasen und Perdonneg 的名字命名，所幸只是其名字中一部分。

相似物种

蓝黑亚侧耳 *Hohenbuehelia atrocaerulea* 与羊毛状亚侧耳较相似，但其菌盖颜色较深，呈灰色至黑色或蓝褐色。裂褶菌也具羊毛状菌盖，质地韧，但其菌盖下表面的菌褶通常分叉。其他大多数菌盖形状相似的种类，包括可食用的侧耳属种类，其菌盖光滑。

羊毛状亚侧耳形成支架状的扇形子实体，一侧附着于木头上。菌盖略呈凸镜形至平展，污白色至浅灰褐色，密被白色、直立的绒毛状鳞片。菌褶白色至浅黄色。菌柄无或退化为白点。

实际大小

科	蜡伞科Hygrophoraceae
分布	东南亚（婆罗洲）、澳大利亚、新西兰
生境	林地
宿主	阔叶树，常生于苔藓上
生长方式	单生或群生于地上
频度	偶见
孢子印颜色	白色
食用性	非食用

子实体高达
3 in
(75 mm)

菌盖直径达
3 in
(75 mm)

淡紫湿菇
Humidicutis lewelliniae
Mauve Splitting-Waxcap
(Kalchbrenner) A. M. Young

151

淡紫湿菇这个绚烂夺目的蘑菇是澳大拉西亚特有物种，通常生长于潮湿的森林中，但有记载婆罗洲基纳巴卢山也有分布，且有可能其分布区域更广。该种属于湿菇属 *Humidicutis*，这个小属包括一些与真正的湿伞 *Hygrocybe* 显微特征有差异的"蜡伞类"物种——但它们仍都属于同一个科。湿菇属 *Humidicutis* 的大多数种类都具有质地很脆的圆锥形菌盖，在生长过程中菌盖常撕裂。淡紫湿菇最早由卢埃林（Lewellin）女士于1880 年采集自维多利亚州，她把标本寄给了匈牙利菌物学家卡罗伊·卡池德汉（Károly Kalchbrenner），卡罗伊·卡池德汉以卢埃林女士的名字命名了该物种。

相似物种

呈紫罗兰或丁香紫色的 *Hygrocybe cheelii* 和 *Hygrocybe reesiae* 是分布于澳大利亚的另外两种颜色非常亮丽的"湿伞"（Waxcaps）。这两个种菌褶长延生，能与淡紫湿菇明显区分开来。分布较广的青绿湿伞 *Hygrocybe psittacina* 也有粉色或紫罗兰色个体，潮湿时它们通常很黏。

实际大小

淡紫湿菇菌盖圆锥形，逐渐平展或中部具突起，成熟后菌盖通常撕裂。初时菌盖表面光滑至细纤毛状，呈淡丁香紫至深紫色或紫罗兰色，中间有时呈灰色。菌褶比菌盖颜色浅。菌柄光滑，幼时与菌盖同色，老时从菌柄基部至上部逐渐变为水黄色。

科	蜡伞科Hygrophoraceae
分布	北美洲和中美洲
生境	林地
宿主	针叶树和阔叶树
生长方式	单生或小群生于地上或严重腐烂的倒木上
频度	常见
孢子印颜色	白色
食用性	可食

子实体高达
4 in
(100 mm)

菌盖直径达
2 in
(50 mm)

152

缘纹湿菇
Humidicutis marginata
Orange-Gilled Waxcap
(Peck) Singer

就像其英文名称所暗示的一样，缘纹湿菇主要的特征是其菌褶呈亮橙色，即使是当菌盖因干燥或变老时颜色变浅（即呈水渍状，颜色随湿度而改变的现象），其菌褶颜色也不会有多大变化。此前，这个种和其他蜡伞类真菌一起被归于湿伞属 *Hygrocybe*，但事实上它应该属于湿菇属 *Humidicutis*。湿菇属的种类大多数分布于澳大利亚、新西兰和太平洋岛。缘纹湿菇是该属中已知的唯一分布于北温带地区的物种。该菌子实体可食，但很显然没有多大食用价值。

相似物种

缘纹湿菇中有一类菌褶颜色较黄而不是橙色，而另一类菌盖中央具橄榄褐色调。湿伞属中有几个物种的菌褶呈黄色至橙色，比如锥形湿伞 *Hygrocybe conica* 和过渡湿伞 *Hygrocybe intermedia*，但它们的其他特征与缘纹湿菇有区别。

实际大小

缘纹湿菇菌盖圆锥形至凸镜形，逐渐变为凸出形。菌盖表面光滑，潮湿时橙黄色至橙色，干时变成浅黄色至白色。菌褶深橙黄色至橙色（见右图）。菌柄脆而光滑，呈黄色或比菌盖色浅。

科	蜡伞科Hygrophoraceae
分布	北美洲东部、加勒比海各岛、亚洲北部
生境	林地或长苔藓的草地
宿主	针叶树和阔叶树
生长方式	簇生或群生于地上
频度	偶见
孢子印颜色	白色
食用性	不明，最好避免食用

子实体高达
2 in
(50 mm)

菌盖直径达
2½ in
(60 mm)

簇生湿伞
Hygrocybe caespitosa
Clustered Waxcap

Murrill

美国菌物学家威廉·默里尔（William Murrill）首次在纽约市布朗克斯公园附近一个牧场中发现了簇生湿伞这个子实体较小的物种，它成簇生长于苔藓上。其种加词"*caespitosa*"意指"成簇的"，但这个种的子实体并不总是成簇生长，很多时候也单生或群生。尽管默里尔最早是在草地上采集到簇生湿伞，但是和其他大多数分布于北美洲地区的湿伞物种（Waxcaps, *Hygrocybe*）一样，该种更常见于林地而非草地上。簇生湿伞没有明显的气味，是否可食也未知，也有报道曾说这个种尝起来带有生土豆味。

相似物种

簇生湿伞和子实体较小的草地湿伞 *Hygrocybe pratensis* 看起来有一点相似，但前者菌盖颜色更黄或呈更明显的蜜色，且具有明显的鳞片，而草地湿伞无鳞片。

实际大小

簇生湿伞菌盖半球形，逐渐变平展或略凹陷。菌盖表面成白色至黄色或土黄色，被橄榄褐至黑褐色细鳞。菌褶厚，短延生，白色至浅黄色。菌柄光滑，白色至浅黄色。

科	蜡伞科Hygrophoraceae
分布	北美洲、欧洲、亚洲北部
生境	牧场、长青苔的草坪或林地
宿主	苔藓和草
生长方式	单生或群生于地上
频度	偶见
孢子印颜色	白色
食用性	非食用

子实体高达
5 in
(125 mm)

菌盖直径达
3 in
(75 mm)

154

近圆锥形湿伞
Hygrocybe calyptriformis
Pink Waxcap
(Berkeley) Fayod

近圆锥形湿伞魅力非凡，是一个很容易识别的物种，它已成为英国和欧洲真菌保护名录上重要的物种，其影像曾出现在海报、传单和邮票上。通常来说，近圆锥形湿伞在一些古老的未改良的草地上很罕见，但在大不列颠群岛有一处地方，近圆锥形湿伞在古老贫瘠的草地甚至是墓场中都较为常见。事实上，由于其赖以生存的草地越来越少，在欧洲大部分地区，这个种确实较为稀有。然而和其他大多数湿伞属 *Hygrocybe* 种类一样，近圆锥形湿伞在北美洲更常见于林地中。

相似物种

其他一些形态上与近圆锥形湿伞相似的湿伞类物种，比如锥形蜡伞 *Hygrocybe conica*，与其颜色不同，通常呈黄色至橙红色。洁小菇 *Mycena pura* 的粉色子实体看起来与近圆锥形湿伞也非常相似，但其菌盖不呈尖圆锥形，而且更常见于落叶层中。

实际大小

近圆锥形湿伞菌盖呈尖圆锥形，随着菌盖展开边缘常撕裂。菌盖表面光滑，略带油光，粉色至丁香紫粉色，老后颜色褪去。菌褶白色或比菌盖色浅。菌柄脆而光滑，白色，但有时呈淡粉色，尤其菌柄上部。

科	蜡伞科Hygrophoraceae
分布	北美洲、欧洲、非洲、中美洲和南美洲、南极洲群岛、亚洲、澳大利亚、新西兰
生境	牧场、长有青苔的草坪或林地
宿主	苔藓和草
生长方式	单生或群生于地上
频度	常见
孢子印颜色	白色
食用性	非食用

锥形湿伞
Hygrocybe conica
Blackening Waxcap

(Schaeffer) P. Kummer

子实体高达
4 in
(100 mm)

菌盖直径达
3 in
(75 mm)

155

锥形湿伞不仅是最常见的，也是迄今为止分布最广泛的湿伞类物种（Waxcaps），从热带到极地都有其分布。这个种类可能是一个全球广布的复合种。就像其英文名所指一样，这个种受伤后或老后变黑色，很容易识别。它的另一个名称"女巫帽子"（Witch's Hat），是指其明显尖突状的菌盖。老后整个子实体呈黑色的个体常散布于颜色明亮的幼嫩子实体中。尽管锥形湿伞喜欢生长在一些未改良的草地上，但相比其他湿伞种类，它对环境变化的适应能力更强，可生长于路边甚至是运动场。包括北美洲在内的一些地区，锥形湿伞喜欢生长于林地中。

相似物种

锥形湿伞这个复合类群中已有一些被作为独立的物种，比如分布于沙丘海岸地区、显微特征明显的类锥形湿伞 *Hygrocybe conicoides*；呈绿色的暗橄榄绿湿伞 *Hygrocybe olivaceonigra*；子实体较大的假锥形湿伞 *Hygrocybe pseudoconica*（此前被错误地命名为 *Hygrocybe nigrescens*）；具黏性菌柄的辛格湿伞 *Hygrocybe singeri*，以及生长于沼泽地、子实体较小的沼泽生锥形湿伞 *Hygrocybe conicopalustris*。

实际大小

锥形湿伞菌盖尖圆锥形，随着菌盖展开边缘常撕裂。菌盖表面光滑，带油光，黄色至橙色或深红色，有时带橄榄色色调。菌褶厚，呈白色至黄色或橙黄色。菌柄光滑，白色至黄色或橙黄色。所有部位受伤后或老后变黑（见上图）。

科	蜡伞科Hygrophoraceae
分布	欧洲
生境	含碳酸钙的牧场至中性牧场或长青苔的草坪
宿主	苔藓和草
生长方式	单生或群生于地上
频度	偶见
孢子印颜色	白色
食用性	非食用

子实体高达
4 in
(100 mm)

菌盖直径达
3 in
(75 mm)

156

过渡湿伞
Hygrocybe intermedia
Fibrous Waxcap
(Passmore) Fayod

实际大小

菌盖纤毛状、菌柄呈条纹纤毛状是过渡湿伞这个子实体较大且颜色亮丽的物种的主要特征。但尽管该物种子实体较大且颜色亮丽，但因为通常发生于仲夏，早于其他种类数月，因而在采集过程中经常被错过。过渡湿伞似乎仅分布于欧洲，在大不列颠群岛较常见，但在很多其他国家，由于其赖以生存的环境——未经改良的古老牧场——正不断消失，因而该物种也变得很罕见。也正因如此，它已被一些国家列入濒危真菌物种红色名录。

相似物种

过渡湿伞受伤后通常变灰，尤其是近菌柄基部。因此，它也会被误认为是分布广泛的锥形湿伞 *Hygrocybe conica*。然而锥形湿伞菌盖和菌柄均光滑，很少会始终呈橙色，整个子实体会逐渐变黑。

过渡湿伞菌盖圆锥形，逐渐变为凸出形至平展，边缘常撕裂。菌盖表面具明显纤毛，较干，呈亮橙色至橙红色。菌褶黄色或橙红色。菌柄明显纤毛状，与菌盖同色，菌柄基部黄色或白色，受伤后常呈灰色。

科	蜡伞科Hygrophoraceae
分布	北美洲、欧洲
生境	长青苔的荒野或沼泽地
宿主	苔藓和草
生长方式	单生或群生于地上
频度	当地常见
孢子印颜色	白色
食用性	非食用

子实体高达
2 in
(50 mm)

菌盖直径达
1½ in
(35 mm)

157

淡紫湿伞
Hygrocybe lilacina
Lilac Waxcap
(P. Karsten) M. M. Moser

淡紫湿伞是高寒地区特有湿伞类物种之一，分布于格陵兰岛、阿拉斯加、拉布拉多、斯堪的纳维亚北部、苏格兰凯恩戈姆斯以及阿尔卑斯山脉。它通常生长在杜鹃灌丛下的沼泽地中、草丛里或雪床中，其子实体隐藏于苔藓中，可挡风避寒。就像青绿湿伞 *Hygrocybe psittacina* 一样，淡紫湿伞颜色变化较大，丁香紫至紫罗兰色是其较常见的颜色，但个别子实体也可能呈黄色或橙褐色。

相似物种

黄白湿伞 *Hygrocybe citrinopallida* 是与淡紫湿伞较为相似的高寒地区种类，但常见于较干燥的地方，子实体通常为黄色或黄白色。在许多温带地区，生于林地中的紫湿伞 *Hygrocybe viola* 带蓝紫色至紫色色调，但这个种较少见，子实体小，不带任何黄色色调。

实际大小

淡紫湿伞菌盖凸镜形，逐渐变平展或中部下凹。菌盖表面光滑，湿时具条纹；幼时黄色至橙褐色，逐渐变为丁香紫至灰紫兰色。菌褶略延生，与菌盖同色。菌柄光滑，丁香紫色至黄色或褐色。

科	蜡伞科Hygrophoraceae
分布	北美洲
生境	沼泽地或潮湿多青苔的林地
宿主	阔叶树
生长方式	单生或群生于地上
频度	偶见
孢子印颜色	白色
食用性	非食用

子实体高达
3 in
(75 mm)

菌盖直径达
1½ in
(40 mm)

光亮湿伞
Hygrocybe nitida
Shining Waxcap
(Berkeley & M. A. Curtis) Murrill

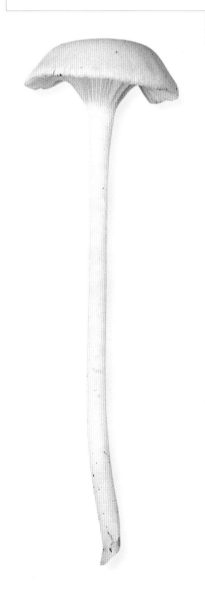

一些湿伞种类有特定的生境偏好。对光亮湿伞来说，它喜欢生长于沼泽地中的苔藓上。其种加词"*nitida*"意指"闪闪发光的"。新鲜和潮湿时，它小巧而颜色亮丽的菌盖和菌柄闪闪发亮。老后色彩褪去，但其菌褶和菌柄基部颜色通常不会变。光亮湿伞只是摩西·艾希礼·柯蒂斯（Moses Ashley Curtis）牧师发现的众多美洲新物种之一，他把光亮湿伞标本寄给了其英国合作者——同为牧师的迈尔斯·约瑟夫·伯克利（Miles Joseph Berkeley）——进行鉴定和描述。

相似物种

分布于欧洲的深黄湿伞 *Hygrocybe vitellina* 是一个非常相似的种类，并且也偏好沼泽地带。其他大多数黄色的湿伞类物种要么菌盖不黏，要么菌盖中部无凹陷。黏湿伞 *Hygrocybe glutinipes* 子实体黏，有时呈黄色（多数呈橙色），但其菌褶非延生。

光亮湿伞菌盖凸镜形，逐渐变为中部下凹。菌盖表面光滑，具条纹，湿时黏滑，呈浅黄色至赭黄色，后逐渐褪为淡黄色或白色。菌褶延生，淡黄色至赭黄色（见左图）。菌柄脆，光滑，具黏性，与菌盖同色。

实际大小

科	蜡伞科Hygrophoraceae
分布	北美洲、欧洲、亚洲北部
生境	牧场、长青苔的草坪，也见于林地
宿主	苔藓和草
生长方式	单生或群生于地上
频度	偶见
孢子印颜色	白色
食用性	非食用

子实体高达
5 in
(125 mm)

菌盖直径达
4 in
(100 mm)

159

绵羊湿伞
Hygrocybe ovina
Blushing Waxcap
(Bulliard) Kühner

大多数湿伞种类颜色都很亮丽，但绵羊湿伞是个例外，其颜色暗淡——尽管它受伤或切开后的确呈腮红粉色。种加词"*ovina*"意指"与绵羊有关的"，但原命名者为什么将这个物种与绵羊联系起来不甚清楚，除非他是指绵羊的粪便。当然，就像欧洲大多数湿伞真菌一样，它确实常见于牧羊场——牛的重踏之下蘑菇根本无法生长。绵羊湿伞是欧洲的稀有物种之一，已被一些国家列入真菌濒危物种红色名录。

相似物种

分布于北美洲东南部地区的近绵羊湿伞 *Hygrocybe subovina* 看起来与绵羊湿伞较为相似，但它具有特别的焦糖味，而变腮红粉湿伞气味不明显，老时或具有淡淡的硝石味。*Porpoloma metapodium* 是不常见的欧洲物种，受伤后也变粉红色，在野外它与绵羊湿伞的区别在于其强烈的淀粉味。

实际大小

绵羊湿伞菌盖半球形，逐渐变为不规则凸镜形至平展。菌盖表面光滑，有时老后会撕裂成鳞片状；菌盖幼时深灰色，逐渐变为黑褐色。菌褶稀，比菌盖颜色浅。菌柄光滑，通常扁平或有沟痕，与菌盖同色。子实体所有部位受伤后或切开后变粉红色。

科	蜡伞科Hygrophoraceae
分布	北美洲、欧洲、北非、中美洲和南美洲、亚洲北部、澳大利亚、新西兰
生境	牧场、长青苔的草坪，偶见于林地
宿主	苔藓和草
生长方式	单生或群生于地上
频度	产地常见
孢子印颜色	白色
食用性	可食

子实体高达
4 in
(100 mm)

菌盖直径达
4 in
(100 mm)

160

草地湿伞
Hygrocybe pratensis
Meadow Waxcap
(Persoon) Murrill

草地湿伞是子实体较大的湿伞种类之一，分布广泛，在一些天然牧场和长满苔藓的草地上很常见。草地湿伞被归于湿伞属 *Hygrocybe* 中菌褶延生的类群，这一类有时也被置于拱顶菇属 *Camarophyllus*。其种加词"*pratensis*"意指"草地的"，但尽管如此，这个种有时候也会见于林地中（尤其在北美洲地区），容易与黄粉红湿伞 *Hygrophorus nemoreus* 相混淆。黄粉红湿伞与草地湿伞看起来很相似，但前者是外生菌根菌。和其他湿伞种类不同的是，草地湿伞通常被认为是一种非常美味的食用菌。

实际大小

相似物种

草地湿伞与其白色变种 *Hygrocybe pratensis* var. *pallida* 几乎完全一样，但它整个子实体呈白色至奶油色。雪白湿伞 *Hygrocybe virginea* 也是白色的，但其菌肉较薄，且菌盖潮湿时具条纹。黄粉红湿伞是一个生于林地中的种类，它和草地湿伞也较为相似，但其子实体通常较大，菌盖被细鳞片，菌柄上部具细疣突。

草地湿伞菌盖半球形，展开后平展或略下凹。菌盖表面光滑干燥，呈浅橙黄色至肉褐色。菌褶厚，延生，颜色比菌盖浅。菌柄光滑，呈白色至浅菌盖色。

科	蜡伞科Hygrophoraceae
分布	北美洲、欧洲、北非、中美洲和南美洲、亚洲北部
生境	牧场、长青苔的草坪或见于林地
宿主	苔藓和草
生长方式	单生或群生于地上
频度	常见
孢子印颜色	白色
食用性	有人认为可食

子实体高达
3 in
(75 mm)

菌盖直径达
1½ in
(40 mm)

161

青绿湿伞
Hygrocybe psittacina
Parrot Waxcap
(Schaeffer) P. Kummer

青绿湿伞是较常见的湿伞属 *Hygrocybe* 种类之一，较常见于老的草地和绿地。它的英文名称来源于其醒目的颜色，通常幼时为深草绿色，逐渐呈黄色和橙色色调，甚至有时呈粉色、紫丁香色或蓝色。暴露在阳光下时绿色会褪去，但菌柄上部的颜色几乎不变。除了特别干燥的天气，青绿湿伞的子实体通常非常黏滑，因此，尽管据说该物种可以食用，但也难以令人欣然入口。曾经有报道说这个种含有致幻的裸盖菇碱，但随后的研究并未证实青绿湿伞中存在该毒素。

实际大小

相似物种

混乱湿伞 *Hygrocybe perplexa* 有时被认为是一个独立的种，有时又被认为是青绿湿伞的一个变种，它的菌盖呈砖红色。亮湿伞 *Hygrocybe laeta* 也同样很黏，但其菌盖呈深橙色至肉色；菌褶肉色，延生；而菌柄顶端灰绿色，喜好酸性的荒地或沼泽地。

青绿湿伞菌盖凸镜形，展开后平展或凸出形。菌盖表面光滑，潮湿时较黏，幼时呈明显深绿色，随后褪为黄色；偶尔幼时为紫罗兰色、蓝紫色或粉色，后褪色为粉色。菌褶与菌盖同色。菌柄黏而光滑，与菌盖同色。

科	蜡伞科Hygrophoraceae
分布	北美洲、欧洲、亚洲北部
生境	牧场、长青苔的草坪，也有报道生于林地
宿主	苔藓和草
生长方式	单生或群生于地上
频度	偶见
孢子印颜色	白色
食用性	可食

子实体高达
6 in
(150 mm)

菌盖直径达
6 in
(150 mm)

162

亮红湿伞
Hygrocybe punicea
Crimson Waxcap
(Fries) P. Kummer

亮红湿伞很可能是湿伞属 *Hygrocybe* 中子实体最大的物种，该物种在适宜的生境中成群生长蔚为壮观。至少在欧洲，亮红湿伞被认为是那些年代久远的、湿伞种类丰富的草地的指示菌，并且只有在那些有八种以上蜡伞类物种存在的地方才能找得到它。因此，这个物种在一些国家被认为是稀有和濒危真菌物种。在北美洲，亮红湿伞最常见于林地中，但这些报道或照片中都显示北美洲这个深红色、子实体较大的湿伞物种和欧洲的亮红湿伞并不一样，还需要进一步研究。

相似物种

另一种更常见的深红湿伞 *Hygrocybe coccinea* 通常较小，呈亮红色而非深血红色，菌柄光滑而非纤毛状；另一个较不常见的异亮湿伞 *Hygrocybe splendidissima* 也呈亮红色，但子实体较大，菌盖干（非蜡状，也不黏），菌柄光滑，干后具独特的蜂蜜气味。

实际大小

亮红湿伞菌盖凸镜形至圆锥形，展开后变平展，边缘常撕裂。菌盖表面光滑，呈蜡状，湿时黏，深红色至血红色，通常逐渐变为灰色半透明，老时常褪色成赭黄色；菌盖边缘薄，黄色。菌褶与菌盖同色，褶缘黄色。菌柄纤毛状，干燥，呈橙红色至黄色条纹状，菌柄基部白色。

科	蜡伞科Hygrophoraceae
分布	欧洲、北非；已传入新西兰
生境	含碳酸钙的牧场和长有青苔的草坪
宿主	苔藓和草
生长方式	单生或群生于地上
频度	当地常见
孢子印颜色	白色
食用性	非食用

子实体高达
2 in
(50 mm)

菌盖直径达
2 in
(50 mm)

163

俄罗斯皮革味湿伞
Hygrocybe russocoriacea
Cedarwood Waxcap
(Berkeley & J. K. Miller) P. D. Orton & Watling

在其颜色亮丽的同类中，这个小小的俄罗斯皮革味湿伞也许并不出众，但它确实有一种很特别的气味，据说像俄罗斯皮革，因而种加词得名"*russocoriacea*"。精典的（也是很昂贵的）俄罗斯皮革需要用多种添加剂来加工处理，包括桦木油和海豹油。然而，让这种皮革闻起来有特殊味道的主要原因是添加了檀香作为染料。檀香也是俄罗斯皮革味湿伞典型的香味，尽管其英文名为 Cedarwood Waxcap（雪松湿伞）。俄罗斯皮革味湿伞偏爱古老未开垦的白垩或石灰石质草原，它在这些地区较常见。

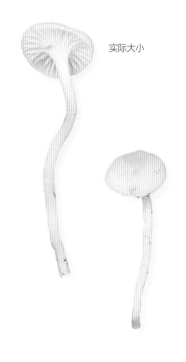

实际大小

相似物种

俄罗斯皮革味湿伞很容易和雪白湿伞 *Hygrocybe virginea* 中子实体较小的标本相混淆，这两个种颜色相近（虽然雪白湿伞通常更白），但雪白湿伞无明显气味，子实体明显较大。白色的湿伞种类 *Hygrophorus* 常见于林地中，菌盖通常较黏，闻起来有羊肉膻味或者很不好闻的味道。

俄罗斯皮革味湿伞菌盖半球形，展开后为凸镜形至平展，中部下凹。菌盖表面光滑，潮湿时具条纹，象牙白色，向菌盖中部常常带浅赭色色调（见右上图）。菌褶略延生，与菌盖同色。菌柄光滑，与菌盖同色，向基部逐渐变细。

科	拟蜡伞科Hygrophoropsidaceae
分布	北美洲、欧洲、中美洲和南美洲、亚洲北部、澳大利亚、新西兰
生境	林地，有时生于灌木林和木屑堆
宿主	针叶树，偶尔生于阔叶树
生长方式	常群生于地上
频度	常见
孢子印颜色	白色
食用性	非食用

子实体高达
2 in
(50 mm)

菌盖直径达
3 in
(75 mm)

164

橙黄拟蜡伞
Hygrophoropsis aurantiaca
False Chanterelle
(Wulfen) Maire

新鲜时橙黄拟蜡伞颜色亮丽，非常引人注目，但很遗憾人们只知道它不是真正的鸡油菌 *Cantharellus cibarius*。橙黄拟蜡伞是一个分布广泛的褐腐菌，主要降解针叶树木材。该种有时成一大群出菇，近来发现橙黄拟蜡伞像其他许多物种一样都能将含碎木屑的护根开拓为自己的栖身地，因此现在在路边、城市中心灌木丛以及该物种的原生林地中都能见到它。橙黄拟蜡伞可食，至少中国、墨西哥和其他一些地区的本土居民认为它可以食用，但认为其没多大的食用价值，而且据说有些人食用后可能会引起胃部不适。

实际大小

相似物种

真正的鸡油菌和橙黄拟蜡伞有些相似，但鸡油菌绝不呈深橙色，且其子实层为较厚的褶状脉而不像橙黄拟蜡伞一样具真正的菌褶状。摩根拟蜡伞 *Hygrophoropsis morganii* 不常见，子实体较小，粉红色，有甜味。有毒的脐菇属种类 *Omphalotus* 子实体较大，群生，最常见于阔叶树基部。

橙黄拟蜡伞菌盖凸镜形至平展，逐渐变为漏斗状。菌盖表面绒毛状至天鹅绒状，呈橙黄色至赭黄色，有时显褐色色调，变老变干后颜色较浅或呈赭白色。菌褶延生，深橙色至橙红色，老后褪色；菌褶薄，腹鼓状，常分叉。菌柄光滑，中空，与菌盖同色，老时从基部至顶端逐渐变褐。

科	蜡伞科Hygrophoraceae
分布	北美洲、欧洲、北非、亚洲北部
生境	林地
宿主	山毛榉外生菌根菌
生长方式	群生于地上
频度	产地常见
孢子印颜色	白色
食用性	非食用

象牙白蜡伞
Hygrophorus eburneus
Ivory Woodwax

(Bulliard) Fries

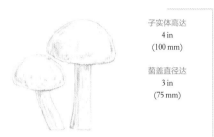

子实体高达
4 in
(100 mm)

菌盖直径达
3 in
(75 mm)

165

象牙白蜡伞是几个呈白色奶油色的蜡伞属 *Hygrophorus* 物种之一，很黏，气味难闻，有些像羊膻味或者更确切地说像木蠹蛾幼虫的味道。就像其他所有蜡伞种类一样，象牙白蜡伞是菌根菌，而且最常见于山毛榉林中。然而似乎从其他树种下采集的这类真菌也命名为象牙白蜡伞，因此，不清楚所有被称为象牙白蜡伞的标本是否为相同的物种。

相似物种

Hygrophorus cossus 是与栎树共生的一个相似种。但它子实体较大，菌盖伤后变灰色。另一个相似种 *Hygrophorus hedrychii* 的共生树种为桦树，菌盖伤后变粉色。另一个以山毛榉为共生树种的相似物种是黄柄蜡伞 *Hygrophorus discoxanthus*，但它伤后变黄色至锈褐色。这些种类都有一种类似的羊膻味。

实际大小

象牙白蜡伞菌盖凸镜形，展开后形状多样，从平展至稍凹陷或略呈凸出形。菌盖表面光滑，潮湿时很黏；菌盖白色，向中部逐渐变为象牙色至奶油色。菌褶略延生，白色至奶油色（见左图）或略呈粉色。菌柄黏，与菌盖同色。

科	蜡伞科Hygrophoraceae
分布	北美洲、欧洲、亚洲北部
生境	林地
宿主	松树外生菌根菌
生长方式	针叶落叶层地上
频度	常见
孢子印颜色	白色
食用性	可食

子实体高达
6 in
(150 mm)

菌盖直径达
3 in
(75 mm)

166

青黄蜡伞
Hygrophorus hypothejus
Herald of Winter

(Fries) Fries

就像其英文名字所暗示的一样，青黄蜡伞的发生季节比较晚，冬天来临之际常见于松树林。有时甚至在第一次霜冻之后还会出菇。天气潮湿的时候，其子实体非常黏，尤其是菌柄。这个种颜色多变，其中一个变种 var. *aureus* 的菌盖呈黄色至橙色。通常所见的青黄蜡伞菌盖呈深灰褐色，菌褶呈黄色，对比非常强烈。青黄蜡伞可以食用，但显然没什么味道，通常认为无食用价值。

相似物种

其他菌盖呈橄榄褐至灰褐色的蜡伞属 *Hygrophorus*，比如分布于北美洲的乌黑蜡伞 *Hygrophorus fuligineus*，菌褶呈白色，无青黄蜡伞所呈现的橙黄色。青黄蜡伞中菌盖呈橙色的变种可能会被误认为是美丽蜡伞 *Hygrophorus speciosus*（橙色至红色），但后者生于落叶松林中。

实际大小

青黄蜡伞菌盖凸镜形（见右图），逐渐展开为平展至中部下凹。菌盖表面光滑，潮湿时黏，橄榄褐至灰褐色（很少黄色至橙色），边缘颜色较浅。菌褶稀，延生，呈浅黄至橙黄色。菌柄黏，呈白色至浅黄色，具菌环区，伤变橙黄色。

科	蜡伞科Hygrophoraceae
分布	北美洲、欧洲、中美洲、亚洲北部
生境	含碳酸钙的林地
宿主	阔叶树(尤其是栎树)外生菌根菌
生长方式	地生；单生、群生或形成蘑菇圈
频度	产地常见
孢子印颜色	白色
食用性	可食

子实体高达
5 in
(125 mm)

菌盖直径达
6 in
(150 mm)

红菇蜡伞
Hygrophorus russula
Pinkmottle Woodwax

(Schaeffer) Kauffman

167

在野外，乍一看红菇蜡伞和红菇属 *Russula* 的大小、形状和感观都无差异，这也是其种加词 "*russula*" 和另一个常用的英文名 False Russula 的由来。但其菌盖上粉色至深红色的斑点非常明显，而且其子实体较结实（红菇的子实体通常较脆）。据说红菇蜡伞在很多国家很常见而且被广泛食用，比如危地马拉、俄罗斯以及不丹。在欧洲大多数国家，红菇蜡伞正不断减少，许多国家将其列入了真菌濒危物种红色名录。在英国和荷兰这个物种被认为已经灭绝了。

相似物种

红菇蜡伞与变红蜡伞 *Hygrophorus erubescens* 较相似，有时伤变黄，其共生树种为云杉。变紫蜡伞 *Hygrophorus purpurascens* 有蛛网状的菌幕残余，其共生树种为云杉或松树。真正的红菇属种类质地更脆，菌褶绝不呈延生，菌盖很少具斑点（尽管很多时候和红菇蜡伞颜色相似）。

实际大小

红菇蜡伞菌盖凸镜形，逐渐平展。菌盖表面光滑或稍具鳞片，潮湿时有时黏；幼时白色至浅粉色，逐渐呈现深粉色至酒红色斑点，最终变为暗酒红色。菌褶有时略延生，幼时白色，后变为斑驳的粉色至酒红色。菌柄光滑，与菌盖同色。

科	蜡伞科Hygrophoraceae
分布	北美洲、欧洲大陆、亚洲北部
生境	林地
宿主	落叶松外生菌根菌
生长方式	地生；针叶树落叶层
频度	产地常见
孢子印颜色	白色
食用性	报道可食

子实体高达
4 in
(100 mm)

菌盖直径达
3 in
(75 mm)

168

美丽蜡伞
Hygrophorus speciosus
Splendid Woodwax

Peck

与其他那些不起眼的蜡伞属 *Hygrophorus* 种类相比，美丽蜡伞亮丽的颜色看起来更像湿伞菌 *Hygrocybe* 的种类。然而美丽蜡伞是一个外生菌根菌，与落叶松形成共生关系。美丽蜡伞是纽约州植物学家查尔斯·霍顿·佩克（Charles Horton Peck）在 1867 年至 1915 年间所描述的 2500 多个真菌新种之一。该种并不只分布在北美洲，在欧洲或其他地区它们和本地的原生落叶松共生。据说美丽蜡伞可食，而且尽管在斯堪的纳维亚半岛已把它作为一种天然染料，但它并未被普遍采食。

相似物种

蜡伞属中鲜有亮色种类。分布于加利福尼亚的 *Hygrophorus pyrophilus* 菌盖呈暗红色，菌褶呈黄色至橙色。假蜡伞 *Hygrophorus hypothejus* 的菌盖通常呈褐色，偶尔呈黄色至橙色（金黄变种 var. *aureus*），但它是典型的松树外生菌根菌。

实际大小

美丽蜡伞菌盖凸镜形，逐渐变平展。菌盖表面光滑，潮湿时黏，呈亮橙色至橙红色，向边缘颜色变浅，老后褪色。菌褶略延生，白色至浅黄色（见右图）。菌柄黏，呈白色，有时具菌环状残余，近菌柄基部常伤变橙黄色。

科	球盖菇科Strophariaceae
分布	北美洲、欧洲、中美洲、北非、亚洲北部、澳大利亚、新西兰
生境	林地
宿主	阔叶树，偶尔生于针叶树
生长方式	簇生于树桩和段木
频度	极其常见
孢子印颜色	紫褐色
食用性	有毒

簇生韧伞
Hypholoma fasciculare
Sulfur Tuft
(Hudson) P. Kummer

子实体高达
4 in
(100 mm)

菌盖直径达
3 in
(75 mm)

169

簇生韧伞很可能是最常见的温带林地蘑菇，通常成一大群生长于树桩和段木上。簇生韧伞菌褶本身的黄色和孢子的紫褐色配合在一起使菌褶看起来呈现一种奇怪的绿灰色效果，这是其典型特征，一看便识。因其在木桩上定殖快、能积极排除竞争物种的特点，簇生韧伞曾作为生防菌来防治林木病原菌蜜环菌属 *Armillaria*，阻止其生长。簇生韧伞含三萜类毒素簇生醇（fasiculols），这种毒素已导致了多起蘑菇中毒事件——尽管簇生韧伞吃起来很苦。

相似物种

有两个近缘种很相似，但都只在部分地区常见。砖红韧伞 *Hypholoma lateritium* 主要区别在于其子实体较大，菌盖呈砖红色。头状韧伞 *Hypholoma capnoides* 颜色较暗，仅见于针叶林中，菌褶灰色至灰褐色。这三个种有时会见于地上，但实际上是从掩埋于地下的木头上长出。

簇生韧伞子实体群生，菌盖凸镜形，逐渐平展。菌盖表面浅硫磺色，向菌盖中央逐渐变为橙褐色；光滑，菌盖边缘具菌幕碎片。菌褶幼时黄色，逐渐变为绿灰色至紫黑色。菌柄黄色，具蛛网状、菌环状菌幕残余，菌环下部具鳞片，橙褐色。

实际大小

科	离褶伞科Lyophyllaceae
分布	北美洲、亚洲北部（欧洲可能也有分布）
生境	林地
宿主	阔叶树
生长方式	簇生于树干上
频度	偶见
孢子印颜色	白色
食用性	可食

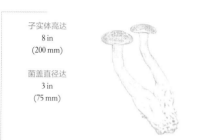

子实体高达
8 in
(200 mm)

菌盖直径达
3 in
(75 mm)

170

实际大小

斑玉蕈
Hypsizygus marmoreus
Beech Mushroom
(Peck) H. E. Bigelow

斑玉蕈这种蘑菇自从 20 世纪 70 年代在日本栽培成功以后就用 Beech Mushroom 作为其商品名，在当地被称为本占地菇（Buna-shimeji）。因其具有浓郁的风味且贮藏期较长，这种蘑菇现已被广泛栽培，市场上到处有售。栽培菌株有白色和褐色两种，其菌盖表面都会形成明显的斑点或大理石花纹。这个种最早记载于美国，当地土著人有食用该种蘑菇的传统，它可能和先前描述自法国的似锥形玉蕈 *Hypsizygus tessulatus* 是同一个物种。但需要更进一步的研究来证实欧洲、亚洲或美洲的斑玉蕈是否为同一个物种。

相似物种

斑玉蕈与榆干玉蕈 *Hypsizygus ulmarius* 较相似，后者菌盖通常较大，单生；菌盖白色，表面有时龟裂，但无大理石花纹状。其近缘种荷叶离褶伞 *Lyophyllum decastes* 子实体呈一大群生，菌盖褐色，其菌盖表面也无大理石状花纹，且最常见于树根周围或树干基部，不会生于树干上。

斑玉蕈子实体群生。菌盖幼时凸镜形，逐渐变得稍平展。菌盖表面光滑，但呈斑点状或大理石状，白色或黄褐色。菌褶幼时白色，逐渐变为米黄色或略呈粉色。菌柄中生，明显弯曲，光滑，白色。

科	离褶伞科Lyophyllaceae
分布	北美洲、欧洲、亚洲北部
生境	林地
宿主	阔叶树，尤其是榆树、白杨树和复叶槭（美洲）
生长方式	常单生于树干上
频度	偶见
孢子印颜色	白色
食用性	可食

榆干玉蕈
Hypsizygus ulmarius
Elm Leech
(Bulliard) Redhead

子实体高达
4 in
(100 mm)

菌盖直径达
7 in
(175 mm)

171

英文名字奇怪的榆干玉蕈也称为榆干侧耳（Elm Oyster），它是一种个头很大、很显眼的蘑菇，虽然它在欧洲很稀有或不常见，但在北美洲一些地区的复叶槭上却很常见。该种单生或一小群生于活树树干上，往往从树干伤口处或树洞中长出。与近缘的斑玉蕈 *Hypsizygus marmoreus* 一样，榆干玉蕈也作为一种食用菌在市场上进行销售（商品名"Elm oyster"），主要是以家庭式栽培的菌种出售。其属名 *Hypsizygus* 非常拗口，意指"高处附着的"，这源于该属大多数物种长在很高的树干上。

榆干玉蕈菌盖幼时凸镜形，逐渐稍平展。菌盖表面光滑，老时龟裂，白色至污黄色。菌褶幼时白色，逐渐变为奶油色至浅赭色。菌柄中生，通常弯曲而光滑，白色，逐渐变为暗黄色。

相似物种

斑玉蕈和榆干玉蕈非常相似，前者子实体群生，菌盖呈明显大理石花纹状。一些栽培菌株也呈褐色而非白色。菌柄较长的栎生侧耳 *Pleurotus dryinus* 子实体较大，呈白色，菌褶长延生，菌盖边缘和菌柄具菌幕残余。

实际大小

科	口蘑科Tricholomataceae
分布	北美洲、欧洲、亚洲北部
生境	林地
宿主	阔叶树
生长方式	地生，成群或形成蘑菇圈
频度	产地常见
孢子印颜色	奶油色
食用性	可食

子实体高达
6 in
(150 mm)

菌盖直径达
7 in
(175 mm)

172

向地漏斗伞
Infundibulicybe geotropa
Trooping Funnel
(Bulliard) Harmaja

向地漏斗伞（也被称为向地杯伞 *Clitocybe geotropa*）的菌肉尽管有时会产生一种轻微的腐臭，但它仍被广泛视作一种美味的食用菌，在中国已经开展了一些商业化栽培的尝试。但食用时仍需注意，因为有许多子实体白色、菌盖漏斗状的蘑菇是有毒的。

向地漏斗伞通常成群生长或形成蘑菇圈，规模之大令人印象深刻。20世纪50年代，在法国报道了由向地漏斗伞形成的最大蘑菇圈之一，其直径超过600 m，据估计有近700年的菌龄。

相似物种

大杯伞 *Clitocybe gigas* 和最大杯伞 *Clitocybe maxima*（北美洲有记录）与向地漏斗伞非常相似，但三者的孢子形状有明显区别。大白桩菇 *Leucopaxillus giganteus* 与向地漏斗伞也较相似，前者子实体较大，白色，通常生于草地中。暗杯伞 *Clitocybe nebularis* 与向地漏斗伞区别在于其具有烟色至灰白色的子实体。

实际大小

向地漏斗伞菌盖肉质，中部略凹陷至漏斗状，常具乳突。菌盖表面光滑，暗奶油色至肉色或浅米色。菌褶白色至浅肉色。菌柄白色或与菌盖同色，常被绒毛，向基部稍微变宽。

科	丝盖伞科Inocybaceae
分布	欧洲、亚洲西部
生境	林地
宿主	阔叶树或针叶树外生菌根菌
生长方式	单生或群生于地上
频度	偶见
孢子印颜色	褐色
食用性	有毒

子实体高达
4 in
(100 mm)

菌盖直径达
3 in
(75 mm)

173

邦氏丝盖伞
Inocybe bongardii
Fruity Fibercap
(Weinmann) Quélet

邦氏丝盖伞是丝盖伞属 *Inocybe* 中气味独特的几个物种之一。其英文名反映出该种带有梨一样的水果味，但不幸的是，这并不意味着该种可食，就像大多数其他丝盖伞种类一样，邦氏丝盖伞含有毒蝇碱，其毒性很强。该物种以德国植物学家奥古斯特·古斯塔夫·海因里希·冯·邦加尔（August Gustav Heinrich von Bongard）名字命名，他主要工作在当时的俄罗斯殖民地阿拉斯加。邦氏丝盖伞似乎仅分布于欧洲和毗邻的亚洲西部地区。

相似物种

分布于欧洲和北美洲地区的 *Inocybe fraudans* 与邦氏丝盖伞的气味相似，但前者的菌盖呈赭褐色。*Inocybe fraudans* 此前也被称为梨味丝盖伞 *Inocybe pyriodora*（意思是闻起来有梨的味道）。另一个具有梨味的丝盖伞是小棒形 *Inocybe corydalina*，但其子实体成熟后呈绿松石色。

实际大小

邦氏丝盖伞菌盖圆锥形（见右上图），逐渐展开为凸镜形或凸出形。菌盖表面具鳞片，鳞片深粉色至肉桂色或米黄色，表面颜色较浅。菌褶浅灰褐色。菌柄光滑，白色或与菌盖同色，伤变粉色至粉褐色。

科	丝盖伞科Inocybaceae
分布	北美洲
生境	林地
宿主	阔叶树或针叶树外生菌根菌
生长方式	单生或群生于地上
频度	常见
孢子印颜色	褐色
食用性	有毒

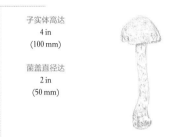

子实体高达
4 in
(100 mm)

菌盖直径达
2 in
(50 mm)

凯撒丝盖伞
Inocybe caesariata
Caesar's Fibercap
(Fries) P. Karsten

凯撒丝盖伞是北美洲的常见种，被鳞片状纤毛，但它的名字来源却是一个谜。凯撒丝盖伞最早由伟大的菌物学家埃利亚斯·弗莱斯（Elias Fries）描述自瑞士，但据现在的标准来看，其描述信息太简单，很难确定弗莱斯究竟描述的是哪一个丝盖伞。在欧洲，凯撒丝盖伞被认为生于沙丘地松树林下，而且已被重新命名为海氏丝盖伞 *Inocybe heimii*。然而在北美洲，凯撒丝盖伞却被描述为生于阔叶林中地上。由此看来它们似乎是两个形态相似但却不同的物种，还需要进一步的研究来证实。

实际大小

相似物种

凯撒丝盖伞与地生丝盖伞 *Inocybe terrigena* 相似，后者的子实体更大，菌柄上有易碎的菌环或菌环区，生于针叶林中。翘鳞丝盖伞 *Inocybe calamistrata* 的菌盖和菌柄也被鳞片，其菌柄向基部颜色较深，为深褐色带蓝绿色调。

凯撒丝盖伞菌盖凸镜形，逐渐变平展。菌盖表面浅赭色，呈纤毛状至屑鳞状，鳞片赭色至黄褐色。菌柄与菌盖同色或稍浅，被明显鳞片，鳞片较稀疏。

科	丝盖伞科Inocybaceae
分布	北美洲、欧洲、北非、中美洲、亚洲北部
生境	林地
宿主	阔叶树或针叶树外生菌根菌
生长方式	群生于地上
频度	偶见
孢子印颜色	褐色
食用性	有毒

子实体高达
4 in
(100 mm)

菌盖直径达
2 in
(50 mm)

175

翘鳞丝盖伞
Inocybe calamistrata
Greenfoot Fibercap
(Fries) Gillet

丝盖伞属 *Inocybe* 物种很常见，主要分布于温带地区，为外生菌根真菌，迄今已记载有 350 种左右。所有丝盖伞种类都具有褐色孢子，大多数都有毒，有些有剧毒。即使是通过显微结构观察，丝盖伞属也很难鉴定到种，但翘鳞丝盖伞是个例外，这主要归结于其被鳞片的子实体和菌柄基部少见的蓝绿色。这种颜色暗示它可能含有致幻化合物裸盖菇碱，但这并未得到证实。和其他丝盖伞一样，翘鳞丝盖伞更有可能也含有毒蕈碱。其拉丁名种加词"*calamistrata*"意指"用卷发棒卷过的"，意指其鳞片上翘之特征。

相似物种

三叉丝盖伞 *Inocybe hystrix* 的菌盖和菌柄也被褐色鳞片，但其菌褶颜色较浅，与菌盖对比明显，且其菌柄基部不呈蓝绿色。在北美洲西部地区分布的粗毛丝盖伞巨大变种 *Inocybe hirsuta* var. *maxima* 菌柄基部有时呈蓝色，但其鳞片为红褐色。

翘鳞丝盖伞菌盖凸镜形至近圆锥形，深褐色，密被直立、常卷曲的鳞片。菌褶与菌盖同色。菌柄被鳞片，深褐色，向基部蓝绿色。在较老的个体中，鳞片部分消失。菌肉白色，切开或受伤后略变红色。

实际大小

科	丝盖伞科Inocybaceae
分布	欧洲、亚洲西部和北部
生境	含碳酸钙的林地
宿主	阔叶树，尤其是山毛榉树的外生菌根菌
生长方式	群生于地上
频度	偶见
孢子印颜色	褐色
食用性	有毒

子实体高达
4 in
(100 mm)

菌盖直径达
4 in
(100 mm)

176

变红丝盖伞
Inocybe erubescens
Deadly Fibercap
A. Blytt

实际大小

变红丝盖伞的子实体相对较大，初夏时生长在含白垩或石灰石的林地上，通常一大群长在一起。变红丝盖伞子实体发红，通常闻起来像熟透的水果。这种气味非常特殊，尽管如此我们还是很惊讶地发现许多中毒事件——包括德国的一次群体性中毒——都是因为食用了变红丝盖伞。一些中毒事件已致人死亡。就像大多数丝盖伞一样，变红丝盖伞也含有毒蕈碱，这种毒素在摄入后短短几分钟内便可导致大量出汗、流涎、恶心、呕吐和腹泻。中毒后用阿托品（本身也是一种毒素）进行治疗通常有效，大多数患者即可康复。

相似物种

有些蘑菇属 *Agaricus* 的种类菌盖白色，菌褶褐色，切开后变红，但所有蘑菇属种类菌柄上带菌环，菌盖凸镜形至平展，巧克力褐色的孢子使菌褶具明显颜色。幼嫩的鸡油菌 *Cantharellus cibarius* 和未成熟的变红丝盖伞也有些相似，鸡油菌的子实层不形成真正的菌褶，代之以厚实的皱状脉纹。

变红丝盖伞菌盖圆锥形，展开后凸出形，光滑或被明显纤毛，常撕裂；幼时白色，成熟后米黄色带红色条纹，有时整个菌盖呈红色。菌褶苍白，成熟后灰褐色。菌柄光滑，与菌盖同色，逐渐形成红色条纹或斑点。菌柄基部通常稍膨大，切开后菌肉变红。

科	丝盖伞科Inocybaceae
分布	北美洲、欧洲、北非、中美洲、亚洲北部
生境	林地
宿主	阔叶树和针叶树外生菌根菌
生长方式	群生于地上
频度	常见
孢子印颜色	褐色
食用性	有毒

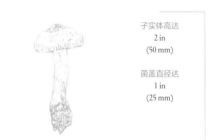

子实体高达
2 in
(50 mm)

菌盖直径达
1 in
(25 mm)

177

污白丝盖伞紫色变种
Inocybe geophylla var. *lilacina*
Lilac Fibercap
(Peck) Gillet

污白丝盖伞紫色变种很常见，分布较广，且能与多种树形成共生关系。一直以来，它都被认为是较常见的污白丝盖伞 *Inocybe geophylla* 的变种，它们除了颜色外并无差别。但最近的分子生物学研究表明，不仅污白丝盖伞紫色变种是一个独立的物种，而且全球范围内的污白丝盖伞复合群包含了几个形态相似但却不同的物种。如果这种结果被证实可信，那真正的污白丝盖伞紫色变种应该是分布于北美洲东部的一个物种，它最早由纽约菌物学家查尔斯·霍顿·佩克（Charles Horton Peck）描述自那里。

相似物种

在澳大利亚西部有一个形态相似的种类——此前也被鉴定为污白丝盖伞紫色变种——近来已被描述作为一个独立的物种，即紫柄丝盖伞 *Inocybe violaceocaulis*。在东南亚地区也描述了一些相似种，但这些种都很少再被采集到。其他一些形状相似、呈紫色或粉色的湿伞属 *Hygrocybe* 和小菇属 *Mycena* 的物种与之相似，但其孢子呈印白色，菌褶绝不呈褐色。

实际大小

污白丝盖伞紫色变种菌盖幼时圆锥形（见右图），长大后逐渐展开，通常呈凸出形，光滑或具明显纤毛，浅紫丁香色或粉紫罗兰色，菌盖中部赭色或黄褐色。菌褶幼时浅丁香紫色，逐渐变为灰褐色。菌柄光滑，与菌盖同色，向菌柄基部常呈白色，菌柄基部有时略呈球形。菌肉白色至丁香紫色。

科	球盖菇科Strophariaceae
分布	北美洲、欧洲、非洲、亚洲北部、澳大利亚、新西兰
生境	林地
宿主	阔叶树，鲜生于针叶树
生长方式	簇生于树桩或枯树上
频度	常见
孢子印颜色	褐色
食用性	可食

178

子实体高达
4 in
(100 mm)

菌盖直径达
3 in
(75 mm)

多变库恩菇
Kuehneromyces mutabilis
Sheathed Woodtuft
(Schaeffer) Singer & A. H. Smith

多变库恩菇是很常见的物种，常大群簇生于树桩或枯树上。这个种看起来有些像小型的鳞伞，事实上它也的确曾被称为多变鳞伞 *Pholiota mutabilis*。

其子实体可食，近年来在中国也已有商业化栽培并出口。但在野外最好不要采食，因为它难以与剧毒的缘纹盔孢伞 *Galerina marginata* 区分开来，缘纹盔孢伞也极其常见，而且同样成群生于树上。

相似物种

与多变库恩菇非常相似的缘纹盔孢伞是一个非常危险的毒蘑菇种类，其菌环下方光滑至纤毛状（而非鳞片状），且该物种有淀粉味。木生库恩菇 *Kuehneromyces lignicola* 菌环下方也光滑，但该种无毒。较少见的白鳞库恩菇 *Kuehneromyces leucolepidotus* 菌柄具白色鳞片。

实际大小

多变库恩菇子实体密集群生，菌盖凸镜形至浅凸出形。菌盖表面光滑，湿时稍黏，深黄褐色至黄褐色，干时从菌盖中部逐渐变为赭色。菌褶浅菌盖色至锈褐色。菌柄光滑，具明显菌环，菌环上部菌柄呈奶油色，菌环下部菌柄鳞片状，向菌柄基部呈暗红褐色。

科	轴腹菌科Hydnangiaceae
分布	北美洲东部、欧洲、非洲、中美洲和南美洲、亚洲、澳大利亚、新西兰
生境	林地
宿主	阔叶树外生菌根菌，很少生于针叶树
生长方式	群生于地上
频度	极其常见
孢子印颜色	白色
食用性	可食

紫晶蜡蘑
Laccaria amethystina
Amethyst Deceiver

Cooke

子实体高达
3 in
(75 mm)

菌盖直径达
2 in
(50 mm)

179

　　紫晶蜡蘑极其常见，几乎全球都有其分布。它能与多种植物形成菌根共生关系，在人工林和一些新的地方也能快速繁殖。日本最近的研究表明，紫晶蜡蘑是嗜氨真菌，尤偏爱肥沃的土壤，这和一些滑锈伞属 *Hebeloma* 的种类非常相似。它也能在一些已经被污染的环境中生存，但经常会富集一些污染物尤其是砷。作为一种食用菌，富集污染物可能会引起人们的担忧，但通常它的富集水平于人体健康无害，如果它生长在重污染区那另当别论。

相似物种

　　分布于北美洲西部地区的西方紫晶蜡蘑 *Laccaria amethysteo-occidentalis* 是一个与紫晶蜡蘑非常相似的、生于针叶林的种类，只有显微形态有差别。分布于中美洲的戈麦斯蜡蘑 *Laccaria gomezii* 与紫晶蜡蘑也较为相似，但其菌褶更密。广布种双色蜡蘑 *Laccaria bicolor* 菌柄基部呈紫色，其他部位粉褐色。一些颜色相近的丝膜菌种类孢子印褐色。

实际大小

紫晶蜡蘑子实体形态多变。菌盖凸镜形，逐渐展开并呈波状至齿状；幼时光滑，老后呈皮屑状，新鲜或潮湿时紫色，干后较浅，成熟时米黄色。菌褶稀，呈紫色（见左图）。菌柄纤毛状，与菌盖同色，菌柄顶端紫色。

科	轴腹菌科Hydnangiaceae
分布	北美洲、欧洲、非洲、中美洲和南美洲、亚洲、澳大利亚、新西兰
生境	林地
宿主	阔叶树外生菌根菌，很少生于针叶树
生长方式	群生于地上
频度	很常见
孢子印颜色	白色
食用性	可食

子实体高达
3 in
(75 mm)

菌盖直径达
2 in
(50 mm)

漆蜡蘑
Laccaria laccata
The Deceiver
(Scopoli) Cooke

漆蜡蘑（包括漆蜡蘑白褶变种 var. *pallidifolia*）极其常见，分布广泛。它被赋予"The Deceiver"（骗子）这个奇怪的英文名字是因为它对真菌采集者来说非常具有欺骗性。在天气干旱、潮湿或下雨时其外观变化非常明显。就像很多其他蘑菇一样，其菌盖水渍状，这就意味着干燥时菌盖不透明而遇水则呈半透明。干燥时菌盖米黄色至赭色，呈明显皮屑状，但下雨后变成粉褐色，光滑，边缘具条纹。只有当看见其肉色的宽菌褶时，它的骗局才会被揭穿。

相似物种

已知全球范围内有许多和漆蜡蘑相似的种类，大多数仅能靠显微特征区分。这其中包括橘红蜡蘑 *Laccaria fraterna*，它能和桉树形成共生关系，并伴随着它的共生树种传播到全球。另外还有沿海蜡蘑 *Laccaria maritima*，这个种主要分布于海岸沙丘地区。

漆蜡蘑菌盖凸镜形，逐渐展开，边缘呈波状或锯齿状。菌盖光滑，老后逐渐变成皮屑状；粉褐色至橙褐色，湿时边缘具条纹，干时颜色较浅，呈污赭色或米黄色。菌褶稀，粉色至肉色（见左图）。菌柄纤维状，与菌盖同色。

实际大小

科	小脆柄菇科Psathyrellaceae
分布	北美洲、欧洲、中美洲、亚洲北部、新西兰
生境	公园，花园或受干扰较大的林地
宿主	树、草地或裸地
生长方式	单生或群生于地上
频度	常见
孢子印颜色	黑色
食用性	可能有毒，最好避免食用

子实体高达
6 in
(150 mm)

菌盖直径达
6 in
(150 mm)

泪珠垂齿菌
Lacrymaria lacrymabunda
Weeping Widow
(Bulliard) Patouillard

和绝大多数蘑菇不同的是，泪珠垂齿菌喜欢生长在一些受干扰和土质紧实的地方，而且通常是一大群生长在一起。它通常伴随着橙黄网孢盘菌 *Aleuria aurantia* 和二年残孔菌 *Abortiporus biennis* 一起生长。二年残孔菌通常生长于埋在地下的木头上，因此推测泪珠垂齿菌可能也是利用相同的基物。它奇怪的英文名字"哭泣的寡妇"（Weeping Widow）源于其悬挂于菌盖边缘被孢子染黑的菌幕残余，以及从其菌褶上滴下的水珠。泪珠垂齿菌有时被列为食用菌，但也有记载这种蘑菇会导致胃部不适，因此最好避免食用。

相似物种

垂齿菌属 *Lacrymaria* 其他种类更为少见。北美洲地区分布的韧柄垂齿菌 *Lacrymaria rigidipes* 与泪珠垂齿菌相似但子实体较小。分布于欧洲的石砾生垂齿菌 *Lacrymaria glareosa* 也较小，且其菌盖很少呈纤维状。红毛垂齿菌菌盖橙色或黄褐色。小脆柄菇属 *Psathyrella* 的一些种类看起来也与泪珠垂齿菌有些相似，但大多数子实体较小，很少呈纤维状，菌褶上也无水滴。

实际大小

泪珠垂齿菌菌盖凸镜形，或略呈凸出形。菌盖表面被明显纤毛，暗米黄色至黄褐色，成熟后颜色较深；菌盖边缘具菌幕残余，常被孢子染成黑色。菌褶呈黑色，边缘白色（见右图），潮湿时常有水珠滴下。菌柄呈明显纤毛状，比菌盖颜色浅，具蛛网状菌环。

科	红菇科Russulaceae
分布	北美洲、欧洲、北非、亚洲北部
生境	林地
宿主	阔叶树和针叶树外生菌根菌
生长方式	地生，常小簇群生
频度	常见
孢子印颜色	浅赭色
食用性	可食

子实体高达
3 in
(75 mm)

菌盖直径达
2 in
(50 mm)

182

浓香乳菇
Lactarius camphoratus
Curry Milkcap
(Bulliard) Fries

实际大小

这种小小的红褐色乳菇的特别之处不在于其外观形态，而在于其气味。正如其英文名称所指，这个物种闻起来有咖喱粉的气味，更确切一点说是像小茴香或苦豆籽。这种气味在其子实体半干时闻起来尤其明显。欧洲的栗色乳菇 *Lactarius helvus* 闻起来气味相似，对其研究发现，这种香味可能来自化合物葫芦芭内酯，食品工业通常将这种化合物用于调制咖喱粉或合成枫糖浆的风味。在中国，浓香乳菇是一种食用菌；它在苏格兰也被作为一种特殊美食而采集出售。

相似物种

浓香乳菇与北美洲西部的易碎乳菇红色变种 *Lactarius fragilis* var. *rubidus* 相似，后者菌盖红色，闻起来有甜味，很像苦豆和枫糖浆。分布于北美洲东部的易碎乳菇 *Lactarius fragilis* 与浓香乳菇也较为相似，其菌盖呈更明显的锈橙色。这两个种都可以食用。欧洲的栗色乳菇子实体更大，颜色较浅，是针叶树和桦树外生菌根菌，闻起来也有咖喱味但却有毒，至少生吃的时候有毒。

浓香乳菇菌盖凸镜形，逐渐展开，略呈漏斗形，中部常具突起（见左图）。菌盖表面干而光滑，深砖红色至红褐色，向边缘颜色稍浅。菌褶浅肉桂色，逐渐变为橙褐色。菌柄光滑，与菌盖同色或呈较深的紫褐色。菌肉粉黄色，渗出白色水样乳汁。

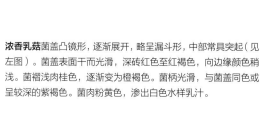

科	红菇科Russulaceae
分布	欧洲、亚洲北部；已传入澳大利亚
生境	林地
宿主	松树外生菌根菌
生长方式	地生
频度	常见
孢子印颜色	奶油色全粉黄色
食用性	可食

美味乳菇
Lactarius deliciosus
Saffron Milkcap
(Linnaeus) Gray

子实体高达
3 in
(75 mm)

菌盖直径达
5 in
(125 mm)

183

　　就像其拉丁名所指一样，美味乳菇是一种非常可口的食用菌，是加泰罗尼亚美食中的特色菜，在当地这种蘑菇被称为野蘑菇（rovellons）。这个种被大量商业化采集出售并出口。一旦吃过这种蘑菇，会导致令人恐慌的暂时性尿红。这种蘑菇生长在中性含碳酸钙的松树林地上，并且局部地区较常见。分子生物学研究已经表明，美味乳菇是欧亚分布物种，但在北美洲也分布有一个或多个近缘种（都可食用），并且也被称为美味乳菇。到目前为止，这些美洲物种还没有科学的命名。

相似物种

　　欧亚松树林中生长的血红乳菇 *Lactarius sanguifluus* 和酒红乳菇 *Lactarius vinosus* 与美味乳菇相似，这两个种都会渗出红色或酒红色的乳汁；长有绿色菌盖的近血红乳菇 *Lactarius semisanguifluus* 乳汁初时呈橙色，后变为红色；颜色较暗的蓝绿乳菇 *Lactarius quieticolor* 菌柄无明显斑点。虽然血红乳菇含有倍半萜烯毒素（sesquiterpines），但它与上述其他几个种一样都可以食用。

实际大小

美味乳菇菌盖凸镜形，逐渐展开后略呈漏斗状，光滑，潮湿时稍黏，鲑鱼色，具橙色同心环斑，受伤后变灰绿色。菌褶延生，与菌盖同色。菌柄中空（见右图），比菌盖颜色浅，通常具橙色斑点。菌肉橙色，乳汁稀，初时呈明亮的橙色，后慢慢变为灰绿色。

科	红菇科Russulaceae
分布	欧洲
生境	含碳酸钙的林地
宿主	云杉外生菌根菌
生长方式	地生
频度	常见
孢子印颜色	奶油色至粉米黄色
食用性	可食

子实体高达
3 in
(75 mm)

菌盖直径达
5 in
(125 mm)

184

云杉乳菇
Lactarius deterrimus
False Saffron Milkcap

Gröger

云杉乳菇这个欧洲常见物种的共生树种是云杉，而真正的美味乳菇 *Lactarius deliciosus* 与松树形成共生关系。通常可通过生境、菌盖明亮的颜色、受伤或霜冻或老后变绿等特征来识别这个种。与云杉共生的乳菇种类中只有少数能在人工或原生云杉林中都生长良好，云杉乳菇是其中之一。既然云杉乳菇也是一种食用菌，并且被广泛采食，那把它叫作"假美味乳菇"颇为不公，尽管该种并不能与真正的美味乳菇相媲美。

实际大小

相似物种

美味乳菇 *Lactarius deliciosus* 与云杉乳菇较为相似，但前者菌盖颜色较暗，并与松树而非云杉形成共生关系。欧洲的鲑鱼色乳菇 *Lactarius salmonicolor* 与冷杉形成共生关系，菌盖呈亮鲑鱼色至橙色，通常无绿色色调。

云杉乳菇 菌盖凸镜形，逐渐展开呈中部下凹或漏斗状。菌盖表面光滑，潮湿时稍黏，三文鱼色至橙色，逐渐褪为翡翠绿至灰绿色（见右图）。菌褶延生，与菌盖同色。菌柄比菌盖颜色浅，逐渐变灰绿色。菌肉橙色，乳汁初时亮橙色，逐渐变为红色。

科	红菇科Russulaceae
分布	欧洲、亚洲北部
生境	林地
宿主	阔叶树和针叶树外生菌根菌
生长方式	通常群生于地上
频度	产地常见
孢子印颜色	浅粉黄色
食用性	非食用

暗褐乳菇
Lactarius fuliginosus
Sooty Milkcap
(Fries) Fries

子实体高达
4 in
(100 mm)

菌盖直径达
5 in
(125 mm)

185

暗褐乳菇的拉丁种加词"*fuliginosus*"意为"乌黑的"，其菌盖和菌柄都呈烟褐色。乳菇属 *Lactarius* 中有一个近缘类群切开后流出有辛辣味的白色乳汁，如果残留在菌肉和菌褶上会逐渐变粉色，而暗褐乳菇就是其中之一。研究表明这种乳汁含有苯并吡喃，该化合物对昆虫有毒，这能够阻止昆虫取食其子实体；甚至有人推测乳汁从白色变为粉色（氧化的缘故）也可能对昆虫起到警示作用。

相似物种

有几个种，例如，北美洲的烟色乳菇 *Lactarius fumosus* 与暗褐乳菇非常相似，两者最好从显微形态上来区分。黑褐乳菇 *Lactarius lignyotus* 乳汁也会变成粉色，但是它仅与云杉形成严格共生关系，其菌盖和菌柄颜色也较深。

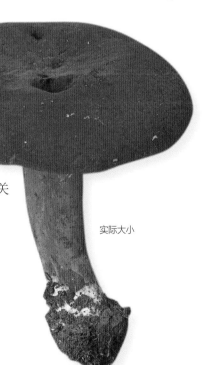

实际大小

暗褐乳菇菌盖初时凸镜形（见右上图），逐渐变为平展或略下凹。菌盖表面干而光滑，呈浅灰褐色。菌褶浅赭色至米黄色，老后变为暗粉色。菌柄较菌盖颜色浅，菌柄顶端白色。菌肉白色，乳汁白色后变为粉色。

科	红菇科Russulaceae
分布	北美洲、中美洲、南美洲（哥伦比亚）
生境	林地
宿主	松树或栎树外生菌根菌
生长方式	地生
频度	偶见
孢子印颜色	白色
食用性	可食

子实体高达
4 in
(100 mm)

菌盖直径达
6 in
(150 mm)

186

靛蓝乳菇
Lactarius indigo
Indigo Milkcap
(Schweinitz) Fries

很少有蘑菇具有像靛蓝乳菇这么漂亮的深蓝色，甚至其菌肉和乳汁也呈亮蓝色。这种颜色源于该蘑菇产生的一种甘菊环色素。因为靛蓝乳菇可以食用并且在墨西哥市场上有售，使其成为为数不多的几种天然蓝色食物之一。尽管这个种属于乳菇属 *Lactarius* 美味组 *Deliciosi*，但在这个类群中靛蓝乳菇显得非常特别，它能与栎树或其他阔叶树，以及针叶树形成共生关系。美味乳菇 *Lactarius deliciosus* 和其近缘种绝大多数是严格的针叶树共生菌。

靛蓝乳菇菌盖凸镜形，逐渐展开略呈漏斗状，光滑，潮湿时稍黏；具银灰色或蓝色的同心环纹。菌褶延生，呈蓝色至蓝灰色。菌柄与菌盖同色，具深色斑点。菌肉深蓝色，乳汁蓝色。

相似物种

亚洲所报道的靛蓝乳菇实际上是与其很相似的近靛蓝乳菇 *Lactarius subindigo*，最近的分子生物学研究也证实二者是不同的物种。在欧洲，蓝绿乳菇 *Lactarius quieticolor* 的菌盖和菌肉有时也会呈现蓝色（菌盖和菌肉呈蓝色的蓝绿乳菇曾被作为一个独立的物种，即近深蓝乳菇 *Lactarius hemicyaneus*），但它不太可能与靛蓝乳菇相混淆。

实际大小

科	红菇科Russulaceae
分布	北美洲东部、欧洲大陆、亚洲北部
生境	林地
宿主	云杉外生菌根菌
生长方式	群生于地上
频度	产地常见
孢子印颜色	奶油色
食用性	可食

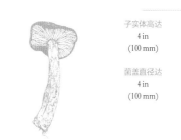

子实体高达
4 in
(100 mm)

菌盖直径达
4 in
(100 mm)

187

黑褐乳菇
Lactarius lignyotus
Velvet Milkcap

Fries

　　黑褐乳菇的白色菌褶与其天鹅绒般的深色菌盖及菌柄形成鲜明对比，使其成为乳菇属 *Lactarius* 中最漂亮的物种之一。它最早记载于瑞典，在欧洲和亚洲北部原生云杉林中也有分布。然而在北美洲地区，有报道称这个种和其他针叶树形成共生关系，但分子生物学研究很可能会揭示这些北美洲地区的"*lignyotus*"其实是另一个独立的物种。黑褐乳菇味道温和（不苦也不辣），在欧洲东部地区有食用，但通常认为它没有什么食用价值。其种加词"*lignyotus*"意思是烟色的。

相似物种

　　其他几个物种，包括暗褐乳菇 *Lactarius fuliginosus*，它们的乳汁都会变为粉色，菌盖和菌柄却呈浅灰褐色，并与阔叶树一起生长。在北美洲西部，假乳菇 *Lactarius fallax* 与黑褐乳菇较为相似，据报道前者菌褶更密，并且是和冷杉共生。

实际大小

黑褐乳菇菌盖凸镜形，逐渐展开后略呈漏斗状，中部具小突起，光滑，具细绒毛，乌黑色，边缘常皱缩。菌褶白色至奶油色（见右图），有时菌褶边缘呈灰褐色，老后呈暗粉色，伤变褐色。菌柄与菌盖同色，光滑或具细绒毛。菌肉白色，乳汁初时白色，后变为粉色。

科	红菇科Russulaceae
分布	北美洲东部、欧洲、非洲、亚洲
生境	林地
宿主	阔叶树外生菌根菌
生长方式	小群生于地上
频度	常见
孢子印颜色	白色
食用性	有毒（加工后可食）

子实体高达
5 in
(125 mm)

菌盖直径达
6 in
(150 mm)

辣味乳菇
Lactarius piperatus
Peppery Milkcap
(Linnaeus) Persoon

就像其拉丁名和英文名所指一样，辣味乳菇有辛辣味。尽管这个种被广泛食用，但如果生吃的话可能会中毒。在欧洲东部，辣味乳菇传统吃法是煮半熟（换水）后加盐或腌渍后再食用。干的子实体闻起来有蜂蜜或苹果的气味。据报道，热带地区也食用辣味乳菇，包括撒哈拉以南非洲地区和泰国，但有可能指的是另一个看起来相似的物种。辣味乳菇含有的萜类成分叫作辣味乳菇醇（lactapiperanols），已有研究对这类化合物的药用潜力进行了测试。

辣味乳菇 菌盖凸镜形，逐渐展开呈浅漏斗形。菌盖表面无光泽至略呈丝光，白色至奶油色。菌褶延生，极密，奶油色，有时显橙色色调（见下图）。菌柄光滑，与菌盖同色，成熟后从菌柄基部向上逐渐变为褐色，基部收窄。菌肉很紧实，白色，乳汁白色。

相似物种

有几个物种与之非常相似。变绿乳菇 *Lactarius glaucescens* 区别于辣味乳菇的主要特征是其乳汁慢慢变绿，而北美洲地区的诺伊霍夫乳菇 *Lactarius neuhoffii* 的乳汁呈黄色。欧亚分布种绒白乳菇 *Lactarius vellereus* 菌盖具细绒毛，乳汁味道温和（尽管其菌肉辛辣）；而北美洲地区的近绒白乳菇 *Lactarius subvellereus* 尽管与辣味乳菇也较相似，但其乳汁辛辣。

实际大小

科	红菇科Russulaceae
分布	北美洲、欧洲、亚洲北部；已传入新西兰
生境	林地，公园或花园
宿主	桦树外生菌根菌
生长方式	常群生或环生于地上
频度	常见
孢子印颜色	奶油色
食用性	有毒（加工后可食）

绒边乳菇
Lactarius pubescens
Bearded Milkcap
(Fries) Fries

子实体高达
3 in
(75 mm)

菌盖直径达
4 in
(100 mm)

　　绒边乳菇是常见种，常一大群生于公园、花园和路边桦树下。有研究表明，如果绒边乳菇和附近老的桦树形成了共生关系，那它也很容易在附近的桦树幼苗根部定殖。就像疝疼乳菇 *Lactarius torminosus* 一样，绒边乳菇尝起来有辛辣味，如果生吃或未烹熟就吃的话会引起胃肠道中毒。但即便如此，俄罗斯和东欧当地的人们仍然食用这种蘑菇，但他们一般都会将它煮两次后腌制一下再食用，这样的话可以去掉大部分毒素。

相似物种

　　其他三种能与桦树形成共生关系的乳菇与绒边乳菇看起来都很相似，疝疼乳菇的主要区别在于其子实体颜色为粉色至橙红色。黄色的 *Lactarius repraesentaneus* 的乳汁会变为紫色。分布于欧洲的袋形乳菇 *Lactarius scoticus* 子实体小而纤细，其菌盖边缘呈流苏状而非绒毛状。

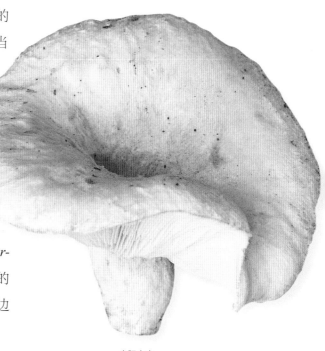

实际大小

绒边乳菇菌盖凸镜形，逐渐变为漏斗状，菌盖中部光滑，向菌盖边缘具平伏的毛发状附属物，边缘内卷，密被毛发状附属物，奶油色至赭色或米黄色。菌褶奶油色至赭色或粉米黄色。菌柄光滑，常中空，与菌盖同色。菌肉白色，乳汁白色。

科	红菇科Russulaceae
分布	北美洲、欧洲、北非、亚洲西部和北部
生境	林地
宿主	榛子树外生菌根菌
生长方式	小群生于地上
频度	常见
孢子印颜色	浅米黄色
食用性	可能有毒（加工后可食）

子实体高达
3 in
(75 mm)

菌盖直径达
4 in
(100 mm)

辛辣乳菇
Lactarius pyrogalus
Fiery Milkcap
(Bulliard) Fries

辛辣乳菇菌盖凸镜形，成熟后稍平展，光滑，灰米黄色至灰褐色，常具同心环纹。菌褶极稀，略延生，淡橙色或奶油色至橙黄色（见上图）。菌柄奶油色至浅菌盖色。菌肉白色至米黄色，乳汁白色干后变为灰绿色。

实际大小

这个不起眼的榛子树外生菌根菌拉丁名种加词"*pyrogalus*"意指"辛辣的牛奶"。辛辣乳菇名副其实，尝起来有一种辣椒般的辛辣味，这也是它主要的鉴别特征。尽管这个种吃起来很辣，而且在其他地区多把它作为一种不可食或可能有毒的种类，但在俄罗斯还是将其作为一种食用菌（很可能是加工后再食用），在土耳其市场上甚至还有销售。这个物种最早描述自法国，只要有榛子树的地方就很容易找到它。辛辣乳菇与榛子树形成专性共生关系，这在真菌中很少见，大多数能与榛子树形成共生关系的真菌也能与山毛榉或其他树种形成共生关系。

相似物种

另一个不常见的物种*Lactarius cirellatus*与辛辣乳菇较为相似，吃起来也有辛辣味，但*Lactarius cirellatus*菌褶颜色较浅，稍密，并且是与鹅耳枥形成共生关系。另两个极其常见的乳菇*Lactarius blennius*和流动乳菇*Lactarius fluens*的颜色与辛辣乳菇相似，乳汁也有些辛辣味，且会逐渐变成灰绿色；但这两个种菌褶都是白色至奶油色，并且是严格的山毛榉共生菌。

科	红菇科Russulaceae
分布	欧洲、亚洲北部
生境	林地
宿主	栎树外生菌根菌
生长方式	小群生于地上
频度	极其常见
孢子印颜色	白色至浅黄色
食用性	非食用

静止乳菇
Lactarius quietus
Oakbug Milkcap
(Fries) Fries

子实体高达
3 in
(75 mm)

菌盖直径达
3 in
(75 mm)

191

　　静止乳菇在欧洲极其常见，几乎只要有栎树的地方就有这个物种。虽然这个物种的颜色没什么特别，但其特殊而难闻的气味却非常典型。据说闻起来像臭虫或蝽象，或者说更像是腐败的植物油的气味。菌盖褐色、菌褶橙色的浅凸乳菇*Lactarius subumbonatus*也是栎树的共生菌，具有同样的气味，有时甚至更臭，浅凸乳菇也曾被称为臭味乳菇*Lactarius cimicarius*（"*cimicarius*"意指"臭虫的"）。尽管据报道静止乳菇的味道不好或略带辛辣味，但也有人认为该物种可食用。

相似物种

　　北美洲地区分布的静止乳菇灰白变种*Lactarius quietus* var. *incanus*子实体较大，颜色较暗，无明显的气味。欧洲南部地区的迷惑乳菇*Lactarius decipiens*颜色与静止乳菇较相似，子实体也较大，闻起来有天竺葵的气味。极其常见的近甜味乳菇*Lactarius subdulcis*呈明显的橙褐色，与山毛榉共生，没有任何明显的气味。

实际大小

静止乳菇菌盖凸镜形（见右图），成熟后稍平展，干而光滑，粉米黄色至浅肉桂色或砖红色，常具同心环纹或暗色斑点。菌褶比菌盖色浅，菌柄颜色稍深。菌肉奶油色至粉米黄色，乳汁白色，有时带黄色。

科	红菇科Russulaceae
分布	北美洲、欧洲大陆、亚洲北部
生境	含碳酸钙的林地
宿主	云杉外生菌根菌
生长方式	小群生于地上
频度	常见
孢子印颜色	浅奶油色
食用性	有毒（加工后可食）

子实体高达
4 in
(100 mm)

菌盖直径达
8 in
(200 mm)

窝柄乳菇
Lactarius scrobiculatus
Spotted Milkcap
(Scopoli) Fries

窝柄乳菇是乳菇属*Lactarius*中菌盖（至少菌盖边缘）被羊毛状绒毛的少数几个物种之一。其英文名和拉丁名源于其菌柄上的凹点，这些凹点被称为"网眼"。就像较常见的疝疼乳菇*Lactarius torminosus*一样，窝柄乳菇的乳汁也具辛辣味，食用它也可能会造成胃部不适。然而，欧洲东部地区将其烹熟腌制后食用。北美洲地区报道了这个种下的两个变种，它们和欧洲的标本差别很小。

相似物种

在欧洲大陆，有几个与窝柄乳菇相似但颜色较浅的物种，包括黄乳菇*Lactarius leonis*、平滑乳菇*Lactarius auriolla*和托氏乳菇*Lactarius tuomikoskii*，它们也都与云杉形成共生关系。北美洲地区的史氏乳菇*Lactarius smithii*（此前称为*Lactarius scrobiculatus* var. *pubescens*）与松树形成共生关系，其菌柄上斑点不那么明显，且只有菌盖边缘被羊毛状绒毛。

实际大小

窝柄乳菇菌盖凸镜形，逐渐呈中部下凹，菌盖中央光滑，向边缘绒毛明显增多，奶油赭色至橙赭色，具稍暗的环纹。菌褶奶油色。菌柄奶油色或比菌盖色浅，光滑，具颜色稍深的凹点。菌肉白色，乳汁初时白色，随后变为硫磺色。

科	红菇科Russulaceae
分布	北美洲、欧洲、北非、亚洲北部
生境	林地
宿主	桦树外生菌根菌
生长方式	小群生于地上
频度	常见
孢子印颜色	奶油色
食用性	有毒（加工后可食）

疝疼乳菇
Lactarius torminosus
Woolly Milkcap
(Schaeffer) Gray

子实体高达
3 in
(75 mm)

菌盖直径达
5 in
(125 mm)

193

疝疼乳菇是菌盖边缘呈明显毛发状或羊毛状的几个乳菇属*Lactarius*物种中最常见的一个。其种加词"*torminosus*"意指"感到或引起腹或肠绞痛"。疝疼乳菇是具辛辣味的毒蘑菇，食用这种蘑菇后能引起强烈的胃部不适。但令人吃惊的是，在芬兰、俄罗斯和其他一些欧洲东部地区的人们不仅食用这个物种，甚至还很喜欢它。最常见的做法是将这种蘑菇用水煮两遍至半熟（中间换水），以去除其大部分毒素，随后腌制起来供冬季食用，它的那种辣味在冬季正好祛寒。据说过去在挪威会将这种蘑菇烤熟加到咖啡里，但还不清楚这是为什么。

相似物种

绒边乳菇*Lactarius pubescens*菌盖边缘也呈毛发状，同样也是和桦树共生，它的主要差异在于其颜色较浅，常呈奶油色至赭色或黄粉色。红豆杉乳菇*Lactarius mairei*与疝疼乳菇颜色较相似，前者较少见，生于含碳酸钙的土壤中，其共生树种为栎树。

实际大小

疝疼乳菇菌盖凸镜形，逐渐变为漏斗状，中部光滑，向菌盖边缘具平伏的毛发状附属物，菌盖边缘内卷；浅粉色至鲑鱼色，具稍深的同心环纹。菌褶白色至浅粉黄色。菌柄白色至浅菌盖色，光滑，具粉色斑点。菌肉白色，乳汁白色。

科	红菇科Russulaceae
分布	北美洲、欧洲、亚洲北部
生境	林地
宿主	阔叶树和针叶树外生菌根菌
生长方式	小群生于地上
频度	产地常见
孢子印颜色	白色
食用性	可食

子实体高达
4 in
(100 mm)

菌盖直径达
7 in
(175 mm)

多汁乳菇

Lactarius volemus

Fishy Milkcap

(Fries) Fries

实际大小

多汁乳菇形态差异较大，因而也不奇怪最近的分子生物学研究揭示这个种是一个复合类群，包括了几个非常近缘的不同物种。这些种类（并未得到充分的描述）乳汁非常丰富，并且都具有特别的鱼腥味。尽管有腥味，但它仍然被认为是一种食用菌，而且在亚洲地区被广泛采集供应当地市场，甚至中国还将其出口。其乳汁含聚异戊二烯，在日本有研究将其作为天然橡胶的非过敏替代物。

相似物种

美洲和亚洲的稀褶乳菇*Lactarius hygrophoroides*子实体在大小和颜色上相似，其菌褶非常稀疏，乳汁不呈褐色，无鱼腥味。皱盖乳菇*Lactarius corrugis*和欧洲的皱褶乳菇*Lactarius rugatus*也较为相似，二者菌盖都有明显褶皱，无明显的鱼腥味。

多汁乳菇菌盖凸镜形，成熟后稍平展，光滑，干，浅橙色至深橙褐色或砖红色。菌褶奶油色至米黄色，乳汁流经之处干后呈褐色斑点。菌柄与菌盖同色或稍浅，受伤后变深砖红色。菌肉奶油色，乳汁多，白色，逐渐变为褐色。

科	小皮伞科Marasmiaceae
分布	中美洲和南美洲
生境	林地
宿主	阔叶树
生长方式	单生或群生于倒木或落叶层
频度	偶见
孢子印颜色	白色
食用性	不明，最好避免食用

子实体高达
2 in
(50 mm)

菌盖直径达
1½ in
(40 mm)

橙黄乳汁金钱菌
Lactocollybia aurantiaca
Orange Milkshank
Singer

乳汁金钱菌属*Lactocollybia*主要见于热带和亚热带地区，一小群群生于枯木和落叶上。这个属的种类与温带裸脚菇属*Gymnopus*亲缘关系较近，裸脚菇属的种类之前曾被置于金钱菌属*Collybia*中。乳汁金钱菌属属名前缀"*Lacto*"意指"牛奶"，它们的子实体含有像乳菇属*Lactarius*一样的乳汁，但不如乳菇属乳汁那么丰富明显。大多数乳汁金钱菌属的种类子实体呈白色或较暗的颜色，但橙黄乳汁金钱菌却非常引人注目。亚马孙雨林地区的原住民会食用橙黄乳汁金钱菌的近缘种*Lactocollybia aequatorialis*，但橙黄乳汁金钱菌是否可食尚不得而知。

实际大小

相似物种

南美洲的谦逊乳汁金钱菌*Lactocollybia modesta*是橙黄乳汁金钱菌的近缘种，其菌盖呈黄色。在南美洲和中美洲有一个较少见的、与橙黄乳汁金钱菌亲缘关系较远的橙黄色种类，即*Hymenogloea papyracea*，但其子实层面无菌褶，光滑或略呈脉络状，且其菌柄呈褐色。

橙黄乳汁金钱菌菌盖初时凸镜形，逐渐变为中部下凹或呈浅漏斗状。菌盖表面具细绒毛或明显屑鳞状，橙黄色至橙色。菌褶略延生，白色至黄色。菌柄具细绒毛至屑鳞状，与菌盖同色。

科	耳匙菌科Auriscalpiaceae
分布	北美洲、欧洲、中美洲、亚洲北部
生境	林地
宿主	阔叶树，尤其是桦树林
生长方式	密集簇生于树桩、段木和枯枝上
频度	偶见
孢子印颜色	白色
食用性	非食用

子实体高达
3 in
(75 mm)

菌盖直径达
3 in
(75 mm)

196

贝壳状小香菇
Lentinellus cochleatus
Aniseed Cockleshell
(Persoon) P. Karsten

贝壳状小香菇最主要的特征之一是其锯齿状的菌褶边缘，其他几个香菇属*Lentinus*和小香菇属*Lentinellus*种类也有这个相同的特征。它另一个更显著的特征是其子实体闻起来有强烈的茴香味，有人说还有些辛辣味。法国的研究指出这种蘑菇会产生两种挥发性茴香味成分及另外两种桂皮味成分，这表明贝壳状小香菇在生产芳香油和调味品方面具有商业潜力。奇怪的是，这个种属于耳匙菌科Auriscalpiaceae，这也意味着相较于其他蘑菇类群，珊瑚菌或齿菌与它的亲缘关系更近。

相似物种

贝壳状小香菇的相似种狐状小香菇*Lentinellus vulpinus*子实体较大，菌盖表面羊毛状，无茴香味。扇形小香菇*Lentinellus flabelliformis*和北方小香菇*Lentinellus ursinus*的子实体也无茴香味，菌柄短或无。侧耳属*Pleurotus*种类无茴香味，菌褶边缘不呈齿状。

实际大小

贝壳状小香菇子实体密集簇生，菌柄基部常融合。菌盖一侧向下凹陷成深漏斗状，菌盖光滑，褐色至粉褐色。菌褶延生，白色至浅菌盖色，菌褶边缘锯齿状。菌柄具纵条纹，扁平或扭曲，比菌盖颜色浅，从基部向上逐渐变为深褐色。

科	小皮伞科Marasmiaceae
分布	亚洲东部、澳大利亚、新西兰
生境	林地
宿主	阔叶树，尤其是日本锥栗（或称栗叶栲）
生长方式	段木和枯枝
频度	偶见
孢子印颜色	白色
食用性	可食

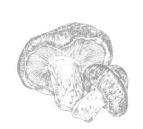

子实体高达
3 in
(75 mm)

菌盖直径达
6 in
(150 mm)

197

香菇
Lentinula edodes
Shiitake
(Berkeley) Pegler

香菇是一种非常有名的食用菌，至少在10世纪时的中国就已经实现了半人工栽培。近年来，不仅在中国，在世界各国都已采用木屑栽培技术大规模商业化种植香菇。全世界香菇年产量已超过150万吨，其受欢迎程度仅次于双孢蘑菇*Agaricus bisporus*，它也已成为超市货架上一种常见的蘑菇。从香菇子实体已分离出一种香菇多糖，初步证明其具有抗肿瘤潜力。

香菇菌盖呈半球状，开伞后变平展，幼时光滑而老时裂成鳞片状，米色至深紫灰色或褐色；菌盖边缘色浅，幼时被白色蛛网状菌幕残余。菌褶白色至奶油色。菌柄与菌盖同色或呈粉白色，纤毛状，有时可见环区，环区下部被细小的灰白至褐色鳞片。

相似物种

分子生物学研究表明香菇含有五个不同的类群，但尚不确定它们是否属于独立的物种。新西兰的标本被鉴定为新西兰微香菇*Lentinula novaezelandiae*，而澳大利亚和新几内亚的种则为砖红微香菇*Lentinula lateritia*，但这两个种与中国和日本的香菇都杂交可育。

实际大小

科	多孔菌科Polyporaceae
分布	北美洲南部、中美洲和南美洲
生境	林地
宿主	阔叶树
生长方式	树桩、段木和枯枝
频度	常见
孢子印颜色	白色
食用性	可食

子实体高达
3 in
(75 mm)

菌盖直径达
2½ in
(60 mm)

多毛香菇
Lentinus crinitus
Fringed Sawgill
(Linnaeus) Fries

多毛香菇是热带及亚热带美洲分布物种，在段木和枯枝上这个物种极其常见。多毛香菇菌盖薄而韧，相比其他伞菌而言，多孔菌属与它的亲缘关系更近。尽管吃起来很韧，但南美的原住民仍会采食这个物种。该物种作为生物修复剂的能力已得到测评，因其产生的酶可降解木材、分解化学染料和其他污染物。

相似物种

热带美洲地区的斯沃茨香菇*Lentinus swartizii*与多毛香菇相似，但其菌盖较大，鳞片更明显。另一个热带美洲的伯蒂香菇*Lentinus bertieri*，整个菌盖密被毛发状附属物。另一个同样密被毛发状附属物的绒毛香菇*Lentinus villosus*分布于非洲。

实际大小

多毛香菇菌盖韧，深漏斗状，初时光滑而后菌盖边缘被硬毛，菌盖黄褐色至暗红色、紫色或灰褐色。菌褶延生，边缘锯齿状，呈浅赭色。菌柄明显屑鳞状，比菌盖颜色浅，有时在其下半部具黑褐色小鳞片。

科	多孔菌科Polyporaceae
分布	北美洲、欧洲、非洲、亚洲西部
生境	林地
宿主	阔叶树,尤其是杨树和柳树
生长方式	簇生于树桩、段木和枯枝
频度	偶见
孢子印颜色	白色
食用性	可食

子实体高达
4 in
(100 mm)

菌盖直径达
4 in
(100 mm)

虎皮香菇
Lentinus tigrinus
Tiger Sawgill
(Bulliard) Fries

虎皮香菇有些名不副实,因为它的子实体没有任何一个部位具斑条纹。但很显然,其种加词"*tigrinus*"是指美洲虎或美洲豹,它们身上的斑点就像漂亮的、呈簇生的虎皮香菇的鳞片。在北美洲部分地区,偶尔可见到一些菌盖未能展开,菌褶被菌幕包裹住的个体,它们曾经被认为是一个独立的、腹菌状的种类,即*Lentodium squamulosum*。但已有研究表明,它们是由于正常的虎皮香菇发生了一些遗传变异导致的。

相似物种

热带和亚热带地区分布的翘鳞香菇*Lentinus squarrosulus*在东南亚地区是一种栽培食用菌,它们表面上看起来与虎皮香菇极其相似,但其菌盖和菌柄上的鳞片初时呈白色,菌褶边缘不呈锯齿状。另一个不常见的雅致香菇*Lentinus concinnus*分布于亚洲南部以及马达加斯加,褶缘也呈锯齿状,但其子实体较小并具红褐色鳞片。

虎皮香菇子实体簇生,极韧,菌柄基部有时融合。菌盖初时凸镜形,逐渐变为深漏斗状,白色至奶油色,具黑褐色鳞片。菌褶延生,白色至浅黄色,褶缘锯齿状。菌柄黄色,下半部分具黑褐色小鳞片。

实际大小

科	伞菌科Agaricaceae
分布	北美洲、欧洲、非洲、中美洲、亚洲、新西兰
生境	森林、公园和花园
宿主	阔叶树含碳酸钙丰富的地上
生长方式	单生或小群生于地上
频度	常见
孢子印颜色	白色
食用性	可能有毒，最好避免食用

子实体高达
5 in
(125 mm)

菌盖直径达
6 in
(150 mm)

粗毛环柄菇
Lepiota aspera
Freckled Dapperling
(Persoon) Quélet

粗毛环柄菇是环柄菇属*Lepiota*中子实体最大的种类之一，常见于公园或花园肥沃的土壤中。近年来，它在灌木丛或花坛中用作覆盖料的木屑上极其常见。

就像冠状环柄菇*Lepiota cristata*一样，粗毛环柄菇切开或受伤后有一种很浓烈的橡胶味。尽管气味难闻，但据说这个种在全世界很多地方都被食用，包括中国、马达加斯加和墨西哥。但是仅仅由于有报道认为该种可食就采食它是非常莽撞的，因为其可食性的报道有可能是基于错误的物种鉴定，而且它的几个相似种毒性很大。

相似物种

粗毛环柄菇有许多相似种，包括一个很难与其区分开来的复合类群。有些可能有毒。三叉环柄菇*Lepiota hystrix*和石灰生环柄菇*Lepiota calcicola*也具有锥形疣突、菌环和橡胶气味，这两个种的菌褶边缘颜色通常较暗，但最好还是从显微形态来区分。其他几个具疣突的环柄菇属种类也非常相似，但它们的子实体通常较小，并且无膜质的菌环。

实际大小

粗毛环柄菇菌盖凸镜形，逐渐平展或呈凸出形，菌盖中部褐色，向边缘渐变浅或奶油色，密被褐色圆锥形鳞片或疣突，菌盖中部鳞片常脱落。菌褶白色至奶油色。菌柄奶油色，向基部呈褐色；菌柄基部膨大。具膜质悬环，菌环下表面鳞片状。

科	伞菌科 Agaricaceae
分布	欧洲、亚洲北部
生境	林地、公园和花园
宿主	阔叶树中肥沃的地上
生长方式	单生或小群生于地上
频度	偶见
孢子印颜色	白色
食用性	有毒

肉褐鳞环柄菇
Lepiota brunneoincarnata
Deadly Dapperling
Chodat & C. Martin

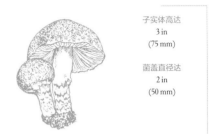

子实体高达
3 in
(75 mm)

菌盖直径达
2 in
(50 mm)

肉褐鳞环柄菇是环柄菇属*Lepiota*中几个剧毒的物种之一，大多数因把它错认为可食用的高大环柄菇*Macrolepiota procera*而造成严重的后果。就像大多数环柄菇属的物种一样，肉褐鳞环柄菇喜欢温和的气候，它在北温带大部分地区都较常见，但越往南越常见，尤其是地中海地区——最近大多数中毒住院和死亡的病例也都发生在该地区。肉褐鳞环柄菇中毒主要是由于鹅膏毒素，与毒鹅膏*Amanita phalloides*中分离到的鹅膏素相似。这些毒素能引起肝衰竭，还可能影响肾脏和其他器官。

实际大小

相似物种

肉褐鳞环柄菇有许多相似种。例如，近肉红环柄菇*Lepiota subincarnata*，这个种呈典型的粉色，而且相对较纤细，但最好从其显微形态来区分。同样非常危险的褐鳞环柄菇*Lepiota helveola*通常具膜质菌环。可以食用的大环柄菇属*Macrolepiota*种类通常子实体较大，且具有明显的、活动的菌环。

肉褐鳞环柄菇菌盖凸镜形，逐渐平展或呈凸出形。菌盖中部黑褐色至暗红褐色，向边缘常撕裂为同心环状鳞片，鳞片下部呈白色至粉黄色。菌褶白色至奶油色。菌柄与菌盖颜色相似，具不完整菌环；菌环下部被细小的、与菌盖同色的鳞片。

科	伞菌科Agaricaceae
分布	北美洲、欧洲、亚洲北部、新西兰
生境	林地、公园和花园
宿主	阔叶树和针叶树
生长方式	单生或小群生于地上
频度	常见
孢子印颜色	白色
食用性	很可能有毒，最好避免食用

子实体高达
3 in
(75 mm)

菌盖直径达
3 in
(75 mm)

202

冠状环柄菇
Lepiota cristata
Stinking Dapperling
(Bolton) P. Kummer

冠状环柄菇可能是最常见的温带环柄菇种类，相对于大多数它的近缘种来说，它对非碳酸钙土壤的耐受性更强。它一般比较喜欢腐殖质丰富的土壤，但也能在各种类型林地中、路边和花园中发现它。它没有一个非常特别的英文名称，但它确实有一种强烈难闻的橡胶味。它的几个相似种和*Lepiota aspera*也有这样的味道，所以这种橡胶味并不是其独有的特征。就像所有的环柄菇属*Lepiota*种类一样，冠状环柄菇很可能有毒，但它到底有多危险还未知。

实际大小

相似物种

冠状环柄菇与许多种类相似，但较少见。*Lepiota apatelia*、拟冠环柄菇*Lepiota cristatoides*和加利福尼亚的栗褐环柄菇*Lepiota castaneidisca*在野外看起来与冠状环柄菇几乎完全一样，只能从显微形态上加以区分。其他一些大小相似的环柄菇种类的菌柄可能具更明显的鳞片或无菌环，或菌盖颜色不同，或者是无橡胶味。这些种类都应避免食用。

冠状环柄菇菌盖展开后平展或略呈凸出形。菌盖中部橙褐色至红褐色，向边缘撕裂为稀疏的鳞片，菌盖表面白色（见右图）。菌褶白色至奶油色。菌柄颜色相似，但基部有时呈粉色；菌环膜质，连接松动。

科	伞菌科Agaricaceae
分布	北美洲、欧洲、亚洲北部
生境	含碳酸钙的林地
宿主	针叶树，少生于阔叶树
生长方式	单生或小群生于地上
频度	常见
孢子印颜色	白色
食用性	有毒

子实体高达
3 in
(75 mm)

菌盖直径达
1½ in
(40 mm)

203

猫味环柄菇
Lepiota felina
Cat Dapperling

(Persoon) P. Karsten

猫味环柄菇最常见于含有碳酸钙的针叶林中，明显有毒。并不清楚为什么伟大的荷兰菌物学家克里斯蒂安·佩森（Christiaan Persoon）见到这种蘑菇会联想到猫，他赋予这种蘑菇的拉丁种加词"*felina*"意指"像猫的"。事实上，猫味环柄菇除了其具鳞片的菌盖和菌环颜色非常暗（近黑色）之外，它和许多其他的环柄菇属*Lepiota*种类看起来很像。也许佩森是觉得该物种有猫的气味，但这种气味更常被认为是橡胶味——就像冠状环柄菇*Lepiota cristata*一样，但却没有那么浓烈。

实际大小

相似物种

其他许多环柄菇属的子实体也具鳞片，和猫味环柄菇较相似，前者鳞片明显颜色较浅，或为粉色至红褐色而非暗褐色至黑色。暗鳞白鬼伞*Leucocoprinus brebissonii*的颜色与猫味环柄菇较为相似，前者其菌肉较薄，子实体较纤细，菌环白色。

猫味环柄菇菌盖凸镜形，逐渐变平展或略呈凸出形。菌盖中部暗褐色至黑褐色，向边缘撕裂为同心环状鳞片，菌盖表面奶油色。菌褶奶油色。菌柄奶油色，有时呈红褐色或粉色，菌环较小，紧贴菌柄，通常不完整，与菌盖同色；菌环下方被较稀疏的鳞片，与菌盖同色。

科	伞菌科Agaricaceae
分布	北美洲西部
生境	林地、公园和花园
宿主	肥沃阔叶树林地
生长方式	单生或小群生于地上
频度	常见
孢子印颜色	白色
食用性	非食用

子实体高达
6 in
(150 mm)

菌盖直径达
3 in
(75 mm)

204

鲜红环柄菇
Lepiota flammeatincta
Flaming Parasol
Kauffman

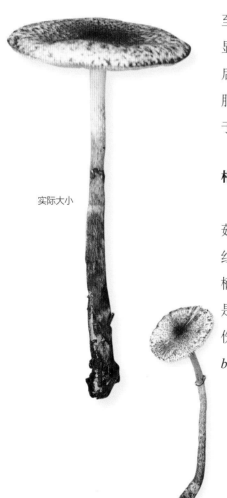

实际大小

鲜红环柄菇菌柄上具有一个像袖套一样的菌环，这说明它并不属于真的环柄菇属*Lepiota*，而应属于白环蘑属*Leucoagaricus*，但因为一些原因，它还并未被移至该属。就像很多白环蘑属的种类一样，这个种有明显的伤变色反应，菌盖和菌柄（非菌褶）受伤或切开后变为鲜红色。这一类群中大多数种类生在温暖地区肥沃的土壤中，极常见于花园或路边的堆肥堆，也见于营养丰富的林地。

相似物种

暗红白环蘑*Leucoagaricus erythrophaeus*与鲜红环柄菇非常相似，也见于北美洲西部地区。在野外，它与鲜红环柄菇的区别在于其菌褶受伤后变鲜红色（与鲜红环柄菇有所不同）。变褐白环蘑*Leucoagaricus brunnescens*是分布于北美洲东部地区的一个近缘种。另外几个受伤后变红或者鲜红的种类，比如巴德姆环柄菇*Lepiota badhamii*，也在欧洲有分布。

鲜红环柄菇菌盖凸镜形，逐渐变为平展或略呈凸出形。菌盖中部红褐色至暗紫褐色，向边缘逐渐撕裂为细小鳞片状，菌盖表面白色。菌褶白色。菌环膜质（见左图）；菌环上部菌柄白色；菌环下部菌柄与菌盖同色，具明显的鳞片。菌盖和菌柄受伤后变朱红色或鲜红色。

科	伞菌科Agaricaceae
分布	北美洲、欧洲、亚洲北部、新西兰
生境	林地、公园和花园
宿主	阔叶树中腐殖质丰富的土上
生长方式	单生或小群生于地上
频度	常见
孢子印颜色	白色
食用性	有毒

子实体高达
2 in
(50 mm)

菌盖直径达
2 in
(50 mm)

近肉红环柄菇
Lepiota subincarnata
Fatal Dapperling

J. E. Lange

近肉红环柄菇（以前也曾称为*Lepiota josserandii*）比较常见，在北美洲和欧洲它导致了许多中毒事件和几起中毒致死案例，因此其英文名也叫作致命小精灵（Fatal Dapperling）或致死菇（Deadly Parasol）。其形态和颜色变化很大，如果不观察显微特征，很难将它与其他相似种区别开来。既然大多数环柄菇属*Lepiota*种类都可能致人死亡，因此没有哪一个形态相似的环柄菇属种类可以食用。就像毒鹅膏*Amanita phalloides*一样，近肉红环柄菇含有大量鹅膏毒素足以造成肝衰竭。即便有先进的医疗并可进行肝移植，但是中毒严重者仍有10%～15%的死亡率。

相似物种

有许多看起来相似的环柄菇种类。但毒性相当的肉褐鳞环柄菇*Lepiota brunneoincarnata*通常较粗壮，而且很少呈粉色，但最好从显微形态来区分它们。褐鳞环柄菇*Lepiota helveola*较相似并也很危险，但这个种通常具有膜质的菌环。可食用的大环柄菇属*Macrolepiota*种类子实体通常大得多，并且具有明显而活动的菌环。

实际大小

近肉红环柄菇菌盖凸镜形，逐渐展开后略呈凸出形或平展。菌盖中部粉红色至红褐色，向边缘撕裂为鳞片状的同心环，菌盖表面奶油色。菌褶白色至奶油色。菌柄白色至粉红色；具不明显菌环或环区，菌环下部具不明显的鳞片状环带，鳞片与菌盖同色。

科	口蘑科Tricholomataceae
分布	北美洲、欧洲、亚洲北部
生境	林地、公园、花园
宿主	针叶树和阔叶树腐殖质丰富的地上
生长方式	单生或小群生于地上
频度	极其常见
孢子印颜色	奶油色
食用性	可食，最好避免食用

子实体高达
3 in
(75 mm)

菌盖直径达
4 in
(100 mm)

206

松软香蘑
Lepista flaccida
Tawny Funnel
(Sowerby) Patouillard

松软香蘑很常见，其发生季节较晚，通常与水粉杯伞*Clitocybe nebularis*生长在一起。这两个种都是嗜氮蘑菇，喜欢肥沃的土壤。20世纪以来，由于化肥用量的不断增加，它们在农场和城镇附近也变得越来越常见。松软香蘑颜色多变，曾经也被称为倒垂杯伞*Clitocybe (Lepista) inversa*和淡黄褐杯伞*Clitocybe gilva*。尽管松软香蘑可以食用，但它却并未引起多大的关注，而且它也很容易与一些有毒的种类相混淆。据报道，松软香蘑的子实体也可从土壤中富集砷和镉。曾有学者对其分离物克力托辛（clitocine）进行过抗肿瘤活性研究。

相似物种

杯伞属*Clitocybe* 中有些呈漏斗状，颜色呈黄褐、褐色或红褐色的种类与松软香蘑相似。肋脉杯伞*Clitocybe costata*和深凹杯伞*Clitocybe gibba*子实体较小，颜色较浅，通常呈粉黄色至淡黄褐色。赭杯伞*Clitocybe sinopica*颜色较深，常见于一些火烧过的地方，且其菌柄基部具根状白色菌索。

实际大小

松软香蘑菌盖肉质，展开后或平展或略下凹或至深漏斗状，边缘内卷。菌盖表面光滑，赭褐色至橙褐色或红褐色，有时老后具暗斑。菌褶密，长延生，初时白色，逐渐变为浅赭色至橙色。菌柄白色或与菌盖同色。

科	口蘑科Tricholomataceae
分布	北美洲、欧洲、北非、中美洲、亚洲北部、澳大利亚、新西兰
生境	林地、牧场和灌木丛
宿主	肥沃的林下或草地上
生长方式	地生；群生或形成蘑菇圈
频度	极其常见
孢子印颜色	浅奶油粉色
食用性	可食（烹熟后）

紫丁香蘑
Lepista nuda
Wood Blewit

(Bulliard) Cooke

子实体高达
5 in
(125 mm)

菌盖直径达
4 in
(100 mm)

207

紫丁香蘑在富氮土壤中很常见，不仅见于林地中，而且也生于牧场和草地中。其子实体形态差异很大，颜色包括了引人注目的亮紫色至暗灰褐色等一系列颜色。最新的研究表明，之所以存在如此大的差异是因为通常所称的紫丁香蘑是一个复合群，并非单一的物种，它包含了一些尚未命名的物种。这个类群全部可食，但是有些人食用后可能会引起胃肠道不适，尤其是未经烹熟后食用。近年来，紫丁香蘑在欧洲已有栽培，在当地出售时其商品名为pieds bleus。

相似物种

花脸香蘑*Lepista sordida*子实体较小，较纤细，颜色较暗，通常生长于施过肥或堆肥的地方。它与子实体较小的紫丁香蘑几乎无法区分，紫丁香菇老后也变为同样的暗色。紫色的丝膜菌属*Cortinarius*种类与紫丁香蘑的区别在于前者其具有蜘蛛网状的菌幕残余，孢子印和菌褶呈锈褐色。

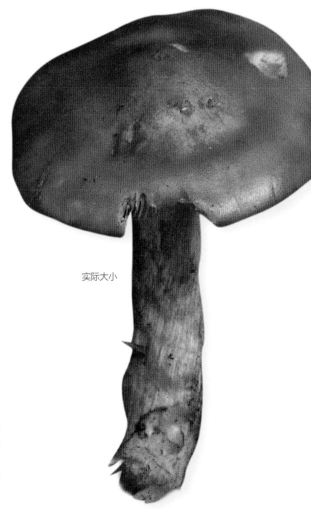

实际大小

紫丁香蘑菌盖初时凸镜形（见左图），逐渐平展，展开后略下凹或略呈凸出形。菌盖表面光滑，湿时亮紫色至暗紫色，常带灰色或褐色色调，干时颜色较浅，带赭色–米黄色色调。菌褶浅紫色至暗紫灰色。菌柄光滑至具明显纤毛，与菌盖同色。

科	口蘑科Tricholomataceae
分布	北美洲、欧洲、北非、亚洲北部
生境	牧场和灌木丛
宿主	草地上
生长方式	地生；群生或形成蘑菇圈
频度	偶见
孢子印颜色	淡奶油粉色
食用性	可食（烹熟后）

子实体高达
4 in
(100 mm)

菌盖直径达
5 in
(125 mm)

208

假面香蘑
Lepista personata
Field Blewit
(Fries) Cooke

极少数大型真菌具有地道的英文名称，而假面香蘑是其中之一，其英文名并非由博物学家所发明创造。这很可能是因为它们在英国中部地区曾被广泛食用并在当地市场有售，尤其是在诺丁汉郡。甚至在栽培的食用菌不那么常见的年代，假面香蘑在伦敦市场上都有出售。

如今，假面香蘑又重新受到了青睐，但主要针对美食市场，价格也大幅上涨。假面香蘑（也被称为*Lepista saeva*）没有紫丁香蘑*Lepista nuda*常见，但在烹熟后都同样可食用。假面香蘑还有另一个很常见的英文名称Blue leg（蓝蘑），这是源于其紫色的菌柄。

相似物种

假面香蘑的黄褐色的菌盖与紫色的菌柄颜色对比鲜明，使得它易被识别。人们常将它与紫丁香蘑*Lepista nuda*搞混——尽管紫丁香蘑的英文名叫Wood Blewit（木质状香蘑），但经常见于草地。草地上的斑褶香蘑*Lepista panaeolus*菌盖灰褐色常带斑点，但是菌柄不呈紫色。

实际大小

假面香蘑菌盖肉质，初时凸镜形，展开后平展或略下凹。菌盖表面光滑，奶油色至赭褐色或浅黄色。菌褶白色至浅粉色，老后略呈褐色。菌柄光滑至纤毛状，亮紫色，老后从基部向上逐渐变为红褐色。

科	球盖菇科Strophariaceae
分布	澳大利亚；已传入北美洲西部、欧洲、非洲南部、新西兰
生境	林地、绿地和花园
宿主	肥沃土壤或含木屑的护根
生长方式	通常一大群簇生于地上
频度	常见
孢子印颜色	紫褐色
食用性	非食用

橙黄勒氏菌
Leratiomyces ceres
Redlead Roundhead
(Cooke & Massee) Spooner & Bridge

子实体高达
3 in
(75 mm)

菌盖直径达
3 in
(75 mm)

橙黄勒氏菌长期以来一直是个谜。20世纪50年代，它在英格兰最早被注意到是在木屑和刨花堆，当时它被称为橙黄球盖菇*Stropharia aurantiaca*。橙黄勒氏菌是一种鲜为人知的褐色蘑菇的橙色类型。随后，在荷兰发现了它，随即在欧洲其他地方，然后在加利福尼亚也发现了该物种，继而遍布全球，这都是随着木屑作为花坛覆盖物的用量不断增加而出现的。人们都认为它是一个外来种——但到底来自哪呢？最终追溯到澳大利亚，早在19世纪80年代当地就将橙黄勒氏菌描述为*Agaricus ceres*。现在将其重新定名为*Leratiomyces ceres*，而其来源之谜也终于被揭开了。

实际大小

相似物种

橙黄勒氏菌一直被错定为橙黄球盖菇，直到最近才被更正过来。真正的*Stropharia aurantiaca*（现命名为多毛勒氏菌*Leratiomyces squamosus* var. *thraustus*）是欧洲一种不常见的、具褐色菌盖蘑菇的橙色菌盖变种，它与橙黄勒氏菌的区别在于显微形态不同，以及其菌柄更纤细、更长。

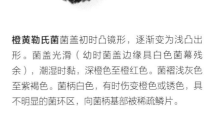

橙黄勒氏菌菌盖初时凸镜形，逐渐变为浅凸出形。菌盖光滑（幼时菌盖边缘具白色菌幕残余），潮湿时黏，深橙色至橙红色。菌褶浅灰色至紫褐色。菌柄白色，有时伤变橙色或锈色，具不明显的菌环区，向菌柄基部被稀疏鳞片。

科	球盖菇科Strophariaceae
分布	北美洲、欧洲
生境	林地
宿主	阔叶树
生长方式	单生或群生于埋木或腐木
频度	偶见
孢子印颜色	紫褐色
食用性	非食用

子实体高达
7 in
(175 mm)

菌盖直径达
2 in
(50 mm)

鳞皮勒氏菌长柄变种
Leratiomyces squamosus var. *thraustus*
Slender Roundhead
(Kalchbrenner) Bridge & Spooner

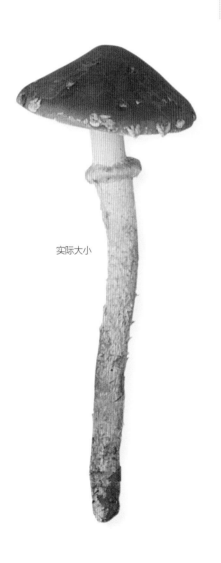

实际大小

鳞皮勒氏菌长柄变种非常特别和引人注目，其菌柄很长、纤细，菌盖橙色，但现在已不常见。它有时生于林地落叶堆中，分解埋在下面的小木头碎片。此前，关于鳞皮勒氏菌长柄变种到底该归于哪个属的争论颇多，它曾被置于韧伞属 *Hypholoma*、裸盖菇属 *Psilocybe* 和球盖菇属 *Stropharia* 中。然而 DNA 研究证明这些观点都不正确。该物种实际上应归于勒氏菌属 *Leratiomyces*，这个属主要包括分布于澳大拉西亚的一些物种。

相似物种

鳞皮勒氏菌长柄变种此前易与橙黄勒氏菌 *Leratiomyces ceres* 相混淆，但后者菌柄并不纤细，子实体较紧致，菌盖橙红色，常见于碎木屑堆中。多毛勒氏菌原变种 *Leratiomyces squamosus* 的主要区别在于其菌盖奶油色至褐色。

鳞皮勒氏菌长柄变种菌盖凸镜形，逐渐变平展。菌盖光滑（幼时菌盖边缘具白色蛛网状菌幕残余），湿时黏，橙黄色至红褐色（var. *thraustus*）。菌褶浅灰色至灰褐色。菌柄上部白色，下部橙褐色，具明显菌环，基部被大量白色鳞片。

科	伞菌科Agaricaceae
分布	北美洲、欧洲南部、非洲、中美洲和南美洲、亚洲东部、澳大利亚
生境	含碳酸钙的林地，绿地和花园
宿主	阔叶树
生长方式	单生或群生于地上
频度	产地常见
孢子印颜色	白色
食用性	非食用

子实体高达
6 in
(150 mm)

菌盖直径达
4 in
(100 mm)

211

红盖白环蘑
Leucoagaricus rubrotinctus
Ruby Dapperling
(Peck) Singer

白环蘑属 *Leucoagaricus* 的种类与环柄菇属物种近缘，但其子实体往往更大，较纤细，菌环明显。红盖白环蘑——英文名也称为红眼伞（Redeyed Parasol），是分布最广的种类之一，由于其颜色非常引人注目，也容易被辨认。然而，在有些地方该物种却很少见，比如在欧洲，它仅分布于地中海地区；但在其他一些地区却很常见，尤其是北美洲，这个物种最早也是报道自北美洲地区。很可能世界范围内的红盖白环蘑是包括了几个近缘物种的一个复合群。

相似物种

白环蘑属的几个种类，例如，分布于欧洲的 *Leucoagaricus wychanskyi*，其菌盖呈玫瑰红，看起来可能像颜色较浅的红盖白环蘑。其他白环蘑属的种类，例如，巴德姆白环蘑 *Leucoagaricus badhamii* 和火红环柄菇 *Lepiota flammeatincta*，菌盖呈红褐色至紫褐色，受伤后迅速变为血红色。

实际大小

红盖白环蘑菌盖凸镜形，展开后平展或略呈凸出形。菌盖中部粉红色至橙红色或红褐色，常向边缘撕裂为鳞片状，菌盖表面白色。菌褶白色。菌柄白色，具白色膜质菌环。

科	伞菌科Agaricaceae
分布	北美洲南部、欧洲南部、非洲、中美洲和南美洲、亚洲南部；随室内盆栽植物传入其他地区
生境	林地（也见于花盆和温室中）
宿主	肥沃阔叶树林地
生长方式	小群生于地上
频度	常见
孢子印颜色	白色
食用性	很可能有毒，最好避免食用

子实体高达
3 in
(75 mm)

菌盖直径达
2 in
(50 mm)

212

伯恩鲍姆白鬼伞
Leucocoprinus birnbaumii
Plantpot Dapperling
(Corda) Singer

伯恩鲍姆白鬼伞这个易碎但颜色亮丽的热带蘑菇有着特殊的生态位，在全球各地生长于室内盆栽植物花盆中。据推测，该物种可能是伴随着商业用盆栽土而传播的，但这个物种能成功定殖并变得无处不在的原因还不甚清楚。在自然环境中，伯恩鲍姆白鬼伞生于热带和亚热带森林中，向北延伸至北美洲南部和欧洲地区。它最早描述自布拉格的温室，德·加滕·伯恩鲍姆（Herr Garten-Inspektor Birnbaum）在那里发现了该物种。有报道认为食用该物种会导致消化道中毒。

实际大小

相似物种

禾秆色白鬼伞 *Leucocoprinus straminellus* 和黄白鬼伞 *Leucocoprinus flavescens* 是两个颜色较浅的种类，最好从显微形态来区分。这两个种有时也见于温室中。在其自然生境中，伯恩鲍姆白鬼伞会与分布较广的极脆白鬼伞 *Leucocoprinus fragilissimus* 相混淆，但后者菌褶白色。描述自西印度群岛的硫色白鬼伞 *Leucocoprinus sulphurellus* 伤变后呈明显的蓝绿色。

伯恩鲍姆白鬼伞菌盖薄，凸镜形至圆锥形，逐渐平展或略呈凸出形。菌盖幼时亮黄色，老后逐渐褪为褐色，被稀疏的颗粒状鳞片。菌褶浅黄色。菌柄向基部逐渐膨大，与菌盖颜色相似，被稀疏的颗粒状鳞片；菌环小，易脱落。

科	伞菌科Agaricaceae
分布	北美洲、欧洲、非洲、中美洲、亚洲、新西兰
生境	林地
宿主	肥沃的阔叶树林地
生长方式	单生或少量子实体群生于地上
频度	偶见
孢子印颜色	白色
食用性	非食用

子实体高达
3 in
(75 mm)

菌盖直径达
3 in
(75 mm)

213

柏列氏白鬼伞
Leucocoprinus brebissonii
Skullcap Dapperling
(Godey) Loquin

白鬼伞属 *Leucocoprinus* 种类较纤弱，菌盖薄，与白环蘑属 *Leucoagaricus* 和环柄菇属 *Lepiota* 物种近缘。它们看起来有点像孢子印呈白色的鬼伞种类（"leuco"意思即白色），但与大多数鬼伞种类不同的是，这个属的菌褶绝不会化为液体。尽管有些白鬼伞种类可能有轻微毒性，但尚未见有剧毒种类。大多数白鬼伞属分布于热带地区，但柏列氏白鬼伞是个例外，这个种常见于温带肥沃的林地上。有研究认为近年来氮肥用量的增加可能导致这个物种越来越常见，但最近基于荷兰的数据分析结果却并不支持这个假设。

实际大小

相似物种

委内瑞拉白鬼伞 *Leucocoprinus venezuelanus* 分布较广，它是与柏列氏白鬼伞非常相似的热带种类，最好从其显微特征来区分（孢子较小）。几个温带的环柄菇属种类，例如亚细环柄菇 *Lepiota felina*，其菌盖中部色深，但这些种类菌肉较厚；并且如果具菌环，也通常不明显或不完整。

柏列氏白鬼伞菌盖初时凸镜形至圆锥形，逐渐平展。菌盖具深灰褐色至黑色斑点，形成环形的深色鳞片，菌盖表面白色。菌褶白色，成熟后逐渐变为浅黄色。菌柄白色，基部膨大，向基部有时呈粉色，被稀疏的颗粒状鳞片；菌环小，易脱落。

科	伞菌科Agaricaceae
分布	北美洲南部、欧洲南部、非洲、中美洲和南美洲、亚洲南部和东部、澳大利亚、新西兰
生境	林地
宿主	阔叶树
生长方式	少量子实体群生于地上
频度	常见
孢子印颜色	白色
食用性	非食用

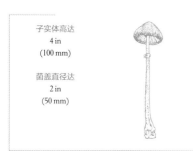

子实体高达
4 in
(100 mm)

菌盖直径达
2 in
(50 mm)

极脆白鬼伞
Leucocoprinus fragilissimus
Fragile Dapperling

(Ravenel) Patouillard

极脆白鬼伞种加词 "*fragilissimus*" 的意思是 "极脆"，它也是生命周期最短的蘑菇之一，其菌盖像纸一样很薄且半透明。在湿热的热带地区，极脆白鬼伞在夜间开伞而破晓时就要枯萎了，这致使很难采集到一份完美的极脆白鬼伞标本。该种类分布较广，极为常见，最早记载于美国东南部，但整个热带至亚热带地区都能见到该物种，北至日本，南至新西兰。

相似物种

热带和亚热带地区常见的伯恩鲍姆白鬼伞 *Leucocoprinus birnbaumii* 与极脆白鬼伞较相似，但其菌盖不似后者那样透明易碎，且其整个子实体包括菌褶都呈黄色。禾秆色白鬼伞 *Leucocoprinus straminellus* 和变黄白鬼伞 *Leucocoprinus flavescens* 这两个种的子实体呈浅黄色，也分布于热带地区，但比极脆白鬼伞更粗壮一些。

实际大小

极脆白鬼伞菌盖薄，凸镜形至圆锥形，展开后变平展。菌盖幼时浅黄色，随后变为白色，但菌盖中部仍带黄色至黄褐色色调，具稀疏颗粒状鳞片。菌褶白色至黄白色。菌柄白色至黄白色，具稀疏颗粒状鳞片，菌环小，易脱落。

科	口蘑科Tricholomataceae
分布	北美洲、欧洲、中美洲、亚洲北部、新西兰
生境	牧场和林中空地
宿主	草地
生长方式	地生，形成蘑菇圈
频度	偶见
孢子印颜色	白色
食用性	可食

子实体高达
6 in
(150 mm)

菌盖直径达
16 in
(400 mm)

215

大白桩菇
Leucopaxillus giganteus
Giant Funnel
(Sowerby) Singer

大白桩菇的子实体的确相当大，但它们并不像其英文名所指那样总是形成漏斗状菌盖。当其在草地上形成巨大的蘑菇圈时尤为壮观，这也是该种的典型生长特征。非常老的蘑菇圈会破碎为弧形，使得大白桩菇的子实体看起来好像在随着长长的曲线生长一般。大白桩菇可食，闻起来有芳香味或萝卜味。该物种已被用来生产抗生素杯伞菌素（大白桩菇之前被命名为巨大杯伞 *Clitocybe gigantea*）。另一种叫做克力托辛（clitocine）的代谢产物具有抗肿瘤效果。

相似物种

纯白白桩菇 *Leucopaxillus candidus* 有时被认为是一个独立的高山分布物种，但很难区分。向地漏斗伞 *Infundibulicybe geotropa* 与大白桩菇也很相似，但生于林地，且柄较长，菌盖呈米色至米黄色。辣味乳菇 *Lactarius piperatus* 和菌柄较短的绒白乳菇 *Lactarius vellereus* 与大白桩菇也较相似，但乳菇属 *Lactarius* 的这两个物种会分泌白色乳汁。

实际大小

大白桩菇菌盖肉质，幼时凸镜形，展开后逐渐变为浅漏斗形。菌盖表面干而光滑，具细绒毛，象牙白色，老后带黄褐色色调，菌盖边缘内卷。菌褶密，与菌盖同色，延生。菌柄短，与菌盖同色，光滑。

科	蜡伞科Hygrophoraceae
分布	北美洲、欧洲、南美洲、亚洲、北极圈、新西兰
生境	高山沼地和山地
宿主	地衣化，与藻类共生
生长方式	草炭土地上
频度	偶见
孢子印颜色	白色
食用性	非食用

子实体高达
1 in
(25 mm)

菌盖直径达
1 in
(25 mm)

216

高山地衣亚脐菇
Lichenomphalia alpina
Alpine Navel
(Britzelmayr) Redhead et al

实际大小

大多数地衣，例如雅致石黄衣 *Xanthoria elegans*，属于子囊菌门，其子实体杯状或盘状，通常比叶状体小很多且不易被发现。但高山地衣亚脐菇是属于担子菌的地衣，而且其呈蘑菇状的子实体比叶状体大很多（其叶状体不明显，由小的灰绿色鳞片组成，通常见于子实体基部）。正如其名字所指一样，高山地衣亚脐菇通常见于北极和高山地区，生长于苔藓和其他地衣中间。

相似物种

更为常见且分布更广的伞形地衣亚脐菇 *Lichenomphalia umbellifera* 与高山地衣亚脐菇形状相似，但前者呈浅褐色。湿伞属 *Hygrocybe* 种类与高山地衣亚脐菇属于同一科，且有些湿伞种类也呈亮黄色。蛋黄湿伞 *Hygrocybe vitellina* 子实体呈黄色，菌褶延生，但其菌褶绝不会像高山地衣亚脐菇的菌褶一样稀疏。

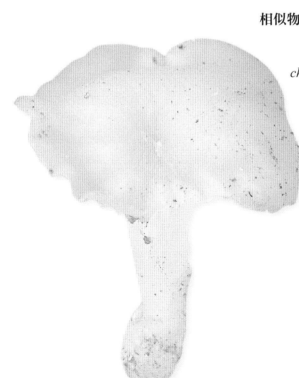

高山地衣亚脐菇菌盖凸镜形，逐渐变为平展。菌盖表面光滑，边缘波状或圆齿状，亮黄色至浅黄色（见左图）。菌褶延生，稀疏，呈浅黄色。菌柄光滑，比菌盖颜色浅。

科	鹅膏科Amanitaceae
分布	北美洲、欧洲、亚洲
生境	含碳酸钙的林地
宿主	阔叶树和针叶树
生长方式	单生或群生于地上
频度	偶见
孢子印颜色	白色
食用性	非食用

斑黏伞
Limacella guttata
Weeping Slimecap
(Persoon) Konrad & Maublanc

子实体高达
6 in
(150 mm)

菌盖直径达
6 in
(150 mm)

217

黏伞属 *Limacella* 与鹅膏属 *Amanita* 近缘，但它不像鹅膏属种类那样众所周知。它与鹅膏属看起来有些相似，但其菌柄基部无菌托，且菌盖黏，这种黏性缘于其黏黏的菌幕残余。其拉丁名"*Limacella*"意思是"小鼻涕虫"，这看起来并不匹配，因为黏伞属的子实体比一般鼻涕虫大，也好看得多。黏伞属种类非常喜欢含有碳酸钙和石灰石林地，通常与环柄菇属的种类生长在一起。斑黏伞具有淡淡的面粉味，尽管与其相似的鹅膏属种类可能有剧毒，但据说斑黏伞可食。

相似物种

在北美洲地区，实心黏伞 *Limacella solidipes* 与斑黏伞较相似，前者幼时白色，老后可能变为粉黄色。分布较广的散布黏伞 *Limacella illinita* 通常呈白色，其子实体颜色有时与斑黏伞颜色相似，但该物种菌柄黏且无明显菌环。具菌环及白色菌褶的鹅膏属和白环蘑种类的菌盖通常不黏。

实际大小

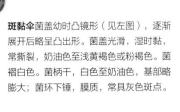

斑黏伞菌盖幼时凸镜形（见左图），逐渐展开后略呈凸出形。菌盖光滑，湿时黏，常撕裂，奶油色至浅黄褐色或粉褐色。菌褶白色。菌柄干，白色至奶油色，基部略膨大；菌环下锤，膜质，常具灰色斑点。

科	离褶伞科Lyophyllaceae
分布	北美洲、欧洲、亚洲北部
生境	林地和公园
宿主	阔叶树和针叶树、草地
生长方式	簇生于草地上
频度	常见
孢子印颜色	白色
食用性	最好避免食用

子实体高达
4 in
(100 mm)

菌盖直径达
4 in
(100 mm)

218

银白离褶伞
Lyophyllum connatum
White Domecap
(Schumacher) Singer

就像荷叶离褶伞 *Lyophyllum decastes* 一样，银白离褶伞常在草地或树下落叶上形成一大堆群生的子实体，而且它曾经只不过被认为是荷叶离褶伞的白色变型。但分子研究表明，银白离褶伞是一个独立的物种。通常认为银白离褶伞可食，中国也对其进行过栽培试验。但有研究表明银白离褶伞子实体可能含有突变物质，因此最好不要食用或慎食。

相似物种

通体白色、无环、无鳞片、一大群簇生于地上的子实体非常独特，但少量群生或不成熟的子实体很可能被误认为其他菌盖呈白色的蘑菇（包括杯伞属的种类），这些蘑菇有些可能有毒。

实际大小

银白离褶伞菌盖初时凸镜形，展开后平展。菌盖表面光滑，完全白色，有时具丝状光泽，边缘常呈波状。菌褶白色。菌柄光滑，向基部逐渐变细，白色，老后整个子实体可能带黄色色调。

科	离褶伞科Lyophyllaceae
分布	北美洲、欧洲、中美洲、亚洲北部
生境	林地、绿地
宿主	阔叶树和针叶树、草地
生长方式	簇生于草地上
频度	常见
孢子印颜色	白色
食用性	可食

荷叶离褶伞
Lyophyllum decastes
Clustered Domecap
(Fries) Singer

子实体高达
5 in
(125 mm)

菌盖直径达
6 in
(150 mm)

219

荷叶离褶伞常在草地或树下落叶上形成一大堆群生的子实体，有可能生于枯死的树根或地下的腐木上。很长时间以来，大家都认为荷叶离褶伞形态变异较大，但最近的分子研究表明通常所说的荷叶离褶伞包含了至少5个物种，其中只有分布于东亚地区的玉蕈离褶伞 *Lyophyllum shimeji* 已被正式描述和命名。荷叶离褶伞（包括玉蕈离褶伞）在中国和日本已作为食用菌进行栽培并出口到世界各地。该种在其他地区也被广泛采集和食用，北美洲地区给它起了个没多少吸引力的名字炸鸡蘑菇（Fried Chicken Mushroom），很明显是因其紧实有弹性的菌肉而得名。

荷叶离褶伞菌盖初时凸镜形，展开后变平展。菌盖表面光滑，具丝状光泽，灰色至浅灰褐色，菌盖皮层易与菌肉剥离。菌褶白色至奶油色，老后略呈褐色。菌柄光滑，具丝状光泽，白色至略带褐色，菌肉紧实，有弹性。

相似物种

如果烟色离褶伞 *Lyophyllum fumosum* 和暗褐离褶伞 *Lyophyllum loricatum* 是独立的物种而不仅仅是荷叶离褶伞的颜色变种的话，那烟色离褶伞的主要区别在于其菌盖颜色较深，菌褶灰色，而暗褐离褶伞菌盖褐色，稍黏。分子生物学研究表明通体白色的银白离褶伞 *Lyophyllum connatum* 是一个独立的物种。很多其他蘑菇与荷叶离褶伞一样群生，有些有毒。

实际大小

科	口蘑科Tricholomataceae
分布	北美洲（佛罗里达）、中美洲和南美洲
生境	林地、灌木丛、草地
宿主	草地和灌木丛
生长方式	单生或群生于地上
频度	产地常见
孢子印颜色	白色
食用性	可食（烹熟后）

子实体高达
28 in
(700 mm)

菌盖直径达
40 in
(1000 mm)

220

巨盖伞
Macrocybe titans
American Titan
(H. E. Bigelow & Kimbrough) Pegler et al

巨盖伞是一个很大的蘑菇。它的子实体直径通常达 20 in（500 mm），有时甚至长到上述直径的两倍那么大。毫无疑问，巨盖伞是美洲地区最大的一种蘑菇，在其他地区也只有非洲的巨盖蚁巢菌 *Termitomyces titanicus* 可与之相匹敌。这个物种可生于森林中和草地上，有时也见于草坪或路边，在中美洲甚至有记载该菌生于一窝木蚁之上。它可能比较喜欢有人为干扰的地方。据说巨盖伞可食用，至少煮后可食，但其味道有些不好闻。

相似物种

巨盖伞最早被置于口蘑属 *Tricholoma* 中，而且巨盖伞较小的子实体可能被误认为是较大的、颜色较浅的口蘑属种类。在南美洲，与之近缘的极大伞 *Macrocybe praegrandis* 子实体与巨盖伞相似，也可达 20 in（500 mm），但前者菌柄光滑，菌柄基部明显膨大呈球状。

巨盖伞菌盖凸镜形，展开后平展或略下凹。菌盖表面光滑，米黄色，逐渐发白。菌褶白色至浅米黄色。菌柄粗，幼时光滑，与菌盖同色，后逐渐撕裂为小的深色鳞片。

¼实际大小

科	小皮伞科Marasmiaceae
分布	北美洲、欧洲、亚洲北部
生境	森林，也见于碎木屑堆
宿主	阔叶树和针叶树
生长方式	单生或散生于地上
频度	产地常见
孢子印颜色	白色至粉褐色
食用性	非食用

子实体高达
3 in
(75 mm)

菌盖直径达
2 in
(50 mm)

黄瓜味大囊伞
Macrocystidia cucumis
Cucumber Cap

(Persoon) Josserand

黄瓜味大囊伞新鲜的时候非常漂亮，黑色的菌盖，奶油色的盖缘使其非常容易被辨识。遗憾的是其味道，说是黄瓜味，实际上是老青鱼味。这个种在欧洲很常见，在北美洲较少见。由于木材是其喜欢的基质，随着护根碎木屑用量的增加，这个物种传播很快。虽然黄瓜味大囊伞属于小皮伞科——该科大多数种类孢子印为白色——但其孢子印通常呈粉色甚至深粉褐色。从黄瓜味大囊伞分离出了一种称为姜黄素（cucumin）的新化合物，这种化合物具有抗菌潜力。

实际大小

黄瓜味大囊伞菌盖圆锥形，逐渐稍平展。菌盖表面光滑，湿时暗紫色或黑褐色，干后变浅；菌盖边缘与菌盖对比明显，奶油色。菌褶奶油色至黄色，逐渐变为粉色。菌柄明显具细绒毛，菌柄顶端奶油色，下部黄色至红褐色，基部黑褐色。

相似物种

菌盖深色、奶油色菌盖边缘极其浓烈的气味使黄瓜味大囊伞显得很特别。洋葱小皮伞 *Marasmius alliaceus* 具红褐色菌盖，黑色菌柄，具蒜味。较大型的小皮伞属 *Marasmius* 相似种类具深红色至紫褐色菌柄，无明显气味，而且菌盖颜色通常较浅。

科	伞菌科Agaricaceae
分布	欧洲
生境	林中草地、绿地、牧场、沙草地
宿主	阔叶树、草地
生长方式	单生或小群生于地上
频度	产地常见
孢子印颜色	白色
食用性	可食

子实体高达
8 in
(200 mm)

菌盖直径达
5 in
(125 mm)

222

乳突状大环柄菇
Macrolepiota mastoidea
Slender Parasol
(Fries) Singer

乳突状大环柄菇菌盖半球形，展开后呈明显凸出形。菌盖浅粉色，中部灰褐色，向边缘逐渐撕裂为小鳞片，菌盖表面奶油色。菌褶白色至奶油色。菌柄与菌盖颜色相似，被浅色小鳞片，具明显菌环，菌柄基部膨大至球状。

　　乳突状大环柄菇比高大环柄菇 *Macrolepiota procera* 纤细，通常菌盖中部具明显的乳头状突起（*mastoidea* 意指"乳房状的"）。乳突状大环柄菇比起其他大环柄菇属 *Macrolepiota* 和青褶伞属 *Chlorophyllum* 的种类更能耐受贫瘠的土壤，尤其偏爱牧场和沙丘草地，在这种生境下乳突状大环柄菇通常与湿伞属 *Hygrocybe* 种类生长在一起，一些地方比较常见。一直以来，乳突状大环柄菇这一类群被划分为了几个不同的种类，例如纤细大环柄菇 *Macrolepiota gracilenta*，克里氏大环柄菇 *Macrolepiota rickenii* 和康拉德氏大环柄菇 *Macrolepiota konvadii*，但分子生物学证据表明这几个不过是同一物种内的不同变种。

相似物种

　　乳突状大环柄菇颜色变化较大，其纤细的形状和具明显乳突的菌盖使其显得非常独特。分布于澳大利亚的克莱兰德氏大环柄菇 *Macrolepiota clelandii* 与乳突状大环柄菇相似；而拟乳突状大环柄菇 *Macrolepiota neomastoidea* 分布于东亚地区，且有毒。高大环柄菇 *Macrolepiota procera* 子实体较大，菌柄被齿纹状鳞片。

实际大小

科	伞菌科Agaricaceae
分布	北美洲、欧洲、非洲、中美洲和南美洲、亚洲西部和北部、新西兰
生境	肥沃的林间草地、绿地、路边、沙地
宿主	阔叶树、草地
生长方式	单生或群生于地上
频度	常见
孢子印颜色	白色
食用性	最好避免食用

高大环柄菇
Macrolepiota procera
Parasol
(Scopoli) Singer

子实体高达
16 in
(400 mm)

菌盖直径达
12 in
(300 mm)

223

拉丁种加词"*procera*"意为"高",而高大环柄菇的子实体着实很大,令人印象深刻,其菌盖可大如餐盘。高大环柄菇最早由自然学家乔瓦尼·斯科波利(Giovanni Scopoli)描述自意大利,其分布广泛,但最近的分子生物学研究表明有些所谓的高大环柄菇(尤其是分布于美洲地区的这一类群)有可能是有别于真正高大环柄菇的独立物种。这些种类都可食用,但要小心与有毒的大青褶伞 *Chlorophyllum molybdites* 相区分,另外一些剧毒的环柄菇属 *Lepiota* 种类也与其相似,但环柄菇属的子实体要小很多。

相似物种

菌柄上弯弯曲曲的鳞片是高大环柄菇及其近缘种(如澳大利亚的克莱兰德氏大环柄菇 *Macrolepiota clelandii*)的典型特征,这使它们与有毒的大青褶伞相区分开来;另一方面,大青褶伞孢子印绿色,而粗鳞青褶伞 *Chlorophyllus rhacodes* 菌肉红色。

高大环柄菇子实体幼时鼓槌状(见左图)。菌盖展开后平展,凸出形,菌盖中部深褐色,向边缘裂开为浅褐色鳞片,菌盖表面奶油色。菌褶白色至奶油色。菌柄白色至奶油色,被弯弯曲曲环带状鳞片,具明显的活动菌环,菌柄基部膨大至球形。

实际大小

科	小皮伞科Marasmiaceae
分布	欧洲
生境	树林中
宿主	山毛榉
生长方式	生于倒木或枯枝落叶层
频度	产地常见
孢子印颜色	白色
食用性	可食

子实体高达
8 in
(200 mm)

菌盖直径达
2½ in
(60 mm)

224

蒜味小皮伞
Marasmius alliaceus
Garlic Parachute
(Jacquin) Fries

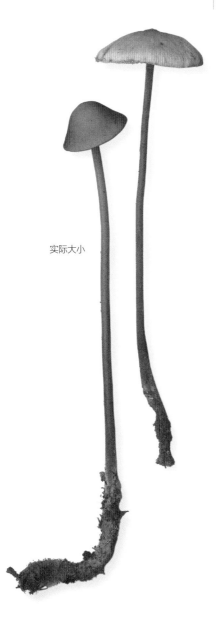

实际大小

正如蒜味小皮伞的英文名和拉丁名所指的那样，这个种带有强烈的大蒜或洋葱气味，尝起来也有其独特的味道。它可以食用，是欧洲东部众多采食的蘑菇之一，但其菌肉较薄。这个物种的味道来源于一种被称之为 γ- 谷酰小皮伞素（γ-Glutamyl-marasmin）的新化合物。该化合物也存在于蒜头状小皮伞 *Marasmius scorodonius* 和栎生小皮伞 *Marasmius querceus* 中，它们与蒜味小皮伞是近缘物种，并具有相同的气味。蒜味小皮伞的子实体会产生名为大蒜素（alliacols）的抗生素，这种抗生素现在已可人工合成，并可能具有药用前景。

相似物种

在北美洲地区，与蒜味小皮伞近缘的 *Marasmius copelandii* 也具有相似的气味。美洲和欧洲分布的蒜头状小皮伞同样具有蒜味，其菌柄光滑，橙黄色，向菌柄基部变为暗红褐色。欧洲较少见的栎生小皮伞（也被称为 *Marasmius prasiosmus*）菌柄具细绒毛，红色，多生于栎树枯枝落叶上。

蒜味小皮伞菌盖凸镜形，展开后较平展。菌盖表面光滑，黄褐色至暗红褐色，潮湿时菌盖边缘具不明显条纹。菌褶白色带粉色或灰色色调。菌柄长，呈明显具细绒毛，通常扁平，暗灰褐色至黑色。

科	小皮伞科Marasmiaceae
分布	北美洲、欧洲、亚洲北部
生境	林地
宿主	针叶树，也见于阔叶林和杜鹃花科
生长方式	群生于落叶层或杜鹃花茎上
频度	常见
孢子印颜色	白色
食用性	非食用

安络小皮伞
Marasmius androsaceus
Horsehair Parachute
(Linnaeus) Fries

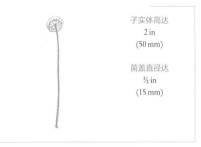

子实体高达
2 in
(50 mm)

菌盖直径达
½ in
(15 mm)

225

许多子实体较小的小皮伞属 *Marasmius* 种类会产生细小如毛发状的菌索，菌索是由光滑的外包被包裹的根状菌丝束，它有助于真菌在干枯之前通过枯枝落叶或活的植物根茎和枝条快速传播。大多数这类小皮伞都是热带分布种类，但安络小皮伞是常见的北温带分布种。该菌细长而结实的菌柄与菌索相似，有时具有发状分叉，尤其是在菌柄基部。有趣的是，在北美洲东部地区的调查发现，85% 高地云杉林里的鸟巢都是用安络小皮伞的菌索作为内衬。

相似物种

与之相似的马鬃小皮伞 *Marasmius crinisequi* 是热带地区的常见种，这个种的菌索中空，非常发达。在北美洲地区和亚洲北部，灰盖小皮伞 *Marasmius pallido-cephalus* 是针叶林中与安络小皮伞相似的物种，但其菌盖黄褐色，菌柄和菌索呈暗褐色。分布较广的喜栎小皮伞 *Marasmius quercophilus* 菌柄褐色，生于阔叶林中枯枝落叶上，尤其是栎树林。

实际大小

安络小皮伞菌盖凸镜形，展开后平展但中部常下凹。菌盖表面光滑，但常呈褶皱状，米黄色至粉褐色，向边缘颜色稍浅或呈奶油色。菌褶稀，与菌盖边缘同色。菌柄细长，韧而光滑，呈暗红褐色至黑色。

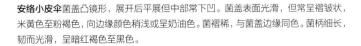

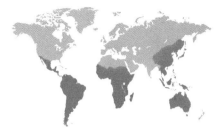

科	小皮伞科Marasmiaceae
分布	非洲（撒哈拉以南）、中美洲和南美洲、亚洲南部和东部、澳大利亚
生境	林地
宿主	阔叶树
生长方式	枯枝、活树枝或树叶上
频度	常见
孢子印颜色	白色
食用性	非食用

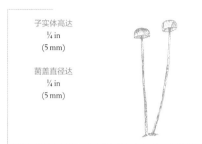

子实体高达
¼ in
(5 mm)

菌盖直径达
¼ in
(5 mm)

226

马鬃小皮伞
Marasmius crinisequi
Horsehair Fungus
F. Mueller ex Kalchbrenner

马鬃小皮伞子实体微小，头发状的菌索（黑色菌丝束）很发达，这些菌索生于活的树干或树枝上，就像半开的网。在热带雨林地区，这些菌索可便于马鬃小皮伞通过树冠扩散并定殖于新的营养源上，甚至能在枯叶落地之前就将其抓牢固定住。该菌的子实体通常从菌索的侧枝长出来（这些侧枝形成其菌柄），因此，有时候会发现它们悬挂在半空中，通过菌索联结着两边的树。其拉丁种加词"*crinisequi*"意思是"马鬃"。

相似物种

热带地区有几个可形成菌索的相似物种，有些属于小皮伞属 *Marasmius*，有些属于毛皮伞属 *Crinipellis*。安络小皮伞 *Marasmius androsaceus* 是北温带物种，也形成马鬃状菌柄和菌索，但它通常通过落叶和针叶层生长在地面上。

实际大小

马鬃小皮伞菌盖凸镜形，中部下凹，常具小乳突。菌盖表面光滑但皱缩，奶油色至浅橙黄色，中部常呈褐色。菌褶稀，白色至米黄色。菌柄细长且韧，菌柄顶端白色，下部黑色，从相似的黑色菌索长出。

科	小皮伞科Marasmiaceae
分布	北美洲南部、非洲、中美洲和南美洲、亚洲南部、澳大利亚
生境	林地
宿主	阔叶树
生长方式	生于落叶层或落叶上
频度	常见
孢子印颜色	白色
食用性	非食用

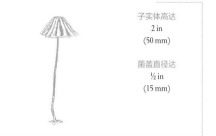

子实体高达
2 in
(50 mm)

菌盖直径达
½ in
(15 mm)

红盖小皮伞
Marasmius haematocephalus
Mauve Parachute
(Montagne) Fries

红盖小皮伞最早记载于巴西，在热带和亚热带广泛分布，常群生于枯枝落叶上。其种加词"*haemato-cephalus*"意指"血红色的菌盖"，但红盖小皮伞通常呈粉红色至紫色，故而其另一个英文名称为 Pink bonnet（粉盖伞）。颜色很亮丽的小皮伞种类，比如红盖小皮伞，在雨林中最常见，此外还有许多其他不同的种类——黄色的、橙色的、红色的和紫色的——常一同生长在枯枝落叶上。热带地区这类蘑菇非常丰富，毫无疑问还有很多新种有待发现和描述。

相似物种

全球范围内的红盖小皮伞可能是包含有几个近缘种的复合类群。亚拉图小皮伞 *Marasmius aratus* 和稀褶小皮伞 *Marasmius distantifolius* 是与红盖小皮伞非常相似的物种，它们分别描述自亚洲南部的马来西亚和新加坡，这三个种最好从显微形态来区分。紫红小皮伞 *Marasmius pulcherripes* 是见于北温带地区森林中的粉色蘑菇，常生于针叶林中。

实际大小

红盖小皮伞菌盖小且薄，凸镜形。菌盖表面光滑，具沟纹，呈粉红、淡紫或紫红色。菌褶稀，白色至粉色，或比菌盖颜色浅。菌柄细长光滑，暗红褐色至褐色。

科	小皮伞科Marasmiaceae
分布	欧洲
生境	林地
宿主	冬青树
生长方式	生于落叶层或落叶上
频度	产地常见
孢子印颜色	白色
食用性	非食用

子实体高达
2 in
(50 mm)

菌盖直径达
¼ in
(5 mm)

228

哈德逊小皮伞
Marasmius hudsonii
Holly Parachute
(Persoon) Fries

有几个小的小皮伞属 *Marasmius* 种类占据着特殊的生态位，只生长在其专性宿主植物上。例如 *Marasmius buxi* 长在黄杨树落叶上，而较常见的 *Marasmius epiphylloides* 生长于常青藤叶片上。哈德逊小皮伞同样也具有宿主专一性，只生长于冬青落叶上。另外，哈德逊小皮伞偏好温和潮湿的气候，因此，在欧洲东部比较少见。这个小小的物种最突出的特征是其菌盖上有极长的毛，如果有放大镜或一双敏锐的眼睛会非常容易识别这个种类。

相似物种

哈德逊小皮伞生于冬青落叶，加之其菌盖上具长毛，使其非常独特，不容易认错。其他一些小的小皮伞属种类可能颜色相似，但多生长于其他树种的枝条、树干或树叶上，且其菌盖光滑或具褶皱。

实际大小

哈德逊小皮伞菌盖小，凸镜形。菌盖表面光滑，初时白色，逐渐变为奶油色至浅红褐色，被稀疏、明显、直立的红褐色毛或刚毛，长度小于⅛ in（1 mm）。菌褶稀，与菌盖同色。菌柄细长光滑，顶端白色，向基部逐渐变为红褐色并具刚毛。

科	小皮伞科Marasmiaceae
分布	北美洲、欧洲、北非、中美洲和南美洲、亚洲北部、澳大利亚、新西兰
生境	牧场、草坪、草地
宿主	草地
生长方式	群生于草地
频度	常见
孢子印颜色	白色
食用性	可食

硬柄小皮伞
Marasmius oreades
Fairy Ring Champignon
(Bolton) Fries

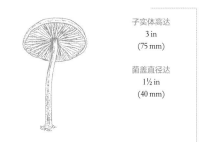

子实体高达
3 in
(75 mm)

菌盖直径达
1½ in
(40 mm)

　　硬柄小皮伞是草地上一种常见的蘑菇，子实体较韧，具有干季枯萎但雨后复苏并产生更多孢子的特殊能力，而大多数其他蘑菇种类干后或回潮后多半就会腐烂。硬柄小皮伞子实体存活时间较长，进入初夏即迅速恢复活力。这可能是其如此常见的原因之一。尽管其子实体小，却是一种很好的食用菌，在法国、保加利亚和中国甚至采摘销售并出口这种蘑菇。

实际大小

相似物种

　　在草地上能形成蘑菇圈的不止硬柄小皮伞一种。一些有毒的蘑菇，比如环带杯伞 *Clitocybe rivulosa*，也能形成蘑菇圈，但它与硬柄小皮伞的区别在于其菌盖白色至粉黄色，菌褶稍密；*Lepiota oreadiformis* 从菌盖看起来也与硬柄小皮伞很像，但其菌柄上具菌环或菌幕残余。

硬柄小皮伞菌盖凸镜形，逐渐平展，常略呈凸出形。菌盖表面光滑，奶油色至浅黄褐色或粉褐色，中部颜色较深，干后变浅。菌褶稀，比菌盖颜色浅（见右图）。菌柄韧而光滑，与菌盖同色。

科	小皮伞科Marasmiaceae
分布	北美洲东部、中美洲、亚洲东部
生境	林地
宿主	阔叶树和针叶树
生长方式	群生于落叶层
频度	偶见
孢子印颜色	白色
食用性	非食用

子实体高达
2 in
(50 mm)

菌盖直径达
½ in
(15 mm)

230

紫红小皮伞
Marasmius pulcherripes
Rosy Parachute
Peck

实际大小

紫红小皮伞菌盖小而薄，凸镜形，中部常具小突起。菌盖表面光滑，具沟纹，粉红色至酒红色、黄粉色或灰粉色。菌褶稀，白色。菌柄细长，光滑而具光泽，初时粉红色，成熟后从基部向上逐渐变为深褐色。

　　紫红小皮伞是一种非常吸引人的小蘑菇，它最早描述自美国东北部地区，随后记载其分布可南达墨西哥。据报道，日本和亚洲东部也有其分布，但可能这些是亚洲地理隔离的材料的代表，但仍是一个未命名的相似种。紫红小皮伞生于落叶或针叶上，是森林垃圾分解者。就像许多小皮伞属 *Marasmius* 种类一样，紫红小皮伞的子实体在天气干燥的时候也能存活，并且在下雨后很快复苏，安然无恙。这也使其在适合孢子萌发的潮湿条件下快速弹射孢子。

相似物种

　　红盖小皮伞 *Marasmius haematocephalus* 与紫红小皮伞较相似，但其子实体呈紫红色，分布于亚热带至热带地区。北美洲和亚洲的干小皮伞 *Marasmius siccus* 和黄褐小皮伞 *Marasmius fulvoferrugineus* 形状也与紫红小皮伞很相似，但新鲜的时候这两个种菌盖分别呈浅橙色和深橙色。

科	小皮伞科Marasmiaceae
分布	北美洲、欧洲、亚洲北部
生境	林地、灌木丛
宿主	阔叶树
生长方式	簇生或群生于树杈、枯枝及木屑上
频度	极其常见
孢子印颜色	白色
食用性	非食用

子实体高达
2 in
(50 mm)

菌盖直径达
½ in
(15 mm)

231

圆形小皮伞
Marasmius rotula
Collared Parachute

(Scopoli) Fries

这个小小的蘑菇看起来像小的折叠伞，这也是许多小皮伞种类典型的特点。圆形小皮伞格外常见，子实体常常群生于枝条、树杈或木屑上。由于其枯萎的子实体在雨后能迅速复苏，它们通常是雨后最先见到的蘑菇。其菌褶不直接附着在菌柄上，而是附着于菌柄顶端小的白色项圈上，因此常称其为 Collared Parachute。它的另一个英文名称 Pinwheel 源于其与纸风车玩具很相似。

实际大小

相似物种

小皮伞属 *Marasmius* 中有几个物种的菌褶生于项圈上。北美洲东部地区的毛小皮伞 *Marasmius capillari* 与圆形小皮伞相似，但前者生于落叶上。另一个分布更广，也生于落叶上的 *Marasmius bulliardii* 具奶油色至浅褐色菌盖。而 *Marasmius limosus* 生于湿地中枯死的芦苇和灯芯草上。

圆形小皮伞菌盖半球形，平展或中间凹陷，中部常具突起。菌盖表面具沟纹，初时白色至奶油色，逐渐变为灰色至带褐色色调。菌褶稀，呈白色，附着于菌柄顶部项圈上。菌柄细而韧，很光滑，有光泽，暗紫色至黑褐色。

科	小皮伞科Marasmiaceae
分布	西非
生境	林地
宿主	阔叶树
生长方式	群生于落叶层
频度	偶见
孢子印颜色	白色
食用性	非食用

子实体高达
7 in
(175 mm)

菌盖直径达
4 in
(100 mm)

232

岑氏小皮伞
Marasmius zenkeri
Zenker's Striped Parachute
Hennings

岑氏小皮伞是较大的小皮伞属 *Marasmius* 物种之一，在非洲热带雨林中，岑氏小皮伞成群生于枯枝落叶上，其伞状菌盖形成一道亮丽的风景。持续的降雨有时会使得白色蛛网状的菌丝（子实体由其形成）爬满叶片表面，而不是藏于叶片下表面，这种现象在温带森林叶腐菌中很典型。岑氏小皮伞最早是由植物学家乔治·奥古斯特·岑克尔（Georg August Zenker）在德国前殖民地喀麦隆发现的，但随后发现这种蘑菇在整个非洲西部森林中都有分布。

相似物种

尽管岑氏小皮伞具沟纹的菌盖看起来似乎非常独特，但另几个热带种类的菌盖也比较相似。同样分布于非洲的 *Marasmius bekolacongoli* 菌盖具紫色和浅黄绿色沟纹，菌褶浅黄绿色。亚洲热带地区的紫纹小皮伞 *Marasmius purpureostriatus* 具紫色沟纹，但其子实体比岑氏小皮伞小很多。

实际大小

岑氏小皮伞菌盖凸镜形，逐渐变平展或呈凸出形。菌盖表面光滑，具沟纹，沟脊暗紫色至紫灰色，沟槽颜色较浅。菌褶稀，浅紫色。菌柄长而光滑，有光泽，黄褐色至暗红褐色。

科	口蘑科Tricholomataceae
分布	北美洲、欧洲、北非、中美洲
生境	林地、灌木丛和草地
宿主	阔叶树和针叶树
生长方式	单生或群生于地上
频度	常见
孢子印颜色	奶油色
食用性	可食

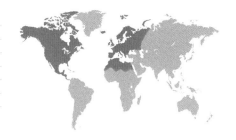

子实体高达
5 in
(125 mm)

菌盖直径达
5 in
(125 mm)

近缘铦囊蘑
Melanoleuca cognata
Spring Cavalier
(Fries) Konrad & Maublanc

233

铦囊蘑属 *Melanoleuca* 外表看起来像口蘑，但铦囊蘑属的菌盖通常呈灰褐色，菌褶呈白色，常生于草地，也见于林地中。铦囊蘑属种类很难鉴定到种，但近缘铦囊蘑例外，因为其子实体带赭色至橙色色调（菌褶尤其明显），子实体很大，气味有些甜，有时不太好闻。近缘铦囊蘑通常生于春季或稍晚。据说近缘铦囊蘑可食，但似乎没人推荐食用。

相似物种

大多数其他铦囊蘑属物种具白色或暗灰褐色菌盖和白色菌褶。近缘铦囊蘑浅橙黄色的菌褶使其看起来有些像粉褶蕈，例如闻起来同样带甜味的毒粉褶蕈 *Entoloma sinuatum*，但该种有毒。而且粉褶蕈属 *Entoloma* 种类的孢子印呈粉色而非白色或奶油色。

实际大小

近缘铦囊蘑菌盖凸镜形，逐渐变平展，中部下凹，并具突起。菌盖表面光滑，黄褐色至橙褐色。菌褶橙黄色至浅橙黄色。菌柄与菌盖颜色相似，具纤毛状，基部通常略呈球状。

科	伞菌科Agaricaceae
分布	欧洲、亚洲北部
生境	含碳酸钙的林地和灌木丛
宿主	阔叶树
生长方式	单生或小群生于地上
频度	偶见
孢子印颜色	蓝绿色
食用性	非食用

234

子实体高达
2 in
(50 mm)

菌盖直径达
1 in
(25 mm)

绿孢黑褶菌
Melanophyllum eyrei
Greenspored Dapperling
(Massee) Singer

第一眼看到绿孢黑褶菌会觉得它和其他一些小的暗褐色蘑菇并无两样而遭到忽视，人们都想寻找其他更有趣的蘑菇。但一旦采到这个标本，它独特的暗绿色菌褶就会展现于眼前，这也是黑褶菌属 *Melanophyllum* 非常独有的特征。黑褶菌属的意思是"菌褶暗色的"，它与孢子印白色的环柄菇属 *Lepiota* 近缘，而且二者英文名称同样都为"dapperlings"。这两个属的种类都偏好温和的气候和肥沃的含有碳酸钙的林土。绿孢黑褶菌的名称是为了纪念最早在英国汉普郡发现这个物种的威廉·爱（William Eyre）牧师。

相似物种

在西非（布基纳法索）和中美洲（伯利兹城）也发现了相似的具绿色孢子印的黑褶菌属物种，但都还没发表。与其近缘的大青褶伞 *Chlorophyllum molybdites* 孢子印呈绿色至灰绿色，后期菌褶也呈绿色至灰绿色，但大青褶伞子实体大很多，且菌盖具鳞片，菌柄具明显菌环。

实际大小

绿孢黑褶菌菌盖凸镜形，逐渐平展或略呈凸出形。幼时菌盖表面具明显颗粒状鳞片，后逐渐变光滑，呈奶油色至米黄色或黄褐色，中部颜色较暗，菌盖边缘具鳞片。菌褶灰绿色至蓝绿色。菌柄具明显颗粒状菌幕残余或光滑，与菌盖同色，基部呈浅粉褐色。

科	伞菌科Agaricaceae
分布	北美洲、欧洲、亚洲北部、澳大利亚、新西兰
生境	含碳酸钙的林地、绿地和花园
宿主	阔叶树
生长方式	簇生或小群生于地上
频度	偶见
孢子印颜色	绿色（逐渐变为深红色）
食用性	非食用

子实体高达
2 in
(50 mm)

菌盖直径达
1½ in
(35 mm)

红孢黑褶菌
Melanophyllum haematospermum
Redspored Dapperling

(Bulliard) Kreisel

这个小小蘑菇的英文名和拉丁名很有歧义，因为其孢子印新鲜的时候实质上是绿色，后变暗红色，干后最终呈黑色。但是，其菌褶开始呈红色是这个蘑菇最突出的特征。菌盖和菌柄具松散的粉状鳞片，极易被雨水冲刷掉。红孢黑褶菌此前也被称为 *Melanophyllum echinatum*，主要源于其表面看起来呈颗粒状（其种加词"*echinatum*"意指"长满刺的"）。红孢黑褶菌偏好肥沃的土壤，常见于花园和废旧的堆肥堆。红孢黑褶菌分布较广，但并不常见。

相似物种

红孢黑褶菌与蘑菇属 *Agaricus* 以及与其近缘的但子实体较小的 *Micropsalliota* 同属于伞菌科 Agaricaceae。有些热带的种类菌盖和菌柄也被有颗粒状鳞片，其中一些种类未完全成熟时可能也具红色菌褶，但这些种类的孢子印都呈巧克力褐色，绝非绿色至红色。

实际大小

红孢黑褶菌菌盖凸镜形，逐渐平展或略呈凸出形。幼时菌盖表面被粉状、松散的颗粒状鳞片，暗灰褐色至褐色，向边缘较浅，边缘具白色菌幕残余。菌褶粉红色，逐渐变为暗红色。菌柄红色或紫褐色，初时被粉状褐色颗粒状鳞片。

科	尼阿菌科Niaceae
分布	北美洲、欧洲、亚洲北部
生境	林地
宿主	阔叶树，尤其是赤杨
生长方式	枯枝
频度	常见
孢子印颜色	褐色
食用性	非食用

子实体高达
⅛ in
(1 mm)

菌盖直径达
⅛ in
(1 mm)

236

簇生美瑞丝菌
Merismodes fasciculata
Crowded Cuplet
(Schweinitz) Earle

虽然簇生美瑞丝菌的子实体看起来类似于小巧的盘菌，例如，洁白粒毛盘菌 *Lachnum virgineum*，但实质上簇生美瑞丝菌跟蘑菇有亲缘关系。它属于杯形菌（"*cyphella*"意为"耳杯"），这一类大多数物种特征都不明显，需借助显微镜才能鉴别。然而，簇生美瑞丝菌在野外通过其生长习性就可以被鉴定出来，它常密集簇生于已枯死但尚未脱落的树杈和细枝条上。

相似物种

异形美瑞丝菌 *Merismodes anomala* 是一个与簇生美瑞丝菌非常近缘的物种，前者子实体相似但常呈碟形，密集群生而非簇生。许多真正的盘菌，例如，纯白粒毛盘菌，其子实体形态和颜色与簇生美瑞丝菌都很相似，但它们很少见，即使和簇生美瑞丝菌一样密集成簇的生长。

实际大小

簇生美瑞丝菌子实体典型密集簇生。单个子实体深杯状至高脚杯状，有时具短柄，外表面和菌盖边缘被褐色毛，内表面光滑，呈奶油色至米黄色或浅褐色。

科	小皮伞科Marasmiaceae
分布	北美洲、欧洲、亚洲北部
生境	林地
宿主	阔叶树
生长方式	小群生于枯枝或木棍上
频度	常见
孢子印颜色	白色
食用性	非食用

子实体高达
1 in
(25 mm)

菌盖直径达
1 in
(25 mm)

237

恶臭微脐菇
Micromphale foetidum
Fetid Parachute
(Sowerby) Singer

微脐菇属 *Micromphale* 因其难闻的气味而享有非常糟糕的"名声"，但的确名副其实，它们的子实体会散发出一种烂白菜的恶臭味。微脐菇属种类与蒜味小皮伞 *Marasmius alliaceus* 及近缘种亲缘关系非常近，而这类小皮伞也具有很浓烈的气味，只不过其味道尝起来像蒜味或洋葱。和微脐菇属亲缘关系最近的是裸脚菇属 *Gymnopus*，恶臭微脐菇（也被称为 Stinking pinwheel）有时也被置于裸脚菇属中。恶臭微脐菇极其常见，多生于叶片堆中的木棍或小树枝上。

相似物种

其相似种十字微脐菇 *Micromphale brassicolens* 气味也类似。十字微脐菇多生于枯枝落叶堆的叶片上，其孢子较小，最好通过显微特征来区别。孔小菇 *Mycena perforans* 子实体比恶臭微脐菇小很多，生于针叶堆上，同样，其气味也很难闻。

实际大小

恶臭微脐菇菌盖凸镜形，逐渐变为中部下凹。菌盖表面光滑，黄褐色至红褐色，具沟纹，沟槽及菌盖中部颜色较深。菌褶短延生，浅粉褐色。菌柄韧，从上向下逐渐变细，幼时与菌盖同色，很快变为暗紫褐色。

科	小菇科Mycenaceae
分布	北美洲、欧洲、中美洲、亚洲北部
生境	林地
宿主	阔叶树和针叶树
生长方式	单生或群生于倒木或枯枝上
频度	偶见
孢子印颜色	白色
食用性	非食用

子实体高达
2 in
(50 mm)

菌盖直径达
1 in
(25 mm)

238

阿多尼斯小菇
Mycena adonis
Scarlet Bonnet
(Bulliard) Gray

阿多尼斯小菇是一个非常引人注目的小蘑菇，但其子实体通常较少，且半隐于落叶堆或矮树丛，因此很容易被人忽视。其英文名称猩红伞（Scarlet Bonnet）会引起歧义，因为阿多尼斯小菇的子实体通常呈亮珊瑚色或深粉色，因而其另有一个英文名为珊瑚粉伞（Coral-pink Bonnet）。阿多尼斯小菇这个类群中有些颜色特别红的个体有时也被置于一个独立的变种下，即阿多尼斯小菇深红变种 *Mycena adonis* var. *coccinea*。据猜想拉丁种加词 "*adonis*" 可能源于神话中青年阿多尼斯（Adonis），它狩猎时被野猪所杀后流出鲜血，这些血滴开出了红色的花朵，而此处这个传说的另一个版本就是这些血滴变成了这些娇小的粉红色蘑菇。

相似物种

粉红小菇 *Mycena rosella* 菌褶边缘深粉色，成群生于针叶堆中。翼地小菇 *Mycena pterigena* 子实体也呈粉色，其菌褶边缘深粉色，多生于蕨类植物残片上。球果小菇 *Mycena strobilinoides* 幼时也可能呈血红色，但其菌褶边缘更偏橙红色。

阿多尼斯小菇菌盖幼时圆锥形，逐渐变为凸镜形至平展，有时呈凸出形。菌盖表面光滑，边缘具条纹，幼时血红色至珊瑚色，后逐渐变为浅橙色至浅粉色。菌褶白色至浅粉色。菌柄脆，光滑，白色或浅菌盖色。

实际大小

科	小菇科Mycenaceae
分布	北美洲西部、亚洲北部
生境	林地
宿主	针叶树
生长方式	群生于散落的松针上
频度	常见
孢子印颜色	白色
食用性	非食用

橙色小菇
Mycena aurantiidisca
Tangerine Bonnet
Murrill

子实体高达
2 in
(50 mm)

菌盖直径达
1 in
(25 mm)

亮丽的橙色使橙色小菇这个小巧的物种显得非常独特，至少当其成群生长于针叶林中时尤为如此。这个物种似乎在美洲西北部地区的森林中最为常见，但是南至加利福尼亚都有其分布，在日本也有报道。橙色小菇是小菇属 *Mycena* 中可专性降解枯针叶的物种之一，可将针叶转化为腐殖质。其菌丝在针叶下扩散，当针叶层翻过来或被破坏的时候有时能见到白色蛛网状的菌丝。

相似物种

分布较广的 *Mycena acidula* 与橙色小菇相似，但是前者子实体通常较小，常三三两两生长在一起，见于阔叶林中凋落物碎片上。球果小菇 *Mycena strobilinoides* 也生于针叶堆中，但该种包括菌柄和菌褶在内的整个子实体都呈橙色。

实际大小

橙色小菇菌盖圆锥形，逐渐变为凸镜形至凸出形。菌盖表面光滑，边缘具条纹，中部亮橙色，向边缘褪色变为黄色或白色。菌褶白色至略呈淡黄色。菌柄细长，光滑，白色，向基部渐成黄色。

科	小菇科Mycenaceae
分布	欧洲、亚洲北部
生境	林地
宿主	山毛榉
生长方式	群生于落叶层
频度	产地常见
孢子印颜色	白色
食用性	非食用

子实体高达
5 in
(125 mm)

菌盖直径达
1 in
(25 mm)

240

橙红小菇
Mycena crocata
Saffrondrop Bonnet
(Schrader) P. Kummer

橙红小菇专性降解山毛榉落叶，且似乎只生于山毛榉林中，尤其是含有碳酸钙的原生林地中——非人工林。它常与另一种山毛榉林专性菌——蒜味小皮伞 *Marasmius alliaceus*——生长在一起，这两个种适宜的生长条件相似。橙红小菇种加词 "*crocata*" 的意思是 "藏红花色"。受伤或切开后，橙红小菇子实体会流出橙红色或深藏红花色的汁液，这也是该种典型的特征。红色的汁液有时会将菌盖和菌褶染成橙色条痕。

相似物种

红汁小菇 *Mycena haematopus* 成簇生于木头上，汁液深红色。血色小菇 *Mycena sanguinolenta* 汁液也呈红色，但成群生于针叶堆或枯枝落叶堆。其他菌柄橙色的种类，比如说球果小菇 *Mycena strobilinoides*，菌褶呈橙色且无汁液。

实际大小

橙红小菇菌盖圆锥形，逐渐变为凸镜形或凸出形。菌盖表面光滑，中部浅橙褐色，向边缘逐渐变为灰色或白色（见右图）。菌褶白色。菌柄光滑，顶端浅黄色，向基部逐渐变为橙色或橙红色。子实体所有部位切开后流出橙红色汁液。

科	小菇科Mycenaceae
分布	北美洲、欧洲、亚洲北部、新西兰
生境	林地
宿主	阔叶树和针叶树
生长方式	群生于木材或落叶层
频度	常见
孢子印颜色	白色
食用性	非食用

子实体高达
3 in
(75 mm)

菌盖直径达
1 in
(25 mm)

黄柄小菇
Mycena epipterygia
Yellowleg Bonnet

(Scopoli) Gray

黄柄小菇可通过其潮湿时黏滑的子实体来进行识别：菌盖、褶缘和菌柄均被一层透明黏液包裹，这层黏液就像胶质皮层一样易剥离。其菌柄总呈浅黄色（其英文名也源于此），但菌盖颜色多变。曾经报道过几个变型或变种，但需要更进一步的分子生物学研究来澄清。其让人费解的拉丁种加词"*epipetrygia*"的意思是"在一双小翅膀之上"，但却不清楚它到底是指什么。

相似物种

生于针叶林中的普通小菇 *Mycena vulgaris* 与黄柄小菇较相似，也发黏，但该种呈灰褐色，不带任何黄色色调。*Mycena renati* 虽不发黏，但它具粉色至红褐色菌盖和黄色菌柄。该物种常成簇生于阔叶林中。

实际大小

黄柄小菇菌盖圆锥形，逐渐变为凸镜形至平展。菌盖表面光滑，湿时黏，边缘具条纹，呈浅灰粉色至浅褐色或浅橄榄褐色。菌褶白色至浅粉色，褶缘有胶质黏液。菌柄脆，光滑，湿时黏，浅黄色。

科	小菇科Mycenaceae
分布	北美洲、欧洲、亚洲北部
生境	林地
宿主	阔叶树，尤其是山毛榉
生长方式	簇生于树干、树桩和段木上
频度	常见
孢子印颜色	白色
食用性	非食用

子实体高达
3 in
(75 mm)

菌盖直径达
1½ in
(40 mm)

242

红汁小菇
Mycena haematopus
Burgundydrop Bonnet
(Persoon) P. Kummer

有许多与红汁小菇相似的种类都成簇生于木头上，但红汁小菇是最容易鉴别的物种之一，其子实体切开后会渗出血红色的汁液，尤其其菌柄受伤后这种反应最为明显，其拉丁种加词"*haematopus*"意思就是"血染的脚"。红汁小菇丰富的汁液也许能避免蛞蝓和其他无脊椎动物啃食其子实体。红汁小菇，英文名也被称为Bleeder，尽管有报道认为其可食，但最好不要食用它。据研究，这种令人吃惊的血红色汁液源于一种从红汁小菇中新分离到的生物碱色素 haematopodins。

相似物种

血色小菇 *Mycena sanguinolenta* 也很常见，受伤后也会流出红色汁液，但其子实体较小，呈群生而非簇生，生于针叶堆或枯枝落叶堆。较少见的藏红小菇 *Mycena crocata* 生于山毛榉枯枝落叶堆，切开后渗出橙色的汁液。

红汁小菇菌盖半球形，表面光滑，条纹达二分之一菌盖，肉粉色至红褐色，中部颜色常深，边缘常呈奶油色。菌褶奶油色至粉色，边缘颜色常较深。菌柄脆，幼时略呈粉状，逐渐变光滑，与菌盖同色。子实体所有部位切开后都会渗出暗红色汁液。

实际大小

科	小菇科Mycenaceae
分布	南美洲南部、澳大利亚、新西兰
生境	林地
宿主	阔叶树
生长方式	群生或簇生于树干、树桩和椴木上
频度	常见
孢子印颜色	白色
食用性	非食用

子实体高达
1 in
(25 mm)

菌盖直径达
1 in
(25 mm)

243

绚蓝小菇
Mycena interrupta
Pixie's Parasol

(Berkeley) Saccardo

精灵小伞（Pixie's Parasol）是绚蓝小菇的澳大利亚名，其子实体非常引人注目，呈奇特的蓝色，常群生或簇生于腐烂的段木或倒木旁边。就像许多子实体较小的小菇属 *Mycena* 种类一样，其子实体从一层菌丝体长出，这些菌丝体呈盘状或环状长在菌柄基部。绚蓝小菇通常见于南部的山毛榉林，分布于智利、澳大利亚、新西兰和新喀里多尼亚。这反映了冈瓦纳分布模式，它是南美洲、南极洲和澳大拉西亚还处于同一超级大陆板块即冈瓦纳大陆时所遗留下来的物种。

实际大小

相似物种

亮丽的蓝色和簇生于木头上是绚蓝小菇典型的特征，其他大多数小菇属种类至多呈蓝灰色或仅幼时局部呈蓝色（北温带分布的 *Mycena amicta*）。在巴西、中美洲和加勒比地区，天蓝小杯伞 *Clitocybula azurea* 的子实体与绚蓝小菇非常相似，同样也成群生于腐木上。

绚蓝小菇菌盖半球形，逐渐变为中部略下凹。菌盖表面光滑，黏，具条纹，幼时亮蓝色，中部颜色较深，成熟后颜色较浅或较暗。菌褶白色，边缘蓝色。菌柄白色，脆，光滑，干，着生于腐木上；菌柄基部的菌丝盘状，边缘蓝色。

科	小菇科Mycenaceae
分布	北美洲、澳大利亚、新西兰
生境	林地
宿主	阔叶树，尤其是山毛榉
生长方式	簇生于树干、树桩和段木上
频度	常见
孢子印颜色	白色
食用性	非食用

子实体高达
3 in
(75 mm)

菌盖直径达
1½ in
(40 mm)

244

利氏小菇
Mycena leaiana
Lea's Orange Bonnet

(Berkeley) Saccardo

利氏小菇子实体常呈一大群群生，亮橙色，菌褶边缘颜色较深，较易辨认。利氏小菇含有一种称为利氏富烯（leaianafulvene）的橙黄色色素，研究显示这种色素具有抗菌活性。托马斯·吉布森·利（Thomas Gibson Lea）首次在美国辛辛那提市采集到了这个物种，随后他将标本寄给英国菌物学家伯克利（Berkeley）牧师鉴定，伯克利为纪念托马斯·吉布森·利，就以他的名字命名了该物种。利氏小菇另一个常见的英文名称是金盔伞（Golden Fairy Helmet）。据报道，利氏小菇（或是与之非常相似的种类）在澳大利亚和新西兰也有分布，有时也将这些地区的材料作为独立的变种来对待，即利氏小菇澳大利亚变种 *Mycena leaiana* var. *australis*。

相似物种

北美洲地区分布的球果小菇 *Mycena strobilinoides* 子实体也呈亮橙色且菌褶褶缘深色，但这个种常群生于针叶堆，而非簇生于阔叶林中。橙缘小菇 *Mycena aurantiomarginata* 分布更广，菌褶褶缘也呈橙色，但其菌盖颜色较暗，呈橄榄褐色。橙缘小菇也群生于针叶林或阔叶林中枯枝落叶堆。

实际大小

利氏小菇菌盖凸镜形，逐渐变平展。菌盖表面光滑，黏，边缘具条纹，幼时亮橙色，成熟后逐渐变浅或变暗。菌褶浅橙色至橙黄色，褶缘颜色较深，呈橙红色。菌柄光滑，基部具绒毛，湿时黏，橙黄色或与菌盖同色。

科	小菇科Mycenaceae
分布	北美洲、欧洲、北非、中美洲、亚洲北部
生境	林地
宿主	阔叶树和针叶树
生长方式	单生或群生于土壤和落叶层中
频度	极其常见
孢子印颜色	白色
食用性	可能有毒，最好避免食用

洁小菇
Mycena pura
Lilac Bonnet

(Persoon) P. Kummer

子实体高达
3 in
(75 mm)

菌盖直径达
2 in
(50 mm)

245

对于洁小菇来说，英文名丁香小菇（Occasionally Lilac Bonnet）可能更为贴切，其子实体颜色变化较大，从粉色至暗黄色。其最常见的是丁香紫色、紫罗兰色或玫红色，但已知至少有 11 种不同的颜色。这些颜色不同的个体显微形态并无差异且都带萝卜气味，但很可能 DNA 证据会证明洁小菇其实是一个复合类群。至少有一些被称为洁小菇的真菌含有毒蕈碱毒素，因此，尽管在一些国家洁小菇被认为是一种食用菌，但最好还是不要食用。

相似物种

在北温带地区，常生于山毛榉和其他落叶堆的暗花小菇 *Mycena pelianthina* 看起来和闻起来都与洁小菇相似，但其菌褶褶缘呈深紫褐色。分布于澳大利亚的蓝紫小菇 *Mycena vinacea* 看起来与洁小菇也相似，但子实体呈暗紫红色。紫丁香蘑 *Lepista nuda* 颜色与洁小菇相似，但其子实体明显大得多。

实际大小

洁小菇菌盖凸镜形，逐渐平展至略呈凸出形或下凹。菌盖表面光滑，具条纹，水渍状（随湿度变化颜色有所改变），颜色多变，从粉红色至玫红色、紫罗兰色至紫褐色、丁香紫色、紫灰色，少数时候呈暗赭色至蓝色或白色。菌褶白色至浅粉色或浅紫丁香色。菌柄光滑，基部具绒毛，白色或与菌盖同色。

科	小菇科Mycenaceae
分布	北美洲、欧洲大陆
生境	林地
宿主	针叶树
生长方式	单生或群生于地上或针叶层
频度	常见
孢子印颜色	白色
食用性	非食用

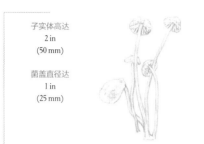

子实体高达
2 in
(50 mm)

菌盖直径达
1 in
(25 mm)

球果小菇
Mycena strobilinoides
Flame Bonnet

Peck

实际大小

尽管球果小菇单个子实体很小，但当其成群生于针叶堆中时，其鲜红或橙红的子实体非常引人注目。球果小菇最早在华盛顿奥林匹亚山发现，在北美洲局部地区较常见，但据报道中欧山区非常少见。其种加词"*strobilinoides*"意思是"像针叶树果一样"，这有些让人不解，事实上在此处它的意思应该是"与 *Agaricus strobilinus* 相似"。*Agaricus strobilinus* 是阿多尼斯小菇 *Mycena adonis* 早先的名称。

相似物种

北美洲和欧洲（极少）的俄勒冈小菇 *Mycena oregonensis* 是生于针叶林松针上的近缘物种，但其菌盖中部常具明显尖突，且子实体通常呈更明显的橙黄色。在北美洲、澳大利亚及新西兰分布的利氏小菇 *Mycena leaiana* 看起来也相似，但它群生于木头上。

球果小菇菌盖凸镜形，逐渐变平展。菌盖表面光滑，边缘具条纹，幼时血红色，成熟后逐渐变为橙色或黄色。菌褶浅黄色至橙黄色，褶缘血红色至橙红色。菌柄光滑，与菌盖同色，基部具绒毛。

科	小菇科Mycenaceae
分布	澳大利亚、新西兰
生境	林地
宿主	阔叶树
生长方式	生于枯枝落叶上
频度	常见
孢子印颜色	白色
食用性	非食用

子实体高达
1 in
(25 mm)

菌盖直径达
½ in
(10 mm)

247

黏血小菇
Mycena viscidocruenta
Ruby Bonnet

Cleland

子实体小但颜色非常亮丽的黏血小菇在澳大利亚和新西兰的雨林或潮湿沟渠里极其常见。其菌盖和菌柄黏，这种特征在小菇属 *Mycena* 中非常少见，因此，新近的 DNA 研究结果表明黏血小菇非常独特，它和另一东亚相似种应单独归为一属，即血小菇属 *Cruetomycena*，这不足为奇。但奇怪的是，DNA 证据显示它与鳞皮扇菇 *Panellus stipticus* 近缘，这从其形态上难以想象。

实际大小

相似物种

其他颜色鲜艳的小菇属种类，比如说阿多尼斯小菇 *Mycena adonis*，不具有黏血小菇般黏滑的菌盖和菌柄。事实上，黏血小菇黏滑的菌盖和菌柄有些像湿伞属 *Hygrocybe* 种类，但湿伞属常见于废旧牧场或林中苔藓上，绝不会生于枯枝落叶上。

黏血小菇菌盖初时半球形，逐渐变为凸镜形至平展或下凹。菌盖表面光滑，湿时黏，边缘具条纹，新鲜时鲜红色。菌褶比菌盖颜色浅。菌柄光滑，湿时黏，与菌盖同色。

科	多孔菌科Polyporaceae
分布	北美洲、欧洲、北非、中美洲、亚洲北部、澳大利亚、新西兰
生境	林地或伐木
宿主	针叶树
生长方式	单生或小群生于枯树干、根、伐木上
频度	偶见
孢子印颜色	白色
食用性	可食

子实体高达
5 in
(125 mm)

菌盖直径达
12 in
(300 mm)

248

鳞皮新香菇
Neolentinus lepideus
Scaly Sawgill
(Fries) Redhead & Ginns

鳞皮新香菇可引起针叶树褐腐，它对杂酚油具有很高的耐受性，杂酚油曾广泛用作木材防腐剂。在过去，由于鳞皮新香菇可造成用于基坑支护、电线杆和枕木的木材大量损坏，这使其有些臭名昭著，因此，它还有另一个奇怪的英文名字——火车肇事者（Train Wrecker）。鳞皮新香菇子实体需要光照才能正常分化，如果生长在黑暗中（例如在矿井中的木头上）常形成奇怪细长的鹿角形状。鳞皮新香菇可食用，据说在中国有售，但其成熟的子实体非常坚韧。

相似物种

北美洲西部地区的大新香菇 *Neolentinus ponderasus* 与鳞皮新香菇较相似，但其子实体较大，且常见于黄松木上，菌柄无菌环或大鳞片。其他菌褶边缘呈锯齿状的新香菇属 *Neolentinus* 和香菇属 *Lentinus* 的种类通常无菌幕残余，生于阔叶树上，或者子实体较小且鳞片不明显。

实际大小

鳞皮新香菇菌盖凸镜形，逐渐平展或呈浅漏斗形。菌盖表面初时光滑，逐渐裂开形成浅赭色至褐色鳞片。菌褶稍延生，白色，边缘锯齿状。菌柄与菌盖同色，被鳞片，近菌柄基部黑褐色，菌环（菌环残余）白色，易脱落。

科	小皮伞科Marasmiaceae
分布	北美洲东部、欧洲
生境	林地或绿地
宿主	阔叶树，尤其是栎树
生长方式	簇生于枯枝、树桩基部或根部
频度	产地常见
孢子印颜色	白色
食用性	有毒

子实体高达
8 in
(200 mm)

菌盖直径达
8 in
(200 mm)

发光类脐菇
Omphalotus illudens
Jack O'Lantern
(Schweinitz) Bresinsky & Besl

发光类脐菇的子实体尤其是菌褶在暗处会发光，因此得名杰克灯塔（Jack O'lantern）。发光类脐菇有毒，可引起胃部不适，它经常被误认为是可食用的鸡油菌 *Cantharellus cibarius* 而被采食，但其实这两种蘑菇看上去并不相似。发光类脐菇含有的毒素被认为是一种新的隐杯伞素类化合物，并已从其子实体提取出了几种。隐杯伞素化合物具细胞毒性，其中的一种隐杯伞素 S 或月夜蕈醇（lampterol）（其一种改良形式被称为伊洛福芬）作为一种潜在抗癌药已经过了大量的临床试验。

实际大小

相似物种

类脐菇属 *Omphalotus* 的其他几个种类也同样有毒，包括 *Omphalotus olearius* 和变橄榄绿类脐菇 *Omphalotus olivascens*。*Omphalotus olearius* 常见于南欧地区橄榄树上；而变橄榄绿类脐菇分布于北美洲地区，子实体呈橄榄色。可食用的鸡油菌 *Cantharellus cibarius* 子实体较小，不呈群生，子实层呈脊脉状而非褶状。

发光类脐菇子实体簇生。菌盖凸镜形，逐渐平展至浅漏斗形，边缘内卷，常撕裂。菌盖表面光滑，亮橙色至橙褐色。菌褶稀，延生，与菌盖同色。菌柄偏生，光滑呈纤毛状，比菌盖颜色浅，向基部逐渐变细。

科	小皮伞科Marasmiaceae
分布	亚洲东北部
生境	林地
宿主	阔叶树，尤其是山毛榉和枫树
生长方式	树干上，单生或层状
频度	常见
孢子印颜色	白色
食用性	有毒

250

子实体高达
1 in
(25 mm)

菌盖直径达
12 in
(300 mm)

日本类脐菇
Omphalotus japonicus
Moonlight Mushroom
(Kawamura) Kirchmair & O. K. Miller

日本类脐菇子实体一侧附着于木头上。菌盖凸镜形，逐渐平展。菌盖表面光滑或呈纤维状鳞片，初时黄色，逐渐变为肉桂色至紫褐色。菌褶延生，呈白色。菌柄短，具明显菌环。

日本类脐菇长期以来自成一属，被称为日本亮菌 *Lampteromyces japonicas*。然而，近年来的分子生物学研究证明日本亮菌是类脐菇属 *Omphalotus* 的种类，并且确与 *Omphalotus illudens* 非常相似。日本类脐菇和 *Omphalotus illudens* 都有的毒，但日本类脐菇的英文名月夜菌（Moonlight Mushroom）有时会被认为是糙皮侧耳（平菇）*Pleurotus ostreatus* 或香菇 *Lentinula edodes* 而误食；二者也都能发光，月夜菌也因其菌褶发光而得名；同时日本类脐菇和 *Omphalotus illudens* 都含有细胞毒素隐杯伞素 S 或月夜蕈醇（lampterol），这是一种具潜在抗癌作用的化合物。

相似物种

有毒的日本类脐菇曾被误认为是可食的香菇。尽管香菇与其颜色相似，但菌盖半球形而不呈弧形，且菌柄中生。而可食的平菇呈扇形，但通常无柄且绝无菌环。

实际大小

科	膨瑚菌科Physalacriaceae
分布	欧洲、亚洲北部
生境	林地
宿主	阔叶树，尤其是山毛榉
生长方式	簇生于活树树干或倒木上
频度	常见
孢子印颜色	白色
食用性	可食

黏小奥德蘑
Oudemansiella mucida
Porcelain Fungus
(Schrader) Höhnel

子实体高达
3 in
(75 mm)

菌盖直径达
4 in
(100 mm)

251

黏小奥德蘑子实体通常群生于树龄较大的山毛榉高处枯死的枝干上，罕见于梧桐树或其他阔叶树上。其菌盖菌肉薄，光芒闪烁，呈象牙白色，它也因此而得名瓷器真菌（Porcelain Fungus），但仔细观察会发现其拉丁种加词"*mucida*"（意思是黏）却更为贴切。小奥德蘑属 *Oudemansiella* 的属名是为了纪念19世纪的荷兰菌物学家高乃依·奥德曼斯（Corneille Oudemans）。已发现黏小奥德蘑含有抗生素螺黏液杀菌素（mucidin），这种抗生素也已被广泛研究并用于临床治疗人体真菌感染。尽管黏小奥德蘑菌盖表面黏滑（表面可剥离），但在中国和俄罗斯仍然食用这种蘑菇。

相似物种

北美洲南部（佛罗里达州）以及中美洲和南美洲的贾氏小奥德蘑 *Oudemansiella canarii* 与黏小奥德蘑相近，但其子实体带橙粉色色调，无明显菌环。中美洲和南美洲的普莱特奥德蘑 *Oudemansiella platensis* 与黏小奥德蘑也相似，但普莱特奥德蘑颜色更灰，并且无菌环。其他一些种类都分布于非洲和亚洲南部。

实际大小

黏小奥德蘑菌盖薄，凸镜形，展开后较平展。菌盖表面光滑或稍具皱缩，很黏，幼时橄榄灰色，逐渐变为象牙白，中部呈浅赭褐色。菌褶稀，色白。菌柄白色，向基部变粗并具橄榄灰色斑点；具明显菌环，菌环上表面白色，下表面灰色。

科	小脆柄菇科Psathyrellaceae
分布	北美洲、欧洲、非洲、中美洲和南美洲、亚洲、澳大利亚、新西兰
生境	牧场、公园、草坪或草地
宿主	土壤肥沃的草地上
生长方式	单生或散生于草地
频度	极其常见
孢子印颜色	茶褐色
食用性	非食用

子实体高达
3 in
(75 mm)

菌盖直径达
1 in
(25 mm)

252

褐疣孢斑褶菇
Panaeolina foenisecii
Brown Mottlegill
(Persoon) Maire

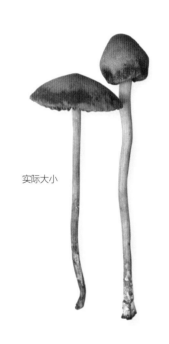

实际大小

很少有人认为褐疣孢斑褶菇〔英文名也被称为 Hay-maker（干草菇）〕是一个特别吸引人的物种，但迄今为止它确实是在花园草坪上最常见的小蘑菇。褐疣孢斑褶菇的菌盖明显水渍状，干后颜色改变。菌褶上暗褐色的孢子成熟程度不均匀，使其呈斑驳状。由于这种蘑菇在草坪上如此常见，经常有一些小孩子捡起来将其吃掉，以致许多人焦急地向医院咨询是否会中毒。尽管这种蘑菇有少许中毒案例报道（有可能是错误鉴定），但其毒性未知，也不像有些报道所称具有致幻作用。

相似物种

草地上有许多颜色较暗的小蘑菇。斑褶菇属 *Panaeolus* 种类与褐疣孢斑褶菇在形状和颜色上都非常相似，但它们的菌褶呈黑色斑驳状而非褐色。近地伞属 *Parasola* 种类菌褶黑色，但不呈斑驳状。草坪或苔藓上的盔孢伞属 *Galerina* 和锥盖伞属 *Conocybe* 看起来与褐疣孢斑褶菇可能有些相似，但其菌褶和孢子印呈锈褐色。

褐疣孢斑褶菇菌盖凸镜形，光滑，湿时暗黄褐色至紫褐色，干后呈浅赭褐色至米黄色。菌褶暗褐色，斑驳状（见左图），褶缘白色。菌柄易碎，米黄色，由下至上逐渐变为深褐色。

科	小脆柄菇科Psathyrellaceae
分布	北美洲、欧洲、北非、中美洲和南美洲、亚洲北部、澳大利亚、新西兰
生境	牧场
宿主	食草动物粪便
生长方式	单生或小群生于粪便上或施肥过的草地
频度	常见
孢子印颜色	黑色
食用性	非食用

蝶形斑褶菇
Panaeolus papilionaceus
Petticoat Mottlegill

(Bulliard) Quélet

子实体高达
4 in
(100 mm)

菌盖直径达
1½ in
(40 mm)

253

实际大小

　　蝶形斑褶菇的名字听起来非常可爱，但像绝大多数斑褶菇属 *Panaeolus* 种类一样，它喜欢粪便，直接生长于年老食草动物的粪便或施肥过的地上。其英文名称来源于其悬挂于菌盖边缘，像衬裙一样的外菌幕。蝶形斑褶菇英文名也被称为Bell-shaped Panaeolus（钟形斑褶菇），事实上，蝶形斑褶菇被赋予了不少于12个的英文名字。主要是因为此前依据菌盖特征的差异，这个种被分为了几个不同的物种。但目前，钟形斑褶菇 *Panaeolus campanulatus*、皱盖斑褶菇 *Panaeolus retirugis* 和灰斑褶菇 *Panaeolus sphinctrinus* 都被认为是蝶形斑褶菇的异名。

相似物种

　　近卵形斑褶菇 *Panaeolus semiovatus* 子实体大很多，并具菌环。褐疣孢斑褶菇子实体大小相似，但其菌褶褐色，菌盖边缘无白色菌幕。其他小的斑褶菇属种类具黑色斑驳状菌褶，菌盖边缘也无菌幕。

蝶形斑褶菇菌盖半球形，光滑（见左图）或皱缩，颜色变化较大，从象牙色至奶油色、米黄色、灰色、黄褐色或红褐色。新鲜时菌盖边缘悬挂有白色菌幕。菌褶黑色斑驳状。菌柄光滑，与菌盖同色，但新鲜时常被白色颗粒状菌幕。

科	小脆柄菇科Psathyrellaceae
分布	北美洲、欧洲、北非、中美洲、亚洲北部、新西兰
生境	牧场
宿主	食草动物粪便
生长方式	单生或小群生于粪便上
频度	常见
孢子印颜色	黑色
食用性	非食用

子实体高达
7 in
(175 mm)

菌盖直径达
3 in
(75 mm)

254

近卵形斑褶菇
Panaeolus semiovatus
Egghead Mottlegill
(Sowerby) S. Lundell & Nannfeldt

近卵形斑褶菇是斑褶菇属 *Panaeolus* 中较易被识别的一个物种，其菌盖黏，菌柄具菌环（菌环常消失，但仍可见一个黑色的菌环区）。近卵形斑褶菇是粪生菌，在牧场中可见于马、牛和其他食草动物粪便上。近卵形斑褶菇英文名也被称为 Dung Roundhead（粪生菇），其子实体有可能非常小，但也常出现特别大的个体，需要知晓的是粪生真菌需在基物耗尽之前快速形成子实体。孢子从子实体弹射到草上，会被食草动物吃掉，经过肠道后聚集在粪便上，以此来保证其整个生活史得以延续。

相似物种

其他斑褶菇属种类的子实体通常较小，菌柄上无菌环。北美洲南部和亚热带地区的粪生真菌古巴裸盖菇 *Psilocybe cubensis* 子实体大小与近卵形斑褶菇相似，并且也具菌环，但菌盖不似近卵形斑褶菇那般黏，奶油色至黄褐色，菌褶不呈斑驳状。

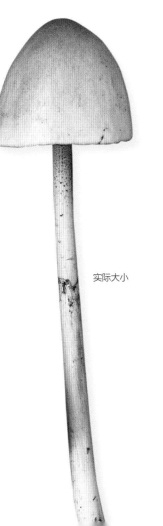

实际大小

近卵形斑褶菇菌盖凸镜形，光滑或褶皱，湿时黏，象牙色至奶油色或米黄色。菌褶暗灰色，逐渐变为黑色斑驳状（见右图）。菌柄光滑，基部略膨大，白色或与菌盖同色，具菌环或菌环区（常因孢子聚集而呈黑色）。

科	小菇科Mycenaceae
分布	北美洲、欧洲、亚洲北部
生境	林地
宿主	阔叶树
生长方式	单生或群生于枯树干、树桩、树枝上
频度	常见
孢子印颜色	浅黄色
食用性	可食

子实体高达
½ in
(10 mm)

菌盖直径达
4 in
(100 mm)

255

晚生扇菇
Panellus serotinus
Olive Oysterling

(Persoon) Kühner

晚生扇菇种加词"*serotinus*"的意思是"迟到"，其子实体通常出现在蘑菇发生季末期，常在第一次霜冻之后，因此其英文名也被称为 Late Oyster（晚生侧耳）。晚生扇菇被认为可食，至少在中国和日本如此，在日本也被称为 Mukitake，也曾对其做过栽培试验。但是通常认为晚生扇菇的品质次于易于栽培的侧耳属 *Pleurotus* 种类，其中部分原因是由于其菌盖表皮呈胶质，天气湿润的时候黏滑。近年来研究表明晚生扇菇子实体含有可缓解肝脏疾病的化合物。

相似物种

晚生扇菇菌盖黏，具橄榄褐或绿色色调，这可以将其与其他扇菇属 *Panellus* 种类和真正的侧耳属种类区别开来。黏靴耳 *Crepidotus mollis* 和黄褶靴耳 *Crepidotus crocophyllus* 看起来也与晚生扇菇有些相似，但这两个种不带橄榄色色调，且孢子印呈褐色。

实际大小

晚生扇菇子实体宽，呈贝壳状，肉质软，子实体一侧附着于木头上。菌盖略呈凸镜形，光滑，湿时黏，橄榄赭色至深橄榄褐色，常具绿色或橙色色调。菌褶赭色至米黄色或浅橙黄色。菌柄无或短，极宽，赭色至橙黄色。

科	小菇科Mycenaceae
分布	北美洲、欧洲、北非、中美洲、亚洲西部和北部、澳大利亚、新西兰
生境	林地
宿主	阔叶树，罕生于针叶树
生长方式	枯树干、树桩、树枝，覆瓦状或群生
频度	常见
孢子印颜色	白色
食用性	非食用

子实体高达
½ in
(10 mm)

菌盖直径达
1 in
(25 mm)

鳞皮扇菇
Panellus stipticus
Bitter Oysterling
(Bulliard) P. Karsten

当观察其子实体下表面时，鳞皮扇菇较易辨识，其菌柄颜色浅、楔状，菌褶褐色。就像其英文名称所指，鳞皮扇菇不可食，但正如其拉丁种加词所示，鳞皮扇菇此前曾用作止血剂。奇怪的是，有些分布于北美洲东部的鳞皮扇菇具发光性，在黑暗中其菌丝体和子实体（主要是菌褶）都会发光。从鳞皮扇菇中分离得到的代谢物 panal，可能是致使其发光的原因。

相似物种

较罕见的开裂扇菇 *Panellus ringens* 与鳞皮扇菇较相似，但其菌盖具紫色色调，菌柄也不似鳞皮扇菇一样呈楔状。靴耳属 *Crepidotus* 种类形状与鳞皮扇菇可能有些相似，但其孢子印褐色，不具明显的菌柄。裂褶菌 *Schizophyllum commune* 菌盖具毛，灰色，菌褶粉褐色且具分叉。

实际大小

鳞皮扇菇子实体宽，呈贝壳形，由短的、侧生的菌柄附着于木头上。菌盖略呈凸镜形，明显天鹅绒状，赭黄色至粉褐色或黄褐色。菌褶与菌盖同色（见上图）。菌柄短，具明显绒毛，菌柄上部很宽，奶油色至浅米黄色。

科	小脆柄菇科Psathyrellaceae
分布	北美洲、欧洲、北非、中美洲和南美洲、亚洲、澳大利亚、新西兰
生境	牧场、公园、草坪和草地
宿主	生于土壤肥沃的草地
生长方式	单生或散生于草地
频度	常见
孢子印颜色	黑色
食用性	非食用

沟纹近地伞
Parasola plicatilis
Pleated Inkcap
(Curtis) Redhead et al

子实体高达
3 in
(75 mm)

菌盖直径达
1 in
(25 mm)

257

沟纹近地伞子实体纤细，菌盖上的脊纹像日本纸伞，雨天常见于草坪或矮草丛。就像其外形所看起来一样沟纹近地伞子实体脆，生活周期短，几个小时内即凋零。它的英文名也被称为 Japanese Umbrella（日本伞），分布广泛，在全世界草地上都记录有其分布，但可能有些所谓的沟纹近地伞实质上是与之相似的不同种类。沟纹近地伞曾一直被称为沟纹鬼伞 *Coprinus plicatilis*，直到最近分子生物学研究才证实它及其许多近缘种应置于近地伞属中。

相似物种

许多小的近地伞属种类，尤其是常见的射纹近地伞 *Parasola leiocephala*，看起来与沟纹近地伞几无差别，且常被混淆。另一些生于土上或叶片堆而非草地上的近地伞属种类，也最好从显微形态来区分。白鬼伞属 *Leucocoprinus* 种类可能看起来也相似，但其菌褶白色，菌柄具菌环。

实际大小

沟纹近地伞菌盖脆，初时几乎呈圆柱形，展开后较平展或中部略下凹。菌盖表面光滑，逐渐呈脊纹状或褶状，米黄色至黄褐色（菌盖中部），逐渐变为灰白色。菌褶黑色。菌柄脆而光滑，初时白色，逐渐变为浅灰色至米黄色。

科	桩菇科Paxillaceae
分布	北美洲、欧洲、北非、亚洲北部；已传入南美洲南部、澳大利亚、新西兰
生境	林地、公园
宿主	针叶树，阔叶树（尤其是松树）外生菌根菌
生长方式	单生或散生于地上
频度	极为常见
孢子印颜色	褐色
食用性	有毒

子实体高达
4 in
(100 mm)

菌盖直径达
5 in
(125 mm)

卷边桩菇
Paxillus involutus
Brown Rollrim
(Batsch) Fries

卷边桩菇是树林中极其常见的蘑菇，其英文名来源于其内卷的菌盖边缘。其菌褶非常软，容易压扁，受伤后变暗褐色。卷边桩菇在欧洲东部被广泛食用，通常煮两次后食用，因为生吃的话常会引起胃部不适。然而，卷边桩菇〔英文名也被称为 Poison Pax（毒伞）〕潜在的危险却远不止于此，有些此前吃过它而安然无恙的人，再次食用可能会产生无法预料的致死综合征。其子实体中的抗原似乎有时可以引发自身免疫反应，导致人体破坏自身的血细胞。

相似物种

最近分子生物学研究已将与其非常相似的几个种区别开来并确立为独立的物种。其中包括春生桩菇 *Paxillus vernalis* 和赤红桩菇 *Paxillus rubicundulus*。春生桩菇分布于北美洲地区，与白杨树和桦树共生；赤红桩菇分布于欧洲，与桤木共生，菌盖具红褐色鳞片。黑茸小塔氏菌 *Tapinella atrotomentosa* 形态上看起来有些相似，但它生于针叶树上。

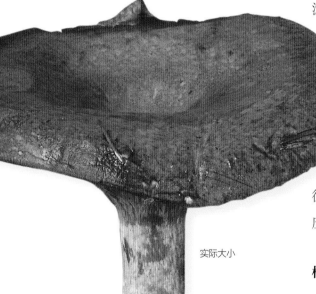

实际大小

卷边桩菇菌盖初时凸镜形，逐渐平展并常下凹，菌盖边缘内卷。菌盖表面光滑，被明显细绒毛，湿时黏，初时赭黄色至橄榄黄色，逐渐变为黄褐色至褐色。菌褶延生，赭黄色至褐色（见右图），受伤变暗褐色。菌柄光滑，与菌盖同色或稍浅。

科	丝膜菌科Cortinariaceae
分布	北美洲东部、欧洲
生境	林地
宿主	可能为针叶树外生菌根菌
生长方式	常群生于针叶树落叶上
频度	偶见
孢子印颜色	锈褐色
食用性	非食用

子实体高达
5 in
(125 mm)

菌盖直径达
2 in
(50 mm)

克里斯汀暗金钱菌
Phaeocollybia christinae
Christina's Rootshank

(Fries) R. Heim

暗金钱菌属 *Phaeocollybia* 是一个小属，它包括了一些孢子印锈色的伞菌，其中许多物种菌盖呈锥形，通常像童话故事中小精灵的帽子般。该种菌柄长、韧，像根一样，向下延伸至落叶层和苔藓深处。虽然暗金钱菌属真菌中有一小部分分布在更靠南部的山地，但该属真菌主要还是生长在北部的针叶林中。本种在金钱菌属中颜色较明亮，它是以 19 世纪瑞典菌物学家埃利亚斯·弗莱斯妻子的名字命名。

相似物种

暗金钱菌属中已报道几个较为相似的物种，最好通过显微观察进行区分。湿伞属 *Hygrocybe* 真菌同样具有尖圆的锥形菌盖，但其孢子印均为白色。粉褶蕈属 *Entoloma* 中的一小部分真菌，如方孢粉褶菌，同样与本种具有相似的宏观形态，但其孢子印颜色为粉红色。

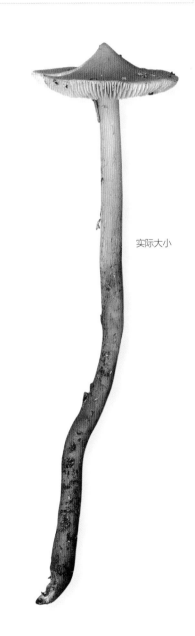

实际大小

克里斯汀暗金钱菌菌盖圆锥形，逐渐变为尖凸形。菌盖表面光滑，湿时稍黏，橙红色至红褐色。菌褶淡黄色，逐渐变为锈色。菌柄长，光滑，顶端淡黄褐色，向基部为深红褐色，基部根状。

科	伞菌科Agaricaceae
分布	北美洲、欧洲、亚洲北部
生境	林地、绿地
宿主	阔叶树（尤其是北美洲西部的桤木），肥沃土壤中
生长方式	群生于地上
频度	偶见
孢子印颜色	赭色
食用性	有毒（对部分人群），最好避免食用

子实体高达
10 in
(250 mm)

菌盖直径达
12 in
(300 mm)

260

金黄褐环柄菇
Phaeolepiota aurea
Golden Bootleg
(Mattuschka) Maire

金黄褐环柄菇与囊皮伞属 *Cystoderma* 真菌的亲缘关系较近，但金黄褐环柄菇子实体较大，同囊皮伞属真菌一样，该种菌盖具粉末状颗粒，菌幕像靴子或长袜般覆盖在菌柄下方。本种在欧洲低海拔地区不常见，在这个区域它常见于长有荨麻的肥沃土壤中。在山地和北部地区该种更为常见，尤其在阿拉斯加［有时被称为"阿拉斯加金子"（Alaska Gold）］，在当地它通常生长在桤木林中。金黄褐环柄菇经常被列为食用菌，但会引起某些人群的胃中毒，因此最好避免食用。

相似物种

橘黄裸伞 *Gymnopilus junonius* 常与本种混淆，但其菌盖鳞片纤维状，且通常成簇生长于木头上或树干和木桩的基部。皱盖丝膜菌 *Cortinarius caperatus* 颜色要更浅些，菌柄常近白色至米黄色。

实际大小

金黄褐环柄菇菌盖凸镜形至圆锥形（见右图），逐渐平展至浅凸出形。菌盖表面具颗粒，逐渐变光滑，赭黄色至黄褐色，老后逐渐变暗，且边缘呈流苏状。菌褶淡黄色至茶褐黄色。菌柄与菌盖同色，下部被有鞘状菌幕残余，具颗粒，菌柄上部具明显菌环。

科	丝盖伞科Inocybaceae
分布	北美洲、欧洲
生境	林地
宿主	阔叶树，尤其柳树
生长方式	枯死但未掉落的树杈和小枝
频度	常见
孢子印颜色	肉桂褐色
食用性	非食用

子实体高达
½ in
(15 mm)

菌盖直径达
½ in
(15 mm)

刺猬暗小皮伞
Phaeomarasmius erinaceus
Hedgehog Scalycap
(Fries) Scherffel ex Romagnesi

261

　　小小的刺猬暗小皮伞常偶然被发现生长在枯死但却未掉落的树枝上。它常单生，导致其易被忽略。常喜柳树，但偶尔也生长在白杨木、桦木和其他阔叶树上。种加词"*erinaceus*"的意思是"刺猬"，其子实体外部呈致密的毛刺状，鳞片使得菌盖边缘像乱蓬蓬的流苏般。本种看起来很像微型的鳞伞属 *Pholiota* 真菌，但实际上它们分别隶属于两个完全不同的科。

相似物种

　　刺毛暗皮伞 *Flammulaster erinaceellus* 和短刺暗皮伞 *Flammulaster muricatus* 看起来与本种非常相似，但它们的菌盖直径可生长至 1½ in（40 mm），以小群落形式发生于段木和落枝上，菌盖上鳞片呈更明显的颗粒粉状（不像刺猬暗小皮伞那么明显的毛状）。鳞伞属真菌与本种相似，但个体均较大。

刺猬暗小皮伞菌盖凸镜形至浅凸出形。菌盖表面被有浓密的毛状鳞片，锈黄褐色至红褐色。菌褶赭褐色至肉桂褐色。菌柄光滑，菌环上部或菌环区灰白色，下部与菌盖同色且被鳞片。

实际大小

科	球盖菇科Strophariaceae
分布	北美洲、欧洲、亚洲北部、澳大利亚、新西兰
生境	林地、绿地
宿主	阔叶树，少见于针叶树
生长方式	密集簇生于树干基部，树桩和段木上
频度	偶见
孢子印颜色	褐色
食用性	有毒（对部分人群），最好避免食用

子实体高达
8 in
(200 mm)

菌盖直径达
8 in
(200 mm)

262

金毛鳞伞
Pholiota aurivella
Golden Scalycap
(Batsch) P. Kummer

金毛鳞伞这一复合群包括了那些子实体较大、簇生、菌盖黏且被可脱落鳞片的鳞伞物种。虽然其子实体看起来很招人喜爱，但它会引起活树干腐或基腐。据说在中国和俄罗斯采食该物种，但也有一些报道称其会引起敏感人群胃中毒。因为金毛鳞伞与相近种很难区别，而且也不清楚到底哪些可食哪些不可食，所以整个类群都应尽量避免食用。

相似物种

一些与本种非常相似且菌盖发黏的物种，包括柠檬鳞伞 *Pholiota limonella*、多脂鳞伞 *Pholiota adiposa* 和蜡鳞伞 *Pholiota cerifera*，几乎只能通过显微观察进行区别。在野外，亚洲的食用种类光帽鳞伞 *Pholiota nameko* 也很难与该种区分开来。翘鳞伞 *Pholiota squarrosa* 的菌盖干、不黏。

实际大小

金毛鳞伞菌盖半球形，逐渐为凸镜形至凸出形，黏，黄色至赭色，被有松散的红褐色鳞片，易被雨水冲掉。菌褶奶油色至赭色至褐色。菌柄干，幼时具蛛网状菌幕残余，淡黄色，但向基部逐渐变为红褐色，被有红褐色鳞片。

科	球盖菇科Strophariaceae
分布	北美洲、欧洲、亚洲北部
生境	林地
宿主	针叶树
生长方式	单生或簇生于树干基部、树桩上
频度	常见
孢子印颜色	褐色
食用性	有毒（对部分人群），最好避免食用

子实体高达
4 in
(100 mm)

菌盖直径达
4 in
(100 mm)

263

黄鳞伞
Pholiota flammans
Flaming Scalycap

(Batsch) P. Kummer

黄鳞伞因其颜色鲜艳而成为鳞伞属 *Pholiota* 中最引人注意的一种，所以其子实体在染色工艺中备受青睐并不令人惊讶。依赖于不同的染色工艺，黄鳞伞可将纱线和布料染成鲜艳的柠檬黄色、橙色或绿芥末色等。黄鳞伞子实体并不像鳞伞属中的一些其他物种那样密集簇生，而是典型地单生或小群生于老的树桩和原木上。黄鳞伞与针叶树形成严格的共生关系，在天然针叶林中较常见，人工针叶林中不常见。

相似物种

金毛鳞伞 *Pholiota aurivella* 的菌盖也发黏，但其颜色没那么艳丽，且具红褐色鳞片。翘鳞伞 *Pholiota squarrosa* 菌盖较大，不黏，淡黄色至赭色，被深褐色鳞片。这两个种通常生长在阔叶树上，很少生长在针叶树上。

实际大小

黄鳞伞菌盖半球形，逐渐平展至略呈凸出形。菌盖表面湿时黏，干后金黄色至橙黄色，被有直立黄色鳞片。菌褶柠檬黄色，逐渐变为锈褐色。菌柄干，幼时具纤维状环，与菌盖同色，幼时鳞片黄色，后逐渐变为深至黄褐色。

科	球盖菇科Strophariaceae
分布	北美洲、欧洲、亚洲北部、澳大利亚、新西兰
生境	林地和绿地
宿主	阔叶树，极少针叶树
生长方式	密集簇生于树干基部、树桩上
频度	常见
孢子印颜色	褐色
食用性	有毒（对部分人群），最好避免食用

子实体高达
8 in
(200 mm)

菌盖直径达
6 in
(150 mm)

264

翘鳞伞
Pholiota squarrosa
Shaggy Scalycap
(Vahl) P. Kummer

翘鳞伞大量簇生时，是一种很美丽的菌物，但其在活树基部的出现则预示着干腐或基腐。中国和欧洲东部采食该物种，但据报道可导致部分人胃中毒，因此不推荐食用。与很多木腐菌一样，翘鳞伞也因其含有可药用的新代谢产物而被广泛研究。从该菌中分离出一种被称为 squarrosidine 的聚酮类化合物，该化合物具有改善心血管健康的潜在功效。

相似物种

菌盖稍黏的尖鳞伞 *Pholiota squarrosoides* 极其相似，最好通过显微镜下其较小的孢子来区分。黄鳞帽 *Pholiota flammans* 子实体较小，颜色更鲜艳，被黄色至黄褐色鳞片且生长于针叶树上。金毛鳞帽 *Pholiota aurivella* 则菌盖凝胶状，具松散的鳞片。

实际大小

翘鳞伞菌盖凸镜形，逐渐平展至略呈凸出形，干，淡黄至淡赭色，被有直立深褐色鳞片。菌褶灰白色、青黄色，逐渐变为锈褐色。菌柄干，幼时具纤丝状菌环，近白色至黄色，向基部逐渐变为红褐色，被有深褐色鳞片。菌肉紧实，淡黄色。

科	牛肝菌科Boletaceae
分布	北美洲、中美洲
生境	林地和绿地
宿主	阔叶树，尤其栎树的外生菌根菌
生长方式	单生或小群生于地上
频度	常见
孢子印颜色	赭色
食用性	可食

红黄褶孔菌
Phylloporus rhodoxanthus
Gilled Bolete
(Schweinitz) Bresadola

子实体高达
4 in
(100 mm)

菌盖直径达
4 in
(100 mm)

265

红黄褶孔菌常令人惊奇，因为从上面看，非常像绒盖牛肝菌属 *Xerocomus* 中（或绒盖牛肝菌亚属）的一种，但一旦翻过来就会发现其具有菌褶而不是菌孔。这不仅仅是一个巧合。最近的分子研究表明，褶孔菌属 *Phylloporus* 与绒盖牛肝菌属亲缘关系很近，未来这两属很有可能被合并。红黄褶孔菌在北美较常见，但其欧洲的相似种——金褶褶孔菌 *Phylloporus pelletieri* 却莫名地罕见，已被许多国家列入濒危真菌物种红色名录，甚至在伯尔尼公约中被建议进行全球性保护。

相似物种

形态相似的金褶褶孔菌是欧洲和北亚物种，常与美洲的红黄褶孔菌混淆。除了地理分布不同，更主要的还是根据微观结构进行区别。其他北美的相似种有叶状褶孔菌 *Phylloporus foliiporus*（切后菌肉变蓝）和沙地褶孔菌 *Phylloporus arenicola*（生长于西海岸松树林中）。

实际大小

红黄褶孔菌菌盖形态凸镜形，逐渐平展，干，光滑，稍被细绒毛，老后有时具细微开裂，深红至红褐色或褐色。菌褶延生，稀，亮黄色至金黄色。菌柄干，黄色，逐渐变为红色至红褐色。

科	口蘑科Tricholomataceae
分布	北美洲、欧洲、中美洲、亚洲北部
生境	林地
宿主	阔叶树和针叶树
生长方式	单生、簇生或叠生于腐木上
频度	产地常见
孢子印颜色	赭粉色
食用性	非食用

子实体高达
⅛ in
(3 mm)

菌盖直径达
3 in
(75 mm)

266

鸟巢黄毛侧耳
Phyllotopsis nidulans
Orange Mock Oyster
(Persoon) Singer

鸟巢黄毛侧耳菌盖表面多毛和通体橙色的特点使它易与可食用的黄毛侧耳属 *Phyllotopis* 真菌区别开来。子实体的味道据说也较难闻——像臭鼬、下水道气体或臭鸡蛋的味道，但根据有些作者的描述，该物种偶尔有些标本"无香味乃至令人愉悦"。本种在北美洲常见，可生长于阔叶树和针叶树上，但在欧洲并不常见，局部地区甚至罕见。种加词"*nidulance*"的意思是"鸟巢"，来源于其未成熟的子实体看起来有点像微型的鸟巢。

相似物种

耳状小塔氏菌 *Tapinella panuoides* 菌褶黄色，但其菌盖光滑，绒质，褐色，属褐色孢子类群，且严格生长在针叶树上。藏红花靴耳 *Crepidotus crocophyllus* 同样具有黄橙色菌褶，但同样也为褐色孢子类群，菌盖奶油色至金褐色，具鳞片。

鸟巢黄毛侧耳子实体常簇生或叠生，侧生于树上。子实体呈宽扇贝型，软。菌盖稍凸镜形至平展，橙色至淡橙黄色，逐渐变为淡赭黄色，表面多毛。菌褶与菌盖同色。无菌柄。

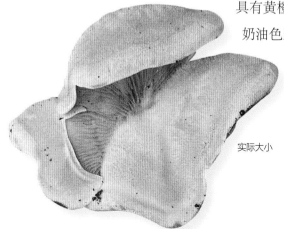

实际大小

科	侧耳科Pleurotaceae
分布	亚洲洲东部
生境	林地
宿主	阔叶树
生长方式	密集簇生于死的树干或原木上
频度	偶见
孢子印颜色	白色
食用性	可食

子实体高达
4 in
(100 mm)

菌盖直径达
3 in
(75 mm)

金顶侧耳
Pleurotus citrinopileatus
Golden Oyster

Singer

金顶侧耳最初描述自俄罗斯远东地区，颜色鲜明，其野生分布仅限于东亚地区。它可以食用，现今被广泛栽培，用于商业售卖和自产自销。除其颜色外，金顶侧耳与分布更为广泛、通常近白色至浅褐色的黄白侧耳 *Pleurotus cornucopiae* 非常相似，常被认为是其不同的颜色变型或变种。两者子实体均密集簇生，从一个菌柄上长出多个菌盖。

相似物种

黄色、漏斗形菌盖和白色菌褶使得本种较易被区分。黄白侧耳具有与本种相同的形状，但其菌盖为象牙白色至浅褐色。蜜环菌 *Armillaria mellea* 具有相似的大型簇生形态，但其菌盖茶黄色，具稀疏鳞片，且菌柄具有明显的菌环。

金顶侧耳子实体漏斗形，在同一菌柄基干或基干上形成分枝。幼时菌盖凸镜形，逐渐平展至漏斗形，光滑，柠檬黄色。菌褶长延生，白色。菌柄近中生，通常弯曲，光滑，白色。

实际大小

科	侧耳科Pleurotaceae
分布	非洲、中美洲、南美洲、亚洲南部和东部、澳大利亚、新西兰
生境	林地
宿主	阔叶树
生长方式	单生或密集簇生于树干上
频度	偶见
孢子印颜色	白色
食用性	可食

子实体高达
½ in
(10 mm)

菌盖直径达
3 in
(75 mm)

268

桃红侧耳
Pleurotus djamor
Tropical Oyster
(Rumphius) Boedijn

热带和亚热带分布物种桃红侧耳与通常分布于温带的糙皮侧耳 *Pleurotus ostreatus* 较相近，偶尔北至日本，南至阿根廷和新西兰也可发现该种的踪迹。像糙皮侧耳 *Pleurotus ostreatus* 一样，桃红侧耳也是很好的食用种类，作为引人注目的奇特物种，它已被广泛栽培和销售，其商品名为"Pink Oyster"。但这个名称可能有些使用不当，因为它和其温带相似种糙皮侧耳一样，颜色变化较大。在野外，其子实体通常呈白色，但栽培菌株常形成不常见的粉红色子实体。

相似物种

粉红色的桃红侧耳不易被鉴定错误。但白色的桃红侧耳则可能看起来很像温带物种糙皮侧耳的白色子实体。在两者都发生的地区，最好通过显微镜进行区分。一些其他白色或近白色的平菇属 *Pleurotus* 真菌也发生在热带地区。

桃红侧耳子实体为扇贝形或匙形，侧生于木头上。菌盖幼时凸镜形，逐渐变为平展至漏斗形，光滑，白色，少见淡粉红色至粉红色。菌褶延生，近白色至与菌盖同色。菌柄侧生，常较短至无，光滑，与菌盖同色。

实际大小

科	侧耳科Pleurotaceae
分布	欧洲南部、非洲北部、亚洲西南部
生境	灌木丛
宿主	野生刺芹
生长方式	单生或簇生于地上寄主茎基部
频度	偶见
孢子印颜色	白色
食用性	可食

子实体高达
4 in
(100 mm)

菌盖直径达
6 in
(150 mm)

269

刺芹侧耳
Pleurotus eryngii
Eryngo Oyster
(De Candolle) Quélet

大多数侧耳属 *Pleurotus* 真菌木生，但刺芹侧耳却属于弱寄生于伞形科植物根部的类群。其寄主为像蓟一样的野生刺芹 *Eryngium campestre*，是在地中海地区常见的一种植物。本种是一种很好的食用种类，已被广泛种植，其商品名为"King Oyster"。本种的一个近缘种——极度濒临灭绝的白灵菇 *Pleurotus nebrodensis*，是在世界自然保护联盟（IUCN）濒危物种红色名录中唯一非地衣化的菌物，仅分布在西西里岛北部。本种现在也已经可被栽培——这也许可将其从濒临灭绝的边缘挽救回来。

相似物种

该属中的其他种类均较为相似，但生长在不同的寄主上，如在欧洲南部和亚洲中部的巨型茴香 *Ferula communis*。它们常被认为是刺芹侧耳的变种，同样可食用。西西里岛上的稀有种白灵菇同样与本种较为相似，但具有白色菌盖。

刺芹侧耳菌盖凸镜形，老后逐渐平展至漏斗形。菌盖表面光滑，其颜色变化较大，常为黄色、米黄色、灰褐色或紫褐色。菌褶延生，近白色至奶油色或淡黄色。菌柄中生或近中生，厚，光滑，白色。

实际大小

科	侧耳科Pleurotaceae
分布	北美洲、欧洲、亚洲北部
生境	林地
宿主	阔叶树
生长方式	成簇叠生于树干上
频度	常见
孢子印颜色	近白色至浅紫色
食用性	可食

子实体高达
½ in
(10 mm)

菌盖直径达
6 in
(150 mm)

270

糙皮侧耳
Pleurotus ostreatus
Oyster Mushroom
(Jacquin) P. Kummer

糙皮侧耳极易用木头、压实的秸秆和其他蔬菜废料进行栽培，已成为全球食用菌市场上最为流行和市场化的种类。不同于大多数"外来"菌物，糙皮侧耳并非近期才由远东传出，在第一次世界大战的时候，它就已被作为维生之道并首先在德国进行了栽培。子实体外形像牡蛎，而并非味道像牡蛎，新鲜时有种淡淡的八角香气。本种还含有一种天然的洛伐他汀成分，是现在常规合成的他汀类药物的一种，可用于降低胆固醇。

相似物种

肺形侧耳*Pleurotus pulmonarius*发生季节较早，产生的子实体较小，常具有明显的侧生菌柄，菌盖白色至浅棕褐色。在欧洲，黄白侧耳*Pleurotus cornucopiae*也为苍白色，但体型较大，常呈漏斗形，多数具中生（非侧生）菌柄。两者均可食用。

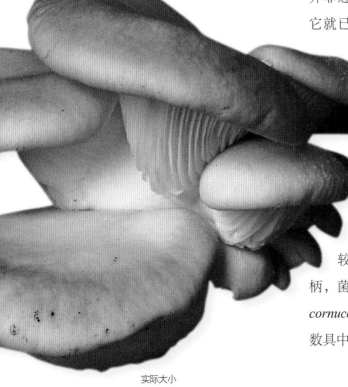

实际大小

糙皮侧耳子实体簇生或叠生，侧生于树木上。菌盖幼时凸镜形，逐渐平展，光滑，蓝灰色至深灰色或苍白至深灰褐色。菌褶延生，白色。常不具菌柄，如存在则为侧生，短，与菌盖同色。

科	光柄菇科Pluteaceae
分布	北美洲、欧洲、亚洲北部、澳大利亚、新西兰
生境	林地
宿主	针叶树
生长方式	单生于枯木上
频度	常见
孢子印颜色	粉红色
食用性	非食用

子实体高达
5 in
(125 mm)

菌盖直径达
5 in
(125 mm)

黑边光柄菇
Pluteus atromarginatus
Black-Edged Shield
(Konrad) Kühner

　　黑边光柄菇个体较大，因生长在针叶树上且具整齐的黑色褶缘而易与其他种类区别。显微镜下观察发现，黑色边缘来自于菌褶边缘排列的一层不育细胞，每个细胞都含有黑褐色色素。它直到20世纪20年代才最先在法国被描述，但实际上却非常广布，并非不常见。被忽略的原因可能是因为本种与形态多样的灰光柄菇*Pluteus cervinus*非常相似，最初曾被认为是其变种。

相似物种

　　极其常见的灰光柄菇与本种大小相近，但通常生长于阔叶树木上。同样生长于针叶树木上的波扎里光柄菇*Pluteus pouzrianus*的菌褶则无黑色边缘。网顶光柄菇*Pluteus umbrosus*具褐色边缘菌褶，但生长于阔叶树木上，且具绒鳞状菌盖。

黑边光柄菇菌盖凸镜形，逐渐平展至浅凸出形。菌盖表面光滑至具纤丝，中部暗褐色至黑褐色，边缘浅褐色。菌褶幼时近白色，渐柠檬色，具明显黑褐色边缘。菌柄光滑至纤维质，淡灰褐色。

实际大小

科	光柄菇科Pluteaceae
分布	北美洲、欧洲、亚洲北部
生境	林地和灌木丛
宿主	阔叶树，尤其是榆树
生长方式	单生或小群生于老树干和树桩上
频度	偶见
孢子印颜色	粉红色
食用性	非食用

子实体高达
2 in
(50 mm)

菌盖直径达
2½ in
(60 mm)

272

橘红光柄菇
Pluteus aurantiorugosus
Flame Shield
(Trog) Saccardo

橘红光柄菇是光柄菇科中颜色最为明艳的一种，孢子呈橙红色或粉红色，并使菌褶也带有颜色。本种与草菇属*Volvariella*近缘，但不同于具粉红色孢子的粉褶蕈属*Entoloma*类群。大多数光柄菇科真菌为木生，橘红光柄菇喜生长在榆木上。因荷兰榆树病（Dutch Elm Disease）造成不列颠群岛2000万榆树死亡，产生了大量的枯榆树，橘红光柄菇曾一度比平时更为常见。但如今又变得较为稀有，仅偶尔能见到。

相似物种

老熟后的子实体常与一些菌盖为黄色的光柄菇科种类，如欧洲的狮黄光柄菇*Pluteus leoninus*或者北美洲的黄光柄菇*Pluteus admirabilis*混淆。小菇属*Mycena*真菌具绯红色至橙色菌盖，孢子印白色，菌肉更薄。利氏小菇*Mycena leaiana*同样具有橙色菌褶。

橘红光柄菇菌盖凸镜形，逐渐平展至凸出形。菌盖表面光滑或稍褶皱，幼时为鲜绯红色，边缘渐橙色至黄橙色。菌褶幼时近白色，渐橙红色。菌柄光滑，幼时近白色，基部向上渐黄色。

实际大小

科	光柄菇科Pluteaceae
分布	欧洲、北非、亚洲北部
生境	林地和灌木丛中
宿主	阔叶树
生长方式	单生或小群生于树桩和枯木上
频度	偶见
孢子印颜色	粉红色
食用性	非食用

子实体高达
3 in
(75 mm)

菌盖直径达
2½ in
(60 mm)

狮黄光柄菇
Pluteus leoninus
Lion Shield
(Schaeffer) P. Kummer

狮黄光柄菇的种加词"*leoninus*"意思是"狮子般的"，来源于其黄色菌盖具有明显的金色或黄褐色。本种在欧洲分布广泛，但并不常见，与其相似的金褐光柄菇*Pluteus chrysophaeus*则更常见一些。它们均发生在阔叶树的死木或倒木上。与所有的光柄菇属真菌一样，由于狮黄光柄菇菌盖的形状较为齐整，所以取其英文名字为Lion Shield（可能是指古罗马圆形盾牌）。"*Pluteus*"的含义据说是"移动的阁楼"，这一描述则很令人费解。

实际大小

相似物种

发生在北美洲的黄光柄菇*Pluteus admirabili*与本种非常相似，菌盖为黄色。另一相似种金褐光柄菇菌盖尽管通常呈黄绿色，但最好通过显微观察进行区别。黄色菌盖的小菇属*Mycena*真菌孢子为白色，通常肉质较薄。

狮黄光柄菇菌盖凸镜形，逐渐平展至凸出形。菌盖表面光滑，具丝状光泽，黄色至金色至茶黄色，菌盖中部褐色。幼时菌褶近白色，渐呈三文鱼色。菌柄光滑，幼时近白色，基部向上逐渐变为黄色。

科	光柄菇科Pluteaceae
分布	北美洲、欧洲、北非、南美洲、亚洲北部
生境	林地
宿主	阔叶树
生长方式	单生或小群生于枯木上
频度	偶见
孢子印颜色	粉红色
食用性	非食用

子实体高达
3 in
(75 mm)

菌盖直径达
2 in
(50 mm)

274

网盖光柄菇
Pluteus thomsonii
Veined Shield
(Berkeley & Broome) Dennis

网盖光柄菇孢子呈粉红色，个体较小，菌盖表面常具有独特的网脉，这有助于将其与相似的灰褐色光柄菇属*Pleuteus*真菌区别开来。子实体通常单生，仅偶尔小群生，因生长在树桩、落枝或埋木上，使其看起来像生于土中或落叶层上。网盖光柄菇最早于1876年描述自英国肯特，汤姆斯（Thomosom）博士在那里发现了该种。虽然本种是北温带广布种，但向南至巴西也有过报道。

相似物种

皱皮光柄菇*Pluteus phlebophorus*与本种相比，红褐色更为明显，菌盖同样具脉络或褶皱，但网纹较细和弱。当采集到菌盖光滑的网盖光柄菇时，仅在镜下可以将其与其他灰褐色光柄菇属真菌进行区别。

实际大小

网盖光柄菇菌盖凸镜形，逐渐平展至浅凸出形。菌盖表面光滑或具网脉，尤其是菌盖中部，浅黄色至褐色或黑红褐色。菌褶幼时白色，逐渐变为橙红色。菌柄浅灰色至褐色，光滑但为污白色。

科	小脆柄菇科Psathyrellaceae
分布	北美洲，欧洲
生境	林地
宿主	针叶树
生长方式	树桩上或树桩附近
频度	稀有
孢子印颜色	黑色
食用性	非食用

子实体高达
5 in
(125 mm)

菌盖直径达
2 in
(50 mm)

美杜莎头小脆柄菇
Psathyrella caput-medusae
Medusa Brittlestem
(Fries) Konrad & Maublanc

美杜莎头小脆柄菇的奇特名字取自其菌盖和菌柄表面具有粗糙的鳞片。一些采集的标本上有时呈非常明显的尖刺状，像戈尔贡蛇头发一样有点怪异，非常与众不同；而另一些采集的标本有时鳞片并不明显，子实体与苍白色鳞伞属*Pholiota*真菌相似。美杜莎头小脆柄菇成簇生长于老的或死的针叶树木上，并不常见，甚至罕见，在很多欧洲国家都被列入国家级濒危真菌红色名录。

实际大小

相似物种

黄足小脆柄菇*Psathyrella cotonea*同样成簇生长于树桩上，但与美杜莎头小脆柄菇相比缺少明显的菌环，且菌柄基部呈淡黄色。一些更显苍白色的鳞伞属真菌与美杜莎头小脆柄菇的形态极为相似，但其孢子为锈褐色。

美杜莎头小脆柄菇子实体成簇生长。菌盖凸镜形至凸出形。菌盖表面幼时光滑，向边缘方向碎裂呈鳞片状，白色至淡褐色，中部颜色较深，鳞片颜色相同，或鳞片尖端颜色稍深。菌褶褐色至黑褐色。独立的菌柄与菌盖同色，具下垂状菌环（见右图），向基部具深色鳞片。

科	小脆柄菇科Psathyrellaceae
分布	北美洲、欧洲、新西兰
生境	林地、花园、绿地、路边
宿主	阔叶树
生长方式	埋木或死根
频度	产地常见
孢子印颜色	黑色
食用性	非食用

子实体高达
5 in
(125 mm)

菌盖直径达
1 in
(25 mm)

276

丛生小脆柄菇
Psathyrella multipedata
Clustered Brittlestem
(Peck) A. H. Smith

虽然小脆柄菇属*Psathyrella*真菌是较为常见的一个类群，他们往往外观形态极为相似，以至于很难鉴定至种。丛生小脆柄菇却是一个例外，因为其子实体通常并不集生或丛生，而是在单独的、埋于地下的根状基物上大量、密集成簇生长。种加词"*multipedata*"的意思是"多足的"，来源于其貌似簇生但实际上具有多个菌盖和菌柄。丛生小脆柄菇生长在埋木或死根上，通常发现于沿着路边或在花园等被干扰的地上。

实际大小

相似物种

常见的丸形小脆柄菇*Psathyrella piluliformis*同样也是簇生，但菌盖褐色至赭褐色、较大，并通常发生在腐烂的树桩和段木上。白小鬼伞*Coprinellus disseminatus*在腐木上生成大量子实体，但密集成丛，非单独成簇。

丛生小脆柄菇子实体密集簇生。菌盖凸镜形，菌肉极薄，易碎，光滑，边缘具条纹，湿时浅灰褐色，干时暗奶油色至灰奶油色。菌褶幼时白色，逐渐变黑。单独的菌柄近白色，光滑，易碎。

科	口蘑科Tricholomataceae
分布	北美洲、欧洲、亚洲北部
生境	林地
宿主	针叶树和阔叶树
生长方式	单生或小群生于地上
频度	常见
孢子印颜色	白色
食用性	可食，最好避免食用

灰假杯伞
Pseudoclitocybe cyathiformis
The Goblet
(Bulliard) Singer

子实体高达
5 in
(125 mm)

菌盖直径达
3 in
(75 mm)

灰假杯伞种加词"*cyathiformis*"的意思是"高脚杯形的"，优美的长柄上端托着漏斗状的菌盖就像是高脚杯的一部分。灰假杯伞为落叶腐生菌，子实体常发生在许多其他蘑菇已经消失后较晚的季节。灰假杯伞最早描述于法国，是遍布于北温带的广布种。可食用，但没有多大价值，而且需仔细与有毒的杯伞属*Clitocybe*真菌进行区分，因杯伞属的一些种类同样具漏斗形菌盖。

相似物种

瘤凸假杯伞*Cantharellula umbonata*是灰假杯伞形态和颜色的相似种，但前者与苔藓共生，且菌盖中部有明显的突出，菌褶奶油色，伤后变红。水粉杯伞*Clitocybe nebularis*子实体较大，浅灰色，菌褶同样近白色至奶油色。

实际大小

灰假杯伞菌盖中部深度下凹，成熟后完全漏斗状，光滑，湿时深紫褐色，干时浅灰褐色。菌褶延生，浅灰褐色，菌柄光滑，向基部逐渐变粗，与菌盖颜色相同，但幼时具白色纤毛状包衣。

科	球盖菇科Strophariaceae
分布	北美洲东南部、中美洲、南美洲、亚洲南部、澳大利亚
生境	牧场和施肥草地
宿主	粪生
生长方式	单生或小群生于粪便上
频度	偶见
孢子印颜色	黑色
食用性	有毒（致幻）

子实体高达
6 in
(150 mm)

菌盖直径达
3 in
(75 mm)

古巴裸盖菇
Psilocybe cubensis
Gold Cap
(Earle) Singer

古巴裸盖菇*Psilocybe cubensis*最早描述于古巴，是一种个体相对较大、嗜粪的真菌种类，主要分布于热带和亚热带地区。古巴裸盖菇子实体中裸盖菇素含量较高，裸盖菇素是一种神经类化合物，存在于很多裸盖菇属*Psilocybe*真菌——包括中美洲土著居民神秘仪式中使用的蘑菇种类中。LSD（麦角酸二乙基酰胺，一种麻醉药）的发现者、瑞士科学家艾伯特·霍夫曼（Albert Hoffman）于1958年最早分离出此种化合物。从那时起，古巴裸盖菇被广泛用于致幻药物，并基于此目的进行栽培，但是很多国家认为栽培和拥有古巴裸盖菇子实体是非法的。

相似物种

亚古巴裸盖菇*Psilocybe subcubensis*与古巴裸盖菇有相似的分布，仅能在显微镜下根据其孢子较小的特征进行区分。近卵形斑褶菇 *Panaeolus semiovatus*具与古巴裸盖菇相似的大小和生境，可形成蘑菇圈，但前者更多分布于温带，菌盖苍白色、黏，菌褶黑色有斑点。

实际大小

古巴裸盖菇圆锥形，逐渐平展至浅凸出形。菌盖光滑，湿时黏，奶油色至赭色至红褐色，有时具近白色菌幕残余。菌褶褐色，逐渐变为紫黑色，边缘浅白色。菌柄光滑，浅白色至与菌盖颜色相同，具膜质菌环。子实体所有部分伤后均变暗蓝色。

科	球盖菇科Strophariaceae
分布	北美洲、欧洲、亚洲北部、澳大利亚、新西兰
生境	牧场和施肥草地
宿主	草地和粪便
生长方式	单生或小群生于草地，少见于粪便上
频度	常见
孢子印颜色	黑色
食用性	有毒（致幻）

子实体高达
5 in
(125 mm)

菌盖直径达
1½ in
(35 mm)

半针裸盖菇
Psilocybe semilanceata
Liberty Cap

(Fries) P. Kummer

近年来，由于受致幻剂的影响，看起来有些无辜的粪生真菌背负了恶名。半针裸盖菇子实体含有致幻的裸盖菇素成分。英文名字自由帽菌（Liberty Cap），来源于其菌盖与弗里吉亚帽（自由帽，在法国大革命时期是自由的象征）非常相像。半针裸盖菇的别称神奇的蘑菇（Magic Mushroom）也用于其他有兴奋作用的蘑菇。虽然收集半针裸盖菇已经成为狂热爱好者的流行仪式，但现在在许多国家也是非法的，而且持有采集的标本可能被视为严重的刑事犯罪。

相似物种

其他子实体小的非常相近的裸盖菇属真菌也生长于草地上，但缺少明显的点状突起。斑褶菇属*Panaeolus*真菌也与本种较为相似，但其菌褶具黑色斑点。一些草地上生长的锥盖伞属*Conocybe*真菌，与半针裸盖菇相似，菌盖具点状突起，但孢子和菌褶均为锈褐色。

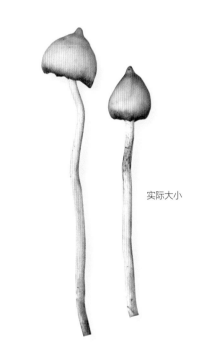

实际大小

半针裸盖菇菌盖圆锥形，中部具尖乳突状突起。菌盖表面光滑，赭至赭褐色，有时湿时黏，干时浅黄色。菌褶褐色，逐渐变为深灰至紫黑色。菌柄光滑至具细小纤毛，纤毛状，银白色至与菌盖同色。子实体所有部分伤后均变暗蓝色。

科	小皮伞科Marasmiaceae
分布	北美洲、欧洲、非洲北部、亚洲北部
生境	林地
宿主	针叶树和阔叶树
生长方式	地生、单生或小群生
频度	极其常见
孢子印颜色	淡粉红浅黄色
食用性	可食

子实体高达
4 in
(100 mm)

菌盖直径达
3 in
(75 mm)

乳酪粉金钱菌
Rhodocollybia butyracea
Butter Cap

(Bulliard) Lennox

乳酪粉金钱菌的拉丁名和英文名均来源于其湿时菌盖表面光滑、手感如黄油般的特征。本种是较常见的种类，尤其在松树林中，出菇季节的晚些时候一直持续产生子实体。乳酪粉金钱菌形态极为多样，部分原因为其菌盖水浸状，颜色随湿度变化而变化，这使其表现出两种色调，即湿时深色中心，干时灰白色边缘。另外，乳酪粉金钱菌物种分化为红褐色变种和产地常见的赭至灰褐色变种。

相似物种

不常见的展粉金钱菌扭曲变种*Rhodocollybia prolixa* var. *distorta*以及北美洲西部的红褐粉金钱菌*Rhodocollybia badiialba*与乳酪粉金钱菌有一定程度的相似，但这两个相似种的扭曲的菌柄上的菌盖非水浸状，非红褐色。常见的栎裸脚菇 *Gymnopus dryophilus* 是更纤细的种，菌盖淡橘黄褐色至赭淡黄色。

实际大小

乳酪粉金钱菌菌盖凸镜形，逐渐平展至略凸出形。菌盖表面光滑，黏质，水浸状，以至于湿时黄褐色，灰褐色，或深红褐色，干时淡黄色或灰淡黄色，中部深色持久。菌褶浅白色。菌柄光滑，向下渐膨大，灰白色，逐渐与菌盖同色。

科	膨瑚菌科Physalacriaceae
分布	北美洲东部、欧洲、亚洲北部
生境	林地
宿主	阔叶树，尤其是榆木
生长方式	单生或小簇生于树桩或段木上
频度	偶见
孢子印颜色	白色
食用性	非食用

掌状玫耳
Rhodotus palmatus
Wrinkled Peach
(Bulliard) Maire

子实体高达
2 in
(50 mm)

菌盖直径达
6 in
(150 mm)

281

掌状玫耳菌盖非常特殊且易于区分，即表面下方凝胶状，以至于手指轻轻按下就会形成褶皱。自然状态下也会形成褶皱，有时形成网脉。虽然子实体闻起来有水果香气，但具苦味，且不可食。掌状玫耳通常生长于腐烂的榆木上，较少生于其他树木上，广布种，但并不常见。在一些欧洲国家，掌状玫耳被列入菌物濒危物种红色名录，在少数国家甚至被法律保护。

相似物种

掌状玫耳无较为近缘的种类。桃红侧耳*Pleurotus djamor*虽然具有相似的颜色，但菌盖无褶皱，且分布于热带和亚热带地区。黏靴耳 *Crepidotus mollis*和藏红花靴耳*Crepidotus crocophyllus*有时凝胶状，但它们均无柄，且孢子为褐色。

实际大小

掌状玫耳菌盖凸镜形，逐渐平展。菌盖表面光滑至具脉状或褶皱，脉络常形成突出的网状，粉红色至肉红色。菌褶颜色比菌盖浅。菌柄常离生或偏生，近白色至与菌盖同色或淡黄粉红色。

科	匐担革菌科Repetobasidiaceae
分布	北美洲、欧洲、非洲北部、中美洲、南美洲、南极洲、亚洲北部、澳大利亚、新西兰
生境	长满苔藓的草地、草坪，少见于林地
宿主	苔藓
生长方式	散生于地上
频度	极其常见
孢子印颜色	白色
食用性	非食用

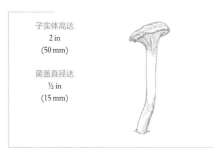

子实体高达
2 in
(50 mm)

菌盖直径达
½ in
(15 mm)

282

腓骨小瑞克革菌
Rickenella fibula
Orange Mosscap
(Bulliard) Raithelhuber

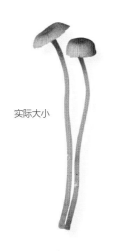

实际大小

尽管腓骨小瑞克革菌个体较小，但由于其色泽鲜艳且生于长有苔藓的草坪里的生境而常被发现。实际上，腓骨小瑞克革菌菌丝可穿透苔藓根毛状的假根而与苔藓密切相关。腓骨小瑞克革菌与苔藓是寄生关系还是互惠的共生关系，截至目前尚不清楚。腓骨小瑞克革菌先前被称为腓骨老伞*Gerronema fibula*，所以从本种提取出的细胞毒素化合物被称为老菇素（gerronemins）。它们可能在抗癌研究中被证明是有用的化合物。

相似物种

腓骨小瑞克革菌子实体较小，菌盖橘色，菌褶延生，长在苔藓上而易于辨识。湿伞属*Hygrocybe*中有的真菌也生长在苔藓上，并具有相近的颜色，但只有一小部分菌褶延生，该属中几乎所有的子实体都比腓骨小瑞克革菌大。很多小的盔孢伞属*Galerina*真菌发生于苔藓中，但其菌褶和孢子均为锈褐色。

腓骨小瑞克革菌菌盖幼时凸镜形，逐渐具突起至平展，且中部下凹。菌盖表面光滑，具明显条纹，湿时浅黄橙色至橙色，干时苍白色或淡黄色。菌褶延生，较厚，近白色至浅于菌盖颜色。菌柄细，光滑，与菌盖同色。

科	匐担革菌科Repetobasidiaceae
分布	北美洲、欧洲、新西兰
生境	长满苔藓的草地、草坪，少生于林地
宿主	苔藓
生长方式	地生、散生
频度	常见
孢子印颜色	白色
食用性	非食用

斯沃兹小瑞克革菌
Rickenella swartzii
Collared Mosscap

(Fries) Kuyper

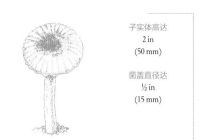

子实体高达
2 in
(50 mm)

菌盖直径达
½ in
(15 mm)

除颜色特征外，斯沃兹小瑞克革菌与腓骨小瑞克革菌*Rickenella fibula*相似，都生长在苔藓的草地或草坪中。斯沃兹小瑞克革菌的分布从地理学角度看要比世界分布的腓骨小瑞克革菌严格很多。分子研究结果表明小瑞克革菌属*Rickenella*的两个种均与几种相似的苔藓共生，与其他很多蘑菇的亲缘关系都较远。其实质上斯沃兹小瑞克革菌隶属于秀革菌目Hymenochaetales，该目包括很多大的弧状真菌，如稀硬木层孔菌*Phellinus robustus*。

相似物种

斯沃兹小瑞克革菌因其个体较小、菌褶延生、长于苔藓上，且菌盖中部颜色较深，而易与其他种区别。伞形地衣亚脐菇*Lichenomphalia umbellifera*的个体也较小，菌褶延生，但其菌盖常呈浅褐色至浅黄色，且为地衣真菌，常发现于石楠和沼泽地，而非发生在长苔藓的草地和草坪上。

实际大小

斯沃兹小瑞克革菌菌盖幼时凸镜形，逐渐具突起至平展，且中心下凹（见上图）。菌盖表面光滑，具明显条纹，中部深紫褐色至深褐色，边缘逐渐变为浅淡褐色。菌褶延生，较厚，近白色。菌柄细，光滑，上部深褐色，向基部为苍白色。

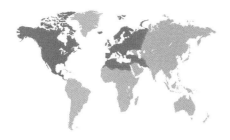

科	口蘑科Tricholomataceae
分布	北美洲、欧洲、非洲北部、中美洲、亚洲西部
生境	林地
宿主	阔叶树和针叶树
生长方式	地生、单生或群生
频度	偶见
孢子印颜色	浅褐色
食用性	非食用

284

子实体高达
2 in
(50 mm)

菌盖直径达
1½ in
(40 mm)

毛缘菇
Ripartites tricholoma
Bearded Seamine
(Albertini & Schweinitz) P. Karsten

实际大小

毛缘菇菌盖幼时凸镜形，逐渐平展至中部下凹。菌盖近白色，幼时具毡状细毛至明显多毛，尤其边缘更加明显，老后渐光滑。菌褶稍延生，淡黄色至粉灰色。菌柄近光滑，白色至淡黄色或粉灰色。

毛缘菇这个奇特的小伞菌因其具淡褐色孢子和淡黄色菌褶，曾经在丝盖伞属*Inocybe*和桩菇属*Paxillus*中被提及。实际上，毛缘菇与白色孢子印的口蘑属*Tricholoma*真菌的亲缘关系比其他任何褐色孢子印种类都更为接近。毛缘菇特殊的英文名字来源于其具有近球形孢子，因孢子具钉状突起，不禁让人回忆起老式的海军鱼雷。英文名字Beard（胡须）则是指菌盖粗糙的边缘，但变化差异较大，且成熟后逐渐消失。

相似物种

毛缘菇属*Ripartites*是一个小属，但包含少数较似且不常见的种，最好在显微镜下进行区别。杯伞属*Clitocybe*的一些种类与毛缘菇形态相似，几个种的菌褶为近粉色至近灰色的，延生，菌盖通常光滑，但孢子印非淡褐色。

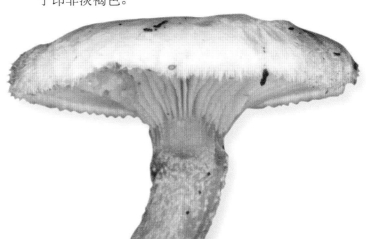

科	小菇科Mycenaceae
分布	北美洲、欧洲、亚洲北部
生境	林地，灌木篱墙和灌木丛
宿主	阔叶树、针叶树、草本植物
生长方式	落叶、松针、落枝和茎
频度	常见
孢子印颜色	白色
食用性	非食用

子实体高达
2 in
(50 mm)

菌盖直径达
½ in
(15 mm)

285

黏柄露珠菌
Roridomyces roridus
Dripping Bonnet
(Scopoli) Rexer

子实体较小的黏柄露珠菌常大量发生在树针、悬钩子植物枯枝和其他小的植物残体上。种加词"*roridus*"的意思是"露湿的"，在潮湿的天气，黏柄露珠菌因柄外黏凝胶状外层超过了菌柄本身的直径而显得粗厚，整体就像被冻状物包裹着。黏柄露珠菌原本为小菇属*Mycena*真菌，直到最近才归为本属。令人好奇的是黏柄露珠菌子实体能产生发光的孢子，是能发光的几种真菌之一。

相似物种

尽管黏柄露珠菌菌柄外层具有厚的黏凝胶状物质与众不同，但是也有相似种发生在别处。分布在澳大利亚和新西兰的南霜状露珠菌*Roridomyces austrororidus* 和分布于热带包括亚洲南部和南美洲的亮褶黏柄露珠菌*Roridomyces lamprosporus*与黏柄露珠菌，可通过镜下微观特征进行区别。

实际大小

黏柄露珠菌菌盖凸镜形至平展，有时中部下凹。菌盖光滑，逐渐具脊，中部淡灰褐色，边缘逐渐变为白色。菌褶延生，近白色。菌柄较细，光滑，上部深褐色，向基部逐渐变为苍白色，湿时被有厚的凝胶状黏液。

科	红菇科Russulaceae
分布	欧洲、非洲北部、亚洲北部
生境	林地
宿主	阔叶树外生菌根菌
生长方式	单生或群生于地上
频度	偶见
孢子印颜色	赭色
食用性	可食

子实体高达
5 in
(125 mm)

菌盖直径达
4 in
(100 mm)

286

黄斑红菇
Russula aurea
Gilded Brittlegill
Persoon

黄斑红菇的种加词"*aurea*"的意思是"金色"，是红菇属*Russula*引人注目的真菌，其典型的特征：菌褶金黄色，菌柄黄红色。虽然黄斑红菇与很多种阔叶树共生，尤其是榛树、栎树和山毛榉，但并非常见种，且在分布区域边缘向北渐少见。黄斑红菇在亚洲与欧洲均有分布，在不丹甚至还将其印制为邮票。子实体可食，口感温和，但并未达到狂热追求的程度。

相似物种

几个菌盖为红色的红菇属真菌，如毒红菇*Russula emetica*和高贵红菇*Russula nobilis*，口感苦或辛辣，不可食用。但还有一些相似种菌褶也为白色，但菌柄非黄斑红菇的黄红色。

实际大小

黄斑红菇菌盖幼时半球形，逐渐凸镜形至平展。菌盖表面光滑，亮红铜色至锈红色。菌褶苍白色至深黄赭色，边缘常为明亮的金黄色。菌柄光滑，白色，常带有明亮的黄红色。

科	红菇科Russulaceae
分布	北美洲、欧洲
生境	林地
宿主	松树外生菌根菌
生长方式	单生或群生于地上
频度	常见
孢子印颜色	浅赭色
食用性	可食

蓝紫红菇
Russula caerulea
Humpback Brittlegill

(Persoon) Fries

子实体高达
4 in
(100 mm)

菌盖直径达
3 in
(75 mm)

蓝紫红菇为极其常见且易被识别的红菇种类，常发生于松树林中，在人工林和天然林中也非常丰富。蓝紫红菇奇特的英文名字来源于其菌盖常具突起（中间有隆起或圆突），这在红菇属*Russula*中并不常见。蓝紫红菇的菌盖深紫罗兰色，光亮或光滑的表面同样容易被识别。蓝紫红菇的子实体可食，口感温和，但菌盖外皮有点苦，可剥皮后食用。

蓝紫红菇菌盖幼时半球形，展开后逐渐具突起。菌盖表面光滑，甚至有光泽，深紫罗兰色至棕紫罗兰色。菌褶苍白色至深赭色（见上图）。菌柄白色且光滑。

相似物种

紫色红菇*Russula atropurpurea*菌盖颜色较深，中部近乎黑色，边缘近红色至紫色，虽然偶尔发生于松树林中，但更喜在栎树林里生长。北美洲的温和红菇*Russula placita*是一种与针叶树共生的种类，菌盖也为深紫色，但菌肉薄。上述两种均无如蓝紫红菇的突起。

实际大小

科	红菇科Russulaceae
分布	北美洲、欧洲、亚洲北部
生境	湿林地
宿主	桦木外生菌根菌
生长方式	单生或群生于地上
频度	常见
孢子印颜色	浅赭色
食用性	可食

子实体高达
4 in
(100 mm)

菌盖直径达
5 in
(125 mm)

亮黄红菇
Russula claroflava
Yellow Swamp Brittlegill
Grove

亮黄红菇菌盖幼时半球形，逐渐凸镜形至平展，有时稍向下凹，光滑，湿时稍黏，亮柠檬黄色至黄色。菌褶初时白色，逐渐变为浅赭色。菌柄光滑，白色。菌褶和菌柄伤后会缓慢变为灰黑色，或老后变灰。

在长有桦木的湿林地、草本沼泽、林木沼泽和泥炭沼泽的泥炭藓中能够发现亮黄红菇。在正确的栖息地，其明亮的黄色菌盖非常显著且常见。与大多数红菇属*Russula*真菌相同，亮黄红菇的子实体伤后变为灰黑色（有时会先变为淡红色），菌褶和菌柄的颜色变化最为明显。亮黄红菇最初被描述于英国，但却广泛分布于北温带地区。子实体可食，口感温和，但其菌肉较薄，且营养价值不高。

相似物种

赭红菇*Russula ochroleuca*可能是最常见的黄色脆褶菌，但其菌盖呈暗赭黄色，发生在混合林地，而不仅发生在长有桦树的湿地。不常见的*Russula solaris* 具明亮黄色菌盖，但通常发生在长有山毛榉的含有碳酸钙的林地。

实际大小

科	红菇科Russulaceae
分布	北美洲、欧洲、非洲北部、中美洲、亚洲北部
生境	林地
宿主	阔叶树，少生于针叶树外生菌根菌
生长方式	单生或群生于地上
频度	极其常见
孢子印颜色	白色
食用性	可食

花盖红菇
Russula cyanoxantha
Charcoal Burner
(Schaeffer) Fries

子实体高达
4 in
(100 mm)

菌盖直径达
4 in
(100 mm)

花盖红菇的菌盖颜色对于一个初学者来说具有欺骗性。事实上，它的一个更古老的英文名字为"变色龙"。但幸运的是花盖红菇较为常见，典型地由暗紫罗兰色、紫色、灰绿色调和成较为熟悉的颜色。花盖红菇奇特的英文名字可能起源于其法文名字Russule Charbonnière，大概指的是子实体与法国的碳炉外观相似，Charbonnière的法文意思就是"炭烧"。种加词"*cyanoxantha*"并无意义，因为其表示的"蓝色和黄色"两种颜色并不能并存。花盖红菇曾经被确认是一种美味的食用菌。

相似物种

尽管花盖红菇颜色较为多样，因其子实体柔软，有油光易辨识，而与大多数红菇属*Russula*的易碎子实体不同。较为相似的多变红菇*Russula variata*发生于北美洲东部，主要区别是其口感酸。

实际大小

花盖红菇菌盖幼时半球形，逐渐为凸镜形至平展或稍向下凹。菌盖表面光滑至具细脊脉，暗灰紫罗兰色至带灰绿色的紫色，其颜色的变化区域较大，常带有奶油色或淡粉红色，偶尔全部为暗绿色。菌褶白色，韧（不碎）。菌柄光滑，白色，有时呈紫罗兰色。

科	红菇科Russulaceae
分布	北美洲、欧洲、亚洲北部
生境	林地
宿主	针叶树，主要为松树外生菌根菌
生长方式	单生或群生于地上
频度	产地常见
孢子印颜色	淡赭色
食用性	可食

子实体高达
5 in
(125 mm)

菌盖直径达
6 in
(150 mm)

290

褪色红菇
Russula decolorans
Copper Brittlegill
(Fries) Fries

褪色红菇以泛灰色红菇（Graying Russula）的名字为人所知，在北部和山地针叶林中较为常见，似乎仅与松树形成共生。褪色红菇因其铜橙色菌盖，触摸后或老后变为灰色至黑色的特征易被辨识。甚至菌肉切后缓慢地变为灰色。尽管这看起来让人倒胃口，但实际上褪色红菇可食，且口感温和，但一些相似的灰色物种可能带有辛辣和其他令人不愉快的味道。

相似物种

与针叶林共生的沼泽红菇 *Russula paludosa* 是与褪色红菇颜色相似的种，但其菌盖颜色更偏红色，菌柄有时呈粉红色。菌肉切后变灰色，但不变黑，带有辛辣味至苦味。葡酒红菇 *Russula vinosa* 是另一种灰色的针叶林生种类，但菌盖近紫色。

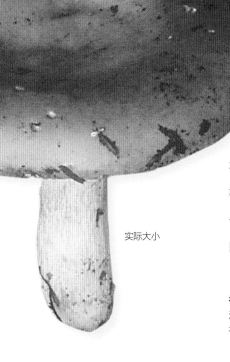

实际大小

褪色红菇菌盖幼时半球形，逐渐为凸镜形至平展，有时稍向下凹。菌盖表面光滑，湿时黏，暗橙色至红褐色。菌褶浅赭色。菌柄白色且光滑，老时泛灰色。子实体所有部分伤后均缓慢变灰至黑色。

科	红菇科Russulaceae
分布	北美洲、欧洲、非洲北部、中美洲、亚洲北部
生境	林地
宿主	针叶树，主要为松树外生菌根菌
生长方式	单生或群生于地上
频度	常见
孢子印颜色	白色
食用性	有毒（据说加工后可食）

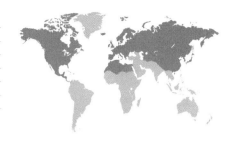

毒红菇
Russula emetica
The Sickener
(Schaeffer) Persoon

子实体高达
4 in
(100 mm)

菌盖直径达
4 in
(100 mm)

291

毒红菇是不可食用的种类。菌肉热辣刺鼻，如果食用会引起胃肠中毒。尽管如此，在欧洲东部、俄罗斯和其他一些地方会有人将其水煮（要换水），随后经过盐和醋的处理去除大部分毒素后食用，这一过程与处理毒蘑菇疝疼乳菇 *Lactarius torminosus* 相同。这可能是出于冬天食物短缺的需要，而不是味道鲜美，所以不推荐使用。毒红菇与针叶树区共生，喜湿地或潮湿林地。一个相似的，同样常见的物种发生在山毛榉林中。

相似物种

与毒红菇形似的血红菇 *Russula sanguinaria* 的菌盖红色，生长在针叶林中，但其菌柄同样呈红色。高贵红菇 *Russula nobilis* 与毒红菇非常相似，但是，如其英文名字山毛榉红菇（Beechwood Sickener）一样，发生于山毛榉树林里，而非针叶树林里。已知世界上还有超过 100 种菌盖呈红色的红菇属 *Russula* 真菌。

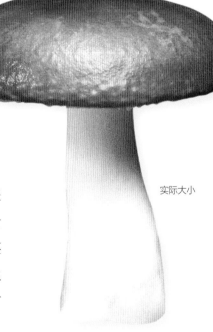

实际大小

毒红菇菌盖幼时半球形，逐渐为凸镜形至平展，有时稍向下凹。菌盖表面光滑，猩红色至亮樱桃红色，中部表皮易脱落。菌褶白色至淡奶油色。菌柄白色，光滑至具细微不规则脊。

科	红菇科Russulaceae
分布	北美洲、欧洲、非洲北部、中美洲、亚洲北部
生境	林地
宿主	阔叶树和针叶树外生菌根菌
生长方式	单生或群生于地上
频度	常见
孢子印颜色	白色
食用性	非食用，最好避免食用

子实体高达
4 in
(100 mm)

菌盖直径达
8 in
(200 mm)

黑红菇
Russula nigricans
Blackening Brittlegill
(Bulliard) Fries

实际大小

黑红菇子实体属于红菇属 *Russula* 中并不常见的种类，子实体紧实粗壮，老后逐渐变黑。老后变黑的子实体可以保存数周，有时会给马勃状星形菌 *Asterophora lycoperdoides* 提供生长住所。有人认为黑红菇可食，但食用后常会引起胃肠中毒。它的毒性与致命的亚黑红菇 *Russula subnigricans* 相近。有益方面的报道从本种子实体中分离出来的称为黑素的化合物可能具有抗肿瘤特性。

相似物种

亚黑红菇是亚洲东部极具毒性的与黑红菇相似的种，亚黑红菇可能在北美洲南部也有分布，其菌肉切后变红，但不变黑。分布广泛的密褶红菇 *Russula densifolia* 也是黑红菇的相似种，区别在于密褶红菇菌褶不稀疏。黑白红菇 *Russula albonigra* 的菌肉切后缓慢变黑（非红色）。

黑红菇菌盖凸镜形，逐渐平展，成熟时下凹。菌盖表面光滑，暗白色至烟熏奶油色，具灰褐色斑点，逐渐变为黑色。菌褶稀疏，暗白色至奶油色，逐渐变为灰褐色，后为黑色。菌柄颜色同菌盖。菌肉切后变红（见左图），后缓慢变为灰至黑色。

科	红菇科Russulaceae
分布	欧洲；已传入南非、南美洲南部
生境	林地
宿主	松树外生菌根菌
生长方式	单生或群生于地上
频度	常见
孢子印颜色	淡黄赭色
食用性	非食用

苦红菇
Russula sardonia
Primrose Brittlegill

Fries

子实体高达
4 in
(100 mm)

菌盖直径达
5 in
(125 mm)

红菇属 *Russula* 真菌中有很多种的菌盖呈深红色至紫罗兰色，但苦红菇是个例外，菌柄颜色较深，菌褶淡黄色，对比明显。苦红菇通常与松树共生，可能仅与欧洲的赤松共生，所以自然分布的范围很有限。种加词"*sardonia*"的意思是"较苦的"或"辛辣的"[就与英文单词 sardonic（苦味）一样]。由于红菇属真菌中经常有奇特颜色的物种出现（如苦红菇的淡绿色、黄色），不通过显微镜进行观察，很难进行鉴定。

相似物种

Russula torulosa 与苦红菇极为相似，但前者带有的辛辣味道更淡，菌褶颜色更浅。紫褐红菇 *Russula queletii* 也与苦红菇相似，但通常与云杉共生，菌盖和菌柄红紫色，菌褶浅奶油色。血红菇 *Russula sanguinaria* 生于针叶林中，但菌盖深红色，菌柄红色。

实际大小

苦红菇菌盖幼时半球形，逐渐为凸镜形至平展。菌盖表面光滑，常呈深紫罗兰色，少数红紫色（淡绿或黄色是两种较为少见的颜色变型）。菌褶淡黄奶油色（见右上图）。菌柄光滑，具菌盖的微红色。

科	红菇科Russulaceae
分布	北美洲、欧洲、北非、亚洲北部
生境	林地
宿主	阔叶树，少生于针叶树外生菌根菌
生长方式	单生或群生于地上
频度	常见
孢子印颜色	白色
食用性	可食

子实体高达
4 in
(100 mm)

菌盖直径达
4 in
(100 mm)

294

细弱红菇
Russula vesca
The Flirt

Fries

红菇属 *Russula* 真菌菌盖覆有一层薄的、微弹性的角质膜，可以从边缘处剥掉。细弱红菇的不同之处在于其表皮膜常从边缘处自行翻卷，露出近白色下表面，菌褶边缘的下部为裙摆状或齿状。这就是细弱红菇英文名字叫作风情菌（The Flirt）或风情味小一些的裸露齿状脆褶菌（Bare-toothed Brittlegill）的由来。无论是哪个名字，细弱红菇都是一种常见菌，常在生长季早期发生于栎树林里。

相似物种

菌盖的颜色像火腿或熏肉，成熟后子实体的表皮角质膜可从菌盖边缘翻卷剥落，这些特点使细弱红菇比其他真菌物种较易被识别。很多菌盖为淡粉色的其他真菌物种，包括纤细红菇 *Russula gracillima* 和山毛榉红菇 *Russula faginea*，但纤细红菇子实体更小，更紧实，常生于桦木林里，而山毛榉红菇也紧实，且常发生于山毛榉林里。

实际大小

细弱红菇 菌盖幼时半球形（见上图），逐渐为凸镜形至平展。菌盖表面光滑，常呈棕粉色至浅紫黄色。菌褶近白色至浅奶油色。菌柄光滑，白色，罕有桃红色。

科	红菇科Russulaceae
分布	欧洲、北非、亚洲北部和东南部
生境	林地
宿主	阔叶树，少生于针叶树外生菌根菌
生长方式	单生或群生于地上
频度	常见
孢子印颜色	白色
食用性	可食

子实体高达
4 in
(100 mm)

菌盖直径达
4 in
(100 mm)

微紫柄红菇
Russula violeipes
Velvet Brittlegill

Quélet

295

微紫柄红菇颜色较为奇特，但却非常吸引人，常在生长季早期发现于栎树和山毛榉旁，同其他红菇属 *Russula* 真菌一样，微紫柄红菇颜色有多种，菌盖颜色范围从柠檬黄色至深紫色，有时带有近绿色、淡黄色、橄榄色或青铜色。这就是为什么红菇属真菌很难鉴定的原因。另外，红菇属真菌还有很多不同的种——美洲超过 300 个记录种，不列颠群岛近 150 个记录种。

实际大小

相似物种

微紫柄红菇紫红色的菌柄和浅黄色的菌盖的颜色对比鲜明，容易辨识，只与不常见的多彩红菇 *Russula amoenicolor* 非常相似，二者最好通过显微镜观察进行区别。微紫柄红菇的紫色菌盖变型与怡红菇 *Russula amoena* 相似，同样最好在镜下观察进行区别。

微紫柄红菇菌盖幼时半球形，逐渐为凸镜形至平展。菌盖表面光滑，中部常带紫色的橄榄黄色，而菌盖整体为柠檬黄色或紫色不多见。菌褶浅奶油色。菌柄光滑，白色，常呈红紫色或紫色，向基部渐细（见上图）。

科	红菇科Russulaceae
分布	北美洲、欧洲、非洲北部、中美洲、亚洲北部和东南部
生境	林地
宿主	阔叶树，典型栎树和山毛榉外生菌根菌
生长方式	单生或群生于地上
频度	常见
孢子印颜色	白色
食用性	可食

子实体高达
.4 in
(100 mm)

菌盖直径达
4 in
(100 mm)

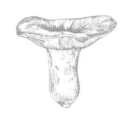

296

变绿红菇
Russula virescens
Greencracked Brittlegill

(Schaeffer) Fries

变绿红菇是菌盖表皮（膜）随子实体扩展而破裂的一类红菇属 *Russula* 真菌中的一种，好像覆盖了一层小薄片或瓦片状的硬皮，像马赛克处理的样子。变绿红菇是通常地生于栎树和山毛榉树林中常见的真菌。变绿红菇被广泛食用，尤其在欧洲东部和亚洲东部，因其菌盖的颜色与毒鹅膏 *Amanita phalloides* 的菌盖同样为绿色，所以要小心采食，但毒鹅膏的菌柄具有明显的环，且菌柄基部具袋状菌托而易于识别。

相似物种

大量的近缘物种最近在北美洲东部被鉴定，包括子实体较小但非常相似的细小红菇 *Russula parvorescens*。铜绿红菇 *Russula aeruginea* 是一个更为广布的具绿色菌盖的种，但其表皮不破裂，菌盖表面常具褐色斑点，子实体典型地发生于桦木林里。

实际大小

变绿红菇菌盖幼时半球形，逐渐为凸镜形至平展。菌盖表面光滑，但老后破碎成马赛克状小片，绿色至灰绿色，逐渐褪色至赭绿色。菌褶浅奶油色。菌柄光滑，白色。菌肉白色，十分致密。

科	裂褶菌科Schizophyllaceae
分布	北美洲、欧洲、非洲、中美洲、南美洲、亚洲、澳大利亚、新西兰
生境	林地、草地、农场、人造环境
宿主	从树枝到稻草包等各种木质残体
生长方式	单生，多为大面积簇生
频度	极其常见
孢子印颜色	白色
食用性	可食

裂褶菌
Schizophyllum commune
Splitgill

Fries

子实体高达
¼ in
(5 mm)

菌盖直径达
1½ in
(40 mm)

297

裂褶菌是分布最广泛的大型真菌之一，可以利用不同物质作为营养来源。不寻常的是其分裂的菌褶可以使其适应干旱的气候，即使在干燥时可以在菌褶表面产生孢子。裂褶菌还可以耐受高温天气。还有少数报道裂褶菌会感染免疫缺损的病人。而有益的研究实验结果证明裂褶菌可以提高化疗后胃癌和宫颈癌患者的存活率。裂褶菌被做成茶和胶囊以药用目的出售。虽然口感较韧，但在热带地区仍被广泛食用。

相似物种

没有其他类群的真菌像裂褶菌属真菌一样有凹槽或分裂的菌褶。皱波拟沟褶菌 *Plicaturopsis crispa* 菌盖粗糙、多毛、波纹状，但菌盖下方为脉状菌褶。扇形的靴耳属 *Crepidotus* 真菌菌褶较窄但形态正常，孢子褐色。

裂褶菌米黄灰色，扇形，边缘波纹状，表面具细毛。在干燥的天气，它们会皱缩并内卷。菌褶粉白色，从附着点向外放射状生长，具明显凹槽或丝裂，干燥的天气内卷，湿润时展开，菌肉薄，灰白色，韧且革质。

实际大小

科	口蘑科Tricholomataceae
分布	北美洲、欧洲大陆
生境	林地
宿主	在褐盖滑锈伞*Hebeloma mesophaeum*上
生长方式	寄生在子实体上，单生或簇生
频度	稀有
孢子印颜色	白色
食用性	非食用

子实体高达
1½ in
(40 mm)

菌盖直径达
2 in
(50 mm)

香甜菌瘿伞
Squamanita odorata
Fragrant Strangler

(Cool) Imbach

菌瘿伞属 *Squamanita* 真菌很少能被遇见，这一现象曾使菌物学家迷惑了好多年，直到发现其寄生于其他蘑菇的子实体上。事实上，菌瘿伞属真菌奇怪、肿胀的球状菌柄基部是寄主组织的残留。香甜菌瘿伞的英文名字和拉丁名得益于其香甜味道（有人说像是人造葡萄汁）。DNA分析表明本种寄主是滑菇属 *Hebeloma* 真菌的一种，尤其是较为常见的幕毒菌 *Hebeloma mesophaeum*。香甜菌瘿伞并不常见，在许多国家都作为濒危真菌被列入红色名录中。

相似物种

粉帽菌瘿伞 *Squamanita paradoxa* 与香甜菌瘿伞相似，但其菌幕边缘残留的是皱盖囊皮菌 *Cystoderma amianthinum*，且缺少香甜的气味。扭曲菌瘿伞 *Squamanita contortipes* 也与香甜菌瘿伞相似，但扭曲菌瘿伞生长在盔孢伞属 *Galerina* 真菌上。上述两种真菌均发生于北美洲和欧洲。

实际大小

香甜菌瘿伞菌盖幼时半球形，逐渐平展至略呈凸出形。菌盖表面具鳞片，灰紫罗兰色至灰褐色，鳞片颜色稍暗。菌褶颜色浅于菌盖颜色。菌柄颜色浅于菌盖颜色，向基部具鳞片，颜色稍暗，基部不规则膨大，光滑，赭黄色，生于寄主的球状残余上。

科	球盖菇科Strophariaceae
分布	北美洲、欧洲、非洲北部、南美洲、亚洲北部、新西兰
生境	林地，也生长在木片覆盖物上
宿主	阔叶树和针叶树
生长方式	单生或群生于地上
频度	常见
孢子印颜色	深紫褐色
食用性	非食用

子实体高达
3 in
(75 mm)

菌盖直径达
3 in
(75 mm)

铜绿球盖菇
Stropharia aeruginosa
Verdigris Agaric
(Curtis) Quélet

　　铜绿球盖菇幼时引人注目，菌盖和菌柄颜色像褪色的铜或青铜色（铜绿色）。这种特别的颜色随老化逐渐褪去，但靠近边缘处常保持不变。像大多数球盖菇属真菌一样，铜绿球盖菇喜欢营养丰富的土壤，最近也在公园和花园中的护根上发现一大簇群生的子实体，十分壮观。铜绿球盖菇最初由博物学家威廉·柯蒂斯（William Curtis）于1782年描述于伦敦。铜绿球盖菇为广布种，贯穿于北温带，直至南美洲，在新西兰则作为外来物种被介绍。

相似物种

　　铜绿球盖菇常易与亲缘关系相近的蓝球盖菇 *Stropharia caerulea* 混淆，后者是草地上较为常见的、具发育不好、不持久的菌环。暗蓝球盖菇 *Stropharia pseudocyanea* 与铜绿球盖菇也较为相似，但菌盖带有单调的、浅绿色至蓝色的色调。

实际大小

铜绿球盖菇菌盖幼时凸镜形，逐渐平展至宽凸出形。菌盖表面光滑，湿时黏，颜色明亮，幼时深青绿色，边缘处残留白色菌幕，老后褪至黄绿色或赭色。菌褶紫灰色至黑色。菌柄颜色与菌盖同色，菌环持久，下方具浓密的鳞片。

科	球盖菇科Strophariaceae
分布	北美洲、欧洲、非洲北部、中美洲、亚洲北部、澳大利亚、新西兰
生境	牧场、草坪和草地
宿主	草
生长方式	单生或群生于地上
频度	常见
孢子印颜色	深紫褐色
食用性	非食用，最好避免食用

子实体高达
3 in
(75 mm)

菌盖直径达
3 in
(75 mm)

300

冠状球盖菇
Stropharia coronilla
Garland Roundhead
(Bulliard) Quélet

　　冠状球盖菇是生长于牧场和草皮上的种，常被误认为是可食用的蘑菇 *Agaricus campestri*（至少远看的时候）。据说冠状球盖菇在墨西哥可被食用，甚至在市场上售卖，其子实体含有一些毒素并不被知晓。尽管如此，在北美洲至少有一起确定是本种引起胃中毒的事件，所以要尽量避免食用。冠状球盖菇菌柄上的沟槽状菌环且沟槽处由于弹落的孢子而呈现为紫褐色极为独特，易于识别。

相似物种

　　黑球盖菇 *Stropharia melanosperma* 与冠状球盖菇相似，但其颜色常较暗，子实体较为纤细，最好在显微镜下进行区分。*Stropharia halophila* 喜盐，常发生于沿海的沙滩上。可食用的蘑菇的菌褶粉红色至巧克力褐色，且离生（不与菌柄相连），无明显的具沟槽菌环。

实际大小

冠状球盖菇菌盖幼时凸镜形，逐渐平展。菌盖表面光滑，暗赭色至浅黄色。菌褶暗褐色至紫黑色。菌柄白色，向基部趋于菌盖颜色，具持久菌环，其上部具沟槽。

科	球盖菇科Strophariaceae
分布	北美洲、欧洲、亚洲北部
生境	林地
宿主	阔叶树和针叶树
生长方式	单生或群生于极度腐烂的倒木上
频度	产地常见
孢子印颜色	深紫褐色
食用性	非食用

红棕球盖菇
Stropharia hornemannii
Conifer Roundhead
(Fries) S. Lundell & Nannfeldt

子实体高达
6 in
(150 mm)

菌盖直径达
6 in
(150 mm)

红棕球盖菇为球盖菇属 *Stropharia* 真菌中个体较大的种，但仅局部分布于北部和山地针叶林中。有时在主要包括桦木，少数是桤木的阔叶林中发现。但在更远的南部和低洼地，数量却逐渐减少至罕见，以至于一些国家像英国和荷兰等均不认知本种。红棕球盖菇生长于腐烂的倒木残留上，但没有报道定殖在木片覆盖物上。汉斯·克里斯汀·安德森（Hans Christian Andersen）为了纪念他的朋友——丹麦的植物学家延斯·威尔肯·赫尔曼（Jens Wilken Hornemann）而命名了本种。

相似物种

皱环球盖菇 *Stropharia rugosoannulata* 的形态和大小与本种相似，但菌盖具更为明显的红色色调，且常生长在低洼地的木片覆盖物上。在北美洲西部，生长在低洼地的模糊球盖菇 *Stropharia ambigua* 是另外一个相似种，但菌盖为黄色色调，且缺少明显的菌环。

实际大小

红棕球盖菇菌盖半球形（见右图），逐渐凸镜形至宽凸出形。菌盖表面光滑，湿时黏，黄褐色至红褐色或紫褐色，边缘残留白色菌幕。菌褶近白色至灰紫罗兰色。菌柄顶端近白色，向基部黄褐色，具菌环，菌环下具浓密的鳞片。

科	球盖菇科Strophariaceae
分布	北美洲、欧洲、南美洲、亚洲北部、澳大利亚、新西兰
生境	公园、花园、木屑堆
宿主	阔叶树和针叶树
生长方式	单生或群生于地上或木屑中
频度	产地常见
孢子印颜色	深紫褐色
食用性	可食，最好避免食用

子实体高达
8 in
(200 mm)

菌盖直径达
12 in
(300 mm)

302

皱环球盖菇
Stropharia rugosoannulata
Wine Cap
Farlow

皱环球盖菇可以长到令人吃惊的大小，正是因为如此，在北美洲有时被认为是球盖菇王或花园巨人。本种最早描述于曼彻斯特肥沃的耕地上，但实际上其来源地并不十分清楚，因为它几乎总是在花园、耕地或在护根（最新报道）上找到。在20世纪60年代，皱环球盖菇在东欧被推广为园艺作物，从那时起，受到家庭种植者和商业种植者的青睐，但据报道也有少数人食用后引起胃肠不适。

相似物种

红棕球盖菇 *Stropharia hornemannii* 与皱环球盖菇是相似物种，但通常生长于北部和山地森林中的腐烂倒木上。真正的蘑菇（蘑菇属 *Agaricus* 真菌）看起来也与本种非常相似，就像皱环球盖菇一样，其菌褶离生（自由），但其菌褶近粉色至巧克力褐色。

皱环球盖菇菌盖凸镜形，逐渐平展至宽凸出形。菌盖表面光滑至具细微鳞片，酒红色至紫褐色，有时黄褐色（罕有全白色），边缘具白色菌幕残余。菌褶暗灰色，逐渐变为紫黑色。菌柄白色至赭色，具明显双菌环。

实际大小

科	球盖菇科Strophariaceae
分布	北美洲、欧洲、非洲北部、中美洲和南美洲、亚洲北部、澳大利亚、新西兰
生境	牧场
宿主	成熟的草和粪便
生长方式	单生或群生于草或粪便
频度	极其常见
孢子印颜色	深紫褐色
食用性	非食用，最好避免食用

半球球盖菇
Stropharia semiglobata
Dung Roundhead

(Batsch) Quélet

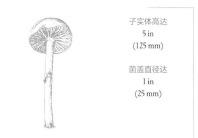

子实体高达
5 in
(125 mm)

菌盖直径达
1 in
(25 mm)

303

半球球盖菇是牧场中最为常见的粪生伞菌，从春天到早冬的任何潮湿的天气里都可能发生。它的分布几乎遍布全球，从驼鹿到袋鼠等很多圈养或野生的食草动物粪便上都有记载。虽然半球球盖菇味道不鲜美，但是有些官方记录可食用，也有将其列入有毒类群的名录里，所以，最好尽量避免食用。半球球盖菇的菌盖几乎不会平展，而是一直保持半球形，这也是本种种加词"*semiglobata*"命名的由来。

实际大小

相似物种

偏孢孔球盖菇 *Stropharia dorsispora* 是形态相似的种，但它具有花香气味，所以最好还是通过显微镜观察进行区分。粪生的亮黄球盖菇 *Stropharia luteonitens* 也与半球球盖菇形态相似，但其菌盖中部微凸，呈橙褐色。近卵形斑褶菇 *Panaeolus semiovatus* 个体通常较大，菌盖偏钟形，且具褶皱。

半球球盖菇菌盖半球形，成熟后罕有展开。菌盖表面光滑，湿时黏，暗黄至赭色或淡黄色。菌褶暗橄榄灰色，逐渐变为棕黑色和斑点状。菌柄细，光滑，白色，上部干，下部赭色、黏，具易碎菌环，菌环上常留有暗色孢子印。

科	小塔氏菌科Tapinellaceae
分布	北美洲、欧洲、中美洲、亚洲北部
生境	林地
宿主	针叶树
生长方式	树桩和活木或枯木基部
频度	产地常见
孢子印颜色	褐色
食用性	有毒

子实体高达
5 in
(125 mm)

菌盖直径达
10 in
(250 mm)

304

毛柄小塔氏菌
Tapinella atrotomentosa
Velvet Rollrim
(Batsch) Šutara

毛柄小塔氏菌是常与针叶树共生的木腐菌。它的绒质的、延生的菌褶和外部形态很容易让人联想到卷边桩菇 *Paxillus involutus*，曾被归为同一个属中，但两种的亲缘关系并不是很近。东欧部分地区食用毛柄小塔氏菌，但味道苦，也含有有毒物质，所以应尽量远离。然而其子实体可用于工艺品染色，生产出从紫罗兰色到深绿色和紫黑色中间的大量颜色。

相似物种

近缘种耳状小塔氏菌 *Tapinella panuoides* 个体要稍小一些，且无具细绒毛的粗柄。卷边桩菇和其他近缘种均为外生菌根菌，菌柄常中生，通常生长于阔叶林和针叶林中的地上。

毛柄小塔氏菌菌盖凸镜形，逐渐平展至边缘内卷的漏斗形。菌盖表面光滑，具细绒毛，橄榄褐色至淡红褐色，颜色随老化逐渐变深。菌褶下延，暗赭色，常逐渐变为斑驳的锈色。菌柄厚，离生，绒质至木质，橄榄褐色至紫褐色，逐渐变为淡黑褐色。

实际大小

科	小塔氏菌科Tapinellaceae
分布	北美洲、欧洲、非洲北部、中美洲、亚洲北部、澳大利亚、新西兰
生境	林地，偶生于建筑木材上
宿主	针叶树
生长方式	树桩、倒木、木头残片、木屑堆
频度	常见
孢子印颜色	褐色
食用性	非食用

子实体高达
½ in
(10 mm)

菌盖直径达
5 in
(125 mm)

耳状小塔氏菌
Tapinella panuoides
Oyster Rollrim

(Batsch) E. -J. Gilbert

耳状小塔氏菌是一种广泛分布的真菌，总是发生于针叶树木上造成褐色立方腐朽。如果湿度足够大，本种也可导致软质木材腐烂。在 18 世纪，伟大的博物学家亚历山大·冯·洪保（Alexander von Humboldt）描述了耳状小塔氏菌侵袭了德国的矿井泵和矿井木材，甚至直到今天，本种仍然偶尔作为矿井真菌被提及。在建筑木材的堆放处，耳状小塔氏菌和粉孢革菌 *Coniophora puteana* 常一起发生，因二者具有一样的生长环境。

相似物种

鸟巢黄毛侧耳 *Phyllotopsis nidulans* 是与耳状小塔氏菌形态相似的种，但其菌褶和菌盖均为橙色，且常（但不总是）生长于阔叶树木上。藏红花靴耳 *Crepidotus crocophyllus* 菌褶黄橙色，带有奶油色至近褐色，菌盖具鳞片，也偏好阔叶树木。

实际大小

耳状小塔氏菌菌盖扇形，边缘内卷，表面光滑，具细绒毛，赭色或淡黄色，有时具红褐色小鳞片。菌褶延生，暗橘色至与菌盖同色。常无菌柄，但存在时侧生且退化，颜色与菌盖同色或具明显紫色。

科	离褶伞科Lyophyllaceae
分布	非洲、亚洲东南部
生境	灌木丛、草地和林地
宿主	白蚁
生长方式	白蚁窝
频度	常见
孢子印颜色	浅粉红色
食用性	非食用

子实体高达
8 in
(200 mm)

菌盖直径达
8 in
(200 mm)

粗柄蚁巢菌
Termitomyces robustus
Robust Termite-Fungus
(Beeli) R. Heim

粗柄蚁巢菌菌盖幼时凸镜形，展开后扁平，凸出形。菌盖表面常具不规则脊或沟，展开后常撕裂。菌褶白色至粉红奶油色。菌柄光滑，白色至奶油色，基部根状，黑色。

在古老的热带地区，白蚁物种和蚁巢菌属 *Termitomyces* 真菌之间已经进化成非凡的共生关系。白蚁积极地"饲养"它们巢穴内的真菌，利用菌丝帮助降解不易消化的木质并释放其中的营养。反过来，真菌也有了食物来源，并且受到了竞争对手的保护，蚁巢菌在白蚁的巢穴间广泛传播。包括粗柄蚁巢菌在内的该类子实体出现于雨季，被当地人大量采集食用，在亚洲南部广泛地进行商业规模化售卖。

相似物种

一些蚁巢菌属真菌会形成非常大的子实体，非常著名的是非洲的巨盖蚁巢菌 *Termitomyces titanicus*，直径可达 40 in（1000 mm）。而烟色口蘑 *Tricholoma fuliginosus* 是粗壮蚁巢菌中中等大小的个体，子实体呈褐色，在非洲和亚洲广为人知，常被认为是粗柄蚁巢菌的异名。

实际大小

科	小皮伞科Marasmiaceae
分布	北美洲东部、中美洲、南美洲、亚洲东部
生境	林地
宿主	阔叶树
生长方式	群生于落枝、枯叶、腐殖质上
频度	常见
孢子印颜色	白色
食用性	非食用

黑柄四角孢伞
Tetrapyrgos nigripes
Blackfoot Parachute
(Schweinitz) E. Horak

子实体高达
2 in
(50 mm)

菌盖直径达
1 in
(25 mm)

　　黑柄四角孢伞看起来像小皮伞属 *Marasmius* 真菌，两种间亲缘关系确实很近，但本种划归于翼孢菌属 *Tetrapyrgos* 主要是因为其奇特的三角形孢子等其他显微结构特征。同小皮伞属中的很多种一样，黑柄四角孢伞是群生于枯枝落叶腐朽菌。该种最早由美国菌物学家刘易斯·大卫·冯·施魏因茨（Lewis David von Schweintz）描述，在北美洲东部较为常见。种加词"*nigripes*"的意思就是"黑色的脚"，子实体成熟后仅菌柄变为明显的黑色。

相似物种

　　白微皮伞 *Marasmiellus candidus* 是最早描述于英国的北温带广布种，菌盖也为白色，菌柄为深灰色，形态上与黑柄四角孢伞极为相似，最好在显微镜下进行区分。其他一些具浅色菌盖的微皮伞属 *Marasmiellus* 和小皮伞属真菌与本种都非常相似，但均具黑褐色或发亮菌柄。

实际大小

黑柄四角孢伞菌盖凸镜形，逐渐平展或中部下凹，中部常有丘疹状突起。菌盖表面光滑至具细微褶皱，全白色。菌褶稍离生，白色。菌柄初时白色，且被细毛，从基部向上逐渐变为黑灰色至黑色。

科	口蘑科Tricholomataceae
分布	北美洲、欧洲南部、非洲北部、中美洲、亚洲西南部
生境	林地
宿主	松树外生菌根菌
生长方式	群生于地上或形成蘑菇圈
频度	偶见
孢子印颜色	白色
食用性	非食用

子实体高达
4 in
(100 mm)

菌盖直径达
5 in
(125 mm)

靴状口蘑
Tricholoma caligatum
True Booted Knight
(Viviani) Ricken

靴状口蘑种加词"*caligatum*"的意思是"穿着靴子"，菌柄基部向上毛茸茸，呈褐色，柄顶端带有菌环，这使子实体看起来不像是穿着靴子，倒像是穿着一个蓬松的长筒袜。靴状口蘑最早描述于意大利地中海地区的松树林里，也在北美洲和中美洲其他的寄主上有报道，很可能美洲记录的种就是靴状口蘑或者是其较为相似的但有区别的物种。靴状口蘑子实体常较苦而不可食。

相似物种

靴状口蘑常与具有商业价值的松口蘑 *Tricholoma matsutake* 混淆，但其子实体常比后者小，颜色更深，带有苦味和果香。斑纹口蘑 *Tricholoma focale* 是分布在更向北的名为"靴骑士菌"（Booted Knight）的真菌，菌盖颜色多变，有红褐色和黄褐色，闻起来有饭或黄瓜的味道。

实际大小

靴状口蘑菌盖凸镜形，逐渐平展或稍向下凹。菌盖表面具撕裂状巧克力褐色鳞片，点缀于浅褐色至白色菌盖上。菌褶白色至奶油色。菌柄顶端近白色，具明显菌环，下部具鳞片，与菌盖同色。

科	口蘑科Tricholomataceae
分布	北美洲、欧洲、亚洲北部
生境	林地和缓慢移动的沙丘
宿主	柳树外生菌根菌
生长方式	群生于地上或形成蘑菇圈
频度	偶见
孢子印颜色	白色
食用性	非食用

灰环口蘑
Tricholoma cingulatum
Girdled Knight
(Almfelt) Jacobasch

子实体高达
3 in
(75 mm)

菌盖直径达
2½ in
(60 mm)

309

由于灰环口蘑菌柄上具有明显的环，易与口蘑属 *Tricholoma* 中灰色的类群进行区别（种加词 "*cingulatum*" 的意思是 "环" 或 "带"）。本种仅与柳树共生，分布于北半球。奇怪的是，灰环口蘑有时被开花植物 "黄鸟巢" 或 "荷兰笛" *Monotropa hypopitys* 寄生。这种植物缺少叶绿体，不能依靠自己生长，但它能捕获灰环口蘑和柳树形成的菌根来获取其所需要的碳和营养物质。

相似物种

灰环口蘑具有菌环的特征使它与口蘑属中灰色的类群如青黄口蘑 *Tricholoma scalpturatum*（从其名字可以看出是淤青黄色）和棕灰口蘑 *Tricholoma terreum* 区分开。

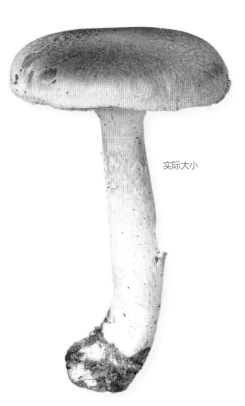

实际大小

灰环口蘑菌盖圆锥形，逐渐为凸镜形至凸出形。菌盖表面具细鳞片，深灰色，点缀在浅灰色的菌盖上。菌褶白色至淡灰色（见左图），成熟后有时伤后呈黄色。菌柄光滑至纤毛状，白色至淡黄色，有时伤后呈黄色，具明显的环。

科	口蘑科Tricholomataceae
分布	北美洲、欧洲、非洲北部、中美洲、亚洲北部
生境	林地
宿主	松树，偶生于山毛榉外生菌根菌
生长方式	群生于地上或形成蘑菇圈
频度	常见
孢子印颜色	白色
食用性	有毒

子实体高达
5 in
(125 mm)

菌盖直径达
5 in
(125 mm)

310

油口蘑
Tricholoma equestre
Yellow Knight
(Linnaeus) P. Kummer

实际大小

直到最近，油口蘑（以前曾被认为 *Tricholoma flavovirens*）还被认为是一种美味的食用菌，甚至可进行商业交易。它传统上是为法国贵族保留的（主要是骑士），并在当地市场广泛销售。然而，在2001—2009年间，法国和波兰报道了将近20例由于食用油口蘑而引起的中毒事件，其中几起是致命的。尽管中毒者反复多次吃了油口蘑食物，但他们都表现出肌肉组织的破坏——横纹肌溶解症状。许多古老的书籍中如著名的《马背上的男人》都记载油口蘑可食，但是最好避免食用。

相似物种

硫色口蘑 *Tricholoma sulphureum* 是与油口蘑颜色相似的物种，但其菌盖缺少黏性，且带有一股难闻的煤气味。黄绿口蘑 *Tricholoma sejunctum* 的菌盖近黄色，黏，至少幼时如此，但菌褶近白色。这两种都发生于阔叶林中。

油口蘑菌盖幼时凸镜形，展开后逐渐平展至凸出形。菌盖表面光滑至纤毛状，湿时黏，幼时黄色，逐渐变为淡红褐色至褐色。菌褶黄色（见右图）。菌柄光滑至有时纤毛状，顶端浅白色，下部黄色。

科	口蘑科Tricholomataceae
分布	北美洲、中美洲
生境	林地
宿主	松树和栎树外生菌根菌
生长方式	群生于地上或形成蘑菇圈
频度	偶见
孢子印颜色	白色
食用性	可食

白口蘑
Tricholoma magnivelare
American Matsutake

(Peck) Redhead

子实体高达
6 in
(150 mm)

菌盖直径达
10 in
(250 mm)

311

日本人对松口蘑 *Tricholoma matsutake* 的迷恋成就了其美国的近缘种——白口蘑出口市场的蓬勃发展。从 20 世纪 70 年代开始，成功采集到白口蘑的人都赚了很多钱，特别是在太平洋西北部的森林，它们被称为"淘白金者"。墨西哥也有大量出口贸易。与真正的松茸一样，白口蘑也具有辛辣香气的特点。因为白口蘑一旦变干或时间过长，有价值的香气就会消失，所以采集的新鲜子实体通常需要空运到日本。

白口蘑菌盖凸镜形，逐渐平展至稍向下凹。菌盖表面撕裂成大的白色鳞片，成熟后呈淡黄至橙褐色。菌褶白色，老后具斑驳的褐色。菌柄顶端白色，具明显菌环，下端具与菌盖颜色相同的鳞片条纹。

相似物种

白口蘑也被称为白松蘑，菌盖具白色至灰色的鳞片，与较暗的、更显褐色的日本种有所区别。靴状口蘑 *Tricholoma caligatum* 与本种也较为相似，但其子实体略小，菌盖鳞片颜色要更深些。

实际大小

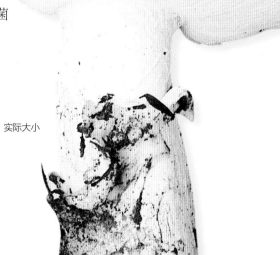

科	口蘑科Tricholomataceae
分布	欧洲大陆、亚洲北部
生境	林地
宿主	松树和栎树外生菌根菌
生长方式	单生或群生于地上
频度	产地常见
孢子印颜色	白色
食用性	可食

子实体高达
6 in
(150 mm)

菌盖直径达
8 in
(200 mm)

312

松口蘑
Tricholoma matsutake
Matsutake
(S. Ito & S. Imai) Singer

松口蘑未展开的幼子实体新鲜时具有一种特殊的香气，在日本备受推崇，甚至到了极致。一个品相完美的子实体，常作为礼物交换，能被卖到难以置信的高价。这就导致了日本与邻国，包括韩国、中国等进行特殊的进口贸易，这就导致松口蘑的采集带来的经济效益已成为当地经济的重要组成部分。最新的 DNA 研究表明在欧洲分布的种也是松口蘑，但以其曾用名 *Tricholoma nauseosum* 而被当地人熟知，其种加词显示松口蘑的芳香气并不符合每个人的口味。

相似物种

白口蘑 *Tricholoma magnivelare* 是松口蘑的一个近缘种，也可食用，且出口到日本，但不同的是前者菌盖的鳞片为白色至淡黄色。靴状口蘑 *Tricholoma caligatum* 也是相似种，但它的子实体略小，且菌盖鳞片颜色更暗。

松口蘑菌盖凸镜形，逐渐平展。菌盖表面破碎成大的白色至褐色鳞片，边缘常具羊毛状菌幕残余。菌褶白色至奶油色。菌柄顶端白色，具明显菌环，下部具与菌盖颜色相同的鳞片条纹。

实际大小

科	口蘑科Tricholomataceae
分布	北美洲、欧洲大陆、亚洲北部
生境	林地
宿主	阔叶树和针叶树外生菌根菌
生长方式	群生于地上或形成蘑菇圈
频度	常见
孢子印颜色	白色
食用性	有毒

子实体高达
5 in
(125 mm)

菌盖直径达
6 in
(150 mm)

豹斑口蘑
Tricholoma pardinum
Leopard Knight
Quélet

313

豹斑口蘑的英文名及拉丁名来源于其菌盖上具有如同美洲豹（如果美洲豹是灰色的）身上斑点的鳞片，这有点超乎想象。其子实体较大，喜欢生长在含有碳酸钙的山区林地中，具有令人讨厌的腐臭–甜味。豹斑口蘑有毒，可引起严重的倒胃。一些地方（包括瑞典）的人们采食口蘑属中灰色的类群，而豹斑口蘑恰是这类群中常见的一种，由于这种错误的食用而导致大规模的中毒事件发生。

相似物种

可食用的棕灰口蘑 *Tricholoma terreum* 个体略小，更为常见，具圆锥形菌盖，无味或稍有气味，采集时易与豹斑口蘑混淆从而引起中毒。口蘑属 *Tricholoma* 还包括几个形态相似的灰色物种，所以以烹饪为目的的采食最好避免。

豹斑口蘑菌盖凸镜形，有时逐渐具不明显突起。菌盖表面光滑，幼时暗灰色，展开时灰色菌盖上具撕裂状鳞片。菌褶近白色，有时老后呈茶黄褐色。菌柄纤毛状，近白色，但接近基部伤后常变黄灰色。

实际大小

科	口蘑科Tricholomataceae
分布	北美洲、欧洲、中美洲、亚洲北部
生境	林地
宿主	阔叶树和针叶树外生菌根菌
生长方式	群生于地上或形成蘑菇圈
频度	常见
孢子印颜色	白色
食用性	可能有毒，最好避免食用

子实体高达
5 in
(125 mm)

菌盖直径达
6 in
(150 mm)

314

皂味口蘑
Tricholoma saponaceum
Soapy Knight
(Fries) P. Kummer

皂味口蘑奇特的英文名及拉丁名来源于其特别的气味，即廉价的肥皂味。因皂味口蘑子实体的形态多变，大量的变种被描述，事实上，它的气味却是最明显的鉴别特征。进一步的研究有可能发现皂味口蘑是由近缘种组成的一个复合群。这就可以解释有些权威机构认为皂味口蘑可食，而有些认为它会引起严重胃痛的原因。

相似物种

因皂味口蘑颜色多样，且鳞片较少，易与口蘑属*Tricholoma*其他种真菌混淆。然而皂味口蘑具有的气味是鉴别的主要特征，尤其是菌柄的基部伤后变红的趋势也是鉴别的特征。

实际大小

皂味口蘑菌盖幼时凸镜形，逐渐平展至具突起。菌盖表面光滑至具鳞片，典型橄榄色至橄榄褐色或灰色，但有时呈红褐色，或者甚至带有蓝色。菌褶浅黄绿色，有时带有粉色。菌柄光滑至具鳞片，白色至较菌盖颜色稍淡，接近基部伤后常变为红色。

科	口蘑科Tricholomataceae
分布	北美洲、欧洲、亚洲北部、新西兰
生境	林地
宿主	阔叶树，少见于针叶树外生菌根菌
生长方式	群生于地上或形成蘑菇圈
频度	常见
孢子印颜色	白色
食用性	非食用

硫色口蘑
Tricholoma sulphureum
Sulfur Knight
(Bulliard) P. Kummer

子实体高达
4 in
(100 mm)

菌盖直径达
3 in
(75 mm)

315

硫色口蘑的英文名及拉丁名来源于其暗硫磺色，但事实上最大特点是它的气味。它散发着一种老式煤气的味道，但让·巴普蒂斯特·比利亚尔（Jean Baptiste Bulliard）在 1784 年最先在法国描述本种的时候有着不同的见解，认为仅略带苦味。硫色口蘑为常见种，至少在欧洲橡树林中频繁发生。有时会在含有碳酸钙的草甸和绿地上发现其菌盖为褐色的变种，常与半日花属 *Helianthemum* 植物共生。

相似物种

油口蘑 *Tricholoma equestre* 是颜色相似的种，但通常生长于针叶林中，菌盖湿时黏，不具硫色口蘑的特殊气味。其他菌盖和菌柄为黄色的种类，如颜色更为明亮的金黄丽蘑 *Calocybe chrysenteron*，同样无煤气味。

实际大小

硫色口蘑菌盖幼时凸镜形（见右上图），展开后逐渐平展至具不明显突起。菌盖表面光滑，灰硫磺色，有时呈红褐色或绿灰色。菌褶硫磺色。菌柄光滑至具细微纤毛，与菌盖同色。

科	口蘑科Tricholomataceae
分布	北美洲、欧洲、亚洲北部
生境	林地
宿主	针叶树外生菌根菌
生长方式	群生于地上或形成蘑菇圈
频度	产地常见
孢子印颜色	白色
食用性	非食用

子实体高达
4 in
(100 mm)

菌盖直径达
4 in
(100 mm)

红鳞口蘑
Tricholoma vaccinum
Scaly Knight
(Schaeffer) P. Kummer

从红鳞口蘑拉丁名可以看出，"牛皮骑士菌"（Oun Cowknight）就是种加词"*vaccinum*"的意思。红鳞口蘑明显的特征是子实体红褐色，菌盖具粗毛鳞片。幼时也具致密蛛网状菌幕，有时菌盖边缘和菌柄上端具明显纤细的菌幕残留。局部地区在针叶林尤其是云杉和松树林中本种较为常见，但在有些地方如不列颠群岛则非常稀少，而在荷兰甚至绝迹。

相似物种

鳞盖口蘑 *Tricholoma imbricatum* 与本种是颜色相似的种，同样生长于针叶林中。幼时菌盖光滑，仅老后具鳞片，但发丝状鳞片明显少于红鳞口蘑。

实际大小

红鳞口蘑菌盖锥形，逐渐为凸镜形至具不明显突起。菌盖表面具发丝状鳞片，鳞片在污白色菌盖上呈深红褐色至粉褐色（见左图）。菌褶白色至奶油色，有时伤后呈褐色。菌柄具纤毛状至具毛，顶端白色，向基部逐渐变为红褐色。菌肉老后呈桃粉色。

科	口蘑科Tricholomataceae
分布	北美洲、欧洲、中美洲、亚洲北部
生境	林地
宿主	针叶树
生长方式	常簇生于倒木、树桩、木屑
频度	产地常见
孢子印颜色	白色
食用性	非食用，最好避免食用

子实体高达
4 in
(100 mm)

菌盖直径达
3 in
(75 mm)

317

黄拟口蘑
Tricholomopsis decora
Prunes and Custard
(Fries) Singer

具斑点的黄拟口蘑较引人注目，在部分地区针叶林中常见，但在欧洲，可以看出其分布趋势是偏好于山区，在一些低海拔的国家明显少见。本种的其他英文名字来自于为人所熟知的近缘种赭红拟口蘑 *Tricholompsis rutilans*（具有西梅红色和奶油蛋羹般的黄色菌盖）。黄拟口蘑的菌盖呈褐色和黄色，让人能够联想到西梅。尽管看起来很让人有食欲，但黄拟口蘑并不是好吃的食用种类，且有报道其至少引起过一起在美国发生的严重中毒事件。所以它还有一个名字，即"可装饰的鬼脸"（Decorated Mop）。

相似物种

几个难识别的种，包括硫色拟口蘑 *Tricholomopsis sulfureoides* 分布在北美洲，据报道其菌盖鳞片较少，菌柄至少在未成熟时具残留菌幕。鳞伞属 *Pholiola* 中黄色菌盖种类其孢子锈褐色。

黄拟口蘑菌盖凸镜形，逐渐平展或中部下凹。菌盖表面具细微鳞片，中部呈亮黄色至黄褐色，小鳞片略暗，呈黄褐色（见右图）。菌褶亮黄色。菌柄光滑，且也呈亮黄色。

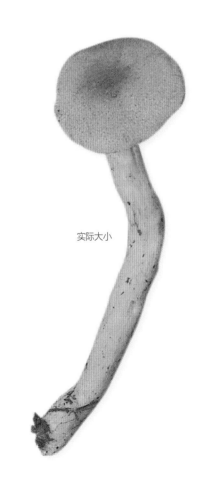

实际大小

科	口蘑科Tricholomataceae
分布	北美洲、欧洲、非洲北部、中美洲、亚洲北部，在澳大利亚和新西兰也有介绍
生境	林地
宿主	针叶树
生长方式	常簇生于倒木上、树桩、木屑上
频度	常见
孢子印颜色	白色
食用性	非食用

子实体高达
4 in
(100 mm)

菌盖直径达
6 in
(150 mm)

318

赭红拟口蘑
Tricholomopsis rutilans
Plums and Custard
(Schaeffer) Singer

对比鲜明的紫红色鳞片和黄色菌褶使得赭红拟口蘑特别好看，如同其英文名字的含义，颜色像是一盘红烧李子和奶油蛋羹。在针叶林中，无论是人工林还是天然林，本种均较为常见。

赭红拟口蘑在澳大利亚和新西兰以"斑驳鬼脸"（Variegated Mop）的名字而著称。

不过虽然本种子实体的名字非常开胃，但却不建议食用（尽管也有一些被人食用）。

赭红拟口蘑可被用作生产芥末黄至深褐色范围内的染料。

相似物种

赭红拟口蘑颜色对比鲜明，非常容易被识别，但世界性分布的热带红褐裸伞 *Gymnopilus dilepis* 的形态与赭红拟口蘑极为相似，也在木屑覆盖料上生长，且其黄色的菌盖上带有紫红色鳞片，但红褐裸伞孢子为锈黄色，且菌柄上具菌环。

实际大小

赭红拟口蘑菌盖凸镜形，逐渐平展或中部具不明显突起。菌盖表面具细微鳞片，灰黄色菌盖上的细小鳞片呈紫红色。菌褶苍白色至亮黄色（见右图）。菌柄浅黄色，被一层紫红色鳞片。

科	小菇科Mycenaceae
分布	欧洲、北非
生境	林地、灌木丛
宿主	典型山楂树，少数枸子属植物和冬青树
生长方式	地生，发生在老熟的掉落的浆果上
频度	常见
孢子印颜色	赭色
食用性	非食用

分散假脐菇
Tubaria dispersa
Hawthorn Twiglet
(Linnaeus) Singer

子实体高达
1½ in
(35 mm)

菌盖直径达
1 in
(25 mm)

319

分散假脐菇乍看像是一个褐色的小伞菌类群中的一种，其种群组成看起来非常相似，常需要在显微镜下观察进行鉴定。但分散假脐菇与其他种类相比更有趣，常容易鉴定，常生长在掉落的腐烂木质果实上（常为埋在地下的山楂果），所以常散生于山楂树下。本种有时也会在枸子属植物、冬青树和其他灌木掉落的浆果上被发现。

相似物种

分散假脐菇的生境和其黄至赭色的菌褶，使其易与其他许多小的褐色伞菌进行区分。*Tubaria conspersa* 菌盖红褐色至褐色，边缘具白色菌幕残余，菌褶颜色同菌盖，在落叶和草地上极其常见，常发生于年底。

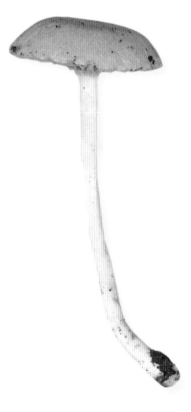

分散假脐菇菌盖凸镜形（见右上图），逐渐平展或具浅下凹。菌盖表面具细微毡毛，湿时淡黄色至浅赭黄色，干时苍白色。菌褶浅黄色，逐渐变为赭色。菌柄细，光滑，呈白色。

实际大小

科	光柄菇科Pluteaceae
分布	北美洲、欧洲、非洲、中美洲、亚洲
生境	林地
宿主	阔叶树
生长方式	单生于枯木或活木上
频度	偶见
孢子印颜色	棕粉色
食用性	可食

子实体高达
8 in
(200 mm)

菌盖直径达
8 in
(200 mm)

320

银丝小包脚菇
Volvariella bombycina
Silky Rosegill
(Schaeffer) Singer

银丝小包脚菇菌盖圆锥状至凸镜形，逐渐平展。菌盖表面具丝毛，白色至浅黄色，丝毛顶端有时呈浅褐色。菌褶幼时浅粉色，逐渐变为粉褐色。菌柄白色，基部具大的袋状菌托，菌托黄白色或常具斑驳的深褐色。

银丝小包脚菇虽然看上去与菌柄基部同样具菌托的鹅膏属 *Amanita* 真菌非常相像，但小包脚属 *Volvariella* 真菌孢子印粉色，实际上与光柄菇属 *Pluteus* 真菌的亲缘关系更为接近。银丝小包脚菇是个体最大、且不经常生长于木头（常为枯或活树干的裂缝和节孔）上的类群中的一种。本种可食用，只是常有不受欢迎的生马铃薯的味道，价值不高。其近缘种小包脚菇 *Volvariella volvacea* 被广泛地商业化栽培，是东亚食材的重要组成。

相似物种

木生的蓝染草菇 *Volvariella caesiotincta* 不十分常见，其菌盖蓝灰色。与温带分布的黏盖草菇 *Volvariella gloiocephala* 相同，分布在热带地区的小包脚菇与本种相似，小包脚菇常生长在肥沃的肥料堆积处。而黏盖草菇菌盖光滑，湿时黏，具白色菌幕。

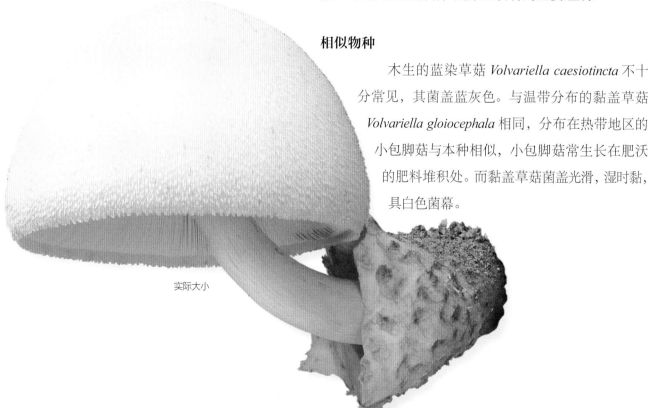

实际大小

科	光柄菇科Pluteaceae
分布	北美洲、欧洲、非洲北部、新西兰
生境	林地
宿主	寄生水粉杯伞*Clitocybe nebularis*
生长方式	子实体菌盖上
频度	偶见或稀少
孢子印颜色	棕粉色
食用性	非食用

直立小包脚菇
Volvariella surrecta
Piggyback Rosegill
(Knapp) Singer

子实体高达
4 in
(100 mm)

菌盖直径达
3 in
(75 mm)

321

同星孢属 *Asterophora* 真菌类似，直立小包脚菇寄生在其他蘑菇（如水粉杯伞 *Clitocybe nebularis*）上，形成一个特殊的生态位。一提及该种就会联想到寄生，因为寄主子实体常保持完整并可被识别。即使水粉杯伞极其常见，但是直立小包脚菇却进分罕见，所以一定存在某些因素阻止其寄生。由于它年复一年地在同一个地方生长，使得直立小包脚菇很难快速定殖别处。

相似物种

生长在水粉杯伞子实体上的直立小包脚菇的菌柄基部通常有大的袋状菌托，使其不会被错认。一些其他的小包脚菇真菌虽然具有同样的大小和颜色，但常生长在草地或落叶层上。

实际大小

直立小包脚菇菌盖凸镜形，逐渐平展。菌盖表面光滑至具丝毛，白色。菌褶幼时淡粉红色，逐渐变为粉褐色。菌柄白色至淡黄色，基部具大的白色袋状菌托。

科	小菇科Mycenaceae
分布	北美洲、欧洲、中美洲、亚洲北部
生境	林地
宿主	针叶树
生长方式	簇生于树干、树桩、原木
频度	产地常见
孢子印颜色	白色
食用性	非食用

子实体高达
2 in
(50 mm)

菌盖直径达
1 in
(25 mm)

322

黄干脐菇
Xeromphalina campanella
Pinewood Gingertail

(Batsch) Kühner & Maire

尽管黄干脐菇最初的描述来自德国，但它在北美洲最为常见，常密集群生于腐烂的松木上。欧洲局部地方较稀有，在英国几乎没有记载（但在苏格兰频繁出现），并被列入丹麦濒危菌物物种红色名录中。其种加词"campanella"的意思是"小钟"，属名中"omphalos"的意思是菌盖中心部分有脐状下凹。本种子实体与众不同的特征是菌柄基部具有由姜味菌丝（Ginger mycelium）组成的毛茸茸的环，因此，其还有一个可选择的英文名字"毛脚菌"（Fuzzy Foot）。

相似物种

黄干脐菇一些近缘种分布在在北美洲。棕干脐菇 *Xeromphalina brunneola* 的菌盖更暗，呈深红色，据报道其味道和气味非常不受人欢迎。拟黄干脐菇 *Xeromphalina campanelloides* 菌褶稍延生，带有苦味。考夫曼干脐菇 *Xeromphalina kauffmanii* 生于阔叶树上。这几个物种最好在显微镜下区分。

实际大小

黄干脐菇菌盖凸镜形，中部下凹。菌盖表面光滑，具条纹，黄色至橙褐色，中部色深。菌褶延生，褶幅较宽，淡黄色至淡橙色。菌柄光滑，顶端淡黄色，向基部渐橙褐色，具毛。

科	膨瑚菌科Physalacriaceae
分布	北美洲、欧洲、非洲北部、中美洲、亚洲
生境	林地
宿主	阔叶树
生长方式	单生于埋有木头的地上
频度	产地常见
孢子印颜色	白色
食用性	可食

长根干菌
Xerula radicata
Rooting Shank
(Relhan) Dörfelt

子实体高达
8 in
(200 mm)

菌盖直径达
4 in
(100 mm)

323

长根干菌生长在枯木的根和埋木上，子实体长于地下的菌柄像植物根一样附着在基物上。菌柄一直延伸到地上，使得本种的子实体看上去高大庄严。近缘种黏小奥德蘑 *Oudemansiella mucida* 生长在树枝和树干上，其菌盖肉薄、菌褶稀疏的特点与本种相似。本种在欧洲较为常见，但分布在北美洲的很多相似种很少见，这些相似种需要用显微镜进行区别鉴定。

相似物种

几个近缘种在野外可能被识别。欧洲长柄干菌 *Xerula longipes* 的菌盖和菌柄绒状至细毛状，而分布于北美洲的 *Xerula furfuracea* 菌盖光滑，菌柄绒毛质。分布于澳大利亚的 *Xerula anstralis* 和北美洲的 *Xerula rubrobrunnesens* 菌柄伤后均变为褐色。

实际大小

长根干菌菌盖薄，凸镜形，展开后逐渐平展至具不明显突起或下凹。菌盖表面光滑，淡黄褐色至褐色，常黏，具放射状褶皱。菌褶白色，稍离生。菌柄光滑，顶端白色，下部呈黄褐色，具长的、渐细的根状基部。

牛肝菌

Boletes

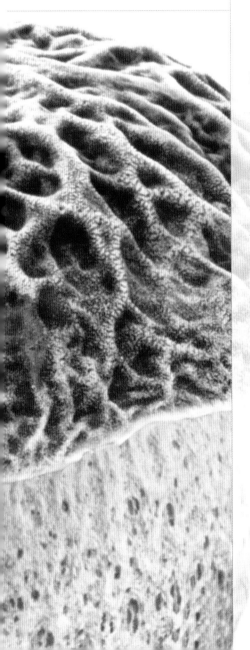

牛肝菌看起来与伞菌相似，但将其翻转就会发现其菌盖下方具海绵状菌孔。近距离观察显示菌孔是菌管的末端开口，牛肝菌在菌管的内表面产生孢子。

所有这类真菌曾经全部被归到牛肝菌属*Boletus*，但现在已经知道它们有很多区别，并分属于多个不同的科——只是它们彼此的亲缘关系仍然很远。一些具菌盖和菌柄的多孔菌，如地花孔菌属*Albatrellus*、拟牛肝菌属*Boletopsis*和多孔菌属*Polyporus*的种会被错误地认为是肉质牛肝菌，但其大多数是木质或革质。

牛肝菌均为外生菌根菌或寄生性外生菌根（见概述），通常发生于林地和森林中。这意味着它们不能被栽培，所以其中价值较高的可食用种类，如美味牛肝菌*Boletus edulis*只能通过人工在野外采摘——这也是其价格较高的原因。少数牛肝菌味苦或有毒，只是目前并不清楚其含有哪些致死毒素。

科	牛肝菌科Boletaceae
分布	亚洲东部、澳大利亚
生境	林地
宿主	阔叶树外生菌根菌
生长方式	单生或小群生于地上
频度	偶见
孢子印颜色	深褐色
食用性	非食用

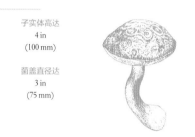

子实体高达
4 in
(100 mm)

菌盖直径达
3 in
(75 mm)

326

深红条孢牛肝菌
Boletellus obscurococcineus
Rhubarb Bolete

(Höhnel) Singer

实际大小

　　深红条孢牛肝菌最早在印度爪哇被描述，但现已知其发生于从日本到中国南方的亚洲东部，在澳大利亚也曾有发现。本种奇特的英文名字起源于其菌盖颜色为大黄粉色，而不是其具苦味的特征。在澳大利亚，本种与桉树共生，形成外生菌根菌，但在亚洲却与栎树和其他阔叶树共生。虽然本种看起来像普通的牛肝菌种类，但深红条孢牛肝菌属于条孢牛肝菌属 *Boletellus*，在显微镜下观察其产生的孢子具脊状纹饰。

相似物种

　　非洲的黄红条孢牛肝菌 *Boletellus rubrolutescens* 与本种非常相似，最初曾被错误地鉴定为深红条孢牛肝菌。同种颜色的牛肝菌，如血色条孢牛肝菌 *Boletellus rubellus*，发生在欧洲和北美洲，虽然它们也具深红色菌盖和黄色孢子，但缺少深红条孢牛肝菌的鳞屑状菌柄。

深红条孢牛肝菌菌盖半球形，逐渐为凸镜形，干，深玫瑰红色，光滑但边缘微开裂，露出下面淡黄色菌肉。菌孔黄色。菌柄干，顶端淡黄色，下部与菌盖同色、具鳞屑状鳞片，基部近白色。

科	牛肝菌科Boletaceae
分布	北美洲东部、中美洲
生境	林地
宿主	阔叶树和针叶树外生菌根菌
生长方式	单生或群生于地上
频度	偶见
孢子印颜色	橄榄褐色
食用性	可食

拉塞尔条孢牛肝菌
Boletellus russellii
Jagged-Stem Bolete
(Frost) E. -J. Gilbert

子实体高达
8 in
(200 mm)

菌盖直径达
5 in
(125 mm)

327

拉塞尔条孢牛肝菌特征为菌柄长且粗糙，具深沟纹和不规则脊状突起。本种不常见，1878 年最早描述于新英格兰，被当地的菌物学家、一位论派牧师约翰·路易斯·拉塞尔（John Lewis Russell）命名，有时文献中也称本种为拉塞尔牛肝（Russell's Bolete）。令人惊奇的是本种孢子的微观结构也具有同菌柄一样很深的沟槽和沟纹，这一特征表明应将其归入条孢牛肝菌属 *Boletellus*，而不是牛肝菌属 *Boletellus*。拉塞尔条孢牛肝菌可食，但据说很软，且清淡，所以厨房中并不常见。

相似物种

外观形态相似的桦木网孢牛肝菌 *Heimioporus betula* 与本种发生在同一地域，但其菌盖光滑，黏，或有光泽。弗罗斯特牛肝菌 *Boletus frostii* 子实体褪色后与本种也较接近，但其孢子即使老后仍保留部分橙红色色调。

拉塞尔条孢牛肝菌菌盖半球形，逐渐为凸镜形。菌盖表面幼时干，具细绒毛，成熟后裂为碎片，黄褐色至红褐色。菌孔黄色至绿黄色。菌柄淡红色至淡粉褐色，具粗糙蓬松网状的沟纹和脊。菌肉呈淡黄色。

实际大小

科	牛肝菌科Boletaceae
分布	北美洲、欧洲、亚洲北部
生境	林地
宿主	针叶树，很少阔叶树外生菌根菌
生长方式	单生或群生于地上
频度	常见
孢子印颜色	深褐色
食用性	可食

子实体高达
5 in
(125 mm)

菌盖直径达
6 in
(150 mm)

褐牛肝菌
Boletus badius
Bay Bolete
(Fries) Fries

褐牛肝菌被认为是牛肝菌属 *Boletus* 真菌中最好吃的食用种类之一，已被商业规模化采集和出口。

典型地生长于针叶林中，但也会不寻常地生长在曾经为针叶林的林地，也就是说该种有时会生于阔叶林中。在切尔诺贝利核事故之后，有人发现褐牛肝菌的褐色色素有近似于放射性衰变。这对于东欧的采蘑菇的人员来说是一个不好的消息，但暗示了本种将来可以作为生物修复体来清洁被污染地区。

相似物种

一些美味牛肝菌 *Boletus edulis* 的颜色与本种相近，但菌孔从不像褐牛肝菌一样伤后变蓝。亚密毛牛肚菌 *Boletus subtomentosus* 及其相近种也会伤后变蓝，但它们的菌盖干，亚密毛牛肚菌菌盖呈灰白色、橄榄褐色或黄褐色），且菌柄典型较细。

实际大小

褐牛肝菌菌盖半球形，逐渐为凸镜形至平展，光滑，湿时黏，枣褐色至栗褐色。菌孔浅黄色，伤后变蓝（见左图）。菌柄干，比菌盖颜色稍浅。菌肉切面白色至淡黄色，菌柄顶端呈红蓝色，靠近菌盖表面处呈紫褐色。

科	牛肝菌科Boletaceae
分布	北美洲、欧洲、亚洲北部
生境	林地
宿主	阔叶树，少针叶树外生菌根菌
生长方式	单生或小群生于地上
频度	常见
孢子印颜色	橄榄褐色
食用性	非食用

子实体高达
5 in
(125 mm)

菌盖直径达
5 in
(125 mm)

329

美足牛肝菌
Boletus calopus
Bitter Beech Bolete

Persoon

如其英文名字所示，美足牛肝菌不常被认为是可食用种类，其味道是不受欢迎的苦味。苦味物质的成分已经被鉴定出来，是以前并不曾了解的真菌代谢物质环美足牛肝菌素（cyclocalopin）。尽管如此，本种据说在俄罗斯东部和乌克兰被食用，只是几乎不受欢迎。英文名字同样指出本种严格地与山毛榉共生，但也生长在橡树林和其他阔叶林，很少生长在松树林。种加词"*calopus*"的意思是"美丽的脚"，即本种的特点为深红色至鲜红色菌柄附着一层细的突起的网。

相似物种

在北美洲西部，红柄牛肝菌 *Boletus rubripes* 与本种非常相似，但菌柄缺少网状结构。在北美洲东部，红柄牛肝菌和非美味牛肝菌 *Boletus in edulis* 同样与本种相似，但前者仅生长于铁杉树林，后者则小于本种，且菌盖暗白色至灰白色。

实际大小

美足牛肝菌菌盖凸镜形至平展，光滑，浅灰色至浅褐色。菌孔浅黄色（见左图），伤后变蓝。菌柄具突起网状结构，上端淡黄色，后呈鲜明的深红色，向基部逐渐变为淡褐色。菌肉切后浅黄色，变红蓝色。

科	牛肝菌科Boletaceae
分布	北美洲、欧洲、非洲北部、亚洲北部、新西兰
生境	林地
宿主	针叶树，少阔叶树外生菌根菌
生长方式	单生或小群生于地上
频度	常见
孢子印颜色	褐色至粉褐色
食用性	可食

子实体高达
4 in
(100 mm)

菌盖直径达
5 in
(125 mm)

红牛肝菌
Boletus chrysenteron
Red-Cracking Bolete
Bulliard

红牛肝菌（或红绒盖牛肝菌*Xerocomus chrysenteron*）曾经被认为是广布种，且易于辨别，这主要是由于其菌盖表皮碎裂，露出下面的近红色菌肉。但最近的研究表明，一些外观形态与本种相似的种类实际上分布更为广泛。红牛肝菌喜针叶树，仅偶尔发生于山毛榉和其他阔叶树林中。本种可食，但据说无味且水分大，所以并不受采集者的青睐，除非在非常饥饿时才会采集。

相似物种

在欧洲，阿尔卑斯牛肝菌*Boletus cisalpinus*与本种看起来相似，属于红色碎裂状的种类，仅在显微镜下通过观察其孢子是否具有细条纹才能进行鉴定，另外，阿尔卑斯牛肝菌更喜阔叶树，尤其是栎树。北美洲的平截牛肝菌*Boletus truncatus*是另一个相似种，通过其平截孢子进行区别。血色小牛肝菌*Boletus rubellus*的褐色菌盖形态也与本种相似。

实际大小

红牛肝菌菌盖凸镜形，逐渐平展。菌盖表面具细微绒毛，暗色至灰褐色，老后开裂，露出下部微红色的菌肉。菌孔浅黄绿色，伤后变蓝。菌柄光滑，顶端黄色，下端深红色（见右图）。菌肉浅黄色，菌盖下方伤后立即变微红色，切开后逐渐变为变蓝。

科	牛肝菌科Boletaceae
分布	北美洲、欧洲、非洲北部、中美洲、亚洲北部、南非、南美洲和新西兰
生境	林地
宿主	阔叶树和针叶树外生菌根菌
生长方式	单生或小群生于地上
频度	常见
孢子印颜色	橄榄褐色
食用性	可食

子实体高达
9 in
(225 mm)

菌盖直径达
8 in
(200 mm)

331

美味牛肝菌
Boletus edulis
Cep
Bulliard

美味牛肝菌幼时就像是老式便士面包的形状和颜色，被认为是已知的最著名的食用菌之一。因其为外生菌根菌，所以子实体不能栽培，但是被广泛地商业规模化采集和售卖。虽然美味牛肝菌很明显是广布种（也发现于非洲南部和新西兰的外来树林中），但因其是一些相近种复合体中的一部分，其真正的分布还不能被确定。奇怪的是，美味牛肝菌含有鹅膏毒素（与毒鹅膏*Amanita phalloides*的成分相同），但少量时并不引发疾病。

相似物种

在欧洲，松生牛肝菌*Boletus pinophilus*菌盖紫褐色，生长于松树林中，铜色牛肝菌*Boletus aereus*生长于阔叶林中，菌盖深色，菌柄具褐色网状结构。在北美洲西部，青色牛肝菌*Boletus rexveris*春季在松树下发生，而王后牛肝菌*Boletus regineus*菌盖深色，与铜色牛肝菌相近。

实际大小

美味牛肝菌菌盖凸镜形，逐渐平展。菌盖表面光滑至具褶皱，湿时油质或黏，淡黄色至浅褐色或红褐色。菌孔白色，逐渐变为浅黄绿色。菌柄厚实，白色至淡黄色，上端被有近白色的网脉。菌肉白色，菌盖带酒红色。

科	牛肝菌科Boletaceae
分布	北美洲东部、中美洲
生境	林地
宿主	阔叶树，尤其栎树外生菌根菌
生长方式	单生或群生于地上
频度	偶见
孢子印颜色	橄榄褐色
食用性	非食用

子实体高达
5 in
(125 mm)

菌盖直径达
6 in
(150 mm)

稳固牛肝菌
Boletus firmus
Firm Bolete

Frost

稳固牛肝菌是一个不寻常的物种，即菌盖和菌柄伤后变褐色，而菌孔则伤后变蓝。菌盖颜色苍白色，其他部分则有多种颜色，菌柄颜色为非常吸引人的粉色系，老后而褪色。本种伴生于阔叶树，尤其是栎树，在加拿大东部的南方地区、哥斯达黎加和伯利兹都认知该菌。本种味道常较苦，所以稳固牛肝菌并不被采集食用。

相似物种

稳固牛肝菌菌盖苍白色，结合其菌孔红色、菌柄粉色的特征，非常容易区分。在北美洲西部（非东部）有毒的东木生牛肝菌*Boletus eastwoodiae*与本种较为相似，但其典型特征为菌柄球根状，带有更为明显的红至紫红色网状结构。

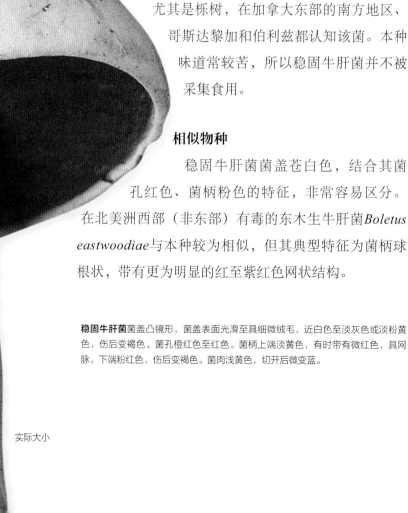

稳固牛肝菌菌盖凸镜形，菌盖表面光滑至具细微绒毛，近白色至淡灰色或淡粉黄色，伤后变褐色。菌孔橙红色至红色。菌柄上端淡黄色，有时带有微红色，具网脉，下端粉红色，伤后变褐色。菌肉浅黄色，切开后微变蓝。

实际大小

科	牛肝菌科Boletaceae
分布	北美洲东部
生境	林地
宿主	针叶树外生菌根菌
生长方式	单生或群生于地上
频度	偶见
孢子印颜色	橄榄褐色
食用性	非食用

子实体高达
5 in
(125 mm)

菌盖直径达
5 in
(125 mm)

火红牛肝菌
Boletus flammans
Flame Bolete
E. A. Dick & Snell

333

火红牛肝菌种加词"*flammans*"的意思是"火红的、深红的"颜色，且在松树下发生，这使得火红牛肝菌非常容易被识别。另外一个鉴定特征是其子实体的所有部分均伤后或切开后变蓝。火红牛肝菌看起来仅发生在北美洲东部，从新斯科舍到乔治亚，西到得克萨斯，与松树、铁杉树和云杉树生成菌根菌。本种的可食性不清楚，所以与食用性相比，还是更适宜被欣赏。

相似物种

几个相似的种均发生在北美洲东部，但全部发生于阔叶树下，而非针叶树。暗红牛肝菌*Boletus rubroflammeus*的菌柄带有一定程度的暗红色，具明显的网状结构。粉红牛肝菌*Boletus rhodosanguineus*菌柄淡黄色，菌盖紫红色。

火红牛肝菌菌盖凸镜形，表面光滑，砖红色至深红色或红褐色。菌孔橙红色至红色（见上图）。菌柄颜色与菌盖同色，基部淡黄色，上端具有细的网脉。菌肉黄色。子实体各部分伤后或切开后变蓝。

实际大小

科	牛肝菌科Boletaceae
分布	北美洲、中美洲
生境	林地
宿主	阔叶树，尤其栎树外生菌根菌
生长方式	单生或群生于地上
频度	产地常见
孢子印颜色	苍白色至橄榄褐色
食用性	有毒（部分人群），最好避免食用

子实体高达
5 in
(125 mm)

菌盖直径达
5 in
(125 mm)

334

弗罗斯特牛肝菌
Boletus frostii
Frost's Bolete
J. L. Russell

弗罗斯特牛肝菌是北美洲所有颜色最为绚丽的蘑菇中的一种，其菌柄颜色非常华美。1874年新英格兰菌物学家约翰·路易斯·拉塞尔（John Lewis Russell）为纪念其同为菌物学家的朋友查尔斯·弗罗斯特（Charle Frost）将本种命名。几年后，作为报答，将他发现的新种命名为拉塞尔牛肝菌*Boletus russellii*。有时弗罗斯特牛肝菌也被称为苹果牛肝菌（Apple Bolete），常被列入可食用的名单，甚至在墨西哥的一些市场中有售卖，但怀疑本种会引起部分人群倒胃，所以应尽量避免食用。

相似物种

同样发生在欧洲和美洲的红网牛肝菌*Boletus luidus*有毒性，红色的菌孔区别于其近褐色菌盖，且菌柄具非深雕刻状的网状结构。毒性相同的褐绒柄牛肝菌*Boletus subvelutipes*在美洲较常见，但其菌柄主要呈黄色，少或无明显的网状结构。

弗罗斯特牛肝菌菌盖半球形，逐渐为凸镜形至平展。菌盖表面光滑，湿时黏，深红色，老后逐渐变黄。菌孔深红色，伤后变蓝。菌柄与菌盖同色，伤后变蓝，具沟槽和脊形成的突起网脉。菌肉柠檬黄色，切开后逐渐变蓝。

实际大小

科	牛肝菌科Boletaceae
分布	北美洲东部、中美洲、亚洲东部
生境	林地
宿主	阔叶树，偶见于针叶树外生菌根菌
生长方式	单生或群生于地上
频度	常见
孢子印颜色	橄榄褐色
食用性	可食

子实体高达
5 in
(125 mm)

菌盖直径达
5 in
(125 mm)

皱盖牛肝菌
Boletus hortonii
Corrugated Bolete
A. H. Smith & Thiers

335

菌盖具不寻常的波纹或凹痕为皱盖牛肝菌的特征，该种由19世纪美国菌物学家查尔斯·霍顿·佩克（Charles Horton Peck）命名。疣柄牛肝菌属*Leccinum*真菌中偶尔会有相似的菌盖，而且在亚洲皱盖牛肝菌被认为是皱盖疣柄牛肝菌*Leccinum hortonii*，尽管其并不具有菌柄被有鳞屑这一类群的典型特征。看来只有经过DNA测序才能确定本种的归属。皱盖牛肝菌被认为可食，但没有任何烹调价值。

相似物种

皱盖牛肝菌最初被查尔斯·霍顿·佩克描述为是亚光柄牛肝菌*Boletus subglabripes*（或亚光疣柄牛肝菌*Leccinum subglabripes*）的变种，在北美洲东部、中美洲、亚洲东部皆有发现。二者形态和颜色相近，但本种菌盖表面光滑，且菌柄具不明显鳞屑。

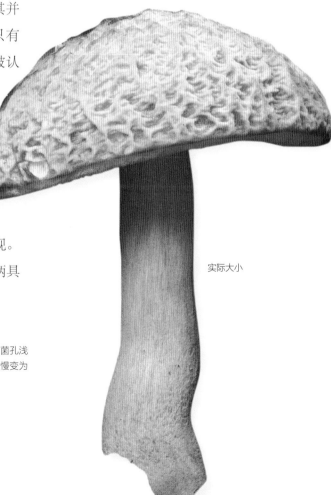

实际大小

皱盖牛肝菌菌盖凸镜形，表面具深褶皱或凹痕，红褐色至肉桂褐色或浅褐色。菌孔浅黄色，有时伤后缓慢变蓝。菌柄光滑，浅黄色至浅褐色。菌肉近白色，有时缓慢变为带有红色的蓝色。

科	牛肝菌科Boletaceae
分布	北美洲东部、欧洲、非洲北部、南美洲北部、中美洲、亚洲北部
生境	林地
宿主	针叶树和阔叶树，尤其栎树外生菌根菌
生长方式	常单生于地上
频度	常见
孢子印颜色	橄榄褐色
食用性	可食

子实体高达
4 in
(100 mm)

菌盖直径达
4 in
(100 mm)

336

细点牛肝菌
Boletus pulverulentus
Inkstain Bolete

Opatowski

细点牛肝菌呈土褐色，常单生，在野外不会被立即识别。一旦碰触，不论哪个部位——菌盖、菌孔、菌柄——立即变为深蓝黑色，故英文名字为"Inkstain Bolete"（墨水污渍牛肝菌）。最早被欧洲菌物学家威廉·欧帕特威斯克（Wilhelm Opatowski）描述，分布范围广泛，尽管在北美洲西部报道时会提及其相似种——瑞内斯牛肝菌*Boletus rainisii*，但后者为绿色印迹。令人惊奇的是，细点牛肝菌可食用，只是不是很受欢迎。

相似物种

在北美洲东部，橄榄孢牛肝菌*Boletus oliveisporus*与本种相似，为可着色的种类，发生在针叶树下，区别主要是其菌柄切后中间部分呈粉色至红色。另一个针叶树下生长的瑞内斯牛肝菌发现于北美洲西部，区别为其菌柄为黄色，所有部位伤后变为墨绿色。

实际大小

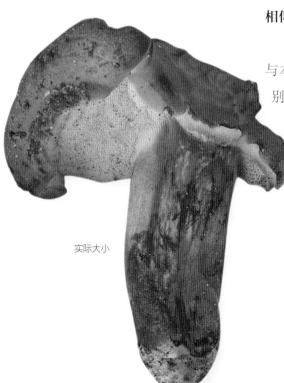

细点牛肝菌菌盖凸镜形，逐渐平展。菌盖表面光滑，稍淡至深褐色，有时绯红色或橄榄色。菌孔呈深黄色。菌柄上端黄色，向下呈褐色至紫褐色。菌肉浅黄色。子实体所有部位伤后或切开后变成深蓝色（见左图）。

科	牛肝菌科Boletaceae
分布	欧洲、亚洲北部
生境	含碳酸钙的林地和长有树木的草地
宿主	阔叶树，尤其栎树外生菌根菌
生长方式	单生或簇生于地上
频度	常见
孢子印颜色	橄榄褐色
食用性	非食用

假根牛肝菌
Boletus radicans
Rooting Bolete

Persoon

子实体高达
6 in
(150 mm)

菌盖直径达
12 in
(300 mm)

337

很多牛肝菌种类相比于密林地和森林，更喜欢宽阔的林地或有草木的开阔地，常发生于老的独树上或年久的林荫路和篱笆墙上。假根牛肝菌仅主要伴生于含有碳酸钙土壤上的老栎树（偶尔山毛榉树和石灰）。子实体大型，苍白色，苦味，菌孔呈吸引人的柠檬黄色，伤后变为天蓝色。本种很长时间一直被认为是卷边肝菌*Boletus albidus*，但假根牛肝菌（种加词"*radicans*"意思是根状的）是更早些的名字——虽然子实体仅偶尔产生短的、像根一样延伸的菌柄。

相似物种

假根牛肝菌有时在北美洲东部被报道，但可能是当地与本种颜色相似且同样具苦味的非美味牛肝菌 *Boletus inedulis*的错认。苍白色菌盖的魔牛肝菌*Boletus satanas*从上面看与本种相似，但其菌孔和菌柄为红色。

实际大小

假根牛肝菌菌盖凸镜形，逐渐平展。菌盖表面光滑，近白色至浅灰色或淡黄色。菌孔柠檬黄色，伤后变浅蓝色。菌柄上端柠檬黄色，下端浅黄褐色，偶有粉红色，具白色或灰白色网脉。菌肉近白色至浅黄色，切开后变浅蓝色。

科	牛肝菌科Boletaceae
分布	亚洲东部
生境	林地和草地
宿主	针叶树和莎草外生菌根菌
生长方式	单生或小群生于地上
频度	产地常见
孢子印颜色	褐色
食用性	可食

子实体高达
5 in
(125 mm)

菌盖直径达
5 in
(125 mm)

338

网盖牛肝菌
Boletus reticuloceps
Fishnet Bolete
(M. Zang et al) Q. B. Wang & Y. J. Yao

　　网盖牛肝菌种加词"*reticuloceps*"的意思是"网状的头"。但网盖牛肝菌并不仅是菌盖具突起的网状表面，而且菌柄上仍有网状结构，使得本种看起来很奇怪，并易于区分。本种最早描述于中国，在云南等山地地区较为常见，并被广泛食用。不寻常的是，同云杉和冷杉一样，高山草地上的莎草与该种共生形成外生菌根。

相似物种

　　西藏金牛肝菌*Aureoboletus thibetanus*与本种发生在同一区域，菌盖也具有深的脉状结构，菌盖湿时黏，带有凝胶状菌幕残余，菌柄光滑。一些其他种类的牛肝菌菌柄具有突起的网状结构（包括美味牛肝菌*Boletus edulis*），但菌盖光滑或具浅纹。

网盖牛肝菌菌盖凸镜形，逐渐平展。菌盖表面赭色至褐色，被有细的胶质鳞片，且具深的脉或脊，构成网脉状结构。菌孔近白色，后呈黄色。菌柄淡褐色，被有白色网脉。菌肉白色。

实际大小

科	牛肝菌科Boletaceae
分布	欧洲大陆
生境	林地、草地和有树木的草地
宿主	阔叶树，尤其栎树外生菌根菌
生长方式	单生或小群生于地上
频度	偶见至稀少
孢子印颜色	橄榄褐色
食用性	有毒

子实体高达
6 in
(150 mm)

菌盖直径达
12 in
(300 mm)

粉黄牛肝菌
Boletus rhodoxanthus
Ruddy Bolete
(Krombholz) Kallenbach

粉黄牛肝菌是欧洲种，最早于1846年被德国-捷克菌物学家朱利叶斯·文斯·科绕郝欧兹（Julius Vincenz von Krombholz）描述。本种属于具有红色菌孔、红色菌柄、苍白至淡红色菌盖、可引起肠胃中毒的牛肝菌类群。这类牛肝菌均不常见，即使不是全部也是大部分喜欢在温暖的区域生长（在欧洲，主要是地中海区域，向北渐稀少），喜白垩土和石灰岩土。它们与树龄老的树形成共生，也许这可以解释这一种类较为稀少的原因。

相似物种

魔牛肝菌*Boletus satannas*与本种较为相似，但菌盖缺少粉色系，有不是很明显的变蓝反应。紫色牛肝菌*Boletus purpureus*与本种较难区分，但其菌盖常带有紫红色的红晕，均有毒性。

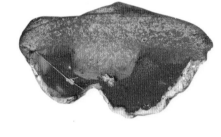

粉黄牛肝菌菌盖凸镜形，逐渐平展。菌盖表面光滑，白黄色，但触后粉色至玫红色，老后褪色至淡黄色。菌孔初时黄色，向着基部逐渐变为红色，伤后变深蓝色。菌柄黄色，向基部渐红色，具红色网脉，伤后变深蓝色。菌肉白色至浅黄色，切开后转变为蓝色（见上图）。

实际大小

科	牛肝菌科Boletaceae
分布	北美洲东部、欧洲、亚洲北部、澳大利亚、新西兰
生境	林地
宿主	阔叶树，尤其栎树外生菌根菌
生长方式	单生或小群生于地上
频度	常见
孢子印颜色	橄榄褐色
食用性	可食

子实体高达
3 in
(75 mm)

菌盖直径达
3 in
(75 mm)

340

血色小牛肝菌
Boletus rubellus
Ruby Bolete

Krombholz

血色小牛肝菌是一种很引人注目的小牛肝菌——至少在幼时如此——归功于其红宝石色的菌盖和具红点的菌柄。老熟后，颜色褪色，几乎不可能与放置到绒盖牛肝菌属*Xerocomus*中的其他物种区分开。典型的绒盖牛肝菌属相对来说子实体小；菌盖干、常毡状、有时逐渐细微开裂；菌孔淡黄色，伤后变蓝；菌柄较长，细，很难区分到种。大多数像血色小牛肝菌一样，可食用，但是口感和质地不好。

相似物种

在欧洲，堤岸牛肝菌*Boletus ripariellus*与本种较相似，喜湿林地，菌柄伤后强烈变蓝。杏色牛肝菌*Boletus armeniacus*与血色小牛肝菌同样看起来较为相似，但其菌盖幼时具明亮杏橙色。在北美洲，田野牛肝菌*Boletus campestris*（据说其喜欢开阔的空地）与本种看起来几乎完全相同。

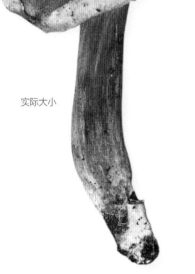

实际大小

血色小牛肝菌菌盖初时凸镜形，逐渐平展。菌盖表面具细微绒毛，初时红宝石色，渐褪至粉红色至微橄榄褐色。菌孔黄色（见右图）至浅黄绿色，伤后微变蓝。菌柄光滑，暗黄色，点缀着红色。菌肉浅黄色，菌盖下面伤后立即变为紫红色，切开后缓慢变蓝。

科	牛肝菌科Boletaceae
分布	欧洲、非洲北部
生境	含碳酸钙的林地和草地
宿主	阔叶树，尤其栎树外生菌根菌
生长方式	单生或小群生于地上
频度	稀少
孢子印颜色	橄榄褐色
食用性	有毒

魔牛肝菌
Boletus satanas
Devil's Bolete

Lenz

子实体高达
6 in
(150 mm)

菌盖直径达
12 in
(300 mm)

341

哈拉尔·奥斯曼·伦恩（Harald Othmar Lenz）于1831年最早对来自德国的本种进行了描述，他认为自己在检测时被子实体的气化物致病，推断魔牛肝菌是毒性最强的真菌，所以给它取了这个名字。事实上，尽管其名声较为可怕，但魔牛肝菌仅会引起肠胃中毒。尽管本种幼时非常招人喜爱并具有辣味，但因其具有让人憎恶的过分的甜味使得其子实体很少被食用。魔牛肝菌非常稀少，在欧洲一些国家已被列入濒危菌物物种红色名录中。

相似物种

在美国加利福尼亚州，东木生牛肝菌*Boletus eastwoodiae*在当地也被称为魔牛肝菌，且具相似的颜色，但其菌柄常发展成神奇的球形，与大脚丝膜菌*Cortinarius sodagnitus*和大脚网盖菌（丝膜菌属*Cortinarius*真菌）菌柄相似。据说真正的魔牛肝菌是有毒性的。

魔牛肝菌菌盖凸镜形，逐渐平展。菌盖表面光滑，白里泛红带有褐色或淡黄色（见上图）。菌孔红色至橙色，伤后变绿色。菌柄顶部黄橙色，下端红色，基部浅黄色，基部上部典型膨大，部分具网脉。菌肉白色至浅黄色，切开后变浅蓝色。

实际大小

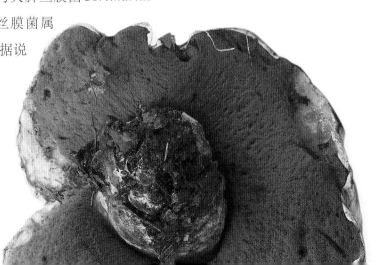

科	牛肝菌科Boletaceae
分布	北美洲西部、中美洲
生境	林地
宿主	针叶树，少见于阔叶树外生菌根菌
生长方式	单生或群生于地上
频度	常见
孢子印颜色	橄榄褐色
食用性	可食

子实体高达
4 in
(100 mm)

菌盖直径达
4 in
(100 mm)

泽勒牛肝菌
Boletus zelleri
Zeller's Bolete
(Murrill) Murrill

鲜明的对比色和绒质菌盖使得泽勒牛肝菌成为一种非常漂亮的牛肝菌，只是当地的蘑菇采集者仅按照烹调的价值将其进行划分。最初本种的描述是"口感微黏"，但最近已经将"黏质、无味"的描述摒弃。而在加拿大西部泽勒牛肝菌的估价很高，已进行商业化采摘和销售。本种有时作为泽勒绒盖牛肝菌*Xerocomus zelleri*被提及，最初由桑福德·迈伦泽勒（Sanford Myron Zeller）教授采自美国西雅图，对其命名是出于美国菌物学家威廉·默里尔（William Murrill）对桑福德·迈伦泽勒教授的纪念。

相似物种

泽勒牛肝菌菌盖颜色很深，常褶皱，幼时有时像覆盖一层近白色的花，可以与分布更为广泛且具红色菌柄的种，如红牛肝菌*Boletus chrysenteron*及类似的牛肝菌进行区分。红牛肝菌菌盖光滑，褐色，常细微开裂，露出下面的红色菌肉。

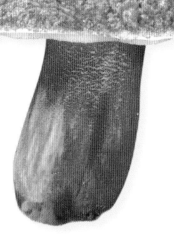

实际大小

泽勒牛肝菌菌盖凸镜形至平展，表面光滑至具深褶皱，具细绒毛，深褐色至黑褐色。菌孔浅黄色，有时伤后变浅蓝。菌柄光滑或略带细棱纹，上部浅黄色，下部鲜红色至深红色。菌肉切开后浅黄色，有时缓慢变蓝。

科	牛肝菌科Boletaceae
分布	北美洲、欧洲、非洲、中美洲、南美洲、亚洲北部、澳大利亚、新西兰
生境	林地
宿主	阔叶树和针叶树，可能为外生菌根菌
生长方式	单生或小群生于地上
频度	常见
孢子印颜色	褐色至粉褐色
食用性	非食用

子实体高达
5 in
(125 mm)

菌盖直径达
3 in
(75 mm)

343

辛辣小瘤孔牛肝菌
Chalciporus piperatus
Peppery Bolete
(Bulliard) Bataille

正如名字所表示，辛辣小瘤孔牛肝菌是一种有辣味的小牛肝菌，对其可食性有不同观点，有些官方建议其可用作香料，还有一些观点认为其具有中等毒性，所以最好不要食用，还是用辣椒代替。但本种可以生产宽范围颜色的染料，包括黄色、橙色和绿褐色。至少在不列颠群岛，辛辣小瘤孔牛肝菌常与毒蝇鹅膏 *Amanita muscaria* 子实体共同生长。可能后者是寄生于本种形成的菌根上。

相似物种

在北美洲，拟辛辣小瘤孔牛肝菌 *Chalciporus piperatoides* 与本种相似，菌孔伤后变浅蓝。在欧洲大陆，不常见的苦小瘤孔牛肝菌 *Chalciporus amarelus* 因其粉色菌孔和苦味（大于辣味）而与辛辣小瘤孔牛肝菌区分开。同样不常见的赤褐牛肝菌 *Rubinoboletus rubinus* 形态与本种相近，但菌孔呈红色，菌柄带有红斑点。

实际大小

辛辣小瘤孔牛肝菌菌盖初期凸镜形，逐渐平展。菌盖表面光滑，湿时黏，淡黄色至红褐色（见近右图）。菌孔延生，黄褐色至红褐色。菌柄光滑，与菌盖同色，但基部呈亮黄色。菌盖上的菌肉呈黄色至近桃粉色，而菌柄中菌肉呈亮黄色（见右后图）。

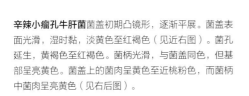

科	圆孢牛肝菌科Gyroporaceae
分布	北美洲、欧洲、非洲北部、中美洲、南美洲、亚洲北部、新西兰
生境	林地
宿主	阔叶树，尤其是栎树外生菌根菌
生长方式	单生或小群生于地上
频度	产地常见
孢子印颜色	浅黄色
食用性	可食，但避免食用

子实体高达
4 in
(100 mm)

菌盖直径达
4 in
(100 mm)

栗色圆孔牛肝菌
Gyroporus castaneus
Chestnut Bolete
(Bulliard) Quélet

实际大小

栗色圆孔牛肝菌是一个非常特别的种类，与其他圆孔牛肝菌属 *Gyroporus*真菌放置在一个单独的科里。与其他牛肝菌相比，本种菌肉较少、较脆，感觉比其他的牛肝菌的菌盖外表面和菌柄更易破碎和撕裂，且菌柄很快变成中空。最初在法国被描述，是广布种真菌，可能在新西兰和美洲西部也被介绍过。尽管稍微有些苦味，但栗色圆孔牛肝菌被认为可食。在欧洲西南部，本种与有毒的喜沙圆孔牛肝菌*Gyroporus ammophilus*看起来很像，所以采食要谨慎。

相似物种

喜沙圆孔牛肝菌与本种相似，已知会引起肠胃中毒，但是到目前为止，仅在欧洲西南部的沿海沙丘被发现。在北美洲东部和亚洲北部，紫褐空柄牛肝菌*Gyroporus purpurinus*与本种相似，区别是其菌盖和菌柄呈紫红色。

栗色圆孔牛肝菌菌盖凸镜形，逐渐平展。菌盖表面光滑，栗褐色。菌孔白色（见左图），逐渐变为浅黄色。菌柄光滑与菌盖同色，老后渐中空。菌肉白色，且相当易碎。

科	圆孢牛肝菌科Gyroporaceae
分布	北美洲、欧洲、非洲北部、澳大利亚
生境	林地
宿主	阔叶树，较少针叶树外生菌根菌
生长方式	单生或小群生于地上
频度	产地常见
孢子印颜色	浅黄色
食用性	可食

子实体高达
5 in
(125 mm)

菌盖直径达
6 in
(150 mm)

蓝圆孢牛肝菌
Gyroporus cyanescens
Cornflower Bolete
(Bulliard) Quélet

345

蓝圆孢牛肝菌子实体苍白色，近乎白色，如果不碰触其子实体，可能会被叫错名字，即使极为轻微的碰触就会使得所有部位立即变为深蓝色。蓝圆孢牛肝菌有时会被称为"蓝色牛肝菌"（Blue Bolete），但这可能会有一些误导，因为一些其他的种类，如细点牛肝菌*Boletus pulverulentus*也显示出同样的反应。本种正常条件下无色，但切开或伤后暴露于氧气后颜色改变，这是由子实体内一种被称为"杂色酸"的化学成分而引起。

相似物种

本种的一个变种蓝圆孢牛肝菌染紫变种*Gyroporus cyanescens* var. *violaceotinctus*发生于北美洲东部，伤后反应变为深紫罗兰色至靛蓝色，而非蓝色。在北美洲南部和中美洲，暗蓝圆孢牛肝菌*Gyroporus phaeocyanescens*具有较小的黄褐色菌盖，伤后同样变为靛蓝色，但菌孔不变色，即非整体反应。

蓝圆孢牛肝菌菌盖初期凸镜形，逐渐平展。菌盖表面被有粗绒毛，或几乎为鳞片，象牙白色至浅赭色或淡黄色。菌孔白色，逐渐变为近浅黄色。菌柄光滑，与菌盖同色，老后渐中空。菌肉白色。相当易碎。所有部位伤后立即变为深蓝色（见左图）。

实际大小

科	牛肝菌科Boletaceae
分布	北美洲东部、中美洲、亚洲北部
生境	林地
宿主	针叶树和阔叶树外生菌根菌
生长方式	单生或群生于地上
频度	产地常见
孢子印颜色	橄榄褐色
食用性	可食

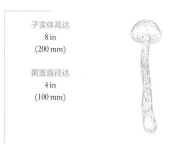

子实体高达
8 in
(200 mm)

菌盖直径达
4 in
(100 mm)

346

桦木网孢牛肝菌
Heimioporus betula
Shaggy-Stalked Bolete
(Schweinitz) E. Horak

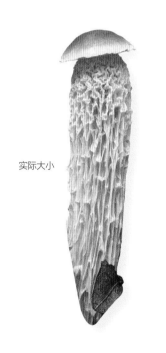

实际大小

桦木网孢牛肝菌菌盖半球形，逐渐为凸镜形。菌盖表面光滑，湿时黏，黄色至橙色，红色或近红褐色。菌孔黄色至近绿黄色。菌柄黄色至暗红色，带有粗糙、蓬松的网状沟纹和脊。菌肉近绿黄色至橙黄色。

桦木网孢牛肝菌的菌柄非常特殊，即具很深的脊和沟痕。该种具有极为特别的特征：尚未成熟的子实体的菌柄很快达到成熟的子实体长度，菌盖像纽扣一样落在了菌柄后面，且菌盖停留在菌柄的顶端，之后菌盖才开始生长展开。种加词"*betula*"意思是桦木，有时易与褐疣柄牛肝菌 *Leccinum scabrum*混淆，尽管后者常发现于栎树和松树旁。

相似物种

拉塞尔条孢牛肝菌*Boletellus russellii*具有与本种相似的深沟纹和撕裂状菌柄，但其菌盖近褐色且干（不黏），常破裂成鳞状碎片。弗罗斯特牛肝菌*Boletus frostii* 看起来也与本种有些相似，但其菌孔为红色至橘红色。

科	牛肝菌科Boletaceae
分布	北美洲、欧洲、中美洲和亚洲北部
生境	林地
宿主	阔叶树，尤其是栎树和白杨外生菌根菌
生长方式	单生或群生于地上
频度	常见
孢子印颜色	橄榄褐色
食用性	可食

子实体高达
9 in
(225 mm)

菌盖直径达
8 in
(200 mm)

橙黄疣柄牛肝菌
Leccinum aurantiacum
Orange Oak Bolete
(Bulliard) Gray

347

尽管橙黄疣柄牛肝菌英文名字的意思是"橙色栎树牛肝菌"，但其大且壮观的子实体不只是发生在栎树林里，还会发生在白杨树林里，或者偶尔发生在山毛榉林和石灰上。最近，本种被分为了两个种，发生在白杨木上的更偏于橙色的橙黄疣柄牛肝菌和发生在栎树上的颜色稍微深些的栎疣柄牛肝菌*Leccinum quercinum*——但DNA序列表明二者同源。橙黄疣柄牛肝菌最早描述于法国，广泛分布于北半球，只是因其易与相似种混淆，在北美洲其分布状况并不能确定。本种被认为是很好的食用菌，在欧洲东部和中国被商业化采摘。

相似物种

异色疣柄牛肝菌*Leccinum versipelle*与本种相似，但仅发生在山毛榉上，菌柄上有灰色至近黑褐色的鳞片。狐色疣柄牛肝菌*Leccinum vulpinum* 菌盖橙色，菌柄鳞片近黑色，生长于松树林中。或许因其与橙黄疣柄牛肝菌非常相似，该种极易与分布在北美洲的物种混淆。

橙黄疣柄牛肝菌菌盖半球形，逐渐为凸镜形。菌盖表面光滑，橙色至锈红色或砖红色。菌孔近白色，伤后变酒红色。菌柄白色，擦伤后酒红色。菌柄白色，具鳞屑状鳞片，鳞片近白色，逐渐变为菌盖颜色至褐色。菌肉切开后奶油色，后为酒红色至近紫灰色，有时局部也变蓝。

实际大小

科	牛肝菌科Boletaceae
分布	北美洲东部、中美洲、亚洲东部
生境	林地
宿主	针叶树和阔叶树外生菌根菌
生长方式	单生或群生于地上
频度	常见
孢子印颜色	粉红色
食用性	有毒性

子实体高达
5 in
(125 mm)

菌盖直径达
5 in
(125 mm)

348

卓越疣柄牛肝菌
Leccinum eximium
Lilac-Brown Bolete
(Peck) Singer

卓越疣柄牛肝菌种名"*eximium*"的意思是"精彩"或"卓越"，但并不清楚为什么纽约的菌物学家查尔斯·霍顿·佩克（Charles Horton Peck）在1887年第一次描述时会这样认为。或许因为它的紫罗兰−褐色在传统的19世纪较为吸引人。抑或是本种曾经被认为可食用且美味。但对后一种可能来说，卓越疣柄牛肝菌因为多起肠胃中毒的事件已经失去了它的卓越之处。现在本种被认为是有毒种类，最好避免食用。

相似物种

其他在北美洲与本种颜色相近的牛肝菌包括具苦味的类铅紫粉孢牛肝菌*Tylopilus plumbeoviolaceoides*，具白色菌孔，菌柄光滑无鳞片。相似的还有绒疣柄牛肝菌*Tylopilus violatinctus*，但其菌盖略为苍白色。

卓越疣柄牛肝菌菌盖凸镜形，逐渐平展。菌盖表面光滑，紫罗兰−褐色至灰褐色。菌孔巧克力色至浅紫褐色。菌柄具鳞片，与菌盖同色，或苍白色。菌肉白色，切开后缓慢变成浅紫色至灰色。

实际大小

科	牛肝菌科Boletaceae
分布	北美洲、欧洲、亚洲北部
生境	林地和沼泽地
宿主	桦树外生菌根菌
生长方式	单生或群生于地上
频度	偶见
孢子印颜色	粉红赭色
食用性	可食

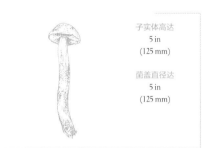

子实体高达
5 in
(125 mm)

菌盖直径达
5 in
(125 mm)

349

污白疣柄牛肝菌
Leccinum holopus
Ghost Bolete

(Rostkovius) Watling

污白疣柄牛肝菌幼时子实体常呈纯白色，有时成熟时也保持纯白色。偶尔菌盖带有其他颜色，导致其被描述成一些变种，但最近的DNA研究表明它们其实都是同一个种。像许多疣柄牛肝菌属*Leccinum*真菌一样，污白疣柄牛肝菌生于桦树林，在湿林地和沼泽地最为常见，典型地生长于泥炭藓。本种可食，但据说无味、浆状，所以不被推荐。

相似物种

污白疣柄牛肝菌美国变种*Leccinum holopus* var. *americanum*在北美洲与桦木共生，菌肉切后变为红色，有时呈灰色。在北美洲东部，白疣柄牛肝菌*Leccinum albellum* 是与本种相似的白色种类，但是与栎树而非桦树形成外生菌根。

实际大小

污白疣柄牛肝菌菌盖凸镜形。菌盖表面光滑，有时湿时黏，初时白色，常发展为淡黄色、褐色和灰绿色。菌孔白色，老后淡黄色至略带肉桂色。菌柄鳞片状，与菌盖同色。菌肉白色，有时切后发红。

科	牛肝菌科Boletaceae
分布	北美洲东部、欧洲、亚洲北部
生境	林地和沼泽地
宿主	榛子和角树外生菌根菌
生长方式	单生或群生于地上
频度	偶见
孢子印颜色	赭褐色
食用性	可食

子实体高达
5 in
(125 mm)

菌盖直径达
5 in
(125 mm)

350

拟褐疣柄牛肝菌
Leccinum pseudoscabrum
Hazel Bolete
(Kallenbach) Šutara

专门与榛子和角树共生的大型真菌相对较少，拟褐疣柄牛肝菌是特殊的一个。对共生树种的选择和菌肉变黑的特点，使得本种易与其他褐色的疣柄牛肝菌属*Leccinum*真菌进行区别。拟褐疣柄牛肝菌最早在德国被描述，在欧洲分布较为广泛，只是经常被忽视。本种在北美洲也曾有报道，因描述其与栎树共生，所以并不能完全确定是同一个种。

相似物种

拟褐疣柄牛肝菌的拉丁名字起源于与其相似且常见的褐色褐疣柄牛肝菌*Leccinum scabrum*。后者具有相似的褐色菌盖和鳞状菌柄，但切或伤后不变黑。石板牛肝菌*Leccinum duriusculum*菌肉会先变为粉红色，然后变为黑色，但发生在白杨木上。

实际大小

拟褐疣柄牛肝菌菌盖凸镜形。菌盖表面光滑至褶皱，常干后逐渐撕裂，苍白色至深褐色。菌孔白色至淡黄色，伤后缓慢变为紫褐色。菌柄淡黄色至深灰褐色，具鳞片，鳞片灰色至暗灰褐色，伤后变黑色。菌肉白色，切开后逐渐变黑色（见左图）。

科	牛肝菌科Boletaceae
分布	北美洲东部、欧洲
生境	林地
宿主	常见腹菌
生长方式	簇生于寄主子实体周围
频度	产地常见
孢子印颜色	赭褐色
食用性	可食，最好避免食用

寄生假牛肝菌
Pseudoboletus parasiticus
Parasitic Bolete
(Bulliard) Šutara

子实体高达
2½ in
(60 mm)

菌盖直径达
2 in
(50 mm)

351

寄生假牛肝菌较小，因其在橙黄硬皮马勃 *Scleroderma citrinum* 的基部生长、常簇生而易被认出。本种曾被认为是非真正寄生，仅与腹菌共生形成子实体。但腹菌子实体看起来并不喜欢与本种共生，常会因此导致中空或部分倒塌。寄生假牛肝菌还是更倾向于寄生在硬皮马勃菌根上。寄生假牛肝菌可食，但其寄主不可食用。

相似物种

由于没有其他牛肝菌寄生于腹菌上产生子实体，相近种只有星假牛肝菌*Pseudoboletus astraecola*在亚洲东部发生在硬皮地星 *Astraeus hygrometricus*的子实体上。寄生假牛肝菌从其寄主上分离后，与小的红牛肝菌*Boletus chrysenteron*及其类似种类更为相近。

实际大小

寄生假牛肝菌菌盖凸镜形，逐渐平展。菌盖表面光滑，淡橄榄黄色至黄褐色或灰褐色。菌孔黄色，逐渐变为赭色至锈色（有时略带红色）。菌柄光滑至具细微点刻状鳞片，与菌盖同色。菌肉浅黄色。

科	牛肝菌科Boletaceae
分布	北美洲、中美洲、亚洲东部
生境	林地
宿主	针叶树和阔叶树外生菌根菌
生长方式	单生或群生于地上
频度	产地常见
孢子印颜色	橄榄褐色
食用性	非食用

子实体高达
6 in
(150 mm)

菌盖直径达
5 in
(125 mm)

352

拉夫纳尔粉末牛肝菌
Pulveroboletus ravenelii
Sulfur Bolete
(Berkeley & M. A. Curtis) Murrill

拉夫纳尔粉末牛肝菌与众不同之处在于其幼时子实体具粉末状的亮黄色菌幕，老后在菌盖边缘残留菌幕碎片，有时菌柄上具不规则菌环。本种以19世纪发现很多美洲真菌的南卡罗莱纳州真菌学家亨利·威廉·拉夫（Henry William Ravenel）的名字命名。拉夫纳尔粉末牛肝菌有时被认为可食用，但有酸臭味，口感不好。本种含有被认为可以阻止无脊椎动物取食的狐衣酸（在很多地衣中也有发现）。

相似物种

本种幼时子实体有清晰的硫磺色菌幕或其残留物，因此不易被错认。老后子实体上菌幕不是很明显，导致其易与颜色相近稍暗的附生牛肝菌*Boletus appendiculatus*的子实体和其他黄褐色种类混淆。

实际大小

拉夫纳尔粉末牛肝菌菌盖凸镜形，逐渐平展。菌盖表面初时具粉末状鳞片，逐渐具纤毛，硫磺色，逐渐从中心向外变为橙褐色。菌孔亮黄色，伤后变蓝。菌柄与菌盖同色，具不规则菌环或菌幕残余。菌肉白色至浅黄色。切开后缓慢变为浅蓝色（见右图）。

科	牛肝菌科Boletaceae
分布	北美洲、欧洲、中美洲、亚洲北部
生境	林地
宿主	阔叶树，尤其栎树和山毛榉外生菌根菌
生长方式	单生或群生于地上
频度	产地常见
孢子印颜色	黑色
食用性	可食

子实体高达
5 in
(125 mm)

菌盖直径达
5 in
(125 mm)

松塔牛肝菌
Strobilomyces strobilaceus
Old Man of the Woods
(Scopoli) Berkeley

353

松塔牛肝菌属*Strobilomyces*真菌主要发生在亚洲东部和热带地区，但松塔牛肝菌的分布遍布北半球，是该属中唯一在欧洲发生的种，该种在欧洲也是局部地区有零星的分布。本种英文名字取自其灰色、蓬乱的外部形态，种加词"*strobilaceus*"则取自其与松果相似。子实体比大多数的牛肝菌木质化程度高，在干燥天气可以存活一段时间。松塔牛肝菌可食用，但据说味道清淡。

松塔牛肝菌菌盖凸镜形，逐渐平展。菌盖表面具浓密鳞片，灰至深褐色，稍黑褐色，菌盖边缘悬挂鳞片。菌孔白色，逐渐变为灰至黑色，伤后带有红色。菌柄具鳞片，与菌盖同色，具厚的鳞质的环。菌肉白色，切开后变为红色，后变为黑色（见下图）。

相似物种

在美洲和亚洲，易混松塔牛肝菌*Strobilomyces confusus*是与本种颜色相同的近缘物种，但菌盖较小，菌盖鳞片更为直立。黄纱松塔牛肝菌*Strobilomyces mirandus*是非常引人注目的东亚物种，从马来西亚向北至日本都被认知，菌盖和菌柄具淡黄色至橙色鳞片。

实际大小

科	乳牛肝菌科Suillaceae
分布	北美洲、欧洲、亚洲北部
生境	林地
宿主	落叶松外生菌根菌
生长方式	单生或群生于地上
频度	产地常见
孢子印颜色	橄榄赭色
食用性	可食

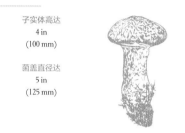

子实体高达
4 in
(100 mm)

菌盖直径达
5 in
(125 mm)

354

空柄乳牛肝菌
Suillus cavipes
Hollow Bolete
(Opatowski) A. H. Smith & Thiers

空柄乳牛肝菌与落叶松共生，天然树林里极其常见，但人工树林里较为少见——与无所不在的厚环乳牛肝菌 *Suillus grevillei*比起来更是如此。种加词"*cavipes*"意思是"空心脚"（或"柄"），这是本种最显著的特点之一，褐色菌盖和菌柄与黄-橄榄色菌孔的鲜明对比同样使得本种易于区分。属名"*Suillus*"的意思是"适合猪的"，或许是因为"*Suillus*"属真菌（包括空柄乳牛肝菌）可食，且受猪的喜爱。

相似物种

赭红乳牛肝菌*Suillus ochraceoroseus*菌盖更偏于粉红至砖红色，仅发生在北美洲西部和亚洲东部。着色乳牛肝菌*Suillus pictus*和莱克氏乳牛肝菌*Suillus lakei*菌盖褐色，但与落叶松相比，更多地发生在冷杉和松树上。

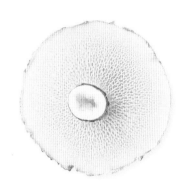

空柄乳牛肝菌菌盖凸镜形，逐渐平展至宽突起。菌盖表面具纤毛鳞片，黄褐色至锈色或红褐色，边缘常有白色菌幕残余。菌孔延生，黄至橄榄赭色（见上图）。菌柄中空，顶端黄色，与菌盖同色，向基部具纤毛，白色、菌环部分残留菌柄上。菌肉黄色。

实际大小

科	乳牛肝菌科Suillaceae
分布	北美洲、欧洲、亚洲北部、澳大利亚和新西兰
生境	林地
宿主	落叶松外生菌根菌
生长方式	单生或群生于地上
频度	极其常见
孢子印颜色	赭色至肉桂褐色
食用性	可食

厚环乳牛肝菌
Suillus grevillei
Larch Bolete
(Klotzsch) Singer

子实体高达
5 in
(125 mm)

菌盖直径达
5 in
(125 mm)

355

厚环乳牛肝菌严格与落叶松共生，非常奇怪的是，首次描述自苏格兰的该种是发现于落叶松林而非天然树林里。本种看来很适宜远距离传播，因为在澳大利亚和新西兰也曾被介绍过。在潮湿的天气，子实体超级黏质，但干时菌盖有光泽。将黏液除去后可食，但并不被推崇。厚环乳牛肝菌可以制成从褐色到炭橙色的多种染料，而且是中药"腱松散"的一种成分，据说有益于腰腿疼。

厚环乳牛肝菌菌盖凸镜形，逐渐平展。菌盖表面光滑，湿时黏（见左下图），老后金黄色、红锈色至红褐色。菌孔金黄色，逐渐变为锈色或红褐色。菌柄光滑，湿时黏，与菌盖同色，向基部逐渐变为红褐色，带有明显的环。菌肉呈柠檬黄色。

相似物种

在北美洲，克林顿阶乳牛肝菌*Suillus clintonianus*有时被认为是与本种有区别的种，有时被认为是本种的具深色、红褐色菌盖的一种形态。褐环乳牛肝菌*Suillus luteus*同样是一种非常黏的种类，但其生长在松树下，菌盖常呈深红褐色，菌柄近白色。

实际大小

科	乳牛肝菌科Suillaceae
分布	北美洲、欧洲、中美洲、亚洲北部、非洲、南美洲、澳大利亚和新西兰
生境	林地
宿主	松树外生菌根菌
生长方式	单生或群生于地上
频度	极其常见
孢子印颜色	浅褐色至赭褐色
食用性	可食（加工后）

子实体高达
5 in
(125 mm)

菌盖直径达
10 in
(250 mm)

356

褐环乳牛肝菌
Suillus luteus
Slippery Jack
(Linnaeus) Roussel

在潮湿的天气，褐环乳牛肝菌如其名字（Slippery Jack）般生长，菌盖表面极其黏滑。尽管如此，本种被认为可食用，干燥好后，在欧洲东部、中国和南美洲甚至已经被商业化采集来进行加工和出口。凝胶状菌盖的表皮很容易剥落，这样也好，因为菌盖表皮显示出中等毒性，会引起某些人肠胃的一些症状。

本种最早在欧洲进行描述，属于广布种，在北半球较为常见，如人工移植的松林，此外在其他地方也曾被介绍过。

相似物种

另一种与松树共生的具有相似颜色且黏质菌盖子实体的是克林顿阶乳牛肝菌*Suillus clintonianus*，但其菌柄上没有菌环，粉红色至茶色的点柄乳牛肝菌 *Suillus granulatus*也同样如此。厚环乳牛肝菌 *Suillus grevillei* 黏质，具菌环，但其菌盖为金黄色，且发生于落叶松旁。

实际大小

褐环乳牛肝菌菌盖幼时凸镜形，逐渐平展。菌盖表面光滑，湿时极黏，紫褐色，老后逐渐变为锈褐色。菌孔柠檬黄色，逐渐变为暗赭褐色。菌柄湿时较黏，白色至淡黄色，具深色斑驳的点，向基部逐渐变为紫褐色，具明显的白色至与菌盖同色的菌环。菌肉白色至柠檬黄色。

科	乳牛肝菌科Suillaceae
分布	北美洲西部、亚洲东部
生境	林地
宿主	落叶松或松树（亚洲）外生菌根菌
生长方式	单生或群生于地上
频度	偶见
孢子印颜色	深红褐色
食用性	非食用

子实体高达
5 in
(125 mm)

菌盖直径达
10 in
(250 mm)

357

赭红乳牛肝菌
Suillus ochraceoroseus
Rosy Larch Bolete
(Snell) Singer

赭红乳牛肝菌颜色迷人，主要发生在美洲落基山脉和太平洋沿岸西北部落叶松上，但在中国大陆和台湾省的松树上也有报道。尽管英文名字与黏质光滑的厚环乳牛肝菌 *Suillus grevillei*较为接近，但本种菌盖干，有纤维质鳞片，与厚环乳牛肝菌并不相似。的确，因为赭红乳牛肝菌明显区别于以前曾被归属的不同的属——小牛肝菌属*Boletinus*或褐孔牛肝菌属*Fuscoboletinus*。子实体有时据说可食，但其味苦不值得食用。

相似物种

莱克氏乳牛肝菌*Suillus lakei*与本种发生在北美的相同区域，具有相似但略微暗淡的粉色至红褐色的菌盖，菌盖具纤维质鳞片。本种与道格拉斯冷杉共生，而非落叶松。北美洲东部生长在松树林中的*Suillus pitus*与本种看起来有些相像。

实际大小

赭红乳牛肝菌菌盖凸镜形，逐渐平展。菌盖表面具纤毛，亮粉色至玫瑰红色，老后砖红色。菌孔延生，深黄色至橄榄赭色。菌柄近黄色，有时向基部具红褐色斑点。菌幕残余形成菌环，白色，或持久地留在菌盖边缘，碎片状。菌肉近黄色。

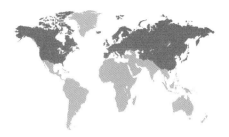

科	乳牛肝菌科Suillaceae
分布	北美洲、欧洲、亚洲北部
生境	林地
宿主	美国五针松外生菌根菌
生长方式	单生或群生于地上
频度	产地常见
孢子印颜色	茶褐色
食用性	可食（加工后）

子实体高达
5 in
(125 mm)

菌盖直径达
4 in
(100 mm)

358

黄白乳牛肝菌
Suillus placidus
Slippery White Bolete
(Bonorden) Singer

黄白乳牛肝菌是仅与五针松这一特定树种共生的牛肝菌，主要是欧洲阿尔卑斯山的瑞士五针松和北美洲东部的美国五针松。如果五针松为天然生，本种在当地就会很常见，在其他地方（如北美洲西部或不列颠群岛）人工种植的五针松上则很少见。子实体可食，但与褐环乳牛肝菌*Suillus luteus*一样，凝胶状的菌盖表皮需要削掉并丢弃，因为其可能有中等毒性。

相似物种

在北美洲西部菌盖为白色、发生于美国黑松上的苍白乳牛肝菌*Suillus pallidiceps*并不常见，其菌柄无红褐色点刻状结构。污白疣柄牛肝菌*Leccinum holopus*菌盖白色，但不黏，菌柄具鳞屑，而非点刻状结构。

实际大小

黄白乳牛肝菌菌盖幼时凸镜形，逐渐平展（见右图）。菌盖表面光滑，湿时黏，白色至象牙白色，老熟后逐渐变为赭色。菌孔赭黄色。菌柄白色，具红褐色的斑点，成熟后逐渐变为淡黄色。菌肉白色，老熟后变为黄色。

科	牛肝菌科Boletaceae
分布	北美洲东部、中美洲、亚洲东部
生境	林地
宿主	阔叶树，尤其栎树外生菌根菌
生长方式	单生或群生于地上
频度	常见
孢子印颜色	粉红色
食用性	可食

子实体高达
5 in
(125 mm)

菌盖直径达
6 in
(150 mm)

359

黑盖粉孢牛肝菌
Tylopilus alboater
Black Velvet Bolete
(Schweinitz) Murrill

黑盖粉孢牛肝菌幼时形态精巧，子实体黑色的菌盖和菌柄与白色的菌孔对比明显。同亲缘关系较远的黑红菇*Russula nigricans*非常相像，即黑盖粉孢牛肝菌菌肉切后变红，缓慢变为灰至黑色——子实体内成分暴露在氧气中，发生化学反应。很多粉孢牛肝菌属*Tylopilus*真菌，如苦粉孢牛肝菌*Tylopilus felleus*，味道较苦，但黑盖粉孢牛肝菌味道较温和，并逐渐被认为是好吃的食用菌种类。

相似物种

一些北美洲的近缘物种与本种较为相似。黑粉孢牛肝菌*Tylopilus atratus*稍小一些，菌肉切后不变红。污黑粉孢牛肝菌*Tylopilus atronicotianus* 菌盖光滑，橄榄褐色。肉灰粉孢牛肝菌*Tylopilus griseocarneus* 菌柄上有较明显的网状结构。

实际大小

黑盖粉孢牛肝菌菌盖凸镜形（见上图），逐渐平展。菌盖表面光滑，具细绒毛，深灰褐色至黑色。菌孔白色，老后变暗粉红色，伤后变红色，后缓慢变为黑色。菌柄光滑，与菌盖同色。菌肉白色，逐渐变为粉红色，切开后逐渐变为黑色。

科	牛肝菌科Boletaceae
分布	北美洲东部、中美洲、亚洲东部
生境	林地
宿主	针叶树和阔叶树外生菌根菌
生长方式	单生或群生于地上
频度	常见
孢子印颜色	粉红褐色
食用性	可食

子实体高达
6 in
(150 mm)

菌盖直径达
6 in
(150 mm)

360

黄脚粉孢牛肝菌
Tylopilus chromapes
Yellowfoot Bolete
(Frost) A. H. Smith & Thiers

黄脚粉孢牛肝菌易于区分且引人注目，但将其放入哪个属却不易确定。虽然本种特征并不典型，但菌柄上的鳞屑，虽然不典型但表明其应该是疣柄牛肝菌属真菌。最近的分子研究也表明本种与疣柄牛肝菌属*Leccinum*亲缘关系较近，但也同样与粉孢牛肝菌属*Tylopilus*亲缘关系较近。不管怎样，黄脚疣柄牛肝菌*Leccinum chromapes*或黄脚粉孢牛肝菌在北美洲东部不常见，爱吃蘑菇的人认为其可食用且口感较好。

相似物种

本种种加词"*chromapes*"的意思是"黄脚"，玫瑰粉色菌盖、具鳞片菌柄、黄色菌柄基部的组合成为本种的特点。中美洲的卡塔赫纳粉孢牛肝菌*Tylopilus cartagoensis*与本种近似，但菌盖相比要小且钝。亚黄脚粉孢牛肝菌*Tylopilus subchromapes*是澳大利亚分布的几个近缘物种中与本种相近的种类之一。

实际大小

黄脚粉孢牛肝菌菌盖凸镜形，逐渐平展。菌盖表面光滑，幼时玫瑰粉色，老熟后逐渐变为粉红色。菌孔白色，老熟后暗粉红色。菌柄具皮屑状鳞片，白色至粉红色，基部亮黄色。菌肉白色，但菌柄基部黄色。

科	牛肝菌科Boletaceae
分布	北美洲东部、欧洲、中美洲、亚洲北部
生境	林地
宿主	针叶树和阔叶树外生菌根菌
生长方式	单生或群生于地上
频度	常见
孢子印颜色	粉红色
食用性	非食用

苦粉孢牛肝菌
Tylopilus felleus
Bitter Bolete

(Bulliard) P. Karsten

子实体高达
9 in
(225 mm)

菌盖直径达
12 in
(300 mm)

361

苦粉孢牛肝菌虽然没有毒性，但这个大牛肝菌的菌肉味道非常苦，正如其种加词"*felleus*"（胆汁）所示一样。尽管如此，苦粉孢牛肝菌据说在东欧和墨西哥的部分地区仍被采食——推测只是在绝望的时候才会食用。本种的子实体可能有一些潜在的应用价值，因为从苦味牛肝菌提取的多糖（tylopilan）具有潜在的抗肿瘤活性。本种分布广泛，且较为常见，特殊地发生在山毛榉和橡树上，大多发生在其他的阔叶树和针叶树上。

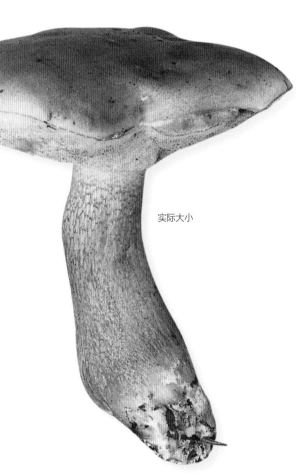

实际大小

相似物种

苦粉孢牛肝菌是粉孢牛肝菌属*Tylopilus*真菌中唯一在欧洲发现的种，其粉红色菌孔和孢子较易区分。美味牛肝菌*Boletus edulis*是与本种非常相似的种，但菌柄上具近白色网状结构，当然也没有苦味。在北美洲，红褐粉孢牛肝菌*Tylopilus rubrobrunneus*菌盖紫色至紫褐色，同样具苦味。

苦粉孢牛肝菌菌盖凸镜形，逐渐平展。菌盖表面光滑，淡黄色至褐色。菌孔白色，老后呈紫粉红色，伤后变褐色。菌柄顶端白色，菌柄下端苍白色或与菌盖同色，具明显突起的深褐色网脉。菌肉白色，有时切开后呈微粉红色。

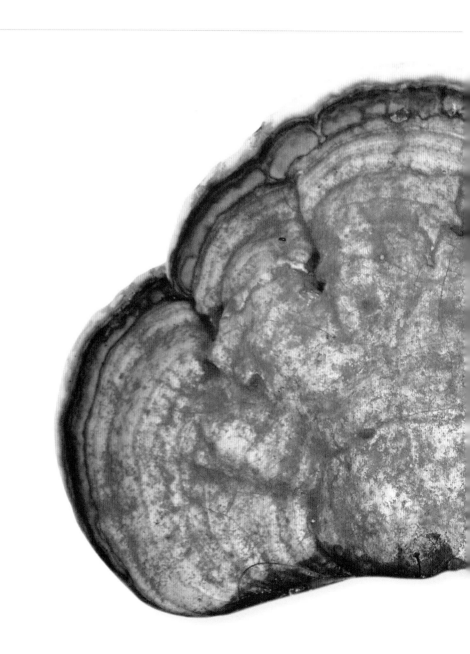

弧状、伏革及胶质真菌

Brackets, Crusts & Jelly Fungi

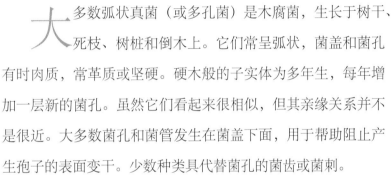

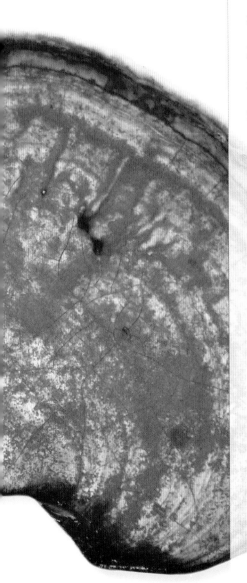

大多数弧状真菌（或多孔菌）是木腐菌，生长于树干、死枝、树桩和倒木上。它们常呈弧状，菌盖和菌孔有时肉质，常革质或坚硬。硬木般的子实体为多年生，每年增加一层新的菌孔。虽然它们看起来很相似，但其亲缘关系并不是很近。大多数菌孔和菌管发生在菌盖下面，用于帮助阻止产生孢子的表面变干。少数种类具代替菌孔的菌齿或菌刺。

壳状真菌（革质）更是一个混合类群。它们同样大多数为木腐菌，在树枝或段木下面形成斑块或硬皮。生成孢子的壳质表面常光滑，有时疣状、褶皱或锯齿状。少数种类有层架状边缘，看起来像薄的弧状真菌。

一些胶质真菌（或异担子菌纲）为木腐菌，但另外一些为外生菌根菌（见概述）或寄生于其他真菌上。凝胶状子实体是保持湿度并延长孢子形成的一种选择。它们中的很多种都能够在天气干燥时脱水，雨后恢复。

科	皱孔菌科Meruliaceae
分布	北美洲、欧洲、非洲、中美洲、南美洲、亚洲、澳大利亚、新西兰
生境	林地
宿主	阔叶树，罕见针叶树
生长方式	树桩上或地上，常在草地上
频度	常见
孢子印颜色	白色
食用性	非食用

子实体高达
2 in
(50 mm)

菌盖直径达
6 in
(150 mm)

364

二年残孔菌
Abortiporus biennis
Blushing Rosette
(Bulliard) Singer

二年残孔菌有时常在一个柄上形成单独菌盖或莲座状丛生的子实体，但更寻常的是形成歪曲的子实体，在表面下方具菌孔。菌盖存在时，平展至漏斗形，浅粉色至红褐色，边缘苍白色，羽状至波纹状。菌孔粉白色至粉黄色，与菌柄同色。

二年残孔菌常不易鉴别。偶尔会像正常的弧状真菌一样，在树桩基部生成弧状子实体。但更常见的是发生于地上，可能是在死树根上生成，在短柄上形成圆形菌盖或莲座丛状串生。本种常生成歪曲的块状物，菌孔和凸起处充满了厚垣孢子（无性孢子）。无论是弧状、莲座丛状或瘤状，二年残孔菌新鲜时伤后变粉红色，湿时渗出红色液滴。

相似物种

歪曲的子实体常渗出红色液滴，易与远缘种但颜色相似、湿时渗出红色液滴的佩赫齿菌*Hydnellum pechii*的子实体混淆。后者不是很常见，分布也不是很广泛，其下表面具菌刺，无菌孔。

实际大小

科	地花菌科Albatrellaceae
分布	北美洲、亚洲北部
生境	针叶林中
宿主	尤其是铁杉外生菌根菌
生长方式	常簇生和融合一起于地上
频度	稀有
孢子印颜色	白色
食用性	可食

子实体高达
2½ in
(60 mm)

菌盖直径达
2½ in
(60 mm)

蓝孔地花孔菌
Albatrellus caeruleoporus
Blue Albatrellus

(Peck) Pouzar

365

DNA的证据表明地花菌属*Albatrellus*真菌与红菇属*Russula*和乳菇属*Lactarius*伞菌的亲缘关系比大多数具菌孔的真菌要更近一些。它们不是木腐菌，但与活树根共生。与众不同的蓝孔地花孔菌最早是在其并不常见的北美洲东海岸被描述。最近其单独的种群在较稀少但被关注和保护的北美洲西部和西北部森林中被发现。虽然有报道蓝孔地花孔菌可食，但据说其口感粗糙。本种在亚洲被用作草药。

相似物种

地花菌属中的大多数种类颜色不同。在北美洲西部却有另一个蓝色物种——弗莱地花菌*Albatrellus flettii*，该种常个体较大，菌盖可达8 in（200 mm）宽，菌孔近白色至浅粉黄色。在中国和日本，安田地花菌*Albatrellus yasudai*菌盖绿蓝色、黏质（不干），菌孔白色。

蓝孔地花孔菌幼时为美丽的靛蓝色或灰蓝色，但老熟后迅速变为灰至灰褐色。菌盖呈不规则形，光滑或具细微鳞片，边缘内卷。菌孔延生，颜色与菌杯相同（见上图），但切开后菌肉呈奶白色至浅黄色。

实际大小

科	地花菌科Albatrellaceae
分布	北美洲、欧洲大陆、亚洲北部
生境	针叶树
宿主	尤其是云杉外生菌根菌
生长方式	常簇生于地上
频度	产地常见
孢子印颜色	白色 .
食用性	可食

子实体高达
2½ in
(60 mm)

菌盖直径达
6 in
(150 mm)

绵地花孔菌
Albatrellus ovinus
Sheep Polypore
(Schaeffer) Kotlaba & Pouzar

绵地花孔菌菌盖奶油色至淡黄色，随子实体老熟渐微微开裂，呈灰褐色或橄榄绿色。菌盖为不规则漏斗形，即使老后边缘保持重度内卷。微下延的菌孔新鲜时呈白色至浅黄色。菌柄短粗常偏生，近白色至奶油色，菌肉切面与其同色。

　　绵地花孔菌为地花菌属*Albatrellus*中最为常见、分布最为广泛的一种，除不列颠群岛外，其他北半球的云杉树上都有发生。一个可以帮助鉴别本种的方法是在其上滴加稀释的氨水（或其他碱液）后菌肉变为亮黄色。在本种分布的范围内很多地方都很常见，并被认为是很好的食用菌，被广泛采集甚至商业化出口。对绵地花孔菌的生物活性进行了很长时间的研究，部分结果表明其可能含有抗细菌和其他药用活性。

相似物种

　　绵地花孔菌常与连生地花孔菌*Albatrellus confluens*一起生长，因其粉浅黄色而被区分开来。如果不通过显微镜，亚红地花孔菌*Albatrellus subrubescens*很难与本种区别，但其典型地生长在松树而非云杉上，且菌孔伤后变为铬黄色至橙色，而非柠檬黄色。

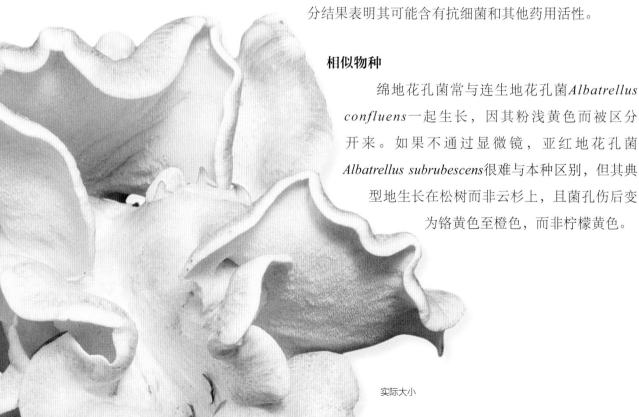

实际大小

科	地花菌科Albatrellaceae
分布	北美洲东部、中美洲
生境	阔叶树，尤其山毛榉
宿主	尤其是云杉外生菌根菌
生长方式	地生
频度	偶见
孢子印颜色	白色
食用性	非食用

子实体高达
2 in
(50 mm)

菌盖直径达
2 in
(50 mm)

派克地花孔菌
Albatrellus peckianus
Peck's Polypore
(Cooke) Niemelä

367

非常奇怪的是基于DNA检测，派克地花孔菌实际上并不是地花菌属*Albatrellus*真菌，但现在仍将其归为此属。真正的地花菌属真菌均是外生菌根菌，但派克地花孔菌是木腐菌，子实体单生或分枝簇生于埋木上。其名字的由来是为了纪念19世纪纽约菌物学家查尔斯·霍顿·佩克（Charles Horton Peck），本种的发生仅局限于北美洲东部和中美洲，但有报道亚洲北部发现了尚未命名、形态与本种很像的种类。

相似物种

奇丝地花菌*Albatrellus dispansus*是另一个黄色且有分枝的种，最初描述于日本，在北美洲仅落基山脉发现其与针叶树共生。黄鳞地花菌*Albatrellus ellisii*发生在北美洲东部，但其菌盖具鳞片，偏黄绿色。

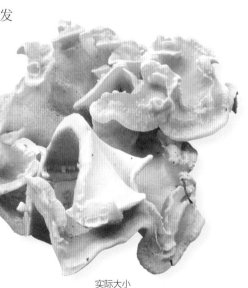

实际大小

派克地花孔菌可形成单独的菌盖或一个柄上有若干分枝。菌盖表面光滑，常下凹，新鲜时呈黄色，逐渐变为浅黄色至黄褐色。菌孔新鲜时呈亮黄色。菌柄光滑，黄色至淡黄色，菌肉切面与其同色。

科	灵芝科Ganodermataceae
分布	澳大利亚
生境	湿林地
宿主	硬木
生长方式	倒木或原木上
频度	产地常见
孢子印颜色	褐色
食用性	非食用

子实体高达
6 in
(150 mm)

菌盖直径达
5 in
(125 mm)

368

皱盖乌芝
Amauroderma rude
Red-Staining Stalked Polypore
(Berkeley) Torrend

实际大小

皱盖乌芝仅分布于澳大利亚，典型地发生于雨林中。它与树舌灵芝*Ganoderma applanatum*为同一类群，具同样强烈的伤后反应。子实体下表面的近白色菌孔划伤后会变成亮血红色。不同于灵芝属*Ganoderma*多孔菌，大部分乌芝属*Amauroderma*真菌具有一个中心柄。作为同一类群，它们在热带和亚热带地区常见，但几乎不发生在温带地区。

相似物种

皱盖乌芝有时报道于南美洲，但似乎是基于相似种——中间假芝*Amauroderma intermedium*的错误鉴定。在亚洲东南部关于皱盖乌芝的报道是基于另一个形态相似种*Amauroderma gugosum*的错误鉴定，两者均为白色菌孔，且伤后变色。

皱盖乌芝子实体木质，菌柄中生，多年生。菌盖平展至下凹，初时表面红褐色，边缘白色，后逐渐变为褐色至深褐色，褶皱，同心脊，边缘渐波纹状或不规则形。菌孔白色，伤后变为红至黑色。菌柄具细绒毛，深褐色。

科	多孔菌科Polyporaceae
分布	澳大利亚、新西兰，在南美洲有报道
生境	林地
宿主	硬木，尤其是南方山毛榉
生长方式	生于活树或死树的树干或原木上
频度	常见
孢子印颜色	褐色
食用性	非食用

子实体厚度达
½ in
(10 mm)

菌盖直径达
4 in
(100 mm)

亮丽深黄孔菌
Aurantiporus pulcherrimus
Strawberry Bracket
(Rodway) P. K. Buchanan & Hood

369

亮丽深黄孔菌具有惊人的鲜明颜色，呈典型过度引人注目的鲜红色。种加词"*pulcherrimus*"意思是"非常漂亮"，说明本种必定吸引了于1922年最先描述它的塔斯马尼亚菌物学家伦纳德·罗德韦（Leonard Rodway）的注意。亮丽深黄孔菌发生在澳大利亚和新西兰的天然南方山毛榉上或桉树（澳大利亚）上，也发现于巴西，但明显是外地引入的桉树上。尽管本种的名字很吸引人，但并不可食。

亮丽深黄孔菌子实体肉质，一年生，广泛附着于木头上。菌盖不规则形至浅裂状，表面被细绒毛，幼时深粉红色，逐渐变为亮肉桂色至橙色或鲜红色。菌孔颜色与菌盖相同。整个子实体干后变硬，呈树脂质状。

相似物种

血红密孔菌*Pycnoporus sanguineus*同样发生在澳大利亚和新西兰，其子实体虽然也是明亮的颜色，但却为革质至木质。南部剥管孔菌*Piptoporus australiensis*海绵状，橙色，生于桉树，具有如其英文名字咖喱庞克（Curry Punk）显示的强烈的咖喱味。

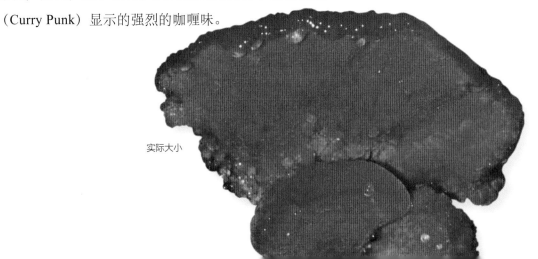

实际大小

科	皱孔菌科Meruliaceae
分布	北美洲、欧洲、非洲、中美洲、南美洲、亚洲、澳大利亚、新西兰
生境	林地
宿主	阔叶树，少见于针叶树
生长方式	密簇生于树桩、原木、枯木上
频度	常见
孢子印颜色	褐色
食用性	非食用

370

子实体厚度达
½ in
(10 mm)

菌盖直径达
4 in
(100 mm)

烟管孔菌
Bjerkandera adusta
Smoky Bracket
(Willdenow) P. Karsten

烟管孔菌为世界上最为常见的弧状真菌，除南极洲外所有大陆的多种树上都有发现。烟管孔菌为活性寄生菌，可如侵袭枯树般入侵活树。它会分泌可破坏木质素的酶，因此，本种作为实验室中被检测的几个真菌中的一种来研究其可处理的酶类。希望烟管孔菌可以帮助清理长时间持续存在的环境污染物，如杀虫剂和染料等。本种作为非商业化的作坊式生产纸张的原料。

相似物种

近缘但不常见的亚黑管孔菌*Bjiekandera fumosa*与本种非常相似，但其下方菌孔为淡浅褐色。另一种不常见的弧状真菌——一色齿毛菌 *Cerrena unicolor*老后菌孔呈浅灰色，且菌孔较大，渐不规则，呈齿状。

实际大小

烟管孔菌易于区分的特征是与菌盖乳白色至浅黄色相比，菌孔小且灰色（见上图）。子实体韧，革质，典型地密集叠状丛生，单个子实体融合相连。当生长在木头下侧时，有时形成大片的子实体，这种子实体倚靠木头生长，有一点或没有弧状菌盖。

科	烟白齿菌科Bankeraceae
分布	北美洲、欧洲大陆、亚洲北部
生境	干的松树林地
宿主	苏格兰松树外生菌根菌
生长方式	单生或群生于地面上
频度	少见
孢子印颜色	浅褐色
食用性	非食用

子实体高达
3 in
(80 mm)

菌盖直径达
6 in
(150 mm)

灰拟牛肝菌
Boletopsis grisea
Gray Falsebolete

(Peck) Bondartsev & Singer

371

正如同英文名字显示，灰拟牛肝菌会被误认为是真的牛肝菌，但事实上与烟白齿菌*Bankera*真菌的亲缘关系更近，如菌盖下方由菌刺代替菌孔的多毛拟牛肝菌*Boletopsis biolascens*。像地花菌属*Albatrellus*真菌一样，假牛肝菌非木腐菌，但与树根互利共生。在欧洲，灰拟牛肝菌至少在五个国家被列入濒危菌物物种红色名录，是伯尔尼公约中建议全球性保护的33个真菌之一。

相似物种

本种有一些亲缘关系较近的种类，混淆拟牛肝菌*Boletopsis perplexa*最近在苏格兰被描述，且在北美也被认知，色深，在野外几乎很难与灰拟牛肝菌进行区分。近黑拟牛肝菌*Boletopsis leucomelaena*也与本种很相似，但与云杉而非松树共生。

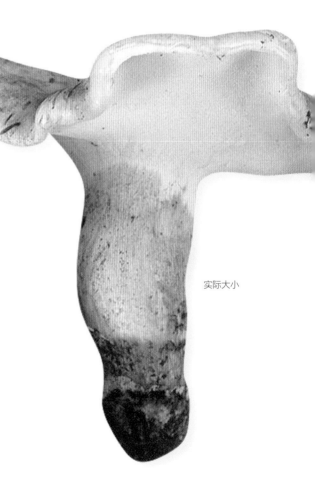

实际大小

灰拟牛肝菌菌盖大、光滑、肉质，浅灰褐色，随子实体成熟有时在中部有碎裂。边缘保持内卷，新鲜时菌孔白色，且顺着相对的短柄延生，菌柄浅灰褐色。

科	刺孢多孔菌科Bondarzewiaceae
分布	北美洲西部、欧洲大陆、亚洲北部
生境	林地
宿主	针叶树
生长方式	活树基部或根周围
频度	偶见
孢子印颜色	浅褐色
食用性	可食

子实体高达
12 in
(300 mm)

菌盖直径达
10 in
(250 mm)

372

高山瘤孢孔菌
Bondarzewia montana
Bondartsev's Polypore
(Quélet) Singer

实际大小

　　高山瘤孢孔菌个体大且明显，生长在针叶树基部，缓慢腐蚀干基或根部树心。在北半球分布非常广泛，只是在北美洲东部和不列颠群岛不被认知。在显微镜下，本种的孢子比较特别，与红菇属*Russula*和乳菇属*Lactarius*伞菌相近。新鲜时有坚果香味，据说非常小的时候可食，随逐渐成熟，菌肉变得粗糙，并有苦味。子实体复合体直径可达到40 in（1000 mm）。

相似物种

　　近缘物种伯克利瘤孢孔菌 *Bondarzewia berkeleyi*生长于北美洲东部和亚洲阔叶树基部，菌盖典型地呈淡棕褐色至赭色。常见远缘种巨盖孔菌 *Meripilus giganteus*与本种看起来相似，但也生长在阔叶树林中，且所有部分伤后变黑。

高山瘤孢孔菌是一种大型的真菌，在中心或偏向一边的分枝菌柄上产生一个或多个肉质菌盖。多个菌盖可形成巨大的卷心菜状的莲花座。单独的菌盖光滑，紫褐色。菌孔奶油色，沿着菌柄向下延生。

科	平革菌科phanerochaetaceae
分布	北美洲、欧洲东部、亚洲北部、澳大利亚、新西兰
生境	阔叶树，少见于针叶树
宿主	针叶树
生长方式	生于落枝和原木下端
频度	产地常见
孢子印颜色	白色
食用性	非食用

子实体厚度达
小于 1/8 in
(1 mm)

菌盖直径达
6 in
(150 mm)

圆孢蜡孔菌
Ceriporia tarda
Mauve Waxpore
(Berkeley) Ginns

373

蜡孔菌属*Ceriporia*真菌与壳状真菌的亲缘关系比大多数弧状真菌的关系更近。该属大多数种类呈白色或奶油色，但是有些呈鲜明的颜色，如各种粉色、肉桂色、紫色、红色、橙色，甚至还有绿色。所有的木腐菌主要腐蚀枯死倒木。圆孢蜡孔菌喜欢硬木，但偶尔发现于针叶树木上。本种最早在澳大利亚被描述，尽管在欧洲少见，但为广布种。

相似物种

一些近缘物种，包括浅褐蜡孔菌 *Ceriporia excelsa*、紫色蜡孔菌*Ceriporia purpurea*、网状蜡孔菌 *Ceriporia reticulata*和变色蜡孔菌 *Ceriporia viridans*，子实体与本种相似，但颜色多种多样，有时呈浅粉色或浅红紫色。最好通过显微镜将其与圆孢蜡孔菌进行区别。

实际大小

圆孢蜡孔菌薄、软，且舒展，由几个而非一个窄不育边缘包围。通常平伏状生长，常融合形成较大的子实体。颜色多样，从奶油色到玫瑰粉色，淡紫色到粉紫罗兰色，随子实体成熟颜色加深。

科	平革菌科phanerochaetaceae
分布	北美洲东部、欧洲大陆、亚洲北部
生境	林地和路边
宿主	硬木，尤其是枫树
生长方式	生于活树干或死树干
频度	常见
孢子印颜色	白色
食用性	非食用

子实体厚度达
2 in
(50 mm)

菌盖直径达
12 in
(300 mm)

374

北方肉齿耳
Climacodon septentrionalis
Northern Tooth Fungus

(Fries) P. Karsten

北方肉齿耳产生一年生层架状、肉质、簇生的子实体。单独的菌盖被毛状，软，奶油色至淡黄奶油色，随子实体成熟逐渐变为浅褐色（或来自于藻类的浅绿色）。菌刺长可达1 in（25 mm），与菌盖同色。

北方肉齿耳看起来像一大串弧状真菌，近距离观察才会看到下表面的齿状菌刺代替了菌孔。本种典型地发生在活树的树干上，引起树心内腐，导致树心中空，因此，当在花园或路边的树上发现时，出于安全原因需要将树砍伐。种加词"*septentrionalis*"的意思是"北方"，本种最初在斯堪的纳维亚被描述，喜冷、干的大陆性气候。

相似物种

子实体苍白色，弧状，具菌齿或菌刺，使得本种易被区分。在欧洲，并不相近的卷须猴头菌 *Hericium cirrhatum*产生成串、具菌刺的近白色子实体，但相比本种要更圆一些，弧状不明显，在表面上方常具小的菌刺。

实际大小

科	锈革孔菌科Hymenochaetacea
分布	北美洲、欧洲、亚洲
生境	林地
宿主	针叶树外生菌根菌
生长方式	群生或聚生于土壤上，常见于火烧地
频度	常见
孢子印颜色	褐色
食用性	非食用

子实体高达
3 in
(75 mm)

菌盖直径达
3 in
(75 mm)

375

多年集毛孔菌
Coltricia perennis
Tiger's Eye
(Linnaeus) Murrill

集毛孔菌属*Coltricia*真菌与一些发生于树干上的大型、褐色孢子的弧状真菌关系较近，但进化出非常不同的形态和生长方式。全部为外生菌根菌，生长于树旁的地上，所以，外观形态非弧状，而像小型的木质牛肝菌。多年集毛孔菌以"褐色漏斗形多孔菌"（Brown Funnel Polypore）的名字被人熟知，是最常见的菌物之一，广泛分布于北半球。常发现于过熟的火烧林地，表明火烧会以某种方式促进其生长或与其生长有关。

相似物种

集毛孔菌属的其他种类与本种相似，但大多数具不明显的环纹，或没有多年集毛孔菌常见。肉桂集毛孔菌 *Coltricia cinnamomea*菌盖肉桂色至淡红褐色，环纹并不明显。较少见的大集毛孔菌 *Coltricia montagnei* 菌盖也是红褐色，但其菌盖无环纹，子实体比本种大、菌肉比本种厚。

实际大小

多年集毛孔菌菌盖圆形，中部常下凹，表面被不同褐色的漂亮环纹，边缘具窄的白色条带。下方菌孔稍延生，幼时白灰或金褐色，随子实体成熟颜色渐深或变为灰褐色。菌柄细长，褐色，被细绒毛（见右图）。整个子实体韧，革质，菌肉薄。

科	多孔菌科 Polyporaceae
分布	北美洲、亚洲
生境	林地
宿主	针叶树
生长方式	单生或群生于新死针叶树干上
频度	常见
孢子印颜色	近桃色
食用性	非食用

子实体厚度达
2 in
(50 mm)

菌盖直径达
3 in
(75 mm)

遮孔隐孔菌
Cryptoporus volvatus
Veiled Polypore
(Peck) Shear

遮孔隐孔菌有点古怪，第一眼看到时可能会让人认不出其是弧状真菌，因为它看起来有点像马勃。本种不同寻常的菌幕覆盖在菌孔上进化到可以帮助预防干燥并保持湿润的微气候条件，以确保孢子的生长和释放（随老化，菌幕会形成一或两个小洞）。菌幕还可以帮助诱捕小的钻木甲壳虫，使得甲壳虫布满孢子，随后到新的树上散播真菌。遮孔隐孔菌确实经常与甲壳虫洞联系到一起，以至于护林人将该菌作为树皮甲壳虫侵染的指示器。

相似物种

最近在中国被描述的相似物种中国隐孔菌*Cryptoporus sinensis*仅在显微镜下与本种有区别，即孢子稍微小一些。另外，再没有其他弧状真菌具有与遮孔隐孔菌相似的菌幕。

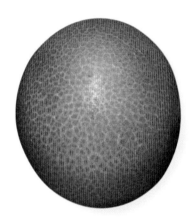

实际大小

遮孔隐孔菌呈蹄形或球形，幼时光滑，白色，上半部（菌盖）成熟时逐渐变为黄褐色至赭褐色，渐树脂状。下半部（菌幕）切开后，可见白色至近粉红褐色菌孔。

科	拟层孔菌科Fomitopsidaceae
分布	北美洲、欧洲、非洲北部、亚洲
生境	林地
宿主	阔叶树，尤其栎树
生长方式	单生或小聚生于树桩上和原木上
频度	常见
孢子印颜色	白色
食用性	非食用

横迷孔菌
Daedalea quercina
Oak Mazegill
(Linnaeus) Persoon

子实体高达
3 in
(75 mm)

菌盖直径达
8 in
(200 mm)

377

横迷孔菌的属名"*Daedalea*"取自古希腊神话中的巧匠代达罗斯（Daedalus），他发明了困住弥诺陶洛斯（人身牛头怪物）的原始迷宫。他的名字应用于此处是因为横迷孔菌的菌孔如迷宫般错综复杂，英文名字Oak Mazegill（橡树迷褶菌）和Thick Walled Maze Polypore（厚壁迷宫多孔菌）也源于此意。过去本种子实体被用作天然马梳冲洗马匹，养蜂人用点燃该菌的烟雾熏出蜜蜂。现在，横迷孔菌的小的干子实体常被染成鲜艳的颜色作为装饰百花香料的成分。

相似物种

一些其他的弧状真菌也具有迷宫般菌孔，但均没有像横迷孔菌这样坚硬和厚。裂拟迷孔菌*Daedaleopsis confragosa*如其名字所示与本种相似，但其子实体革质，且伤后变红，甚至全部变成深红色。桦革褶菌 *Lenzites betulina*的子实体比本种更小些，菌孔更像菌褶。

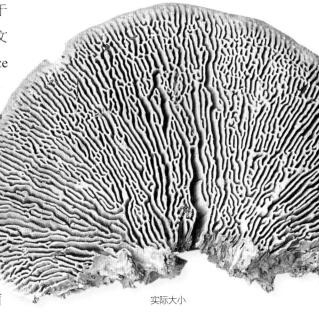

实际大小

横迷孔菌子实体木栓质或木质，多年生。菌盖棕灰色，边缘赭色，尽管每年新增加同心脊，但表面光滑。特殊的迷宫般菌孔赭色至淡黄色，较厚，宽度可达⅛ in（3 mm）。

科	多孔菌科Polyporaceae
分布	北美洲、欧洲、亚洲
生境	林地
宿主	阔叶树，尤其是柳树
生长方式	单生或小聚生于倒枝和原木上
频度	常见
孢子印颜色	白色
食用性	非食用

子实体厚度达
1 in
(25 mm)

菌盖直径达
6 in
(150 mm)

378

裂拟迷孔菌
Daedaleopsis confragosa
Blushing Bracket
(Bolton) J. Schröter

在柳树卡尔群落（湿地或沼泽林地）中的老树上最容易发现裂拟迷孔菌，但本种也可在其他大多数阔叶树上生长。英文名字起源于其变红反应，是最容易鉴定的弧状真菌之一，在北温带林地广泛分布。另外其还有一个可替代的英文名字薄壁迷宫多孔菌（Thin-Walled Maze Polypore）。本种是被应用于东方造纸术中的几种弧状真菌中的一种，子实体可作为纸浆，干燥后制成具有趣味纹理和颜色的纸张。

相似物种

老后深红色子实体有时会与红色的密孔菌属*Pycnoporus*真菌混淆，但后者更为常见，具圆形菌孔。横迷孔菌*Daedalea quercina*同样具迷宫般菌孔，但其子实体多年生，硬木质，伤后从不变红。

实际大小

裂拟迷孔菌子实体木栓质，一年生。菌盖光滑，或略带绒毛，淡黄色至浅褐色，常具同心环纹和放射状纵条纹。菌孔迷宫状，有时褶状，幼时近白色，近浅褐色。触碰时，幼子实体伤后变粉红色，随子实体成熟整个子实体常变为深红褐色。

科	多孔菌科Polyporaceae
分布	北美洲、欧洲、亚洲
生境	林地
宿主	阔叶树，尤其山毛榉，少见于针叶树
生长方式	常聚生于倒枝和原木上
频度	常见
孢子印颜色	白色
食用性	非食用

软异薄孔菌
Datronia mollis
Common Mazegill
(Sommerfelt) Donk

子实体厚度达
¼ in
(5 mm)

菌盖直径达
7 in
(175 mm)

379

软异薄孔菌为常见广布种，典型地发生于倒枝或段木的侧面或下面，尤其是山毛榉。子实体革质，广泛附着于木头表面，常可剥掉。像很多弧状真菌一样，软异薄孔菌产生酶类破坏木头中硬的木质素成分，产生"白腐"，即使其变软、纤维化。此种方式使倒枝逐渐被分解，进入再循环，成为林地落叶层的一部分，并逐渐转变成腐殖质和土壤。

相似物种

一些其他种类产生与本种外观形态相似的子实体，即菌盖窄彩虹状，菌孔几乎舒展，但均没有与软异薄孔菌厚度相同且具有迷宫状的菌孔和鲜明颜色对比的菌盖。*Antrodia albida* 菌孔迷宫状，但更窄一些，且菌盖表面白色。一色齿毛菌 *Cerrena unicolor*也具有苍白色菌盖，菌孔浅棕灰色。

软异薄孔菌子实体韧、薄、革质，在木头上通常平展，有时完全舒展开，几乎没有菌盖，仅具厚的浅黑褐色边缘。菌盖形成时窄，脊状、波浪状，光滑，黑褐色至黑色。菌孔与菌盖颜色对比鲜明，近白色至淡黄色，较厚，硬，迷宫状。

实际大小

科	木齿菌科Echinodontiaceae
分布	北美洲西部
生境	林地
宿主	针叶树，尤其冷杉和铁杉
生长方式	单生或散生于立木上
频度	常见
孢子印颜色	白色
食用性	非食用

子实体高达
12 in
(300 mm)

菌盖直径达
16 in
(400 mm)

380

彩色刺齿菌
Echinodontium tinctorium
Indian Paint Fungus
(Ellis & Everhart) Ellis & Everhart

彩色刺齿菌产生大型的多年生蹄形子实体。菌盖幼时深褐色，被无光泽绒毛，后变为黑色，硬壳状，有裂缝。菌孔淡黄色，极不规则，很快分离，以致下方露出平展的齿状子实层。内部菌肉砖红色。

彩色刺齿菌引起成树心腐，造成商业用针叶树林的大量损失。本种分布范围仅限于北美洲西部，从阿拉斯加南部到墨西哥都有发生。当子实体内结构被磨碎时，可用于生产红色素，以前曾被一些美洲土著居民用作涂脸的颜料，这也是本种英文名字命名的缘由。最近，用本种生产出了从橘色到肉桂色的一系列暖色调染料，用作羊毛和纺织品的自然染色。

相似物种

分布于美国的第二个该属真菌巴卢刺齿菌 *Echinodontium ballouii*曾发生在新泽西的雪松上，但从1909年以后再没有被看到，可能已经灭绝。落叶松生刺齿菌 *Echinodontium tsugicola*与彩色刺齿菌相似，但已知仅发生在日本北部。

实际大小

科	多孔菌科Polyporaceae
分布	北美洲南部、非洲、亚洲南部和北部、中美洲、南美洲、澳大利亚
生境	林地
宿主	硬木
生长方式	单生或簇生于死树、原木、倒枝上
频度	常见
孢子印颜色	白色
食用性	可食

子实体厚度达
1 in
(25 mm)

菌盖直径达
5 in
(125 mm)

细指棱孔菌
Favolus tenuiculus
Tropical White Polypore
P. Beauvois

381

细指棱孔菌最早描述于西非，但从那以后全部被发现于热带和亚热带。本种菌盖形态和菌柄长度多变。形态的可塑性加上分布的广泛性，使得细指棱孔菌一再被认为是新种，以至于现在至少有40个同物异名，大多为棱孔菌属*Favolus*和多孔菌属*Polyporus*。据说本种在世界上的不同地方都被土著人取食，但咀嚼一定是一项比较艰巨的任务。

相似物种

因本种的多变性，细指棱孔菌常不易与棱孔菌属其他真菌和多孔菌属真菌区分，但本种新鲜时菌盖较薄，白色至奶油色，菌孔较大，有角。

实际大小

细指棱孔菌子实体有柄或无柄。菌盖薄，白色至奶油色，成熟时淡黄色，光滑或覆盖凸出的隆起物（反映到下表面），幼时边缘微流苏状。菌孔较大，延生，颜色与菌盖相同，六边形或细长。菌柄（存在时）中生或偏生，颜色与菌盖相同。

科	牛舌菌科Fistulinaceae
分布	北美洲、欧洲、亚洲、澳大利亚
生境	林地
宿主	栎树和栗树
生长方式	单生或小簇生于立木或倒木上
频度	常见
孢子印颜色	白色
食用性	可食

子实体厚度达
2½ in
(60 mm)

菌盖直径达
8 in
(200 mm)

382

牛舌菌
Fistulina hepatica
Beefsteak Fungus
(Schaeffer) Withering

牛舌菌是造成心腐的物种和引起老橡树及栗树中空的主要真菌，在北美洲东部因为栗疫病的发生使得本种变得不常见。真菌产生的单宁酸使得木头变为富贵金色至红褐色，家具制造者认为其价值很高。牛舌菌通常幼时可食，虽然被广泛食用，但有人认为其口感咸，令人失望。有报道本种具有抗氧化、抗细菌的潜力。

实际大小

相似物种

幼时和新鲜时，牛舌菌不会被误认；老后颜色消失，但仍因其湿且松软而易于区别。相近物种长根假牛舌菌*Pseudofistulina radicata*发生在北美洲和南美洲东部，但其颜色为浅黄褐色，具明显的柄。

牛舌菌幼时完全亮粉红色，成熟后逐渐变为血红色，最终褪色至暗红黄色。子实体软且胶质，湿润气候时渗出水状血红色液滴。菌盖皮状，圆形小孔易与菌盖剥离。

科	多孔菌科Polyporaceae
分布	北美洲、欧洲、非洲北部、亚洲
生境	林地
宿主	阔叶树，尤其桦树
生长方式	单生或散生于立木或倒木上
频度	常见
孢子印颜色	白色
食用性	非食用

子实体厚度达
6 in
(150 mm)

菌盖直径达
6 in
(150 mm)

木蹄层孔菌
Fomes fomentarius
Hoof Fungus
(Linnaeus) J. Kickx

木蹄层孔菌是火绒的主要来源，软的毡状物质由其内部菌肉纤维制成。在发明火柴前，火绒与硝石一起曾被广泛用作火种。古代"冰人"，即阿尔卑斯冰川里发现的冻人，随身携带有一片木蹄层孔菌，推测其用途就是用于点火。火绒还被庸医用作止血剂止血。本种现在仍偶尔被飞钓者用作干毛钩和制作传统猎帽（欧洲东部）。

相似物种

本种与灵芝属*Ganoderma*一些种的老的标本同样具有菌盖逐渐变硬的特点，且表面灰色，也呈宽蹄形。菌孔近白色，孢子量大，褐色。红缘拟层孔菌 *Fomitopsis pinicola*同样蹄形，但菌盖具明显红色边缘。药用拟层孔菌*Laricifomes officinalis*仅发生在针叶树上。

木蹄层孔菌产生坚硬木质、多年生子实体，多年后变为蹄形。菌盖光滑，灰色硬皮状，不过正在生长的边缘呈浅褐色。菌孔圆形，浅褐色。菌肉淡黄褐色，纤维质。

实际大小

科	拟层孔菌科Fomitopsidaceae
分布	北美洲、欧洲、亚洲
生境	林地
宿主	针叶树，少见于阔叶树
生长方式	生于死树干上、树桩、原木
频度	常见
孢子印颜色	白色
食用性	非食用

子实体厚度达
8 in
(200 mm)

菌盖直径达
16 in
(400 mm)

384

红缘拟层孔菌
Fomitopsis pinicola
Red-Banded Polypore
(Swartz) P. Karsten

红缘拟层孔菌引起褐色块状基腐，从而导致木头变成碎粉末。在北部的一些针叶林中，本种极其常见，是主要的"死木循环器"，即腐蚀死木，变为腐殖质。本种为弱病原菌，很少侵染活树。传统上加拿大克里人把该种制成粉末，用于治疗伤口，可让伤口快速结痂。像许多弧状真菌一样，本种被发现具有抗真菌和抗细菌的潜力。因具有保健效果，本种甚至被商业化采集和售卖。

红缘拟层孔菌产生多年生木质子实体。幼时菌盖表面具黏的红橙色皮壳，后发育成靠近边缘的一个近白色条带。若干年后，新层增加，菌盖变为深褐色至浅灰色，子实体渐蹄形。菌孔奶油色至黄色，菌肉奶油色至淡黄色。

相似物种

红缘拟层孔菌灰色，蹄形，但没有淡红色边缘，灵芝属*Ganoderma*中褐色孢子种类的老的标本也是如此。玫瑰拟层孔菌 *Fomitopsis rosea*因其浅粉红色菌孔而与本种有所区别。药用拟层孔菌*Laricifomes officinalis*菌盖同样没有淡红色边缘，且典型地发生于落叶松上。

型

实际大小

科	拟层孔菌科Fomitopsidaceae
分布	北美洲、欧洲、亚洲北部
生境	林地，偶见于原木上
宿主	针叶树，尤其云杉和冷杉
生长方式	活树干或死树干、树桩、原木
频度	产地常见
孢子印颜色	白色
食用性	非食用

子实体厚度达
3 in
(75 mm)

菌盖直径达
6 in
(150 mm)

385

玫瑰拟层孔菌
Fomitopsis rosea
Rose Polypore
(Albertini & Schweinitz) P. Karsten

　　许多硬木质、蹄形的弧状真菌均为暗灰色或褐色，所以玫瑰拟层孔菌的粉红色菌孔非常显眼。在北美洲针叶林中本种并不少见，被认为是引起道格拉斯冷杉和其他商业用树种"褐顶腐"的病害。本种同样引起木材的软腐，仅在不列颠群岛的建筑物上被发现和认知。在欧洲森林中，为保护和关注日渐稀少的物种，一些国家将本种列入国家级濒危菌物物种红色名录。

相似物种

　　玫瑰拟层孔菌属于具粉红色菌孔的复合种。粉拟层孔菌*Fomitopsis cajanderi*在北美洲常见，更趋近于南方，形成的子实体较少蹄形，常分层生长或簇生。浅肉色拟层孔菌 *Fomitopsis feei*生长于热带和亚热带阔叶树上。

玫瑰拟层孔菌产生多年生木质子实体，渐蹄形。幼时表面具绒毛，浅粉红色，但成熟时变硬，呈皮壳状，深褐色至灰黑色，常碎裂。菌孔浅粉红色至粉红褐色，菌肉与菌孔颜色相同。

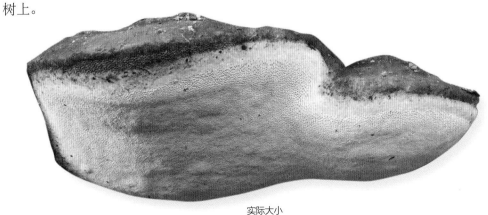

实际大小

科	灵芝科Canodermataceae
分布	北美洲、欧洲、亚洲北部、澳大利亚
生境	林地，偶见于原木上
宿主	阔叶树，极罕见于针叶树
生长方式	生于活树或死树干基部，也发生于树桩和原木上
频度	常见
孢子印颜色	褐色
食用性	非食用

子实体厚度达
2½ in
(60 mm)

菌盖直径达
24 in
(600 mm)

树舌灵芝
Ganoderma applanatum
Artist's Bracket

(Persoon) Patouillard

实际大小

树舌灵芝的一个特殊特征是白色菌孔表面划伤后迅速变为褐色。伤痕明显且持久，就像被绘制在表面上一样，因此英文名字为"艺术家弧状菌"（Artist's Bracket）。树舌灵芝引起白腐，能够侵袭活树木的粗端和根部。弧状真菌可侵袭众多生长于花园或草地中的树木，一旦出现，出于健康和安全的因素就要进行防御性砍伐。传统上，本种不仅曾用于造纸，还用于生产帽子和马甲。在阿拉斯加，本种焚烧后用于驱蚊。

相似物种

南方灵芝 *Ganoderma australe* 与本种非常相似，但地理分布更向南些，在北美洲没有分布。南方灵芝产生的子实体更厚些，但最好在显微镜下凭其更大一些的孢子进行区分。更多其他常见的灵芝属*Ganoderma*真菌有光泽或树脂状，菌盖常带红色。

树舌灵芝产生多年生木质子实体。菌盖表面灰色，光滑，但无光泽，每年生长的条带呈同心脊状。下方菌孔白色，伤后立即变为深褐色。产生孢子时，大量褐色孢子明显覆盖于菌盖表面和附近植被上。

科	灵芝科Canodermataceae
分布	北美洲、欧洲、南美洲、亚洲
生境	林地
宿主	弱寄生于阔叶树，尤其栎树、栗树和李子树
生长方式	单生或群生于活木、枯木、立木或倒木上
频度	偶见
孢子印颜色	褐色
食用性	非食用

子实体厚度达
2 in
(50 mm)

菌盖直径达
12 in
(300 mm)

亮盖灵芝
Ganoderma lucidum
Lacquered Bracket
(Curtis) P. Karsten

387

亮盖灵芝在日本以灵芝（Reishi）之名被广为认知，在中国作为永恒不朽的菌类极具名望，被广泛作为传统的东方药材。据说本种可以对抗很多疾病，尤其是肝病，可以延长寿命。亮盖灵芝新鲜时食用非常坚硬，味苦，常做茶饮或泡酒。只在近20年日本才使用先进技术应用李子树木屑进行商业化栽培。亮盖灵芝的产业年产值超过25亿美元。

相似物种

最近的分子学研究表明亮盖灵芝是很难区分的复合种类，包括欧洲发生在针叶树上，包括紫衫上的肉灵芝*Ganoderma carnosum*和美洲东北部发生在针叶树，尤其是铁杉上的松杉灵芝*Ganoderma tsugae*。

亮盖灵芝引人注目，为红褐色子实体，菌盖坚硬、有沟纹、漆面。菌盖常在菌柄上形成，菌柄与菌盖同色，直立，偏生，高可达10 in（250 mm）。随子实体成熟，菌盖逐渐变为深紫褐色至黑色，孔口表面菌孔小圆形，白色，成熟后为褐色，伤后颜色变深。

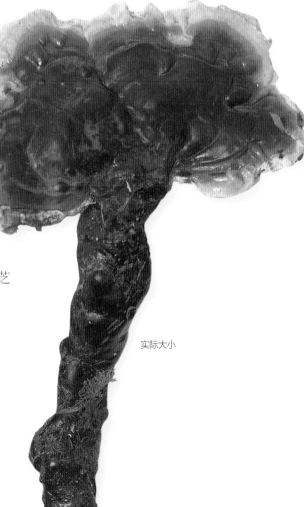

实际大小

科	褐褶菌科Gloeophyllaceae
分布	北美洲、欧洲、亚洲、澳大利亚、新西兰
生境	林地
宿主	针叶树，较少见于阔叶树
生长方式	倒木上，常在加工木材上
频度	常见
孢子印颜色	白色
食用性	非食用

子实体厚度达
¼ in
(5 mm)

菌盖直径达
5 in
(120 mm)

388

褐褶孔菌
Gloeophyllum sepiarium
Conifer Mazegill
(Wulfen) P. Karsten

实际大小

褐褶孔菌产生韧但有弹性的子实体，常聚生。菌盖表面明显被绒毛，有亮黄色、锈色或红褐色条带的环纹，随子实体成熟颜色变暗。孔口表面常呈浅黄褐色，菌孔较宽，极无规则，迷宫状至菌褶状（见下图）。

褐褶孔菌看起来很吸引人，但会引起褐色块状基腐，是未处理的针叶木材——不仅包括立杆、栅栏，还有建筑物中的阻尼结构和其他木材上——最活跃的腐蚀者。本种因在未处理过的软木窗台较常见，所以还被木工称为"木窗菌"。过去，本种曾是矿上坑木的危险破坏者。奇怪的是，褐褶孔菌极度稀释后的精华物质具有商业价值，据说可以弱化对创伤的记忆并激发正能量。

相似物种

褐孔菌属*Gloeophyllum*的一些其他种类与本种非常相似，但普遍不常见，且分布不广泛。冷杉褐褶孔菌*Gloeophyllum abietinum*暗褐色，表面下方无菌孔，仅为薄的波纹状菌褶。热带和亚热带种皱纹褐褶孔菌*Gloeophyllum striatum*与本种下表面相似。密褐褶菌*Gloeophyllum trabeum*菌孔细密，迷宫状。

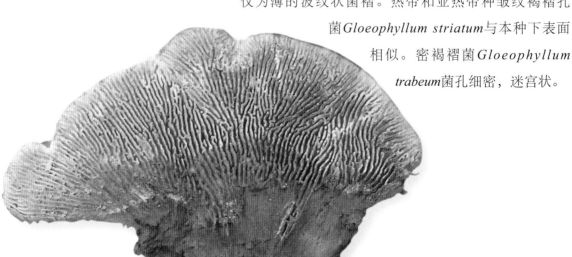

科	薄孔菌科Meripilaceae
分布	北美洲东部、欧洲、亚洲北部
生境	林地
宿主	寄生于阔叶树，尤其是栎、山毛榉和白蜡树
生长方式	活树或腐木的基部
频度	常见
孢子印颜色	白色
食用性	可食

子实体高达
24 in
(600 mm)

直径达
24 in
(600 mm)

389

灰树花孔菌
Grifola frondosa
Hen of the Woods
(Dickson) Gray

　　灰树花孔菌[1]是一种非常美味的食用菌，自1979年首次商业化栽培以来，现在各种食品销售点随处可见。灰树花在日本的商品名称为"舞茸"（Maitake），有人误解其为"会跳舞的蘑菇"（尽管其并无致幻作用）。20世纪90年代，其年产量可达8000吨。灰树花已报道有一系列的药用功效，包括增强免疫力与抗病毒。在美国，其药用有效成分的衍生物——舞茸地复仙已进入临床试验，用于乳腺癌晚期及前列腺癌的治疗，且以粉状或片剂的形式广泛出售。另外，适用于家庭模式栽培的灰树花孔菌栽培菌棒也有销售。

相似物种

　　北美洲伯克利瘤孢孔菌*Bondarzewia berkeleyi*与灰树花孔菌形态相似，但颜色为更明亮的奶油褐色，且生长于针叶树上。分布广泛的巨盖孔菌*Meripilus giganteus*，老后或碰伤后菌肉变黑。猪苓多孔菌*Polyporus umbellatus*的菌盖较小，伞状，菌柄中生，而非侧生。

灰树花孔菌带状或匙状的菌盖融合重叠在一起形成一堆巨大的子实体，菌柄侧生、较厚、分枝。菌盖灰褐色至深褐色，具环纹和条纹。菌柄白色或奶油色，与细小的菌肉同色。菌肉白色，较韧，成熟后或碰伤后菌肉不会变黑。

实际大小

---

[1] 又名灰树花——译者注。

科	多孔菌科Polyporaceae
分布	北美洲、欧洲、亚洲北部
生境	林地
宿主	生于阔叶树，偶见于针叶树上
生长方式	生于倒木、枯立木、腐木
频度	偶见
孢子印颜色	白色
食用性	有毒

子实体厚度达
1½ in
(40 mm)

菌盖直径达
4 in
(100 mm)

390

巢彩孔菌

Hapalopilus nidulans
Cinnamon Bracket

(Fries) P. Karsten

巢彩孔菌被誉为"蘑菇染坊的黄金"，强碱性媒染剂处理后可染出亮丽的紫罗兰色。它能作为染料是由于其子实体内含有三联苯醌化合物，该化合物也具有抗菌的特性。最近德国报道了一个家庭因误食巢彩孔菌而引起神经性中毒的事件。误食者误食12小时后出现恶心、运动功能受损、视力障碍、肝和肾衰竭的中毒症状。而让人有点惊讶的是，三个误食者的尿液颜色暂时变为紫罗兰色。但后来都痊愈了。研究发现产生尿液变色反应的原因是一种称为多孔菌酸的化合物，且该化合物在巢彩孔菌中含量很高。

相似物种

市场上常见的两种真菌牛舌菌*Fistulina hepatica*和硫磺绚孔菌*Laetiporus sulphureus*易与巢彩孔菌混淆。前者子实体软，血红色，有红色汁液渗出；而后者子实体亮硫磺色，褪色后颜色淡。它们在阔叶林里较常见。

巢彩孔菌子实体幼时肉桂色–橘色–褐色，肾形，柔软，水分较多，略被细绒毛。随着子实体成熟，它变得更硬、更脆。菌肉仍呈肉桂色。菌孔小，赭黄色至褐色，略呈角形。其子实体带有令人愉悦的和香甜的气味。任何强碱性试剂（例如氢氧化钠和漂白剂）都会导致其变成独特的亮紫罗兰色。

实际大小

科	小皮伞科Marasmiaceae
分布	北美洲、欧洲、中美洲、亚洲、新西兰
生境	林地
宿主	生于阔叶树，极罕见于针叶树上
生长方式	生于树桩和倒木上
频度	常见
孢子印颜色	白色
食用性	非食用

子实体高达
⅛ in
(2.5 mm)

直径达
小于⅛ in
(1 mm)

雪白哈宁管菌

Henningsomyces candidus
White Tubelet

(Persoon) Kuntze

391

人们很容易忽视这个子实体较小的真菌，但当其群生于老段木或倒木下表面就很容易被发现。将本种放在此处介绍，主要因其子实体看起来就像从多孔菌下表面剥离下来的管口和孔口。实际上，雪白哈宁管菌是拟孢牙衣状真菌的一种，这一类真菌是蘑菇的近缘物种，但它们进化形成了盘状或杯状的子实体。雪白哈宁管菌与小皮伞属隶属*Marasmius*同一个科，小皮伞属中大多数子实体典型地具有菌盖、菌褶和菌柄。

实际大小

相似物种

雪白哈宁管菌是该属中最常见的种，已知该属中还有其他几个种与雪白哈宁管菌较相似，尤其是*Henningsomyces puber*，但用放大镜观察会发现其菌盖被细毛。管盖菌属*Rectipilus*是与杯形菌近缘的一个类群，它们的子实体也有可能呈管状，但通常都更呈杯状。

雪白哈宁管菌子实体小，管状，常群生，或大量紧挨在一起，或稀疏散生。单个子实体圆柱形，白色，光滑，顶部具圆形的孔状开口。

科	刺孢多孔菌科Bondarzewiaceae
分布	北美洲、欧洲、亚洲北部
生境	林地
宿主	寄生在针叶树上，偶见于阔叶树
生长方式	单生或群生于活树或枯树基部
频度	极其常见
孢子印颜色	白色
食用性	非食用

子实体厚度达
1 in
(25 mm)

菌盖直径达
8 in
(200 mm)

392

老熟异担孔菌

Heterobasidion annosum
Root Rot

(Fries) Brefeld

老熟异担孔菌是引起针叶树根部病害的主要病原菌，能造成商品林业的巨大损失。该种侵染树木的伤口处或砍伐后的树桩，一旦定殖就会传播至周围健康的树木。英国是利用真菌进行生物防控的先驱，将大拟射脉菌*Phlebiopsis gigantea*制备物涂抹在或喷洒在新伐树桩上可成功防治住老熟异担孔菌。大拟射脉菌不仅对树木无害，还可以阻止老熟异担孔菌的入侵。

当然老熟异担孔菌也有益处，可应用于造纸业，作为民间药物偏方治疗癌症和毒蛇咬伤。据说其子实体中还含有抗细菌成分——多年层孔菌素（fomennosin）。

相似物种

红缘拟层孔菌*Fomitopsis pinicola*是一种常见的针叶树弱寄生菌，幼时与老熟异担孔菌十分相似，但其菌盖上具有厚的树脂状外表皮。狭檐薄孔菌*Antrodia serialis*子实体极少形成弧状，它与呈垫状生长的老熟异担孔菌相似。子实体乳白色，革质，但极易从树皮上剥落。

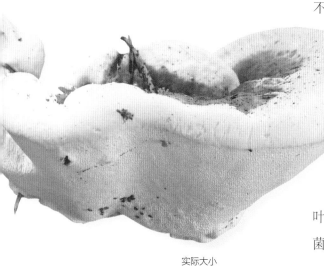

实际大小

老熟异担孔菌从不均匀的垫形生长至发育良好的、较大的弧状子实体。有菌盖时，菌盖波浪状，带有灰色至红褐色带状同心环区，边缘白色。菌孔小，苍白色至奶油色，不使用放大镜很难观察到。菌肉奶白色，革质，具强烈的蘑菇甜味。

科	多孔菌科Polyporaceae
分布	北美洲南部、非洲、中美洲、南美洲
生境	林地
宿主	生于阔叶树
生长方式	生于枯枝、段木和树桩上
频度	常见
孢子印颜色	白色
食用性	非食用

齿蜂窝孔菌

Hexagonia hydnoides

Hairy Hexagon

(Swartz) M. Fidalgo

子实体厚度达
1 in
(25 mm)

菌盖直径达
8 in
(200 mm)

393

齿蜂窝孔菌是非洲、热带和亚热带美洲，北至佛罗里达州和墨西哥湾海岸等地区常见的木腐菌，最早描述自牙买加。菌盖幼时多毛，老后菌盖像鞋刷般具有粗糙的黑色刚毛，且逐渐脱落。该属的典型特征为菌孔常六角形，但齿蜂窝孔菌则管孔小，且通常呈圆形。

相似物种

另一个菌盖上具刚毛的物种是多毛蜂窝孔菌 *Hexagonia hirta*，发生在非洲，但其菌孔较齿蜂窝孔菌稍大，呈明显的多角形。分布在亚洲南部和澳大利亚的毛蜂窝孔菌幼时菌盖具有刚毛，但其菌孔更大。

实际大小

齿蜂窝孔菌初时无柄，革质，后变硬、韧。菌盖幼时深褐色至黑色，被浓密的、颜色相同的绒毛或鬃毛，最长可达½ in（10 mm），老后脱落。菌孔小，圆形或略呈多角形，淡黄色、褐色后变浅灰褐色。

科	薄孔菌科Meripilaceae
分布	北美洲南部、中美洲、南美洲
生境	林地
宿主	阔叶树
生长方式	生于树桩上和埋于土中的木头上
频度	常见
孢子印颜色	白色
食用性	可食

子实体厚度
3 in
(75 mm)

菌盖直径达
5 in
(125 mm)

394

毛缘大刺孔菌

Hydnopolyporus fimbriatus
Poretooth Rosette

(Fries) D. A. Reid

毛缘大刺孔菌单个子实体呈叶片状，有时单生，但通常莲座丛状簇生。该种与巨盖孔菌*Meripilus giganteus*同科，巨盖孔菌也形成叶片状的菌盖，但其子实体更大。不同于其他形成莲座丛状子实体的真菌——如伯特柄杯菌*Podoscypha petalodes*——毛缘大刺孔菌菌盖下表面并非总是光滑的，常生成钉状、刺状、齿状或孔状的各种突出物。毛缘大刺孔菌最早描述自巴西，但其分布向北至少延伸至路易斯安那州和墨西哥湾沿岸。

相似物种

柄杯菌属*Podoscypha*中形成莲座丛状的物种菌盖下表面光滑，但硬挫革菌*Sistotrema confluens*子实体白色，带状，有时具菌孔或菌齿。主要分布在北温带，但在南至哥斯达黎加也有报道。该种通常非簇生，生长在枯枝落叶和土壤而非木头上，带有甜味。

实际大小

毛缘大刺孔菌子实体簇生或莲状，纤维质。菌盖被细绒毛，后期光滑，白色或带黄色或粉红色，边缘通常深裂，具羽毛状边缘。子实层与菌盖同色，形态多样，光滑或凹槽状、不规则齿状，或刺状。

科	锈革孔菌科Hymenochaetaceae
分布	北美洲、欧洲、北非、亚洲北部
生境	林地
宿主	见于阔叶树上，尤其是白蜡和栎树
生长方式	单生或散生于活树上
频度	常见
孢子印颜色	褐色
食用性	非食用

子实体厚度达
4 in
(100 mm)

菌盖直径达
12 in
(300 mm)

粗毛纤孔菌

Inonotus hispidus
Shaggy Bracket

(Bulliard) P. Karsten

395

粗毛纤孔菌能引起寄主树木溃疡腐烂，从而形成大且垂直、边缘结痂的伤口。其子实体通常发生在溃疡处的边缘。在欧洲，其最常见的寄主是水曲柳，而在北美洲，常发生在阔叶树上，如栎树、胡桃树、桑树和柳树。更加有益的是具有重要药用价值的代谢产物——牛奶树碱和桑黄最初来源于粗毛纤孔菌。随后的研究表明，这些真菌代谢产物具有抗病毒和抗氧化的潜在价值。它也可用于织物印染，能形成黄色至青金色的颜色。

相似物种

与粗毛纤孔菌近缘的大部分种的子实层上表面缺少密集的刚毛。薄皮纤孔菌*Inonotus cuticularis*子实层幼时呈羊毛状或纤丝状，但子实体较小且薄，常簇生。远缘种栗褐暗孔菌*Phaeolus schweinitzii*在形态上与本种更为相似，但典型地生长于针叶树基部。

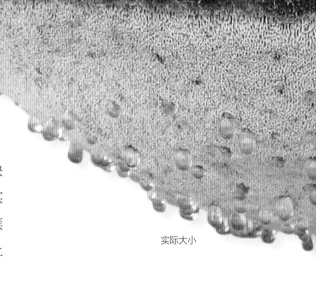

实际大小

粗毛纤孔菌子实体大，一年生，菌盖密布绒毛或刺毛，初期亮淡红色至橙褐色，边缘颜色稍淡；后逐渐变为深红褐色，最后变为黑色。菌孔初期为浅黄褐色，逐渐变暗至红褐色，后变黑。

科	锈革孔菌科Hymenochaetaceae
分布	北美洲、欧洲、亚洲北部
生境	林地
宿主	见于阔叶树上，尤其是桦树
生长方式	菌丝生于活树上，子实体生于倒木上
频度	产地常见
孢子印颜色	褐色
食用性	非食用

子实体厚度达
½ in
(10 mm)

直径（子实体）达
12 in
(300 mm)

396

斜生纤孔菌

Inonotus obliquus
Chaga
(Acharius ex Persoon) Pilát

实际大小

斜生纤孔菌引起寄主树木溃疡腐烂，在溃疡处边缘形成大量块状组织，所以又被称为"块状多孔菌"（Clinker Polypore）。在俄罗斯北方部分地区，民间偏方中将该菌制成茶状，用于治疗癌症。而在苏联，斜生纤孔菌像索尔仁尼琴（Solzhenitsyn）的小说《癌症楼》*Cancer Ward*里所描述的一样应用十分广泛，随后的研究也表明斜生纤孔菌可能确实具有有益的效用。该种也用于治疗肺结核、肝病、胃病及心脏病。目前，斜生纤孔菌作为一种药物替代物被广泛销售。

相似物种

很多纤孔菌属*Inonotus*和木层孔菌属*Phellinus*中无菌盖的种类与本种的形态和颜色非常相似，只能通过显微形态进行区分。如果在倒伏的桦树上发现斜生纤孔菌子实体，那么在其附近的树木上会发现有很多明显的灰黑色瘤状物。

斜生纤孔菌通常在寄主树干上形成不育的菌核（一团坚硬的、暗黑的瘤状不规则的组织）。只有树木倒下后才形成子实体。子实体无菌盖，舒展，暗红褐色，表面具圆形管孔。生长周期短，常出现在松动的树皮下面，所以与菌核相比，更不易被发现。

科	拟层孔菌科Fomitopsidaceae
分布	北美洲、欧洲、亚洲北部
生境	林地
宿主	针叶树
生长方式	生于树桩或段木上
频度	常见
孢子印颜色	白色
食用性	非食用

子实体厚度达
1 in
(25 mm)

菌盖直径达
6 in
(150 mm)

芳香薄皮孔菌

Ischnoderma benzoinum
Benzoin Bracket

(Wahlenberg) P. Karsten

芳香薄皮孔菌的特征随着子实体的成熟和老化而发生改变。子实体未成熟时呈褐色，被细绒毛，随着成熟，其表面具细绒毛的特点逐渐消失，露出近乎柏油般的树脂质的黑色环纹。最后整个子实体变硬，近黑色，与此同时孢子成熟并弹射出来。尽管该种不能食用，但在食品工业中具有潜在的用途，因为目前已有的研究结果表明，该种含有一种酶，可降解其他的化合物合成苯甲醛——可产生杏仁味道的成分——这种味道是天然而非人工合成的。

相似物种

在欧洲，栽培试验表明，与本种相似，但并不常见的树脂薄皮孔菌*Ischnoderma resinosum*生于阔叶树上。而在北美洲相似的试验表明，针叶树和阔叶树上采集到的标本是同一个物种，这些结果让人有些疑惑，还有待解决。

芳香薄皮孔菌子实体幼时柔软，后坚硬，致密。菌盖初期扁平，具细绒毛，呈褐色，后形成黑色树脂状同心环，最终全部为黑色，褶皱，坚硬。孔口表面初期白色，随后为褐色至深褐色，伤变褐色。

实际大小

科	拟层孔菌科Fomitopsidaceae
分布	北美洲东部、欧洲、非洲、亚州
生境	林地
宿主	阔叶树，极罕见于针叶树（尤其是红豆杉）
生长方式	活或死树的树干和树桩上
频度	极其常见
孢子印颜色	白色
食用性	幼时可食（但对于部分人有毒），最好避免食用

子实体厚度达
1 in
(25 mm)

菌盖直径达
20 in
(500 mm)

398

硫磺绚孔菌

Laetiporus sulphureus
Chicken of the Woods
(Bulliard) Murrill

实际大小

硫磺绚孔菌是常见的、广泛分布的木腐菌，产生褐腐，导致树干中空，有时甚至引起树木倒伏。硫磺绚孔菌通常发生在栎树上，但也能生长于很多其他树木上。硫磺绚孔菌普遍被认为是一种美味的食用菌，其幼嫩菌肉烹饪后与鸡肉相似，因此，本种还有一个奇特的名字——树鸡蘑。但也有人食用后会立刻引起恶心及呕吐，这可能是过敏反应。本种的另一个英文名称为硫磺菌（Sulfur Shelf）。

相似物种

最近的研究已将北美洲几个非常相近的物种区别开来，包括具有白色菌孔的朱红绚孔菌*Laetiporus cincinnatus*，西部生于针叶树上的松生绚孔菌*Laetiporus conifericola*，及同样在西部但生于阔叶树的盖伯特森绚孔菌*Laetiporus gilbertsonii*。它们均被认为可食用，但仍需谨慎食用。另外，硫磺绚孔菌较大且颜色鲜艳的子实体使其新鲜时不易被认错。

硫磺绚孔菌子实体一年生，典型的覆瓦状，丛生。幼时子实体柔软，橙黄色，圆形；成熟后展开呈盘状，黄色，菌孔小。随着子实体老化褪色至米色，易碎，随后破裂。

科	多孔菌科Polyporaceae
分布	北美洲、欧洲、亚洲北部
生境	林地
宿主	生于阔叶树（尤其是桦树），极罕见于针叶树上
生长方式	生于枯枝、段木和树桩上
频度	常见
孢子印颜色	白色
食用性	非食用

桦革裥菌

Lenzites betulina
Birch Mazegill

(Linnaeus) Fries

子实体厚度达
¼ in
(5 mm)

菌盖直径达
2 in
(50 mm)

399

桦革裥菌较常见，但如不观察其菌盖下表面，易被误认为是褪色的云芝栓孔菌*Trametes versicolor*。这两个物种常被发现生长在一起，这并非偶然，因为已有研究发现桦革裥菌（又称褶孔菌）是云芝栓孔菌的寄生菌。后者首先定殖在枯木上，随后桦革裥菌占领、攻击然后致其死亡。这种生物策略称为二次资源俘获，且在菌物界里普遍发生。因桦革裥菌具有特殊的细胞结构，使其成为最好的造纸原料之一，制造出的纸张结实，韧性强，吸墨水性能好。

相似物种

由上可知，桦革裥菌与常见的灰白色云芝栓孔菌及其近缘种较为相似，但桦革裥菌子实层的褶状特征可将其区分开。横迷孔菌*Daedalea quercina*子实层也具菌褶，但其子实体稍大，木质，且菌褶稍厚。

实际大小

桦革裥菌子实体革质，菌盖上被微绒毛，具灰色、奶油色环纹。子实体成熟后常有藻类着生而呈绿色。子实层无孔口，具不规则菌褶，常裂开或交汇在一起（见右上图）。孔后表面初期白色，后奶油色至赭色。

科	多孔菌科Polyporaceae
分布	亚洲南部、澳大利亚
生境	林地
宿主	阔叶树
生长方式	生于地上或严重腐烂的倒木上
频度	偶见
孢子印颜色	白色
食用性	非食用

子实体高达
12 in
(300 mm)

菌盖直径达
6 in
(150 mm)

400

虎乳核生柄孔菌

Lignosus rhinocerotis
Tiger's Milk Fungus

(Cooke) Ryvarden

实际大小

虎乳核生柄孔菌这个壮观的、长柄的物种从埋于地下的、大的菌核（生于埋藏地下倒木上的性状不规则的致密真菌组织）上长出。通常一个大的菌核上可能长出几个子实体。该种最早描述自马来半岛，在那里传统上被用作可治百病的民间药材，用于治疗从哮喘到食物中毒等所有疾病。当地人认为该种生长在老虎乳汁滴落的地方，因其子实体沿着倒木的位置排成一列，就像沿着一条小路生长。

相似物种

亲缘关系较近且形态上相似的*Lignosus sacer*分布于非洲。热带分布的假芝属*Amauroderma*物种，如皱盖乌芝*Amauroderma rude*形态上与虎乳核生柄孔菌相似，但其孢子印为褐色，无菌核。澳大利亚的漆头孔菌属*Laccocephalum*子实体也是由地下菌核发出（*Lignosus mylittae*的菌核可食用），但所有这些相似种的菌柄均相对较短。

虎乳核生柄孔菌菌盖略呈凸镜形至平展，近圆形，但有时菌盖开裂或与相近的菌盖融合。幼时菌盖表面被细绒毛，后渐变光滑，坚硬，常褶皱，深褐色，后呈黑色。菌孔白色，成熟后与菌盖同色。菌柄木质，幼时被细绒毛，后光滑，与菌盖同色。

科	薄孔菌科Meripilaceae
分布	北美洲、欧洲、亚洲北部
生境	林地
宿主	阔叶树（尤其是山毛榉树），少见于针叶树
生长方式	单生或群生于活树基部和根系周围
频度	常见
孢子印颜色	白色
食用性	可食

子实体高达
12 in
(300 mm)

直径（整个子实体）达
30 in
(800 mm)

巨盖孔菌

Meripilus giganteus
Giant Polypore

(Persoon) P. Karsten

401

巨盖孔菌是子实体最大的一年生多孔菌之一，当其群生和簇生于活树或新砍伐树桩基部时相当壮观。它是另外一种可引起树根膨大和根腐的物种，当其子实体在花园和绿地的树木上出现时通常会进行预防性的砍伐。巨盖孔菌也被称为染黑多孔菌Black-Staining Polypore，有人认为该物种可食用，但据说并不好吃。北美洲的标本被鉴定为另一种形态相似的萨斯提尼孔菌*Meripilus sumstinei*，但还需要进一步的研究确认二者是否为不同的种。

相似物种

包括高山瘤孢孔菌*Bondarzewia montana*及其近缘种在内的其他一些生长于树木基部、形成复合子实体的多孔菌，菌孔受伤后不会变为黑色。主要分布在热带的桃红绚孔菌*Laetiporus persicinus*与该种极为相似，但其菌孔受伤后变为褐色。而灰树花孔菌*Grifola frondosa*子实体稍小，菌盖灰色、带状，受伤后也不会变为黑色。

巨盖孔菌形成巨大的、复合的莲座状子实体，从一个中心菌柄分枝形成多个菌盖。菌盖肉质，光滑，褐色，新鲜时边缘奶油色。孔口小，白色至奶油色，受伤后迅速变深褐色至黑色。

实际大小

科	多孔菌科Polyporaceae
分布	非洲、亚洲南部、澳大利亚
生境	林地
宿主	阔叶树
生长方式	生于枯枝、段木或树桩上
频度	极其常见
孢子印颜色	白色
食用性	非食用

子实体高达
2½ in
(60 mm)

菌盖直径达
4 in
(100 mm)

402

黄柄小孔菌

Microporus xanthopus
Yellow-Stemmed Micropore

(Fries) Kuntze

黄柄小孔菌是热带非洲、亚洲和澳大利亚极为常见的常见种。其子实体坚硬，生活周期长，喜生长于开阔地带的倒木上，特别耐热和耐旱。黄柄小孔菌的标本烘干后其形状和颜色保持不变，可进口用于装饰香薰混合物。在一些热带国家，黄柄小孔菌还被印制在邮票上。

相似物种

多年集毛孔菌*Coltricia perennis*菌盖具有同心纹，菌柄中生，但其子实体地生，菌孔大小适中。在热带地区，另外一些并不常见的小孔菌属*Microporus*物种也生于木头上，但菌盖无同心纹，被细绒毛，或者菌盖颜色有所不同，且菌柄通常不呈黄色。

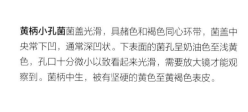

实际大小

黄柄小孔菌菌盖光滑，具赭色和褐色同心环带，菌盖中央常下凹，通常深凹状。下表面的菌孔呈奶油色至浅黄色，孔口十分微小以致看起来光滑，需要放大镜才能观察到。菌柄中生，被有坚硬的黄色至黄褐色表皮。

科	锈革孔菌科Hymenochaetaceae
分布	北美洲、欧洲大陆、亚洲北部
生境	林地
宿主	针叶树
生长方式	单生或散生于活树基部
频度	产地常见
孢子印颜色	褐色
食用性	非食用

子实体高达
3 in
(75 mm)

菌盖直径达
5 in
(125 mm)

403

毡被昂尼孔菌

Onnia tomentosa
Woolly Velvet Polypore
(Fries) P. Karsten

　　毡被昂尼孔菌是粗毛纤孔菌*Inonotus hispidus*的近缘种，曾被称为*Inonotus tomentosus*。但与大多数的纤孔菌属真菌不同的是，该种子实体生于地上。它生长于针叶树根部，引起其根腐病，造成云杉、松树和落叶松经济损失，有时会直接导致树木幼苗死亡。毡被昂尼孔菌分布广泛，常见于北部针叶林，但在有些地方尚未发现该种，如不列颠群岛。

相似物种

　　分布广泛的栗褐暗孔菌*Phaeolus schweinitzii*也生长于树木基部地面上，但其子实体大得多，幼时菌盖通常呈亮黄色，而菌孔通常呈黄绿色。近缘种三角昂尼孔菌*Onnia triquetra*分布于更偏南的区域，但最好通过显微形态来区分它们。

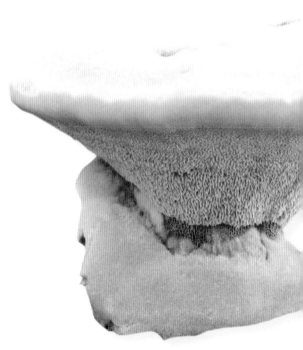

实际大小

毡被昂尼孔菌子实体一年生，菌柄几乎中生。菌盖通常呈圆形但也常开裂或不规则，平展至凹陷，柔软，被细绒毛，浅黄褐色至锈褐色，有时具同心环。菌孔延生，浅黄色至灰黄色，后变褐色，伤后变黑。菌柄短，被细绒毛，与菌盖同色或更深。

科	拟层孔菌科Fomitopsidaceae
分布	北美洲、欧洲
生境	林地
宿主	寄生于针叶树
生长方式	生于活立木或腐树桩基部地面上
频度	常见
孢子印颜色	白色
食用性	非食用

子实体高达
4 in
(100 mm)

菌盖直径达
12 in
(300 mm)

404

栗褐暗孔菌

Phaeolus schweinitzii
Dyer's Mazegill

(Fries) Brefeld

栗褐暗孔菌也被称为顶级天鹅绒（Velvet Top），其作为家用染色剂一直深受人们喜爱，能够染出从亮黄色至锈褐色的一系列绚丽颜色。近期研究表明，在供试的14种真菌中，栗褐暗孔菌具有最好的染色潜力。该种以美国著名真菌学创始人刘易斯·戴维·范·施万尼茨（Lewis David von Schweinitz）的名字命名，他出生于伯利恒，受训于拿撒勒（宾夕法尼亚州），在摩拉维亚教堂成为牧师。栗褐暗孔菌含有抗氧化剂，具有抗菌作用。尽管有一些报道认为该种具有兴奋和轻微的致幻作用，甚至可能有毒，但仍有商家将其制成抑制肿瘤的滋补茶进行销售。

栗褐暗孔菌子实体初期为亮黄色，被绒毛，后发育成较大的、不规则形至圆形、波浪状、红褐色的、具细绒毛的多孔菌，其边缘黄色，菌柄短，中生或偏生。孔口表面黄绿色，迷宫状，受伤后变褐。菌肉黑褐色，柔软，苦。其子实体常融合在一起，并包裹其临近的残骸。

相似物种

毡被昂尼孔菌*Onnia tomentosa*也寄生于针叶树基部，表面看起来与本种形态相似，但其子实体稍小，常单生而非叠生，且菌孔表面不带绿色。褐褶孔菌*Gloeophyllum sepiarium*子实体小得多，尽管幼时具细绒毛，但其黄褐色的菌孔更大，更类似于凹槽形。

实际大小

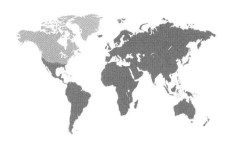

科	锈革孔菌科Hymenochaetaceae
分布	北美洲南部、欧洲、非洲、中美洲、南美洲、亚洲、澳大利亚、新西兰
生境	林地
宿主	生于阔叶树，尤其是栎树
生长方式	生于活树上
频度	偶见
孢子印颜色	褐色
食用性	非食用

稀硬木层孔菌

Phellinus robustus
Robust Bracket

(P. Karsten) Bourdot & Galzin

子实体厚度达
8 in
(200 mm)

菌盖直径达
10 in
(250 mm)

405

虽然各大洲都有稀硬木层孔菌分布，但该物种并不常见，其子实体通常发生于原始森林或老树上。在欧洲及北美洲，越往北越罕见。在英国，据说该种仅生长于少数古老的橡树上，其中一株生长于温莎公园安妮女王专用车道路旁（皇家资产），19世纪90年代时曾宣布要砍伐掉一部分橡树，但菌物学家提出抗议，认为此举会破坏稀硬木层孔菌本就稀少的宿主，随后该命令被顺利撤销，这是菌物保护方面具有里程碑意义的决定。

实际大小

相似物种

稀硬木层孔菌分布非常广泛，在其分布范围内形态相似的种类很多，仅能通过显微形态进行区分。窄盖木层孔菌*Phellinus tremulae*形态上相似，但其分布更偏北，且通常生于山杨树上。苹果木层孔菌*Phellinus pomaceus*也较为相似，但该种常生于山楂、李子及其他果树上。

稀硬木层孔菌大型，多年生，坚硬，木质的子实体成熟后呈马蹄形。菌盖相对于孔口表面来说通常较小。初期暗褐色，后变黑色，硬壳状，光滑，常龟裂，每年生长形成一圈同心脊状突起。下表面菌孔小，圆形，黄色至灰褐色。

科	拟层孔菌科Fomitopsidaceae
分布	北美洲、欧洲、亚洲北部
生境	林地
宿主	生于桦树
生长方式	单生或群生于活立木或倒木上
频度	极其常见
孢子印颜色	白色
食用性	非食用

子实体厚度达
3 in
(75 mm)

菌盖直径达
10 in
(250 mm)

406

桦滴孔菌

Piptoporus betulinus
Birch Polypore

(Bulliard) P. Karsten

桦滴孔菌是一种用途非常广泛的真菌。如其另一英文俗名磨剃刀的皮带（Razorstrop）所示一样，桦滴孔菌坚硬的外皮可用来打磨剃须刀，使其锋利，最近瑞士还用它来打磨手表零部件。桦滴孔菌被切成细丝用作火绒和烟蜡。而在德国将其作为绘画用的炭笔，也可将其制成优质白纸。在药用方面，它可用于治疗胃病，在波西米亚也尝试用其治疗直肠癌。桦滴孔菌的应用可追溯至5000多年前，在阿尔卑斯山脉冰川中自然风干的木乃伊（冰人奥兹）中发现该菌碎片，很可能是将其作为药物使用。

相似物种

火木层孔菌*Phellinus igniarius*也生长于桦树上，幼时形态上与桦滴孔菌极为相似，但其后会变成木质、灰褐色、马蹄形的多孔菌。几个白色的波斯特孔菌属*Postia*的物种也生长于桦树上，但其子实体小，软，通常子实层含水较多。

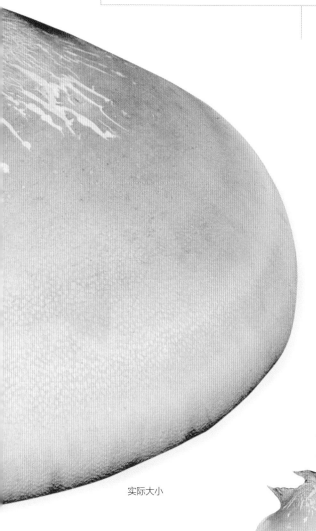

实际大小

桦滴孔菌在树皮上形成一个圆形的、浅灰色的球，后发展成一个大型肾状，奶油色至浅灰褐色子实体。菌盖光滑，边缘圆润，内卷至下面乳白色的孔口。孔口非常小，但用放大镜可观察到，伤后不变色。质地坚韧但呈海绵状，菌肉白色。

科	拟层孔菌科Fomitopsidaceae
分布	欧洲、亚洲
生境	林地，有树的草地或牧场
宿主	树龄很大的栎树上
生长方式	生于活树或倒木暴露的树心
频度	极其罕见
孢子印颜色	白色
食用性	非食用

子实体厚度达
2 in
(50 mm)

菌盖直径达
8 in
(200 mm)

407

栎滴孔菌

Piptoporus quercinus
Oak Polypore

(Schrader) P. Karsten

栎滴孔菌仅在树龄超过250年的古老栎树上形成子实体，常引起心材褐色立方腐朽，导致树干中空。在日本、德国、挪威和芬兰已将其认定为濒危种。在英国，栎滴孔菌已受到法律保护，在欧洲古老鹿园，如温莎大公园，建立了该种的保护区。大量保育工作的开展不仅是为了寻找栎滴孔菌新的生存环境，更是为了调查其生态需求。现已设计了一种DNA引物，可以不用获取其子实体便可在栎树上直接检测栎滴孔菌。

相似物种

未成熟的无柄灵芝*Ganoderma resinaceum*与栎滴孔菌的质地及黄色的颜色都与该种极为相似，但无柄灵芝菌肉褐色硬质，放大镜下可以观察到其菌盖表面树脂质的黄色表皮。老后褪色的硫磺绚孔菌*Laetiporus sulphureus*易与栎滴孔菌混淆，最好通过显微形态来区分。

栎滴孔菌子实体一年生，幼时白色，柔软且多汁。菌盖表面颜色逐渐变深至锈褐色，带有褐色和金色的同心轮纹区，伤后变为红紫色，并逐渐变干、变韧。菌盖表面初期具细绒毛，逐渐变光滑，呈皮肤状。菌肉近白色，带有洋红色和黄色。孔口小、白色，后变为黄褐色。

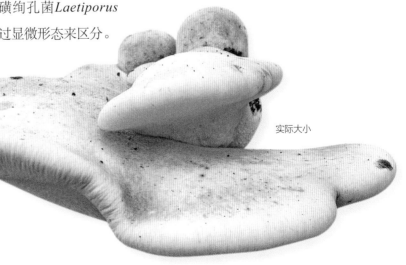

实际大小

科	粉状革菌科Amylocorticiaceae
分布	北美洲、欧洲、中美洲、亚洲北部
生境	林地
宿主	阔叶树，尤其是山毛榉和榛树
生长方式	常密集簇生于枯树干或未掉落的枯枝
频度	常见
孢子印颜色	白色
食用性	非食用

子实体厚度达
¼ in
(5 mm)

菌盖直径达
1 in
(25 mm)

408

皱波拟沟褶菌
Plicaturopsis crispa
Crimped Gill
(Persoon) D. A. Reid

皱波拟沟褶菌是一种奇特的个体较小的真菌，相较于大部分多孔菌，它与壳状真菌（不具菌盖）的亲缘关系更近。皱波拟沟褶菌是一种木腐菌，全年可见，干时变脆，潮湿时可恢复。在荷兰，这个在南部大陆分布的皱波拟沟褶菌已被作为全球应对气候变暖物种的例子。20世纪80年代之后的记录显示很有可能由于暖冬导致其分布向北方扩展。

实际大小

相似物种

白色的高山沟褶菌*Plicatura nivea*也具有像皱波拟沟褶菌般奇怪褶皱状的子实层面，但前者层架状的菌盖，且通常生长于赤杨木上。由上述可知，皱波拟沟褶菌的子实体与粗毛韧革菌*Stereum hirsutum*较为相似，但后者子实层光滑，赭色。

皱波拟沟褶菌子实体小、薄、具毛或细绒毛，菌盖初期近白色，后逐渐变为赭色至褐色，具不明显环纹，边缘波浪状或褶皱。下表面白色（见上图），折叠或者褶皱成明显的褶状脊。子实体新鲜时柔软有韧性，干后很快变脆。

科	多孔菌科Polyporaceae
分布	欧洲、亚洲北部
生境	林地
宿主	阔叶树，罕见于针叶树上
生长方式	单生或散生于枯树、段木和落枝上
频度	常见
孢子印颜色	白色
食用性	非食用

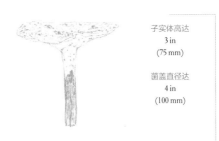

子实体高达
3 in
(75 mm)

菌盖直径达
4 in
(100 mm)

409

缘毛多孔菌

Polyporus ciliatus
Fringed Polypore

Fries

有几个多孔菌属*Polyporus*的物种具有中生的菌柄，与牛肝菌非常相似，但它们的子实体质地坚硬、韧革质、木生（尽管有时因木头埋于地下而像从地上长出来的一样），缘毛多孔菌是其中之一。子实体非常坚硬以至于不能食用。该种通常发生在欧亚大陆温带地区，子实体通常出现在春季和初夏，在这个季节非常多，以致德国称其为五月多孔菌（Mai-Porling）。

相似物种

多孔菌属中有一些其他柄中生、与牛肝菌相似的物种，仅有少数几个的菌盖边缘具须状缘毛。温带地区的冬生多孔菌*Polyporus brumalis*子实体发生于冬季，且菌孔大得多。广泛分布于热带和亚热带地区的漏斗多孔菌*Polyporus arcularius*，菌盖边缘具浓密缘毛，且孔口更大。

实际大小

缘毛多孔菌子实体具菌盖和中生的菌柄。菌盖凸镜形，逐渐平展或略下凹（见上图），光滑至被细绒毛，淡褐色至褐色，菌盖边缘呈流苏状（至少幼时是这样）。孔口奶油色。菌柄中生，光滑至天鹅绒状，淡赭色至淡褐色。

科	多孔菌科Polyporaceae
分布	北美洲东部、欧洲、非洲、亚洲
生境	林地
宿主	阔叶树
生长方式	单生或叠生于树干或倒木上
频度	常见
孢子印颜色	白色
食用性	可食

子实体厚度达
2 in
(50 mm)

菌盖直径达
18 in
(450 mm)

410

宽鳞多孔菌
Polyporus squamosus
Dryad's Saddle

(Hudson) Fries

宽鳞多孔菌常用的英文名为树神的马鞍（Dryad's Saddle）和野鸡背多孔菌（Pheasant-Back Polypore），这源于其形似鞍状，人们幻想它可为森林女神所用，其明显的鳞片就像野鸡的羽毛。虽有报道认为其幼时是一种美味的食用菌，但因其含有天然杀虫剂凝集素，所以在食用时应充分煮熟，如果未煮熟会引起胃部不适。与桦滴孔菌*Piptoporus betulinus*相同，宽鳞多孔菌常被切条后晾干，同样也可用作打磨剃刀的磨刀带。最近该种也应用于造纸工艺。研究显示其代谢物可从溶液中吸收铁，使其具有重金属生物修复的潜质。

相似物种

多孔菌属*Polyporus*一些种类易与宽鳞大孔菌幼时或小的子实体相混淆，但它们子实体通常小得多、子实体较薄且鳞片较少。桑多孔菌*Polyporus mori*菌盖稍被鳞片，菌柄侧生，但其子实体较小，呈更明显红橙色，而喇叭多孔菌*Polyporus craterellus*菌盖上的鳞片更少，菌柄长且尖端细。据报道该两种均可食用。

实际大小

宽鳞多孔菌子实体大，肾形，菌盖乳白色至黄褐色，具暗色、黑色至红褐色同心环般的羽毛状鳞片。白色蜂窝状孔口延生。菌柄偏生、短、韧、粗壮，基部黑色。菌肉幼时近白色、软，具甜味和淀粉味。

科	多孔菌科Polyporaceae
分布	北美洲、欧洲、亚洲
生境	林地
宿主	阔叶树
生长方式	生于活树基部或根部周围，尤其是栎树和山毛榉
频度	罕见
孢子印颜色	白色
食用性	可食

子实体高达
20 in
（500 mm）

直径（整个子实体）达
20 in
（500 mm）

411

猪苓多孔菌
Polyporus umbellatus
Umbrella Polypore
(Persoon) Fries

猪苓多孔菌分布广泛，但却较少见，它是由地下较大的菌核（厚壁的组织块，在真菌中相当于植物的根茎）长出。子实体通常一年生，但菌核可越冬，并在次年产生新的子实体。尽管子实体可食用，但因其并不常见，所以最好不要采食。在中国，它的菌核被称为猪苓，具有利尿作用，中医将其用于治疗泌尿系统疾病。在中国该种菌核已进行人工栽培，即将接种过的段木埋于适合的树木根部周围，并以干品或粉末的形式出口。

相似物种

没有与猪苓多孔菌形态特别相似的物种。其他大多数生长于树木基部的大型复合多孔菌具较大的单个菌盖，扇形或带状，无中生菌柄。灰树花孔菌*Grifola frondosa*菌盖稍小，可能在远处看形态与猪苓多孔菌相似，但近处观察会发现其菌盖也是带状的。

实际大小

猪苓多孔菌子实体形大、呈复合型，常从其中心的菌柄分枝形成多个菌盖。菌盖灰褐色、光滑、近圆形，每个菌盖直径约2 in（50 mm），具中生菌柄，就像一堆小子实体聚在一起。孔口表面白色至奶油色，明显延生。菌核坚硬，黑色，埋于地下。

科	拟层孔菌科Fomitopsidaceae
分布	北美洲、欧洲、亚洲北部
生境	林地
宿主	针叶树
生长方式	生于枯枝和段木上
频度	常见
孢子印颜色	白色
食用性	非食用

子实体厚度达
½ in
(15 mm)

菌盖直径达
2½ in
(60 mm)

蓝灰波斯特孔菌
Postia caesia
Conifer Bluing Bracket
(Schrader) P. Karsten

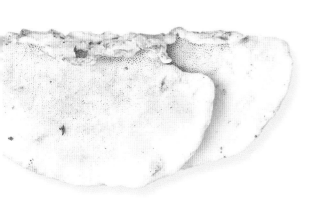

蓝灰波斯特孔菌是生长在针叶树枯枝上的常见物种，因其子实体颜色特别而与众不同。分子研究显示，它是遗传上截然不同却又非常相近的复合群中的一个，即使在显微结构下，也很难或不可能将这些复合种区分开。真菌中复合种较常见，尤其当物种有广泛的地理分布和寄主范围时。蓝灰波斯特孔菌，也被称为蓝奶酪多孔菌（Blue-cheese Polypore），有时可作为胶质寄牛菌多孔形银耳*Tremella polyporina*的寄主。该菌寄生于蓝灰波斯特孔菌的菌孔内，肉眼几乎看不见其子实体。

相似物种

波斯特孔菌属*Postia*的近缘物种大多数为白色或者粉色，但拟灰蓝泊氏孔菌*Postia subcaesia*是另一已知的蓝色物种。在野外，拟灰蓝泊氏孔菌与本种很难区分，但它主要发生于阔叶树而非针叶树上。

蓝灰波斯特孔菌子实体柔软，水分较多，一年生，初期多为白色（见左上图），具蓝色或蓝灰色斑点，伤后逐渐变为蓝色。子实体成熟后完全变为水蓝灰色。菌盖几乎光滑，孔口与菌盖颜色相近。

实际大小

科	拟层孔菌科Fomitopsidaceae
分布	欧洲
生境	林地
宿主	针叶树
生长方式	生于树桩和段木上
频度	常见
孢子印颜色	白色
食用性	非食用

子实体厚度达
2 in
(50 mm)

直径达
3 in
(75 mm)

413

褶腹波斯特孔菌
Postia ptychogaster
Powderpuff Bracket
(F. Ludwig) Vesterholt

褶腹波斯特孔菌生于针叶树上，可能看起来不像多孔菌，但这个奇特的、布满粉状物的、毛茸茸的垫状物是该种生活史中最常见的形态。这个结构中含有大量厚垣孢子（真菌无性孢子），使其能广泛传播并侵染新的木材。许多其他种类的多孔菌，如二年残孔菌*Abortiporus biennis*也产生厚垣孢子，但其原垣孢子通常没那么明显。对于褶腹波斯特孔菌来说，其形成菌孔的子实体很不起眼，通常半隐于垫状物基部。

相似物种

大多数波斯特孔菌属*Postia*的近缘种均形成多孔菌状子实体，但瑞尼波斯特孔菌*Postia rennyi*是分布于北温带的另一种针叶林腐朽菌，也可形成布满粉状物的毛茸茸的厚垣孢子时期，但该种的区别在于它呈浅柠檬黄色。这些厚垣孢子形成的垫状物可能被误认为是黏菌的子实体（尽管名字上带有菌字，但实际上黏菌并非真菌），其子实体老化后亦呈粉末状。

实际大小

褶腹波斯特孔菌可形成无性和有性子实体。无性阶段形成白色、毛茸垫状物，后变浅褐色，呈粉末状，逐渐碎裂。有性阶段发育得较晚，通常在垫状物基部或附近的木头上发生，通常平伏，但有时可见狭小的白色菌盖。孔口白色。

科	锈革孔菌科Hymenochaetaceae
分布	北美洲、欧洲、亚洲北部
生境	林地
宿主	阔叶树，尤其是栎树，罕见于冷杉上
生长方式	生于活树基部周围
频度	常见
孢子印颜色	褐色
食用性	非食用

子实体厚度达
6 in
(150 mm)

菌盖直径达
30 in
(750 mm)

414

厚盖假纤孔菌
Pseudoinonotus dryadeus
Oak Bracket

(Persoon) T. Wagner & M. Fischer

厚盖假纤孔菌子实体大型，肉质，一年生。菌盖米黄色至暗褐色。有时边缘颜色较浅或呈米白色，菌孔浅米黄色。新鲜时，该种通常会渗出琥珀褐液滴，呈点状布满整个子实体，这也是该物种非常明显的特征。

厚盖假纤孔菌子实体幼时大且引人注目，但就与大多数长在活立木根部的多孔菌一样，它也会引起可能导致树木死亡的基腐和根腐。当在市区或花园树木上发现其子实体时，通常采取预防性砍伐。尽管其种加词"*dryadeus*"是指橡树，该种也常偶尔发生于其他阔叶树上，甚至欧洲南部和北美洲西部的冷杉上也有该种发生的报道。据说该种子实体上渗出的独特汁液具有抗生素特性，该种的另一英文俗名称为Weepingconk（垂头菌）。

相似物种

另一个能分泌液滴的多孔菌是二年残孔菌*Abortiporus biennis*，但其子实体通常呈浅粉色（绝非褐色），且液滴为红色。纤孔菌属*Inonotus*和木层孔菌属*Phellinus*中与厚盖假纤孔菌相近的种类，并不会或极少分泌液滴，子实体常为锈色至深褐色，坚韧或木质，且生于不同的寄主植物上。

实际大小

科	多孔菌科Polyporaceae
分布	北美洲南部、非洲、中美洲、南美洲、亚洲、澳大利亚、新西兰
生境	林地
宿主	阔叶树
生长方式	生于落枝和段木上
频度	极其常见
孢子印颜色	白色
食用性	非食用

子实体厚度达
¼ in
(5 mm)

菌盖直径达
3 in
(80 mm)

血红密孔菌
Pycnoporus sanguineus
Blood-Red Bracket
(Linnaeus) Murrill

415

血红密孔菌颜色非常鲜艳，是热带与亚热带地区多孔菌中最常见和引人注目的物种之一。即使在高温和干燥的环境里，该种也可以在裸露的倒木上生长。在非洲西部，该种传统上用于橙色和褐色染料的制作，但是，目前血红密孔菌的代谢产物被广泛用于尝试做相反的工作——降解或去除染料。该种也常被用作传统药物，目前研究已证实其产物——朱红菌素（Cinnabarin）可能具有潜在的抗菌或抗病毒的特性。

实际大小

相似物种

朱红密孔菌*Pycnoporus cinnabarinus*与血红密孔菌极为相似，但较少见，且广泛分布于温带地区。据说其子实体较血红密孔菌稍厚。而分布于澳大利亚及新西兰的常见种鲜红密孔菌*Pycnoporus coccineus*与血红密孔菌的主要区别在于其子实体呈亮橙红色，但需要更深入的研究来确认这些物种是否确实存在差异。

血红密孔菌子实体革质至木质，一年生，幼时亮橙红色，逐渐变深至血红色。菌盖光滑，孔口小，与菌盖颜色相近。

科	薄孔菌科Meripilaceae
分布	北美洲、欧洲、中美洲、亚洲北部
生境	林地
宿主	阔叶树和针叶树
生长方式	生于倒木上
频度	常见
孢子印颜色	白色
食用性	非食用

子实体厚度达
¼ in
(5 mm)

直径达
8 in
(200 mm)

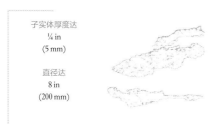

416

满红硬孔菌
Rigidoporus sanguinolentus
Bleeding Porecrust
(Albertini & Schweinitz) Donk

满红硬孔菌是林地－落叶生真菌，不仅能够分解落枝，也能够分解其他植物残体。常发现其贯穿于落叶或针叶中。这些落叶被松散地融合在一起，有时会在苔藓丛下方或突出的黏土和土壤上形成子实体，将它们分解。该种最早描述自德国，但是它广泛分布于北半球。对其提取物的分析结果显示其可作为抗真菌剂，并能抑制具有经济破坏性的老熟异担子菌*Heterobasidion annosum*子实体的生长。

相似物种

易碎硬孔菌*Rigidoporus vitreus*与满红硬孔菌非常相似，且亲缘关系较近，但其新鲜子实体呈水蓝色，伤后呈棕红色或无变化，且伤变反应并不那么强烈和迅速。其他具白色菌孔的平伏状真菌并无伤变红的反应。

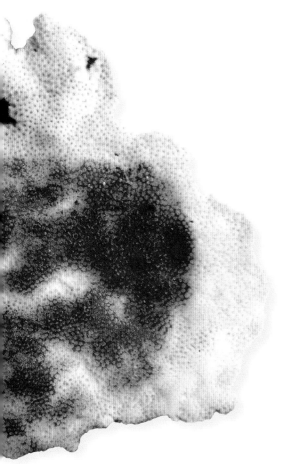

满红硬孔菌子实体平伏，通常连成一片，覆盖在倒木下方和周围的枯枝落叶上。子实体柔软至软骨质，水白色，孔口小，圆形。子实体伤变后呈亮血红色至锈红色，干后变成灰色或黑色。

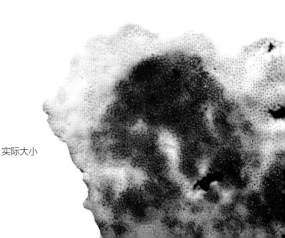

实际大小

科	薄孔菌科Meripilaceae
分布	北美洲、欧洲、非洲、中美洲、南美洲、亚洲
生境	林地
宿主	阔叶树，尤其是榆树
生长方式	生于活树或死树的树干和树桩上
频度	偶见
孢子印颜色	白色
食用性	非食用

榆硬孔菌
Rigidoporus ulmarius
Giant Elm Bracket
(Sowerby) Imazeki

子实体厚度达
20 in
(500 mm)

菌盖直径达
60 in
(1500 mm)

417

20世纪90年代，榆硬孔菌的一份标本被当作是地球上最大的真菌子实体并载入吉尼斯世界纪录大全，其子实体周长超过16 in（接近5 m）。它生长于英国皇家植物园老真菌楼右侧的一个老榆树桩上。不是所有榆硬孔菌的个体都能长这么大，但大部分非常大且坚硬。该种能引起寄主的基腐和根腐，若长有该菌的树木靠近公共场所，应进行预防性砍伐。

相似物种

白蜡多年卧孔菌*Perenniporia fraxinea*幼时与榆硬孔菌非常相似，但其菌孔白色，成熟后菌盖变灰至黑色。杨锐孔菌*Oxyporus populinus*通常较小，但菌盖上也长满藻类和苔藓，其管口小且呈白色。

榆硬孔菌子实体致密，木栓质，多年生。菌盖奶油色至浅赭色，光滑，具明显突起，不规则，通常围绕生在周围的细枝和落叶生长。菌盖成熟后因藻类和苔藓附生而呈绿色。新鲜时，孔口浅粉色至粉橙色，随着子实体成熟而变暗。

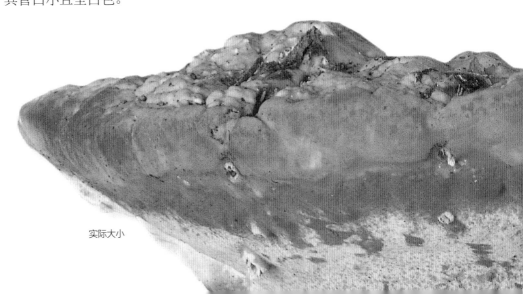

实际大小

科	裂孔菌科Schizoporaceae
分布	北美洲、欧洲、非洲、中美洲、南美洲、南极群岛、亚洲、澳大利亚、新西兰
生境	林地
宿主	阔叶树和针叶树
生长方式	生于死树、段木和树枝上
频度	极其常见
孢子印颜色	白色
食用性	非食用

子实体厚度达
¼ in
(5 mm)

直径达
12 in
(300 mm)

418

奇形裂孔菌
Schizopora paradoxa
Split Porecrust
(Schrader) Donk

奇形裂孔菌不形成弧状的菌盖，而是像壳状真菌一样，在未掉落的枯枝或落枝下方形成平伏状的子实体。这种平伏的子实体有时面积很大，能覆盖整个倒木的背面。它是北温带林地中非常常见的物种，但热带及南温带地区也有报道，最远至南乔治亚岛的亚南极群岛。一旦见到它，可发现其非常粗糙或开裂、角状的孔口是非常独特的。

相似物种

近期的研究表明，一些关于奇形裂孔菌的记录实际上应为宽齿裂孔菌*Schizopora radula*，后者是形态相似的近缘物种，甚至在显微镜下也难以区分。黄孔裂孔菌*Schizopora flaviporia*在热带地区较常见，具有普通的圆形管口。

奇形裂孔菌子实体平展，无菌盖，大小不定。菌孔奶油色至浅黄赭色，随着子实体成熟变暗，薄，不规则，粗糙，开裂，通常齿状，尤其当子实体形成于倾斜的树木表面时。

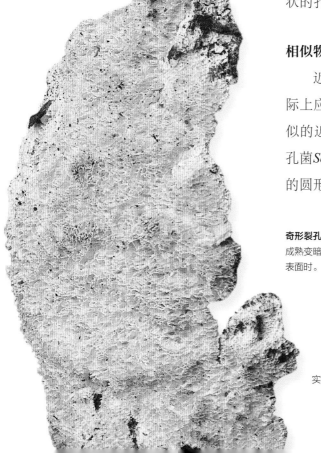

实际大小

科	多孔菌科Polyporaceae
分布	北美洲、欧洲、非洲、中美洲、南美洲、南极群岛、亚洲、澳大利亚、新西兰
生境	林地
宿主	阔叶树，罕见于针叶树
生长方式	生于树桩、树枝和段木以及加工过的木材上
频度	极其常见
孢子印颜色	白色
食用性	非食用

云芝栓孔菌
Trametes versicolor
Turkeytail
(Linnaeus) Lloyd

子实体厚度达
½ in
(10 mm)

菌盖直径达
1½ in
(40 mm)

419

云芝栓孔菌可能是世界上最常见且广泛分布的多孔菌。子实体常带有明显的环纹，英文名字来源于其子实体与野火鸡尾巴非常相似的想象。最近的研究表明，该物种产生的降解木材的酶可有效地降解持久着色的人造染料。这意味着其将来可作为天然的生物降解剂，帮助清除化学污染。在东亚，云芝栓孔菌的提取物因为对健康有益而得到了有效推广，它们有时被当作茶饮用。

相似物种

扁韧革菌*Stereum ostrea*子实层下表面光滑，无菌孔，很容易与云芝栓孔菌区分开来。粗毛栓孔菌*Trametes hirsuta*较少见，菌盖多毛，具灰色环纹，边缘褐色。绒毛栓孔菌*Trametes pubescens*菌盖具细绒毛，奶油色至米黄色，无明显环纹。

云芝栓孔菌子实体层叠或成簇，如果生于树桩和原木上表面有时会呈莲座状。单个菌盖革质，薄，具同心环纹，环区具细绒毛或光滑，表面颜色变化多样，灰色、褐色、石板色、暗红色、橙色、橄榄色和米黄色，边缘近白色。菌孔小，奶油色至浅灰色。

实际大小

科	多孔菌科Polyporaceae
分布	北美洲、欧洲、亚洲
生境	林地
宿主	针叶树
生长方式	生于死树、段木和落枝上，通常连成一片
频度	常见
孢子印颜色	白色
食用性	非食用

子实体厚度达
⅛ in
(3 mm)

菌盖直径达
3 in
(80 mm)

420

冷杉附毛孔菌
Trichaptum abietinum
Purplepore Bracket
(Dickson) Ryvarden

冷杉附毛孔菌是北半球最常见的新近针叶倒木或原木分解者。尽管它很小，但通常可占据整个树桩，将树桩包围在其子实体中。奇怪的是，它似乎还为次生的多孔菌——肉灰干皮孔菌*Skeletocutis carneogrisea*提供"栖息地"，该菌菌盖小、白色，菌孔粉色。当观察冷杉附毛孔菌老的子实体下面时，有时会发现干皮孔菌属*Skeletocutis*真菌隐藏于下面。究竟干皮孔菌属是取代先前木材分解者的寄生真菌，还是只是无害的共生关系，目前尚不清楚。

冷杉附毛孔菌子实体覆瓦状叠生，常连片并覆盖一片大区域。单个的子实体较小，薄，菌盖灰色至灰褐色，光滑至被微毛，常因藻类附生而呈绿色。暗色的菌盖与亮紫色的孔口表面形成对比，菌盖在木头下方蔓延。

相似物种

冷杉附毛孔菌非常独特，仅易与附毛孔菌属*Trichaptum*的部分种类相混淆，这个属中很多种都与本种非常相似，且难以区分。但是，还有部分种的菌盖具明显绒毛，或者在下表面有不规则菌齿或菌褶，而非菌孔。

实际大小

科	韧革菌科Stereaceae
分布	北美洲、欧洲、亚洲北部
生境	林地
宿主	冷杉、云杉
生长方式	生于枯枝上
频度	产地常见
孢子印颜色	白色
食用性	非食用

子实体厚度达
小于⅛ in
(1 mm)

直径达
2 in
(50 mm)

421

无形盘革菌
Aleurodiscus amorphus
Orange Discus
Rabenhorst

无形盘革菌是一种木腐菌，采用一种有趣的方式来防御如螨虫等侵食者。当其子实体受伤时，它会释放出氢氰酸，这是真菌中非常独特的防御体系。但是，这并不能让无形盘革菌避免被两种胶状真菌喜黏银耳*Tremella mycetophiloides*和单银耳*Tremella simplex*寄生，这两种体型微小、近红色、凝胶状的子实体经常在寄主上发现。著名的儿童文学作家和插图画家比阿特丽克斯·波特（Beatrix Potter）是最早研究无形盘革菌的人之一，她是一位狂热的业余真菌学家。

相似物种

在北美洲西部和日本的格兰特盘革菌*Aleurodiscus grantii*与无形盘革菌极为相似，仅能通过显微形态来区分。另外，虽然无形盘革菌较为独特，但其形状可能与一些长在针叶树上的亮橙色的小毛盘菌属*Lachnellula*真菌混淆，只是它们子实体要小得多，且属于真正的盘菌类真菌。

无形盘革菌的名字来源于其通常独立生长的盘状子实体，但有时它也会三两个连在一起。表面光滑，具细颗粒，橙粉红色。成熟后或天气干燥时无光泽。边缘独特经常向上反卷，被细绒毛，白色。

实际大小

科	挂钟菌科 Cyphellaceae
分布	北美洲、欧洲、非洲、中美洲、南美洲、亚洲、澳大利亚、新西兰
生境	林地
宿主	阔叶树
生长方式	常叠生或丛生于死的或活的树枝及树干上
频度	常见
孢子印颜色	白色
食用性	非食用

子实体厚度达
⅛ in
(3 mm)

菌盖直径达
1 in
(25 mm)

422

紫黑韧革菌
Chondrostereum purpureum
Silverleaf Fungus
(Persoon) Pouzar

紫黑韧革菌具有很迷人的颜色，但它是果园里的一种严重病害。通常来说，该物种可以降解枯木，但它也有可能是一种病原菌，通过伤口侵染树木。对果树来说该种真菌是个严重的病害，特别是李树，因为它能通过修剪树枝的切口定殖，损害叶细胞，使其变成银白色，引起叶片脱落，并最终导致树木死亡。好的修剪树枝的操作有利于防止这种真菌和其他真菌的传播，木霉属的一种真菌已被尝试用于紫黑韧革菌的生物防治。令人奇怪的是市场上将紫黑韧革菌制剂用来控制森林中的"杂木"。

相似物种

紫黑韧革菌的独特之处在于其菌盖薄而坚韧，下表面光滑、近紫色。无菌盖完全壳状的紫黑韧革菌可能被误认为是具有相似颜色的隔孢伏革菌属*Peniophora*真菌，但前者通常被细毛，边缘白色。

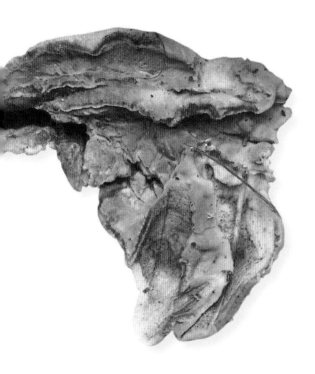

紫黑韧革菌菌盖薄、坚韧、被绒毛。初期近白色，逐渐形成不明显的灰色至紫褐色环纹；边缘波状，白色。菌孔表面光滑但有明显突起，紫色至紫褐色；在菌盖下方顺着整个木头生长，常与其他子实体连成一片。

实际大小

科	粉孢革菌科Coniophoraceae
分布	北美洲、欧洲、非洲、中美洲、南美洲、亚洲、澳大利亚、新西兰
生境	林地
宿主	阔叶树和针叶树
生长方式	生于枯枝、树桩和树干，也生于建筑木材上
频度	常见
孢子印颜色	褐色
食用性	非食用

粉孢革菌
Coniophora puteana
Wet Rot Fungus

(Schumacher) P. Karsten

子实体厚度达
⅛ in
(3 mm)

菌盖直径达
20 in
(500 mm)

423

粉孢革菌是一种常见的且分布极为广泛的木腐菌，通常典型地发现于段木和倒木的下方，几乎可以无限蔓延生长。该种引起褐色块状腐朽，是最常见的侵染建筑物结构木料的真菌之一，有时可能引起非常严重的后果。木材潮湿为该菌成功定殖提供条件〔因此其英文名字为Wet Rot Fangtts（湿腐菌）〕，在潮湿的地窖、蒸汽间或者是漏水的地方通常都具备了这样的条件。已被侵染的木材通常会被清除，并除湿，从而避免更严重的问题。

相似物种

其他粉孢革菌属*Coniophora*物种与粉孢革菌子实体形态相似的最常见的是干枯粉孢革菌*Coniophora arida*，但其子实体常较薄，且无橄榄色色调。但只有通过显微镜下观察才能明确地将其区分。

粉孢革菌壳状，通常大面积覆盖于潮湿的木头上。表面光滑，但发育良好时具残疣突，幼时黄褐色，后橄榄褐至褐色。边缘浅黄白色，絮状。

实际大小

科	皱孔菌科Meruliaceae
分布	非洲、亚洲南部（也包括中国和日本）、澳大利亚、新西兰
生境	林地
宿主	阔叶树
生长方式	生长于死树桩、树枝和段木
频度	产地常见
孢子印颜色	白色
食用性	非食用

子实体高达
5 in
(125 mm)

菌盖直径达
8 in
(200 mm)

424

优雅波边革菌
Cymatoderma elegans
Leathery Goblet

Junghuhn

漂亮的优雅波边革菌最早描述自印度尼西亚，分布于整个非洲和亚洲的热带地区，并扩展到澳大利亚、新西兰、中国和日本的温带地区。奇怪的是，它似乎有两种形态，一种是下表面光滑，而另一种是下表面具脊纹，几乎近菌褶状。这两种形态曾经被认为是不同的种，但现在看来它们应该是同一物种内不同的变种。尽管优雅波边革菌坚韧，但仍有报道称一些原住居民食用该物种。目前，从该菌中分离出的多糖已被证明具有潜在的抗癌功效。

相似物种

波边革菌属*Cymatoderma*的一些其他种分布于热带地区（包括南美洲），最好通过显微形态进行区分。柄杯菌属*Podoscypha*的许多热带种也呈相似的高脚杯状，但子实体较薄，菌盖及其下表面光滑（无脊纹）。

实际大小

优雅波边革菌子实体有柄，漏斗状。菌盖被细绒毛。具粉色至浅褐色同心环纹，形成明显的脊。中部不规则，常散开，边缘波浪状至破裂，幼时有时带紫色。子实层奶油色至灰色，光滑或脊状。菌柄褐色，常被绒毛，极硬。

科	伏革菌科Corticiaceae
分布	北美洲、欧洲、亚洲北部
生境	林地
宿主	柳树
生长方式	生于未掉落的枯树或树枝上
频度	产地常见
孢子印颜色	白色
食用性	非食用

子实体厚度达
¼ in
(5 mm)

菌盖直径达
1 in
(25 mm)

425

柳生脉革菌
Cytidia salicina
Scarlet Splash
(Fries) Burt

明亮的猩红色子实体使柳生脉革菌在柳灌丛和潮湿林地中非常引人注目。奇怪的是，此前对该物种的认识仅限于20世纪以前在苏格兰不列颠群岛采集到的两份标本。整整一个世纪后，才又在原来的采集地附近及英国北部重新发现该物种，这一千禧年的事件得到了媒体的广泛报道，《伦敦时报》甚至为此发表了一篇社论。而在其他地区，柳生脉革菌可能是一种非常普通的常见种，尽管其生长仅局限在极冷的北部或高山气候。它的颜色源于色素cortisalin，该色素是最早分离自柳生脉革菌的真菌代谢物。

相似物种

隔孢伏革菌属*Peniophora*的一些种也是红橙色，但通常见于柳树以外的其他树上。例如，橙黄隔孢伏革菌*Peniophora aurantiaca*生长于桤木上，而亮隔孢伏革菌属*Peniophora laeta*生长于鹅耳枥上。肉色隔孢伏革菌*Peniophora incarnata*偶尔会在柳树上被发现，但通常子实体稍薄，胶质少，偏于橙色而非猩红色。

柳生脉革菌子实体幼时光滑、盘状，但常连成一片至大面积散布，常包裹住树枝下方。边缘通常上翘，子实体有时呈杯状或耳状。天气潮湿时蜡胶质，柔软，干燥时角质，坚硬。幼时鲜红色，成熟后变暗。

实际大小

科	腊伞科Hygrophoraceae
分布	北美洲东南部（佛罗里达）、中美洲和南美洲
生境	树生或地生
宿主	地衣化，与蓝藻共生
生长方式	簇生
频度	常见
孢子印颜色	白色
食用性	非食用

426

子实体厚度达
¼ in
(5 mm)

菌盖直径达
20 in
(500 mm)

环架地衣
Dictyonema glabratum
Zoned Shelf Lichen
(Sprengel) D. Hawksworth

环架地衣在新热带潮湿的山区较常见，甚至是路边和其他受到人为干扰的地方。该菌为担子衣纲的一种，它已进化出了独特的生活方式，这非常不同于大多数子囊菌型地衣。它可能看起来像典型的地衣，其呈现的绿色是来自共生蓝藻。但令人不解的是相较于形态上与环架地衣相似的真菌（如石梅衣*Parmelia saxatilis*），湿伞属*Hygrocybe*物种与该物种亲缘关系更近。

相似物种

地衣属*Dictyonema*中有几个物种较相似，但它们不像环架地衣般表面光滑、具环纹。同样的，在新热带地区，无亲缘关系的绒衣属*Coenogonium*物种（子囊菌型地衣）也形成扁平的叶状体，但它们通常呈鲜草绿色，表面毛毡状。

实际大小

环架地衣地衣体簇生、裂片扁平。上表面光滑，浅灰色至灰绿色，具明显的同心环纹。下表面光滑，浅灰色。孢子形成于叶状体下表面。

科	锈革孔菌科 Hymenochaetaceae
分布	北美洲、欧洲、非洲、中美洲、南美洲、亚洲、澳大利亚、新西兰
生境	林地
宿主	阔叶树，尤其是榛树，罕见于针叶树
生长方式	生于未掉落的枯枝上
频度	常见
孢子印颜色	褐色
食用性	非食用

针毡锈革菌
Hymenochaete corrugata
Glue Crust
(Fries) Léveille

子实体厚度达
小于⅛ in
(1 mm)

菌盖直径达
20 in
(500 mm)

427

锈革菌属*Hymenochaete*真菌是未掉落的枯枝上常见的分解者，与多孔菌（如稀硬木层孔菌*Phellinus robustus*）亲缘关系较近，但其子实层面无菌孔、光滑。针毡锈革菌是北温带地区最常见和分布最广的物种之一，在热带地区和南半球也有分布，但非常少见。由于该物种能产生一块块不育的菌丝组织将临近的枯枝干缠绕在一起，使其能够直接在枝与枝、树与树之间传播，因此它也被称为"胶壳"（Glue Crust）或"束缚真菌"（Bondage Fungus）。

相似物种

褐赤锈革菌*Hymenochaete rubiginosa*也是栎树和栗树上的常见种，但是其子实体暗褐色、非常坚硬、易碎，菌盖明显波状。锈革菌属其他种通常呈不同颜色，红色至黄褐色，但最好通过显微形态进行区分。

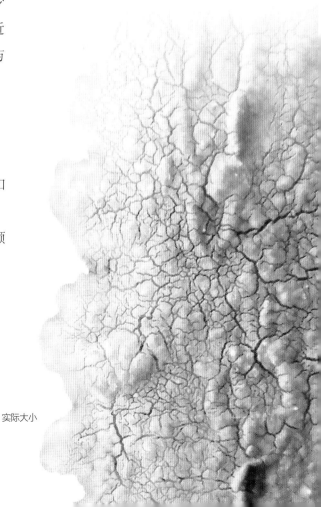

针毡锈革菌子实体光滑，常具细小裂纹，形成坚硬的皮壳状组织附着于未掉落的枯枝上。子实体幼时小，盘状，但很快连成一片。通常呈灰褐色至肉桂褐色，略带紫色至红色色调。在放大镜下可以看到覆盖在其表面的像细小褐色绒毛似的微小刚毛（刺状的不育细胞）。

实际大小

科	皱孔菌科 Meruliaceae
分布	北美洲、欧洲、北非、南美洲、亚洲
生境	林地
宿主	阔叶树和针叶树
生长方式	大簇融合丛生于枯枝、树桩和树干上
频度	常见
孢子印颜色	白色
食用性	不宜食用，最好避免食用

子实体厚度达
⅛ in
(3 mm)

菌盖直径达
3 in
(75 mm)

428

胶皱干朽菌
Merulius tremellosus
Jelly Rot
Schrader

胶皱干朽菌较常见，且分布广泛，易引起枯木白色腐朽。有时会被误认为是胶质真菌的一种，但实际上它们并无任何亲缘关系。其子实体下表面（子实层面）呈奇怪的网状，这在许多真菌类群中也能见到，但在该物种中这种网状形态被称为皱孔状。人们最早从胶皱干朽菌中分离出了几种干朽菌化合物（merulidial）和干朽菌酸（merulinic acid）类新代谢产物，均具有潜在的抗菌性能。相反，该种（另一个名字为 Trembling Merulius）可使人类感染，导致严重的免疫缺陷，并至少已造成一人死亡。

胶皱干朽菌正如它的名字所示，有弹性，胶质。子实体层架状，但薄，柔软。菌盖多毛，水浸状，白色至粉色，子实层粉红色至橙红色，网状的纹理和皱纹延伸至菌盖下方。该种常大簇融合丛生。

相似物种

胶皱干朽菌的颜色、黏稠状、菌盖被毛和子实层网状是其主要的特征。伏革菌红褐射脉革菌*Phlebia rufa*子实体颜色与胶皱干朽菌相似，呈凝胶状，表面网状，但该物种绝不会形成真正的菌盖。而胶质菌毡盖木耳*Auricularia mesenterica*子实体更为平展，网状的子实层面呈褐色至紫褐色。

实际大小

科	皱孔菌科Meruliaceae
分布	北美洲、欧洲大陆、亚洲北部
生境	林地
宿主	阔叶树和针叶树
生长方式	生于树桩、落枝和段木
频度	产地常见
孢子印颜色	白色
食用性	非食用

子实体厚度达
小于⅛ in
(0.5 mm)

直径达
12 in
(300 mm)

429

黄红射脉革菌
Phlebia coccineofulva
Scarlet Waxcrust

Schweinitz

　　黄红射脉革菌是射脉革菌属*Phlebia*真菌最鲜艳的种类之一，射脉革菌属真菌是较常见且分布广泛的壳状真菌，子实体蜡质。进化形成的蜡状质地可能是为了让其子实体保持水分以抵御短期的干旱期，并且在雨水来临时恢复产孢能力。黄红射脉革菌最早描述自美国，北美洲局部地区较常见。在欧洲分布罕见，只分布于小部分区域。

相似物种

　　红褐射脉革菌*Phlebia rufa*较常见，子实体暗红色或粉红色，表面带有明显褶皱的脉纹，近似孔状。同样较常见的褶皱射脉菌*Phlebia radiata*与黄红射脉革菌也相似，但其表面明显褶皱，常呈更明显的紫红色至灰紫色。

黄红射脉革菌在倒木或树桩的下方形成大小不定的平伏子实体块。子实体蜡质，光滑至有褶皱，或具不规则的浅凸，子实层表面猩红色至血红色，下侧黄色（有时为橙色），成熟后变暗。

实际大小

科	皱孔菌科Meruliaceae
分布	欧洲、亚洲
生境	林地和绿地
宿主	栎树
生长方式	生于根部周围的地面上
频度	偶见
孢子印颜色	白色
食用性	非食用

子实体高达
6 in
(150 mm)

直径达
20 in
(500 mm)

430

实际大小

多纹柄杯菌
Podoscypha multizonata
Zoned Rosette
(Berkeley & Broome) Patouillard

多纹柄杯菌是热带地区的常见种，但其地理分布非常奇怪。报道仅分布于欧洲和亚洲，大部分记录（估计超过全球已知数量的50%）都源自英国，尤其是英国东南部，另外一个主要的分布区域在法国。它生长于老栎树的根部，尤其常见于开放的绿地中，且其子实体可以大到令人难以置信的程度。因其具有严格的地理分布，且其生境极易受到破坏，所以已成为伯尔尼公约中受国际保护的33种真菌之一。

相似物种

多纹柄杯菌较大的子实体非常独特，但是形态稍小的标本极易与不常见的毡状革杯菌 *Cotylidia pannosa* 莲座状子实体相混淆，但后者幼时边缘呈鲜红色。它们也可以通过显微形态来区分。具有相似生境的大型多孔菌很容易通过叶状菌盖下表面的孔口进行区分。

多纹柄杯菌形成较大的、紧密、一年生、革质的莲座状子实体，不同的裂片生于同一基部。每个裂片均弯曲，光滑至具脊纹，具不明显的米粉色至红褐色环带，边缘波浪形，幼嫩时白色。背面光滑，与上表面同色。整个子实体成熟后颜色加深呈褐色。

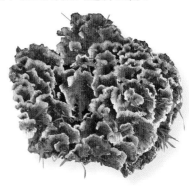

科	皱孔菌科Meruliaceae
分布	中美洲、南美洲、澳大利亚、新西兰
生境	林地
宿主	阔叶树
生长方式	单生或簇生于段木或埋木上
频度	常见
孢子印颜色	白色
食用性	非食用

子实体高达
3 in
(75 mm)

菌盖直径达
2 in
(50 mm)

伯特柄杯菌
Podoscypha petalodes
Wine Glass Fungus
(Berkeley) Patouillard

431

伯特柄杯菌最初描述自多米尼加共和国，广泛分布于加勒比海及新热带区，也见于澳大利亚和新西兰。当子实体单生时，常呈酒杯状或高脚杯形。当多个子实体一起生长时，呈密集同心簇状，这也是之所以称其为玫瑰花真菌（Rosette Fungus）的原因。它具有潜在的药用价值，现已从其菌丝体中提取出具有抗病毒活性的化合物柄杯菌酸（podoscyphic）。

相似物种

形态相似的多纹柄杯菌 *Podoscypha multizonata* 分布于欧洲及亚洲北部。柄杯菌属 *Podoscypha* 其他种主要分布于热带及亚热带地区。一些与伯特柄杯菌相似的物种（部分革柄菌属 *Cotylidia* 真菌），整体来说最好通过显微形态进行区分。

伯特柄杯菌子实体薄，革质，裂瓣状，裂瓣有时内卷，呈杯状。簇生的子实体呈密集莲座状。上表面光滑至有褶皱，常具同心环带，浅粉色至粉褐色或赭褐色，下表面光滑，颜色相似或更浅。菌柄（当存在时）细，被细绒毛。

实际大小

科	粉状革菌科Amylocorticiaceae
分布	澳大利亚、新西兰
生境	林地
宿主	阔叶树
生长方式	生于腐烂的倒木上或附近
频度	偶见
孢子印颜色	白色
食用性	非食用

子实体高达
4 in
(100 mm)

菌盖直径达
2 in
(50 mm)

432

柄干腐菌
Podoserpula pusio
Pagoda Fungus
(Berkeley) D. A. Reid

柄干腐菌是一种奇妙的珍稀物种，从其中生的菌柄向上可长出十来个层叠的菌盖（这种独特的子实体形态不存在于其他真菌物种中）。该种好像只分布于澳大利亚和新西兰，且是木腐菌，喜生长于完全腐烂的倒木上。其近缘种都是一些非常不起眼的壳状真菌，以及一些奇特的物种，如与其下表面相似的有：分布于北温带的皱波拟沟褶菌 *Plicaturopsis crispa* 和子实体稍小、菌齿不整齐、扁平的 *Irpicodon pendulus*。

相似物种

没有与柄干腐菌非常相似的物种。一些革菌属 *Thelphora* 的真菌，例如谷粒革菌 *Thelphora caryophylla*，可从中生菌柄上长出两三个半圆形菌盖，但它呈莲座丛状而非宝塔状。

实际大小

柄干腐菌菌盖层叠状着生于中心菌柄上。每个扇形菌盖侧连着中心菌柄，菌盖表面平展或下凹，光滑，浅赭色至米黄色或橙褐色，边缘波浪形。下表面不规则折叠或褶皱，有小突起，粉色。菌柄光滑，粉色。

科	桩菇科Tapinellaceae
分布	北美洲、欧洲、亚洲北部
生境	林地
宿主	针叶树
生长方式	生于树桩、落枝和段木上
频度	偶见
孢子印颜色	褐色
食用性	非食用

子实体厚度达
小于⅛ in
(1 mm)

菌盖直径达
8 in
(200 mm)

金黄假皱孔菌
Pseudomerulius aureus
Orange Netcrust

(Fries) Jülich

金黄假皱孔菌产孢结构表面皱孔状（脊纹或褶皱形成网状），使其看起来像角形菌孔。通常子实体边缘明显，且常与木头剥离，以至于它的边缘呈波浪状边缘或者具有一些小的、菌盖状的突出物。菌盖边缘的颜色和形状与耳状小塔氏菌 *Tapinella panuoides* 非常相似，最近的分子生物学研究结果表明，二者亲缘关系确实较近。

相似物种

带状干腐菌 *Serpula himantoides* 具有相似的网状盖面，但呈暗黄褐色，边缘蛛网絮状，淡紫色。不熟知的伏果干腐菌 *Serpula lacrymans* 也与金黄假皱孔菌相似，但盖面呈锈褐色。软糙拟白皱孔菌 *Leucogyrophana mollusca* 盖面呈更明亮的锈黄色，网状，但同样具有蛛网状边缘。

金黄假皱孔菌子实体呈斑块状，大小不等，生长于倒木下面或树桩上。子实体蜡质，盖面具网状褶皱。橘黄色至橙色，成熟后暗黄褐色。边缘明显，常与木头剥离开，呈菌盖状。菌盖具细绒毛，奶油色至橙黄色。

实际大小

科	皱孔菌科Meruliaceae
分布	北美洲、欧洲、亚洲北部
生境	果园、花园和林地
宿主	生于苹果树上，罕见于其他阔叶树
生长方式	生于树干或树枝上
频度	罕见
孢子印颜色	白色
食用性	非食用

子实体厚度达
½ in
(15 mm)

直径达
4 in
(100 mm)

434

藏黄肉齿革菌
Sarcodontia crocea
Apple Tooth
(Schweinitz) Kotlaba

藏黄肉齿革菌曾经是果园里老苹果树上常见的物种，但随着这些老果树被砍伐，该物种已经越来越少了。在一些国家，它已被列入濒危真菌物种红色名录。藏黄肉齿革菌能够导致心材腐朽，最终形成空心木，但是不会造成树木死亡。子实体幼嫩且新鲜时具有菠萝味道，但成熟后味道较难闻，令人作呕。

相似物种

亚皱壳菌属 *Mycoacia* 的一些常见种子实体蜡质、黄色，具菌刺，但这些物种均较薄，菌刺较小，且其宿主范围较广，常见于树枝下面。齿耳菌属 *Steccherinum* 一些物种形状相似，但其菌盖非蜡质，奶油色至赭色而非黄色。所有这些相似种无独特的水果气味。

藏黄肉齿革菌形成平展的子实体，但通常生长在裂缝和空隙中，呈块状和不规则形状。表面 定程度上呈蜡质，菌刺圆锥状，但也有无菌刺的不育部分，边缘宽。子实体幼时黄色，成熟后逐渐变为红色。

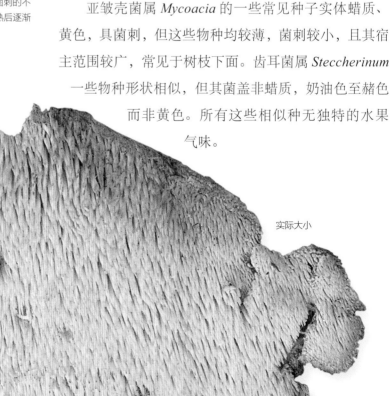

实际大小

科	干朽菌科 Serpulaceae
分布	北美洲西部、欧洲中部、亚洲（喜马拉雅）；全世界的建筑物上
生境	林地或建筑物
宿主	针叶树和针叶木材
生长方式	部分生于枯枝、树桩、树干上；更多生长于建筑物的结构木材上
频度	建筑物上常见
孢子印颜色	褐色
食用性	非食用

子实体厚度达
½ in
(12 mm)

菌盖直径达
15 in
(400 mm)

伏果干腐菌
Serpula lacrymans
Dry Rot
(Wulfen) J. Schröter

435

伏果干腐菌因对造成建筑物严重的损害而著名，它引起块状褐色腐朽，能将结构性和其他木材化成粉末。尽管它也需要在潮湿的条件下生长，但与粉孢革菌 *Coniophora puteana* 和其他"湿腐菌"相比，伏果干腐菌可在含水量相对较低的情况下侵染木材。当子实体形成后，会产生大量的孢子，能引起部分人群的哮喘和过敏反应。它的自然分布区域较有限，但它已使自己适应于人类的生活环境，现在已可在远离其以前分布范围的建筑物里发生。

相似物种

带状干腐菌 *Serpula himantoides* 具有相似的褐色网状表面，但是不形成菌盖，且常见于林地，仅偶见于建筑物木材上。粉状白缘皱孔菌 *Leucogyrophana pulverulenta* 与伏果干腐菌也相似，且有时发生在建筑物木材上，但该物种也无菌盖状的子实体。

伏果干腐菌子实体有时软，肉质，光滑，白色至灰色，但通常子实体处于完全平展，边缘厚，白色。菌盖下表面或平伏的子实体幼时呈黄褐色，后逐渐变为锈褐色至深褐色，有很深的脉纹和褶皱，表面网状至孔状。孔面可以在木头上或其他基质上无限扩展。

实际大小

科	绣球菌科 Sparassidaceae
分布	北美洲东部、欧洲
生境	林地
宿主	针叶树，尤其是松树
生长方式	生于活树的基部
频度	常见
孢子印颜色	白色
食用性	可食

子实体高达
20 in
(500 mm)

直径达
20 in
(500 mm)

436

绣球菌
Sparassis crispa
Wood Cauliflower
(Wulfen) Fries

实际大小

绣球菌是一种常见的木腐菌，通常生长于松树基部地面或树根间。它看上去很像花椰菜，且可食，味道与蘑菇相似，从野外采集回来的子实体很难清洗。近年来，木生绣球菌已被驯化栽培。在日本和韩国，绣球菌（或可能是其东亚近缘种——广叶绣球菌 *Sparassis latifolia*）已被商业化栽培，且在当地超市销售，或将其干品出口。

相似物种

长根绣球菌 *Sparassis radicata* 与绣球菌非常相似，发生于北美洲西部针叶林。在北美洲东部，匙盖绣球菌 *Sparassis spathulata* 生长于阔叶树基部，且其叶片平展、较直立、具同心环纹。在欧洲与本种相似但并不常见的短柄绣球菌 *Sparassis brevipes*，也发生于阔叶林，很少在冷杉上生长。

绣球菌子实体具密集分枝，分枝扁平、薄、叶片状。每个叶片光滑，边缘波浪，易碎，浅奶油色至米黄色，成熟后赭褐色。子实层光滑，近同色。

科	韧革菌科Stereaceae
分布	北美洲、欧洲、非洲、中美洲、南美洲、亚洲、澳大利亚、新西兰
生境	林地
宿主	阔叶树，偶见于针叶树
生长方式	生于未掉落的枯枝或落枝、段木、树桩和树干上
频度	常见
孢子印颜色	白色
食用性	非食用

粗毛韧革菌
Stereum hirsutum
Hairy Curtain Crust
(Willdenow) Persoon

子实体厚度达
小于⅛ in
(2 mm)

菌盖直径达
1½ in
(40 mm)

437

　　粗毛韧革菌子实体常见、多年生、常一大群生长在一起，因此，它是林地中全年都显而易见的真菌之一。它是一种白腐菌，分泌酶降解纤维素和木质素，从而使木材变白、软，呈纤维状。该菌通过成堆的段木大肆蔓延，可由互益的昆虫携带其孢子入侵木材，并战胜其他真菌。亮黄色胶质真菌黄银耳 *Tremella auratia* 可寄生于粗毛韧革菌子实体上，而褐色的茶银耳 *Tremella foliacea* 则寄生于其生长在树木中的菌丝上。

相似物种

　　扁韧革菌 *Stereum ostrea* 与粗毛韧革菌相似，但其子实体较大，侧耳形或扇形。覆瓦韧革菌 *Stereum complicatum* 的子实体稍小，常沿着未掉落的树杈或细枝连成一片生长。云芝栓孔菌 *Trametes versicolor* 从上面看与粗毛韧革菌可能相似，但其子实体背面的菌管呈白色至奶油色。

实际大小

粗毛韧革菌子实体薄、韧革质、括弧状。菌盖表面初期被细毛，具灰色、赭色、褐色或红褐色环带，有时因长有绿藻而呈绿色。菌盖边缘呈明显波浪状，相邻菌盖之间常常融合在一起。下表面光滑，赭色至橙色，常呈斑块状沿木材表面持续生长。

科	韧革菌科Stereaceae
分布	北美洲、非洲、中美洲、南美洲、亚洲、澳大利亚、新西兰
生境	林地
宿主	阔叶树
生长方式	生于未掉落的枯枝和落枝、段木、树桩和树干上
频度	常见
孢子印颜色	白色
食用性	非食用

438

子实体厚度达
小于⅛ in
(2 mm)

菌盖直径达
4 in
(100 mm)

扁韧革菌
Stereum ostrea
False Turkeytail
(Blume & T. Nees) Fries

扁韧革菌［也被称为金边革菌（Golden Curtain Crust)］是泛热带地区的常见种，最初描述于印度尼西亚的爪哇岛，但其分布已扩展至亚热带及北美洲。在其分布范围外，扁韧革菌形状和颜色变化较大，以后的研究可能会表明它是包括了几个近缘种的复合群。种加词"*ostrea*"的意思是"牡蛎"，这是指其子实体的典型形状。至少在澳大利亚有报道其释放氰化物气体，具有淡苦杏仁味。实验表明，该菌可产生大量的漆酶，漆酶可用于生物降解染料及其他污染物，具有重要的经济价值。

相似物种

粗毛韧革菌 *Stereum hirsutum* 与扁韧革菌相似，但其菌盖稍小，边缘常呈波浪状，且常融合在一起。覆瓦韧革菌 *Stereum complicatum* 的菌盖更小，也常连在一起生长。云芝栓孔菌 *Trametes versicolor* 从上面看与扁韧革菌有些相似，但下表面具菌管。

扁韧革菌子实体薄，革质，常呈扇形或贝壳状。大量子实体群生或簇生，但通常不融合在一起。菌盖光滑，具多种颜色的同心环纹，包括黄色、赭色、橘黄色、褐色、暗红色或灰色，有时因附生藻类略带绿色。下表面光滑，黄色至赭色或者浅灰褐色。

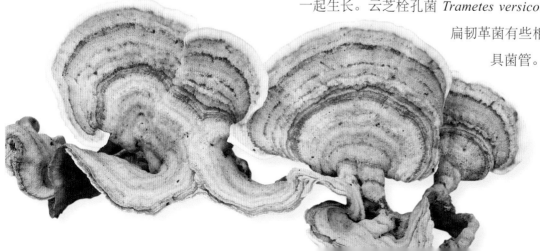

实际大小

科	韧革菌科Stereaceae
分布	北美洲、欧洲、南美洲、亚洲、澳大利亚、新西兰
生境	林地
宿主	针叶树
生长方式	生于未掉落的枯枝、落枝、段木、树桩和树干上
频度	常见
孢子印颜色	白色
食用性	非食用

血红韧革菌
Stereum sanguinolentum
Bleeding Conifer Crust
(Albertini & Schweinitz) Fries

子实体厚度达
小于⅛ in
(2 mm)

菌盖直径达
4 in
(100 mm)

439

血红韧革菌广布于北温带地区，并且可能已经传入其他地区的人工针叶林中。它能快速定殖于新近砍伐的树木上或者已经被鹿和其他生活在森林中的动物、残枝修剪和其他林业活动破坏的活立木上，因此，它对经济林类造成了严重的影响。血红韧革菌引起的伤口腐烂处常可见到其子实体，它分解木质素的产物将受侵染的木材染成红色，出现特有的红条纹。胶质真菌脑状银耳*Tremella encephala*偶尔寄生在其子实体上。

相似物种

当用指甲划破生长在针叶树上的韧革菌属*Stereum*其他种时，均不会出现血红韧革菌般的出血反应。然而生长于阔叶树上的皱韧革菌*Stereum rugosum*和烟色韧革菌*Stereum gausapatum*均有相似的反应。

实际大小

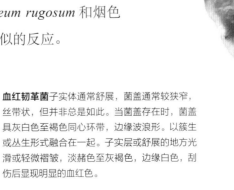

血红韧革菌子实体通常舒展，菌盖通常较狭窄，丝带状，但并非总是如此。当菌盖存在时，菌盖具灰白色至褐色同心环带，边缘波浪形。以簇生或丛生形式融合在一起。子实层或舒展的地方光滑或轻微褶皱，淡赭色至灰褐色，边缘白色，刮伤后显现明显的血红色。

科	平革菌科Phanerochaetaceae
分布	北美洲、欧洲、非洲、中美洲、南美洲、亚洲、澳大利亚、新西兰
生境	林地
宿主	阔叶树上，极罕见于针叶树上
生长方式	生于落枝、树干、段木和树桩上
频度	产地常见
孢子印颜色	白色
食用性	非食用

子实体厚度达
小于⅛ in
(2 mm)

直径达
8 in
(200 mm)

440

蓝软质孔菌
Terana caerulea
Cobalt Crust
(Lambotte) Kuntze

有少数几个子实体为伏革状真菌在野外就可对其准确鉴定，而引人注目的蓝软质孔菌是其中之一，这是由于它具有绚蓝夺目的颜色。它在倒木及树枝的下面形成了子实体，看起来像生于枯枝上的真菌，但经常蔓延到周围的落叶和苔藓上。蓝软质孔菌分布于整个热带和亚热带，也适于温带地区。在欧洲，它分布于西部地区，且似乎更喜欢温和潮湿的气候。该菌产生一种被称为蓝草菌酮（cortalcerone）的代谢物，具有抗生素特性。

相似物种

壳状真菌中蓝色罕见，没有其他种类像蓝软质孔菌一样具有明亮的深蓝色。不常见的美软锈革孔菌 *Byssocorticium pulchrum* 和一些近缘种均为浅绿蓝色，乌茸菌属 *Amaurodon* 中一些罕见种的颜色与蓝软质孔菌相似，或者呈暗灰蓝色。

蓝软质孔菌子实体舒展、光滑至有残疣突、柔软、具细绒毛。子实体幼嫩时小，近圆形，迅速融合成大型不规则的片状。处于活跃生长期的子实体颜色明亮，深蓝色，边缘白色，棉絮状，成熟后可能变成暗灰蓝色，但近边缘处颜色仍很明亮。

实际大小

科	革菌科Thelephoraceae
分布	北美洲、欧洲、亚洲
生境	林地
宿主	针叶树和阔叶树外生菌根菌
生长方式	生于树基部或根周围的地面上
频度	产地常见
孢子印颜色	褐色
食用性	非食用

石竹色革菌
Thelephora caryophyllea
Carnation Earthfan

Ehrhart

子实体高达
2 in
(50 mm)

菌盖直径达
2 in
(50 mm)

441

石竹色革菌的英文名称来源于其菌盖的形态，即常从菌盖中心产生次级的部分菌盖，非常像一朵重瓣的康乃馨。它是与活树根系共生的外生菌根菌。但是在地中海地区，它在以岩蔷薇（岩蔷薇属 *Cistus* 种类）为主的灌木林中特别常见，岩蔷薇是已知能与真菌共生的树种。早期研究表明，石竹色革菌可作为重金属污染土壤的有效生物学指示剂，似乎它富集重金属的能力非常活跃。其近缘种莲座革菌 *Thelephora vialis* 是强抗氧化剂，作为抗炎药剂应用于传统中药。

实际大小

相似物种

疣革菌 *Thelephora terrestris* 子实体通常融合在一起，更不规则，无中生菌柄。多年集毛孔菌 *Coltricia perennis* 与石竹色革菌子实体形状相似，但其菌盖下面具菌孔。

石竹色革菌子实体革质，极似莲座状，具中生菌柄。菌盖呈不规则圆形，常具不完整的附生菌盖。表面光滑至略成毛发状，具褐色的脊纹和环带。子实体幼时边缘近白色，略呈羽毛状。下表面光滑，紫褐色，菌柄细，白色至紫褐色。

科	革菌科Thelephoraceae
分布	北美洲、欧洲、非洲、中美洲、南美洲、亚洲、澳大利亚、新西兰
生境	林地
宿主	针叶树（极少数阔叶树的）外生菌根菌
生长方式	长于树基部的根部周围的地面上
频度	常见
孢子印颜色	褐色
食用性	非食用

子实体高达
2 in
(50 mm)

菌盖直径达
2 ½ in
(60 mm)

442

疣革菌
Thelephora terrestris
Earthfan

Ehrhart

疣革菌较常见且分布非常广泛，但由于其颜色很不显眼，因此，当其生长于树根之间的落叶层或针叶落叶层时，常常被人们忽视。它是一种外生菌根菌，与活树特别是针叶树（但非绝对）共生。不规则的子实体常附着生长在附近凋落的树枝、树棍、石头甚至植物幼苗上，并在其周围生长。疣革菌是针叶树苗圃中的难题，它能够扼杀幼苗，因此它也被称为窒息真菌（Smothering Fungus）。

相似物种

革菌属 *Thelephora* 的其他种很难与疣革菌区分开来。石竹色革菌 *Thelephora caryophyllea* 子实体整齐、很少呈不规则状，菌柄中生。毛状革菌 *Thelephora penicillata* 子实体被刺状毛，无真正的菌盖，而掌状革菌 *Thelephora palmata* 看上去更像一种珊瑚菌，且具有强烈的难闻气味。

实际大小

疣革菌子实体重生、小、不规则，革质，常杂乱融合。单个子实体菌盖紫色至灰褐色，具脊纹，被粗绒毛，边缘较浅或呈白色，被绒毛或被刺状附属物。菌盖下表面光滑，具脊纹，紫褐色。菌柄（如果有）小，不规则。

科	木耳科Auriculariaceae
分布	北美洲、欧洲、亚洲北部
生境	林地
宿主	生于阔叶树上，尤其是树龄较大的树
生长方式	单生或簇生于枯树干和树枝
频度	极其常见
孢子印颜色	白色
食用性	可食

耳片厚度达
¼ in
(5 mm)

菌盖直径达
3 in
(75 mm)

犹大木耳
Auricularia auricula-judae
Jelly Ear
(Bulliard) Quélet

犹大木耳被更广泛地称作"犹大的耳朵"，在老树上特别常见，其古怪的名字来源于一个古老的基督教传说，传说犹大在一棵老树上吊自杀，后来像其耳朵状的真菌出现在了这种树上。但这一直是一个谜，除非用中世纪的思想去思考。犹大木耳和毛木耳 *Auricularia cornea* 在中国栽培和食用的历史悠久，近年来，在西方市场也有销售，甚至被用作速溶汤"林地蘑菇"的原料。

相似物种

犹大木耳与更偏于热带和亚热带地区的毛木耳非常相似，主要区别在于犹大木耳菌盖表面的毛发状附属物更稀疏、更短。短黑耳 *Exidia recisa* 看起来也与犹大木耳相似，但其子实体呈更明显的橙褐色，通常生长于柳树上，菌盖光滑无毛。

犹大木耳耳片薄，胶质，有弹性。表面光滑，但被细毛，干燥时略呈绒毛状，褐色至粉褐色或紫褐色（很少无色和白色）。子实层光滑，与菌盖同色，有时具稀疏且不规则的脉纹。

实际大小

科	木耳科Auriculariaceae
分布	非洲、南美洲、亚州南部（包括中国和日本）、澳大利亚、新西兰
生境	林地
宿主	阔叶树
生长方式	单生或簇生于落枝和段木上
频度	常见
孢子印颜色	白色
食用性	可食

耳片厚度达
¼ in
(5 mm)

菌盖直径达
4 in
(100 mm)

444

毛木耳
Auricularia cornea
Wood Ear
Ehrenberg

尽管毛木耳看起来不能吃，但在中国至少已有1400年的栽培历史。其质地实脆，口感温和宜人，尤其适用于大米炒和煲汤。该种的异名 *Auricularia polytricha* 更被人所熟知，现在多以干品形式出口，并已在世界其他区域商业化栽培，最常见的是段木或者木屑袋料栽培。毛木耳也因其保健作用受到重视。传统上它被用于促进血液循环，现已证实其具有凝血抑制作用，可用于降低动脉硬化和中风风险。

相似物种

毛木耳通常容易与温带的犹大木耳 *Auricularia auricula-judae* 相混淆，但犹大木耳盖面无浓密的毛状附属物。但令人困惑的是，在市场上，这两个物种都被称作"木耳"（Wood Ears），该名称经常被交替使用。但市场上称作"云耳"（Cloud Ears）、"树耳"（Tree Ears）或类似的名字指的是毛木耳。毡盖木耳 *Auricularia mesenterica* 盖面具更明显的毛发状附属物，表面具同心环纹状，并未作为食用菌栽培。

毛木耳耳片薄，胶质，有弹性。菌盖光滑，密被短毛，使其看起来呈白色至灰色、绒毛状。子实层光滑，褐色至粉色或紫褐色，有时具稀疏且不规则的脉纹。

实际大小

科	木耳科Auriculariaceae
分布	北美洲、欧洲、非洲、中美洲、南美洲、亚洲、澳大利亚
生境	林地
宿主	生于阔叶树上，尤其是榆树
生长方式	簇生于树桩、落枝及段木上
频度	产地常见
孢子印颜色	白色
食用性	可食

毡盖木耳
Auricularia mesenterica
Tripe Fungus
(Dickson) Persoon

耳片厚度达
⅜ in
(8 mm)

菌盖直径达
4 in
(100 mm)

毡盖木耳跟木耳属 *Auricularia* 其他种一样，是一种木腐菌，常见于老树桩上。耳片常相连形成大型复合子实体，类似动物的肚肠，这也是其拉丁名和英文名称的由来。虽然许多书中记录该菌不可食用，但墨西哥和尼泊尔原住民食用该物种。它也是南美洲小跳猴喜爱的食物，而跳猴是目前已知的唯一一个主要食用真菌而非水果和坚果的灵长类动物。在中国，毡盖木耳被认为具药用价值而偶尔被利用。

相似物种

由上可知，毡盖木耳可能与被绒毛、具环纹、革质的多孔菌相似，例如云芝栓孔菌 *Trametes versicolor*，但明显不同的是其具有弹性胶质质地，且子实层面无菌孔。其近缘种毛木耳 *Auricularia cornea* 菌盖也具绒毛，但不浓密，更像盛开的花瓣，且决不形成环纹。

毡盖木耳子实体胶质有弹性，被致密绒毛，菌盖波状，具灰色至褐色环带（通常因着生一些藻类而呈绿色），边缘白色。子实层光滑，浅灰色至紫褐色，具不规则脉纹，脉纹有时相互交错连接形成网状表面。子实体簇生，相互融合，子实体常紧贴木头表面扩张生长，常呈片状。

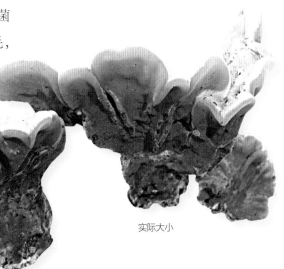

实际大小

科	花耳科 Dacrymycetaceae
分布	北美洲、欧洲、非洲、中美洲、南美洲、亚洲、澳大利亚、新西兰
生境	林地
宿主	阔叶树和针叶树
生长方式	群生于树桩、枯枝、落枝和段木
频度	极其常见
孢子印颜色	白色
食用性	非食用

子实体高达
½ in
(15 mm)

直径达
小于⅛ in
(2 mm)

446

角状胶角耳
Calocera cornea
Small Stagshorn

(Batsch) Fries

实际大小

角状胶角耳子实体群生，胶质有弹性，通常简单无分枝，偶尔尖端呈不明显叉状。子实体可以在木头上单生或形成小丛。烘干时其颜色多变，淡黄色至亮橙黄色。

角状胶角耳是世界广布种，常见于枯木和倒木上，特别是在雨后，其胶质的子实体非常常见。该物种常群生，有时形成一大簇，喜生长于无树皮的木头上，常见于未经处理过的长凳或门等建筑结构上。孢子产生于每个简单的子实体表面，显微细胞结构形状像音叉。子实体的基部（通常是白色）不育，尖端也是如此。尽管像所有胶角耳属 *Calocera* 真菌一样，角状胶角耳子实体干燥后也变韧变硬，但其种加词 "*cornea*"（意思是 "角状的"），很可能是指其形状，而非质地。

相似物种

其近缘种黏胶角耳 *Calocera viscosa*，子实体更大，分枝更多。灰匙胶角耳 *Calocera pallidospathulata* 及热带的假花耳属 *Dacryopinax* 真菌均有相似的习性，子实体群生，但通常较大，顶端不尖，常呈扇形或匙状。一些较小且罕见的胶角耳属 *Calocera* 真菌也具有膨大或分叉的顶端。

科	花耳科Dacrymycetaceae
分布	北美洲、欧洲、中美洲、亚洲、澳大利亚
生境	林地
宿主	针叶树
生长方式	生长于树桩、落枝和段木上
频度	常见
孢子印颜色	白色
食用性	非食用

黏胶角耳
Calocera viscosa
Yellow Stagshorn
(Persoon) Fries

子实体高达
4 in
(100 mm)

直径达
3 in
(75 mm)

447

黏胶角耳仅发现于针叶树上，通常见于老树桩，但偶尔也生于埋木或树根上，看起来就像是从土壤里长出。其明亮的颜色源于胡萝卜素类色素，这类色素在该科所有物种中均存在。但是，偶尔也会形成不带颜色的白色子实体。这些白色的子实体曾被定名为 *Calocera cavarae*，但实际上它们并非独立的物种。干燥时，黏胶角耳仍可保持亮橙黄色，有时被用作天然的餐桌彩色装饰品，偶尔用在混合香料中。

相似物种

近缘种角状胶角耳 *Calocera cornea* 子实体小得多，无分枝或顶端偶见有分枝。黄色、具分枝的枝瑚菌属 *Ramaria* 真菌子实体非胶质或无弹性，生长于林地土壤上，无黏胶角耳般鲜艳的颜色。角拟珊瑚菌 *Clavulinopsis corniculata* 也是如此，呈赭黄色，具分枝，生长于草地或林地上。

黏胶角耳子实体胶质，有弹性，珊瑚状；菌柄中生，短，多次分枝。分枝顶端通常尖，具短分叉（见上图）。子实体幼时亮蛋黄色，干后深橙色。子实体干后变硬、韧。

实际大小

科	花耳科Dacrymycetaceae
分布	北美洲、欧洲、中美洲、亚洲、澳大利亚、新西兰
生境	林地
宿主	生长在针叶树上
生长方式	生长于枯枝、落枝、树干和段木上
频度	产地常见
孢子印颜色	白色
食用性	非食用

子实体高达
2 in
(50 mm)

直径达
2½ in
(60 mm)

448

金孢花耳
Dacrymyces chrysospermus
Orange Jelly
Berkeley & M. A. Curtis

虽然金孢花耳分布广泛，但除了北美洲部分地区外，该物种并不常见，在北美洲地区，它常见于针叶林，且被误称为掌状花耳 *Dacrymyces palmatus*（不合法名称）。金孢花耳是一种木腐菌，生长在无树皮的木头上，并且和其他胶质的种类一样，它具有干后复水的能力。它是花耳属 *Dacrymyces* 中最大的种类之一，尽管该属中大多数物种也呈胶质，且颜色相似，但它们的子实体小得多，且呈盘状或垫状。

相似物种

金孢花耳子实体相对较大，因此，不太可能被误认为是花耳属中其他一些子实体较小的种类，例如，常见的滴花耳 *Dacrymyces stillatus*，它通常群生于针叶树上。金孢花耳也很可能与亮黄色的银耳属 *Tremella* 真菌混淆，尤其是橙色银耳 *Tremella aurantia* 和黄金银耳 *Tremella mesenterica*。但这两个物种通常不生长于针叶树上，且其显微形态与金孢花耳有很大的差异。

金孢花耳如它的英文名字所示，子实体亮铬黄色至橙色，胶质，有弹性。子实体幼时垫状逐渐变为卷曲的脑状，或成熟后有时呈大裂片状短粗菌柄。子实体可联合，形成大团。

实际大小

科	花耳科 Dacrymycetaceae
分布	北美洲、非洲、亚洲、中美洲、南美洲、澳大利亚、新西兰
生境	林地
宿主	阔叶树和针叶树
生长方式	群生于落枝、树干和段木上
频度	常见
孢子印颜色	白色
食用性	可食

匙盖假花耳
Dacryopinax spathularia
Fan-Shaped Jelly
(Schweinitz) G. W. Martin

子实体高达
1 in
(25 mm)

菌盖直径达
½ in
(10 mm)

449

匙盖假花耳分布非常广泛，常见于整个热带地区和除欧洲外的大部分温带地区。与同科的其他物种一样，该菌可降解枯木。在中国，人们认为它具有药用价值，其提取物具有"养胃、润肺、化痰"功效，现已商品化销售。中国和其他地方的居民有时也把它作为食用菌，其中文名为"桂花耳"（sweet osmathus ear），有时也会与其他代表性食用菌如木耳、香菇一起作为中国新年的素斋菜和罗汉斋。

相似物种

在英国局部地区常见的灰匙胶角耳 *Calocera pallidospathulata* 与匙盖假花耳非常相似，但通常颜色较浅，质地柔软。在美洲，雅致桂花耳 *Dacryopinax elegans* 子实体颜色更趋于褐色，形状更趋于杯形而非扇形。一些其他不常见的假花耳属 *Dacryopinax* 分布于热带地区，但最好通过显微形态来区分。

匙盖假花耳子实体橙黄色，胶质，有弹性；顶端扇形或铲形，菌柄胶质或脆骨质。子实体形状及大小差异较大，在热带地区子实体特别大。

实际大小

科	木耳科Auriculariaceae
分布	北美洲、欧洲、亚洲
生境	林地
宿主	生于阔叶树上，尤其是栎树和榛树
生长方式	生于死的未掉落的枯枝上
频度	常见
孢子印颜色	白色
食用性	非食用

子实体高达
1½ in
(40 mm)

菌盖直径达
2½ in
(60 mm)

450

黑耳
Exidia glandulosa
Witches' Butter
(Bulliard) Fries

黑耳（及其相近种黑盖黑耳 *Exidia nigricans*）胶质的子实体，一直以来都被称为"女巫的黄油"，来源于最早期的英文真菌书籍之一（1741 年出版）。1656 年，在威尔士一场巫术审判中，生长在被告门柱上的黑耳是证据的一部分。人们认为是女巫制造了这种不好看的黑色物质，戳伤或烧掉这种真菌，可以伤害到女巫。在北美洲，亮黄色的黄金银耳 *Tremella mesenterica* 有时也被称为"黄色女巫黄油"。

相似物种

黑盖黑耳 *Exidia nigricans* 是与黑耳非常近缘的物种，但其子实体更平伏，相互融合形成不规则的裂片。无亲缘关系的胶陀螺 *Bulgaria inquinans* 呈相似的黑色，子实体胶质且生长于栎树上，但其表面无疣突，且生大量的黑色孢子，如果用皮肤或纸擦拭会被染为黑色。

实际大小

黑耳子实体黑褐色，胶质，有弹性，像老式的陀螺或倒锥体。当其成熟后或被雨水浸透后，往往松弛或下垂。上表面光滑，被稀疏小疣或刺。下表面初期光滑，无光泽，后被微小、几乎不可见的针状或刺状附属物。

科	木耳科Auriculariaceae
分布	北美洲、欧洲、亚洲北部
生境	林地
宿主	生于柳树上，罕见于其他阔叶树上
生长方式	生于死的未掉落的枯枝杈上
频度	产地常见
孢子印颜色	白色
食用性	非食用

子实体高达
1½ in
(40 mm)

菌盖直径达
1½ in
(40 mm)

短黑耳
Exidia recisa
Amber Jelly

(Ditmar) Fries

451

短黑耳是种引人注目的胶质真菌，通常在局部地区可发现生长在未掉落且离地面非常高的柳树枯枝上。像其他胶质真菌一样，它的胶质菌肉会在下雨时储存雨水，待天气干燥后，可继续产生孢子。同样，它也会像其他胶质真菌一样，当环境一旦变得潮湿，会很快再次复水。这对于生长在暴露且未掉落枯枝上的真菌来说是非常有用的适应性功能，但生长在倒木上的真菌这种适应性却要差得多。也许正因为这样，当其寄主枯枝掉落地面后，短黑耳不会存活太长时间。

相似物种

浅波黑耳 *Exidia repanda* 是颜色相似的近缘种，但其子实体更近于纽扣状，且从不下垂，常生长于白桦树上，从不生长于柳树上。棕黑色的黑耳 *Exidia glandulosa* 与短黑耳形状相似，但其表面具有小疣，且常生于栎树上。

实际大小

短黑耳子实体橙褐色或琥珀色，胶质，有弹性，子实体幼时像一个倒锥体，成熟后松弛、下垂，天气潮湿时透明。上表面光滑，有光泽；子实层光滑，但无光泽。

科	木耳科Auriculariaceae
分布	北美洲、欧洲、中美洲、南美洲、亚洲
生境	林地
宿主	针叶树
生长方式	土壤生（埋木生）；木材残片和木屑上
频度	产地常见
孢子印颜色	白色
食用性	可食

子实体高达
4 in
(100 mm)

菌盖直径达
2 in
(50 mm)

452

焰耳
Guepinia helvelloides
Salmon Salad
(De Candolle) Fries

很少有人会想到三文鱼沙拉（Salmon Salad）与杏果酱（Apricot Jelly）指的是同一个物种，该物种的英文俗名是源于其颜色而非其味道。焰耳可以食用，但是味道清淡，而且它更多时候是作为一个彩色的饰菜，而不是食材。它是一种生长在充分腐烂的小型针叶树木上的腐生菌，而且似乎非常喜欢已被人为干扰的地方，特别是锯过木头的地方。至少在不列颠群岛，焰耳通过传播到人工林中适于其生长的地方，以此来慢慢地扩展其生存领地。它也可能会越来越频繁地出现在应用于园艺方面的针叶树木屑上。

相似物种

很少有胶质真菌地生，也没有与焰耳相似的物种。从形状和质地上看，子囊菌的侧盘菌属 *Otidea* 真菌与焰耳最相似。北美洲的耳形侧盘菌 *Otidea auricula* 是兔耳状，其内表面红褐色，而北温带的柠檬黄侧盘菌 *Otidea onotica* 和焰耳的形状相似，但前者子实体赭色带粉色。耳形侧盘菌与柠檬黄侧盘菌都比焰耳脆。

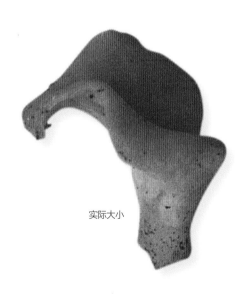

实际大小

焰耳子实体直立，近喇叭状，但一侧张开（见右图）。光滑或具不明显褶皱，胶质至脆骨质，簇生或连片生长，新鲜时通常呈粉红色至橙红色，随着子实体成熟变暗，呈浅黄色。

科	木耳科Auriculariaceae
分布	北美洲、欧洲、中美洲、南美洲、亚洲、澳大利亚、新西兰
生境	林地
宿主	生于针叶树上
生长方式	生于枯树干、树桩和段木上
频度	常见
孢子印颜色	白色
食用性	可食

子实体高达
1 in
(25 mm)

菌盖直径达
2½ in
(60 mm)

胶质假齿菌
Pseudohydnum gelatinosum
Jelly Tooth
(Scopoli) P. Karsten

453

胶质假齿菌很容易辨认，因为没有与其非常相似的物种。据说该菌可食用，而且曾经有一中国公司出口其干品（但其所附照片是另一个完全不同的物种），但并无多少食用价值。对它的描述多种多样，如"水汪汪的""无味的"以及"最好做成蜜饯或腌制（这或许是为了让它有一些味道）"。其属名"*Pseudohydnum*"〔意思是假齿菌（*false hydnum*）〕意味着该物种具有像齿菌属 *Hydnum* 一样的齿状、子实层面，但真正的卷缘齿菌 *Hydnum repandum* 却是完全不同的物种。

相似物种

无其他胶质菌菌盖下表面会形成菌齿。其他几种弧状真菌，包括分布于北温带的北方肉齿耳 *Climacodon septentrionalis* 和厚皮肉齿革菌 *Sarcodontia pachyodon*，子实体白色，下表面齿状，但与胶质假齿菌比要大得多，且不呈凝胶状。

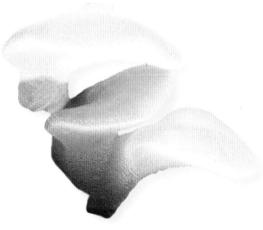

实际大小

胶质假齿菌子实体弧状或舌形，胶质、有弹性，且下表面具菌齿。菌盖淡灰色至褐色，光滑或稍有褶皱。下表面的菌齿白色，柔软。菌柄通常分化明显，侧生，有时很长，尤其是当其生长在树桩顶部的时候。

科	蜡壳耳科 Sebacinaceae
分布	北美洲、欧洲、中美洲、南美洲、亚洲
生境	林地
宿主	阔叶树及针叶树的外生菌根菌
生长方式	包裹土壤和枯枝落叶上
频度	常见
孢子印颜色	白色
食用性	非食用

子实体高达
½ in
(10 mm)

直径达
8 in
(200 mm)

454

蜡壳耳
Sebacina incrustans
Enveloping Crust
(Persoon) Tulasne & C. Tulasne

一直以来，人们都认为蜡壳耳与黑耳属 *Exidia* 应隶属于同一个科，因为它们具有一些相同的微观特征。但是目前的分子研究表明，蜡壳耳属 *Sebacina* 与黑耳属亲缘关系极远。研究还表明该属是外生菌根菌，与活树的根共生。蜡壳耳形态和颜色多变，目前推测其很可能是一些难以区分的近缘种构成的复合群。

相似物种

近缘种地生蜡壳耳 *Sebacina epigaea* 也能将土包裹住，但其子实体蓝灰色，呈更明显的凝胶状，仅在干燥的天气变得不透明，呈白色。地生蜡壳耳不同于蜡壳耳，后者攀爬于活的植物上并将其包裹住。许多无亲缘关系的壳伏真菌也包裹枯枝落叶，但通常较软、呈蛛网状，而非胶质至脆骨质。

实际大小

蜡壳耳子实体舒展，贴地生长，覆盖和包裹岩石、落枝或活的植物。子实体污白色至奶油色或赭色，胶质至脆骨质；光滑、极不规则，有时会产生刺或羽毛状突起，特别是向上生长的时候，它们的形状取决于它们包裹的落叶或植物的形状。

科	蜡壳耳科Sebacinaceae
分布	北美洲东部
生境	林地
宿主	阔叶树（尤其是栎树）的外生菌根菌
生长方式	生于土壤里或落叶层上
频度	产地常见
孢子印颜色	白色
食用性	非食用

子实体高达
4 in
(100 mm)

直径达
4 in
(100 mm)

455

绣球蜡壳耳
Sebacina sparassoidea
White Coral Jelly
(Lloyd) P. Roberts

绣球蜡壳耳曾被称为网格银耳 *Tremella reticulata*，但它与真正的银耳属 *Tremella* 真菌完全无亲缘关系，银耳属真菌无地生物种。相反的是，绣球蜡壳耳与平伏状的蜡壳耳属 *Sebacina* 及假珊瑚菌（如薛凡尼氏刺银耳 *Tremellodendron schweinitzii*）近缘，它们都与活树的根部形成互益共生关系。种加词 "*sparassoidea*" 的意思是 "像绣球菌" *Sparassis*（绣球菌 *Sparassis crispa*），而 "*reticulate*" 的意思是 "网状的"，这是源于绣球蜡壳耳的分枝常融合在一起形成松散的网状。

相似物种

同样分布于北美洲东部的刺银耳属 *Tremellodendron* 真菌子实体形状和颜色相似，但其子实体更韧，分枝平展、扇形。蜡壳耳 *Sebacina concrescens* 也可能与绣球蜡壳耳相似，但其子实体明显开裂而非分枝，形状更加不规则且呈平伏状。

绣球蜡壳耳子实体直立，硬胶质，裂片或分枝中空，从共同基部长出。分枝白色，常融合在一起，子实体网状。分枝顶端圆或尖，有时具细羽毛状突起。

实际大小

科	北极担菌科Carcinomycetaceae
分布	北美洲、中美洲
生境	林地
宿主	寄生于栎裸脚菇上
生长方式	栎裸伞的子实体上
频度	偶见
孢子印颜色	白色
食用性	非食用

子实体（虫瘿组织）高达
½ in
(15 mm)

直径（虫瘿组织）达
1 in
(25 mm)

456

联轭孢
Syzygospora mycetophila
Toughshank Brain

(Peck) Ginns

实际大小

联轭孢是非常独特的胶质真菌，它是较常见的栎裸脚菇 *Gymnopus dryophilus* 的寄生菌。它可诱导寄主的菌盖、菌柄及菌褶形成脓疱至脑状、半胶质的瘿瘤，有时这些瘿瘤较小，有时较大以致几乎能把寄主全部包住。联轭孢的孢子形成于瘿瘤表面。最初认为这些瘿瘤是蘑菇发育不正常所导致的生长畸形（一种可怕的畸形），直到人们意识到联轭孢属 *Syzygospora* 物种（与银耳属有亲缘关系）会引起瘿瘤形成，才知道是因为它们导致的栎裸脚菇生长异常。

相似物种

在北美洲及欧洲，其他两个种，*Syzygospora effibulata* 和膨大联轭孢 *Syzygospora tumefaciens* 与联轭孢寄生于同一寄主上，它们之间只能通过显微形态来区分。也有报道记载膨大联轭孢寄生于乳酪粉金钱菌 *Rhodocollybia butyracea* 的菌盖上。在北美洲，其他种寄生于灰盖小皮伞 *Marasmius pallidocephalus* 上。

联轭孢诱导寄主产生瘿瘤，这些瘿瘤脓疱状，但它能不断增殖，扭结呈脑状，可出现在菌盖、菌褶或菌柄上。这种寄生菌的子实体由生长在这些瘿瘤表面薄的、无色、胶质状膜组成。

科	银耳科Tremellaceae
分布	北美洲、欧洲、亚洲、澳大利亚
生境	林地
宿主	寄生于针叶树上的血红韧革菌*Stereum sanguinolentum*
生长方式	生于枯树干、树枝、段木
频度	偶见
孢子印颜色	白色
食用性	非食用

脑状银耳
Tremella encephala
Conifer Brain
Willdenow

子实体高达
1¼ in
(30 mm)

直径达
1¼ in
(30 mm)

457

脑状银耳外表粉色、胶质状，切开后中心白色、较硬。也正因如此，一个多世纪以来，在人们意识到脑状银耳中心是其寄生和包裹的血红韧革菌 的子实体残余物之前，它一直被置于另一个属——耳包革属 *Naematelia* 中。该属只包括那些中心较硬的胶质真菌。虽然现在看起来脑状银耳与血红韧革菌的关系显而易见——因为脑状银耳常见于其寄主子实体的旁边——但直到20世纪60年代人们才发现它们这种寄主-宿主的关系。

相似物种

在北美洲，子实体较小，脑状的 *Tremella tremelloides* 与脑状银耳近缘，但其子实体呈黄色，且寄生于阔叶树上的韧革菌属 *Stereum* 真菌。与脑状银耳无亲缘关系的具核黑耳 *Exidia nucleata* 表面看上去与其相似，但通常更软，白色（极少呈粉色），中心不硬，且也生于阔叶树。

实际大小

脑状银耳子实体浅粉色，胶质，圆形或垫状，致密，密被脑状褶皱。较老或被水浸湿后的子实体褪色成黄色至米黄色，至多带一点点粉色印迹。

科	银耳科Tremellaceae
分布	北美洲、欧洲、中美洲、南美洲、亚洲、澳大利亚
生境	林地
宿主	寄生于阔叶树和针叶树上的韧革菌属Stereum子实体
生长方式	生于枯树干、树枝和段木上
频度	常见
孢子印颜色	白色
食用性	非食用

458

子实体高达
4 in
(100 mm)

直径达
8 in
(200 mm)

茶银耳
Tremella foliacea
Leafy Brain

Persoon

茶银耳是最大的、最醒目的银耳属 *Tremella* 物种之一，生于树桩或段木上，常形成一堆堆海藻状的子实体。它是层架状韧革菌属真菌的寄生菌，但是它与橙色银耳 *Tremella aurantia* 和脑状银耳 *Tremella encephala* 有差异，它不寄生于寄主子实体上，而是寄生于隐藏在木段内的寄主菌丝。茶银耳也被称为浆叶（Jelly Leaf），其子实体可见于分枝顶端，而韧革菌属子实体却在底部。茶银耳种内形态变异较大，它有可能是包括了几个近缘种组成的复合群。

相似物种

在热带和亚热带地区有很多相似种，包括子实体橙褐色、皱波状、呈近喇叭状裂片的赖特银耳 *Tremella wrightii* 以及咖啡色银耳 *Tremella coffeicolor*，该物种最好通过其较大的孢子的显微特征来区分。在温带，针叶树上子实体融合在一起的砂糖黑耳 *Exidia saccharina* 看起来与茶银耳相似，聚合的子实体呈浅裂叶状，而非片状。罕见的斯泰德尔银耳 *Tremella steidleri* 寄生于粗毛韧革菌 *Stereum hirsutum*，暗褐色，但是具有密集的脑状皱褶。

实际大小

茶银耳子实体褐色至紫褐色或黑褐色，胶质，海藻状，形成一堆或薄或厚的裂片或褶皱。新鲜时裂片直立，但子实体老后或天气干燥时变得松散。

科	银耳科Tremellaceae
分布	北美洲南部、非洲、中美洲、南美洲、亚洲南部、澳大利亚、新西兰
生境	林地
宿主	寄生于阔叶树上阿切尔炭团菌Hypoxylon archeri的子实体上
生长方式	生于枯树干、树枝和段木
频度	常见
孢子印颜色	白色
食用性	可食

子实体高达
3 in
(75 mm)

直径达
3 in
(75 mm)

459

银耳
Tremella fuciformis
Silver Ear
Berkeley

银耳又称为雪耳，最初描述自巴西，是热带和亚热带地区的常见种。它寄生于阿切尔炭团菌（一种生于阔叶树枯枝上的、硬质、黑色的子囊菌）。银耳可食用，在中国广泛栽培，用加富木屑基质培养的银耳与寄主混合物作为菌种。银耳被食用是因为其具有药用价值，以及其质地和外观，其药用价值在于其不但有滋补作用还可以提高免疫力，治疗雀斑。与其他真菌不同的是，银耳羹还经常作为餐后甜点。目前，在西方也可以很方便地买到烘干包装的银耳。

实际大小

相似物种

香银耳 *Tremella olens* 是热带地区的另外一个白色物种，但其子实体呈不规则浅裂，绝不呈莲座丛状。分布于北美的绣球蜡壳耳 *Sebacina sparassoidea* 与银耳无亲缘关系，其子实体胶质、白色、具分枝，与银耳非常相似，但绣球蜡壳耳地生。

银耳子实体白色、胶质、海藻状。耳片莲座状、薄、波浪状、边缘分枝、卷曲。栽培子实体通常较大，看起来像装饰性的白色花球。

科	银耳科Tremellaceae
分布	北美洲、欧洲、非洲、中美洲、南美洲、南极大陆、亚洲、澳大利亚
生境	林地
宿主	寄生于阔叶树隔孢伏革菌属*Peniophora*的子实体上，少生于针叶林
生长方式	生于未掉落或刚掉落的小树枝和树杈上
频度	常见
孢子印颜色	白色
食用性	可食

子实体高达
2 in
(50 mm)

直径达
3 in
(75 mm)

460

黄金银耳
Tremella mesenterica
Yellow Brain

Retzius

黄金银耳寄生于壳状的隔孢伏革菌属真菌菌丝上，常生于未掉落的枯枝杈上，常发现于紫灰色或红色的寄主子实体旁。在北美，它也被称作"黄色的女巫的黄油"（Yellow Witch's Butter），胶质子实体曾被认为与巫术相关。黄金银耳分布极广，从热带至南极洲都有分布。尽管（或许也是因为）黄金银耳呈胶质，据报道，在中国它被作为一种食用菌——但它并无很高的食用价值。

相似物种

黄金银耳常与橙色银耳 *Tremella aurantia* 相混淆。后者表面暗淡无光泽，且寄生于粗毛韧革菌 *Stereum hirsutum* 子实体。黄金银耳也会与在北美洲常见的，与其无亲缘关系的金孢花耳 *Dacrymyces chrysospermus* 相混淆，但后者通常生于针叶树上，子实体亮黄色、胶质、簇生。

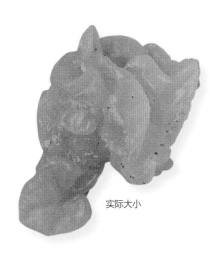

实际大小

黄金银耳子实体亮黄色至橙黄色，胶质；幼时有光泽至有油污，呈脓疱状，后逐渐呈浅裂耳片状，有时呈不规则耳片状。天气干燥时，子实体褶皱状，脆，深橙色，雨后吸水膨胀。

科	蜡壳耳科 Sebacinaceae
分布	北美洲东部、中美洲、南美洲
生境	林地
宿主	阔叶树外生菌根菌
生长方式	生于土壤里或落叶层上
频度	常见
孢子印颜色	白色
食用性	非食用

子实体高达
5 in
(120 mm)

直径达
6 in
(150 mm)

薛凡尼氏刺银耳
Tremellodendron schweinitzii
Jellied False Coral

(Peck) G. F. Atkinson

461

薛凡尼氏刺银耳是北美洲东部的常见种，在那里该物种仍常被称为苍白刺银耳 *Tremellodendron pallidum*，但该名称是不合法的旧称。尽管薛凡尼氏刺银耳看起来像真正的珊瑚菌，但它与壳状的蜡壳耳属 *Sebacina* 更近缘，且它们的显微特征也很难区分。与蜡壳耳属一样，薛凡尼氏刺银耳子实体形态不稳定，分枝缓慢（有时生于枯枝落叶残片周围并吞噬这些枯枝落叶碎片），在其生长周期内形态会发生显著的改变。

薛凡尼氏刺银耳子实体极韧，胶质至脆骨质，由同一基部分化形成莲座状的浓密分枝。分枝初期白色，成熟后粉色至浅红色，常扁平或呈扇形，相互融合。顶端楔状，有时羽状或锯齿状。

相似物种

刺银耳属 *Tremellodendron* 的其他种与薛凡尼氏刺银耳很难区分，但它们的分枝通常较小，顶端较尖。其近缘种绣球蜡壳耳 *Sebacina sparassoidea* 可形成与薛凡尼氏刺银耳相似的子实体，但绣球蜡壳耳呈更典型的胶状，分枝叶片状，而非扁平或呈扇形。掌状革菌 *Thelephora palmata* 形态相似，主要区别在于其子实体呈紫褐色，仅顶端发白。

实际大小

齿菌、鸡油菌、棒瑚菌和珊瑚菌

Tooth Fungi, Chanterelles, Clubs & Corals

齿菌或猴头菌状真菌下表面有菌刺或齿状突起，而不是菌孔或菌褶，这一类真菌已经演化为几个无亲缘关系的类群。它们包括一些可与树形成共生关系的物种，具有菌盖和菌柄，从上面看起来可能像普通伞菌，还包括一些生于树干和段木上的木腐菌。在前文中还可以发现，有一些齿菌看起来非常像多孔菌。

尽管一些与鸡油菌形态相似的物种（例如毛钉菇*Gomphus floccosus*）可能有毒，但鸡油菌仍因其食用价值而负有盛名。它们大多数生于林地，看起来有点像伞菌，但绝无薄如纸片的真正菌褶。它们的产孢表面光滑、皱褶或呈脉纹状，脉纹通常像假的菌褶，但是比菌褶厚很多。

棒瑚菌和珊瑚菌子实体直立，分枝或不分枝，产孢于子实体表面。这一类真菌形态也经历了多次进化，一些棒状真菌（如地舌）属于子囊菌门。本书介绍的大多数棒瑚菌和珊瑚菌是与林地中的树木生长在一起；另一些（至少在欧洲）通常生于长满苔藓的草原。

科	耳匙菌科 Auriscalpiaceae
分布	北美洲、欧洲、中美洲、亚州
生境	针叶林林地
宿主	主要生于松树，偶生于云杉上
生长方式	生于掉落地上或掩埋于土中的球果上
频度	极其常见
孢子印颜色	白色
食用性	非食用

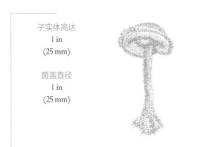

子实体高达
1 in
(25 mm)

菌盖直径
1 in
(25 mm)

464

耳匙菌
Auriscalpium vulgare
Earpick Fungus
Gray

耳匙菌菌盖小，不规则，肾形，天鹅绒状至光滑，红褐色。菌柄长、色暗、侧生，表面覆盖细绒毛。菌盖下方具有长达 ⅛ in (3 mm)、浅灰色、尖锐的短菌刺。整个子实体坚硬，革质。菌肉颜色浅，味道淡，无特殊的气味。

当人们在针叶林中仔细搜寻时，很可能会发现耳匙菌这种小巧而独特的物种，尽管其看起来像是直接生于地上，但事实上耳匙菌具有独特的生态位，是降解掉落在地上或掩埋于土下的球果或球果残骸的木腐菌。有时会发现它的一些子实体生于球果上，而且与很多其他真菌不同的是，耳匙菌一年四季都能见到。其俗称 Earpick Fungus（挖耳勺菌）得名于该物种外形与古罗马人使用的直角状的耳匙相似。在北温带地区，耳匙菌是该属唯一的已知物种的代表。

相似物种

一些广泛分布的常见物种也见于针叶树落下的球果上，它们也具有菌盖和菌柄，表面上看可能与耳匙菌相似。这其中包括小孢伞 *Baeospora myosura* 和球果伞属 *Strobilurus* 的一些物种，但仔细观察会发现这些物种菌盖下面具菌褶而非菌齿。分布在新热带地区的长毛耳匙菌 *Auriscalpium villipes* 子实体较小，菌柄颜色较浅，有刺鼻的味道。

实际大小

科	烟白齿菌科Bankeraceae
分布	北美洲、欧洲
生境	针叶林林地
宿主	云杉外生菌根菌
生长方式	单生或群生于云杉落叶层地上
频度	偶见
孢子印颜色	白色
食用性	非食用

紫烟白齿菌
Bankera violascens
Spruce Tooth
(Albertini & Schweinitz) Pouzar

子实体高达
1 in
(25 mm)

菌盖直径达
6 in
(150 mm)

465

紫烟白齿菌［有时也被称为紫齿菌（Violet Tooth）］是统称为齿状真菌的物种之一。齿状真菌包括烟白齿菌属*Bankera*、亚齿菌属*Hydnellum*、栓齿菌属*Phellodon*和肉齿菌属*Sarcodon*等真菌物种，其中很多种类都与针叶树共生，有些也与阔叶树共生。在欧洲部分地区，由于其栖息环境减少和恶化，使得它们的保育问题备受关注。像所有的烟白齿菌属一样，紫烟白齿菌在干燥后有强烈的咖喱味道。其标本的味道可以保持数十年。紫烟白齿菌子实体呈紫色，且生境与气味独特，使其比较容易被识别。

相似物种

有许多具菌盖和菌柄的大中型真菌也具菌刺，但它们大多数孢子印呈褐色。孢子印呈白色的栓齿菌属和齿菌属*Hydnum*中有一些与紫烟白齿菌相似的种类。但栓齿菌属切开后，菌肉具环纹，而齿菌属的菌肉柔软，更易碎。褐烟白齿菌*Bankera fuligineoalba*菌肉更白，且仅见于松树林中。

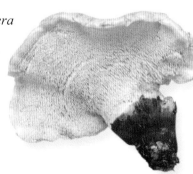

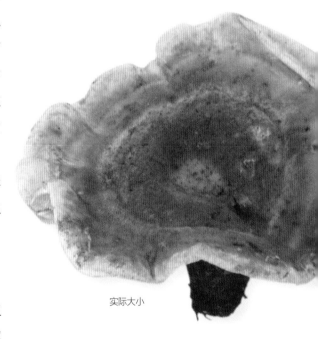

实际大小

紫烟白齿菌菌盖光滑，被鳞片，不规则浅裂，初期浅白色，成熟后紫褐色。下表面菌刺白色至灰色，长 ¼ in（6 mm）（见左图）。菌柄紫褐色，最顶端白色，向基部逐渐变细。菌盖菌肉淡紫色，菌柄菌肉深紫褐色。

科	羽瑚菌科Pterulaceae
分布	南非、中美洲、南美洲、亚洲
生境	林地
宿主	阔叶树
生长方式	生于木头上
频度	偶见
孢子印颜色	白色
食用性	非食用

子实体高达
1 in
(25 mm)

直径达
1 in
(25 mm)

单支龙爪菌
Deflexula subsimplex
Pendant Coral
(Hennings) Corner

单支龙爪菌在新、旧热带区都有分布，最早描述自巴西。子实体无分枝或不明显分枝，通常悬挂于树干或原木上。尽管其单个子实体看起来很小，但它们经常成簇生长在一起，使其更显眼。龙爪菌属 *Deflexula* 真菌与羽瑚菌属 *Pterula* 物种非常相似，它们也存在亲缘关系，这两个属唯一的区别在于龙爪菌属菌刺下垂，而非直立。单支龙爪菌子实体看起来精致易碎，但事实上其菌丝壁厚，非常韧。

相似物种

一些相似种见于热带地区，但它们最好通过显微特征区分。簇生龙爪菌 *Deflexula fascicularis* 是南亚分布种，后扩展到热带以外的日本、澳大利亚和新西兰。尖齿瑚菌属 *Mucronella* 的子实体也下垂，但其子实体较软，白色至黄色。

单支龙爪菌通常以一个小小的盘基附着在树干上，从盘基处形成一簇下垂菌刺。菌刺细，无分枝或有不明显分枝，向顶端逐渐变细，白色至浅黄色，有时带肉粉色色调。

实际大小

科	猴头菌科Hericiaceae
分布	北美洲、欧洲、亚洲北部
生境	阔叶树
宿主	生于山毛榉、白蜡树或桦树倒木或死立木上
生长方式	单生或叠生
频度	罕见
孢子印颜色	白色
食用性	可食，但罕见，很难从野外采到

珊瑚状猴头菌
Hericium coralloides
Coral Tooth
(Scopoli) Persoon

子实体高达
16 in
(400 mm)

直径达
10 in
(250 mm)

珊瑚状猴头菌是一种非常珍稀的可商业化生产的食用菌，其商业化生产极大地减轻了越来越稀少的野生种群的压力。它能在广口塑料瓶中加有米糠的无菌木屑基质上生长。在亚洲，珊瑚状猴头菌备受推崇，其药用价值也得到了有效提升，并以包装精美的礼品形式出售。珊瑚状猴头菌是已知的八种（大约）猴头菌属 *Hericium* 物种之一，就像美丽壮观的海洋珊瑚，具有漂亮的小菌刺。

实际大小

相似物种

在北美洲东部，美洲猴头菌 *Hericium americanum* 生于阔叶树上（包括枫树），偶尔生于针叶树上。它的分枝末端有成簇排列的长刺，分枝下方不呈流苏状，其孢子也更大。高山猴头菌 *Hericium alpestre* 和冷杉猴头菌 *Hericium abietis* 也相似，但高山猴头菌仅见于欧洲中部的冷杉上，而冷杉猴头菌见于北美洲西部的针叶树上。

珊瑚状猴头菌子实体分枝，一丛丛层架状，由侧生的基部发出数条分枝，分枝乳白色。分枝下方菌刺白色，尖锐，长达 ½ in（10 mm）。菌肉白色，软，易碎，成熟后米黄色至褐色。味道和气味都很宜人。

科	猴头菌科Hericiaceae
分布	北美洲、欧洲、亚洲北部
生境	阔叶树
宿主	尤其是老的山毛榉、枫树及栎树
生长方式	生于原木或倒木上，或活立木高处
频度	偶见
孢子印颜色	白色
食用性	可食，但罕见，很难从野外采到

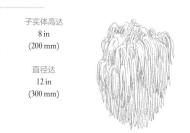

子实体高达
8 in
(200 mm)

直径达
12 in
(300 mm)

468

猴头菌
Hericium erinaceus
Lion's Mane
(Bulliard) Persoon

实际大小

猴头菌［狮鬃（Lion's Mane）或者猴头菇（Bearded Tooth）］是一种重要的商业化栽培品种，具有像龙虾一样的香甜气息。在亚洲，它特别受欢迎，商品名为猴头（Monkey Head），它可以利用废棉籽壳和甘蔗渣等多种栽培基质进行大袋栽。猴头菌备受关注是因其具有广泛的药用价值，从抑制肿瘤到提高机体免疫力，目前已经研发出治疗胃溃疡的片剂，甚至罐装滋补饮品。在欧洲，其野生资源非常罕见，已被23个国家列入濒危物种红色名录，并在伯尔尼公约中被提议为国际保护物种。

相似物种

猴头属 *Hericium* 其他种的子实体都是柔软、肉质、带刺的，但子实体均分枝，而不是形成单个的球形，其他物种也没有这么明显的长刺。北方肉齿耳 *Climacodon septentrionalis* 是另外一种生长于阔叶树上的较大的多孔菌，但其质地韧，纤维质，层架状，具短齿，菌肉切开后具明显的环纹。

猴头菌子实体呈美丽的白色团块，具下垂菌刺或菌齿，菌刺长达 3 in（80 mm），看起来像胡须或鬃毛。子实体柔软，初期白色，有时带肉色色调，逐渐变为黄色，受伤或成熟后呈污褐色。子实体通常完全附着于树干上，有时最多具一个退化的菌柄。

科	烟白齿菌科Bankeraceae
分布	北美洲、欧洲、亚洲北部
生境	林地
宿主	主要与针叶树外生菌根菌，有时与阔叶树形成菌根
生长方式	单生或群生（子实体常融合）于地上
频度	偶见
孢子印颜色	褐色
食用性	非食用

子实体高达
1½ in
(40 mm)

菌盖直径达
5 in
(125 mm)

蓝色亚齿菌
Hydnellum caeruleum
Blue Tooth
(Hornemann) P. Karsten

469

蓝色亚齿菌是一种非常硬的纤毛状真菌，虽然带有好闻的面粉味，但不宜食用。在北美和斯堪的纳维亚，传统上将其用于给丝绸和羊毛染色，根据不同的媒染剂（固定剂），能产生包括茶色、蓝色和深绿色的一系列颜色。近期的研究主要集中于其潜在的抗癌作用。在欧洲，蓝色亚齿菌及其近缘物种（亚齿菌属 *Hydnellum*、烟白齿菌属 *Bankera*、栓齿菌属 *Phellodon* 和肉齿菌属 *Sarcodon* 真菌）的保护问题越来越受到重视，据推测它们数量的下降可能是由于它们对空气中富氮化（土壤养分增加）比较敏感。

相似物种

芳香亚齿菌 *Hydnellum suaveolens* 幼时菌柄和菌盖都呈蓝色，略带像八角一样的特殊香味。另外一个子实体也带蓝色的亚齿菌 *Hydnellum regium* 分布于北美西部，子实体呈深紫黑色，具褐色的菌刺和特别的芳香气味。

实际大小

蓝色亚齿菌菌盖幼时呈亮蓝色至蓝灰色，与白色的菌齿和橙褐色的菌柄形成非常鲜明的对比。菌盖具细绒毛，波浪形，像所有齿菌属真菌一样可以吞噬碎片，与相邻的子实体融合在一起。成熟后变暗，切开后，菌盖菌肉呈蓝色，菌柄菌肉橙色。

科	烟白齿菌科Bankeraceae
分布	北美洲、欧洲
生境	林地
宿主	针叶树（尤其是松树和云杉）外生菌根菌
生长方式	单生或小群生于地上
频度	偶见
孢子印颜色	褐色
食用性	非食用

子实体高达 2 in (50 mm)
菌盖直径达 5 in (120 mm)

470

佩氏亚齿菌
Hydnellum peckii
Devil's Tooth

Banker

佩氏亚齿菌的俗名 Devil's Tooth(魔鬼牙齿）得名于其可怕的像血液一样的渗出物，其曾用学名 *Hydnellum diabolus* 也源于此特征。但是，现已证明这种渗出物不仅无害而且是有益的，主要是由于其含有一种抗凝剂——裂盒蕈色素（atromentin），并且具有抗菌活性。传统上，佩氏亚齿菌通常被用于染色，能产生灰色、褐色、橄榄色和绿色等一系列颜色。但是，与其他齿状真菌一样，我们最好不要采集它，因为受大气氮污染的影响，它的数量在持续下降，现已备受关注和保护。

相似物种

亚齿菌属 *Hydnellum* 中还有一些种同样也能渗出红褐色液滴。但是，主要生长于针叶林的锈色亚齿菌 *Hydnellum ferrugineum* 和生长于阔叶林的海绵亚齿菌 *Hydnellum spongiosipes* 都有明显的粉香味，且味道较温和。在潮湿环境中，二年残孔菌 *Abortiporus biennis* 同样可以"流血"，但菌盖下部呈孔状而非齿状。

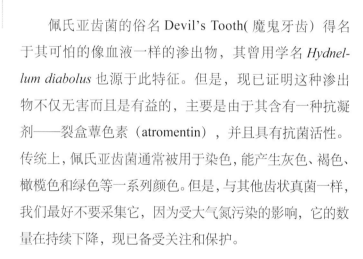

佩氏亚齿菌子实体初时白色，具细绒毛，平展或漏斗状，木栓质，老后形成褶皱。菌盖逐渐从褐色变为红褐色。短的菌刺或菌齿初时白色，成熟后酒红色。菌柄短，向下逐渐变细，具细绒毛。菌肉粉褐色，具深色环纹和树脂香气，但味道辛辣。

实际大小

科	齿菌科Hydnaceae
分布	北美洲、欧洲、亚洲北部、澳大利亚
生境	林地
宿主	阔叶树和针叶树外生菌根菌
生长方式	单生或群生于地上
频度	常见
孢子印颜色	白色
食用性	可食

卷缘齿菌
Hydnum repandum
Wood Hedgehog
Linnaeus

子实体高达
4 in
(100 mm)

菌盖直径达
6 in
(150 mm)

471

卷缘齿菌较易识别，其子实体厚实、粗壮，菌盖灰白色，子实层具有菌齿或菌刺。其他大多数的地生齿状真菌属于革菌科，往往比较罕见，甚至濒临灭绝，但卷缘齿菌是鸡油菌 *Cantharellus cibarius* 的远缘种，不仅常见，而且可食。在欧洲，已有针对该种的大规模商业化采集，商品名通常为法语 Pied-de-Mouton。尽管有报道指出卷缘齿菌味苦，但在北美部分地区仍将它称为甜齿菌（Sweet Tooth）。

相似物种

在欧洲，红齿菌 *Hydnum rufescens* 与卷缘齿菌相似，但子实体较细长，且颜色更深（浅红褐色）。在北美洲，微白齿菌 *Hydnum albidum* 子实体白色至浅灰黄色，受伤后变黄色至橙色，而大白齿菌 *Hydnum albomagnum* 子实体颜色浅，且非常大。

实际大小

卷缘齿菌的菌盖幼时凸镜形，后不规则平展至下凹。菌盖表面光滑，具细绒毛，通常不规则，开裂，奶油色至浅黄色。子实层具菌齿或菌刺，与菌盖同色（见左图）。菌柄中生或偏生，光滑，常不规则（见左图），比菌盖颜色稍浅。

科	珊瑚菌科Clavariaceae
分布	北美洲、南美洲、欧洲、北非、亚洲北部、新西兰
生境	林地
宿主	阔叶树和针叶树
生长方式	生于树桩和倒木上
频度	常见
孢子印颜色	白色
食用性	非食用

子实体高达
¼ in
(5 mm)

直径达
小于⅛ in
(2 mm)

裸尖齿瑚菌
Mucronella calva
Swarming Spine
(Albertini & Schweinitz) Fries

裸尖齿瑚菌是一种常见的广布种，常见于腐木和落枝下方，但偶尔也会生长于老树桩旁边。经常成群生长，以此来弥补其体积的微小，有时连起来就像一个子实体，但是仔细观察即可发现木头上长出的菌刺是各自分开的，并未连接在一起。裸尖齿瑚菌偶尔以三两个或者更分散的方式生长，这样的话就很难被发现。

相似物种

垂尖齿瑚菌 *Mucronella pendula* 与裸尖齿瑚菌相比，子实体相对要大得多，而且有一个明显的菌柄。但是，尖齿瑚菌属 *Mucronella* 真菌其他小的白色至黄色的种类就很难与裸尖齿瑚菌区分开来，以至于现在还不清楚它们中的许多种是否是真正意义上独立的物种，或者只是裸尖齿瑚菌的变种。

裸尖齿瑚菌常群生，子实体下垂，刺状。菌刺无分枝，有时具不明显的菌柄，向下逐渐变尖。子实体柔软，肉质，白色至黄色，易从基物表面分离。

实际大小

科	珊瑚菌科 Clavariaceae
分布	北美洲西部、澳大利亚、新西兰
生境	林地
宿主	针叶树
生长方式	木生
频度	偶见
孢子印颜色	白色
食用性	非食用

垂尖齿瑚菌
Mucronella pendula
Icicle Spine
(Massee) R. H. Petersen

子实体高达
½ in
(10 mm)

直径达
⅛ in
(3 mm)

473

垂尖齿瑚菌子实体较小，常半掩于段木或倒木下方，因此容易被忽视。虽然子实体多数单生，很少两三个丛生在一起，但该种通常大量发生、群生或散生，这也稍微让他们更容易被发现。垂尖齿瑚菌最早描述自塔斯马尼亚，但新西兰和北美西部也有分布，据报道，它主要或仅见于针叶林。

相似物种

大多数尖齿瑚菌属 *Mucronella* 的其他物种（如裸尖齿瑚菌 *Mucronella calva*）无明显的菌柄。外观上，垂尖齿瑚菌与无亲缘关系的黏凸齿菌属 *Gloeomucro*（一些种见于北美洲东部）更相似，垂尖齿瑚菌也曾被置于黏凸齿菌属中，但该属子实体呈明显凝胶状，且其显微结构也有所不同。

实际大小

垂尖齿瑚菌子实体单根刺状，下垂。菌柄短，但明显。菌刺无分枝，锥状，向尖端逐渐变细，白色，成熟后逐渐变为浅黄色。菌柄胶质，硬，淡赭色至黄色。

科	烟白齿菌科Bankeraceae
分布	北美洲、欧洲、亚洲北部
生境	林地
宿主	针叶树和阔叶树外生菌根菌
生长方式	地生，常连生在一起
频度	偶见
孢子印颜色	白色
食用性	非食用

子实体高达
1½ in
(40 mm)

菌盖直径达
2 in
(50 mm)

474

黑栓齿菌
Phellodon niger
Black Tooth

(Fries) P. Karsten

栓齿菌属 *Phellodon* 真菌与烟白齿菌属 *Bankera* 有亲缘关系，干燥后具有相同的典型的苦豆或咖喱粉味。与烟白齿菌属的区别在于其子实体成熟过程中菌盖向外延伸，经常把落枝和落叶包在一起，且相邻的菌盖常连生在一起。因此，一大丛黑栓齿菌看起来像是在一个大的、形状不规则的菌盖下面长出多个菌柄。黑栓齿菌通常并不常见，在世界许多地方被认为濒临灭绝。传统上，子实体已用于小批量染色工艺，用于生产灰蓝色和绿色。

相似物种

近年来的分子研究显示，黑栓齿菌是包括几个不同近缘种的复合群，但目前尚未完全区分开来。与其亲缘关系稍远的黑白栓齿菌 *Phellodon melaleucus* 子实体也呈灰色至黑色，但其菌柄光滑，可将二者区分开来。亚齿菌属 *Hydnellum* 真菌形态相似，但其孢子印褐色，子实体也极少呈黑色，且无辛辣味道。

黑栓齿菌子实体硬木栓质，不规则，常连生在一起。菌盖被明显绒毛，扁平至浅漏斗状。初期白色，成熟后从中心向边缘颜色变暗，呈灰褐色至黑色，但边缘呈白色。子实层面灰色，齿状。菌柄被明显绒毛，与菌盖同色。

实际大小

科	烟白齿菌科 Bankeraceae
分布	北美洲、欧洲大陆、亚洲北部
生境	林地
宿主	云杉外生菌根菌
生长方式	生长于林木根部周围的地面上
频度	产地常见
孢子印颜色	褐色
食用性	可食

子实体高达
4 in
(100 mm)

菌盖直径达
12 in
(300 mm)

翘鳞肉齿菌
Sarcodon imbricatus
Scaly Tooth

(Linnaeus) P. Karsten

475

长期以来，许多真菌都被用于制作染料，翘鳞肉齿菌也因含有蓝绿色色素而备受重视。但是，据说染色效果最好的是从松树林中采集的翘鳞肉齿菌，而用于食用的则首选生长于云杉林中的。这促使人们对生长于松树林和云杉林的翘鳞肉齿菌开展了进一步的分子生物学研究，目前研究结果也已揭开了这个奥秘。其实它们是两个近缘种：同云杉共生的是翘鳞肉齿菌，而同松树共生的是鳞状肉齿菌 *Sarcodon squamosus*。作为一种野生食用菌，翘鳞肉齿菌在中国西藏地区深受大众喜爱，在那里它们被大量采集并在市场销售，同时也销售到中国其他地区。

翘鳞肉齿菌子实体大型，肉质，被明显鳞片。菌盖褐色，通常中部凹陷，有时成熟后近漏斗状。子实层面菌刺密，初时白色，后褐色至灰褐色。菌柄实心，褐色。菌肉白色至奶油色。

相似物种

正如前面描述的，与翘鳞肉齿菌非常相近的多毛肉齿菌 *Sarcodon squamosus* 与松树共生，而非云杉。其菌盖颜色更深，中央很少下凹，边缘内卷；子实层面菌刺通常稍延生，灰色或蓝灰色。粗糙肉齿菌 *Sarcodon scabrosus* 主要与阔叶树共生，菌柄基部黛青色，并略带苦味。

实际大小

科	鸡油菌科 Cantharellaceae
分布	北美洲、欧洲、非洲、中美洲、亚洲南部
生境	林地
宿主	阔叶树和针叶树外生菌根菌
生长方式	群生于地面上
频度	常见
孢子印颜色	白色
食用性	可食

子实体高达
4 in
(100 mm)

菌盖直径达
5 in
(125 mm)

476

鸡油菌
Cantharellus cibarius
Chanterelle

Fries

实际大小

鸡油菌［也被称为金色鸡油菌（Golden Chanterelle）］是最为著名和珍贵的食用菌之一。鸡油菌分布非常广泛并且常见，在北半球很多国家对鸡油菌进行大规模的商业化采集，并且出口到全球各地。鸡油菌属 *Cantharellus* 和喇叭菌属 *Craterellus* 真菌统称为鸡油菌，所以有些其他的种类会冠以"*Cantharellus cibarius*"来出售，甚至于采自非洲的绯红鸡油菌 *Cantharellus miniatescens* 等物种都被当作鸡油菌大规模出口到欧洲市场。在北美洲，一些曾被认为是鸡油菌的物种，现在已被证实是不同的物种，但它们都可以食用。

相似物种

在北美沿太平洋地区，美鸡油菌 *Cantharellus formosus* 是与鸡油菌看起来相似的几个物种之一，它们均可以食用。在欧洲，罕见的橙色鸡油菌 *Cantharellus friesii* 子实体较小，菌盖呈较深的橙色，子实层粉色。橙黄拟蜡伞 *Hygrophoropsis aurantiaca* 也呈橙色，但其子实层面具有真正的薄的菌褶。

鸡油菌菌盖初期突起，后下凹或呈漏斗状。菌盖表面光滑，边缘波浪形或开裂，蛋黄色至赭色。子实层具褶状脊纹，厚，延生，与菌盖同色（见左图）。菌柄光滑，与菌盖同色，有时基部白色。

科	鸡油菌科Cantharellaceae
分布	北美洲东部、中美洲、亚洲北部
生境	林地
宿主	阔叶树外生菌根菌
生长方式	群生于地面上
频度	常见
孢子印颜色	白色
食用性	可食

子实体高达
3 in
(75 mm)

菌盖直径达
3 in
(75 mm)

477

红鸡油菌
Cantharellus cinnabarinus
Cinnabar Chanterelle
(Schweinitz) Schweinitz

红鸡油菌因其醒目的颜色使其成为该类群中最引人注意的物种之一，尤其当它们一大群生于林地枯枝落叶层中时。因其单个子实体很小，尽管它可以食用，但并没有被采集用于成规模的商业化出售。美国北卡罗来纳州的真菌学先驱刘易斯·戴维·范·施万尼茨（Lewis David von Schweinitz）首次描述了红鸡油菌。它广泛分布于北美洲东部和加勒比海地区，以及包括中国在内的东亚地区。其颜色鲜艳的子实体被印制在加拿大及一些加勒比海国家的邮票上。

相似物种

在红鸡油菌分布区域，该物种因其较为独特的子实体大小和颜色，很容易与其他物种区分开来。锥形鸡油菌 *Cantharellus concinnus* 与红鸡油菌颜色相近，分布于澳大利亚，它曾经被认为是红鸡油菌的一个变种。其他一些红色鸡油菌属 *Cantharellus* 真菌（包括进行过商业化采集出售的绯红鸡油菌 *Cantharellus miniatescens*）分布于中非。

实际大小

红鸡油菌菌盖幼时突起，后下凹或呈漏斗状（见左图）。菌盖表面光滑，边缘波浪形或开裂，深珊瑚粉色至橘红色或红色。子实层面具菌褶状脊纹，厚，延生，比菌盖颜色浅。菌柄光滑，与菌盖同色，但有时基部发白。

科	鸡油菌科Cantharellaceae
分布	北美洲东部、中美洲
生境	林地
宿主	阔叶树外生菌根菌
生长方式	群生于地面上
频度	常见
孢子印颜色	淡粉红色
食用性	可食

子实体高达
3 in
(75 mm)

菌盖直径达
2 in
(50 mm)

478

火红鸡油菌
Cantharellus ignicolor
Flame Chanterelle
R. H. Petersen

尽管火红鸡油菌是鸡油菌类群中较小的种类之一，但其醒目的橘黄色极大地弥补了该物种子实体较小的缺陷。火红鸡油菌（其种加词的意思是"火焰色的"）最早描述自田纳西州，但它广泛分布于北美洲东部，且南至哥斯达黎加。近年的 DNA 研究表明，将火红鸡油菌和喇叭鸡油菌 *Cantharellus tubaeformis* 置于另一个相近的属——喇叭菌属 *Craterellus* 中可能更为合适。火红鸡油菌子实体除了可以食用，也可用于染色工艺，可产生一系列的黄色。

相似物种

小鸡油菌 *Cantharellus minor* 也分布于北美洲东部，且颜色与火红鸡油菌相似，但其子实体较小，菌盖光滑，无鳞片。广布种鸡油菌 *Cantharellus cibarius* 的子实体较大，粗短，菌柄实心。

实际大小

火红鸡油菌菌盖幼时突起，后下凹或呈漏斗状。菌盖表面被细鳞片，边缘波浪形，橙黄色至橙色，成熟后暗黄色。子实层具延生、菌褶状脊纹，与菌盖同色，成熟后带粉色（见图中子实体）。菌柄光滑，与菌盖同色，中空。

科	鸡油菌科Cantharellaceae
分布	欧洲
生境	林地
宿主	阔叶树外生菌根菌
生长方式	群生于地面上
频度	罕见
孢子印颜色	奶油色
食用性	可食，但野外很难采到

子实体高达
4 in
(100 mm)

菌盖直径达
4 in
(100 mm)

干黑鸡油菌
Cantharellus melanoxeros
Blackening Chanterelle

Desmazières

479

　　干黑鸡油菌非常容易被识别，其子实体呈赭色和淡紫色，受伤后变色，但该物种却非常少见。干黑鸡油菌仅分布于欧洲，且分布较广（主要在西部），但非常罕见。它至少出现在9个国家的濒危真菌红色名录上，也是伯尔尼公约中建议保护的33种真菌之一。

相似物种

　　鸡油菌 *Cantharellus cibarius* 与干黑鸡油菌形状相似，并且也呈黄色至赭色，但子实层无粉色或紫色印迹。较少见的紫晶鸡油菌 *Cantharellus amethysteus*，菌盖带紫色色调，但子实层不呈紫色。鸡油菌与紫晶鸡油菌受伤后都不会变黑。

实际大小

干黑鸡油菌菌盖幼时凸镜形，后下凹或呈漏斗状。菌盖表面鳞屑状或纤毛状，边缘波浪形，淡暗黄色至赭色，有时淡紫色。子实层具延生、菌褶状、粉紫色至淡灰紫色的脊纹。菌柄光滑，深黄色或与菌盖同色。子实体所有部位受伤后都逐渐变黑。

科	鸡油菌科Cantharellaceae
分布	北美洲、欧洲、中美洲、亚洲北部
生境	长有苔藓的林地
宿主	阔叶树和针叶树外生菌根菌
生长方式	丛生或群生于地上
频度	常见
孢子印颜色	白色
食用性	可食

子实体高达
4 in
(100 mm)

菌盖直径达
3 in
(75 mm)

480

灰喇叭菌
Craterellus cornucopioides
Horn of Plenty
(Linnaeus) Persoon

灰喇叭菌是一种珍贵的食用菌，但法国人却给它起了一个不祥的名字——死亡号角（trompette de la mort）。在英国，它曾经被采集并在伦敦考文特花园的大市场出售（这在英国人对于"毒蘑菇"抱有深深怀疑的年代，是非常难得的）。灰喇叭菌的形态非常与众不同，子实体中空，像聚宝盆或丰收的号角（这也是其名称的由来），菌肉薄。因子实体黑色使其很难被发现，但是一旦找到，会发现它们经常一大群丛生或簇生。

相似物种

在北美洲和中美洲局部地区常见的假喇叭菌 *Craterellus fallax* 是与灰喇叭菌亲缘关系极为相近的物种，但近期的 DNA 分析表明二者是不同的物种。假喇叭菌成熟后，粉红带黄色的孢子堆使其子实层带有颜色。恶臭喇叭菌 *Craterellus foetidus* 与灰喇叭菌的不同之处在于子实层脉络状，且具甜香味。

灰喇叭菌菌盖薄，漏斗状或喇叭形。表面毡状至鳞屑状，边缘内卷，灰褐色至黑色（少数黄色），中空。子实层延生，光滑至稍褶皱，褐色至灰色或与菌盖同色。菌柄中空，光滑，与菌盖同色。

实际大小

科	鸡油菌科Cantharellaceae
分布	北美洲、欧洲、亚洲北部
生境	林地
宿主	针叶树和阔叶树外生菌根菌
生长方式	群生于地上
频度	常见
孢子印颜色	白色
食用性	可食

子实体高达
3 in
(80 mm)

菌盖直径达
2½ in
(60 mm)

481

喇叭状喇叭菌
Craterellus tubaeformis
Trumpet Chanterelle
(Fries) Quélet

喇叭状喇叭菌的种加词"*tubaeformis*"的意思是"喇叭状的"，也的确名副其实。喇叭状喇叭菌是一种美味的食用菌，发生较晚，也被称为"秋鸡油菌"或"冬鸡油菌"。通常（但不限于）大规模群生于针叶林地。因为它是外生菌根菌，因此只能从野外采集，不能商业化种植。这也是其鲜品在超市和食品店售价较高的原因。

相似物种

变黄喇叭菌 *Craterellus lutescens* 与喇叭状喇叭菌相似且容易混淆，但前者子实层黄色，光滑或略呈脉络状。变黄喇叭菌同样也可食用，但可能不如喇叭状喇叭菌常见。喇叭状喇叭菌的近缘种灰喇叭菌 *Craterellus cornucopioides* 也呈喇叭状，但它整个子实体呈黑色，且子实层光滑。

喇叭状喇叭菌菌盖较薄，漏斗状或喇叭形，幼时光滑，后稍被鳞片，黄褐色、橄榄色或灰褐色。边缘波浪形，菌盖中空。子实层具厚的、褶状、延伸的脊纹，初期浅黄色，后呈浅灰色。菌柄空心，光滑，常扁平或具沟槽，黄色至黄褐色。

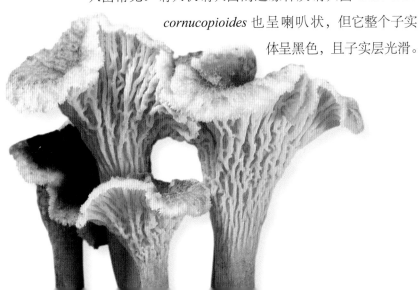

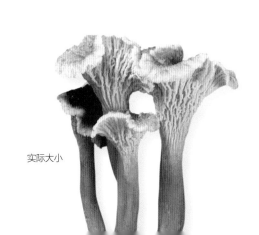

实际大小

科	铆钉菇科Gomphaceae
分布	北美洲、欧洲、中美洲、亚洲北部
生境	林地
宿主	针叶树的外生菌根菌，少见于阔叶树尤其是山毛榉树中
生长方式	单生或群生于地上
频度	产地常见
孢子印颜色	赭褐色
食用性	可食

子实体高达
7 in
(175 mm)

菌盖直径达
6 in
(150 mm)

482

棒状钉菇
Gomphus clavatus
Pig's Ear
(Persoon) Gray

棒状钉菇的英文名称猪耳朵（Pig's Ear）似乎与这个引人注目且形态非比寻常的物种并不匹配。它在北美洲的部分地区和中欧的一些地区很常见，但在欧洲其他地方比较罕见且受到保护和关注。该物种是伯尔尼公约中提议的国际保育真菌物种之一。有人认为在不列颠群岛该物种已经灭绝，因为已经有八十多年没有在其昔日生长的山毛榉林地中发现过它。尽管棒状钉菇很容易长蛆虫，但在其分布较多的地区仍被认为是一种美味的食用菌。

相似物种

如果说分布于西班牙和北美洲的厚盖钉菇 *Gomphus crassipes* 是一个独立的种，那它与棒状钉菇只能通过微观特征来区分。鸡油菌属 *Cantharellus* 和喇叭菌属 *Craterellus* 的一些种也是紫色的，但大多数比棒状钉菇小，且孢子印呈白色，而非赭褐色。

实际大小

棒状钉菇通常在单个菌柄上形成多个菌盖。菌盖平展至下凹或漏斗状，光滑，被细绒毛，赭色至浅褐色，常带紫色色调。子实层呈深褶皱状，粉紫色至紫色，成熟后紫褐色。菌柄短，光滑，紫色至褐色。

科	铆钉菇科Gomphaceae
分布	北美洲、亚洲
生境	林地
宿主	针叶树外生菌根菌
生长方式	单生或群生于地面上
频度	产地常见
孢子印颜色	赭褐色
食用性	可食，但会导致胃部不适

子实体高达
8 in
(200 mm)

菌盖直径达
6 in
(150 mm)

483

毛钉菇
Gomphus floccosus
Woolly Chanterelle
(Schweinitz) Singer

尽管毛钉菇常被称为毛状鸡油菌（Woolly）或者鳞鸡油菌（Scaly Chanterelle），但这个醒目的物种并非真正的鸡油菌，其孢子印呈赭褐色，并且与枝瑚菌属 *Ramaria* 的亲缘关系更近。毛钉菇与真正的鸡油菌不同之处还表现在它含有一种抑酶酸，过敏者误食 8~14 小时后，会产生恶心和胃部不适感，因此，该物种应尽量避免食用。非过敏者可以食用且无不良反应，相传印度东北部卡西族人非常喜欢毛钉菇。

相似物种

在北美洲西部，考夫曼钉菇 *Gomphus kauffmanii* 与毛钉菇相似，但是子实体稍大，菌盖被明显鳞片，浅橙色至浅褐色，该种有时也会导致胃部不适。分布于日本和亚洲东南部的扇形钉菇 *Gomphus flabellatus* 也具有类似的形态特征，但其子实体明显比毛钉菇小。描述自日本的富士山钉菇 *Gomphus fujisanensis* 孢子较小，可通过显微特征将其与毛钉菇明显区别开来。

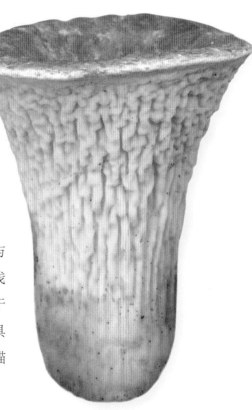

实际大小

毛钉菇幼时近圆柱状，逐渐展开呈深漏斗状，后呈浅漏斗状。菌盖幼时亮橙色或橙红色，后逐渐变深，初期光滑，后被细鳞片。子实层幼时奶黄色，成熟后浅黄色，密布脉纹和褶皱，脉纹向下延伸至子实体基部。

科	匐担革菌科 Repetobasidiaceae
分布	北美洲、欧洲大陆、亚洲北部
生境	林地
宿主	针叶树
生长方式	紧密丛生或群生于地面上
频度	产地常见
孢子印颜色	白色
食用性	据报道可食

子实体高达
6 in
(150 mm)

直径达
⅜ in
(8 mm)

484

紫异珊瑚菌
Alloclavaria purpurea
Purple Spindles
(O. F. Müller) Dentinger & D. J. McLaughlin

紫异珊瑚菌生长于针叶林中，在广义的珊瑚菌类群中显得非比寻常，且其微观特征也较其他物种有所不同。近期的分子生物学研究解释了原因，研究发现紫异珊瑚菌［又被称作紫色精灵（Purple Fairy Club）］，与其他珊瑚菌类物种并无任何亲缘关系，而是与腓骨小瑞克革菌 *Rickenella fibula* 和粗毛纤孔菌 *Inonotus hispidus* 归于同一个目。因其生长于活的针叶树根基部附近，它也有可能是一种外生菌根菌。

相似物种

紫异珊瑚菌通常易与肉红珊瑚菌 *Clavaria incarnata* 相混淆，但后者单生或少量子实体群生于草地上，常呈暗粉色，有时带酒红色色调，且其微观特征有明显差别。烟色珊瑚菌 *Clavaria fumosa* 丛生于草地上，其子实体通常发白，呈烟灰褐色，但也可能带浅粉色或紫色色调。

实际大小

紫异珊瑚菌子实体光滑至褶皱，管状或略扁平，无分枝，顶端尖，簇生或群生。如其名所示，子实体呈深紫色或暗紫色，渐褪至紫灰色或褐色。

科	耳匙菌科Auriscalpiaceae
分布	北美洲、欧洲大陆、中美洲、亚洲北部
生境	林地
宿主	阔叶树
生长方式	生长于段木和倒木上
频度	产地常见
孢子印颜色	白色
食用性	可食，但会导致胃不适

子实体高达
5 in
(125 mm)

直径达
4 in
(100 mm)

485

囊盖悬革菌
Artomyces pyxidatus
Candelabra Coral
(Persoon) Jülich

囊盖悬革菌非常引人注目，曾被称为 *Clavicorona pyxidata*，是北美洲部分地区的常见种，但在北美洲西海岸以及包括不列颠群岛在内的欧洲西部地区没有分布。近期的研究表明，它有三个不同的群体，一个在欧亚大陆，一个在北美的东北部，另外一个在北美洲南部和中美洲，但这三个群体都属于同一物种。囊盖悬革菌有另外一个英文名字——Crown Coral（王冠珊瑚），很多人认为它可以食用，但事实上有些人食用后会导致胃部不适。生吃时有一种非常辛辣的味道，但烹饪后通常会消失。

相似物种

通过囊盖悬革菌子实体顶端冠状分枝和木生这两个特点，可将它与其他珊瑚菌区分开来。粉色的囊盖悬革菌标本可能与木生的密枝瑚菌 *Ramaria stricta* 相似，但后者颜色更深，顶端无分枝、尖锐，孢子印褐色。

实际大小

囊盖悬革菌子实体茂密，分枝，白色至奶黄色，有时带粉色色调。分枝顶端皇冠状，具有短突起，围成一圈，这是该种的独有特征。菌肉白色，有弹性，不易碎。

科	珊瑚菌科Clavariaceae
分布	北美洲、欧洲、亚洲北部、澳大利亚
生境	未改良草地或林地落叶层
宿主	苔藓、草地或落叶层
生长方式	常密集簇生于地面上
频度	常见
孢子印颜色	白色
食用性	可食

子实体高达
5 in
(120 mm)

直径达
¼ in
(5 mm)

脆珊瑚菌
Clavaria fragilis
White Spindles

Holmskjold

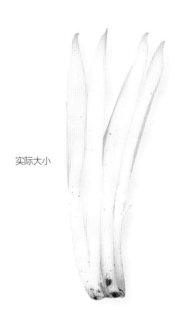

实际大小

脆珊瑚菌的种加词"*fragilis*"表示它的子实体十分易碎，这也是为什么采集的时候很难保持其子实体的完整性。它的另外一个英文名字为 Fairy Fingers（仙女手指）。它曾被称为虫形珊瑚菌 *Clavaria vermicularis*，种加词的意思是"蠕虫"。在欧洲，它通常见于长满青苔的未改良草地，但在北美洲及其他地方，它更常见于混交林地。尽管脆珊瑚菌易碎且没什么味道，但据报道它可以食用。

相似物种

当脆珊瑚菌以一大丛的形式生长时显得非常独特。烟色珊瑚菌 *Clavaria fumosa* 与脆珊瑚菌习性相似，但前者子实体淡烟褐色或淡褐色。红珊瑚菌 *Clavaria rubicundula* 也有类似的习性，但其子实体淡粉色，分布也不太广泛。锐珊瑚菌 *Clavaria acuta* 子实体白色，但稍小，通常有一个明显的、半透明的白色菌柄，不呈大丛簇状生长，而是单生或少量子实体群生。

脆珊瑚菌子实体光滑，管状或稍扁平，具尖端，无分枝。丛生、白色，成熟后顶端有时呈黄色或褐色。

科	珊瑚菌科Clavariaceae
分布	北美洲、欧洲、亚洲北部
生境	未改良的草地或林地落叶层
宿主	苔藓、草地或落叶层
生长方式	常密集簇生于地上
频度	常见
孢子印颜色	白色
食用性	非食用

子实体高达
5 in
(120 mm)

直径达
¼ in
(5 mm)

487

烟色珊瑚菌
Clavaria fumosa
Smoky Spindles

Persoon

烟色珊瑚菌（种加词意思是"烟熏的"）与其近缘种脆珊瑚菌 *Clavaria fragilis* 一样，子实体非常脆，需要小心处理，否则会变成碎片。它的另一个英文名称灰色精灵（Grayish Fairy Club）得名于其烟色的子实体。在欧洲，烟色珊瑚菌被认为是古老的、未改良苔藓草地的指示物种，但它的这种栖息环境正在逐渐减少。在一些未经引种、补种和未大量施肥的天然牧场仍能见到烟色珊瑚菌，但在集中的农耕地区这种牧场已经很少见。

相似物种

脆珊瑚菌与烟色珊瑚菌形态相似，但整个子实体呈白色。红珊瑚菌 *Clavaria rubicundula* 与烟色珊瑚菌也相似，但子实体呈浅粉红色（无烟色珊瑚菌呈现的烟褐色色调），并且仅分布于北美洲和新西兰。赭色拟珊瑚菌 *Clavulinopsis umbrinella* 同样也呈烟褐色且生境与烟色珊瑚菌相似，但其子实体分枝。

烟色珊瑚菌子实体光滑，管状或稍扁平，无分枝，顶端尖。常一大群簇生，浅灰褐色，有时略带淡粉色或淡紫色，老后深褐色至黑色。

实际大小

科	珊瑚菌科Clavariaceae
分布	非洲、亚洲南部、澳大利亚、新西兰
生境	林地
宿主	苔藓或落叶层
生长方式	常群生于地面上
频度	常见
孢子印颜色	白色
食用性	非食用

子实体高达
3 in
(75 mm)

直径达
¼ in
(5 mm)

绯红珊瑚菌
Clavaria phoenicea
Sunset Spindles
Zollinger & Moritzi

绯红珊瑚菌最早描述自爪哇岛，即使半掩于森林落叶层和苔藓中，它亮粉红色、红色和橙色的子实体也格外引人注目。鲜红色和深红色的标本最有可能分布于非洲和亚洲热带地区。澳大利亚和新西兰的标本更接近于杏橙色至鲜橙红色，且被作为一个独立的变种（绯红珊瑚菌波斯变种 *Clavaria phoenicea* var. *persicina*）对待。需进一步的 DNA 分析以确定绯红珊瑚菌是否是一个形态变异较大的物种或者是几个近缘种构成的复合群。

相似物种

火红珊瑚菌 *Clavaria miniata* 最早描述自南非，子实体漂亮，呈鲜红色，且该物种在澳大利亚也有分布，在当地被称为火焰菌（Flame Fungus）。在北美洲，橙红拟珊瑚菌 *Clavulinopsis aurantiocinnabarina* 看起来与绯红珊瑚菌橙色的子实体很像，但这两者微观形态特征明显不同。

实际大小

绯红珊瑚菌子实体光滑，管状或稍扁平，顶端尖，无分枝，深珊瑚粉色至鲜红色（绯红珊瑚菌波斯变种橘粉色或杏黄色），向下颜色逐渐变暗。菌柄不明显。

科	珊瑚菌科Clavariaceae
分布	北美洲、欧洲、亚洲北部
生境	未改良的含有碳酸钙的草地或林地中枯枝落叶层
宿主	苔藓、草地或落叶层
生长方式	单生或小簇生于地面上
频度	罕见
孢子印颜色	白色
食用性	非食用

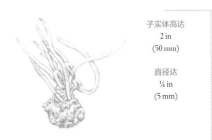

子实体高达
2 in
(50 mm)

直径达
¼ in
(5 mm)

489

玫红珊瑚菌
Clavaria rosea
Rose Spindles
Fries

尽管玫红珊瑚菌在北温带分布区域较广，但这个颜色鲜艳的物种十分罕见，已被欧洲和亚洲的多个国家列入濒危真菌名录。和其他珊瑚菌一样，在欧洲它通常生长于未改良的老的苔藓草地上，且通常在晚夏出现，早于其他草地物种。而在其他地区，它可能会更常见于长满青苔的林地上。它往往三五成群地生长，而不是像脆珊瑚菌 *Clavaria fragilis* 和烟色珊瑚菌 *Clavaria fumosa* 一样成簇生长。

相似物种

该种常被误认为是常见的肉红珊瑚菌 *Clavaria incarnata*，但肉红珊瑚菌子实体肉色至粉红色，且其显微特征也不同。在美国北部和新西兰，红珊瑚菌 *Clavaria rubicundula* 是另外一个淡粉色的常见种，经常成群生长。

实际大小

玫红珊瑚菌子实体光滑，管状或稍扁平，顶端尖锐，无分枝，菌柄不明显。子实体呈玫瑰粉色，向下颜色逐渐变暗或发白。菌肉中空，易碎。

科	珊瑚菌科Clavariaceae
分布	北美洲、欧洲、亚洲、澳大利亚、新西兰
生境	草地、林地
宿主	常生于长有苔藓的草地或落叶层
生长方式	单生或小群生于地面上
频度	偶见
孢子印颜色	白色
食用性	非食用

子实体高达
4 in
(100 mm)

直径达
2½ in
(60 mm)

490

佐林格珊瑚菌
Clavaria zollingeri
Violet Coral
Léveille

多数较大的珊瑚状真菌属于枝瑚菌属 *Ramaria*，该属的孢子印呈褐色，但是佐林格珊瑚菌这个漂亮的物种孢子印呈白色，实际上隶属于棒菌，尽管它具有浓密的分枝。在英国和欧洲大陆，它典型地见于未改良的牧场和草坪上，通常和蜡伞（蜡伞属 *Hygrocybe* 的物种）种类生长在同一地区，但并不常见。在其他地区，尤其是北美洲和澳大拉西亚，它是一种林地真菌，可能更为常见。

相似物种

该种很容易与紫锁瑚菌 *Clavulina amethystina* 相混淆，后者是一种不常见的、带粉色或淡紫色的浅灰色珊瑚菌，二者很容易通过微观形态进行区分。小型的小美拟枝瑚菌 *Ramariopsis pulchella* 也呈亮紫色，但其子实体高度很少超过 1.25 in（30 mm）。一些枝瑚菌属种类为紫水晶色，欧洲南部的沼泽拟枝瑚菌紫色变种 *Ramariopsis fennica* var. *violacea* 呈亮紫色，但它们的孢子印都是深赭色的。

实际大小

佐林格珊瑚菌子实体多次分枝，每个分枝钝圆或扁平，稍具褶皱，极脆。主分枝基部可能呈白色，整个子实体呈亮紫色到紫色，但老后子实体可能会严重褪色，最初褪为灰色，最终变为污黄白色。

科	棒瑚菌科Clavariadelphaceae
分布	北美洲东部、欧洲、北非、亚洲北部
生境	含有碳酸钙的林地
宿主	阔叶树尤其是山毛榉的外生菌根菌
生长方式	单生或群生于地上
频度	常见
孢子印颜色	白色
食用性	可食

子实体高达
12 in
(300 mm)

直径达
3 in
(75 mm)

491

棒瑚菌
Clavariadelphus pistillaris
Giant Club

(Linnaeus) Donk

棒瑚菌的德文名字为大力神的棒子(Herkuleskeule)，它也的确是棒瑚菌属 *Clavariadelphus* 中最大的种类之一，但是实际上它与钉菇属 *Gomphus* 的亲缘关系比与大多数小型的棒瑚菌属更近。棒瑚菌与山毛榉共生，与活立木根系形成外生菌根菌。虽然其气味宜人但味道发苦，因此即使它可食，却很少有人采集它来食用。人们可能对把它作为一种工艺染料更感兴趣，可以从其子实体中提取色素，获得米黄色、绿色和紫色等一系列颜色。

相似物种

在北美洲西部，西方棒瑚菌 *Clavariadelphus occidentalis* 与棒瑚菌相似，但其子实体呈灰白色，通常与针叶树共生。在北美洲中部及中美洲，美洲棒瑚菌 *Clavariadelphus americanus* 也与棒瑚菌外形相似，但与栎树和松树合共生。广布种平截棒瑚菌 *Clavariadelphus truncatus* 与棒瑚菌也很相似，但其顶端平整或呈平截状。

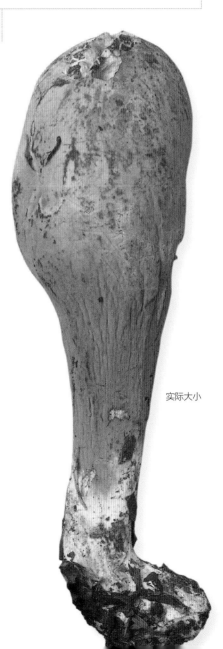

实际大小

棒瑚菌子实体光滑或有褶皱，具明显棒状结构。子实体初期表面微黄色至赭色，后褐色至红褐色或紫褐色，擦伤后呈暗紫色。菌柄不明显，基部白色。

科	锁瑚菌科Clavulinaceae
分布	北美洲、欧洲、中美洲、亚洲北部
生境	林地
宿主	阔叶树外生菌根菌
生长方式	地生
频度	极其常见
孢子印颜色	白色
食用性	非食用

子实体高达
4 in
(100 mm)

直径达
4 in
(100 mm)

492

冠锁瑚菌
Clavulina coralloides
Crested Coral
(Linnaeus) J. Schröter

实际大小

锁瑚菌属 *Clavulina* 是林地生真菌，与活树的根系形成外生菌根菌。冠锁瑚菌是该属最常见的物种之一，但其颜色和形态变化较大。在较早的一些书籍中，冠锁瑚菌曾被称为 *Clavulina cristata*，它的英文名称因其分枝尖端常呈"鸡冠状"（羽毛状或羽冠状）而得名。冠锁瑚菌的子实体常被一种叫作棒形孺孢球腔菌 *Helminthosphaeria clavariarum* 的专性寄生菌寄生。它能导致冠锁瑚菌逐渐变成灰色，有时在放大镜下也可观察到棒形孺孢球腔菌微小的、黑点状的子实体。

相似物种

冠锁瑚菌与灰色锁瑚菌 *Clavulina cinerea* 很难区分，二者都很常见且生境相似。灰色锁瑚菌子实体总是呈灰色，且顶端不具有冠状分枝。皱锁瑚菌 *Clavulina rugosa* 子实体白色，但通常不分枝或仅具有非常稀疏的分枝。

冠锁瑚菌子实体多次分枝。幼时分枝污白色，顶端冠状或羽毛状，成熟后分枝呈灰色（有时为菌寄生所致），顶端钝圆。表面光滑或有褶皱，菌肉白色，易碎，实心。

科	珊瑚菌科Clavariaceae
分布	北美洲、欧洲、亚洲北部
生境	草地，少生于林地
宿主	苔藓和草地
生长方式	散生于地上
频度	常见
孢子印颜色	白色
食用性	可食，但最好避免食用

子实体高达
3 in
(80 mm)

直径达
2 in
(50 mm)

493

角拟珊瑚菌
Clavulinopsis corniculata
Meadow Coral

(Schaeffer) Corner

角拟珊瑚菌常见于未改良的牧场和草坪上，而且特别喜于生长在兔子吃过的非常短的沿海草皮，在那里它长得非常矮小，与杂草一样高。它有时也能在林地中生长，在那里子实体长得较高，且分枝较稀疏。珊瑚菌属 *Clavaria* 和拟珊瑚菌属 *Clavulinopsis* 的大部分相关种都形成纺锤状或珊瑚状子实体。据说它是可食的，但食用价值不高，并且要小心与有毒的枝瑚菌属 *Ramaria* 区分开来。

相似物种

角拟珊瑚菌很容易被误认为是枝瑚菌属物种之一，它们中许多种类具有相似的外形和颜色，但枝瑚菌属很少生于草地中，且其孢子印呈赭褐色而非白色。因此，通常可用孢子印或微观形态来将其与枝瑚菌属物种区分开来。赫色拟珊瑚菌 *Clavulinopsis umbrinella* 也生于草地，但较少见，与角拟珊瑚菌形状相似，但其子实体浅褐色，绝不呈黄色。

实际大小

角拟珊瑚菌的子实体多次分枝，浅黄色至赭色，基部白色。在浅草地，其子实体矮小，分枝密，在生长茂盛的草和林地中其子实体较高且较舒展。菌肉颜色与表面相似，韧，有弹性，常具有粉味。

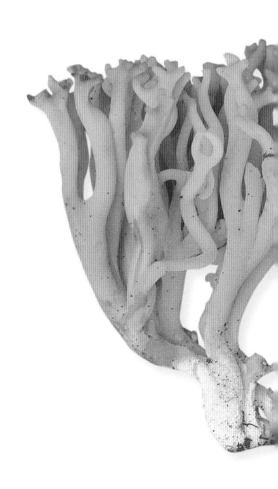

科	珊瑚菌科Clavariaceae
分布	北美洲、欧洲、亚洲北部
生境	草地，少生于林地
宿主	苔藓和草地
生长方式	常散生于地上
频度	常见
孢子印颜色	白色
食用性	非食用

子实体高达
5 in
(120 mm)

直径达
¼ in
(5 mm)

494

梭形黄拟锁瑚菌
Clavulinopsis fusiformis
Golden Spindles
(Sowerby) Corner

实际大小

在单调的秋日里，一大簇梭形黄拟锁瑚菌非常引人注目。该种与脆珊瑚菌 *Clavaria fragilis* 和烟色珊瑚菌 *Clavaria fumosa* 近缘。梭形黄拟锁瑚菌跟它们一样，是腐生菌（子实体生长于死亡或腐烂的基物上），它生长于林地的落叶层或草地上的枯草堆和苔藓上。18世纪 90 年代，英国植物学及真菌学家詹姆斯·索尔比（James Sowerby）首次配图描述了该物种，他发现梭形黄拟锁瑚菌在伦敦汉普斯特德公园"并不罕见"，也许现在那里仍有梭形黄拟锁瑚菌生长。

相似物种

还有一些无分枝、梭形或棒状真菌的子实体呈黄色至橙色。美珊瑚菌 *Clavaria amoenoides* 与梭形黄拟锁瑚菌大小相似，大群簇生，但是其子实体浅黄，且不常见。黄褐拟锁瑚菌 *Clavulinopsis helvola*、亮色拟珊瑚菌 *Clavulinopsis laeticolor* 和黄白拟锁瑚菌 *Clavulinopsis luteoalba* 都很常见，且呈亮橙黄色，但是通常不是很高，单生或长成小簇，常散生。

梭形黄拟锁瑚菌子实体光滑，管状或稍扁平，无分枝，顶端尖。通常大群簇生，新鲜时呈亮橙黄色。

科	茸瑚菌科Lachnocladiaceae
分布	南美洲
生境	林地
宿主	阔叶树
生长方式	单生或群生于地上或严重腐烂的木头上
频度	偶见
孢子印颜色	白色
食用性	非食用

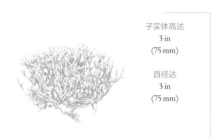

子实体高达
3 in
(75 mm)

直径达
3 in
(75 mm)

红褐茸瑚菌
Lachnocladium denudatum
Smooth Leather-Coral
Corner

在热带地区，茸瑚菌属 *Lachnocladium* 的物种比较常见，但大部分温带地区没有该属的分布。它们的子实体都是革质，生命周期较长，多分枝，颜色浅黄至褐色。常见种为 *Lachnocladium schweinfurthianum*，但是种间难区分，并且相关的研究较少。红褐茸瑚菌最早描述自巴西，它可能只是 *Lachnocladium schweinfurthianum* 的一个变型，不同之处主要在于红褐茸瑚菌的分枝更光滑、圆钝、不平展。

相似物种

热带地区的茸瑚菌属其他种与红褐茸瑚菌形态相似，只能通过微观特征来区分。枝瑚菌属 *Ramaria* 物种与红褐茸瑚菌的子实体外形相似，但前者硬度较低，更易碎，且孢子印呈赭色至褐色（而非白色）。

红褐茸瑚菌子实体明显分枝，韧，革质。分枝细，管状，或稍扁，向顶端变细，表面光滑至皱褶，赭色至浅黄褐色，后呈红褐色。菌柄短，光滑，基部具根状菌索。

实际大小

科	核瑚菌科Typhulaceae
分布	北美洲、欧洲、亚洲北部
生境	林地
宿主	阔叶树
生长方式	单生或群生于未掉落的枯枝或落枝上
频度	常见
孢子印颜色	白色
食用性	非食用

496

子实体高达
12 in
(300 mm)

直径达
⅛ in
(8 mm)

管状大核瑚菌
Macrotyphula fistulosa
Pipe Club
(Holmskjold) R. H. Petersen

管状大核瑚菌的子实体形态与瘦小的棒瑚菌 *Clavariadelphus pistillaris* 相似，且二者曾隶属于同一属，但现已明确二者并不近缘。管状大核瑚菌群生于落枝上，非地生。经常会形成一些扭曲的子实体，这种扭曲的管状大核瑚菌也曾经被作为一个独立的变种，即管状大核瑚菌扭曲变种 *Macrotyphula fistulosa* var. *contortus*。其子实体常群生，呈扁平状，但有时却扭曲、叉状或呈扇形，初次见到这种情况时会让人感到非常困惑。

相似物种

细长大核瑚菌 *Macrotyphula juncea* 的子实体与管状大核瑚菌高度相同但极细，宽度不到 ⅛in（1 mm），且生长于潮湿林地落叶堆，通常附着于小树枝上。根核瑚菌 *Typhula phacorrhiza* 与其相似，但其子实体生于坚硬的形似扁豆的菌核（致密真菌组织）上。

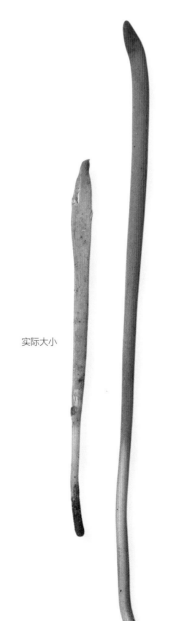

实际大小

管状大核瑚菌的子实体木生，棒状，中空，细长，或扭曲或扁平，具短突起。表面光滑，黄褐色，后逐渐变为红褐色或紫褐色。

科	膨瑚菌科Physalacriaceae
分布	北美洲
生境	林地
宿主	阔叶树
生长方式	生长于落枝和段木上，有时生长于枯枝落叶层
频度	产地常见
孢子印颜色	白色
食用性	非食用

子实体高达
¾ in
(20 mm)

菌盖直径达
½ in
(12 mm)

膨大膨瑚菌
Physalacria inflata
Bladder Stalks

(Schweinitz) Peck

497

膨大膨瑚菌的子实体形态犹如一个小气球附在一根木棍上，正是由于膨大膨瑚菌这种特殊的形态，使该物种与其他真菌的亲缘关系长期争论不休。很多菌物学家认为膨大膨瑚菌属于棒瑚菌或珊瑚菌，也有部分菌物学家认为它属于具有菌褶的蘑菇。现代分子生物学研究表明，它与具有菌褶的蘑菇亲缘关系更近，例如黏小奥德蘑 *Oudemansiella mucida* 和网盖红褶伞 *Rhodotus palmatus*。

相似物种

与膨大膨瑚菌相似的膨瑚菌属 *Physalacria* 其他物种分布于澳大利亚、新西兰和热带地区。大多数种类比膨大膨瑚菌小，但最好通过微观形态来区分。蒙塔卡里披菌 *Caripia montagnei* 也具有囊状子实体，但呈陀螺形或鼓形，菌柄呈褐色。

实际大小

膨大膨瑚菌子实体小，群生或簇生于腐木或落叶堆。每个子实体具光滑或稍皱褶、白色至奶油色的囊状菌盖，菌盖通常球形，成熟后易凹陷或扁平。菌柄细长，光滑，白色至奶油色。

科	羽瑚菌科Pterulaceae
分布	北美洲、欧洲、亚洲
生境	林地或草地
宿主	阔叶树和针叶树
生长方式	生长于落叶层和腐烂植被上或地面上
频度	偶见
孢子印颜色	白色
食用性	非食用

子实体高达
2½ in
(60 mm)

直径达
2½ in
(60 mm)

498

钻形羽瑚菌
Pterula subulata
Angel-Hair Coral

Fries

羽瑚菌属 *Pterula* 的大多数物种子实体较小，且多分布在热带；钻形羽瑚菌看起来较精致，它是羽瑚菌属中较为出众的物种之一，它的异名多形羽瑚菌 *Pterula multififida* 也许更为人们所熟知。钻形羽瑚菌通常多个子实体交织生长在一起，看起来就像巨大的单个子实体，但有时散生或单生于腐烂的植物残片上。在南美洲，钻形羽瑚菌的一些近缘种能够被一些"真菌种植"蚂蚁"栽培"以作食物。

相似物种

钻形羽瑚菌的很多相似种分布于热带，通常生于腐木上。而钻形羽瑚菌分布于北温带，应该与热带的种类不同。毛状革菌 *Thelephora penicillata* 与其颜色相似，具有尖细分枝，但是分枝短，见于平展的菌盖边缘，很少直立。囊盖悬革菌 *Artomyces pyxidatus* 也具有明显分枝，但其分枝顶端呈明显冠状，可将其与钻形羽瑚菌区分开来。

实际大小

钻形羽瑚菌通常形成许多紧密交织的、小的子实体，很难分开。每个子实体具细小、直立、丝状（近毛发状）的分枝，顶端尖细，菌柄细。子实体看起来较韧，颜色差异较大，白色略带粉色至完全粉褐色。

科	铆钉菇科Gomphaceae
分布	北美洲西部、中美洲
生境	林地
宿主	阔叶树与针叶树外生菌根菌
生长方式	单生或群生于地面上
频度	产地常见
孢子印颜色	赭色
食用性	可食

密孢枝瑚菌
Ramaria araiospora
Red Coral
Marr & D. E. Stuntz

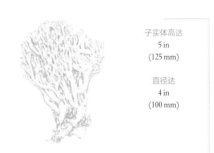

子实体高达
5 in
(125 mm)

直径达
4 in
(100 mm)

499

在包括大不列颠群岛在内的很多地区，外生菌根菌枝瑚菌 *Ramaria* 极为少见，但有些地方却是枝瑚菌分布的热点地区。美国西北太平洋沿海地区就是其中之一，当地分布着大量独特的枝瑚菌，基中许多物种在其他地方没有分布。美丽的密孢枝瑚菌最早描述自华盛顿，它只是沿海地区众多枝瑚菌种类的一种。它通常与西部铁杉和柯木共生，华盛顿以南的地区，如加利福尼亚到墨西哥以及瓜迪奥拉均有该物种分布。

相似物种

在同一区域，斯顿兹枝瑚菌 *Ramaria stuntzii* 与密孢枝瑚菌较为相似，都是亮红珊瑚色，但是前者在主分枝基部处通常具有不规则的黄色环带。另外，新鲜幼嫩时密孢枝瑚菌的颜色非常独特。但是如果褪色成珊瑚粉或橙色，就和其他很多物种相似。

实际大小

密孢枝瑚菌主干分枝密。分枝幼时鲜红色或珊瑚红色，成熟后褪色成粉色或橙色。分枝顶端红色或黄色，主干向基部呈白色。孢子堆可将老后褪色的子实体染为赭色。

科	铆钉菇科Gomphaceae
分布	北美洲、欧洲、亚洲北部
生境	林地
宿主	阔叶树（尤其是山毛榉）的外生菌根菌
生长方式	单生或群生于地上
频度	产地常见
孢子印颜色	赭色
食用性	可食（需谨慎）

子实体高达
6 in
(150 mm)

直径达
6 in
(150 mm)

葡萄色枝瑚菌

Ramaria botrytis

Rosso Coral

(Persoon) Ricken

葡萄色枝瑚菌的另一个英文名称为花珊瑚（Cauliflower Coral），这恰如其分地描绘出了其外观形态。其子实体主干较粗，近基部处分枝，顶部形成大量短小的分枝。然而，花椰菜状的子实体并非其独有的特征，其他一些枝瑚菌属*Ramaria*的种类与其形态相似。该种最初描述自欧洲，在那里它与山毛榉或栎树共生。报道中与针叶树共生的葡萄色枝瑚菌，可能指的是一个或多个形态相似的种。葡萄色枝瑚菌可以食用，但据说可能会引起一些人腹泻。

实际大小

相似物种

葡萄色枝瑚菌粉紫色的分枝顶端非常独特，但也有一些不太常见的枝瑚菌属的物种，例如亚葡萄色枝瑚菌 *Ramaria subbotrytis*、红顶枝瑚菌 *Ramaria botrytoides*、红褪枝瑚菌 *Ramaria rubrievanescens* 和红枝瑚菌 *Ramaria rubripermanens*，可能具备与其相似的颜色。这些种类最好从显微形态来进行区分。

葡萄色枝瑚菌子实体分枝密，主干和分枝基部最宽达 2 in（50 mm），末端小枝粗短或呈刺突状。分枝白色至奶油色，带有玫瑰粉色，顶端颜色深，呈深玫瑰红色至酒红色。老后褪色的子实体可能被孢子堆染为赭色。

科	铆钉菇科Gomphaceae
分布	北美洲、欧洲、亚洲北部
生境	林地
宿主	阔叶树（尤其是山毛榉）的外生菌根菌
生长方式	单生或群生于地面上
频度	产地常见
孢子印颜色	赭色
食用性	有毒

子实体高达
6 in
(150 mm)

直径达
8 in
(200 mm)

501

美枝瑚菌
Ramaria formosa
Salmon Coral
(Persoon) Quélet

美枝瑚菌种加词"*formosa*"的意思是"美丽的、漂亮的"，幼时或新鲜时的美枝瑚菌也的确很漂亮，其粉色的分枝和黄色的顶端形成鲜明的对比。美枝瑚菌最早描述自欧洲，在那里它主要是山毛榉或板栗的外生菌根菌。有些报道与针叶树共生的"美枝瑚菌"实际上很可能是另一个与其相似的物种。美枝瑚菌颜色十分引人注目，但它能够引起胃肠道中毒反应。由于枝瑚菌属 Ramaria 通常很难鉴定到种，因此整个这一类群的物种都应尽量避免食用。

相似物种

美枝瑚菌黄色的分枝顶端非常独特，但这却并非其独有的特征。枝瑚菌属的一些其他物种，例如新美丽枝瑚菌 *Ramaria neoformosa*、淡黄枝瑚菌 *Ramaria raveneliana* 和薄美枝瑚菌 *Ramaria leptoformosa* 等也具有相似的颜色。这些相似种有些是生长于针叶林，但最好通过微观形态来区分。

实际大小

美枝瑚菌子实体分枝密，主干和基部分枝宽达 1½ in (35 mm)，末端小枝短，常呈刺状。分枝肉粉色至鲑鱼赭色，顶端黄色。主干向基部呈白色，有时受伤后呈紫色。孢子堆可能将老后褪色的子实体染为赭色。

科	铆钉菇科Gomphaceae
分布	北美洲西部
生境	林地
宿主	针叶树（尤其是西部铁杉）外生菌根菌
生长方式	单生或群生于地面上
频度	产地常见
孢子印颜色	赭色
食用性	未知

子实体高达
7 in
(175 mm)

直径达
4 in
(100 mm)

502

长孢枝瑚菌
Ramaria longispora
Longspored Orange Coral
Marr & D. E. Stuntz

长孢枝瑚菌是来自美国西北靠近太平洋地区的另外一个颜色鲜艳的枝瑚菌，在那里它通常与西部铁杉生长在一起。该种在欧洲大陆也偶有报道，但似乎这些报道中提及的是与其形态相似的另一个物种。通过显微镜可以观察到它的孢子较普通孢子长。另外，其新鲜子实体主干的上部具有不规则的黄色环带，该特征有助于将长孢枝瑚菌与枝瑚菌属 *Ramaria* 其他种类区别开来。长孢枝瑚菌的食用性尚不确定。

相似物种

在同一区域，拉金特枝瑚菌 *Ramaria largentii* 与长孢枝瑚菌形态形似，具有橙色的分枝，但拉金特枝瑚菌分枝基部无黄色的环带。据报道，拉金特珊瑚菌在欧洲也有分布。其他分布于北美洲西部具橙色分枝的枝瑚菌属种类，如沙枝瑚菌 *Ramaria sandaracina*、黄胶枝瑚菌 *Ramaria gelatiniaurantia* 和黄干枝瑚菌 *Ramaria aurantii-siccescens*，最好从微观形态来区分。

实际大小

长孢枝瑚菌子实体从主干分枝，分枝密。分枝橙色至橙红色，但向主干逐渐变黄。幼时分枝可能呈黄色，后变为橙色。主干基部白色，有明显的白色根状菌索。老后褪色的子实体可能被孢子堆染为赭色。

科	铆钉菇科Gomphaceae
分布	北美洲、欧洲、中美洲、亚洲北部
生境	林地
宿主	阔叶树和针叶树
生长方式	单生或一群附着在极度腐烂的木头上
频度	常见
孢子印颜色	赭褐色
食用性	非食用

子实体高达
6 in
(150 mm)

直径达
5 in
(125 mm)

密枝瑚菌
Ramaria stricta
Upright Coral
(Persoon) Quélet

503

密枝瑚菌可能是北温带最常见的枝瑚菌属 *Ramaria* 物种之一，但近期的分子生物学研究表明它有可能并不属于枝瑚菌属。真正的枝瑚菌属物种是外生菌根菌，但密枝瑚菌属于一小类形态与真正的枝瑚菌属相似的木腐菌。即使其子实体看起来并没有生长在木头上，但其子实体基部白色、根状的菌丝束通常附着在附近的腐木上（有时是附着于埋木上）。密枝瑚菌子实体大小差异较大，有时非常小，有时又特别大，这可能与其生长处可供其利用的腐木量相关。

实际大小

相似物种

热带地区生于腐木上的 *Ramaria moedlleriana* 与密枝瑚菌形态非常相似，最好通过微观形态进行区分。细枝瑚菌 *Ramaria gracilis* 子实体颜色较浅，生长于针叶树上，而且新鲜时具有明显的八角气味。大多数其他枝瑚菌属种类通常生长于地上，而且无密枝瑚菌所呈现的粉紫色。

密枝瑚菌子实体分枝密、细、直立、紧凑。分枝通常颜色较浅，幼时顶端灰粉色、浅黄色，向基部逐渐变为紫粉色。整个子实体受伤后变暗紫色。成熟后，随着孢子堆颜色变化，分枝逐渐变为赭色。

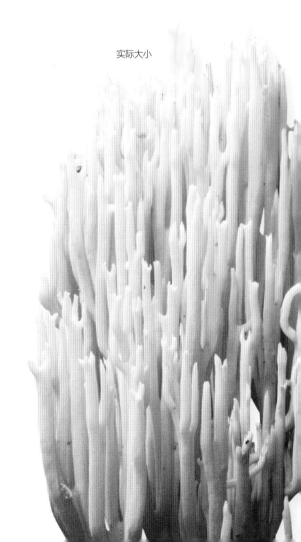

科	珊瑚菌科Clavariaceae
分布	北美洲、欧洲、亚洲北部
生境	草地或林地
宿主	苔藓、草地或落叶
生长方式	单生或散生于地面上
频度	常见
孢子印颜色	白色
食用性	可食

子实体高达
3 in
(80 mm)

直径达
3 in
(80 mm)

504

白色拟枝瑚菌
Ramariopsis kunzei
Ivory Coral
(Fries) Corner

1821 年，植物学教授弗里斯（Elias Fries）他是瑞典一位牧师的儿子，现在人们尊称他为现代真菌分类学创始人，他首先描述了白色拟枝瑚菌。虽然它分布广泛且很常见，但是我们对该种知之甚少。大型丛状的子实体偶见于牧场中，高一些的子实体可生长于林地，一些较小而纤弱的子实体常见于草地和林地。所有这些子实体均具有分枝、呈白色，且微观形态特征也相同。需要通过仔细的 DNA 分析来确定，它们是否为同一物种的不同变种，还是几个亲缘关系较近的不同物种。

相似物种

白色拟枝瑚菌隶属于一个形态相似较难区分的复合类群，即使依据显微特征也很难将它们区分开。这个复合群中大多数子实体较小，其中较大的子实体常与冠锁瑚菌 *Clavulina coralloides* 相混淆。但冠锁瑚菌常具有相对不规则的羽状或尖刺状顶端。在北美洲东部，刺银耳属 *Tremellodendron* 的一些种与孔兹拟枝瑚菌相似，但是子实体较坚韧。

实际大小

白色拟枝瑚菌形态差异较大，但通常具分枝，白色（很少呈粉红色，有时从基底向上逐渐变红）。小型子实体分枝通常较稀，管状，直立时像烛台。但大型种的分枝扁平，呈莲座丛生长。

科	革菌科Thelephoraceae
分布	北美洲、欧洲、亚洲北部
生境	林地
宿主	针叶树外生菌根菌
生长方式	生于树基部根系周围地上
频度	产地常见
孢子印颜色	褐色
食用性	非食用

掌状革菌
Thelephora palmata
Stinking Earthfan
(Scopoli) Fries

子实体高达
4 in
(100 mm)

直径达
3 in
(75 mm)

505

根据掌状革菌的名字"恶臭地扇"和"恶臭假珊瑚"，我们就不难发现这个与针叶树共生的物种有一股相当难闻的气味。一些人把这种味道比作老白菜水味道，另一些人则认为像腐烂的大蒜味或过熟的奶酪味。尽管掌状革菌形状与珊瑚状真菌类似，但它与几种多孔菌近缘，包括疣革菌 *Thelephora terrestris* 以及石竹色革菌 *Thelephora caryophyllea*。掌状革菌与牛肝类真菌以及齿菌的关系较远，例如灰拟牛肝菌 *Boletopsis grisea* 和黑栓齿菌 *Phellodon niger*。

相似物种

头花革菌 *Thelephora anthocephala* 与掌状革菌非常相似，但前者通常分布于阔叶林，且无掌状革菌般特殊的难闻气味。一些深色的枝瑚菌 *Ramaria* 种类可能与掌状革菌颜色相似，但这些枝瑚菌的子实体并非革质，具有分枝且分枝顶端尖锐。

实际大小

掌状革菌子实体革质，分枝，分枝基部窄，向上变宽成扇形，后开裂形成平截的叉状。顶端楔形，不尖锐。幼时通常呈紫褐色，分枝顶端白色，成熟后暗灰褐色。

马勃、地星、鸟巢和鬼笔

Puffballs & Earthstars, Bird's Nests & Stinkhorns

马勃、地星、鸟巢和鬼笔曾被人为地划分为腹菌，腹菌gasteromycetes从字面理解是"stomach fungi"，这是因为这类真菌产生的孢子都在子实体内部而不是外表面。

实际上，马勃及一些形态相似的物种与蘑菇更近缘，部分种类甚至在闭合的菌盖内部还有菌褶残留。许多种类已经适应了沙漠环境，在那种条件下普通的伞菌状子实体通常会枯萎死亡。像假块菌一样，有些物种可生长于地下并靠动物传播其孢子。一些特殊的地星依靠雨滴来释放孢子。

尽管外形看起来不像，但微小的鸟巢也与蘑菇有亲缘关系。它们也需依靠雨水，一场大雨中的雨滴落入杯状鸟巢中，将微小的、鸟蛋状的孢子堆小包溅出。鬼笔是一个独立的类群，包括真菌世界中许多奇形怪状的子实体。其孢子在胶质的"菌蛋（菌蕾）"内形成，然后向上生长，形成许多奇怪的子实体，有些看起来像奇怪的水生生物。鬼笔的孢子通常靠苍蝇传播，且所有种类都散发出一种让人难忘的臭味。

科	双管菌科Diplocystidiaceae
分布	北美洲、欧洲、非洲、中美洲、南美洲、亚洲、澳大利亚
生境	林地
宿主	阔叶树和针叶树外生菌根菌
生长方式	单生或群生于地上
频度	常见
孢子印颜色	褐色
食用性	非食用

子实体高达
2 in
(50 mm)

直径达
4 in
(100 mm)

508

硬皮地星
Astraeus hygrometricus
Barometer Earthstar

(Persoon) Morgan

硬皮地星子实体初期球形。外包被厚，成熟后开裂形成 6—12 个瓣，天气潮湿时裂片反卷，露出位于中间的马勃状孢子囊。裂片具强吸湿性，天气干燥时内卷包裹孢子囊。

尽管硬皮地星的英文名称和外形都与地星相似，但硬皮地星并非真正的地星，与地星属 *Geastrum* 中真正的地星毫无亲缘关系。这是平行进化中的一个奇怪现象。这两个真菌类群有相似的孢子传播方式——即利用下落水滴的冲击力使其孢子从顶端小口释放。硬皮地星还具备了另一种能力：天气潮湿时展开其坚韧的裂片（做好准备迎接雨滴），而干燥时会把裂片折叠起来以保护子实体耐受干旱。

相似物种

硬皮地星是世界广布种，但其近缘种（最好通过显微形态来区分）分布在东南亚。大部分地星属种类的裂片不具有吸湿性，干燥时仍保持展开状态（尽管少数种的部分裂片会上卷）。

实际大小

科	伞菌科Agaricaceae
分布	北美洲、欧洲、非洲、中美洲、南美洲、亚洲、澳大利亚
生境	干旱林地、灌木丛和沙漠
宿主	阔叶树和针叶树
生长方式	单生或小群生于地上
频度	产地常见
孢子印颜色	褐色
食用性	可食（未开伞前）

子实体高达
24 in
(600 mm)

菌盖直径达
3 in
(75 mm)

509

鬼笔状钉灰包
Battarrea phalloides
Sandy Stiltball
(Dickson) Persoon

鬼笔状钉灰包是干旱地区和沙漠地区一种典型的真菌，其有坚韧的菌柄和保护完好的孢子堆，这使其能够经受最干旱的环境。令人惊讶的是，它却于1785年最早描述自英国（尽管它是大不列颠群岛的一种罕见种），主要分布于干旱的灌木丛下沙地。然而，鬼笔状钉灰包却似乎是广布物种，且在很多地区可能比较常见。在塞浦路斯它被称为驴菌，甚至食用其不成熟的"菌蛋"。

相似物种

毛柄钉灰包 *Battarrea stevenii* 有时被认为是分布于欧洲南部或其他地区、子实体较大的一个独立物种，但是 DNA 测序结果显示二者没有不同，因此该书中把它们作为同一个物种来对待。柄轴灰包菌 *Podaxis pistillaris* 同样生长于贫瘠的地方，但其菌盖细长、被粗毛。

鬼笔状钉灰包子实体形成于一个白色、埋于地下的"蛋"（菌托），菌托可能残留在菌柄基部或碎裂。菌盖初期被白色膜质包被，但随后裂开露出锈褐色孢子堆。菌柄坚韧，干，被粗毛状鳞片，浅褐色。

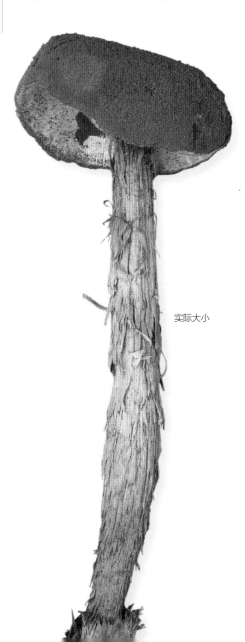

实际大小

科	伞菌科Agaricaceae
分布	欧洲、亚洲西部
生境	草地和林地
宿主	草地、阔叶树
生长方式	单生或小群生于地上
频度	常见
孢子印颜色	褐色
食用性	可食（幼时）

子实体高达
2½ in
(60 mm)

直径达
2½ in
(60 mm)

510

黑灰球菌
Bovista nigrescens
Brown Puffball

Persoon

黑灰球菌子实体近球形，光滑，初期白色至奶油色。成熟后，白色外包被脱落，露出暗褐色、薄的、稍有光泽的内包被。内包被裂开后，露出内部海绵状、暗褐色的孢子团。

黑灰球菌与其近缘种——子实体较小的铅色灰球菌 *Bovista plumbea* 一样，子实体无柄，幼时包被着柔软的白色表皮。当孢子成熟后，外包被脱落，露出内部薄的内包被（黑灰球菌内包被呈暗褐色，铅色灰球菌内包被呈铅灰色），从顶部裂开释放孢子。伴随着外表皮的脱落，黑灰球菌子实体也与土壤脱离。由此，成熟的黑灰球菌能够随风自由旋转，同时将其孢子带到其经过的地方。

相似物种

堆灰球菌 *Bovista pila* 是分布于北美洲的相似种。铅色灰球菌分布于美洲和欧洲，是生长于含有碳酸钙的地上的一个较小的物种。浓味灰球菌 *Bovista graveolens* 分布于欧洲大陆，是另一种相似但不常见的种，偏爱受人为干扰的环境。

实际大小

科	丽口菌科Calostomataceae
分布	北美洲、中美洲、南美洲北部
生境	林地
宿主	栎树外生菌根菌
生长方式	单生或小群生于地上
频度	偶见
孢子印颜色	浅黄色
食用性	非食用

红皮丽口菌
Calostoma cinnabarinum
Red Aspic-Puffball

Corda

子实体高达
3 in
(80 mm)

直径达
1 in
(25 mm)

511

丽口菌属 *Calostoma* 看上去像奇怪的马勃，但事实上，丽口菌属与腹菌和牛肝菌的关系比其与真正的马勃更近。红皮丽口菌的子实体像是被保护在一层肉冻之中，有研究表明这种凝胶状的外包被是一个保护层，帮助其抵御干燥和无脊椎动物的伤害。属名"*Calostoma*"意指"美丽的嘴巴"，源于其孢子囊顶部红色的开口。它呈现的亮橘红色是源于一种从其子实体中分离到的、独特的色素丽白菌橙红（calostomal）。

相似物种

红皮丽口菌仅发现于美洲，但其他相似种分布于亚洲和澳大拉西亚地区。在北美洲，变黄丽口菌 *Calostoma lutescens* 与其相似，但变黄丽口菌菌柄和孢子囊呈黄色（尽管其顶端突起的褶皱呈红色）。拉氏丽口菌 *Calostoma ravenelii* 也是黄色，但无凝胶状的外包被。

红皮丽口菌幼时像凝胶球，成熟后胶质外包被（常含红色碎片）脱落，露出马勃状孢子囊。红皮丽口菌顶端呈红色突起褶皱，裂开后释放出孢子。孢子囊着生于凝胶状菌柄上；菌柄粗，红色，粗网状，水分多。

实际大小

科	伞菌科Agaricaceae
分布	北美洲东部、欧洲、中美洲、亚洲北部、澳大利亚、新西兰
生境	肥沃的草地，灌木丛，有时生于花园
宿主	草地或阔叶树
生长方式	单生或群生于地上，形成蘑菇圈
频度	常见
孢子印颜色	橄榄棕
食用性	幼时可食

子实体高达
30 in
(750 mm)

直径达
30 in
(750 mm)

512

实际大小

大秃马勃
Calvatia gigantea
Giant Puffball
(Batsch) Lloyd

大秃马勃的子实体通常与一个足球的大小相似，但有时能达到惊人的尺寸，最大的记录是其直径超过 5 in（1.5 m），重量超过 40 磅（20kg）。更重要的是，它们常常形成蘑菇圈，尽管对这种现象知之甚少。子实体含有大量的孢子——重量达 1 磅（500g）的子实体产生大约150亿个孢子，当子实体破裂或风化腐烂后，这些孢子被释放出来。大秃马勃幼时整个子实体都呈白色，在其孢子成熟前，可以食用，有时在一些地方市场上有售。

相似物种

在北美洲西部，波斯尼亚秃马勃 *Calvatia booniana* 与大秃马勃大小差不多，但它的表面开裂，呈多角鳞片状。广布种龟裂马勃 *Lycoperdon utriforme*，其表面同样呈鳞片状，直径达 8 in（200 mm），但它具有较宽的不育基部。杯形秃马勃 *Calvatia cyathiformis* 也较相似，但表面光滑，孢子印呈紫褐色。

大秃马勃子实体无柄，圆形，扁球形。表面光滑，略具细绒毛，白色至奶油色，幼时表皮易剥离。成熟的子实体表面变薄，褐色，有时干燥后能保持好几个月才破裂释放出里面橄榄褐色的孢子。

科	伞菌科Agaricaceae
分布	北美洲、欧洲大陆、亚洲北部
生境	干燥草地、草坪和路边
宿主	草地
生长方式	单生或丛生于地上
频度	常见
孢子印颜色	浅绿色到赭褐色
食用性	可能有毒

子实体高达
5 in
(125 mm)

菌盖直径达
4 in
(100 mm)

513

裸青褶伞
Chlorophyllum agaricoides
Puffball Parasol
(Czernajew) Vellinga

裸青褶伞是半马勃状、半蘑菇状真菌的一个代表。这种伞菌菌盖闭合，孢子在内部成熟，当其子实体在风化腐烂后，孢子就释放了出来。这是一种对干旱气候的适应功能。在野外，尽管裸青褶伞也可生长于干旱的路边和花园中，但它其实是一种草原或干旱草地真菌。它曾经被置于另一个独立的属——褶轴腹菌属 *Endoptychum*，但 DNA 分析发现，裸青褶伞与大青褶伞 *Chlorophyllum molybdites* 近缘，并且可能同样有毒。

相似物种

闭合蘑菇 *Agaricus inapertus* 曾被称为凹内褶菌 *Endoptychum depressum*，并被认为与裸青褶伞近缘，但实际上它与野蘑菇 *Agaricus arvensis* 亲缘关系更近。这两个种外形相似，但闭合蘑菇成熟的孢子堆（及孢子）呈巧克力褐色，且该种具有杏仁味。得克萨斯长伞 *Longula texensis* 也与裸青褶伞相似。

实际大小

裸青褶伞子实体马勃状，菌柄半包在里面。菌盖表面初期光滑，后被鳞片，白色到奶油色，后变黄褐色至褐色。内部孢子堆初期白色，后变黄色至褐色（见左图）。菌柄短，与菌盖同色，菌盖边缘与菌柄相接处具明显的菌环。

科	五倍子菌科Gallaceaceae
分布	新西兰
生境	林地
宿主	山毛榉外生菌根菌
生长方式	单个或小群半埋生于地面上
频度	常见
孢子印颜色	褐色
食用性	非食用

子实体高达
1½ in
(40 mm)

直径达
4 in
(100 mm)

514

硬皮栎瘿菌
Gallacea scleroderma
Violet Potato Fungus

(Cooke) Lloyd

实际大小

　　硬皮栎瘿菌这个新西兰特有种是最美丽、最引人注目的块菌状真菌之一，但可惜的是它不能食用。它是一种外生菌根菌，与南半球山毛榉（假山毛榉属 *Nothofagus*）的根部形成菌根，该种常见于新西兰本土的深林里。另外，DNA 研究表明，其与珊瑚菌（枝瑚菌属 *Ramaria*）和鬼笔亲缘关系较远。属名"*Gallacea*"来源于"栎五倍子（栎瘿）"的拉丁语，这是因为这个种与"栎五倍子"这种虫瘿相似；而其种加词"*scleroderma*"源于其与硬皮马勃相近——尽管"栎瘿菌"和硬皮马勃均不会呈现亮紫色。

相似物种

　　硬皮栎瘿菌的颜色是独一无二的。五倍子菌属 *Gallacea* 的其他种类为白色至浅粉色，不会与此种混淆。新西兰另一种真菌近紫丝膜菌 *Cortinarius porphyroideus* 也同样拥有亮丽的颜色，尽管其紫罗兰色的菌盖闭合呈块菌状，但其具有明显的菌柄。

硬皮栎瘿菌的子实体块菌状，部分嵌入土壤表层和落叶层。呈不规则球形，表面具明显绒毛或鳞片，呈亮紫色至亮紫罗兰色，伤变褐色。切开后，内部呈橄榄褐色至暗灰褐色（见左上图）。

科	地星科Geastraceae
分布	北美洲、欧洲、非洲、中美洲、南美洲、亚洲、澳大利亚
生境	林地、灌丛、树篱
宿主	阔叶树和针叶树
生长方式	单生或群生于地上
频度	偶见
孢子印颜色	褐色
食用性	非食用

子实体高达
4 in
(100 mm)

直径达
3 in
(80 mm)

拱形地星
Geastrum fornicatum
Arched Earthstar

(Hudson) Hooker

515

拱形地星是真菌王国里最引人注目、子实体高度进化的物种之一。幼时呈球形，随后外表皮裂开呈星状的裂片或瓣，裂片反卷后露出中间的马勃状孢子囊。每个裂片分裂成两层，顶端相连；下层留存于地上或落叶中，上层向上拱起，孢子囊悬臂式位于上方，在雨滴作用下，孢子囊中的孢子喷出。拱形地星曾被认为像一个小矮人，甚至在 1695 年出版的一本书籍中在其真菌头部被画上了人脸。

相似物种

其他大部分地星的子实体不像拱形地星一样呈拱悬式，它们子实体下部也不具有围起来像鸟笼一样的裂片。四裂地星 *Geastrum quadrifidum* 也具有悬臂状裂片，但其子实体通常较小，孢子囊顶端开口处具有颜色较浅的环纹。

拱形地星子实体初期近球形。外表皮厚，成熟后外皮层开裂，脱落形成 3—5 个裂片。后期裂片剥离为两层。下层裂片呈杯状埋于地下或落叶层中，而上层拱起，托起位于中心的孢子囊。

实际大小

科	地星科Geastraceae
分布	北美洲、欧洲、非洲、中美洲、南美洲、亚洲、澳大利亚、新西兰
生境	林地、灌丛、树篱、沙丘
宿主	阔叶树和针叶树
生长方式	单生或群生于地上
频度	常见
孢子印颜色	褐色
食用性	非食用

子实体高达
2½ in
(60 mm)

直径达
5 in
(120 mm)

516

尖顶地星
Geastrum triplex
Collared Earthstar

Junghuhn

尖顶地星是最常见、分布最广泛，也是地星属 *Geastrum* 中子实体最大的种类之一。像许多地星属的其他物种一样，尖顶地星外包被具有弱吸湿性，即在潮湿时稍稍展开，干燥时又向内卷曲。传统上，尖顶地星和地星属的其他种都像马勃一样均可作为止血药，治外伤出血。切罗基族人也把它用于民间医疗中，治疗新生儿的脐带出血。在中医上，尖顶地星被视为一种淡茶，用于减轻呼吸道炎症。

相似物种

典型的尖顶地星孢子囊具有明显的项圈，极易与其他地星属种类区别开来。另外，它与较罕见的葫芦状地星 *Geastrum lageniforme* 也非常相似，二者形态上基本相同，但葫芦状地星缺乏项圈。需要进一步的研究以确定两者是否是不同的物种，或者只是同一物种的不同形态。

实际大小

尖顶地星子实体幼时洋葱状，顶部具一尖突。外包被厚，成熟时放射状开裂为4—7瓣，裂片反卷，中间马勃状孢子囊外露。裂片质地较脆，易脱落，孢子囊周围留下典型的环状项圈或杯托。

科	球盖菇科Strophariaceae
分布	澳大利亚、新西兰
生境	林地
宿主	阔叶树
生长方式	腐烂倒木
频度	偶见
孢子印颜色	褐色
食用性	非食用

红头勒氏菌
Leratiomyces erythrocephalus
Red Pouch Fungus
(Tulasne & C. Tulasne) Beever & D.-C. Park

子实体高达
1½ in
(40 mm)

菌盖直径达
2½ in
(60 mm)

517

红头勒氏菌颜色鲜艳，看起来就像一个未开伞的菌蕾时期的蘑菇，且看不到菌褶。但该种为独特的物种，从不开伞，内藏的菌褶也退化成了蜂窝状的结构。因其菌盖像一个红色大浆果，所以在澳大利亚其孢子传播常通过鸟类或小的哺乳动物来完成。近期的 DNA 研究认为，红头勒氏菌与包括橙黄勒氏菌 *Leratiomyces ceres* 在内的具菌褶的正常的蘑菇亲缘关系很近——这表明不开伞的菌盖是一种相对新近的进化发展。

相似物种

远缘种毛小杯盘菌 *Paurocotylis pila* 也在澳大利亚和新西兰生长，具有与红头勒氏菌相似的颜色，但毛小杯盘菌无菌柄。生长在同一区域且近缘种橙黄勒氏菌具有鲜橙色的菌盖，但却为传统的具菌褶伞菌。

实际大小

红头勒氏菌子实体呈马勃状，菌盖球形至卵形，菌柄长。菌盖光滑，常浅裂或褶皱，基部向内卷曲。菌盖表面鲜红有光泽至微黏，呈明亮深红色。菌柄圆柱形，白色至微黄色。菌盖切开后内部为褐色。

科	伞菌科Agaricaceae
分布	北美洲南部和西部、中美洲
生境	沙漠及干旱地
宿主	耐旱荒漠灌丛植被
生长方式	单生或群生于地上
频度	偶见
孢子印颜色	巧克力褐色
食用性	非食用

子实体高达
4 in
(100 mm)

菌盖直径达
3 in
(80 mm)

得克萨斯长伞
Longula texensis
Texan Desert Mushroom
(Berkeley & M. A. Curtis) Zeller

得克萨斯长伞看起来像一个未开伞的真正的蘑菇（蘑菇属 *Agaricus* 的一个种），近期的分子研究也已证实的确如此。该种已被移到蘑菇属 *Agaricus* 中，但名称并不合法，因为 *Agaricus lexensis* 这个名称已经存在，代表另一个完全不同的种。得克萨斯长伞似乎进化为不开伞的形态以抵抗干旱的条件，以便使其孢子在风吹日晒下能安然地生长成熟。最终风化后菌盖腐烂并释放出孢子。该种并不只限于发生在得克萨斯州，墨西哥北部至俄勒冈州也都有分布。

相似物种

其他沙漠及干旱地带的蘑菇也进化形成具有形态相似的子实体。轴柄灰包菌 *Podaxis pistillaris* 担子果不开裂，长卵形。宽棒歧裂灰包 *Phellorinia herculeana* 子实体宽棒形。大型的蘑菇属子实体在未成熟开伞时也具相似的外形，但将其子实体纵切后，可发现包裹在菌盖里变成苍白色或粉红色的菌褶。

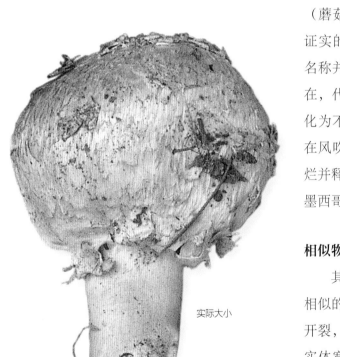

实际大小

得克萨斯长伞与未开伞的蘑菇属物种相似，菌盖略圆，初期白色光滑，老后逐渐变为粉红色，由光滑逐渐具有粗鳞。其菌盖不开伞，但里面有大量孢子，孢子堆初期棕褐色，成熟时变成黑色（见左侧图）。菌柄颜色与菌盖颜色相同，紧邻着菌盖下方具粗糙环，随子实体成熟而木质化。

科	伞菌科Agaricaceae
分布	北美洲、欧洲、非洲、中美洲、亚洲
生境	林地
宿主	含碳酸钙土壤（碱性）的阔叶树
生长方式	单生，小簇生或群生于地上
频度	偶见
孢子印颜色	褐色
食用性	幼时可食

长刺马勃
Lycoperdon echinatum
Spiny Puffball

Persoon

子实体高达
4 in
(100 mm)

直径达
2½ in
(60 mm)

519

令人惊讶的是，近期的 DNA 研究认为马勃与普通的栽培蘑菇隶属于相同的科。但是马勃的孢子不在菌褶上形成，而是形成于其完全封闭的产孢组织内。且已经进化出一种非常高明的释放孢子方法，当孢子成熟后，它们利用雨滴来完成孢子的释放。当雨滴打在马勃担子果顶部就会形成一个小洞，孢子就随之被释放出来。马勃内部的弹性组织可以让其在孢子释放后仍能恢复原状。来自瑞典的研究认为，长刺马勃可作为酸性指示物，因其在酸性土壤条件下子实体数量下降。

相似物种

有些研究认为美国的这类标本是与长刺马勃不同的物种，即美洲马勃 *Lycoperdon americanum*，但需进一步研究来证实它们是否的确存在差异。另一个美国物种粗刺马勃 *Lycoperdon pulcher-rimum* 也与长刺马勃十分相似，但它的刺更为粗壮，且不会随着担子果成熟而变为褐色。

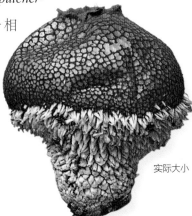

实际大小

长刺马勃的主要特征为子实体上具致密的长刺，刺初期白色，后迅速变成褐色（见右图）。随着子实体成熟，长刺脱落露出网状表面。成熟的子实体顶部发育出一个用来释放褐色孢子的孔。

科	伞菌科Agaricaceae
分布	北美洲、欧洲、亚洲北部
生境	林地
宿主	阔叶树或针叶树
生长方式	单生，小簇生或群生于地面上
频度	极其常见
孢子印颜色	褐色
食用性	幼时可食

子实体高达
3 in
(80 mm)

直径达
2 in
(50 mm)

网纹马勃
Lycoperdon perlatum
Common Puffball
Persoon

网纹马勃〔俗称常见马勃（Common Puffball）或恶魔鼻烟盒（Devil's Snuff Box）〕幼时可食，但要注意不要与有毒的腹菌相混淆。过去它被用作止血药为伤口止血以及用来治疗烧伤；将其引燃后，也可用于照明；燃烧释放的烟雾可以用来麻醉蜜蜂。但是一些土著居民认为网纹马勃的孢子可以导致失明，所以他们对待网纹马勃非常谨慎。还有的地方居民称网纹马勃为"盲人的咆哮"和"无眼睛"。它的孢子会刺激眼睛和鼻子，如果吸入一定量，甚至可能在肺部引起过敏反应并引发马勃菌病。

相似物种

与其他马勃形态相似，褐孢马勃 *Lycoperdon excipuliforme* 的子实体更大些，颜色更灰，成熟时顶部全部开裂以释放孢子。黑马勃 *Lycoperdon nigrescens* 幼时具黑刺，随着子实体成熟渐变为深褐色，且喜生于酸性林地。梨形马勃 *Lycoperdon pyriforme* 产孢组织表面近光滑，常密集群生于腐朽木上。

网纹马勃常见于林地，初期近白色至奶油色，表面具疣状颗粒或锥刺。随着成熟，担子果变得更褐，表面上的刺脱落后在表面留下网纹。成熟后，子实体顶部形成一个圆孔，褐色孢子可从这个圆孔喷射出去。

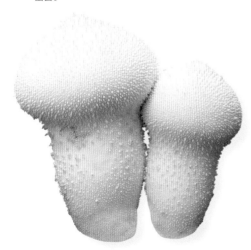

实际大小

科	伞菌科Agaricaceae
分布	北美洲、欧洲、非洲、中美洲、亚洲
生境	林地
宿主	阔叶树和针叶树
生长方式	典型的密集群生于腐木
频度	极其常见
孢子印颜色	褐色
食用性	幼时可食

子实体高达
2½ in
(60 mm)

直径达
1½ in
(40 mm)

521

梨形马勃
Lycoperdon pyriforme
Stump Puffball

Schaeffer

梨形马勃生长在林中腐木上，通常生于埋木或腐熟木桩基部，且常大片密集群生。近期的分子生物学研究表明，虽然梨形马勃被归在马勃属，但它与马勃属 *Lycoperdon* 中其他种亲缘关系较远。种加词"*pyriforme*"表示"梨形"的意思，梨形马勃的子实体的确为细长的倒梨形，因此其另一常见名字又称作梨形灰包。马勃属这个名字非常奇特，因为它委婉地表示"狼放屁"——法文的古老文献中也可查找到灰包"*vesse-de-loup*"一词，即马勃。

相似物种

大多数的马勃都是地生的，并且很少形成如梨形马勃的白色的根状菌索。其中的几个木生的种之前被归在独立的摩根菌属 *Morganella* 下，如北美东部的肉色马勃 *Lycoperdon subincarnatum*，其产孢组织表面的刺脱落后留下了网纹结构，且大多数热带的马勃都产生颜色较深、个体较小并且几乎无柄的子实体。

实际大小

梨形马勃子实体初期奶油色至浅褐色，产孢组织表面具颗粒，成熟时近光滑。菌柄基部具有明显的、白色根状菌素。和其他马勃一样，梨形马勃担子果顶部也形成一个用于释放褐色孢子的孔。

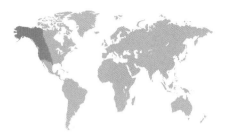

科	红菇科Russulaceae
分布	北美洲西部
生境	林地
宿主	针叶树外生菌根菌
生长方式	单生或小群生于地上
频度	偶见
孢子印颜色	白色
食用性	非食用

子实体高达
1½ in
(35 mm)

菌盖直径达
1½ in
(35 mm)

淡黄褶菇灰包菌
Macowanites luteolus
Yellow Brittleball
A. H. Smith & Trappe

522

淡黄褶菇灰包菌是介于脆红菇属 *Russula*（菌褶易碎蘑菇 brittlegill agaric）和马勃之间的一种真菌，该种如同其他伞菌一样具有菌盖和菌柄，但其菌盖从不开伞，菌褶形成也不完整，与马勃类似，其孢子是在菌盖里面产生并发育成熟。这个类群首次在南亚被发现，并由当地的菌物学家彼得·马克欧温（Peter Mac Owan）命名。但后续研究发现，该种为美国西北太平洋地区尤其常见的物种，但在该地区的针叶林中可以采集到几个不同物种。

相似物种

淡黄褶菇灰包菌与近缘物种的主要区别为：其颜色为奶白色至苍白色、暗黄色，略具辛辣味。淡黄褶菇灰包菌与紫褶菇灰包菌 *Macowanites iodiolens* 生境相同，常生长在相同的地方，它们颜色相似，但后者具独特的、淡淡的消毒剂味道。

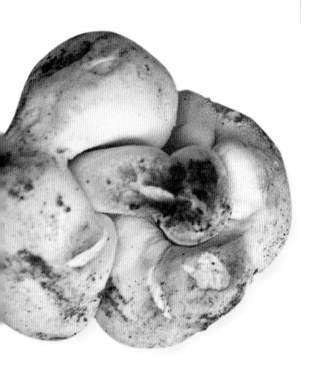

淡黄褶菇灰包菌看起来像未开伞的红菇属 *Russula* 真菌，菌盖略圆，光滑，奶白色至暗黄色，从不开伞，子实体成熟时里面有奶白色至暗黄色的孢子堆（有时与类似菌褶一样的片状结构混合）。不育基部较短，与菌盖颜色相同，延伸进孢子堆中。

实际大小

科	伞菌科Agaricaceae
分布	北美洲南部、欧洲大陆、非洲、中美洲和南美洲、亚洲、澳大利亚
生境	沙漠、干草原、沙丘
宿主	旱带和沙丘植被
生长方式	单生或小群生于地面上
频度	偶见
孢子印颜色	黑色
食用性	非食用

子实体高达
12 in
(300 mm)

菌盖直径达
2 in
(50 mm)

523

沙生蒙塔假菇
Montagnea arenaria
Desert Inkcap
(De candolle) Zeller

在全球广泛分布的沙生蒙塔假菇［俗称沙漠鬼伞（Desert Inkcap）］是另一种喜在干旱地带生长的真菌，它在全球分布广泛，不仅在沙漠和干旱地带生长，而且也在海岸沙丘上生长。它与常见的毛头鬼伞 *Coprinus comatus* 亲缘关系相近，但其木质性更强，并且不立即地释放孢子。相反，沙生蒙塔假菇的孢子快速成熟后仍然着生在菌褶上直到菌褶溶解后逐渐被风吹走。报道的世界上大部分假菇属 *Montagnea* 其他物种的描述都主要基于其孢子大小不同，但是近期研究认为这些种仅为沙生蒙塔假菇的变种。

相似物种

沙生蒙塔假菇很容易与传统的鬼伞属 *Coprinus* 物种如毛头鬼伞老后干掉的子实体混淆，但是毛头鬼伞没有木质的菌柄或基部菌托，子实体柔软且更纤细，在干燥的天气易碎裂。

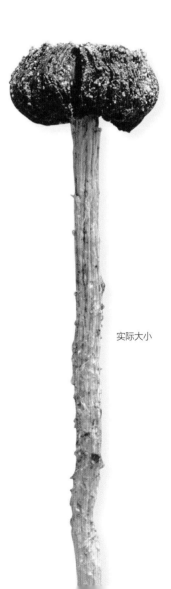

实际大小

沙生蒙塔假菇形态看起来粗糙破旧。菌盖平展，暗褐色，边缘常不规则。菌褶黑色，易碎且扭曲，菌盖上方典型翻卷。菌柄粗糙、木质化，浅褐色。基部有一个褐色菌托，埋生于土地或沙地上。

科	地星科Geastraceae
分布	北美洲、欧洲、非洲、中美洲和南美洲、亚洲；已传入澳大利亚
生境	林地、灌木丛、沙丘
宿主	阔叶树和针叶树
生长方式	单生或群生于地上
频度	偶见至稀少
孢子印颜色	褐色
食用性	非食用

子实体高达
3 in
(75 mm)

直径达
6 in
(150 mm)

524

鸟状多口地星
Myriostoma coliforme
Pepper Pot
(Withering) Corda

鸟状多口地星主要为旱地真菌，十分常见，广泛分布于半沙漠地带，但其他地方却罕见。它看起来像地星（地星属 *Geastrum* 的物种），但因其具有多个释放孢子的孔，因此其另一常见的名为胡椒粉盒。令人奇怪的是，这个半沙漠地带分布的物种最早描述自英格兰，但此后很长时间以来，人们都认为它在英国已经灭绝（因为自 1880 年后就再没见到过该物种），直到 2006 年在当地再次发现它。但它一直被欧洲的许多国家列入红色名录中，在伯尔尼公约中，它是 33 种受国际保护的真菌之一。

鸟状多口地星子实体幼时几乎为球形。成熟时厚的外包被开裂，脱落成 5—12 瓣裂片，中心露出马勃状的内包被。内包被由许多小的圆柱体支撑，表面有许多穿透的孔洞，孢子从这些孔洞释放出来。

相似物种

没有与该种极为相似的物种。而地星（地星属的种）仅在担子果顶端有一个孔（更像个盐罐子而不是胡椒粉盒），其头部马勃状，有一个轴托，而鸟状多口地星头部有多个轴托支撑。

实际大小

科	硬皮马勃科Sclerodermataceae
分布	北美洲、欧洲、北非和东非、亚洲北部
生境	干燥的林地和灌木丛
宿主	与松树、罕见与栎树形成外生菌根菌
生长方式	单生或小群生于地上
频度	产地常见
孢子印颜色	褐色
食用性	非食用

彩色豆马勃
Pisolithus arhizus
Dyeball
(Scopoli) Rauschert

子实体高达
12 in
(300 mm)

直径达
8 in
(200 mm)

525

彩色豆马勃确实不是一种让人喜欢的真菌，其子实体常被误认为马粪——即使是近距离看的时候。它的原名是豆包菌 *Pisolithus tinctorius*，种加词（及英文名）源于该物种应用于传统染色工艺，它能染出黄色和紫色。剖开未成熟的担子果后，可以看到内部点缀着豆粒大小的小包，孢子在这些小包内形成。成熟后的担子果像外表面一样破裂，因此老熟的子实体只不过是粉末状的褐色孢子堆。

相似物种

彩色豆马勃曾经被认为是世界广布种，但是 DNA 研究表明它是一个由不同种组成的复合群——澳大利亚的几个物种与桉树共生。真正的彩色豆马勃分布于北半球，部分地区常生于干旱的砂土上（在多雨的不列颠群岛上非常稀少），伴随着人工栽培的松树传入其他地区。

实际大小

彩色豆马勃子实体幼时像较大的马勃，且具有一个粗壮的不规则的半埋菌柄。表面光滑，浅赭褐色，逐渐变为黑褐色、易碎裂。未成熟的子实体被切开，可以看到内部呈深褐色，点缀着豆粒大小大理石般的小包，（孢子在小包中形成）。担子果成熟后呈红褐色，粉末状。

科	伞菌科Agaricaceae
分布	北美洲、非洲、中美洲和南美洲、亚洲、澳大利亚
生境	沙漠及半沙漠地区
宿主	常带有白蚁堆的荒漠植被中
生长方式	单生或小群生于地上
频度	部分地区常见
孢子印颜色	红褐色
食用性	幼时可食

子实体高达
6 in
(150 mm)

菌盖直径达
1½ in
(40 mm)

526

柄轴灰包菌
Podaxis pistillaris
Desert Shaggy Mane

(Linnaeus) Fries

柄轴灰包菌为世界上沙漠及半沙漠地区分布最广、最引人注目的真菌之一，见于热带和亚热带的干旱地区。与通常栽培的蘑菇和鸡腿菇（Shaggy Ink Cap）隶属于同一科，幼时它们形态相似，但柄轴灰包菌的子实体坚硬且从不开伞。尽管它质地较硬，但在阿拉伯半岛其幼子实体被广泛食用，甚至在巴基斯坦北部和印度还被作为食用菌进行栽培，在当地被称为 khumbi（昆比尤拉）。在非洲西南部和澳大利亚，当地人们将其孢子粉用作为化妆品。

相似物种

其他的几个沙漠生长物种的子实体也进化形成菌盖，但从不开伞，以保护其自身的孢子免于干燥危害。那些粗糙的、子实体为白色的相似物种如得克萨斯长伞 *Longula texensis*，其球形的菌盖更圆；而宽棒歧裂灰包 *Phellorinia herculeana* 与该种的形态相似，但其子实体呈宽棒状。

实际大小

柄轴灰包菌子实体幼时形态与鸡腿菇相似，但更坚硬、更木质化。菌盖长卵形，具鳞片，奶白色。从不开伞，菌盖与菌柄融为一体，菌柄木质、坚韧，白色。红褐色的孢子在菌盖内部发育成熟，菌盖表面变为褐色，风化后才释放出孢子。

科	须腹菌科Rhizopogonaceae
分布	北美洲、欧洲、亚洲北部，非洲、南美洲、澳大利亚、新西兰栽培松树旁也可见
生境	林地
宿主	松树外生菌根菌
生长方式	地上及落叶层
频度	部分地区常见
孢子印颜色	淡褐色
食用性	非食用

浅黄须腹菌
Rhizopogon luteolus
Yellow False Truffle
Fries & Noordholm

子实体高达
2 in
(50 mm)

直径达
2 in
(50 mm)

须腹菌属 *Rhizopogon* 子实体块菌状，与牛肝菌（乳牛肝菌属 *Suillus* 的物种）近缘，仅与针叶树共生。浅黄须腹菌子实体非常容易被发现，部分原因是其子实体的颜色和大小，但最主要是由于它只是半埋于土中，另一半露出地面，而没有埋藏于针叶堆下。该种已传播至世界各地的人工松树林中。在有些地区，它被作为重要的经济外生菌根菌引进，帮助树木在贫瘠的土壤，或改良土壤，如一些老矸石山中生长。

相似物种

其他一些须腹菌属的物种也较为相似，但大多数为白色，或与松树以外的针叶树共生。普通须腹菌 *Rhizopogon vulgaris* 和褐红须腹菌 *Rhizopogon ochraceorubens* 都与黄色松树共生，但伤后变红。常见的橙黄硬皮马勃 *Scleroderma citrinum* 看起来也与该种相似，但它表面具有鳞片，切开后黑色，带有令人讨厌的橡胶味。

实际大小

浅黄须腹菌子实体坚硬、马铃薯状（见上图），黄赭色，附有一些深色的线状的菌索。内部海绵状、幼时黄白色，成熟时逐渐变为暗橄榄褐色。

科	硬皮马勃科Sclerodermataceae
分布	北美洲、欧洲、北非、亚洲北部
生境	酸性林地
宿主	阔叶树和针叶树外生菌根菌
生长方式	单生或小群及簇生于地面上
频度	极其常见
孢子印颜色	黑色
食用性	有毒

子实体高达
2 in
(50 mm)

直径达
4 in
(100 mm)

528

橙黄硬皮马勃
Scleroderma citrinum
Common Earthball

Persoon

硬皮马勃是极为常见的树木外生菌根菌，当子实体顶部开裂释放出黑色孢子——顶部开裂后有时形成星状结构。橙黄硬皮马勃非常喜欢生长在酸性林地或荒野。如果切开子实体，则具有明显的"马勃气味"——特别像橡胶的气味。据说其子实体曾掺杂在块菌中出售，但实际上橙黄硬皮马勃有毒，食用后可导致肠胃炎。偶见的寄生假牛肝菌 *Pseudoboletus parasiticus* 有时也寄生于橙黄硬皮马勃子实体上。

相似物种

灰疣硬皮马勃 *Scleroderma verrucosum* 喜生于弱酸性的林地，包被较薄，具有细小鳞片，基部呈粗壮的菌柄状。其他的腹菌常不具鳞片而与该种区分开，但大多数需要显微形态观察才能区分开。而须腹菌属 *Rhizopogon* 的物种形态上也与该种相似。

实际大小

橙黄硬皮马勃子实体几乎为球形，表面亮赭石色至米色，裂开后形成粗糙的疣或鳞片。无柄，但基部具根状菌索。切开后表皮厚达到 ¼ in（5 mm），白色但略变红。孢子堆初期白色，后变为大理石纹理状的紫黑色，最终变为粉末状，灰黑色（见左图）。

科	斯氏菇科Stephanosporaceae
分布	欧洲
生境	林地
宿主	针叶树，尤其是紫杉
生长方式	地生
频度	偶见
孢子印颜色	浅黄
食用性	非食用

胡萝卜色冠孢菌
Stephanospora caroticolor
Carrot-Colored Truffle
(Berkeley) Patouillard

子实体高达
1½ in
(40 mm)

直径达
1½ in
(40 mm)

大多数块菌状真菌子实体为白色、褐色或黑色——但胡萝卜色冠孢菌的颜色却是个例外，前提是该种半埋生在林地落叶层中。它的颜色源于其子实体中的化合物冠孢菌素（stephanosporin）。该化合物是一种天然杀虫剂（也是在其子实体中发现的）的前体，由此看来它有助于胡萝卜色冠孢菌免于虫害。在欧洲，此种仅发现于在含碳酸钙的林地中，而在大不列颠岛，该物种最常见于紫杉林下。

相似物种

胡萝卜色冠孢菌的颜色十分特殊，为橘色至红色。块菌状的斯蒂芬乳菇 *Lactarius stephensii* 也常发生于欧洲，但其外表颜色为暗橘色至棕红色，切开后流出白色乳液。

实际大小

胡萝卜色冠孢菌子实体球形至不规则的、柔软肉质的块菌状。表皮光滑，易碎，且易消失，初期浅橘黄色至黄灰色，逐渐变为胡萝卜红色，擦伤后变黑色。内部红色至橘色，有蜂窝状的槽室，孢子在槽室内部形成。

科	伞菌科Agaricaceae
分布	北美洲、欧洲、非洲、南美洲、亚洲、澳大利亚
生境	干旱地和沙丘
宿主	旱地和沙丘植被，常见于苔藓
生长方式	地上和沙地
频度	偶见
孢子印颜色	褐色
食用性	非食用

子实体高达
2½ in
(60 mm)

直径达
½ in
(15 mm)

冬生柄灰包
Tulostoma brumale
Winter Stalkball
Persoon

柄灰包属 *Tulostoma* 与马勃（马勃属 *Lycoperdon* 的种）近缘，它们已进化到可在干旱的条件下生存。这一类群通常生长在沙漠、草原和干旱地带，喜欢含碳酸钙的地方。冬生柄灰包又被称为常见有柄灰包（Common stalked puffball），是北温带最常见的物种之一。其子实体常发生于年末，见于海岸沙丘上，木质的柄半埋于沙中。该种也发生在干旱或沙质的内陆地带。在随处可见的水泥地出现之前，它们还往往生长在年久的花园的墙壁上。

相似物种

很多柄灰包属的近缘物种都是世界广布种，如较常见种多毛柄灰包 *Tulostoma squamosum*，其柄着生绒毛，而毛缘柄灰包 *Tulostoma mbriatum* 柄也具细微鳞片，在其产孢组织顶部有一不规则孔洞，不整齐，边缘突起。

实际大小

冬生柄灰包像一个长在棍棒上的小马勃。产孢组织圆球形，表面光滑，幼时浅黄色，逐渐变为灰色。产孢组织顶端有一个小孔口，孔的边缘突起，孢子从这个孔被释放出来（见左图）。产孢组织从一个光滑的至略多鳞的、木质的、褐色的不育基部生长。

科	球盖菇科Strophariaceae
分布	新西兰
生境	林地
宿主	阔叶树
生长方式	地生
频度	偶见
孢子印颜色	褐色
食用性	非食用

子实体高达
3 in
(75 mm)

菌盖直径达
1½ in
(40 mm)

531

绿僧帽菇
Weraroa virescens
Blue Pouch Fungus
(Massee) Singer & A. H. Smith

绿僧帽菇是新西兰的特有种，介于蘑菇与马勃之间，非常独特。切开后，可见蜂窝状的菌褶，但其菌盖从不开伞，孢子在内部成熟。僧帽菇属 *Weraroa* 的模式种新西兰僧帽菇 *Weraroa novae-zealandiae* 被认为具有致幻作用，它已被转移至裸盖菇属 *Psilocybe*；而另一个曾隶属于僧帽菇属的红囊菌 *Weraroa erythrocephala* 被转移到了勒氏菌属 *Leratiomyces* 中。DNA 序列分析表明，绿僧帽菇与这两个物种的亲缘关系都不是很近，因此，目前该种仍被保留在僧帽菇属。

相似物种

新西兰僧帽菇（现在名称为 *Psilocybe weraroa*）形态与该种相似，但其生长在重度腐烂的木头上，伤变蓝，切开后内部灰褐色而不是红褐色。铜绿球盖菇 *Stropharia aeruginosa* 也分布于新西兰，且可能与绿僧帽菇近缘，两者颜色也相近，但铜绿球盖菇具正常的菌盖和菌褶，菌柄通常粗糙。

实际大小

绿僧帽菇子实体马勃状，菌盖圆锥形且光滑，逐渐变褶皱。湿时表面略黏，淡蓝色至蓝绿色；干燥时有光泽，暗绿色。菌柄圆柱形，延伸至菌盖内，白色至亮黄色。切开后，菌盖内部为红褐色。

科	伞菌科Agaricaceae
分布	北美洲、欧洲、非洲、中美洲和南美洲、亚洲、澳大利亚、新西兰
生境	空地、田边、暴露的花园覆盖物上和沙丘
宿主	草、朽木、植物残体
生长方式	群生于地上
频度	常见
孢子印颜色	白色
食用性	非食用

子实体高达
½ in
(15 mm)

直径达
½ in
(15 mm)

532

壶黑蛋巢菌
Cyathus olla
Field Bird's Nest
(Batsch) Persoon

壶黑蛋巢菌就像装有鸟蛋的小型鸟巢，该种已进化为通过雨滴释放其孢子。子实体幼时为鼓形，成熟后鼓形表皮破裂，露出下面"杯状"或"巢状"的结构。"鸟蛋"内部是孢子堆，通过盘绕的线连接于杯状结构的基部。当雨溅入开口的杯里时，盘绕线释放出来，孢子堆被弹入空中。孢子最远可以在 1 米以外的地方着陆，随着孢子堆破裂，孢子逐渐被释放出来。

相似物种

不太常见的粪生黑蛋巢菌 *Cyathus stercoreus* 与壶黑蛋巢菌相似，但粪生黑蛋巢菌常生长在粪便上。显微结构下其孢子较大，与壶黑蛋巢菌区分开。隆纹黑蛋巢菌 *Cyathus striatus* 为常见种，但喜生在更潮湿的地方，且外表面具茸毛，内部凹槽状。在热带及其他地区，另外有 30~40 个物种形态如同"鸟巢"。

实际大小

壶黑蛋巢菌子实体幼时鼓形，成熟时白色至赭色的"鼓状结构"破裂，露出灰色、球形的孢子堆（见左图）。成熟的子实体边缘常明显平展，包被外、内表面光滑，银灰色。

科	伞菌科Agaricaceae
分布	北美洲、欧洲、中美洲和南美洲、亚洲、新西兰
生境	潮湿的林地，林荫花园，覆盖物含木屑的地方
宿主	腐木、苔藓、植物残体
生长方式	群生
频度	常见
孢子印颜色	白色
食用性	非食用

子实体高达
½ in
(15 mm)

直径达
¼ in
(8 mm)

533

隆纹黑蛋巢菌
Cyathus striatus
Fluted Bird's Nest
(Hudson) Persoon

隆纹黑蛋巢菌（也被称为溅杯）喜生于阴暗潮湿的苔藓地带及倒木上，而同样常见的壶黑蛋巢菌 *Cyathus olla* 则喜生于开阔的空地上。它们微型鸟巢的形态相似，非常引人注目，但孢子堆看起来更像钱币而非鸟蛋，所以当地有人称其为仙女杯（Fairy Goblets）和仙子的钱包（Pixies' Purses）。在苏格兰，人们曾一度认为若在工作途中能够发现它们则是幸运的预兆。它们还具有药用价值，如从隆纹黑蛋巢菌中分离得到一种抗生素 striatins 和一种治疗癌症的化合物。

相似物种

在开阔地带，壶黑蛋巢菌 *Cyathus olla* 是常见的世界广布种，它的外表面光滑，极像"宽边盘子"。在热带地区和其他地区，包括皱缘黑蛋巢菌 *Cyathus limbatus*、大孢黑蛋巢菌 *Cyathus poeppigii* 和新西兰蛋巢菌 *Cyathus novae-zealandiae* 等在内的许多鸟巢菌也有内部的凹槽结构和外部的茸毛状杯状结构，但可通过显微特征进行区分。

实际大小

隆纹黑蛋巢菌的子实体幼时像带有茸毛的褐色的小高脚杯，顶部白色光滑。顶部表面成熟时破裂，露出灰色、像鸟蛋的孢子堆。包被内表面具凹槽，银灰色。

科	伞菌科Agaricaceae
分布	北美洲、中美洲和南美洲、亚洲东部、澳大利亚、新西兰
生境	林地
宿主	腐木、植物残体上，特别是蕨类上
生长方式	群生
频度	常见
孢子印颜色	白色
食用性	非食用

子实体高达
小于 ¼ in
(6 mm)

直径达
小于 ¼ in
(6 mm)

534

白毛红蛋巢菌
Nidula niveotomentosa
Woolly Bird's Nest
(Hennings) Lloyd

实际大小

蛋巢菌属 *Nidula* 与其他鸟巢菌的区别在于它的孢子堆（像"鸟蛋"似的结构，里面为孢子）不与杯形子实体的基部相连，而镶嵌在杯子内部的黏性凝胶里。雨滴落在杯子里将凝胶溶解，当达到适宜孢子萌发的潮湿条件时，孢子堆便向外释放孢子。白毛红蛋巢菌是一个个体小的常见种，特别是在北美洲的西部，白毛红蛋巢菌似乎特别喜生于凤尾草老的死茎上。

相似物种

红蛋巢菌 *Nidula candida* 是一个北美近缘种，它的子实体比较大、灰褐色。而世界广布种隆纹黑蛋巢菌 *Cyathus Striatus* 外表面茸毛状、褐色，杯状结构内部有明显的凹槽或脊。壶黑蛋巢菌 *Cyathus olla* 和白毛红蛋巢菌形态相似，但前者表面光滑。

白毛红蛋巢菌子实体圆柱形，向上逐渐扩张为杯状，覆有一层白色的膜，成熟时脱落，露出红褐色、像鸟蛋状的孢子堆粘在下部。包被外表面及边缘白色具茸毛，内表面黄褐色、光滑。

科	地星科Geastraceae
分布	北美洲、欧洲、非洲、中美洲和南美洲、亚洲、澳大利亚、新西兰
生境	林地、花园、沙丘
宿主	朽木、腐烂的植被、花园覆盖物、粪便
生长方式	群集或大群
频度	常见
孢子印颜色	白色
食用性	非食用

子实体高达
小于⅛ in
（2 mm）

直径达
⅛ in
（3 mm）

弹球菌
Sphaerobolus stellatus
Shooting Star
Tode

535

弹球菌子实体较小，但它在菌物界却被誉为"庞然大物"。当其成熟时外包被打开如星状，露出球形的装有孢子的"杯子"。当杯状结构底部渗透压升高，直到孢子球突然释放，孢子释放后杯状结构呈现爆炸式的外翻（使内部露出来），因此其另一个英文名字为炮弹菌（Cannonball Fungus）。孢子球可以被发射到空中最高 6 in（2 m），最远水平距离达 20 in（6 m）。它本身比较黏，所以可以沿其发射路径粘在任何植被上，停放的汽车或涂满油漆的墙面也会布满它的孢子球。

相似物种

两个极为相似的种，安戈尔德弹球菌 *Sphaerobolus ingoldii* 和怀特岛弹球菌 *Sphaerobolus iowensis* 仅能通过 DNA 分析区分，已知二者发生于北美洲（前者也发生于日本），但也可能分布更广。它们与弹球菌只可通过显微特征进行区分。

实际大小

弹球菌是子实体较小的密集生真菌。单个子实体可以直接从基物上长出，但更频繁地从一个奶白色至淡黄色的菌体组织长出。每个子实体都为半嵌入式的球状结构，成熟时星状结构开裂。当孢子球弹射后，子实体内表面外翻，如同黄色至橙色星形的"杯子"中盛放着一个小"水泡"。

科	鬼笔科Phallaceae
分布	北美洲南部、非洲、中美洲和南美洲、亚洲南部（日本）、澳大利亚、新西兰；已传入英格兰
生境	林地、花园
宿主	肥沃的土壤或重度腐烂的木头残余上
生长方式	单生或群生于地上
频度	偶见
孢子印颜色	橄榄褐色
食用性	可食（蛋形期）

子实体高达
4 in
(100 mm)

直径达
4 in
(100 mm)

红星头鬼笔
Aseroë rubra
Starfish Fungus
Labillardière

红星头鬼笔子实体发生于白色的胶质"蛋"上，这个"蛋"持久地留存在基部。子实体成熟后常红色，但变化多样，一些种短柄，具 14—22 个细弱托臂，而一些典型具有长柄，5—9 个托臂，每个托臂具有一个二叉状分枝。中间的盘上布满孢体黏液。

实际大小

红星头鬼笔还被称为海葵蘑菇（Anemone Stinkhorn），最早描述于塔斯马尼亚，但广泛分布于热带、亚热带、澳大拉西亚、亚洲（北至日本）。奇怪的是，多年研究发现该种生长在伦敦附近的林地，一直被当作外来种——因其在欧洲未被发现。如同鬼笔一样，红星头鬼笔的孢子也产生于具有臭味的黏液上，这种黏液可以吸引来许多苍蝇，而这些苍蝇成为鬼笔孢子传播的媒介。鬼笔的子实体形状、颜色各不相同，有橘色、橙色或白色。它们目前被认为属于广泛分布的单一物种，但未来的研究可能证明并非如此。

相似物种

粉红笼头菌 *Clathrus archeri* 与红星头鬼笔具有相似的颜色，但其简化的柄上长着少而长的托臂，孢体黏液在托臂内部。生长在非洲和亚洲的星头鬼笔 *Aseroë arachnoidea* 与红星头鬼笔相似，但其颜色为白色。近期描述的生长在南美洲的花型鬼笔 *Aseroë oriformis*，其子实体外形奇特，如向日葵，呈浅黄色。

科	鬼笔科Phallaceae
分布	澳大利亚、新西兰、非洲；已传入欧洲和北美洲西部（加利福尼亚州）
生境	林地和花园
宿主	肥沃的土壤或重度腐烂的木头残余上
生长方式	单生或群生于地上
频度	偶见
孢子印颜色	橄榄褐色
食用性	可食（蛋形期）

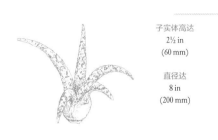

子实体高达
2½ in
(60 mm)

直径达
8 in
(200 mm)

537

粉红笼头菌
Clathrus archeri
Devil's Fingers
(Berkeley) Dring

粉红笼头菌或章鱼鬼笔（Octopus Stinkhorn）最早在塔斯马尼亚被发现并被描述，据说是"一战"时期连同稻草被邮寄到欧洲大陆的。更离奇的是，这个真菌随着外来园林植物而引进，现在已广泛传入英国南部，近期在加利福尼亚州也有报道。像"触角"似的托臂的内部被有橄榄褐色的臭的黏液，这种黏液吸引了很多苍蝇，而苍蝇为其传播大量的孢子。它产生子实体具有的味道就像奇怪的腐朽花朵一样能吸引苍蝇，但这并非巧合。

粉红笼头菌子实体与其他鬼笔相似，也发生在白色的胶状"蛋"上，但稍小且常簇生。短菌柄的基部持久地留存"蛋"剥伞部分。子实体的产孢结构具有4—8个辐射状托臂，颜色多变为粉色至红色。

相似物种

红星头鬼笔 *Aseroë rubra* 具有与粉红笼头菌相似的颜色，但其托臂长在极明显的菌柄上面，中间的盘上布满孢体黏液。笼头菌属 *Clathrus* 其他种的托臂尖端连生，或托臂具有分枝和连生，像红笼头菌 *Clathrus ruber* 一样，形成一个完整的或部分的笼头结构。

实际大小

科	鬼笔科Phallaceae
分布	欧洲、北非、亚洲西南部；已传入加利福尼亚和墨西哥
生境	林地和花园
宿主	肥沃的土壤或重度腐烂的木头残余上
生长方式	单生或群生于地上
频度	偶见
孢子印颜色	橄榄褐色
食用性	可食（蛋形期），但最好避免食用

子实体高达
5 in
(120 mm)

直径达
3½ in
(90 mm)

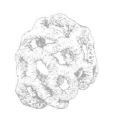

红笼头菌
Clathrus ruber
Red Cage

P. Micheli ex Persoon

大多数的笼头菌都生长在热带或亚热带地区，但红笼头菌是北温带分布的物种，常见于地中海地区，向北至不列颠群岛的沿海，温带地区也很常见。欧洲民间传说中人们就对红笼头菌产生深深怀疑的现象，或许这不奇怪。在法国的部分地区认为它能带来灾难，能擦伤皮肤，甚至致癌。意大利的一个古老的报道描述，在一个破败的教堂里红笼头菌长在人体颅骨上。事实上，据报道红笼头菌的蛋形期可食，不过它后期产生黏液很难诱人食用。它的另一个常用名是格鬼笔（Lattice Stinkhorn）。

相似物种

在美国的热带和亚热带地区，易碎笼头菌 *Clathrus crispus* 具有与红笼头菌相似的颜色，但其网状分枝更厚，因此中间空隙更小，如同具孔洞一样。广布种多毛驻菌 *Colus hirudinosus* 在欧洲南部比较著名，另一分布于澳大利亚的相似种小笼头菌 *Clathrus Pusillus* 仅在子实体的顶端形成网状托臂。

红笼头菌发生于白色的胶质"蛋"上，"蛋"剩余部分持久地留存在基部。子实体橙红色至鲜深红色，分枝的托臂连生一起形成格子状的笼头，托臂内表面覆盖着橄榄褐色的孢体黏液。其子实体成熟后极为脆弱且倒塌。

实际大小

科	鬼笔科Phallaceae
分布	南美洲南部、澳大利亚、新西兰；已传入英格兰东南部和东非
生境	林地、花园
宿主	肥沃的土地或重度腐烂的木头残余上
生长方式	单生或群生于地上
频度	偶见
孢子印颜色	橄榄褐色
食用性	可食（蛋形期）

美味栎网菌
Ileodictyon cibarium
Basket Fungus

Tulasne

子实体高达
10 in
(250 mm)

直径达
10 in
(250 mm)

539

栎网菌属 *Ileodictyon* 的物种和笼头菌属 *Clathrus* 形态相似，但其子实体成熟时是完全分离且径向对称，以致分不清顶部和底部。很明显，其子实体会突然从"蛋"里被释放出来，就像一个"玩偶匣子"。子实体可随风翻滚散播孢子，就像该科中其他成员一样，该种也是通过苍蝇传播孢子。美味栎网菌最早描述于新西兰，据说毛利人称其为"雷屎"，但古老的毛利人仍食用其蛋形期（"*cibarium*"意思为"可食用的"），这令人匪夷所思。

相似物种

一个近缘种纤细栎网菌 *Ileodictyon gracile* 发现于澳大利亚、非洲、日本和欧洲南部，其托臂略细、平展、无褶皱。许多笼头菌都是白色的，包括非洲的普罗伊斯笼头菌 *Clathrus preussii*，但它们的基部不同，且通常不分离。

实际大小

美味栎网菌发生于白色的胶状"蛋"上，但成熟后子实体与"蛋"分离，留下"蛋"的残余。分离的子实体分不清基部或顶部，但形成大的、白色的笼头状的网体。网状臂具褶皱，其内表面覆盖着褐色的孢体黏液。

科	鬼笔科Phallaceae
分布	撒哈拉以南的非洲（黑非洲）
生境	林地和花园
宿主	肥沃的土地或重度腐烂的木头残余上
生长方式	单生或群生于地上
频度	偶见
孢子印颜色	橄榄褐色
食用性	非食用

子实体高达
5 in
(120 mm)

直径达
1½ in
(40 mm)

540

珊瑚头散尾鬼笔
Lysurus corallocephalus
Coralhead Stinkhorn
Welwitsch & Currey

珊瑚头散尾鬼笔由于其独特的珊瑚状头部，并在外部的部分分枝上，而不是内部附有孢体黏液，曾被单独置于叉瓣笼头菌属 *Kalchbrennera* 中。像其他鬼笔一样，它的孢子也具有腐臭味并吸引苍蝇，进而通过苍蝇传播孢子。这个种最早由奥地利探险家和植物学家弗里德里希·威尔维茨（Friedrich Welwitsch）在撒哈拉以南非洲（黑非洲）的安哥拉采集。据说它生长于或近生于极度腐朽的木头上，像该科的其他真菌一样，珊瑚头散尾鬼笔是木头腐朽后期生长的真菌。

相似物种

近缘物种围第状散尾鬼笔 *Lysurus periphragmoides* 分布更广泛，与该种颜色相似，但其顶部更大，笼头状或网状，无珊瑚状突起。近期描述的亚洲分布种巴基斯坦散尾鬼笔 *Lysurus pakistanicus* 的菌柄黄色，顶部更大、粉色、笼头状。

实际大小

珊瑚头散尾鬼笔发生于胶质的"蛋"上，剩余"蛋"持久地留存在菌柄基部。成熟的子实体菌柄长且中空，红色至奶油色。可育头部具纤细的红色分枝，典型地形成有珊瑚状小突起的网状结构。新鲜时，分枝外部被有橄榄褐色的孢体黏液。

科	鬼笔科Phallaceae
分布	亚洲；已传入北美洲、欧洲南部、澳大利亚
生境	林地和花园
宿主	肥沃的土地或重度腐烂的木头残余上
生长方式	单生或群生于地上
频度	偶见
孢子印颜色	橄榄褐色
食用性	可食（蛋形期）

五棱散尾鬼笔
Lysurus mokusin
Ribbed Lizard's Claw
(Linnaeus) Fries

子实体高达
6 in
(150 mm)

直径达
1 in
(25 mm)

541

五棱散尾鬼笔或灯笼鬼笔最早描述自中国，其蛋形期具有药用价值（据说可以帮助治疗胃溃疡），故蛋形期可食。像其他鬼笔一样，它主要在适宜的气候条件下生长，现在为澳大利亚部分地区和美国南部十分常见种。它的"爪"上面点缀着恶臭的孢体黏液，吸引着苍蝇。作为一种木材腐朽后期发生的真菌，它更喜生在花园里的木头残片上，且常大量发生，这使郊区的花园业主很头疼。

相似物种

加德纳散尾鬼笔 *Lysurus gardneri* 是一个与五棱散尾鬼笔相似的非洲－亚洲种，但是它的菌柄圆形，不具脊。十字形散尾鬼笔 *Lysurus cruciatus* 是一个分布更广布的物种，但因其偶尔被发现于欧洲而被认为是外来物种，它的菌柄也是圆形，不具脊，不育的托臂顶端典型地自由分裂开。

五棱散尾鬼笔发生在胶质的"蛋"上，剩余"蛋"持久留存在菌柄基部。成熟时子实体菌柄具明显的脊，苍白色至红色。可育顶部包括4—6个短的、粉色至橘红色的托臂，且顶端持久相连，因此子实体的顶部结构紧凑、有凹槽。托臂间覆有橄榄褐色的孢体黏液。

实际大小

科	鬼笔科Phallaceae
分布	亚洲东南部、澳大利亚、新西兰
生境	林地和花园
宿主	肥沃的土壤或腐烂木头残余上
生长方式	单生或群生于地上或树桩上
频度	偶见
孢子印颜色	橄榄褐色
食用性	非食用

子实体高达
4 in
(100 mm)

直径达
½ in
(15 mm)

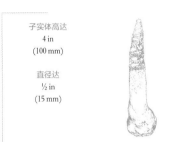

婆罗洲蛇头菌
Mutinus borneensis
Yellow Dog Stinkhorn
Cesati

婆罗洲蛇头菌最早的报道源自婆罗洲岛，但后扩延至澳大利亚和新西兰。与其他鬼笔一样，它的孢子形成于蛋形结构内部，并被凝胶基质包裹着。成熟后，蛋形结构破裂，中空、易碎的柄快速托出恶臭黏滑的孢子堆，很有可能充分利用了"蛋"形结构里胶状物中的水分而使其迅速生长。婆罗洲蛇头菌的孢体黏液常呈带状，当菌柄伸展时留下一系列的潮痕。

相似物种

雅致蛇头菌 *Mutinus elegans* 与该种相似，但其颜色更明亮，亮橘色至粉红色，菌柄圆锥形。狗蛇头菌 *Mutinus caninus* 具明显的头部，菌柄橘色且发红。拉夫纳尔氏蛇头菌 *Mutinus ravenelii* 也与该种相似，但为粉红色。

婆罗洲蛇头菌发生于胶质的小"蛋"上，剩余"蛋"持久留存在菌柄基部。成熟的子实体菌柄海绵状，渐细，白色，但向着顶部为黄红色至橘色。具不明显的头部，但菌柄上部被有橄榄褐色的孢体黏液。

实际大小

科	鬼笔科Phallaceae
分布	北美洲、欧洲、中美洲、亚洲北部、新西兰
生境	林地和花园
宿主	肥沃的土壤或腐烂的木头残余上
生长方式	单生或群生于地上或树桩上
频度	常见
孢子印颜色	橄榄褐色
食用性	据报道可食（蛋形期）

狗蛇头菌
Mutinus caninus
Dog Stinkhorn
(Hudson) Fries

子实体高达
5 in
(120 mm)

直径达
½ in
(15 mm)

543

当狗蛇头菌这个比较小的鬼笔生长在林地落叶层时很容易被忽略。虽然它的气味在常见的鬼笔中不算最强烈，但其仍可以吸引苍蝇，这点能够提醒人们它的存在。小的凝胶状蛋形结构常成簇生长或近生于树桩或腐木上，有时它也能在较高的腐木上生长，子实体产生于卵状的"蛋"上。该种最早描述于1778年英国的什鲁斯伯里，是北半球的广布种，并极其常见。

相似物种

雅致蛇头菌 *Mutinus elegans*（常见于北美洲东部，罕见于欧洲）是该种的相似种，但其颜色更鲜亮，常为粉红色且圆锥形，缺少明显的头部。美国分布种拉夫纳尔氏蛇头菌 *Mutinus ravenelii* 也是红色的，但形态更像狗蛇头菌。紫红色的竹林蛇头菌 *Mutinus bambusinus* 广布于热带，北至日本。

狗蛇头菌发生于胶状的小"蛋"上，剩余"蛋"永久地留存在菌柄基部。成熟的子实体菌柄海绵状，基部灰色，亮橘黄色，向着可育头部渐光滑，新鲜时橄榄褐色的孢体黏液覆盖于菌盖上。

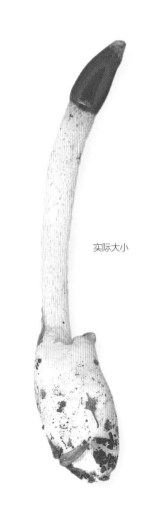

实际大小

科	鬼笔科Phallaceae
分布	北美洲、欧洲、亚洲北部
生境	林地、花园
宿主	肥沃的土壤或重度腐烂的木头残余上
生长方式	单生或群生
频度	常见
孢子印颜色	橄榄褐色
食用性	可食（蛋形期）

子实体高达
8 in
(200 mm)

直径达
1½ in
(40 mm)

544

白鬼笔
Phallus impudicus
Common Stinkhorn

Linnaeus

实际大小

对于白鬼笔这种像男性生殖器的真菌（种加词"*impudicus*"是"猥亵"的意思）有很多传说并不足为怪。在欧洲，部分地区将其未成熟的子实体叫作"魔鬼蛋"（Devil's Egg）或"女巫蛋"（Witch's Egg），将成熟的子实体叫作"撒旦成员"（Satan's member）。该菌一直被认为具类似春药的功效。在维多利亚时代的英国，插图画家比阿特丽克斯·波特（Beatrix Potter）"一直没有勇气绘其插图"，查尔斯·达尔文的女儿埃蒂（Etty）采集并烧掉了所有她能找到的鬼笔，生怕它们败坏了女子的德行。该种在蛋形期可食，据说具有令人愉快的坚果气味，在德国还曾将其用于增添香肠风味的风味剂。

相似物种

阿德里安鬼笔 *Phallus hadrianus* 是一个北温带相似种，典型地生长于沙丘上，二者主要区别在于阿德里安鬼笔蛋形期的颜色为粉色。常见的鬼笔具网状残余，常与热带的长裙鬼笔 *Phallus indusiatus* 混淆，但后者的菌幕残余更大且明显。

白鬼笔发生于白色胶状"蛋"上，剩余"蛋"留存在菌柄基部。菌柄白色、中空、海绵状。新鲜时，可育的头部被有橄榄褐色、芳香的孢体黏液。偶有少数短网状的残余，悬挂于可育头部的基部。

科	鬼笔科Phallaceae
分布	非洲、中美洲和南美洲、亚洲南部（包括中国和日本）、澳大利亚
生境	林地、花园
宿主	肥沃的土壤或重度腐烂的木头残余上
生长方式	单生或群生
频度	常见
孢子印颜色	橄榄褐色
食用性	可食

长裙鬼笔
Phallus indusiatus
Veiled Lady
Schlechtendal

子实体高达
12 in
(300 mm)

直径达
（包括菌幕）
6 in
(150 mm)

545

虽然鬼笔的外观不是很吸引人，但长裙鬼笔这个分布于热带的鬼笔却是个例外。与大多数鬼笔不同，长裙鬼笔的子实体围着裙状的几乎达到地面的网。正因如此，它曾经被归在另一个属竹荪属*Dictyophora*中。在中国，该种常发生于竹林，因此得名竹林菌。令人奇怪的是，该菌在亚洲东部被栽培并以鲜品或干品形式销售。且该种蛋形期或成熟期都是美味佳肴和（由于其外形）传说中的壮阳药。

相似物种

几个热带的相似种，包括具橘黄色网裙的彩色鬼笔*Phallus multicolor*和有红色网裙的砖红鬼笔*Phallus cinnabarinus*。常见种白鬼笔*Phallus impudicus*偶尔形成短小的网（形成网的为*Phallus impudicus* var. *togatus*），因此其子实体常与长裙鬼笔混淆。

长裙鬼笔的子实体和白鬼笔相似，其菌柄白色、海绵状、中空，顶部可育具褶皱、覆有橄榄褐色的孢体黏液。此外，从可育头部的基部还形成精巧的、白色的、裙状的网或菌裙。

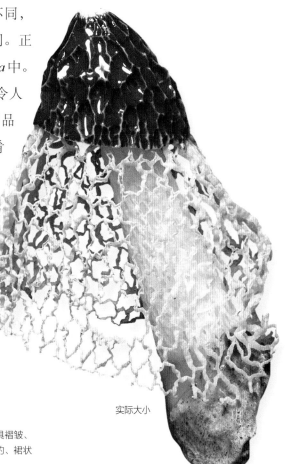

实际大小

科	鬼笔科Phallaceae
分布	北美洲东部、亚洲东部、澳大利亚、新西兰
生境	林地和花园
宿主	肥沃的土壤或重度腐烂的木头残余上
生长方式	单生或群生于地上
频度	偶见
孢子印颜色	橄榄褐色
食用性	非食用

子实体高达
3 in
(75 mm)

直径达
1 in
(25 mm)

546

梭状三叉鬼笔
Pseudocolus fusiformis
Stinky Squid
(E. Fischer) Lloyd

和大多数鬼笔一样，梭状三叉鬼笔的黏孢子堆也释放出恶臭的味道（像猪尿），吸引大量苍蝇，因此苍蝇成为其传播孢子的媒介。该种个体较小但颜色艳丽，最早报道于留尼汪岛，后来在亚洲东部向北至日本、澳大利亚、新西兰和夏威夷均有发现。该种最早于1915年被发现，但当时只是以外来种进行介绍，现在是许多靠花园和公园的木片覆盖物进行传播真菌中的一种。

相似物种

广布种粉红笼头菌 *Clathrus archeri* 个体较大，且托臂顶部几乎总是分离（不连生）。五棱散尾鬼笔 *Lysurus mokusin* 的菌柄具脊，托臂短且粗壮。其他相似种生长在热带。

梭状三叉鬼笔子实体发生于白色至灰褐色的胶质的"蛋"上，剩余的"蛋"持久地留存于菌柄基部。菌柄短、中空，分成3—5个托臂，托臂顶端渐细在尖部相连，粉色至橘色或红色，菌柄基部白色。橄榄褐色的孢体黏液黏附在托臂的内表面。

实际大小

科	鬼笔科Phallaceae
分布	中美洲和南美洲
生境	林地
宿主	肥沃的土壤和落叶层
生长方式	单生或群生
频度	偶见
孢子印颜色	橄榄褐色
食用性	非食用

子实体高达
6 in
(150 mm)

直径达
1 in
(25 mm)

斑鬼笔
Staheliomyces cinctus
Cummerbund Stinkhorn
E. Fischer

547

普通鬼笔的子实体很奇特，斑鬼笔也不例外。仅在新热带地区，它产生于彩色的凝胶状的"蛋"上，这个"蛋"通过线状根状菌索与腐木相连。普通的鬼笔的菌柄中空、常半空，菌柄外表面有圆形刺孔，但斑鬼笔菌柄上的孔却像瑞士奶酪中的孔那样大。最奇怪的是，具有恶臭味的孢体黏液不是覆盖在顶部或菌柄的尖部，而是像紧缩的腹带一样长在顶部下面。

相似物种

没有与斑鬼笔子实体形态十分相似的种。婆罗洲蛇头菌 *Mutinus borneensis* 的孢体黏液菌覆盖在柄尖端附近的一个或多个不明确的带状体上，但其菌柄无刺孔，黏液也不是单层成环。

实际大小

斑鬼笔的子实体发生于一个紫色的胶状"蛋"上，子实体成熟后"蛋"仍留存在菌柄基部。菌柄白色、中空、圆柱形、外表面有圆形刺孔。孢子堆橄榄褐色，黏，在菌柄上部 ¾ 处形成一个环带。

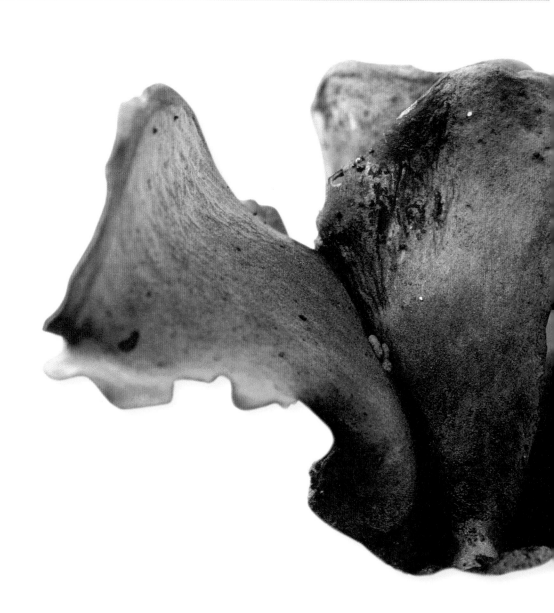

盘菌、羊肚菌、块菌、核菌和地衣
Cup Fungi, Morels, Truffles, Flask Fungi & Lichens

这个类群的物种都隶属于子囊菌门Ascomycota。就物种数量来说，它们是真菌界中最大的类群，但这个类群大多数物种（包括酵母菌和霉菌），由于子实体很小，鉴定过程中必须使用显微镜才能进行。

盘菌包括了很多显而易见的物种，大多数（但并非所有）子实体呈杯形或盘状。羊肚菌和块菌亲缘关系近，羊肚菌蜂巢样的头部实际上是复杂的杯状结构的外翻，而块菌内部紧密的褶皱是杯状结构的残余。

核菌的单个子实体极小，通常只是腐木或树叶上的黑点。而有些物种在子座内形成一堆堆极小的子实体，其子座看起来就像较大的单一子实体（子座上不育的组织）。这个类群包括一些特殊的寄生菌，如冬虫夏草。

地衣是由真菌和绿藻或蓝细菌形成的互惠互利的共生体，其形态多样，光合生物生长在不育的菌丝上面需要光照进行光合作用，所以它的子实体不是单个的子实体。当长成时，真正的产孢的子实体常是盘状，许多地衣通过释放混合的生殖菌丝和藻细胞进行传播。

科	火丝菌科Pyrenomenataceae
分布	北美洲、欧洲、北非、中美洲和南美洲、亚洲、澳大利亚、新西兰
生境	林地、灌木丛
宿主	尤其是受干扰的和紧实的黏土裸露地
生长方式	群生或簇生于地上
频度	常见
孢子印颜色	白色
食用性	可食

子实体高达
2 in
(50 mm)

直径达
4 in
(100 mm)

550

橙黄网孢盘菌
Aleuria aurantia
Orange Peel Fungus
(Persoon) Fuckel

橙黄网胞盘菌 子实体幼时杯形，内表面光滑、鲜橘色，外表面向下被有细微白色茸毛，子实体看上去为淡橙色。当其子实体簇生于一起时，老后子实体展开至盘状，（有时开裂或断开）当一簇紧密的生长在一起时常不规则。

橙黄网孢盘菌较常见，广泛分布，非常引人注目，常成簇生长于光秃秃的、含有黏土的、紧实的地上，尤其是人为干扰的地方。子实体薄且脆，但据说可食，因此，可以作为一种很鲜艳的配饰而非食材。从中提取得到的一种凝集素（蛋白质）（橙黄网胞盘菌凝集素或简称为 AAL），能与碳水化合物海藻糖专性结合，已经在一系列的分析测试程序中广泛应用。有研究表明它能有助检测某些癌症。

相似物种

近缘物种大网孢盘菌 *Aleuria rhenana* 子实体为鲜橘黄色，但具明显的菌柄。闪光美杯菌 *Caloscypha fulgens* 也是橘黄色，但其外表面有时为蓝绿色。其他大多数鲜橘色盘菌比橙黄网孢盘菌子实体小很多。

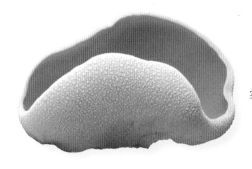

实际大小

科	火丝菌科Pyrenomenataceae
分布	北美洲、欧洲大陆、北非、中美洲和南美洲、亚洲北部、澳大利亚、新西兰
生境	林地
宿主	针叶树，少生于阔叶树
生长方式	簇生于地上或苔藓上
频度	产地常见
孢子印颜色	白色
食用性	非食用

子实体高达
2 in
(50 mm)

直径达
1 in
(25 mm)

551

大网孢盘菌
Aleuria rhenana
Stalked Orange Peel Fungus

Fuckel

　　大网孢盘菌的英文名称较冗长，子实体较小，但非常漂亮，应该赋予它一个更合适的名字。其子实体与较为熟知的橙黄网孢盘菌 *Aleuria aurantia* 的颜色一样鲜艳，但常呈高脚杯形。其实这两个种的亲缘关系并不像它们名字一样如此相近，大网孢盘菌也常被认为应隶属于索氏盘菌属 *Sowerbyella*，可能它根本不属于盘菌属 *Aleuria*。大网孢盘菌在欧洲非常罕见（在不列颠群岛未见），但可能在北美洲的西部却较为常见。

相似物种

　　橙黄网孢盘菌的颜色与大网孢盘菌相似，但其个体较大且无菌柄。深肉微座孢菌 *Microstoma protractum* 与该种形态相似，橘红色，但通常其子囊盘的边缘更参差不齐，且颜色更红。

大网孢盘菌子实体杯形，内表面光滑、鲜橘黄色至橘色，外表面淡黄色，略呈皮屑状。具有明显的菌柄，淡黄色，但向着菌柄基部被有白色菌丝。

实际大小

科	柔膜菌科Helotiaceae
分布	北美洲、欧洲、南美洲、亚洲、新西兰
生境	林地
宿主	阔叶树和针叶树
生长方式	腐树桩、倒木和枯枝
频度	常见
孢子印颜色	白色
食用性	非食用

子实体高达
小于 ⅛ in
(1 mm)

直径达
1 in
(25 mm)

552

萤囊盘菌
Ascocoryne cylichnium
Large Purple Jellydisc

(Tulasne) Korf

　　萤囊盘菌及其近缘种肉质囊盘菌 *Ascocoryne sarcoides* 是林地常见种，分布广泛，二者常与真正的胶质菌如短黑耳 *Exidia recisa* 相混淆，但实际上它们是盘菌。它们都是木腐菌，因此和其他木腐菌一样，可以分泌酶类囊盘菌素（ascocorynin）来抑制细菌生长，并具有潜在的药用价值。长在树上的囊盘菌属 *Ascocoryne* 物种也有助于使树木免于被危害更大的木腐菌侵染。

相似物种

　　同样较常见种肉质囊盘菌 *Ascocoryne sarcoides* 通常个体较小、很少呈盘形，但最好通过显微特征进行区分。肉质囊盘菌子实体常不规则开裂，簇生，颜色与萤囊盘菌颜色相似，但仅产生分生孢子（无性孢子）。山毛榉囊盘菌 *Ascocoryne faginea* 胶质，紫红色，但其子实体为脑状，而非盘状。

萤囊盘菌子实体通常密集簇生或群生，单个子实体初期为淡紫红色至淡紫色的胶状斑点，随着子实体成熟逐渐变成纽扣状，成熟后常变为极薄的盘状，常具褶皱、波浪状，基部直接或通过较短的菌柄着生于木头上。

实际大小

科	柔膜菌科Helotiaceae
分布	北美洲、欧洲、北非、中美洲和南美洲、亚洲
生境	林地
宿主	阔叶树
生长方式	密集簇生于掉落的树枝上
频度	极其常见
孢子印颜色	白色
食用性	非食用

橘色小双孢盘菌
Bisporella citrina
Lemon Disco

(Batsch) Korf & S. E. Carpenter

子实体高达
小于 ⅛ in
(1 mm)

直径达
⅛ in
(3 mm)

553

橘色小双孢盘菌是最常见的盘菌之一，由于其子实体鲜艳的颜色所以它也是较引人注目的盘菌之一——"discomycetes"指盘菌或杯形菌，是一个较古老但仍被使用的术语。虽然该物种在多种阔叶树上都能较好地生长，但它最常见于山毛榉倒木和落枝上。橘色小双孢盘菌最早由德国博物学家和菌物学家奥克斯特·巴舒（August Batsch）于 1789 年描述，但目前发现该种从亚洲至南美洲均广泛分布。

实际大小

相似物种

硫色小双孢盘菌 *Bisporella sulfurina* 具有与橘色小双孢盘菌相似的颜色，但子实体更小些，发黑的老子座簇生于木头上。黄色的层杯菌属 *Hymenoscyphus* 的物种的形态与该种相似，但在放大镜下观察时能发现该种具明显的菌柄。而许多其他黄色的小盘菌的子囊盘边缘都具流苏或茸毛。

橘色小双孢盘菌的子实体微小、盘状，典型地密集群生。上表面初期光滑、浅杯状，成熟后逐渐变成盘状或略圆形。下表面光滑，底部中部连接于木头上，有时由极短的柄与基质相连。整体鲜柠檬黄色，成熟后逐渐变为金黄色。

科	胶陀螺菌科Bulgariaceae
分布	北美洲、欧洲、亚洲
生境	林地
宿主	阔叶树，尤其是栎树
生长方式	死树、新倒木或枯枝
频度	常见
孢子印颜色	黑色
食用性	非食用

子实体高达
½ in
(15 mm)

直径达
1½ in
(40 mm)

554

胶陀螺
Bulgaria inquinans
Black Bulgar
(Persoon) Fries

胶陀螺（也以"穷人的甘草"著称），常大量生长在栎树的新倒木和树枝上。它很有可能是一种内生真菌，即意味着它可能以某种形式存在于活立木上。它一直在蓄势待发，当有新的树枝断裂掉落的时候，它便成为最早定殖上去的真菌。该种产生大量的黑褐色孢子，可以使手染为黑色，如果将其子实体放在白纸上，一晚后会留下明显的孢子印。因此，它已经用于生产黑色的天然染料。

实际大小

相似物种

胶陀螺易与栎树上的黑耳 *Exidia glandulosa* 相混淆，但二者并无亲缘关系。然而，黑耳上表面有稀疏的疣突，且孢子印呈白色而不是黑色，这些特征可使其与胶陀螺区分开来。

胶陀螺子实体胶状，有弹性，簇生或密集群生，单个子实体呈纽扣形或倒锥形。外表面皮屑状，褐色至棕黑色。内表面光滑，黑色，边缘明显内卷，因此子实体看起来像杯子（见左图）。随着子实体成熟，子实体展开变平展。

科	丽杯盘菌科Caloscyphaceae
分布	北美洲、欧洲、亚洲北部
生境	林地
宿主	针叶树
生长方式	土壤和落叶层中
频度	偶见
孢子印颜色	白色
食用性	非食用

闪光美杯菌
Caloscypha fulgens
Golden Cup
(Persoon) Boudier

子实体高达
1 in
(25 mm)

直径达
2 in
(50 mm)

555

在北美洲的高山针叶林中，闪光美杯菌被誉为融雪真菌，它的子实体在春天即冬雪刚开始融化时出现。闪光美杯菌不仅颜色鲜艳，而且因其伤后显著出现蓝变反应，使其显得极为独特。基于分子研究的结果表明，它单独被归于一个科。闪光美杯菌在欧洲也有分布，但除了在高山地区外其他地区不太常见。直到 20 世纪 60 年代在大不列颠岛发现该种，有可能是随着外来针叶树而被传入该地区的。

相似物种

闪光美杯菌的伤变蓝反应在黄色盘菌中显得非常独特。然而，在北美洲，闪光美杯菌也被叫作春橘皮菌（the Spring Orange Peel Fungus），但真正的橙黄网孢盘菌 *Aleuria aurantia* 只有在年末才会发生，伤后不变色，且通常呈鲜橙色而不带黄色。长根索氏盘菌 *Sowerbyella radicata* 菌杯带明显假根。

实际大小

闪光美杯菌子实体初期杯状，展开后逐渐开裂或不规则。老的子实体近平展，不规则的盘状。内表面光滑、鲜橙黄色至橙色。外表面暗淡无光泽，随着子实体成熟或受伤后，逐渐变为橄榄色至蓝绿色，尤其是子囊盘边缘。菌柄极短。

科	皮盘菌科Dermateaceae
分布	北美洲、欧洲、亚洲
生境	林地
宿主	阔叶树
生长方式	重度腐烂的湿倒木下侧
频度	偶见
孢子印颜色	褐色
食用性	非食用

子实体高达
小于 ⅛ in
(1 mm)

直径达
½ in
(15 mm)

556

绿小碗菌
Catinella olivacea
Olive Salver
(Batsch) Boudier

绿小碗菌这种漂亮的真菌常密集群生于潮湿的倒木和腐木下方，所以如果不特意寻找很难被人发现。孢子通常靠气疏进行传播，因此其隐匿生活习性有些奇怪，而且最近的研究表明大多数小碗菌属 *Catinella* 的孢子被附着在子囊盘表面的黏液层，因此几乎可以肯定该种孢子是通过爬过子实体的小昆虫来传播。同一研究中DNA 序列分析表明，尽管绿小碗菌外部形态与其他盘菌极为相似，但实际上它们却隶属于不同的纲，且其科级分类归属至今仍不明确。

相似物种

绿小碗菌的形态和颜色非常独特，似胶鼓蜡盘菌 *Rutstroemia bulgarioides* 与该种颜色相似，但其具短柄，且长在云杉球果上。闭壳盘菌属 *Claussenomyces* 几个生长在腐木上的物种，常呈橄榄色或鲜绿色，但它们的子囊盘较小，且无分化整齐的边缘。

实际大小

绿小碗菌子实体簇生或密集群生，盘状，上表面光滑、深橄榄绿色至暗绿色。子囊盘的边缘隆起，有整齐的齿或纵肋，赭色至橄榄黄色。下表面深褐色、细微皮屑状。

科	皮盘菌科Dermateaceae
分布	北美洲、欧洲、亚洲、澳大利亚
生境	林地
宿主	腐朽阔叶树，尤其是栎树
生长方式	枯枝、碎木屑上
频度	常见
孢子印颜色	白色
食用性	非食用

子实体高达
⅜ in
(8 mm)

直径达
¼ in
(5 mm)

浅蓝绿杯盘菌
Chlorociboria aeruginascens
Green Elfcup

(Nylander) Kanouse ex C. S. Ramamurthi et al

557

浅蓝绿杯盘菌是较常见的广泛分布种，它之所以引人注意不在于其深蓝绿色的子实体，而是由于它能够将其生长的木头染成相同的颜色——因此还被称为绿染真菌。尽管浅蓝绿杯盘菌并不是总能见到，但被它染为蓝绿色的木头在林地中却经常可以见到。栎树是浅蓝绿杯盘菌喜欢的基物，在英国曾经采集到这种"绿色的栎树木头"并用于绿栎制品，这是一种非常流行的用不同颜色木块镶嵌的装饰工艺。在早期的意大利也作为文艺复兴时期嵌花镶板上的蓝绿色镶饰。

相似物种

同样常见的蓝绿杯盘菌 *Chlorociboria aeruginosa* 也可以使木头染为相似的颜色，二者只能通过显微结构进行区分。在新西兰（在那里没有浅蓝绿杯盘菌的报道）已知种不少于 15 种，在其他地区同样的研究表明在微观和分子水平可能也存在相似的多样性水平。

实际大小

浅蓝绿杯盘菌子实体薄、浅杯状、青绿色（蓝绿色）、子实体小丛或簇生。通常具菌柄，但菌柄并不总是中生，有时侧生。随着子实体成熟，子囊盘逐渐平展，呈不规则的盘状，在干燥的季节边缘常卷起，最终褪色至淡黄色的斑块状。

科	水盘菌科Vibrisseaceae
分布	新西兰
生境	潮湿的林地
宿主	阔叶树
生长方式	簇生于潮湿的腐木上
频度	偶见
孢子印颜色	白色
食用性	非食用

子实体高达
1 in
(25 mm)

直径达
¼ in
(5 mm)

558

瓶梗绿水盘菌
Chlorovibrissea phialophora
Green Pinball
Samuels & L. M. Kohn

水盘菌属 *Vibrissea* 的物种通常生长在河边或河里以及溪流边半淹没或被水浸湿的木头上。它们长长的线形孢子已经适应了通过水流进行传播，在水流中遇到树枝定殖后就会萌发。它们是全球广布的真菌物种之一，但绿水盘菌属 *Chlorovibrissea* 的近缘种（它们的孢子也通过水流传播）仅分布于澳大拉西亚，在那里也仅有四种与该种形态相似的真菌。瓶梗绿水盘菌迄今为止仅发现于新西兰，簇生于温带雨林中极为潮湿的腐木上。

相似物种

黑绿水盘菌 *Chlorovibrissea melanochlora* 和双色绿水盘菌 *Chlorovibrissea bicolor* 是分布于澳大利亚的相似种，但它们头部和菌柄的颜色明显不同（黄色和深绿色）。分布于澳大利亚和新西兰塔斯马尼亚的 *Chlorovibrissea tasmanica* 与瓶梗绿水盘菌很相似，但其菌柄具细微茸毛，最好通过显微形态来区分。

实际大小

瓶梗绿水盘菌子实体通常群生或簇生，单个子实体菌柄长、光滑至具绒毛，绿色。可育顶部呈绿色至深绿色，不规则球形，湿时略变黏。

科	肉杯菌科Sarcoscyphaceae
分布	北美洲南部（佛罗里达州）、非洲、中美洲和南美洲、亚洲南部、澳大利亚
生境	林地
宿主	阔叶树
生长方式	段木、倒木
频度	极其常见
孢子印颜色	白色
食用性	报道可食

毛缘毛杯菌

Cookeina tricholoma

Hairy Tropical Goblet

(Montagne) Kuntze

子实体高达
2 in
(50 mm)

直径达
1 in
(25 mm)

毛杯菌属 *Cookeina* 物种在整个热带地区极其常见且非常引人注目，常成小群生于倒木和枯枝上。它们和温带的绯红肉杯菌 *Sarcoscypha coccinea* 隶属于同一个科，大多数种类颜色鲜艳。热带的杯菌有相对深的典型杯状的子囊盘，可以储存雨水，使其内部包裹孢子的细胞膨胀。当子囊盘变干，含水的孢子在压力的作用下破裂，孢子释放出来。据说马来西亚和墨西哥的土著民族食用毛缘毛杯菌。

相似物种

同样常见的小毛杯菌 *Cookeina sulcipes* 具有与毛缘毛杯菌相似的颜色，但其外表面光滑，仅在子囊盘边缘有白色毛茸。中国毛杯菌 *Cookeina sinensis* 是近期在中国发表的真菌，与毛缘毛杯菌极相似，但显微结构特征可将它们区分开。

实际大小

毛缘毛杯菌子实体为明显的具菌柄的杯形，子囊盘内表面光滑、浅粉色至黄粉色或红粉色。外表面与内表面颜色相似，被稀疏的白色至褐色直立长毛。菌柄颜色稍浅，被稀疏刚毛。

科	瘿果盘菌科Cyttariaceae
分布	南美洲南部
生境	林地
宿主	山毛榉
生长方式	簇生于树干及旁枝上
频度	偶见
孢子印颜色	白色
食用性	可食

子实体高达
2 in
(50 mm)

直径达
2 in
(50 mm)

560

瘿果盘菌
Cyttaria darwinii
Darwin's Golfball Fungus
Berkeley

查尔斯·达尔文（Charles Darwin）于1832年的比格尔之行中在火地岛上采集到了瘿果盘菌。由当时著名英国菌物学家雷夫·麦尔斯·伯克利（Rev. Miles Berkeley）对其进行了鉴定并以达尔文的名字为其命名，目前这份标本仍保存在英国皇家植物园标本馆中。达尔文记录到当地的土著民族生食该菌，并作为一种主要的食物，它的西班牙名字是Pan del Indio（印度面包）。目前瘿果盘菌及其相近种仍然被食用，并被制作为泡菜和酸辣酱在市场上售卖。

相似物种

生长在智利和阿根廷的山毛榉上几个相似种，松内瘿果盘菌 *Cyttaria espinosae*、伯特瘿果盘菌 *Cyttaria berteroi* 和约霍夫瘿果盘菌 *Cyttaria johowii* 都与瘿果盘菌具有相似的外形和颜色，最好通过显微特征进行区分。包括橘色瘿果盘菌 *Cyttaria gunnii* 在内的其他物种分布于澳大利亚和新西兰。

瘿果盘菌子实体为高尔夫球形，幼时光滑、苍白色，成熟后逐渐变为浅黄色，表面具凹槽，呈蜂窝状。切开时黏。子实体簇生于树上，像巨大的胆状畸形。子实体完全成熟便会掉落在地上。

实际大小

科	瘿果盘菌科Cyttariaceae
分布	澳大利亚南部、新西兰
生境	林地
宿主	南方山毛榉
生长方式	簇生于树干及旁枝上
频度	偶见
孢子印颜色	白色
食用性	据报道可食

子实体高达
4 in
(100 mm)

直径达
4 in
(100 mm)

橘色瘿果盘菌
Cyttaria gunnii
Orange Golfball Fungus

Berkeley

561

和所有瘿果盘菌属 *Cyttaria* 的物种一样，橘色瘿果盘菌仅生长在南方山毛榉上（假山毛榉属 *Nothofagus*），且仅仅局限于澳大利亚的常绿假水青冈木和新西兰的银假水青冈木。该物种也被称为山毛榉草莓（Beech Strawbrry）。橘色瘿果盘菌和它们的宿主一起是古老的冈瓦纳超级大陆时期遗留下来的物种，那时候南美洲、南极洲和澳大利亚还处于同一板块。目前南极洲没有树木生长，而在智力、阿根廷和澳大利亚仍能发现假山毛榉和瘿果盘菌 *Cyttaria darwinii*，尽管在这些地区树和真菌已经分化为不同的种类。橘色瘿果盘菌曾被澳大利亚土著民族食用。

橘色瘿果盘菌的子实体形如其名，高尔夫球形，幼时光滑、苍白色，成熟后变成黄色至橙色，表面有深深的凹痕或酒窝状凹痕。基部灰色或白色、不育，切开时几乎中空。子实体簇生于树上，像巨大的胆状畸形。

相似物种

北方瘿果盘菌 *Cyttaria septentrionalis* 是一个与橘色瘿果盘菌极为相似的澳大利亚物种，但仅生长在大假水青冈木上。灰瘿果盘菌 *Cyttaria pallida* 也是一个相似种，但其子实体白色，且仅分布于新西兰。包括瘿果盘菌在内的其他物种生长在智利和阿根廷南方山毛榉林中。

实际大小

科	羊肚菌科Morchellaceae
分布	北美洲、欧洲
生境	林地和灌木丛
宿主	阔叶树
生长方式	单生或小群生于地上
频度	偶见
孢子印颜色	白色
食用性	可食（烹熟后）

子实体高达
½ in
(10 mm)

直径达
8 in
(200 mm)

562

肋状皱盘菌
Disciotis venosa
Bleach Cup
(Persoon) Arnould

尽管肋状皱盘菌可能很像一个大的盘菌 *Peziza*，但实际上，它与羊肚菌的关系比与盘菌更近。它和羊肚菌发生在相同季节（春季），并且像羊肚菌一样，煮熟后可食用，但如果生食或未煮熟就食用的话则有毒。肋状皱盘菌因有氯气的味道而得名漂白盘（Bleach Cup），因此很难诱人食用。种加词"*venosa*"的意思是"有脉纹的"，因此其另一个英文名为脉盘菌（Veined Cup）。子囊盘内表面的浅脉纹或不规则的脊纹与羊肚菌和鹿花菌属 *Gyromitra* 种类明显的褶皱同源。

相似物种

许多平皱盘菌属 *Discina* 种类的子实体都与该种十分相似，特别是珠亮平皱盘菌 *Discina ancilis*（也被称为 *Gyromitra ancilis*），但其无氯气味，并常见于针叶林中。珠亮平皱盘菌和所有的平盘菌属和鹿花菌属种类一样可能毒性较大。一些子实体较大的盘菌种看起来也与该种很相似，但缺少像皱盘菌属 *Disciotis* 和平盘菌属的脉纹。

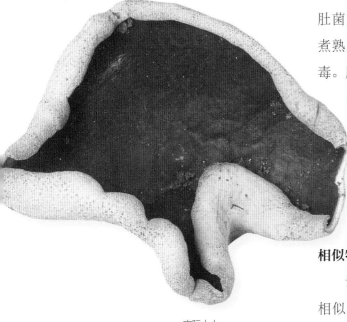

实际大小

肋状皱盘菌子实体幼时杯状，但随着子实体成熟而逐渐展开为不规则盘形。内表面棕色，成熟后形成不规则的突起脉纹或脊纹，有时也呈褶皱状。外表面污白色至浅棕色，常带有褐色小鳞片形成的污点。

科	核盘菌科Sclerotiniaceae
分布	北美洲、欧洲、亚洲北部
生境	林地
宿主	银莲花及相似物种
生长方式	地生于菌核上
频度	偶见
孢子印颜色	白色
食用性	非食用

块状毛地钱菌
Dumontinia tuberosa
Anemone Cup

(Bulliard) L. M. Kohn

子实体高达
4 in
(100 mm)

直径达
1¼ in
(30 mm)

563

块状毛地钱菌是一种子实体非常小的真菌，与银莲花属 *Anemone* 植物形成非常专一的关系。它寄生于植物块茎和根状茎上，年底时在地下形成致密的真菌组织——菌核，以此越冬。在春天，菌核萌发形成具长柄的子实体，顶部张开形成杯状的子囊盘。因此，其子实体形成时间和银莲花花期基本一致。其近缘种核盘菌 *Sclerotinia sclerotiorum* 寄主范围较广，而且也是很多作物潜在的重要病原菌。

相似物种

毛地钱菌属 *Dumontinia* 和核盘菌属 *Sclerotinia* 一些种的子实体也由菌核萌发形成，且与块状毛地钱菌非常相似，但这些物种并非寄生于银莲花属。例如线秀菊毛地钱菌 *Dumontinia ulmariae* 与线秀菊 *Filipendula ulmaria* 一起发生。同样呈褐色，但菌柄通常较短的蜡盘菌属 *Rutstroemia* 的真菌常见于枯枝落叶层、老熟的种子及腐烂的植物上。

实际大小

块状毛地钱菌子实体从地上长出长且弯曲的菌柄。顶部可育子囊盘，幼时几乎球形，之后渐渐展开成杯状，后平展或呈盘状（见左图）。上表面下表面均光滑，浅棕色至深棕色。

科	肉盘菌科Sarcosomataceae
分布	北美洲东部
生境	林地
宿主	阔叶树
生长方式	枯枝及木棍上
频度	常见
孢子印颜色	白色
食用性	非食用

子实体高达
1 in
(25 mm)

直径达
2 in
(50 mm)

564

偏红盔盘菌
Galiella rufa
Hairy Rubber Cup
(Schweinitz) Nannfeldt & Korf

偏红盔盘菌最初是与胶陀螺 *Bulgaria inquinans* 置于同一个属，这两个种的相似特征为子实体都呈胶质。然而，它与同样生长在北美洲东部的球肉盘菌 *Sarcosoma globosum* 关系更近。与其近缘种一样，偏红盔盘菌通常出现在春末和夏季，在有些地区很常见。从其子实体中分离得到一种可以治疗前列腺癌的化合物——盔盘菌酮类化合物盔盘菌内酯（galiellalactone）。

相似物种

其他几个盘菌也是内表面橙色，外表面褐色至黑色，但大多数子实体都非常小，常生于土壤或粪便而不是木头上，且不像偏红盔盘菌一样呈胶质。

偏红盔盘菌子实体胶质、浅杯状，簇生或群生，外表面绒毛状，褐色至黑褐色。内表面可育，光滑，暗橙色至红褐色，边缘常内卷，锯齿状。

实际大小

科	火丝菌科Pyronemataceae
分布	北非、亚洲；已传入欧洲
生境	林地，绿地
宿主	雪松外生菌根菌
生长方式	单生或群生
频度	偶见
孢子印颜色	白色
食用性	有毒

雪松地盘菌
Geopora sumneriana
Cedar Cup

(Cooke) M. Torre

子实体高达
2 in
(50 mm)

直径达
3 in
(80 mm)

565

雪松地盘菌为春生真菌，常生于公园和花园的雪松树下。在北非和亚洲，该物种的分布与雪松的分布区域一致。随着雪松的种植，该物种在欧洲也早已成为广泛分布且常见的外来物种。此前它被称为夏季埋盘菌 *Sepultaria sumneriana*，但事实上它与其他一些子实体发生较晚的地孔菌属 *Geopora* 物种关系较近，地孔菌属里的真菌是很多植物的外生菌根菌。它们都喜欢生长在沙质的碱性土壤中。雪松地盘菌不大可能被人采食，据报道它也有毒。

相似物种

有一些地孔菌属的真菌也形成半埋子实体，但它们通常在年末出现，且并非与雪松形成共生关系。沙生盘菌 *Peziza ammophila* 也较相似，但该种生于沙丘，内表面棕色。紫星球肉盘菌 *Sarcosphaera coronaria* 的内表面为紫色。

雪松地盘菌子实体生于地表，块菌状。成熟后子实体顶部开裂，有时呈星状开裂，可见深杯状子囊盘嵌于土中。随着子实体成熟，杯口逐渐变大。内表面光滑、白色，外表面棕色，屑鳞状。

实际大小

科	空果内囊霉科Glaziellaceae
分布	中美洲和南美洲、亚洲东南部、太平洋岛屿
生境	林地
宿主	阔叶树外生菌根菌
生长方式	土壤和落叶层中
频度	偶见
孢子印颜色	白色
食用性	非食用

子实体高达
2 in
(50 mm)

直径达
2 in
(50 mm)

566

金黄空果内囊霉菌
Glaziella aurantiaca
Orange Bladder
(Berkeley & M. A. Curtis) Saccardo

与橙黄网孢盘菌 *Aleuria aurantia* 一样，金黄空果内囊霉菌的子实体可能被认为是丢弃的水果或鲜艳的塑料制品而被忽视。即使将其采集后，看起来仍不像真菌，因为它那奇特的中空似膀胱状的外形不像我们所知的任何真菌类群。20 世纪 80 年代之前，金黄空果内囊霉菌被置于接合菌门 Zygomycota（真菌的一个门，包括几个子实体块菌状的物种），但后续的研究表明它是一种孢子极大的奇特的盘菌。全世界只有一个亚热带物种。

相似物种

尽管在澳大利亚和新西兰分布的毛小杯盘菌 *Paurocotylis pila* 的子实体颜色与该种类似，呈鲜红色，子实体有时部分中空；但金黄空果内囊霉菌鲜艳的颜色和中空的子实体应该是非常独特的。

金黄空果内囊霉菌子实体膀胱状，不规则，外表面光滑，鲜橙黄色、橙色或橙红色。切开后中空，孢子产生于薄的、胶质的壁上。

实际大小

科	火丝菌科Pyronemataceae
分布	北美洲、欧洲、亚洲
生境	林地
宿主	阔叶树和针叶树外生菌根菌
生长方式	地生，极少见于重度腐烂的木头
频度	常见
孢子印颜色	白色
食用性	非食用

子实体高达
½ in
(15 mm)

直径达
1¼ in
(30 mm)

半球土盾盘菌
Humaria hemisphaerica
Glazed Cup
(F. H. Wiggers) Fuckel

567

尽管半球土盾盘菌子实体小，但却是一种非常吸引人的真菌，其子囊盘内表面像细骨瓷一般。它与活立木（针叶林如松树，阔叶林如桦树）的根部形成互惠互利的关系。它是北半球的常见种，通常少量子实体群生于小路旁边的空地上，极少生于朽烂的倒木上。它的种加词"*hemisphaerica*"意思是"半球"，这也很准确地描述了它整齐而规则的外形。它有时还被叫作棕毛仙女杯（Brown-Haired Fairy Cup）。

相似物种

杯盘菌属 *Tarzetta* 真菌在地面产生与半球土盾盘菌相似的杯状子实体，如碗状疣杯盘菌 *Tarzetta catinus*。但它们整个子实体通常呈奶油色、米色或浅棕色，不像半球土盾盘菌一样颜色对比鲜明，且其质地也有所差异。在北美洲，一些珈氏盘菌属 *Jafnea* 的种看起来也可能与半球土盾盘菌相似，但它们的子实体通常较大。

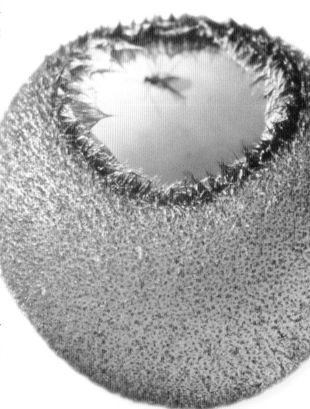

实际大小

半球土盾盘菌子实体幼时近球圆，顶部有较小开口，成熟后呈整齐的杯状或碗状。内表面光滑，骨白色，瓷器状。边缘和外表面密被褐色茸毛。

科	晶杯菌科Hyaloscyphaceae
分布	欧洲、亚洲；已传入北美洲
生境	林地
宿主	落叶松
生长方式	感病树木的树皮和腐烂的愈伤组织上
频度	偶见
孢子印颜色	白色
食用性	非食用

子实体高达
小于 ⅛ in
(1 mm)

直径达
¼ in
(5 mm)

568

落叶松小毛盘菌
Lachnellula willkommii
Larch Canker Disco
(Hartig) Dennis

实际大小

落叶松小毛盘菌子实体幼时杯形，成熟后逐渐展开。子实层面光滑，亮橙黄色，边缘被明显白色茸毛，下表面也明显茸毛状。菌柄中生，短。

橙白相间的小毛盘菌属 *Lachnellula* 的物种，非常引人注目，落叶松小毛盘菌就是其中之一。这一类大多数都是木腐菌，但落叶松小毛盘菌可从伤口处寄生于落叶松，引起落叶松溃疡，使木材失去利用价值。该物种首次描述自德国，且在欧洲落叶松上特别常见，但它也能侵染其他针叶树。在 20 世纪 20 年代，落叶松小毛盘菌传入北美洲，但直到 20 世纪 80 年代才发现它可造成严重的隐患，那时在加拿大东部也发现了该物种。该种似乎在潮湿的气候条件下传播快速，尤其是在密度较大的人工林中。"Disco"是"Discomycete"的缩写，之前用于指代具有盘状子实体的一大类真菌。

相似物种

小毛盘菌属中一些极为相似的物种也生于落叶松上，尤其是常见的红肉小毛盘菌 *Lachnellula occidentalis*，该物种是枯树的分解者，无害，不引起溃疡。也有一些小毛盘菌属的其他种生长在别的针叶树上，它们都呈橙黄色，只能通过显微特征对它们进行区分。

科	晶杯菌科Hyaloscyphaceae
分布	北美洲、欧洲、北非、中美洲和南美洲、亚洲北部、澳大利亚、新西兰
生境	林地和灌木丛
宿主	农作物
生长方式	枯枝、木头和植物的茎秆上
频度	极其常见
孢子印颜色	白色
食用性	非食用

洁白粒毛盘菌
Lachnum virgineum
Snowy Disco

(Batsch) P. Karsten

子实体高达
小于 ⅛ in
(1 mm)

菌盖直径达
⅛ in
(1 mm)

洁白粒毛盘菌（曾用名 *Dascyscyphus virgineus*）单个子实体小且易碎，如果不是成群生长很难被发现。洁白粒毛盘菌分布广泛且极其常见，但如果不将倒木翻转或仔细检查死茎秆，该物种很容易被错过。它可以在任何时候形成子实体，但最常见于气候潮湿的春天，其娇小的子实体几乎可出现在任何基物上，包括枯草茎、死荆棘、落枝、坚硬的球果外壳和木本残体上。

相似物种

已知有许多子实体娇小、带茸毛、杯状的相似物种，其中大多数都有明显的颜色，但也有一些呈白色。而包括生于枯草茎上的瘦粒毛盘菌 *Lachnum tenuissimum*，生长在老梧桐树的叶子上的褶皱粒毛盘菌 *Lachnum rhytismatis* 和生长在栎树和山毛榉木头上的雪白小毛钉菌 *Dasyscyphella nivea* 都最好通过显微形态来区分。

洁白粒毛盘菌子实体小，群生，具菌柄，幼时高脚杯状，成熟后逐渐展开为平展的盘形。外表面白色，密被茸毛，绒毛绕杯状或盘状的子囊盘形成明显的厚的边缘。内表面光滑，白色至奶油色。

实际大小

科	蜡盘菌科Rutstroemiaceae
分布	北美洲东南部、欧洲
生境	林地
宿主	栗树
生长方式	落下的板栗壳上
频度	常见
孢子印颜色	白色
食用性	非食用

子实体高达
½ in
(15 mm)

直径达
½ in
(10 mm)

570

多刺兰斯叶杯盘菌
Lanzia echinophila
Chestnut Cup
(Bulliard) Korf

栗树林中的绝大多数真菌物种（如牛舌菌 *Fistulina hepatica*）与栎树林中的相同，但多刺兰斯叶杯盘菌（曾被称为 *Rutstroemia echinophila*）是专一性的栗树林生物种，它只生长在坚果的多刺果壳内表面。常在接近年末的时候发生，那时落地的果壳已变成棕色，在每一半果壳里都会长出一小群子实体。这个类群中的其他种也已经进化到具有高度的生态位专一性——一些种仅发生在桤木落下的絮上，一些种见于榛树的絮上，还有些种生长在凋落的杉木球果锥鳞上。

相似物种

许多其他棕色、有柄的盘菌，没有一个发生在老栗壳上。栎杯盘菌 *Ciboria batschiana* 是一个看起来与多刺兰斯叶杯盘菌相近的真菌，但该物种发生于落地的老橡子上。硬蜡盘菌 *Rutstroemia firme* 常见于栎树落枝上。叶柄蜡盘菌 *Rutstroemia petiolorum* 是生于老山毛榉和栎树叶上的常见物种。

多刺兰斯叶杯盘菌子实体幼时杯状，成熟后逐渐展开。上表面光滑、棕色至棕红色，边缘颜色较亮，齿状。下表面光滑，赭褐色。菌柄较细，中生，光滑，赭褐色。

实际大小

科	锤舌菌科Leotiaceae
分布	北美洲、欧洲、北非、中美洲、亚洲、澳大利亚、新西兰
生境	林地
宿主	阔叶树
生长方式	常簇生或群生于土壤和落叶层中
频度	常见
孢子印颜色	白色
食用性	非食用

子实体高达
3 in
(80 mm)

直径达
1½ in
(40 mm)

571

滑锤舌菌
Leotia lubrica
Jellybaby

(Scopoli) Persoon

　　滑锤舌菌的子实体曾被称为"果冻婴儿"，这主要是由于它们凝胶状的质地而非其鼓槌形的外观。它们常见于阔叶林，但由于其子实体呈赭橄榄色而容易被忽视。滑锤舌菌是一种分布极为广泛的真菌，但近期分子研究已表明该复合种至少包括了四种锤舌菌属*Leotia*真菌，但这些物种还未全部被描述或命名。可惜的是，它们并不能通过子实体颜色或显微特征的详细描述而被精确地鉴定。

相似物种

　　在北美洲，黏锤舌菌*Leotia viscosa*是一个常见种，头部深绿色，菌柄黄色。整个子实体呈橄榄绿色的暗绿紫胶盘菌*Coryne atrovirens*（曾被称为暗绿锤舌菌*Leotia atrovirens*）看起来像锤舌菌属的物种，但事实上却是一个无性阶段真菌，与该种无亲缘关系。地锤菌属*Cudonia*的物种形态与滑锤舌菌相似，但不呈胶质。

实际大小

滑锤舌菌子实体胶质，鼓槌形。头部光滑，潮湿时黏滑，软骨质至胶质，常浅裂或不规则，赭色至橄榄色或棕色。下表面和菌柄均为胶质，但呈屑鳞状或鳞片状，与头部同色，或带更明显的黄色至橙黄色。

科	锤舌菌科Leotiaceae
分布	北美洲、中美洲
生境	林地
宿主	阔叶树和针叶树
生长方式	常簇生或群生于土壤和落叶层中
频度	常见
孢子印颜色	白色
食用性	非食用

子实体高达
3 in
(75 mm)

直径达
1 in
(25 mm)

黏锤舌菌
Leotia viscosa
Greencap Jellybaby

Fries

实际大小

黏锤舌菌子实体胶状，具明显的菌盖和菌柄。菌盖潮湿时黏或具黏液，软骨质－胶质，常开裂或不规则，橄榄色至深绿色。菌柄胶质，被细屑鳞，白色至黄色或米色，有时具绿色小斑点。

黏锤舌菌十分迷人，与广泛分布的滑锤舌菌 *Leotia lubrica* 的菌盖一样带有翡翠绿或孔雀石绿两种色系颜色。它是北美洲的常见种，群生或簇生于林地的枯枝落叶层或偶尔发生在腐烂的木头上。有零星报道说该种可以食用（因不知道其毒性），但似乎无人愿意采集并食用这种小的、黏滑的胶状真菌。

相似物种

常见的锤舌菌属 *Leotia* 物种如滑锤舌菌菌盖颜色更暗，头部呈更明显的黄色，常带橄榄色色调，但绝不呈深绿色。暗绿紫胶盘菌 *Coryne atrovirens*（或暗绿锤舌菌 *Leotia atrovirens*）与黏锤舌菌子实体形态相似，但其整个子实体均为橄榄绿色。

科	地舌菌科Geoglossaceae
分布	北美洲、欧洲、亚洲北部、新西兰
生境	草地，偶见于林地
宿主	苔藓
生长方式	地上和草地里
频度	偶见
孢子印颜色	白色
食用性	非食用

棕绿小舌菌
Microglossum olivaceum
Olive Earthtongue

(Persoon) Gillet

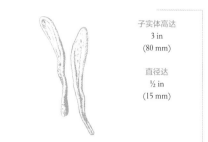

子实体高达
3 in
(80 mm)

直径达
½ in
(15 mm)

573

除了其子实体独特的颜色和孢子印白色（不是黑色）外，棕绿小舌菌看起来非常像常见的黑色的地舌菌，如多毛毛舌菌 *Trichoglossum hirsutum*。而近期的分子研究表明，棕绿小舌菌与滑锤舌菌 *Leotia lubrica* 的亲缘关系比真正的地舌菌的关系更近。在欧洲，棕绿小舌菌生长在未改良的草地上，但在最近 50 年里这种生境已急剧减少。据估计，棕绿小舌菌在瑞典的数量已经减少了 95%。因此，很多国家现在已将其列入濒危真菌红色名录中。

相似物种

绿小舌菌 *Microglossum viride* 是林地生真菌，深绿色，菌柄屑鳞状或粗糙。北美洲的红棕小舌菌 *Microglossum rufum* 呈橘黄色至黄色。包括多毛毛舌菌在内的真正的地舌菌，子实体明显呈黑色，偶尔带橄榄色或棕色。

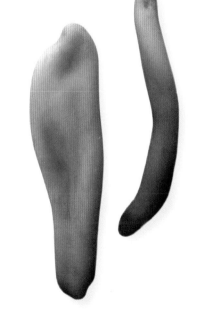

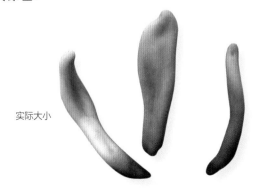

实际大小

棕绿小舌菌子实体具菌柄，杵状。头部形态变化较大，光滑，可育，有时较细，有时膨大，但通常呈扁平状并有褶皱。子实体通常呈蓝绿色至橄榄褐色，偶尔呈粉色至紫褐色，随着子实体成熟渐渐褪色。菌柄圆柱状，光滑，有时有光泽，橄榄色至棕色，或偶尔蓝绿色。

科	地舌菌科Geoglossaceae
分布	北美洲、亚洲北部、新西兰
生境	林地
宿主	苔藓
生长方式	簇生于泥土和腐朽木上的苔藓中
频度	偶见
孢子印颜色	白色
食用性	非食用

子实体高达
3 in
(75 mm)

直径达
½ in
(15 mm)

574

红小舌菌
Microglossum rufum
Orange Earthtongue
(Schweinitz) Underwood

美国菌物学家刘易斯·戴维·范·施万尼茨（Lewis David von Schweinitz）于 1834 年首次描述了这个颜色艳丽的地舌菌。奇怪的是，他将种加词定为"*rufum*"，其意思是"红色"，而实际上红小舌菌的颜色呈黄色至橙黄色。该种在北美洲较常见，此外在新西兰、日本和东亚部分地区也有发现。该种还被印制在喜马拉雅山脉不丹国发行的一套邮票中。近期的研究认为，红小舌菌和其他小舌菌属 *Microglossum* 的物种一样，与孢子印呈黑色的真正的地舌菌的亲缘关系并不是很近。

相似物种

绿小舌菌 *Microglossum viride* 的子实体呈深绿色，棕绿小舌菌 *Microglossum olivaceum* 菌柄光滑，呈橄榄绿色至褐色。黄地匙菌 *Spathularia flavida* 具有与红小舌菌相似的颜色，但其头部呈喇叭状或扇形。并无亲缘关系的蛹虫草 *Cordyceps militaris* 长在昆虫的蛹上，呈鲜橙红色。

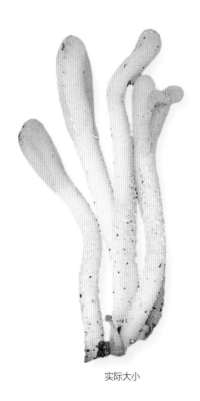

实际大小

红小舌菌子实体具菌柄，棒状。头部光滑、可育，形态变化较大，有时较细，有时膨大，但常呈扁平状并有褶皱。子实体通常呈鲜黄色至橘黄色。菌柄圆柱形，通常呈明显的皮屑状，有时光滑，尤其是较老的子实体。

科	肉杯菌科Sarcoscyphaceae
分布	北美洲、欧洲、亚洲北部
生境	林地
宿主	阔叶树
生长方式	生于腐木的上或侧面，有时也生在埋木上
频度	少见
孢子印颜色	白色
食用性	非食用

深肉微座孢菌
Microstoma protractum
Rosy Goblet
(Fries) Kanouse

子实体高达
1½ in
(40 mm)

直径达
1 in
(25 mm)

575

深肉微座孢菌在春天形成子实体，具有肉杯菌科典型的鲜艳颜色。它主要分布在高山极地，通常生长在含有碳酸钙的林地中。该物种在其大多数分布区域内较少见，但越往北就越常见。深肉微座孢菌于19世纪在苏格兰被采集到，但从那以后在不列颠群岛却再未见到过，因此，推测它在当地已经灭绝。且它在欧洲的许多国家已受保护，并已将该种列入濒危真菌红色名录。

实际大小

相似物种

与其近缘的白毛肉微座孢菌 *Microstoma floccosum* 非常相似，但该物种带柄的杯状结构外表面有一层明显的茸毛。绯红肉杯菌 *Sarcoscypha coccinnea* 和一些近缘种具有与深肉微座孢菌相似的颜色，且幼时具柄的子实体容易和深肉微座孢菌相混淆。然而，它们的子囊盘边缘不开裂或不整齐。

深肉微座孢菌子实体簇生，杯状，具长柄。菌柄细长，白色，被细茸毛。子囊盘初期球形，顶部有小孔口，随着子实体成熟，子囊盘逐渐展开，最终成盘状，边缘整齐。内表面光滑，鲜橙红色至鲜红色，外表面颜色较浅。

科	柔膜菌科Helotiaceae
分布	欧洲、亚洲北部
生境	林地的泥潭、沟渠、沼泽
宿主	针叶树和阔叶树，常在泥炭藓
生长方式	群生于潮湿的落叶层或植物残体上
频度	偶见
孢子印颜色	白色
食用性	非食用

子实体高达
4 in
(100 mm)

直径达
½ in
(15 mm)

576

湿生地杖菌
Mitrula paludosa
Bog Beacon
Fries

当成大群的生长时，颜色鲜艳的湿生地杖菌成为阴暗潮湿的林地泥潭中一道靓丽的风景。它生长在腐烂的植物上，但只限于那些沼泽、沟渠和泥潭中完全被水浸湿的基物。湿生地杖菌甚至能够在水下形成子实体，因此，它的部分菌柄常浸在水里。它形成子实体的时间较早，通常出现在晚春或初夏。"*Mitrula*"的意思是"小头饰或小头巾"（对于可育顶部的准确描述），"*paludosa*"的意思是"沼泽的"。

相似物种

在北美洲，湿生地杖菌常被一个看起来与之相似的种（或复合种）——雅致地杖菌 *Mitrula elegans*〔沼泽灯塔（the Swamp Beacon）〕取代，但它们的 DNA 序列也几乎没有区别。另一个不太常见但外观相似种北地杖菌 *Mitrula borealis* 分布在北美洲和欧洲，但可以通过显微特征对它们进行区分。

实际大小

湿生地杖菌的子实体通常群生。菌柄长且光滑、白色至略带透明。子实体顶部可育、亮淡黄色至橘黄色，形状不规则，有时为长卵圆形或圆形，光滑至略褶皱。

科	柔膜菌科Helotiaceae
分布	北美洲、欧洲、亚洲北部
生境	林地
宿主	阔叶树，尤其是山毛榉
生长方式	段木、树桩和枯枝
频度	常见
孢子印颜色	白色
食用性	非食用

洁新胶鼓菌
Neobulgaria pura
Beech Jellydisc

(Persoon) Petrak

子实体高达
2 in
(50 mm)

直径达
2 in
(50 mm)

577

洁新胶鼓菌常多个子实体密集簇生。其子实体高度胶质，胶状的菌肉可保留雨水。这使其在裸露的木头上生长时可以防止干燥，也可以有更多的时间产生和释放孢子。洁新胶鼓菌曾被置于胶陀螺属 *Bulgaria* 中，和同样胶质（但黑色）的胶陀螺 *Bulgaria inquinans* 并列处理，但现已证明二者无任何关联。近期，从洁新胶鼓菌中提取出来许多新胶鼓菌酮类化合物，可以用于防治或抑制植物病害。

相似物种

大群生长的洁新胶鼓菌可能会与并不相关的银耳属 *Tremella* 的种相混淆，但其呈粉色和盘状外形是显著特征。胶盘菌属 *Ascotremella* 和 *Ascoryne* 的种间关系很近且看起来也很相似，但它们的子实体颜色为紫色而不是粉色，通过显微特征可对它们进行区分。

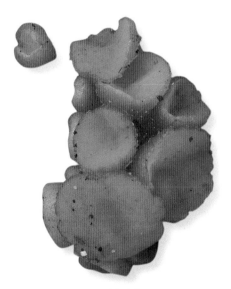

实际大小

洁新胶鼓菌的子实体胶质、纽扣状，常聚集成大团状。上表面浅粉色，有时带紫色调，光滑，初期盘形，但随着子实体成熟，形状变得不规则且有膨大。外表面颜色与上表面相似，轻微皮屑状。

科	火丝菌科Pyronemataceae
分布	北美洲、欧洲、亚洲
生境	林地
宿主	阔叶树和针叶树外生菌根菌
生长方式	常成小群地密集簇生于地上
频度	偶见
孢子印颜色	白色
食用性	有毒

578

子实体高达
4 in
(100 mm)

直径达
2½ in
(60 mm)

柠檬黄侧盘菌
Otidea onotica
Hare's Ear
(Persoon) Fuckel

实际大小

柠檬黄侧盘菌是大型的且比较引人注目的侧盘菌属 *Otidea* 的物种之一，该属是林地生真菌，常密集簇生在枯枝落叶层上。近期研究表明它们可能是外生菌根菌，与活立木形成共生关系。侧盘菌属大多数为深褐色但只有少数几个种颜色相同。虽然近期被描述的种半土生侧盘菌 *Otidea subterranea* 为块状，但是侧盘菌属大部分种的外形为耳形。柠檬黄侧盘菌有时被列为可食的一类，但因其子实体含有鹿花菌素（gyromitrin）而被认为有毒，特别是生食时。

相似物种

与柠檬黄侧盘菌具有相近颜色的其他侧盘菌，如雅致侧盘菌 *Otidea concinna* 呈鲜黄色但无粉色色调，而兔耳侧盘菌 *Otidea leporina* 为赭色。它们的子实体与柠檬黄侧盘菌相比均较矮小。闪光美杯菌 *Caloscypha fulgens* 和长根索氏盘菌 *Sowerbyella radicata* 子实体与该种形态不同，前者外表面蓝绿色，后者具有根状菌柄。

柠檬黄侧盘菌形如其名，子实体典型的较高且呈不规则耳形，少数子实体较短且呈杯形。它常常开裂或向一面开口。弯曲的内表面光滑，赭色或香橙色。外表面皮屑状、赭色。菌柄存在时非常短，苍白色。

科	盘菌科Pezizaceae
分布	北美洲、欧洲、南美洲、亚洲、新西兰
生境	沙丘
宿主	草地
生长方式	单个或小群半埋生于沙地上
频度	偶见
孢子印颜色	白色
食用性	非食用

子实体高达
1 in
(25 mm)

直径达
1½ in
(40 mm)

沙生盘菌
Peziza ammophila
Dune Cup
Durieu & Montagne

579

作为植物共生菌，这类经常生长在沙丘中的真菌是极为特殊的，不仅要适应沙环境又要适应盐环境。沙生盘菌是这些嗜盐物种中的一种，常被发现于海岸线上的滨草丛 *Ammophila arenaria* 中。它生长在埋于沙土下的枯草根上，从沙土与真菌组织混合物的根状管中向上延伸生长，最终在沙土表面形成一个半埋、杯状的子实体。

相似物种

在庞大的盘菌属 *Peziza* 中，沙生盘菌因其独特的沙丘生长习性而容易被辨别。然而，地孔块菌属 *Geopra* 下的两个种，沙生地孔块菌 *Geopra arenicola* 和沙地孔块菌 *Geopra arenosa*，也可以在沙土中或疏松的沙丘（沙丘间潮湿，沼泽洼地）中产生与沙生盘菌外观相似的子实体。可以通过它们子囊盘的白色内表面与沙生盘菌进行区分。

沙生盘菌形成的子实体早期全埋于地下，之后逐渐从顶端裂开形成深的杯状子囊盘，仍半埋于地下。当子实体成熟以后，它们可能会形成不规则的盘形。若将其挖出，会现出沙土与真菌组织混合而成的茎状基部。子实体的所有表面均呈现为黄褐色至棕黑色。

实际大小

科	盘菌科Pezizaceae
分布	北美洲东部、欧洲
生境	林地
宿主	阔叶树和针叶树
生长方式	土壤和落叶层中
频度	罕见
孢子印颜色	白色
食用性	非食用

子实体高达
1 in
(25 mm)

直径达
2 in
(50 mm)

580

星巴克盘菌
Peziza azureoides
Azure Cup
Donadini

大多数盘菌属 *Peziza* 的子实体颜色较暗，并具有乳白色、浅黄色、褐色等各种色调，但少数物种的子实体具有更明显的蓝色、蓝紫色或紫色。星巴克盘菌属于这一小部分亮丽群体，但因其并非常见种所以只能通过孢子镜检的方式进行鉴定。星巴克盘菌（种加词"*azureoides*"的意思是"浅蓝色状"）最早于 20 世纪 80 年代在法国被记载，后来在欧洲和美国东北部的其他地区也常有发现。

相似物种

茶褐盘菌 *Peziza praetervisa* 和紫盘菌 *Peziza violacea* 是两个较为常见的种，二者与星巴克盘菌子实体大小不同，但颜色相近。然而，这两个种均为火烧地真菌——常被发现生长于烧毁的地面或炭化的木头上。紫星球肉盘菌 *Sarcosphaera coronaria* 的子实体更大，外表面白色。

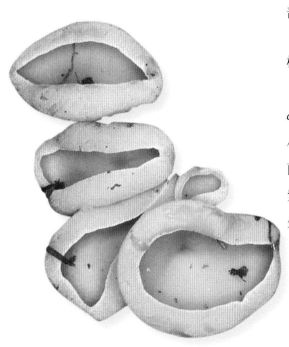

星巴克盘菌子实体幼时杯状，但随着子实体成熟，子囊盘可能会逐渐平展而变为不规则的形状。该种的子实体内表面光滑并呈现蓝紫色，外表面为皮屑状或颗粒状，与内表面颜色相同。

实际大小

科	盘菌科Pezizaceae
分布	北美洲、欧洲、北非、中美洲和南美洲、亚洲北部、新西兰
生境	林地
宿主	针叶树和阔叶树
生长方式	典型簇生
频度	常见
孢子印颜色	白色
食用性	可食

疣孢褐盘菌
Peziza badia
Bay Cup
Persoon

子实体高达
2 in
(50 mm)

直径达
4 in
(100 mm)

581

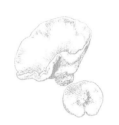

至少在欧洲，疣孢褐盘菌是盘菌属 *Peziza* 最常见的种之一，常群生或簇生于人工针叶林里的小路旁边或者路堤上。它似乎喜欢在贫瘠的沙质土壤或潮湿裸露的地面上生长。尽管盘菌属的种很难被鉴定，但是由于其内表面橄榄褐色和外表面红褐色之间鲜明的颜色对比使其在野外很容易识别。据说疣孢褐盘菌生食有毒，但烹熟后可食。然而，它的子实体菌肉极薄，几乎没有人认为它值得烹饪。

疣孢褐盘菌子实体最初呈杯状，但是随着子实体成熟，逐渐变为不规则形状，特别是在群生的时候。此种内表面光滑且为深褐色，通常伴有橄榄色，外表面皮屑状或颗粒状，颜色红褐色或棕褐色。

相似物种

许多盘菌属的其他种均为褐色、地生。区分它们的最好方法就是进行微观观察。也许顶牙盘菌 *Peziza phyllogena* 在颜色和大小上与疣孢褐盘菌最为接近，但其常生长于腐木或木质杂物中，并且在春季才形成子实体。

实际大小

科	盘菌科Pezizaceae
分布	北美洲、欧洲、亚洲西部
生境	篝火旧址和火烧地
宿主	林地和灌木
生长方式	生于烧焦的土壤上
频度	偶见
孢子印颜色	白色
食用性	烹熟后可食

子实体高达
10 in
(250 mm)

直径达
12 in
(300 mm)

多变盘菌
Peziza proteana
Bonfire Cauliflower
(Boudier) Seaver

多变盘菌通常形成白色的杯状子实体，但偶尔会缠绕形成奇特的菜花状，子实体包块常所指的如绣球状的子座，英文名字为篝火菜花（Bonfire Cauliflower）或卷心菜真菌（Cabbage-Head Fungus）。凑近观察可以看到，这些包块实际上由很多子实体密集生长在一起，从而导致子囊盘完全扭曲形成的。无论是否密集生长，这个种均可作为"专业的"火烧真菌的实例。这些真菌在自然界中可能出现在森林火灾之后，但现今大多发现于篝火旧址旁。这种真菌对于碱性土壤往往具有很高的耐性（木灰呈碱性），或是反营养生长则只能通过热量刺激才能产生孢子。

相似物种

这种"菜花"状外形类似于苍白卷曲的鹿花菌属 *Gyromitra* 物种，但它们通常是褐色的，具明显的白色菌柄。绣球菌 *Sparassis crispa* 与多变盘菌并无亲缘关系，生于树基且子实体呈海藻状。区分多变盘菌与同样具有杯状外形的盘菌属 *Peziza* 的最好方法就是利用其显微特征进行区分。

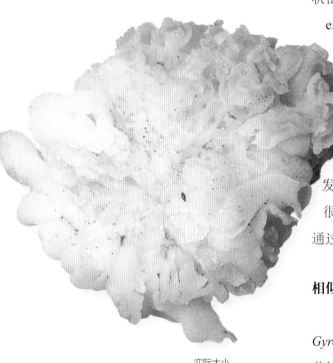

实际大小

多变盘菌子实体呈规则的杯状，内表面光滑，牙白色，外表面皮屑状。然而其"菜花"状子实体形成大量卷曲折叠的腔室，这些腔室颜色相同，但随着子实体成熟其颜色显粉红、淡紫或土黄色。

科	盘菌科Pezizaceae
分布	北美洲、欧洲、非洲、中美洲和南美洲、亚洲、澳大利亚、新西兰
生境	粪便、堆肥、覆盖物
宿主	肥料基物
生长方式	通常密集簇生，有时单生
频度	常见
孢子印颜色	白色
食用性	有毒，烹熟后可食

泡质盘菌
Peziza vesiculosa
Blistered Cup
Bulliard

子实体高达
2 in
(50 mm)

直径达
3 in
(80 mm)

泡质盘菌，也称为气泡盘菌（Bladder Cup），是粪堆和堆肥地常见的物种，现在逐渐频繁地出现于覆盖物上。在适宜的生境中该种常疯长，数千个子实体簇生。这些子实体往往密集生长以致扭曲。子实体比较脆弱，挤压下易破裂，导致内表面和外表面有时分离，形成膀胱状水泡，从而使子实体变得更加不规则。种加词"*vesiculosa*"的意思即为"水泡状"。泡质盘菌含有抗肿瘤活性的代谢产物，日本已用其来治疗肿瘤和增强免疫功能。

相似物种

通常通过颜色、大小、生境及近水泡形来辨别这个物种。常见种蜡盘菌 *Peziza cerea* 与泡质盘菌颜色和大小相似，但蜡盘菌通常生于老砂浆（有时在铺路石与砖砌之间）和建筑中潮湿的灰泥上。盘菌属 *Peziza* 其他种生长在土壤、粪便和腐木上，大多数子实体较小或颜色更深。

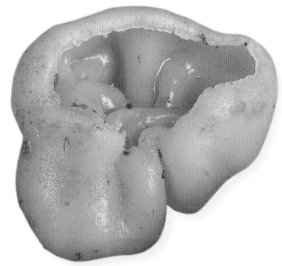

实际大小

泡质盘菌产生相对较大的杯状子实体，子实体常常会变形扭曲，特别是当子实体密集群生时（见上图）。其内表面光滑，颜色为淡黄色至黄褐色，外表面与内表面颜色相似，皮屑状或颗粒状。边缘常弯曲。成熟时，子实体内外表面可能分离并形成水泡状。

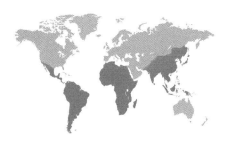

科	肉盘菌科Sarcoscyphaceae
分布	北美洲东南部（佛罗里达州）、非洲、中美洲和南美洲、亚洲南部（包括中国和日本）
生境	林地
宿主	阔叶树
生长方式	枯枝或段木
频度	偶见
孢子印颜色	白色
食用性	非食用

子实体高达
½ in
(15 mm)

直径达
4 in
(100 mm)

584

香歪盘菌
Phillipsia domingensis
Mauve ElfCup
Berkeley

香歪盘菌是分布于热带的大型盘菌，常具鲜亮颜色，常见于段木和枯木。它与毛杯菌属 *Cookeina* 的物种亲缘关系较近，颜色也一样多变。亮粉紫色或淡紫色似乎是较典型的，但最近的分子研究已表明，子实体颜色从亮黄色至红褐色范围内的物种亲缘关系非常接近，难以区分为独立物种。在同一段木上偶尔会发现具不同颜色的子实体，这表明从歪盘菌属 *Phillipsia* 的子实体中分离出来的类胡萝卜素——歪盘菌黄素（phillipsiaxanthin）——可能非常不稳定。

相似物种

不进行显微观察的情况下，因香歪盘菌颜色巨大变化使它很难被辨别出来。与香歪盘菌近缘但并不常见的热带分布种彩色歪盘菌 *Phillipsia carnicolor* 子实体常为橙色至橙红色，而易碎歪盘菌 *Phillipsia crispata* 常为橙色至棕红色。血红色的种可能与绯红肉杯菌 *Sarcoscypha coccinea* 的子实体相似。

实际大小

香歪盘菌子实体幼时瓶状或漏斗状，后逐渐扩张为浅杯状或盘状（见上图），菌柄短小、中生。外表面光滑呈白色，内表面光滑且颜色多变，从暗色至明亮的淡紫色，从粉红色至红色或红褐色，甚至从橙色至黄色。

科	根盘菌科Rhizinaceae
分布	北美洲、欧洲、亚洲北部；已传入非洲南部
生境	针叶林地
宿主	针叶树
生长方式	单生或小群生于地上
频度	偶见
孢子印颜色	白色
食用性	非食用

子实体高达
小于⅛ in
(2 mm)
直径达
2½ in
(60 mm)

波状根盘菌
Rhizina undulata
Pine Firefungus

Fries

波状根盘菌是针叶林（不仅是松树）中的一种严重病原菌，它侵染成熟树木和新种植苗木的根并导致"群体死亡"。高温（95–115 ℉/35–45℃）下刺激土壤中的孢子萌发，同样天然森林火灾或人为森林大火也会刺激孢子萌发。子实体可能在火灾后三个月内出现，并持续数年直至逐渐消失。幼小的子实体有时聚集在中央成扣碗状，其膨胀的外观或许解释了其英文名字Doughnut Fungus（多纳圈真菌）的由来。

实际大小

相似物种

一些平盘菌属 *Discina* 物种，如发现于针叶林中的珠亮平皱盘菌 *Discina Ancilis* 与该种外观相似。然而它们的下表面却十分不同，或多或少地集中附着在地面，并无波状根盘菌那样的假根。肋状皱盘菌 *Disciotis venosa* 也有类似的水泡状褶皱，但具有漂白剂气味且生境不同。

波状根盘菌子实体扁平，不成杯状，幼时近圆形，但可能会联合。其上表面光滑，但具有不规则的起伏（有时在中心上升），色深褐至黑褐，并带有明显微白色至微黄色的边缘。下表皮浅黄色至黄褐色，通过大量根状假根附着在地上。

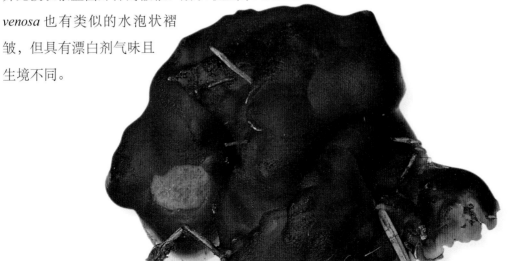

科	肉杯菌科Sarcoscyphaceae
分布	北美洲西部、欧洲
生境	林地
宿主	阔叶树
生长方式	长满苔藓的枯枝上
频度	常见
孢子印颜色	白色
食用性	非食用

子实体高达
2 in
(50 mm)

直径达
2 in
(50 mm)

绯红肉杯菌

Sarcoscypha coccinea

Scarlet Elfcup

(Jacquin) Saccardo

亲缘关系紧密的几种绯红肉杯菌是北温带地区色彩最引人注目的物种，尤其是因其子实体通常发生在隆冬或初春而更显绚丽。不列颠群岛的肉杯菌属 *Sarcoscypha* 分布在大西洋西部，而在其他地区，该菌似乎更喜欢温和潮湿的气候，通常在河谷内长满苔藓的倒木上产生子实体。与其热带近缘种歪盘菌属 *Phillipsia* 一样，绯红肉杯菌也含有亮丽的类胡萝卜素，但偶尔也会发现其子实体为亮黄色甚至白色。

相似物种

绯红肉杯菌是一些相似种的复合种，仅可通过显微特征将它们区分，其中有常见于北美洲东部和欧洲的澳洲肉杯菌 *Sarcoscypha austriaca*，生长于北美洲东部的犬肉杯菌 *Sarcoscypha dudleyi* 和较小的小红白毛杯菌 *Sarcoscypha occidentalis*，也有长于欧洲中部的汝拉肉杯菌 *Sarcoscypha Jurana*，马德拉群岛和加那利群岛的大岛肉杯菌 *Sarcoscypha macronesica*。其他物种分布在亚洲和非洲。

实际大小

绯红肉杯菌杯状子实体在幼时常具明显菌柄，随着子实体长大菌柄慢慢消失。子实体成熟后变成平而不规则的盘形。内表面光滑且常为亮红色。外表面与内表面颜色相近但常因表面被细毛而呈白色，显微镜下这些直立的细毛可见。

科	肉杯菌科Sarcosomataceae
分布	北美洲东部、欧洲大陆
生境	林地
宿主	云杉
生长方式	针叶落叶层地上
频度	罕见
孢子印颜色	褐色
食用性	非食用

球肉盘菌
Sarcosoma globosum
Bombmurkla
(Schmidel) Rehm

子实体高达
4 in
(100 mm)

直径达
4 in
(100 mm)

587

　　球肉盘菌这个长相奇特的物种通常生长于初春时节，在人迹罕至的云杉老林中，其子实体半埋于深深的苔藓层和针叶落叶层。该种为盘菌，而子囊盘下的菌柄呈胶质状并因充水极度膨胀。这样，即便是在干燥的冬季，储存的水分也能帮助子实体发育。在其欧洲主要分布区——瑞典，该种被称为烧焦饼状盘菌（Bombmurkla），并受法律保护，也被称为Charred-Pancake Cup。在斯堪的纳维亚国家和欧洲东部的其他国家，由于原始森林被砍伐殆尽，球肉盘菌已濒临灭绝，甚至已经灭绝。目前，球肉盘菌已被提议按照伯尔尼公约规定列入国际保护物种。

球肉盘菌的子实体近球形，半埋于苔藓及针叶落叶层中，上表面平滑有光泽，黑褐色盘状具明显边缘。菌柄膨大、柔软具细绒毛并呈黑褐色，常为褶皱或折叠状，切开后有半凝胶状水样液体流出。

相似物种

　　球肉盘菌在北美有两个近缘种，分别为拉塔肉盘菌 *Sarcosoma latahense* 和墨西哥肉盘菌 *Sarcosoma mexicanum*，但两者（尽管有点胶质状）均具有更为典型的杯状子实体，并且没有球肉盘菌那样极度膨胀的菌柄。红盘菌属 *Plectania* 和假黑盘菌属 *Pseudoplectania* 两属下的黑色物种均为杯状，但非呈胶质状。

实际大小

科	盘菌科Pezizaceae
分布	北美洲、欧洲、北非、亚洲西部
生境	林地，常见于含碳酸钙的地上
宿主	阔叶树和针叶树外生菌根菌
生长方式	常半埋于地上或地下
频度	偶见
孢子印颜色	白色
食用性	有毒

588

子实体高达
3 in
(75 mm)

直径达
6 in
(150 mm)

紫星球肉盘菌
Sarcosphaera coronaria
Violet Crown Cup
(Jacquin) J. Schröter

实际大小

紫星球肉盘菌是一个引人注目且独特的物种，首先产生半埋的块状子实体，但它会像杯状真菌一样开裂释放孢子。在欧洲，十几个国家将此物种列于濒危真菌红色名录中，并拟列为伯尔尼公约受国际保护的真菌之一。该物种在北美鲜见。尽管据称其烹熟后可食，但紫星球肉盘菌含有潜在的致命毒素鹿花蕈素，且在鹿花菌属 *Gyromitra* 中也发现了这种毒素，因此最好避免食用。通常该种也被称为粉冠真菌（Pink Crown Fungus）。

相似物种

在盘菌中，有些盘菌属 *Peziza* 物种有紫色子实体，包括紫盘菌 *Peziza violacea* 和茶褐盘菌 *Peziza praetervisa*。这两个种均生长于烧过的地面，并呈规则杯状。地孔菌属 *Geopora* 与紫星球肉盘菌相似，子实体半埋生，但内表面为白色至乳白色。

紫星球肉盘菌子实体幼时暗白色，光滑，块状并半埋于土壤中。当子实体成熟后，易碎的上表面常无规则开裂，但有时也呈星形的空心杯状。子囊盘内表面光滑，淡紫色至紫色，有时伴有灰色或褐色色调。子实体常紧密聚集生长。

科	火丝菌科Pyronemataceae
分布	北美洲、欧洲、北非、中美洲和南美洲、亚洲、澳大利亚、新西兰
生境	林地
宿主	潮湿的腐木或木材丰富的地上
生长方式	单生或群生
频度	常见
孢子印颜色	白色
食用性	非食用

子实体低于
⅛ in
(1 mm)

直径达
¾ in
(20 mm)

红毛盾盘菌
Scutellinia scutellata
Common Eyelash

(Linnaeus) Lambotte

589

红毛盾盘菌（英文名也可译为常见毛盘杯），也称为毛盘杯（Eyelash Cup），是一种引人注目的小型真菌，常发现于潮湿腐木上，有时可在这些基物上群生。尽管子实体个体较小，但产孢盘菌边缘的睫毛状细丝足够长、足够黑，以至于无需借助放大镜便可观察到。这些细毛可能有助于保护正在发育的真菌免遭无脊椎动物如虫子的破坏，也可能有助于维持孢子释放保留所需的湿度。产孢盘的鲜艳色彩源于胡萝卜素的混合物，这在其他一些红色和橘黄色的真菌中也有发现。

相似物种

红毛盾盘菌是几种难以区分的毛状真菌中最常见的一种，尽管如此，通过显微特征仍可将其区分开来。火盘菌属 *Anthracobia* 的物种群生于烧过的地面上，为暗红色至橙色，边缘具褐色短小细毛。缘刺盘菌属 *Cheilymenia* 的物种群生于粪便上，与火盘菌属真菌相似。

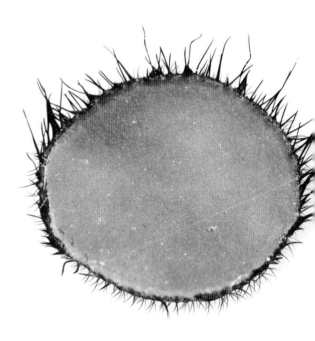

实际大小

红毛盾盘菌子实体较小，幼时呈杯状，随后迅速扩展为盘状。其内表面光滑，亮红色至橘红色。外表面颜色与内表面相似，但圆盘边缘长有稀疏、褐色至黑色的睫毛状细丝。

科	地锤菌科Cudoniaceae
分布	北美洲、欧洲、亚洲北部
生境	针叶林地
宿主	针叶树
生长方式	群生于土壤和落叶层中
频度	偶见
孢子印颜色	白色
食用性	非食用

子实体高达
3 in
(80 mm)

直径达
1¼ in
(30 mm)

590

黄地匙菌
Spathularia flavida
Yellow Fan

Persoon

黄地匙菌子实体小，颜色鲜艳，是整个北半球针叶林中一种独特的真菌，看起来很像一个微型皮艇桨或非洲风扇。它似乎是一种腐生在枯枝落叶层上的物种，将松针和植物枯枝叶逐步分解成为腐殖质。一项特殊研究表明，该物种具有一套对抗食真菌类无脊椎动物（跳虫）的防御机制。如果子实体被叮咬损坏后跳虫会远离，这表明黄地匙菌释放了某种驱虫类化学物质或气味。

相似物种

在北美洲，拟地勺菌 *Spathulariopsis velutipes* 的外形与黄地匙菌相似，但其子实体菌盖奶油色、可育，具细绒毛的红褐色菌柄。广泛分布的常见种——滑锤舌菌 *Leotia lubrica* 子实体略鲜艳，常具绿色且为圆形的头部。假花耳属 *Dacryopinax* 的子实体铲形，常木生。

实际大小

黄地匙菌子实体具柄，初生呈扁平棒状，成熟后变为扇形或铲形。头部可育，扇形，淡黄色，围绕在菌柄的顶部，常褶皱状或脉纹状。菌柄光滑，圆形，颜色与菌盖相似或苍白色。

科	火丝菌科Pyronemataceae
分布	北美洲、欧洲、亚洲
生境	林地
宿主	可能是阔叶树和针叶树的外生菌根菌
生长方式	地上
频度	常见
孢子印颜色	白色
食用性	非食用

子实体高达
2½ in
(60 mm)

直径达
2 in
(50 mm)

591

碗状疣杯盘菌
Tarzetta catinus
Greater Toothed Cup
(Holmskjold) Korf & J. K. Rogers

"*Tazzetta*"在意大利语中意为"小杯","*catinus*"的拉丁文意思为"盆",因此,发现碗状疣杯盘菌(有时拼写为 *Tazzetta catinus*)呈明显杯状一点也不奇怪。该种常见于林地,但易被忽视。最近的研究表明,它可能是外生菌根菌,与活树根部形成共生关系。碗状疣杯盘菌是博物学家西奥多(Theodor Holmskjold)在18世纪90年代首次发现的52个新种中的一种。他撰写的精美图鉴被称作《在丹麦研究真菌的快乐休息时光》*Happy Resting Periods in the Country Studying Danish Fungi*——一个对于一本重要的科学参考书来说很奇怪的标题。

相似物种

匙状疣杯盘菌 *Tarzetta spurcata* 与碗状疣杯盘菌极其相似,只能通过显微镜对二者进行区分。杯状疣杯菌 *Tarzetta cupularis* 和 *Tarzetta scotica* 的子实体均较小,直径不超过¾in(20 mm)。半球土盾盘菌 *Humaria hemisphaerica* 与碗状疣杯盘菌形状类似,但其内表面呈白色。

实际大小

碗状疣杯盘菌子实体幼时几乎近似球形,随着子实体成熟变成杯状,菌柄常短,中生且埋于土中。内表面光滑,淡乳白色至黄褐色(见上图),边缘齿状或锯齿状。外表面颜色与内表面相似,为皮屑状或毛毡状。

科	地舌菌科Geoglossaceae
分布	北美洲、欧洲、亚洲北部、新西兰
生境	草原或林地
宿主	苔藓
生长方式	单生或散生于地上或长苔藓的草地
频度	常见
孢子印颜色	黑色
食用性	非食用

子实体高达
3 in
(80 mm)

直径达
3⁄8 in
(8 mm)

592

多毛毛舌菌
Trichoglossum hirsutum
Hairy Earthtongue
(Persoon) Boudier

在欧洲，毛舌菌典型地生于原始草地、旧草坪和沿海地带。和蜡伞（湿伞属 *Hygrocybe* 物种）一样，它们是未受干扰、物种丰富的草原的优良指示性物种。然而，在其他地方发现它们可以生长在长满青苔的林地。多毛毛舌菌是最常见并且分布最为广泛的物种之一。在放大镜下，可以观察到相对较大的棕黑色尖锐的细毛。这些细毛或许有助于保护产孢结构表面免遭以真菌为食的虫子和其他小型无脊椎动物啃食。属名"*Trichoglossum*"就是"多毛舌头"的意思。

相似物种

几个不常见的毛舌菌属 *Trichoglossum* 物种，如沃氏毛舌菌 *Trichoglossum walteri* 与多毛毛舌菌极其相似，只能通过显微特征进行区分。与多毛毛舌菌近缘的地舌菌属 *Geoglossum* 真菌与之外形相似，但放大镜下可观察到其菌柄光滑且没无细毛。

多毛毛舌菌形成黑色带柄的杯状子实体。头部窄棒状，可育，膨胀似桨或尖铲形，且通常紧致皱缩。在放大镜下可以观察到表面被短毛。菌柄圆柱状，深黑色，且表面覆有可见细绒毛。

实际大小

科	肉盘菌科Sarcosomataceae
分布	北美洲东部、欧洲、亚洲北部
生境	林地
宿主	阔叶树
生长方式	生于腐木（有时也生于埋木）上面或侧面
频度	偶见
孢子印颜色	白色
食用性	非食用

子实体高达
5 in
(120 mm)

直径达
4 in
(100 mm)

593

高杯脚瓶盘菌
Urnula craterium
Devil's Urn
(Schweinitz) Fries

高杯脚瓶盘菌俗称火山盘菌（Crater Cap），是早春生真菌，较常见于北美洲东部，其他地方十分少见。该菌通常在阔叶腐木或倒木上形成子实体。子实体可能半埋于苔藓或枯枝落叶层中，但通常这类真菌在树木倒下之前就已经长出。对活木特别是栎树来说，该菌是一种严重的病原菌，能造成一种称为小乱缘座孢属溃疡的疾病。该病来自同义词 *Strumella coryneoidea*，现在已知是高杯脚瓶盘菌的无性生活史阶段。该菌在受侵染的树皮上形成黑色脓包，树木可能死掉或严重受损，从而对林业造成巨大的经济损失。

相似物种

黑色冬生脚瓶盘菌 *Urnula hiemalis* 与高杯脚瓶盘菌相似，但更小、更罕见，仅知阿拉斯加和斯堪的纳维亚半岛有分布。苍白紫色新脚瓶盘菌 *Neournula pouchetii* 也与该种相似，但也较小，生于针叶林中，在北美洲西部和欧洲不常见。球肉盘菌 *Sarcosoma globosum* 是与高杯脚瓶盘菌近缘，但球肉盘菌是一种罕见的网质凝胶状物种。

高杯脚瓶盘菌形成具柄缸状或高脚杯状的子实体。未成熟子实体呈棒状，但顶部很快开裂，露出深杯状内部，具粗糙而回卷的边缘。该物种内表面光滑，且为黑色至黑褐色。外表面浅灰色或棕灰色，幼时呈皮屑状，成熟后颜色加深。

实际大小

科	平盘菌科Discinaceae
分布	北美洲、欧洲、北非、中美洲、亚洲
生境	林地
宿主	针叶树外生菌根菌
生长方式	土壤和落叶层中
频度	常见
孢子印颜色	淡黄色
食用性	有毒，可能致命

子实体高达
6 in
(150 mm)

直径达
6 in
(150 mm)

594

紫褐鹿花菌
Gyromitra esculenta
False Morel
(Persoon) Fries

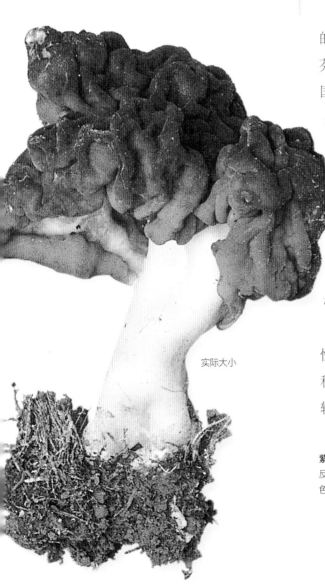

实际大小

紫褐鹿花菌种加词"*esculenta*"的意思是"可食的"，然而其不仅有毒，而且有可能会致命。尽管在芬兰或其他地方仍广泛食用且出售，但现在已被多个国家禁止销售。紫褐鹿花菌含鹿花蕈素，它可以分解生成甲基肼（一种用作火箭燃料的有毒化学物质），造成肝、肾衰竭，使人昏迷，并最终死亡。大部分毒素可通过换水煮两次来去除（尽管产生的烟雾可能有毒）。尽管如此，在那些多年食用这类真菌相安无事的人当中还是发生了中毒死亡事件，因此，常识暗示我们应避免食用紫褐鹿花菌。

相似物种

其他许多鹿花菌属 *Gyromitra* 的物种都存在类似毒性。所有鹿花菌均无蜂巢状菌盖，但具有大脑状褶皱和裂纹。赭鹿花菌 *Gyromitra infula* 是常见物种，具有轻微裂痕，菌盖褐色，颇似马鞍菌 *Helvella* 属物种。

紫褐鹿花菌子实体具脑状菌盖和苍白色菌柄。顶部可育，易碎，随着子实体成熟而反复折叠缠绕，颜色由苍白至深红或紫褐色。菌柄为苍白至土黄色，有时伴随着褐色色调，光滑或略呈毡状。

科	马鞍菌科Helvellaceae
分布	北美洲、欧洲、中美洲、亚洲
生境	林地
宿主	阔叶树和针叶树外生菌根菌
生长方式	单生或群生于土壤和落叶层中
频度	偶见
孢子印颜色	白色
食用性	非食用

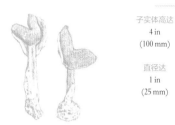

子实体高达
4 in
(100 mm)

直径达
1 in
(25 mm)

595

黑马鞍菌
Helvella atra
Dark Saddle

J. König

　　黑马鞍菌菌盖上表面可育且扭曲外翻、不呈杯状，这些特征属于马鞍菌属 *Helvella* 中不多见的几个物种之一。其子实体看似马鞍状，但往往会裂开且呈不规则形。虽然较小的物种通常难以被鉴定，但黑马鞍菌可根据其暗黑、烟熏的色调和光滑的菌柄加以辨别。该菌广泛分布于北半球，但并不常见，甚至在一些欧洲国家，已经被列入了濒危真菌红色名录中。

相似物种

　　常见的棱柄马鞍菌 *Helvella lacunosa* 具有与黑马鞍菌相似颜色的菌盖，但前者子实体要大很多，且菌柄褶皱具深腔。裂盖马鞍菌 *Helvella leucopus* 菌柄光滑但为白色。盘状马鞍菌 *Helvella pezizoides* 也与黑马鞍菌十分相似，但要略大一些，菌盖边缘内卷且下表面有明显的毡或细毛。

实际大小

黑马鞍菌子实体具浅裂或马鞍状的菌盖和圆柱形菌柄。菌盖可育，薄且具有深褶或开裂。上表面光滑至褶皱，呈暗黑色至棕黑色，下表面色浅，光滑至细微开裂。菌柄与菌盖颜色相似，光滑或略带沟槽状，覆有细毛。

科	马鞍菌科Helvellaceae
分布	北美洲、欧洲、北非、中美洲、亚洲、新西兰
生境	林地
宿主	阔叶树外生菌根菌，罕生于针叶树
生长方式	土壤和落叶层中
频度	常见
孢子印颜色	白色
食用性	非食用

子实体高达
6 in
(150 mm)

直径达
2 in
(50 mm)

596

皱柄白马鞍菌
Helvella crispa
White Saddle
(Scopoli) Fries

实际大小

皱柄白马鞍菌子实体更典型地呈乳白色至浅黄色，但它确定为一种颜色暗淡的物种，并且是最常见的马鞍状真菌或假羊肚菌之一，主要发生于夏末至初冬的阔叶林地。这个物种常被列为可食种类，在欧洲东部和中美洲被广泛食用（甚至在市场上有售）。然而，该种含有类似于在鹿花菌属 *Gyromitra* 中发现的毒素，虽然部分毒素煮熟后可能分解，但最好避免食用。

相似物种

棱柄马鞍菌 *Helvella lacunosa* 形状与其相似，但颜色为灰色。不常见的乳白马鞍菌 *Helvella lactea* 和皱柄白马鞍菌非常相似，但其菌盖白色（而不是乳白），下表皮光滑（不被细毛）。可食用的羊肚菌（羊肚菌属 *Morchella* 的物种）菌盖褐色，蜂窝状。

皱柄白马鞍菌子实体具有不规则马鞍状菌盖和深褶状菌柄。其菌盖可育，薄且易碎，软骨质，颜色为乳白色或淡黄色。菌盖边缘分离（即不附着于菌柄上），下表面密被细毛并与菌盖颜色相同。菌柄呈深切入，具不规则蜂窝状凹陷（见右图），与菌盖颜色相同或更白。

科	马鞍菌科Helvellaceae
分布	北美洲、欧洲、非洲、中美洲、亚洲
生境	林地
宿主	阔叶树和针叶树外生菌根菌
生长方式	土壤和落叶层中
频度	常见
孢子印颜色	白色
食用性	非食用

棱柄马鞍菌
Helvella lacunosa
Elfin Saddle
Afzelius

子实体高达
6 in
(150 mm)

直径达
2 in
(50 mm)

597

难以想象棱柄马鞍菌是一种杯状真菌，但许多近缘的马鞍菌属 *Helvella* 的物种都有着杯状子囊盘。然而在棱柄马鞍菌中，子囊盘似乎已经软化倒塌，这是由于在扭曲的皱褶和水疱的作用下子囊盘从菌柄的顶端下垂。这使得高贵的人们都会躲避它。有人认为该种可食，但由于其属于假羊肚菌大家族，因此最好避免食用。该菌确实需要小心烹制才能去除鹿花蕈毒素。

相似物种

皱柄白马鞍菌 *Helvella crispa* 与棱柄马鞍菌形状相似，但颜色为白色至乳白色或浅黄色。少见的黑马鞍菌 *Helvella atra* 颜色与棱柄马鞍菌相似，但具光滑的圆柱形菌柄。一些分类地位不确定的"物种"，如菌柄褶皱的白马鞍菌 *Helvella sulcata* 和皱马鞍菌 *Helvella palustris* 与棱柄马鞍菌几乎完全相同，有可能仅是其变种。

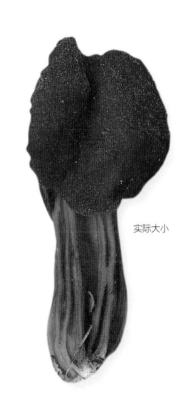

实际大小

棱柄马鞍菌子实体具有灰色不规则形状的子囊盘和浅色的菌柄。顶部可育，薄且易碎，软骨状，颜色为灰白至近全黑色，有时略为马鞍状，但常开裂并且多呈各种扭曲状（见右图）。边缘分离（不附着于菌柄上），下表面浅灰色。菌柄呈深切入状，具不规则的蜂窝状凹陷，颜色为苍白色至深灰色。

科	马鞍菌科Helvellaceae
分布	北美洲、欧洲、中美洲、亚洲
生境	林地
宿主	阔叶树和针叶树外生菌根菌
生长方式	土壤和落叶层中
频度	常见
孢子印颜色	白色
食用性	非食用

子实体高达
3 in
(80 mm)

直径达
2 in
(50 mm)

598

粗柄马鞍菌
Helvella macropus
Felt Saddle
(Persoon) P. Karsten

粗柄马鞍菌是一种仍保留有杯状子实体的马鞍形真菌。在许多其他种中，例如，棱柄马鞍菌 *Helvella lacunosa*，杯状子实体已经高度扭曲以致很难被辨别。过去，依据不同的子实体性状将马鞍形真菌归于不同的属，但最近的研究显示它们都属于马鞍菌属 *Helvella*。像其他假羊肚菌一样，粗柄马鞍菌被认为不可食，很可能有毒，尤其是未经煮熟就食用时。

相似物种

长毛马鞍菌 *Helvella villosa* 与粗柄马鞍菌相似，但通常其子实体较小，最好还是通过显微镜进行区分。杯形马鞍菌 *Helvella cupuliformis* 也与粗柄马鞍菌相似，但子实体成熟后，其子囊盘往往完全张开。更为常见的大型棱柄马鞍菌和皱柄白马鞍菌 *Helvella crispa* 均具有非常不规则的菌盖以及具深腔室和沟痕的菌柄。

实际大小

粗柄马鞍菌形成杯状子实体，具长圆柱形菌柄。子囊盘薄且通常弯曲，以至于看起来为半折叠状态。上表面光滑，呈褐色至浅棕灰色（见左图），下表面色浅且成皮屑状或毛毡状。菌柄与下表面同色，光滑（无脊），皮屑状或毛毡状。

科	羊肚菌科Morchellaceae
分布	北美洲、欧洲、亚洲
生境	林地和灌木丛
宿主	可能是阔叶树外生菌根菌
生长方式	群生于阔叶树或地上
频度	偶见
孢子印颜色	奶油色
食用性	可食（烹熟后）

子实体高达
6 in
(150 mm)

直径达
2½ in
(60 mm)

半离法冠柄菌
Mitrophora semilibera
Semifree Morel

(De Candolle) Léveillé

599

半离法冠柄菌又称为半离羊肚菌（Half-Free Morel），是最不受欢迎的食用羊肚菌，据说其味道"令人失望"。和其他羊肚菌一样，该菌只有煮熟后才能安全食用，这样可以分解鲜菌中的毒素。这些毒素据说相当令人不舒服。几年前，在北美洲的一次宴会上，至少有77位客人因吃了沙拉中的半离法冠柄菌切片而住院。该菌属名"*Mitrophora*"的意思是"带有尖角或头巾"，非常恰当地描述了其可育的头部形状，描述的与真羊肚菌亲缘关系相近的物种指的就是半离法冠柄菌。

相似物种

高羊肚菌 *Morchella elata* 和羊肚菌 *Morchella esculenta* 的头部都较大（与菌柄的长度相比），这个较大的顶部完全附着于菌柄上，边缘不分离。包括鹿花菌属 *Gyromitra* 和钟菌属 *Verpa* 在内的假羊肚菌，头部皱缩、折叠或轻微开裂，而非蜂窝状。

半离法冠柄菌子实体头部可育，相对较小，菌柄相对较长。头部为浅褐色蜂窝状，附着于菌柄上，占其长度的 ½ 至 ⅔，边缘自由生长。菌柄白色至乳白色、圆柱形，且轻微皮屑状（见右图）。

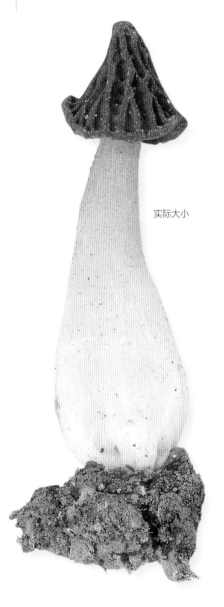

实际大小

科	羊肚菌科Morchellaceae
分布	北美洲、欧洲、非洲、中美洲和南美洲、亚洲、澳大利亚、新西兰
生境	在林地和灌木丛，通常生于火烧地
宿主	可能是针叶树外生菌根菌
生长方式	常群生于土壤和落叶层中
频度	产地常见
孢子印颜色	奶油色
食用性	可食（烹熟后）

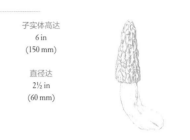

子实体高达
6 in
(150 mm)

直径达
2½ in
(60 mm)

600

高羊肚菌
Morchella elata
Black Morel

Fries

高羊肚菌是最佳食用菌之一，但应该指出的是，高羊肚菌（像所有的羊肚菌一样）生吃或未煮熟有毒。该菌被广泛采集和出售，现在也能够进行栽培。在北美洲，春天羊肚菌生长季节本身就是巨大商机，吸引着成千上万的游客进入长有羊肚菌的林地采摘，并参加当地羊肚菌庆典活动。高羊肚菌尤其青睐火烧地，在那里有时会长出大量的子实体。然而最近的 DNA 研究表明高羊肚菌是相近种组成的复合种（包括尖顶羊肚菌 *Morchella conica*），并非所有都长在火烧地。

相似物种

高羊肚菌－尖顶羊肚菌复合种的成员可以通过较深的子实体颜色和更尖的顶端与相似而同样可食的羊肚菌 *Morchella esculenta* 区分开来。假羊肚菌（包括鹿花菌属 *Gyromitra* 和钟菌属 *Verpa* 的物种）的顶部皱缩、折叠或开裂，而非蜂窝状。

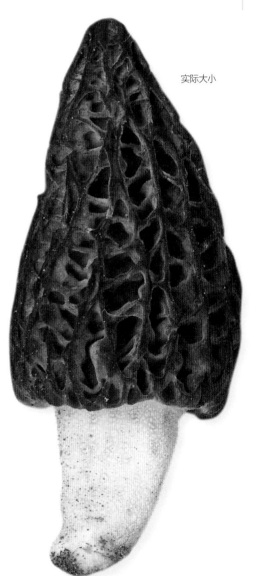

实际大小

高羊肚菌子实体头部黑色、锥形、可育，菌柄白色。头部蜂窝状或窝状而非褶皱，阴影区深褐色，通常朝顶部渐细（见右图）。头部与白色的菌柄紧密相连（不松弛），有时带粉色至褐色或略带黑色，轻微皮屑状，光滑至褶皱。

科	羊肚菌科Morchellaceae
分布	北美洲、欧洲、北非、中美洲和南美洲、亚洲北部、新西兰
生境	含碳酸钙的林地和灌木丛
宿主	可能是阔叶树外生菌根菌
生长方式	常群生于土壤和落叶层中
频度	产地常见
孢子印颜色	奶油色
食用性	可食（烹熟）

子实体高达
12 in
(300 mm)

直径达
6 in
(150 mm)

羊肚菌
Morchella esculenta
Morel

(Linnaeus) Persoon

601

羊肚菌（或黄色羊肚菌）是另一种传统的食用菌——世界各地都在商业化采集和销售。与高羊肚菌 *Morchella elata*［黑羊肚菌（Black Morel）］一样，羊肚菌也是复合种，DNA 研究表明在欧洲中部其至少有三种具遗传差异的种（羊肚菌，皱柄羊肚菌 *Morchella crassipes* 和小海绵羊肚菌 *Morchella spongiola*），只是通过肉眼区分它们可能有些困难，但也不是没有可能。其子实体通常在春天长出，偏好含碳酸钙的土壤，包括沙丘（这使清洁蜂巢状子实体成为噩梦）和轻微被干扰地区。

相似物种

羊肚菌与高羊肚菌的区别在于子实体颜色更显苍白，通常为黄褐色，其头部呈典型不规则圆锥状，子实体通常个头较大。有毒的紫褐鹿花菌 *Gyromitra esculenta* 顶端部分呈折叠卷曲状，而非蜂窝状。

羊肚菌子实体具有典型的浅褐色可育头部和白色菌柄。头部蜂窝状或窝状，凹处阴影赭色，头部呈蜂蜜般棕褐色或浅黄褐色（或更罕见的浅灰褐色），子实体顶部通常呈圆形，并非总如此。头部与菌柄紧密相连（不松弛）。菌柄白色至淡赭色，轻微屑状，光滑至褶皱。

实际大小

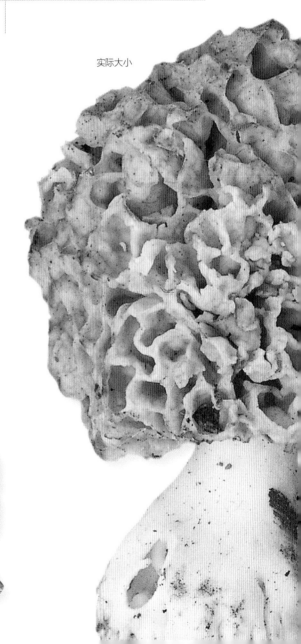

科	羊肚菌科Morchellaceae
分布	北美洲、欧洲大陆
生境	林地和灌木丛
宿主	可能是阔叶树外生菌根菌
生长方式	地上
频度	偶见
孢子印颜色	浅黄色
食用性	有毒

子实体高达
5 in
(125 mm)

直径达
1½ in
(40 mm)

602

皱盖钟菌
Verpa bohemica
Early False Morel
(Krombholz) J. Schröter

在北美洲，皱盖钟菌是在春天最早发生的羊肚菌之一，但在整个羊肚菌生长季节该种仍持续产生子实体。有些人采食该物种甚至进行商业性销售，但该种含有鹿花蕈素，具有非常危险的潜在致命毒性，可产生无法预料的后果。因此，最好的建议是避免食用这种假羊肚菌，不值得冒险。 就显微特征来说，皱盖钟菌的孢子异常大，这一鉴定特征对真菌学家来说十分有用。

相似物种

真正的羊肚菌类真菌，如高羊肚菌 *Morchella elata* 和羊肚菌 *Morchella esculenta*，其可育的头部与菌柄完全相连，而不只是在顶端相连。而半离法冠柄菌 *Mitrophora semilibera* 与皱盖钟菌形态较为相似，正如其英文名称——Semifree Morel（半离羊肚菌）一样，可育的头部与菌柄相连，但基部不连接。而广泛分布的锥形钟菌 *Verpa conicahas* 头部自由，但光滑，套环状。

实际大小

皱盖钟菌子实体看起来很像真羊肚菌，但可育的头部疏松地悬在柄上，仅在头的顶部与柄相连，像一个倒置的杯子。头部浅黄色至浅红褐色，橡胶质至软骨质，具深折叠和褶皱。菌柄奶油色至白色，光滑至具颗粒，圆柱形（向顶部渐细）。

科	大团囊菌科Elaphomycetaceae
分布	北美洲、欧洲、亚洲
生境	林地
宿主	阔叶树和针叶树的外生菌根菌
生长方式	土壤和落叶层中
频度	极其常见
孢子印颜色	白色
食用性	非食用

子实体高达
2 in
(50 mm)

直径达
2 in
(50 mm)

粗棘大团囊菌
Elaphomyces muricatus
Marbled Hart's Truffle

Fries

"*Elaphomyces*" 的意思是"鹿菌"（deer fungi），如果鹿没把它们全部吃掉，便经常能在林地中鹿刨过的地方找到这种假块菌。松鼠和老鼠也会挖其子实体为食，并可能通过它们的粪便传播孢子。该菌曾经被当成妇女分娩时所用的中药成分，19 世纪早期，它曾以 Lycoperdon nuts（马勃坚果）作为商品名，在伦敦考文特花园以"马勃坚果"出售。有人认为该菌在鹿的发情地生长，可能由于这个原因，它被认为具有壮阳的功效。

相似物种

同样常见的大团囊菌 *Elaphomyces granulatus* 偏爱生长于针叶林中，切开后，外包被内无大理石状花纹。其他大团囊菌属 *Elaphomyces* 真菌不太常见，有些具有光滑、无疣瘤的外表面。

实际大小

粗棘大团囊菌子实体发生于土壤中或枯枝落叶层下，近球形（见上图）。子实体十分坚硬、密被细小的疣，赭色至橙褐色，老后逐渐变暗淡。切开后，断面有一个厚的、紫褐色的大理石样外包被包裹着一个孢子堆，孢子堆幼时苍白色（见左图），成熟后为黑色粉状。

科	平盘菌科Discinaceae
分布	北美洲、欧洲、中美洲、亚洲
生境	林地
宿主	阔叶树和针叶树外生菌根菌
生长方式	土壤和落叶层中
频度	偶见
孢子印颜色	白色
食用性	报道可食（烹熟后）

子实体高达
2½ in
(60 mm)

直径达
2½ in
(60 mm)

604

滁氏地杯菌
Hydnotrya tulasnei
Common Fold-Truffle
(Berkeley) Berkeley & Broome

实际大小

滁氏地杯菌是最常见的块菌状真菌的一种，尽管它还是需要在林地的落叶层下仔细搜寻才能找到。新鲜时具有明显的气味，被形容为霉味或者像是焦糖味，据说彻底煮熟后，它可以食用，但并无多大食用价值。无论如何，这种气味确实会吸引动物，该物种的孢子也可能会通过动物粪便进行传播。在苏格兰或其他地方的红松鼠很喜欢食用该菌。滁氏地杯菌与平盘菌属 *Discina* 和像羊肚菌的鹿花菌属 *Gyromitra* 真菌亲缘关系较近，但其产孢面密集折叠于子实体内部且从不打开。

相似物种

有许多相似的块菌状真菌，通过显微特征可很好地区分开来，因为它们的孢子通常较大且非常独特。腔块菌属 *Hydnotrya* 的几个物种较少见，几乎都是空心，像一个从未张开的杯状真菌。块菌属 *Tubers* 真菌的内部非常紧密，很少出现室。

滁氏地杯菌在土壤中或在落叶层下形成块状的子实体。子实体几乎都是球形，有不规则开裂，光滑至略被绒毛或褶皱，红褐色。切开后，可见苍白色至粉色的紧密折叠的带有小室和空腔的内部（见左下图）。

科	平盘菌科Pyronemataceae
分布	澳大利亚、新西兰；已传入英国
生境	林地和灌木丛
宿主	阔叶树
生长方式	地上
频度	偶见
孢子印颜色	白色
食用性	非食用

子实体高达
1 in
(20 mm)

直径达
1 in
(20 mm)

605

毛小杯盘菌
Paurocotylis pila
Scarlet Berry Truffle

Berkeley

鲜艳的颜色及其生长在地表而不是地下的习性，表明在新西兰生长的毛小杯盘菌子实体可能已经进化到能吸引当地的鸟类。这种真菌甚至生长在结有壳红色浆果的罗汉松树下。这种浆果连同毛小杯盘菌一起被鸟吃掉，毛小杯盘菌通过鸟的粪便进行传播。奇怪的是，这种真菌于 20 世纪 70 年代在英格兰被发现，以后传播到苏格兰，发现生长在花园和荒地中。推测它是偶然随外来植物引入的。

相似物种

这种不寻常的块菌状真菌应该非常独特。 在新西兰，红头勒氏菌 *Leratiomyces erythrocephalus* 子实体的形状和颜色与毛小杯盘菌都很相似，但其白色的菌柄很容易与毛小杯盘菌区别开来。胡萝卜色冠孢菌 *Stephanosphora caroticolor* 是一种生长在北半球温带林地里不常见的、无亲缘关系的、鲜橙色的块菌状真菌。

毛小杯盘菌产生块茎状子实体，初时光滑、球形，之后随着子实体成熟，产生凹陷、褶皱，变得不规则（见右图）。表面是鲜红色至浅红褐色。质地较为柔软有弹性，切开是白色，随后部分中空。

实际大小

科	盘菌科Pezizaceae
分布	欧洲南部、北非
生境	沙漠和干旱地区
宿主	岩蔷薇外生菌根菌
生长方式	地下
频度	偶见
孢子印颜色	白色
食用性	可食

子实体高达
4 in
(100 mm)

直径达
4 in
(100 mm)

606

沙漠块菌
Terfezia arenaria
Moroccan Desert Truffle
(Moris) Trappe

包括沙漠块菌或块菌 *Terfezia terfezioides* 在内的地菇属 *Terfezia* 真菌，在北非、阿拉伯和中东的食用历史悠久，即使人们认为它们的出现是一件神秘的事情（曾经被认为与打雷有关）。事实上沙漠块菌生长在沙漠地下（因此很少见），使人们联想到它们是《圣经》中提到的以色列人食用的"甘露"。古罗马人非常推崇这种真菌，甚至将其从埃及和利比亚船运至意大利。今天，他们仍然定期采集这种真菌在当地市场进行销售或出口。沙漠块菌与块菌属 *Tuber* 亲缘关系不是很近，且据说其味道更淡一些。

相似物种

几个形态相似的可食用的地菇属和蹄化盘菌属 *Tirmania* 真菌生长在地中海地区，也在阿拉伯和中东发生。它们最好是通过显微镜进行区别，真块菌（块菌属真菌）的物种也最好通过显微形态区分，尽管这个类群通常与树木共生。

实际大小

沙漠块菌产生块茎状、似土豆的子实体。外表面不规则，有些粗糙。幼时子实体白色，但随着子实体成熟变为粉色至褐色。其内部有密集、有纹理的结构，初期白色，随后通常变为粉红色至酒红色（见右图）。

科	块菌科Tuberaceae
分布	欧洲、北非、亚洲西部
生境	林地
宿主	阔叶树外生菌根菌
生长方式	土壤和落叶层中
频度	偶见
孢子印颜色	褐色
食用性	可食

夏块菌
Tuber aestivum
Summer Truffle

Vittadini

子实体高达
4 in
(100 mm)

直径达
6 in
(150 mm)

　　夏块菌比市场上销售的其他物种分布范围更广，从欧洲北部到欧洲南部都有分布。相比黑块菌或白块菌，该菌并没那么珍贵，但在英国 20 世纪 30 年代之前，都有通过"松露狗"灵敏的嗅觉来寻找松露的传统。块菌有着与众不同的香气并且已经进化到可以吸引动物（如田鼠、松鼠）来食用其子实体，从而通过动物粪便传播孢子。令人奇怪的是，夏块菌气味的主要成分是二甲基硫醚，这对于块菌本身而言通常被认为是腐烂时散发出来的物质。

相似物种

　　钩块菌 *Tuber uncinatum* 被认为与夏块菌非常近缘，美食家们也认为前者气味非常美妙，但近年来分子分析表明，钩块菌与夏块菌没有差别。黑孢块菌 *Tuber melanosporum* 看上去与夏块菌很相似，但其内部为紫黑色，多分布于地中海地区。

实际大小

夏块菌子实体生于地下，球形至不规则浅裂状。表面坚硬，深褐色至黑色，被有多边形疣突。内部菌肉幼时白色，后变为粉红色或淡褐色（见上图）并具深色或浅色的大理石状纹理。

科	块菌科Tuberaceae
分布	欧洲大陆（克罗地亚和意大利）
生境	林地
宿主	阔叶树外生菌根菌
生长方式	土壤和落叶层中
频度	罕见
孢子印颜色	褐色
食用性	可食

子实体高达
6 in
(150 mm)

直径达
6 in
(150 mm)

608

白松露菌
Tuber magnatum
White Truffle
Pico

白松露菌（或 Tartufo di Alba）分布范围极为局限，主要见于意大利北部的皮特蒙特高原地区，集中在阿尔巴镇及其周围区域，在克罗地亚存在一个隔离种群。由于其稀有性和浓烈的香气使之成为最受追捧且极为昂贵的一种块菌。在 2007 年的慈善拍卖会上，单个（但个头特别大）子实体的价格售到 330000 美元，但它的商业价格在平时会略低些，每磅大约 2000 美元。通常使用受过训练的狗——典型为小西班牙猎犬——来寻找该种真菌，这种猎犬能嗅出并挖掘出藏于地下的子实体。

相似物种

在商业品种中，波氏块菌 *Tuber borchii* 与白色的松露菌较为相似，但其子实体通常较小，缺乏真正的白松露菌浓烈的香气和味道。全球存在大约 12 种相似的白色块菌，但若想准确地鉴定它们，需要观察其显微形态。许多无亲缘关系的真菌也会形成苍白色、块菌状子实体。

实际大小

白松露菌生长在地下，子实体马铃薯状，有时近球形，但更多的时候是不规则浅裂状。子实体表面为白色至乳白色或淡褐色，大多平滑。当切开时，内部菌肉为粉红色至浅红褐色，具白色大理石状纹理（见上图）。

科	块菌科Tuberaceae
分布	欧洲大陆，在北美洲、非洲南部、澳大利亚、新西兰等地栽培
生境	林地或灌木丛
宿主	阔叶树，尤其是橡树和榛树外生菌根菌
生长方式	土壤和落叶层中
频度	罕见
孢子印颜色	褐色
食用性	可食

子实体高达
4 in
(100 mm)

直径达
4 in
(100 mm)

609

黑孢块菌
Tuber melanosporum
Black Truffle
Vittadini

　　黑孢块菌是最受推崇的美食之一，其浓郁的香味和味道使它在法式大餐里备受青睐。几个世纪以前在法国就已开始该种的半人工栽培——在合适的地方种植一片小树林，用块菌的菌丝进行侵染。幸运的话，几年以后就会有丰厚的收成。今天，用块菌菌丝感染小树苗（主要是橡树和榛树）的常规接种方式以及黑孢块菌的栽培都已遍及全球。因黑孢块菌气味与野猪的信息素相似，这就是为什么母猪曾被用于搜寻块菌的原因，但如何让母猪不吃掉块菌却一直是个问题。

相似物种

　　其他商业化块菌的表面呈黑色疣突状，包括夏块菌 *Tuber aestivum*、冬块菌 *Tube brumale* 和凹槽块菌 *Tuber mesentericum*。夏块菌菌肉多为苍白色、灰白色到粉红色，气味明显较淡。冬块菌菌肉为褐色，而凹陷块菌的子实体底部有一个独特的凹陷。

实际大小

黑孢块菌的子实体生于地下，球形至不规则浅裂。表面坚硬，深灰色至黑色，覆有多边形疣。内部菌肉呈现紫黑色并带有白色大理石状纹理。

科	麦角菌科Clavicipitaceae
分布	北美洲、欧洲、非洲、中美洲和南美洲、亚洲、澳大利亚、新西兰
生境	草地
宿主	寄生于禾本科植物，尤其是黑麦
生长方式	从落下的菌核上长出
频度	常见
孢子印颜色	白色
食用性	有毒

子实体高达
½ in
(15 mm)

直径达
⅛ in
(3 mm)

610

紫麦角菌
Claviceps purpurea
Ergot
(Fries) Tulasne

　　紫麦角菌生活史复杂，与其寄主禾本科植物的生活史密切相关。该菌的麦角阶段最常见——麦角是在禾本科植物种子中形成的紫黑色小繁殖体。它们坠落到土中越冬，翌年晚春长出鼓槌状的小型子实体。当禾本科植物快开花时它们会再次侵染到禾本科植物上。麦角菌含麦角酸（LSD 的前体）和麦角胺，具有收缩血管的作用。在中世纪，人们因食用受麦角菌感染的谷物而引起精神异常、抽搐、坏疽病的流行，但长期以来分娩和偏头痛的治疗中都会用到小剂量的麦角碱。

相似物种

　　紫麦角菌斯巴达变种 *Claviceps purpurea* var. *spartinae* 与紫麦角菌在遗传上有明显差异，前者生长在盐沼草上，生成的菌核能够漂浮在盐水上，利于传播。麦角菌属 *Claviceps* 中的近缘种，包括中美洲侵染玉米的大麦角菌 *Claviceps gigantea*，具有乳白色至灰色的麦角，如其拉丁名和英文名〔马齿（Horse's Tooth）〕所表述的那样巨大。

紫麦角菌产生小鼓槌状的"子实体"，赭色至红褐色，这个"子实体"实际上为不育的子座。真正的子实体埋生于子座上（在放大镜下看起来像细小的突起）。这些子实体从紫黑色香蕉形的麦角（或菌核）长出——菌核在谷穗中形成、脱落，并在地上越冬。

实际大小

科	虫草科Cordycipitaceae
分布	北美洲、欧洲、亚洲
生境	草地和林地
宿主	寄生于蛾
生长方式	从埋于地下的蛹上长出
频度	常见
孢子印颜色	白色
食用性	可食

子实体高达
3 in
(80 mm)

直径达
¼ in
(5 mm)

611

蛹虫草
Cordyceps militaris
Scarlet Caterpillar-Club
(Linnaeus) Link

蛹虫草是北温带地区最常采集到的虫草属 *Cordyceps* 真菌，其原因可能是其颜色而引人注目。像所有的虫草属真菌一样，蛹虫草寄生于昆虫上，侵染宿主，然后完全消耗掉宿主身体内部的养分。如果小心地从地上挖出一个完整的子实体，则可以发现子座基部的寄主。蛹虫草寄生于埋藏地下的鳞翅目昆虫的蛹上，通常认为是蛾。令人惊讶的是，蛹虫草已经在中国传统的医药（和烹饪）中使用，且现已可进行人工栽培，已成为著名的冬虫夏草 *Ophiocordyceps sinensis* 唾手可得的替代品。

相似物种

蛹虫草通常生长在苔藓和草地上，其形状和颜色看起来可能与拟锁瑚菌属 *Clavulinopsis* 的种类相似，如亮黄色至橙色的黄白拟锁瑚菌 *Clavulinopsis luteoalba*。但拟锁瑚菌属物种顶端是光滑的，没有细小的突起。

蛹虫草产生球棒状的"子实体"，头部细长略膨大，亮橙色至橙红色。这个"子实体"实际上为不育子座。真正的子实体产生于子座内，在放大镜下看起来像小的丘疹状突起。菌柄颜色与上部相似，柄的下部颜色较浅，与其寄主残体相连。

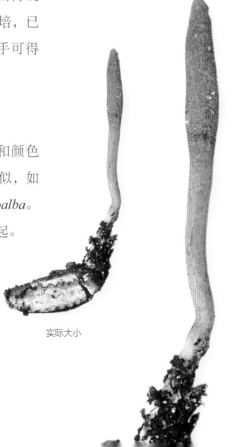

实际大小

科	炭角菌科Xylariaceae
分布	欧洲
生境	林地
宿主	白蜡木，少生于其他阔叶树上
生长方式	枯树、段木、枯枝
频度	极其常见
孢子印颜色	深褐色
食用性	非食用

子实体高达
1½ in
(40 mm)

直径达
3 in
(80 mm)

612

轮层炭壳菌
Daldinia concentrica
Cramp Ball
(Bolton) Cesati & De Notaris

轮层炭壳菌常见于白蜡树上，其醒目的子实体常年存在。该菌名字来源于一个英国当地的传说——他们认为携带这种真菌可以预防抽筋。它的另一个英文名称为 King Alfred's cake（艾尔弗雷德国王的蛋糕），指的是 9 世纪英国国王艾尔弗雷德（Alfred）曾经因为烤焦蛋糕而被责骂，这个名字恰如其分地描绘了如烧焦蛋糕般的子实体。尽管它们看起来可能很干，但实际上轮层炭壳菌储存了大量的水分，使其即使长时间处于干燥天气中也能产生和释放孢子。轮层炭壳菌已被用作一种真菌染料，可染出褐色至灰绿色系的颜色。

轮层炭壳菌形成坚硬的近乎球形的"子实体"，这个"子实体"实际上是一个不育子座，真正的子实体生于子座内部，在放大镜下有时可见到细小突起。子座最初呈红褐色，成熟时变成黑色，光滑，镜下常见细微的裂缝。切开时，菌肉坚硬，深褐色至黑色，有灰白色同心环纹（见右图）。

实际大小

相似物种

全世界有许多相似的物种生长在不同的寄主上。在北美洲和其他地方，蔡氏炭壳菌 *Daldinia childiae* 一直被误称作轮层炭壳菌 *Daldinia concentrica*，但轮层炭壳菌仅分布于欧洲。蔡氏炭壳菌可生长在许多不同的寄主上，在碱性条件下产生微黄色（而不是淡紫）的色素。腔空炭壳菌 *Daldinia loculata* 与轮层炭壳菌相似，但有着一个非常光亮的表面且喜生长于桦树上。

实际大小

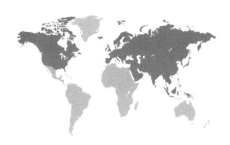

科	线虫草科Ophiocordycipitaceae
分布	北美洲、欧洲、亚洲
生境	林地
宿主	寄生于大团囊菌属*Elaphomyces*物种的子实体上
生长方式	从埋生于地下的子实体上长出
频度	偶见
孢子印颜色	白色
食用性	非食用

子实体高达
5 in
(120 mm)

直径达
¼ in
(20 mm)

头状团囊虫草
Elaphocordyceps capitata
Drumstick Truffle-Club
(Holmskjold.) G. H. Sung, J. M. Sung & Spatafora

613

大多数虫草属 *Cordyceps* 真菌寄生于昆虫上，常生于地下的虫蛹上（如蛹虫草 *Cordyceps militaris*）。然而，少数生长在大团囊菌属物种，且最近的 DNA 研究表明这些以大团囊菌为食的物种隶属于另一个不同的属。虽然它们的寄主在林中极为常见，但除非刻意地去寻找，否则很少能观察到。头状团囊虫草也被称为块菌捕食者（Truffle Eater），靠取食大团囊菌 *Elaphomyces granulatus* 的子实体生长，其子实体从地上长出。如果仔细挖掘，其块菌状寄主的残体仍连接着头状团囊虫草菌柄基部。

相似物种

长孢大团囊菌 *Elaphomyces longisegmentis*（常被误称为 *Cordyceps canadensis*）与头状团囊虫草非常相似，其区别在于显微镜下前者的孢子更长。拟蛇大团囊菌 *Elaphomyces ophioglossoides* 也常寄生于果粒大团囊菌 *Elaphomyces granulatus* 上，呈黑橄榄色，鼓槌状。

头状团囊虫草从大团囊菌的地下残留部分产生鼓槌状子实体。头部近椭圆形（像一个火柴头），赭色至褐色。它实际上为不育的子座，真正的子实体产生于子座内部，在放大镜下像细小的小丘疹状突起。菌柄呈圆柱形、平滑或略带褶皱，黄色，近基部颜色较浅。菌肉切面呈白色至乳白色（见右图）。

实际大小

科	线虫草科Ophiocordycipitaceae
分布	北美洲、欧洲、亚洲
生境	林地
宿主	寄生于大团囊菌属*Elaphocordyceps*物种的子实体上
生长方式	从埋生于地下的子实体上长出
频度	偶见
孢子印颜色	白色
食用性	非食用

614

子实体高达
3 in
(80 mm)

直径达
½ in
(10 mm)

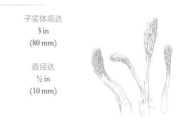

大团囊虫草
Elaphocordyceps ophioglossoides
Snaketongue Truffle-Club
(Ehrhart) G. H. Sung, J. M. Sung & Spatafora

大团囊虫草是另一种寄生于大团囊菌属 *Elaphomyces* 物种上的真菌，大团囊虫草的子实体从埋于地下的寄主上生长出来。在中国和日本，该种真菌作为传统中草药，最近的研究表明，它可能包含几个令人关注的化合物。这些化合物含有一种叫团虫草菌素（ophiocordin）的抗真菌的抗生素，还包括抗肿瘤活性的多糖和可以预防阿尔茨海默病的提取物。现在大团囊虫草已开展人工商业化栽培，它的一种提取物目前可作为运动员和健美爱好者的膳食补充剂的成分之一。

相似物种

头状团囊虫草 *Elaphocordyceps capitata* 也寄生于大团囊菌属上，但呈黄褐色，且形状有差异。地舌菌属 *Geoglossum*、小舌菌属 *Microglossum* 和毛舌菌属 *Trichoglossum* 的物种具有与大团囊虫草相似的外形，但它们接近基部的部分不呈黄色，且在放大镜下可观察到顶部光滑或带有细微的绒毛，无突起。

实际大小

大团囊虫草产生棒状"子实体"。头部细长稍膨大，深红褐色到黑色，实际上是不育子座，真正的子实体产生于子座内部，在放大镜下像细小的小丘疹状突起。柄黑褐色，但近基部黄色，与寄主残体相连，常被有黄色菌索。

科	肉座菌科Hypocreaceae
分布	北美洲、欧洲、亚洲
生境	潮湿的林地
宿主	在长有辐裂锈革菌*Hymenochaete tabacina*的阔叶树，尤其是柳树上
生长方式	枯枝
频度	罕见
孢子印颜色	淡黄色
食用性	非食用

子实体高达
¼ in
(5 mm)

直径达
4 in
(100 mm)

615

地衣型拟肉座菌
Hypocreopsis lichenoides
Willow Gloves
(Tode) Seaver

地衣型拟肉座菌的裂片经常会变得突出和细长，看上去像一个戴着手套的手紧握着正在生长的树枝。在瑞典，该种被称为巨魔的手（trollhand）。如"手指"般的裂片是其子座，是由不育组织构成，在子座内部形成小型、独立的子实体（在放大镜下可见到的小圆点）。拟肉座菌属*Hypocreopsis*真菌本身并不长在木头上，而是寄生在木腐菌辐裂锈革菌上，这种木腐菌形成褐色硬皮，边缘檐状。在欧洲，地衣型拟肉座菌被认为是一种稀有物种，并在一些国家被列入了濒危真菌红色名录。

相似物种

玫红拟肉座菌*Hypocreopsis rhododendri*是地衣型拟肉座菌相对较近的一个近缘物种，但它寄生于生长在榛子树或其他阔叶树上的针毡锈革菌*Hymenochaete corrugata*上。在澳大利亚和新西兰最近发现的拟肉座菌*Hypocreopsis amplectenshas*生长在茶树（松红梅*Leptospermum scoparlum*）和南方山毛榉上。

实际大小

地衣型拟肉座菌的裂叶表面形成柔软、平展的子实体。子实体幼时表面光滑，后变褶皱，分为长的手指状裂片，黄褐色至橘褐色，边缘颜色较淡。这个"子实体"实际上是不育子座，成熟后在不育子座的内部形成微型的、单个的、圆点状的子实体。

科	肉座菌科Hypocreaceae
分布	北美洲、中美洲
生境	林地
宿主	寄生于红菇属Russula和乳菇属Lactarius的物种上
生长方式	覆盖寄主子实体
频度	常见
孢子印颜色	白色
食用性	可食

子实体厚度小于
⅛ in
(0.5 mm)

直径（单个子实体）小于
⅛ in
(0.5 mm)

616

泌乳菌寄生
Hypomyces lactifluorum
Lobster Fungus
(Schweinitz) Tulasne & C. Tulasne

颜色鲜艳的泌乳菌寄生看起来是一种奇特的物种，实际上是泌乳菌寄生吞食另一种真菌子实体而产生的。其寄主为乳菇属和红菇属物种，特别是辣味乳菇 *Lactarius piperatus* 和短柄红菇 *Russula brevipes*。更让人惊奇的是，泌乳菌寄生包括寄生菌与寄主，作为一种商品蘑菇，在北美洲被广泛食用并备受欢迎。

据说其味道与龙虾相似。然而，我们并不能确定其寄主是否都是可食用的，而且较老的子实体可能会感染细菌。

相似物种

其他菌寄生属 *Hypomyces* 的物种颜色较为单一，且习性不同。北美的黄绿菌寄生 *Hypomyces luteovirens* 也寄生于红菇属真菌上，但它呈黄绿色，且它只浸染寄主的菌柄和菌褶。歪孢菌寄生 *Hypomyces hyalinu* 寄生于鹅膏属 *Amanita* 物种，但呈白色。

实际大小

泌乳菌寄生的鲜橙色的不育子座覆盖整个寄生子实体，不育子座内部形成微小的、独立的子实体。这些结构仅半浸于寄主子实体的表面，但在放大镜下观察可见寄主表面覆盖一层像小丘疹状的突起。随着子实体成熟，子座颜色逐渐加深，由于泌乳菌寄生的寄生，寄主菌褶退化最多呈沟槽状（见左图）。

科	肉座菌科Hypocreaceae
分布	北美洲、欧洲、中美洲、亚洲北部
生境	林地
宿主	寄生于红菇属*Russula*和乳菇属*Lactarius*的物种上
生长方式	寄主子实体的菌柄和菌褶上
频度	常见
孢子印颜色	白色
食用性	非食用

黄绿菌寄生
Hypomyces luteovirens
Greengill Fungus
(Fries) Tulasne & C. Tulasne

子实体厚度小于
⅛ in
(0.5 mm)

直径（单个子实体）小于
⅛ in
(0.5 mm)

617

与近缘种泌乳菌寄生 *Hypomyces lactifluorum* 不同，黄绿菌寄生并不受饮食家欢迎，而且黄绿色也似乎不那么诱人。该种是一个广泛分布的种类，最早的描述来自瑞典，即寄生于乳菇属和红菇属真菌的子实体上。它通常只在菌盖下表面、有时也在菌柄上形成硬皮状子座。这意味着被寄生的伞菌可能从上面看起来很健康，但将其翻过来，其菌褶的周围颜色明显变绿。

相似物种

砖红菌寄生 *Hypomyces lateritius* 是一个近缘种，寄生在乳菇属子实体的菌褶上，但呈黄色（无绿色光泽），成熟时为橙色至砖红色。在北美洲东部，班宁菌寄生 *Hypomyces banningiaeis* 也是近缘种，但其为黄色至浅黄色。

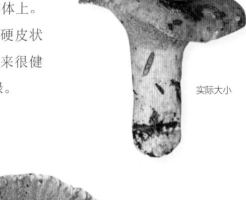

实际大小

黄绿菌寄生子座覆盖寄主子实体的菌褶上，有时也常覆盖寄主菌柄上，子座内部形成微小的独立的子实体。子座初期苍白色，逐渐变淡黄色（见左图），然后变绿色。在放大镜下观察到单个的子实体像突起的小丘疹。

科	炭角菌科Xylariaceae
分布	北美洲、欧洲、亚洲西部
生境	林地
宿主	阔叶树，尤其是山毛榉
生长方式	枯枝或原木
频度	常见
孢子印颜色	深褐色
食用性	非食用

618

子实体高达
¼ in
(7 mm)

直径达
½ in
(10 mm)

草莓状炭团菌
Hypoxylon fragiforme
Beech Woodwart
(Persoon) J. Kickx fils

草莓状炭团菌种加词"*fragiforme*"的意思为"草莓状"，当其成熟时会形成一些奇特的、与草莓相似的子实体，但这些"草莓"坚硬、具有硬壳，且不能食用。就像亲缘关系较近的炭角菌属 *Xylaria* 的物种一样，其子实体实际上是由不育组织形成的子座，而真正的子实体埋藏在子座内部（看起来像突起的小丘疹）。因此，每个"草莓"都是一堆微小的子实体。草莓状炭团菌是死山毛榉木上最早定殖上去的真菌之一，研究发现此菌可能潜伏于健康的树木上，等待着树枝死亡或折断落地。

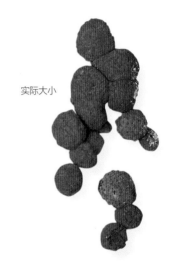

实际大小

草莓状炭团菌形成一群坚硬的、半球形的垫状结构，常常成片生长在一起，不规则。每个垫状结构由不育组织组成，在不育组织内部会形成一些微小、独立的子实体，使垫状结构看上去布满了疣。垫状结构坚硬且易碎，初期略带桃红色，逐渐变为暗砖红色，老后变黑。

相似物种

其他几个炭团菌属 *Hypoxylon* 物种幼时或成熟时，会形成带红色的半球形垫状结构，但这些物种都很少在山毛榉上发现。紫棕炭团菌 *Hypoxylon fuscum* 的垫状结构带有紫色，近平滑，经常见于榛子树上。霍思炭团菌 *Hypoxylon howeanum* 也生长在榛子树上，中间炭团菌 *Hypoxylon intermedium* 通常见于水曲柳上。

科	丛赤壳科Nectriaceae
分布	北美、欧洲、北非、中美洲、亚洲；已传入澳大利亚、新西兰
生境	林地和花园
宿主	阔叶树、灌木
生长方式	枯枝
频度	极其常见
孢子印颜色	白色
食用性	非食用

朱红丛赤壳菌
Nectria cinnabarina
Coral Spot
(Tode) Fries

子实体厚度小于
⅛ in
(0.5 mm)

直径小于
⅛ in
(0.5 mm)

619

朱红丛赤壳菌是极为常见的物种，通常群生，由于子实体微小、成群生长更易被人们发现。该种不仅产生红色子实体，成群地聚集在一起像微型的树莓，而且还可以产生含有粉色无性孢子的垫状结构（有时称为瘤座孢 *Tubercularia vulgaris*）。通常粉色的垫状结构先出现，但其无性和有性两种阶段均可发生且混杂在同一个分枝上。朱红丛赤壳菌通常被发现在死木或倒木上（尤其是山毛榉和美国梧桐），但也能从一个微小的伤口侵染受损的树枝，造成丛赤壳溃疡病。

朱红丛赤壳菌初期形成光滑的、微小的粉色至浅红色垫状结构，这些垫状结构集群生长以突破宿主的外层树皮。之后这些结构被真正子实体替代，子实体更为微小（最好用放大镜进行观察），深红色，球形，有时簇生形成小的疣突。

相似物种

许多其他丛赤壳属 *Nectria* 物种产生相似大小和颜色的子实体，但它们不像朱红丛赤壳菌一样成群地分布在树枝上。仁果干癌丛赤壳菌 *Nectria galligena* 在阔叶树上较常见，在树木溃疡上长出子实体。仁果干癌丛赤壳菌能引起针叶树溃疡病。

实际大小

科	爪甲团囊菌科Onygenaceae
分布	北美洲、欧洲
生境	牧场和林地
宿主	动物残骸
生长方式	群生于腐烂的角或蹄上
频度	偶见
孢子印颜色	白色
食用性	非食用

子实体高达
½ in
(10 mm)

直径达
¼ in
(5 mm)

620

马爪甲团囊菌
Onygena equina
Horn Stalkball
(Willdenow) Persoon

实际大小

木腐菌是司空见惯的真菌，但某些真菌能够分解角蛋白，可见于头发、牛角、指甲、蹄、羽毛、爪子上。这些分解角蛋白的种类大多数非常微小，生长在土壤中，有的甚至存在于屋尘中。而有些种类进入皮肤、毛发或指甲中，可能会导致严重的感染。然而，马爪甲团囊菌可形成相对较大的肉眼可见的鼓槌状子实体。这些子实体有时可以在年老的牛羊角和类似的动物残体中被发现——一般的地方无法找到如此有趣的真菌。

相似物种

近缘种鸦爪甲团囊菌 *Onygena corvina*，生长在旧羽毛、猫头鹰骸骨和动物毛发束中。无亲缘关系的山毛榉锤耳 *Phleogena faginea* 具有与之相似的子实体，但它生长在木头上，具有明显的咖喱味道。

马爪甲团囊菌产生的子实体像微型马勃，顶部呈球形，柄圆柱状。子实体幼时，头部为白色或乳白色，具微型小疣，后变为褐色，光滑。成熟后破裂并释放孢子。菌柄光滑，和顶部颜色相似。

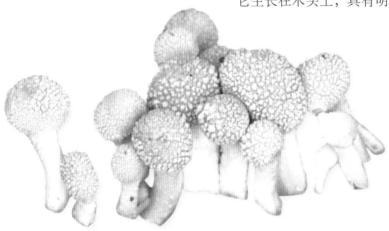

科	线虫草科Ophiocordycipitaceae
分布	亚洲（喜马拉雅山脉）
生境	草地
宿主	蝙蝠蛾上寄生
生长方式	埋藏于幼虫上
频度	偶见
孢子印颜色	白色
食用性	可食

冬虫夏草
Ophiocordyceps sinensis
Chinese Caterpillar Fungus
(Berkeley) G. H. Sung et al

子实体高达
6 in
(150 mm)

直径达
½ in
(10 mm)

621

至少从 15 世纪开始，冬虫夏草在中国西藏及其他地区就被作为壮阳和滋补药材使用。这种真菌主要生长在喜马拉雅山的山麓和青藏高原广阔的草地上，寄生于地下蝙蝠蛾的幼虫上。尽管虫生真菌一直很稀缺和珍贵，但近年来冬虫夏草作为西药替代品引起了较多关注，同时中国国民消费水平也不断提高，这意味着采集冬虫夏草已经成为当地主要的经济来源——优质品甚至与黄金价值相当。

相似物种

与冬虫夏草形态相似的近缘物种罗伯茨虫草 *Ophiocordyceps robertsii* 分布于新西兰，寄生于蛾子幼虫体。其他线虫草属 *Ophiocordyceps* 的物种寄生于不同的昆虫——包括蚂蚁、甲虫和黄蜂——子实体通常较小，鼓槌状或细长毛发状。

实际大小

冬虫夏草产生圆柱形至细棒状的"子实体"。其头部细长，沿柄向上渐细，略膨大，深红褐色。它实际上是不育子座，真正的子实体在子座内部，在放大镜下看起来像微小的丘疹状突起。柄的颜色与子座颜色相近或较浅，且延伸到地下，与宿主相连。

科	肉座菌科Hypocreaceae
分布	亚洲东部
生境	林地
宿主	阔叶树
生长方式	腐木
频度	偶见
孢子印颜色	白色
食用性	有毒

子实体高达
4 in
(100 mm)

直径达
3 in
(80 mm)

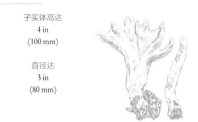

622

毒肉座壳菌
Podostroma cornu-damae
Poison Fire Coral
(Patouillard) Boedijn

在自然界中红色通常是一个危险的信号，但这一规则在真菌中并不通用。但毒肉座壳菌显然例外。火红的毒肉座壳菌有剧毒，最近在日本已经造成了数人死亡。研究表明，毒肉座壳菌包含六种不同单端孢霉烯族毒素，可引起自发性出血、脑萎缩及其他令人不适的症状。该毒素与那些用于化学战的毒素相似。幸运的是，毒肉座壳菌在亚洲东部是一个相当罕见的物种。种加词"*cornu-damae*"就是指这个物种通常呈鹿角形状。

相似物种

可食用的红拟锁瑚菌 *Clavulinopsis miyabeana* 质地柔软，与毒肉座壳菌的颜色相似，日本因食用毒肉座壳菌而发生的中毒事件，显然是由于当事者因两者相似的颜色而将其混淆。蛹虫草 *Cordyceps militaris* 也与毒肉座壳菌类似，在亚洲有时会被食用，但蛹虫草无明显分枝，并总是生于埋在地下的蛾蛹上。

毒肉座壳菌 "子实体"直立，形状多变，单根、分枝、珊瑚状、鹿角状。这些实际上是由坚硬的子座组织组成，真正的子实体埋生于内部，放大镜下可见微小的点。内部菌肉为白色。

实际大小

科	炭角菌科Xylariaceae
分布	欧洲
生境	草地
宿主	马
生长方式	粪生
频度	偶见至稀有
孢子印颜色	黑褐色
食用性	非食用

子实体高达
¼ in
(7 mm)

直径达
½ in
(15 mm)

623

点孔座壳
Poronia punctata
Nail Fungus
(Linnaeus) Fries

点孔座壳这个与炭角菌属 *Xylaria* 真菌有亲缘关系的奇特物种是粪生菌或偏好粪生的真菌。它尤其喜欢陈旧的干马粪——这在欧洲越来越罕见。这不仅因为几乎所有的老役马早已不存在，并且现代的养马方式又干扰了真菌赖以生存的草粪自然循环。在英格兰，该种仍然很常见于有半野生矮种马放牧的新森林地区，但在欧洲其他大部分地区，其数量已急剧下降，在当地已濒临灭绝。

相似物种

相似种埃里克孔座壳 *Poronia erici* 生长在澳大利亚有袋动物、兔子和其他动物的粪便上，在欧洲兔子粪便上也有发现，该种通常呈更小的圆盘状，但最好从显微形态来区分。膨孔座壳 *Poronia oedipus* 是分布广泛的热带物种，在澳大利亚和新西兰都有发现，柄高达 1 in（25 mm）。

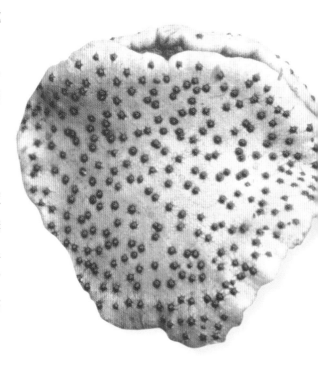

实际大小

点孔座壳形成指甲状 "子实体"，柄半埋生于粪中。坚硬、淡黄色的盘形结构实际上是由不育组织形成的子座，真正的子实体埋生在子座内，肉眼可见呈小黑点状。下表面光滑，灰白色，随着子实体成熟变为褐色至黑色。

科	炭角菌科Xylariaceae
分布	北美洲西部、欧洲、北非、亚洲
生境	林地
宿主	阔叶树
生长方式	簇生于朽木及埋木上
频度	极其常见
孢子印颜色	黑色
食用性	非食用

子实体高达
3 in
(80 mm)

直径达
½ in
(10 mm)

624

鹿角炭角菌
Xylaria hypoxylon
Candlesnuff Fungus
(Linnaeus) Greville

像多形炭角菌 *Xylaria polymorpha* 一样，鹿角炭角菌"子实体"实际上是子座，大量微小、单个的子实体镶嵌在子座内。当它成熟且完全变黑色时，在放大镜下可观察到突起的小疙瘩。而在子座头部还是白色时，会产生大量的无性孢子［这是烛花剪（candlesnuff）阶段］。当这些无性孢子散开，随着有性孢子形成，子座头部逐渐变为灰色，最后呈黑色。

相似物种

在北美东部，长柄炭角菌 *Xylaria longiana* 与本种非常相似，只能在显微镜下才能区分。果生炭角菌 *Xylaria carpophila*、木兰生炭角菌 *Xylaria magnoliae* 和蔷薇叉丝炭角菌 *Xylaria oxyacanthae* 也与鹿角炭角菌十分相似，但它们通常有寄主专化性，分别只长在落地的山毛榉壳斗、木兰荚、山楂果实上。

鹿角炭角菌形成直立、带状或棒状子实体。菌柄坚韧，黑色、覆有细毛，通常呈扁平带状。可育的头部可能像一个尖的球杆头，就像烧过一样，硬而黑，或者可能为扁平棍棒状，初期苍白色（见右图），之后变为灰色，最后变为黑色，单生或鹿角状分枝。

实际大小

科	炭角菌科Xylariaceae
分布	北美洲、欧洲、亚洲
生境	林地
宿主	阔叶树
生长方式	簇生于朽木及埋木上
频度	极其常见
孢子印颜色	黑色
食用性	非食用

多形炭角菌
Xylaria polymorpha
Dead Man's Fingers
(Persoon) Greville

子实体高达
4 in
(100 mm)

直径达
1 in
(25 mm)

625

当多形炭角菌群生，特别是从埋木上长出时，很像死人的手指，因此，尽管恐怖，但该种还很贴切地被叫作"死人指"。每个"手指"实际上都是个不育的子座，由多个微小、单个的子实体构成。如果一个手指被切成两半，就会看到这些单个的子实体，在表面壳层内呈黑色、齿状的小凹坑或凹口。一些较小的炭角菌属 *Xylaria* 物种有寄主专化性，如蔷薇叉丝炭角菌 *Xylaria oxyacanthae* 长在落地的山楂果实上，或者果生炭角菌 *Xylaria carpophila* 长在落地的山毛榉壳斗上。但多形炭角菌可生长在多种阔叶树上，也正因如此，该物种较常见且分布广泛。

相似物种

许多炭角菌属物种，尤其是在热带地区，会产生与多形炭角菌相似的子座，因此，最好从显微形态进行区分。长柄炭角菌 *Xylaria longipes* 是一种常见的北温带物种，与其相近，但子座稍细，通常生长在美国梧桐木上。而鹿角炭角菌 *Xylaria hypoxylon* 要比该种小得多。

实际大小

多形炭角菌产生黑色、棒状的子实体，柄短、圆柱形。外表面坚硬、光滑无光泽，在放大镜下观察可见细小颗粒和褶皱，成熟时具突起疣突。将子实体切开，菌肉白色、坚韧，外表面具薄的黑色外壳，带齿状凹口。

科	炭角菌科Xylariaceae
分布	北美洲东部
生境	林地
宿主	阔叶树
生长方式	枯枝落叶层
频度	常见
孢子印颜色	黑色
食用性	非食用

子实体高达
1½ in
(40 mm)

直径达
2 in
(50 mm)

626

触须炭角菌
Xylaria tentaculata
Fairy Sparkler
Ravenel ex Berkeley

触须炭角菌成熟时，只是炭角菌属 *Xylaria* 中一个个体较小略呈棒形的物种——但在其未成熟的时候，臂状分枝子座长得就像烟花爆炸一般，子座顶端像微型触角一样，逐渐延长并扭曲。这是它的无性阶段，孢子在臂状子座上生长，最后呈白色粉末状——就像鹿角炭角菌 *Xylaria hypoxylon* 的烛芯一样。之后黑色有性孢子进行发育，这时这些脆弱的小触角就会消失了。

相似物种

分布广泛的鹿角炭角菌通常只有少许分枝，且这些分枝通常是不规则的，有时呈鹿角状。而其他具分枝的炭角菌属物种生长在热带地区。

触须炭角菌形成具柄和头的直立子座。菌柄坚韧、黑色，略粗糙。在有性阶段，可育的顶部单生，膨大、坚硬、黑色。在无性阶段，形成一个由 8—20 个浅灰色至白色臂状分枝组成的头部，分枝顶端渐细，且逐渐变长、变脆弱、扭曲。

实际大小

科	梅衣科Parmeliaceae
分布	北美洲西部、欧洲北部、亚洲北部
生境	针叶树，罕生于阔叶树
宿主	地衣型藻类
生长方式	悬垂于树枝
频度	产地常见
孢子印颜色	白色
食用性	报道可食（烹熟后）

子实体长达
36 in
(900 mm)

直径小于
⅛ in
(0.5 mm)

627

弗里蒙小孢发
Bryoria fremontii
Wila

(Tuckerman) Brodo & D. Hawksworth

不列颠哥伦比亚省的瓦普族人将弗里蒙小孢发称为维拉（Wila），瓦普族是众多北美土著民族之一，他们曾经采集并食用该地衣，该地衣也被称为熊毛地衣（Bear Hair Lichen）。淡黄色的种类较苦，所以在采集时应尽量避免，现已发现其含有高于正常含量的狐衣酸，是潜在的危险毒性物质。优质的弗里蒙小孢发清洗后在深坑中蒸几天后，据说像清淡的凝胶状甘草。该地衣是土著民族的冬储食物，其他一些民族有时也用其来充饥。或许并不奇怪，现今该地衣已很少被食用。

相似物种

许多小孢发属 *Bryoria* 的其他种类呈毛状，与弗里蒙小孢发相似。但大多数种类的丝状体较细，且没有弗里蒙小孢发的颜色深。一些较大的松萝属 *Usnea* 种类悬垂生长与该种相似，但呈灰绿色。

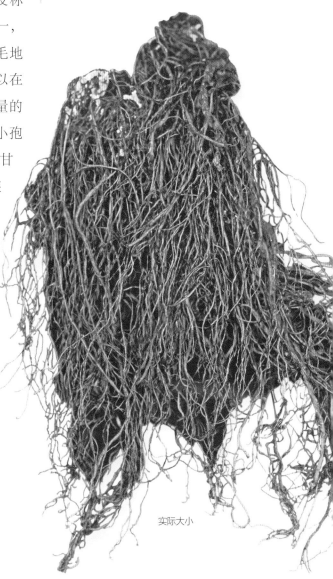

弗里蒙小孢发丝状体细长，悬垂于树枝上。纤维丝状地衣体高度分枝，常形成缠绕，光滑，圆柱形或扁圆柱形，湿润时柔软，干燥时坚硬。主枝淡黄色至浅红褐色或巧克力褐色。子囊盘不常见，但呈亮黄色。

实际大小

科	石蕊科Cladoniaceae
分布	北美洲、欧洲、中美洲和南美洲、亚洲、澳大利亚、新西兰
生境	地上、泥炭、腐木
宿主	地衣型藻类
生长方式	单生或群生于地面或腐木上
频度	极其常见
孢子印颜色	白色
食用性	非食用

子实体高达
2½ in
(60 mm)

直径小于
⅛ in
(2 mm)

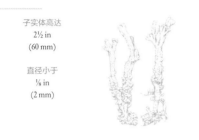

红头石蕊
Cladonia floerkeana
Devil's Matchstick
(Fries) Flörke

红头石蕊与老式的红尖火柴极其相似，但其果柄易脱落，不似火柴般可以划擦。单个个体小，但常大量生长于石楠或泥炭地面上，像一些红色和灰色的微型盆景展示。该种也常生长于开阔地带、老的腐烂倒木上。红头石蕊分布广泛，广布于世界各个角落相似的生境中。其特别的拉丁名是为了纪念 19 世纪早期的一位德国地衣学家古斯塔夫·海因里希（Gustav Heinrich Flörke）。

相似物种

石蕊属 *Cladonia* 种类大多果柄顶端形成红色子囊盘，但也有一些种如狭杯红石蕊 *Cladonia diversa*，果柄颜色偏黄绿色而非灰色。瘦柄红石蕊 *Cladonia macilent* 又被称为 British Soldier，果柄无分枝，灰色。

红头石蕊地衣体薄、灰色。果柄直立、单生或少分枝，灰色，具小鳞片及颗粒物。子囊盘生于果柄顶端，光滑，圆形（似火柴头），有时结合在一起，亮桃红色至红色。

实际大小

科	石蕊科Cladoniaceae
分布	北美洲、欧洲、南美洲南部、南极洲、亚洲
生境	地生、土生、倒木、岩石
宿主	地衣型藻类
生长方式	丛生
频度	常见
孢子印颜色	白色
食用性	报道可食（烹熟后）

子实体高达
4 in
(100 mm)

直径不到
⅛ in
(2 mm)

629

鹿石蕊
Cladonia rangiferina
Reindeer Lichen
(Linnaeus) Weber ex F. H. Wiggers

鹿石蕊的拉丁名和英文名均源于驯鹿或北美驯鹿。冬季，树叶和草都消失后，驯鹿便以鹿石蕊和其他与其相似的地衣为食，这类地衣过去常被称为驯鹿苔（reindeer moss）。然而，与苔藓和其他植物不同的是，地衣生长缓慢，放牧后需要 5 到 15 年才能恢复。这也是驯鹿群（和驯鹿牧民）必须进行游牧的原因之一。阿拉斯加德娜（Dena'ina）人曾一度将鹿石蕊煮熟后食用，但该地衣含有一类可引起胃病的酸性混合物。

相似物种

鹿石蕊是一组具有相似分枝的相关种的成员之一。这组成员包括具更为易碎、广开分枝的 *Cladonia portentosa* 和具明显后弯分枝的林鹿石蕊 *Cladonia arbuscula*。

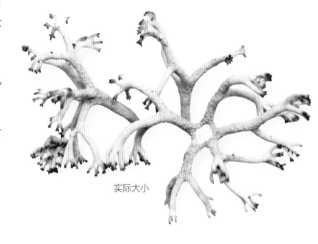

实际大小

鹿石蕊直立，灌木状稠密分枝，初生地衣体小，壳状。淡白灰色分枝至顶端逐渐呈紫褐色，交互密集生长，形成大量垫状物。

科	石蕊科Cladoniaceae
分布	北美洲、欧洲大陆、亚洲北部
生境	地生、土生、倒木、岩石
宿主	地衣型藻类
生长方式	丛生
频度	常见
孢子印颜色	白色
食用性	非食用

630

子实体高达
6 in
(150 mm)

直径达
3 in
(75 mm)

雀石蕊

Cladonia stellaris
Star Reindeer Lichen

(Opiz) Pouzar & Vezda

雀石蕊是一种"驯鹿苔藓",斯堪的纳维亚半岛和北方的动物以其为食。与其近缘种鹿石蕊*Cladonia rangiferina*不同的是,雀石蕊含有松萝酸——一种抗生素类化合物。曾经该种被商业化采集并加工成抗生素类药膏,名为Usno。目前,该种地衣仍被采收,但主要用于装饰。因其可以长久保存,它被用于花环的制作,尤其是在德国,偶尔也被用于插花装饰——或者甚至被建筑师和铁路模型爱好者用作微型灌木和丛林的模型。

雀石蕊直立,灌丛状生长,通常成群生长。初生地衣体小,壳状。分枝稠密,淡黄绿色至灰绿色,尖端较细,且常呈星状。

相似物种

雀石蕊与鹿石蕊相似,且为近缘物种。但雀石蕊颜色更浅,且具有更细小的分枝,且更紧致,喜开旷、干燥、偏大陆性的气候。

实际大小

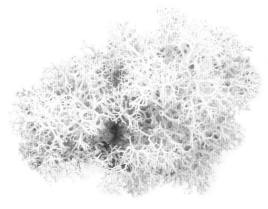

科	胶衣科Collemataceae
分布	北美洲、欧洲、非洲、中美洲和南美洲、亚洲
生境	湿木，较少在潮湿岩石上
宿主	地衣型蓝细菌
生长方式	群生
频度	偶见
孢子印颜色	白色
食用性	非食用

子实体高达
¼ in
(5 mm)

直径达
3 in
(80 mm)

631

粉屑胶衣

Collema furfuraceum
Blistered Jelly Lichen

Du Rietz

大多数博物学家都知道地衣是真菌与不同的藻类的互利共生体。这些藻类通常被称为共生光合生物，因为在合作中它们利用日光产生糖类。但对于一些地衣来说，共生光合生物不是藻类，而是蓝细菌。蓝细菌曾被称为"蓝-绿藻"，尽管看起来相似，但其与真正的藻类亲缘关系很远。较大的蓝细菌常呈胶状，且生长于湿润或潮湿的地方。以至于许多蓝细菌共生的地衣被称作胶衣，且喜长于潮湿地点、湿润的林地或临近溪流和瀑布的岩石上。

粉屑胶衣叶状体扁平，胶质，近盘状，由较大的叶状裂片组成，干燥时部分上卷。上表面呈明显的脊状，且常被小型单一或分枝状的裂芽覆盖。整个地衣体为深绿褐色至近黑色。

相似物种

其他几个胶衣属*Collema*的物种与粉屑胶衣很相似，只是其中一些在潮湿的天气中凝胶状更明显。罕见的河胶衣*Collema dichotomum*实际上生长于溪流内的岩石上。石耳属*Umbilicaria*种类与粉屑胶衣外观形态相似，但凝胶状不明显，具明显的毛发状边缘。

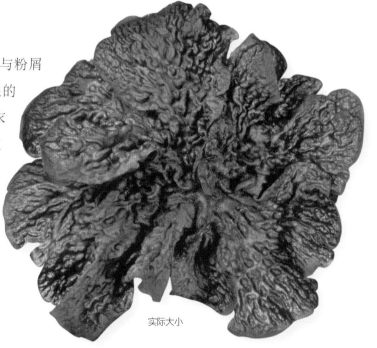

实际大小

科	鳞叶衣科Pannariaceae
分布	北美洲、东非、中美洲和南美洲、东南亚、澳大利亚、新西兰
生境	活树
宿主	地衣型蓝细菌
生长方式	丛生
频度	偶见
孢子印颜色	白色
食用性	非食用

子实体高达
¼ in
(5 mm)

直径达
2 in
(50 mm)

632

小堆毛面衣

Erioderma sorediatum
Sorediate Felt Lichen

D. J. Galloway & P. M. Jørgensen

小堆毛面衣属名"*Erioderma*"的意思为"羊毛状外皮"，其与近缘种的表面呈茸毛状，非常独特。这些种的共生体为胶状蓝细菌，并非藻类，这也意味着它们喜潮湿环境。小堆毛面衣是一个广布种，但在低洼潮湿地和森林中很罕见，最早描述自新西兰。与其近缘的北毛面衣*Erioderma pedicellatum*种更加少见，目前仅在拉布拉多和纽芬兰有几个遗留下来的种群，后者是在全球濒危物种的红色名录中出现的两个真菌种类之一。

相似物种

小堆毛面衣与大多数毛面衣属*Erioderma*其他物种的明显区别是具粉芽，粉芽是产生在下表面的由真菌菌丝和蓝细菌细胞组成的粉状繁殖体。梅衣属*Parmelia*的物种，如石梅衣*Parmelia saxatilis*，呈多叶状，但无毡毛，其背面呈深色，具假根（假根是地衣固定于基物表面的根索状结构）。

小堆毛面衣地衣体多叶状，阔裂。上表面毡状至细茸毛状，灰褐色至绿灰色，下表面近白色，具略带蓝色的粉芽（粉芽形成处）。

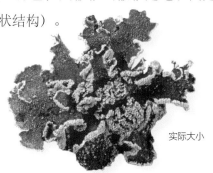

实际大小

科	梅衣科Parmeliaceae
分布	北美洲、欧洲、北非、亚洲
生境	活阔叶树，少生于岩石
宿主	地衣型藻类
生长方式	树枝和树干
频度	极其常见
孢子印颜色	白色
食用性	非食用

子实体高达
1½ in
(40 mm)

直径达
1½ in
(40 mm)

633

栎扁枝衣

Evernia prunastri
Oakmoss Lichen

(Linnaeus) Acharius

香气与真菌可能不会被联想到一起，但栎扁枝衣确是如此，而且令人惊奇的是一直如此，它被广泛用作固定剂以保持并延长优良香水发出的香味。栎扁枝衣也具有自己独特的气味，是一种用于西普香水与佛格瑞斯香水的基本芳香剂。"赛普洛斯粉末"中含有这种地衣，曾用于香味假发的制造。此前，在法国、意大利、摩洛哥和巴尔干半岛等国家，每年都会采集数千吨的栎扁枝衣。但因为注意到栎扁枝衣可能会引起过敏反应，这个特殊的贸易已经在减少。

相似物种

尽管名字叫栎扁枝衣，但其基物并不受限于栎树。糠状伪扁枝衣*Pseudevernia furfuracea*与该种易混淆，该种也用于香水制造，但其下表面更加坚硬，并在成熟时颜色变黑。树花属*Ramalina*地衣与栎扁枝衣也相似，但其上、下表面颜色相似。

实际大小

栎扁枝衣灌丛状，分枝，悬垂于树干或树枝。其扁枝或分枝极柔软（不僵硬），扁平，光滑，上表面淡黄色至灰绿色，下表面近白色。

科	梅衣科Parmeliaceae
分布	北美洲西部、欧洲大陆、北非、中美洲、亚洲西部
生境	针叶树，少生于阔叶树或岩石
宿主	地衣型藻类
生长方式	丛生于树枝上
频度	常见
孢子印颜色	白色
食用性	非食用

子实体高达
3 in
(75 mm)

直径达
3 in
(75 mm)

634

狼刷耙衣

Letharia vulpina
Wolf Lichen
(Linnaeus) Hue

种加词"*vulpina*"的意思为"狼的"，狼刷耙衣的名字因其从前在斯堪的纳维亚地区被用于杀害狼而得名。该地衣含有一种叫狐衣酸的有毒物质，可将动物尸体塞满该地衣后留下作为诱饵。在北美洲，加利福尼亚的艾可玛维人用它制作毒箭头。此地衣也作为染料被大量采集，用于斯堪的纳维亚的羊毛加工和北美洲的豪猪刺染色（编制篮子）。该种可生产一种亮绿黄色染料。阿帕切族用该地衣在他们的双脚上绘制黄十字，这样可使他们穿过他们敌人而未被发现。

相似物种

在北美，哥伦比亚刷耙衣 *Letharia columbiana*是一个极易与狼刷耙衣混淆的物种，但其更多地产生褐色盘状的子囊盘。最近的分子研究表明，在北美洲西部和摩洛哥还存在一个外部形态特征与粉狼刷耙衣几乎不能区分的物种，但它们在遗传上有差异。

实际大小

狼刷耙衣灌丛状，密集分枝。整个地衣新鲜时呈亮黄绿色。子囊盘稀少，褐色，光滑，出现时为盘状。

科	肺衣科Lobariaceae
分布	北美洲、欧洲、非洲、亚洲
生境	阔叶树，少见于岩石
宿主	地衣型藻类，地衣型蓝细菌
生长方式	丛生
频度	偶见
孢子印颜色	白色
食用性	非食用

肺衣

Lobaria pulmonaria
Lungwort

(Linnaeus) Hoffmann

子实体高达
¼ in
(5 mm)

直径达
10 in
(250 mm)

635

肺衣非比寻常，是同时与藻类和蓝细菌形成的共生体，后者的固氮能力可以增加地衣营养物的供给。但蓝细菌固氮需要洁净、潮湿的空气，因此肺衣只在潮湿、无污染的环境中生长。它常被认为是原始森林的指示物种。其裂片的形状和网脉被认为与肺相似，中世纪的民间医生认为这是一个明确的指示，被神创造出来用于治疗肺部疾病，但是目前还没有现代研究结果支持这一说法。

肺衣叶状体大，叶状裂片扁平，锯齿状。上表面呈亮绿色，潮湿环境下有光泽，干燥环境下变成灰绿色，呈褶皱或脊状和网状。下表面淡褐色，子囊盘少见，盘状，橘褐色。

相似物种

其他肺衣属*Lobaria*物种都很相似，但呈更明显的灰色，尤其是潮湿时。在北美洲西部，俄勒冈肺衣*Lobaria oregana* 是一个与其非常相似的种，是主要生长在针叶树上的呈绿色的地衣。绿肺衣*Lobaria virens*分布更为广泛，也呈绿色，但其上表面通常很光滑。

实际大小

科	梅衣科Parmeliaceae
分布	北美洲、欧洲、非洲、中美洲和南美洲、南极洲、亚洲
生境	树木、岩石及墙壁
宿主	地衣型藻类
生长方式	丛生
频度	常见
孢子印颜色	白色
食用性	非食用

子实体高达
¼ in
(5 mm)

直径达
2 in
(50 mm)

636

石梅衣

Parmelia saxatilis
Gray Crottle
(Linnaeus) Acharius

地衣曾被广泛用作染料。在苏格兰，它们被称作"染料地衣"，赫布里底群岛的当地人采集广泛分布的石梅衣，将其用于哈里斯毛料和手织布料的染色。该地衣将毛线染成红褐色至紫褐色（也具有与众不同的气味）。与其相同或相似的地衣在爱尔兰和苏格兰也被用于染色。在中世纪欧洲，据说石梅衣可用于治疗癫痫病，但只是收集自一个宁愿被绞死的古时人类的头骨中。

相似物种

梅衣属*Parmelia*及其相近属的多数物种为灰绿色，叶状，表面看与石梅衣非常相似。槽梅衣*Parmelia sulcata*极为常见，但其上表面具有白色脊状网脉而区别于石梅衣。

石梅衣形成叶状地衣体，平展的裂片向尖端渐宽。上表面呈淡灰色至灰绿色，下表面近黑色，通过根状的"假根"附着于岩石或木头上。子囊盘少见，盘状，表面光滑呈橘褐色；近灰色锯齿状边缘。

实际大小

科	地卷科Peltigeraceae
分布	北美洲、欧洲、亚洲、澳大利亚
生境	地上、树或岩石
宿主	地衣型蓝细菌
生长方式	群生
频度	常见
孢子印颜色	白色
食用性	非食用

子实体高达
¼ in
(5 mm)

直径达
10 in
(250 mm)

637

膜地卷

Peltigera membranacea
Membranous Dog-Lichen

(Acharius) Nylander

　　较大的叶状地衣有时会生长于长有青苔的草皮上，甚至是花园草坪中，膜地卷是在该生境中最常见的物种之一。像所有的地卷衣和胶质地衣（胶衣属*Collema*物种）一样，它不与藻类共生，而是与蓝细菌形成共生体。地卷属*Peltigera*物种在潮湿天气中不会像一些胶衣种类那样膨胀，但膜地卷会从浅灰色变为褐色，并明显地更有弹性。该地衣为保持湿度，很可能生长在苔藓中，从而使蓝细菌行使其功能。

相似物种

　　地卷衣种类较多、形态差异较大，有许多种类表面上看起来非常相似，包括喜生长于长有青苔的草坪上的赭腹地卷*Peltigera lactucifolia*。粉屑胶衣*Collema furfuraceum*及其相近种在下表面缺少毛发状的假根。白茅石耳*Umbilicaria cylindrica*具有明显的黑色假根。

实际大小

膜地卷叶状体裂片大、叶状，干时卷起。上表面湿润状态下呈褐色，干燥时呈灰白色，有波状或脉状纹理。下表面浅白色至微褐色，具明显的绒毛状假根。子囊盘常见，光滑，椭圆形，红褐色，通常生长于裂片边缘。

科	黄枝衣科Teloschistaceae
分布	北美洲、欧洲、非洲、中美洲和南美洲、亚洲、澳大利亚、新西兰
生境	活的阔叶树与针叶树
宿主	地衣型藻类
生长方式	树枝和树干
频度	产地常见
孢子印颜色	白色
食用性	非食用

子实体高达
1 in
(25 mm)

直径达
2 in
(50 mm)

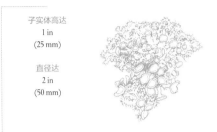

638

金黄枝衣

Teloschistes chrysophthalmus
Golden-Eye Lichen
(Linnaeus) Beltramini

金黄枝衣是一个特别上镜的物种，由于其亮橙色子囊盘点缀于分枝的叶状裂片之中，看起来像小花束。属名"*Teloschistes*"实质上是指"发梢分叉"，用于描述毛状顶端分枝很恰当，但不亲切，然而种加词"*chrysopthalmus*"的意思为"金色的眼睛"，用来形容睫毛状流苏般的子囊盘。这是一个广布种，产地常见，但向北变得越来越罕见——特别是欧洲，金黄枝衣初步被列入国际濒危大型地衣红色名录中。

相似物种

浅黄枝衣*Teloschistes flavicans*具有与金黄枝衣相似的颜色和分枝，但极少产子囊盘，也发生于树上和岩石上。华松萝*Usnea florida*看起来与金黄枝衣相似，也具有睫毛状流苏般的子囊盘，但其子囊盘为灰绿色，明显较大。

实际大小

金黄枝衣灌丛状生长于细枝或树杈上。裂片具分枝，黄橙色，下表面带淡灰色，每一个分枝末端具有多个毛发状纤丝。子囊盘呈盘状，直径达¼ in（5 mm），光滑，亮橙色，具有浅灰色至橙色的流苏状边缘。

科	石耳科Umbilicariaceae
分布	北美洲、欧洲、非洲、中美洲和南美洲、亚洲、澳大利亚、新西兰
生境	酸性岩石
宿主	地衣型藻类
生长方式	丛生
频度	偶见
孢子印颜色	白色
食用性	报道可食（烹熟后）

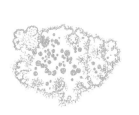

子实体高达
¼ in
(5 mm)

直径达
2 in
(50 mm)

639

白茅石耳

Umbilicaria cylindrica
Fringed Rock Tripe

(Linnaeus) Delise ex Duby

　　石耳大概得名于其外观，而不是味道。但石耳种类，包括白茅石耳，曾经被许多北美土著人当作食品，包括休伦、阿尔冈金、克里族和因纽特人。约翰·富兰克林和他的随从，在探索西北海峡的一次艰难远航中，靠吃石耳和他们靴子的皮革而存活下来。一个可能更美味的日本物种石耳*Umbilicaria esculenta*曾经作为佳肴来食用，采集者坐在下放到悬崖下的篮子里，在岩石上采集这种地衣。

相似物种

　　石耳属的其他物种可能非常相似，但大多数缺少白茅石耳显著的毛状边缘。被饥饿的探险者食用过的长鼻石耳*Umbilicaria proboscidea*，其上表面具有网状褶皱和脊。

白茅石耳形成多叶状地衣体，由单个点固着于岩石上。地衣体呈不规则球形或叶片状，淡至深灰色（但湿润时近褐色），上表面光滑，具明显流苏状的长且坚硬的近黑色毛发。其边缘常内卷，下表面浅灰色至浅黄色。

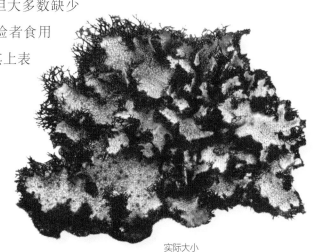

实际大小

科	梅衣科Parmeliaceae
分布	欧洲大陆、亚洲西部
生境	针叶树，少生于阔叶树
宿主	地衣型藻类
生长方式	悬垂于树枝
频度	产地常见
孢子印颜色	白色
食用性	非食用

子实体高达
12 in
(300 mm)

直径（含丝状体）小于
⅛ in
(0.5 mm)

640

大松萝
Usnea barbata
Old Man's Beard
(Linnaeus) Weber ex F. H. Wiggers

大松萝通常生长在未被破坏的原始森林中，张灯结彩似的悬挂在活的树枝上，但是它对污染具有高敏感性，在很多地区已变得罕见甚至已灭绝。在许多国家长久以来一直将大松萝作为民间药物，主要治疗创伤和感染。药用效果应该很好，因为大松萝含地衣酸，一种具有抗生素特性的苦味化合物，在雀石蕊 *Cladonia stellaris* 中也有发现。如今，松萝属 *Usnea* 的物种（常被鉴定为大松萝）被商业化采收和销售，用于顺势疗法、芳香疗法、草药和其他替代药物的使用。

相似物种

大松萝似乎仅分布于欧洲大陆和亚洲。然而该名字已被广泛应用于其他地方难以区分的相似物种。细长松萝 *Dolichousnea longissima* 可以产生超过9 in（3 m）长须，但它受到污染、过度伐木、用于装饰和草药而被采收的严重威胁。

实际大小

大松萝地衣体长毛发状，悬垂生于树枝上。长发丝状体具分枝，分枝厚度不均匀，光滑至脊状，疣状或颗粒状，浅绿灰色，切开截面内部发白。子囊盘常缺失（在近缘种华松萝 *Usnea florida* 中很常见），如存在则子囊盘圆盘状，浅灰色。

科	黄枝衣科Teloschistaceae
分布	北美洲、欧洲、非洲、中美洲和南美洲、南极洲、亚洲、新西兰
生境	含碳酸钙和硅质的岩石
宿主	地衣型藻类
生长方式	丛生
频度	产地常见
孢子印颜色	白色
食用性	非食用

子实体低于
⅛ in
(2 mm)

直径达
2 in
(50 mm)

641

雅致石黄衣

Xanthoria elegans
Elegant Sunburst Lichen

(Link) Th. Fries

雅致石黄衣分布极广，除了大洋洲外其他大洲都有分布。它是典型的石生地衣，通常生长在岩石上，尤其是充满鸟类粪便的岩石，同时也可以在屋顶等人造建筑上大量繁殖。其鲜亮的颜色源于类胡萝卜素色素，这些地衣曾经被美洲西北部的土著民族用来涂抹于面部。在高山地区发现的这些相同的色素也许会帮助地衣在高辐射的、高海拔地方生存。在模拟火星的真空辐射环境中，相比于其他种类的地衣，雅致石黄衣的孢子更为成功地存活了下来并且萌发。

相似物种

近缘物种粉芽石黄衣*Xanthoria sorediata*与雅致石黄衣相似，但是无盘状的子囊盘。一些橙衣属*Caloplaca*的物种，比如常见的黄色的黄橙衣*Caloplaca flavescens*和亮橙色的焰色橙衣*Caloplaca ignea*看起来与雅致石黄衣相似，但石黄衣属*Xanthoria*物种的裂片会与石块表面完全剥离，而具有裂片状外壳的橙衣属物种则不会与石块表面完全分离。

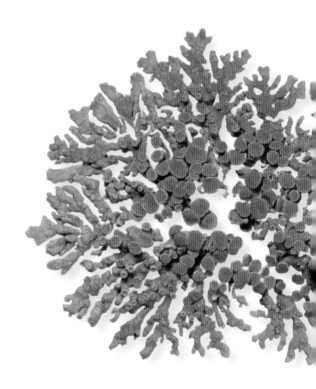

雅致石黄衣形成多叶状地衣体，近壳状。地衣体为醒目明亮的黄橙色至深橙红色。地衣体通常为球形，具狭窄的辐射带形裂片。圆盘状子囊盘常位于地衣体中部，颜色与菌体颜色相似或者更深，且有明显的锯齿状边缘。

实际大小

附 录

名词术语

省略了可能或已经在文中注释的名词术语，以下仅为按英文字母顺序排列的特定的菌物学或其他科学术语的简要注解。

子囊菌（Ascomycete） 所有子囊菌门真菌。

子囊（Ascu，复数asci） 指产生子囊孢子的结构，产生孢子的微观细胞，典型地存在于盘菌和子囊菌中的其他种类。

担子菌（Basidiomycete） 所有担子菌门真菌。

担子（Basidium，复数basidia） 担子菌中产生担孢子的微观细胞，典型地存在于伞菌和担子菌中的其他种类。

生物发光（Bioluminescence） 由活生物体产生的光。

生物修复（Bioremediation） 利用活生物体清除环境污染物。

钙质（Calcareous） 包含滑石粉和石灰。

软骨质（Cartilaginous） 像软骨，似软骨的质地。

同色（Concolorous） 颜色相同。

木腐菌（Conk）（美国英语）多孔菌的子实体；（通常指）木腐真菌在活立木上产生的瘤状膨大（例如：斜生纤孔菌*Inonotus obliquus*，396页）。

粪生（Coprophilous） 喜粪生长。

珊瑚状（Coralloid） 具分枝，形状像珊瑚。

菌丝束（Cord） 由菌丝聚集在一起形成肉眼可见的线状结构。

丝膜（Cortina） 一些伞菌的覆盖于菌褶上残留的部分薄的蛛网菌幕（例如：丝膜菌属*Cortinarius*的物种）。

壳状（Crustose） 形成硬壳。

角质层（Cuticle） 子实体表面，尤指菌盖的角质覆盖物。

延生（Decurrent） 菌褶或菌孔等沿着菌柄生长。

凹陷（Depressed） 菌盖中央下凹或下陷。

外生菌根（Ectomycorrhizal） 菌根的一种，真菌菌丝与植物伴生，在植物根系表面形成一层鞘。

展生（Effused） 扁平、扩展或似表皮状。

内生菌根（Endomycorrhizal） 菌根的一种，真菌菌丝与植物伴生，侵入植物根细胞内部。

内生真菌（Endophyte） 生活在植物组织内的真菌或其他有机体。

加词（Epithet）（或种加词）物种学名中的第二个词（如双孢蘑菇"*Agaricus bisporus*"的"*bisporus*"）。

易消失（Evanescent） 很快消失或转瞬即逝。

偏生（Excentric） 菌柄非中生。

纤丝（Fibril） 微小的细丝。

纤丝状（Fibrillose） 覆盖着微小的细丝。

丛卷毛状或绒球状（Flocculose/floccular） 覆盖着一层小的软丝。

叶状（Foliose）（地衣）似植物叶片的浅裂片。

野外采集（Foray） 对菌物进行采集及记录的野外考察。

子实体/孢子果（Fruitbody） 真菌的产孢结构(如，蘑菇)。

菌褶（Gills或lamellae） 产孢部位正常栽培蘑菇菌盖的下表面具有片状的部分，每一片的表面都生有大量的孢子。

带状（Girdle） 环绕菌柄上的带状鳞片，通常不规则或不完整。

水浸状（Hygrophanous） 潮湿时菌盖变色并稍带有些透明状。

吸湿的（Hygroscopic） 吸收水分（吸湿后弯曲或扭曲，如硬皮地星*Astraeus hygrometricus*的"臂"，508页）。

菌丝（Hypha，复数hyphae） 大多数菌物（酵母除外）的结构单位，为管状的细丝。等同于植物和动物的细胞。

菌裙（Indusium） 环绕菌柄的膜状结构（如长裙鬼笔*Phallus indusiatus*的网群状裙，545页）。

代谢产物（Metabolites upland） 由菌物或其他有机体自然产生的化合物。

山地（Montane） 高原的；"亚高山"下的一个植被区（通常潮湿和凉爽）。

菌丝体（Mycelium，复数mycelia） 组成菌物菌体的交织在一起的菌丝团，其上产生子实体。栽培蘑菇称为菌种"spawn"。

菌物学家（Mycologist） 研究菌物的学者。

菌根（Mycorrhiza） 真菌菌丝和植物根部之间互惠互利的共生体，真菌通过它为植物供应营养，植物通过菌根为真菌提供碳水化合物。

嗜氮菌物（Nitrophile）喜氮的生物体（喜生在土壤肥沃和肥料丰富的地方）。

小包（Peridiole）孢子包（如鸟巢菌巢里的"鸟蛋"，532—534页）。

鬼笔状（Phalloid）与鬼笔类形态特征相似或相近（鬼笔属Phallus的物种，544—545页）。

酚类（Phenolic）与苯酚（石碳酸）有关的一类化合物。

多孔菌（Polypore）bracket-fungus的别名（363页）。

菌孔（Poroid）由孔口组成的产孢表面（如牛肝菌类，325页）。

繁殖体（Propagule）菌物的任何一部分分离出来能继续繁殖，如孢子和菌核。

分枝（Ramifying）分枝或分叉。

红色名录（Red List）针对受威胁需要保护的物种所拟定的地区性、全国性或国际性的物种名录。

假根（Rhizoid）由菌丝组成的根状组织。

菌索（Rhizomorph）菌丝聚集在一起形成可见的绳状物。

菌环（Ring）环形物；一些伞菌或其他真菌的菌柄上部分菌幕残留形成的环。

环状纹（Ring zone）一些伞菌和其他部分真菌环绕菌柄残留的菌幕的鳞片和残片形成的环状区域。

锈菌（Rust）微小的"锈状真菌"引起的一种植物病害，通常在茎和叶上留下锈褐色的病斑。

腐生生物（Saprotroph）以死的物质（如枯枝或落叶）为食的有机体。

菌核（Sclerotium，复数sclerotia）一种坚硬的菌丝球，通常作为真菌的一种繁殖体。

具粒状的鳞屑的（Scurfy）（菌盖和菌柄）带有小鳞片的粗糙表面。

黑粉病（Smut）由微小的"黑粉菌"引起的一种植物病害，通常产生粉末状、深暗褐色的孢子。

复合种（Species complex）一些看起来极为相似，从形态上极难区分，但存在遗传差异的近缘物种。

孢子果（Sporocarp）真菌子实体的另一专业名称。

条纹（Striate）菌盖边缘的细条状纹。

子座（Stroma）不育的真菌组织，在其内部或表面上形成子实体（如炭角菌属Xylaria的物种，624—626页）。

叶状体，菌体（Thallus复数，thalli）菌丝体，尤其是在地衣上，裸露、壳状或叶状菌体。

突起（Umbo）菌盖中的突起，有时尖，有时针状，有时点状，有时只是一处隆起。

突起，脐状突起（Umbonate）（菌盖）中心具有的脐凸。

菌幕（Veil）一层薄膜，包裹子实体幼体或（如为部分菌幕）包裹产孢表面，子实体发育后菌幕被破坏或形成鳞片，或形成菌环或菌托。

菌托（Volva）一些伞菌的菌柄基部有菌幕残余物留下的苞状或膨大的袋状托（如小包脚菇属Volvariella的物种，320—321页）。

645

命　名

界（Kingdom）： 最高的分类等级（如真菌界）

门（Phylum，复数phyla）： 界之下纲之上的分类等级（如担子菌门Basidiomycota）

纲（Class）： 门之下目之上的分类等级（如伞菌纲Agaricomycetes）

目（Order）： 纲之下科之上的分类等级（如伞菌目Agaricales）

科（Family）： 目之下属之上的分类等级（如伞菌科Agaricaceae）

属（Genus，复数genera）： 科之下种之上的分类等级（如蘑菇属Agaricus）

组（Section）： 属的次级分类等级，将属内相近的种归为组（如蘑菇属的Bivelares组）

种（Species）： 属之下的分类等级（如双孢蘑菇Agaricus bisporus）

参考文献

下面仅选择列出部分书籍和网站资源，可供对大型真菌感兴趣的人使用。

FURTHER READING: GENERAL INTEREST

Bessette, A.R. & Bessette A.E. *The Rainbow Beneath my Feet: a mushroom dyer's field guide.* Syracuse, NY: Syracuse University Press, 2001.

Gilbert, O. *New Naturalist: Lichens.* London: HarperCollins, 2000.

Hall, I.R. et al. *Edible and Poisonous Mushrooms of the World.* Portland, OR: Timber Press, 2003.

Harding, P. *Mushroom Miscellany.* London: HarperCollins, 2008.

Money, N. *Mr. Bloomfield's Orchard.* New York: Oxford University Press, 2002.

Purvis, W. *Lichens.* London: Natural History Museum; Washington: Smithsonian, 2007.

Spooner, B. & Roberts, P. *New Naturalist: Fungi.* London: HarperCollins, 2005.

Stamets, P. *Growing Gourmet and Medicinal Mushrooms* (3rd edn). Berkeley, CA: Ten Speed Press, 2000.

FURTHER READING: REGIONAL FIELD GUIDES

North America

Barron, G. *Mushrooms of Ontario and Eastern Canada* (3rd edn). Edmonton: Lone Pine, 1999.

Bessette, A.E., Bessette, A.B., & Fischer, D.W. *Mushrooms of Northeastern North America.* Syracuse, NY: Syracuse University Press, 1997.

Brodo, I.M., Sharnoff, S.D., & Sharnoff, S. *Lichens of North America.* New Haven, CN: Yale University Press, 2001.

Hemmes, D.E. & Desjardin, D.E. *Mushrooms of Hawai'i.* Berkeley, CA: Ten Speed Press, 2002.

Huffman, D.M. et al. *Mushrooms and other Fungi of the Midcontinental United States* (2nd edn). Iowa City, IA: University Iowa Press, 2008.

Metzler, S. & Metzler, V. *Texas Mushrooms.* Austin, TX: University Texas Press, 1992.

Phillips, R. *Mushrooms of North America.* Boston, MA: Little, Brown & Co., 1991.

Roody, W.C. *Mushrooms of West Virginia and the Central Appalachians.* Lexington, KY: Kentucky University Press, 2003.

Trudell, S. & Ammirati, J. 2009. *Mushrooms of the Pacific Northwest.* Portland, OR: Timber Press, 2009.

British Isles & Europe

Dobson, F.S. *Lichens: An Illustrated Guide to the British and Irish Species* (5th edn). Slough: Richmond Publishing, 2005.

Evans, S. & Kibby, G. *Pocket Nature: Fungi.* London: Dorling Kindersley, 2004.

Phillips, R. *Mushrooms.* London: Macmillan, 2006.

Sterry, P. & Hughes, B. *Collins Complete Guide to British Mushrooms and Toadstools.* London: HarperCollins, 2009.

Australia & New Zealand

Fuhrer, B. *A Field Companion to Australian Fungi*. Melbourne: Bloomings Books, 2001.

Ridley, G.S. & Horne, D. *A Photographic Guide to Mushrooms and other Fungi of New Zealand*. Auckland: New Holland, 2007.

Young, A.M. *A Field Guide to the Fungi of Australia*. Sydney: UNSW Press, 2004.

Southern Africa

Gryzenhout, M. *Pocket Guide: Mushrooms of South Africa*. Struik, Cape Town: Struik, 2010.

Central & South America

Gamundi, I. & Horak, E. *Fungi of the Andean-Patagonian Forests*. Buenos Aires: Vazquez Mazzini, 2007.

Mata, M. *Costa Rica Mushrooms Vol. 1*. INBio, Santo Domingo de Heredia: INBio, 2003.

Mata, M., Halling, R., & Mueller, G.M. *Costa Rica Macrofungi Vol. 2*. Santo Domingo de Heredia, INBio, 2003.

一些有用的网站

以下网站提供关于真菌有价值的信息，也有几个网站提供了真菌的优质照片，这可能为菌物的鉴定提供帮助。使用搜索引擎查询物种或主题可能会带来更多额外的网站的查询。

British Mycological Society

http://www.britmycolsoc.org.uk/

Cybertruffle and **Cyberliber**—wide range of information about fungi
http://www.cybertruffle.org.uk/eng/index.htm

European Mycological Association—includes contacts for local societies worldwide
http://www.euromould.org/links/socs.htm

Fungimap (Australia)
http://www.rbg.vic.gov.au/fungimap/home

Index Fungorum—a freely searchable on-line database
http://www.indefungorum.org/

Landcare Research (New Zealand) — Virtual Mycota
http://virtualmycota.landcareresearch.co.nz/ ebforms/ vM_home.aspx

MushroomExpert—keys, photos, information (North America)
http://www.mushroomexpert.com/

Mycokey—keys, photos, information (Europe)
http://www.mycokey.com/

North American Mycological Association
http://www.namyco.org/

Tom Volk's Fungi—photos, information
http://botit.botany.wisc.edu/toms_fungi/fotm.html

菌物分类系统

和植物一样，真菌的科学分类始于18世纪伟大的瑞典博物学家林奈。林奈以及早期的博物学家对真菌的分类是依据其外观形态特征的相似性，但在达尔文之后却力求将近缘物种划归于同一个类群（无论这些物种外形看起来是否相似），致力于建立一个更趋于自然的分类系统。

到20世纪，真菌分类仍然考虑了子实体的外形特征，但同时也引入了显微特征和其他的一些细节来确定相互之间的亲缘关系。然而，自20世纪90年代，DNA分析却从根本上颠覆了一些传统的观点，许多形态上有明显差异的类群（如马勃和伞菌）实际上亲缘关系却较近。毫无疑问，进一步的研究还将带来更多的变化。

真菌界现已划分为七个主要的门。几乎所有的大型真菌都属于子囊菌门和担子菌门。每个门下设纲，纲下设目，目下建立科。本节仅包括了本书中所囊括了的那些门、纲、目和科。在对物种进行描述之前，都指明了该物种的科级归属。例如，翻到正文中第528页的柠檬硬皮马勃*Scleroderma citrinum*，你会发现它被置于硬皮马勃科，而本节能告诉你硬皮马勃科归属于牛肝菌目，伞菌纲，担子菌门。这清楚地显示出柠檬硬皮马勃与牛肝菌有较远的亲缘关系（同一目），而与伞菌和多孔菌的亲缘关系更远（同一纲）。

648

ASCOMYCOTA 子囊菌门			
EUROTIOMYCETES 散囊菌纲			
ONYGENALES 爪甲团囊菌目			
Elaphomycetaceae 大团囊菌科	Onygenaceae 爪甲团囊菌科		
LECANOROMYCETES 茶渍纲			
LECANORALES 茶渍目			
Cladoniaceae 石蕊科	Parmeliaceae 梅衣科		
PELTIGERALES 地卷目			
Collemataceae 胶衣科	Lobariaceae 肺衣科	Pannariaceae 鳞叶衣科	Peltigeraceae 地卷科
TELOSCHISTALES 黄枝衣目			
Teloschistaceae 黄枝衣科			
UMBILICARIALES 石耳目			
Umbilicariaceae 石耳科			
LEOTIOMYCETES 锤舌菌纲			
CYTTARIALES 瘿果盘菌目			
Cyttariaceae 瘿果盘菌科			
HELOTIALES 柔膜菌目			
Dermateaceae 皮盘菌科	Geoglossaceae 地舌菌科	Helotiaceae 柔膜菌科	Hyaloscyphaceae 晶杯菌科
Rutstroemiaceae 蜡盘菌科	Sclerotiniaceae 核盘菌科	Vibrisseaceae 水盘菌科	
LEOTIALES 锤舌菌目			
Bulgariaceae 胶陀螺菌科	Leotiaceae 锤舌菌科		
RHYTISMATALES 斑痣盘菌目			
Cudoniaceae 地锤菌科			
PEZIZOMYCETES 盘菌纲			
PEZIZALES 盘菌目			
Caloscyphaceae 丽杯盘菌科	Discinaceae 平盘菌科	Glaziellaceae 空果内囊霉科	Helvellaceae 马鞍菌科
Morchellaceae 羊肚菌科	Pezizaceae 盘菌科	Pyronemataceae 火丝菌科	Rhizinaceae 根盘菌科
Sarcoscyphaceae 肉杯菌科	Sarcosomataceae 肉盘菌科	Tuberaceae 块菌科	
SORDARIOMYCETES 粪壳菌纲			
HYPOCREALES 肉座菌目			
Clavicipitaceae 麦角菌科	Cordycipitaceae 虫草科	Hypocreaceae 肉座菌科	Nectriaceae 丛赤壳科
Ophiocordycipitaceae 线虫草科			
XYLARIALES 炭角菌目			
Xylariaceae 炭角菌科			

BASIDIOMYCOTA 担子菌门			
AGARICOMYCETES 伞菌纲			
AGARICALES 伞菌目			
Agaricaceae 伞菌科	Amanitaceae 鹅膏科	Bolbitiaceae 粪伞科	Clavariaceae 珊瑚菌科
Cortinariaceae 丝膜菌科	Cyphellaceae 挂钟菌科	Entolomataceae 粉褶蕈科	Fistulinaceae 牛舌菌科
Hydnangiaceae 轴腹菌科	Hygrophoraceae 蜡伞科	Inocybaceae 丝盖伞科	Lyophyllaceae 离褶伞科
Marasmiaceae 小皮伞科	Mycenaceae 小菇科	Niaceae 尼阿菌科	Physalacriaceae 膨瑚菌科
Pleurotaceae 侧耳科	Pluteaceae 光柄菇科	Psathyrellaceae 小脆柄菇科	Pterulaceae 羽瑚菌科
Schizophyllaceae 裂褶菌科	Strophariaceae 球盖菇科	Tricholomataceae 口蘑科	Typhulaceae 核瑚菌科
AURICULARIALES 木耳目			
Auriculariaceae 木耳科			
BOLETALES 牛肝菌目			
Amylocorticiaceae 粉状革菌科	Boletaceae 牛肝菌科	Calostomataceae 丽口菌科	Coniophoraceae 粉孢革菌科
Diplocystidiaceae 双管菌科	Gomphidiaceae 铆钉菇科	Gyroporaceae 圆孢牛肝菌科	Hygrophoropsidaceae 拟蜡伞科
Paxillaceae 桩菇科	Rhizopogonaceae 须腹菌科	Sclerodermataceae 硬皮马勃科	Serpulaceae 干朽菌科
Suillaceae 乳牛肝菌科	Tapinellaceae 小塔氏菌科		
CANTHARELLALES 鸡油菌目			
Cantharellaceae 鸡油菌科	Clavulinaceae 锁瑚菌科	Hydnaceae 齿菌科	
CORTICIALES 伏革菌目			
Corticiaceae 伏革菌科			
GEASTRALES 地星目			
Geastraceae 地星科			
GLOEOPHYLLALES 褐褶菌目			
Gloeophyllaceae 褐褶菌科			
GOMPHALES 钉菇目			
Clavariadelphaceae 棒瑚菌科	Gomphaceae 钉菇科		
HYMENOCHAETALES 锈革孔菌目			
Hymenochaetaceae 锈革孔菌科	Repetobasidiaceae 匐担革菌科	Schizoporaceae 裂孔菌科	
HYSTERANGIALES 辐片包目			
Gallaceaeceae 五倍子菌科			
PHALLALES 鬼笔目			
Phallaceae 鬼笔科			
POLYPORALES 多孔菌目			
Fomitopsidaceae 拟层孔菌科	Ganodermataceae 灵芝科	Meripilaceae 薄孔菌科	Meruliaceae 皱孔菌科
Phanerochaetaceae 平革菌科	Polyporaceae 多孔菌科	Sparassidaceae 绣球菌科	
RUSSULALES 红菇目			
Albatrellaceae 地花菌科	Auriscalpiaceae 耳匙菌科	Bondarzewiaceae 刺孢多孔菌科	Echinodontiaceae 木齿菌科
Lachnocladiaceae 茸瑚菌科	Russulaceae 红菇科	Stephanosporaceae 斯氏菇科	Stereaceae 韧革菌科
SEBACINALES 蜡壳耳目			
Sebacinaceae 蜡壳耳科			
THELEPHORALES 革菌目			
Bankeraceae 烟白齿菌科	Thelephoraceae 革菌科		
DACRYMYCETES 花耳纲			
DACRYMYCETALES 花耳目			
Dacrymycetaceae 花耳科			
TREMELLOMYCETES 银耳纲			
TREMELLALES 银耳目			
Carcinomycetaceae 北极担菌科	Tremellaceae 银耳科		

拉丁学名和英文名称

每一个物种的拉丁学名都包括属名（如，属名：*Amanita*）和种加词（种加词：*muscaria*）。国际上，由此（双名法）构成的物种名称（*Amanita muscaria*）在所有语言中通用。这个名称可能因为新的研究结果而改变。建立一个新名称或改变原来的名称都受国际命名法规的约束。并不是每一个真菌物种都有俗名（英文名），这大概是因为英国人很少关注真菌这个类群吧。一些地道的古老名称，如"蘑菇""毒菌"或"马勃"，不加区别地用于很多不同的物种。几乎现今所有的一些英文名称都是近200年来博物学家发明创造的，不同的书中用了不同的名称，但现在一些出版物中已列出了推荐使用的大型真菌英文名称，在本书中相应的地方也有所引用。

作者引证

通常的做法是将最早描述某个物种的人名以缩写的形式置于物种学名之后。比如说，著名的瑞典菌物学家埃利亚斯·马格努斯·弗里斯（Elias Magnus Fries）描述了许多物种，而在其描述的物种学名后他的名字通常简写为Fr.。为便于查阅，在本书中我们给出的是定名人完整的姓氏而非缩写。当一个物种被转移到其他属时，惯例是将最初的定名人置于括号中，括号外紧跟着新的定名人。例如，第58页中的毁灭天使（Destroying Angel）最初是被定名为*Agaricus virosus* Fries，但该物种随后被贝迪永（Bertillon）转移到了鹅膏属*Amanita*，并重新组合为*Amanita virosa* (Fries) Bertillon。

俗名索引

650

651

652

学名索引

653

致　谢

彼得·罗伯茨和谢利·埃文斯博士

本书中菌物科学的名称和分类系统大部分是采用在线真菌索引数据库 (http://www.indexfungorum.org/)。感谢保罗·克尔克博士回答有关当前分类命名的查询问题。

本书中采用的英文名称源自于"英国真菌的推荐英语名称"(http://www.plantlife.org.uk/uploads/documents/recommended-english-names-for-fungi.pdf) 或者源自区域指南和在线参考。

感谢常春藤出版社（Ivy Press）的编辑团队，尤其感谢洛林·特纳（Lorraine Turner）、斯蒂芬妮·埃文斯（Stephanie Evans）、凯蒂·格林伍德（Katie Greenwood）、杰米·帕姆瑞（Jamie Pumfrey）和克姆·戴维斯（Kim Davies）的耐心帮助。

图片提供

非常感谢以下为本书提供图片的个人和组织。出版者在此深表感谢，但如果有任何无意的遗漏，我们深表歉意。ALAMY/Emmanuel Lattes: 11t; Melba Photo Agency: 18; Bon Appetit: 92; Blickwinkel: 138, 397, 402; Neil Hardwick: 206; Armand-Photo-Nature: 215; David Chapman: 264; Amana Images: 312; National Geographic Image Collection: 369; Andrew Darrington: 445; Petra Wegner: 640. BJÖRN APPEL: 395. TORE BERG: 560. CARLOS TOVAR BREÑA 'CARPOFORO': 228. JACQUES BECK CECCALDI: 579. TAN CHON-SENG: 400. JULES CIMON: 168, 371, 427, 458, 467, 556. MARIE CLIFTON: 630. ALAN CRESSLER: 393. MIROSLAV DEML, www.biolib.cz: 435. YVES DENEYER, www.photomyco.net: 129, 405, 610. BENET DEVEREUX: 426. DK IMAGES/Neil Fletcher: 71, 351. DEBBIE DRESCHLER: 41. Ó. ANNE MOWAT EVANS: 629. ANTONIO RODRIGUEZ FERNANDEZ, www.trufamania.com: 606, 609. FLPA/Robert Canis: 389. FOTOLIA/Željko Radojko: 7; Willi: 15; Norman Chan: 17t; Dušan Zidar: 19; Djembejambo: 21; Zonch: 23. FRANKENSTOEN: 20. FUNGALPUNK DAVE, www.fungalpunknature.co.uk: 636. A.S. KERS: 628. GEOFFREY KIBBY: 516. GETTY IMAGES/AFP: 220. SJOERD GREYDANUS: 64. JENNY HOLMES, Victoria, Australia: 226. iSTOCKPHOTO/AVTG: 10; RICKOCHET: 14. VALTER JACINTO: 633. JURAJ KOMAR: 529, 568. SEPPO KYTÖHARJU: 298. JACQUELINE LABRECQUE: 186, 465, 591. CÉCILE LAVOIE: 587. RENÉE LEBEUF: 50, 52, 85, 106, 131, 230, 305, 307, 364, 367, 373, 385, 429, 441, 456, 573, 581, 588, 614. TAYLOR LOCKWOOD: 6, 16, 36, 38, 54, 59, 62, 65, 66, 73, 74, 83, 87, 89, 90, 95, 96, 98, 112, 115, 117–119, 126, 132–137, 140, 150, 151, 161, 164, 171, 193, 195–197, 212, 214, 219, 227, 231, 232, 242, 243, 244, 245, 247, 249, 250, 251, 255, 263, 265, 267, 268, 271, 274, 278, 291, 297, 299, 303, 304, 306, 320, 322, 324, 326, 331, 334, 335, 338, 342, 346, 347, 357, 366, 372, 374, 376, 378, 381, 382, 383, 394, 398, 403, 406, 411, 415, 424, 431, 432, 436–438, 440, 444, 448, 449, 453, 459, 462, 464, 466, 468–470, 472, 473, 480, 481, 483, 485, 490, 495, 498, 500, 501, 503, 506, 508, 512, 514, 517, 520, 521, 523, 531, 536, 537, 538, 540, 541, 542, 545, 546, 547, 548, 550, 551, 557, 559, 566, 567, 584, 589, 590, 593, 622. KATHRIN & STEPHAN MARKS: 539. LISA MARSHALL: 561. DR. RAYMOND MCNEIL: 97, 236, 256, 384, 408, 421, 425, 457, 497, 580, 615, 620, 626. DAVID MITCHEL: 156. MUSHROOM OBSERVER/Clancy: 146, 401; Dan Molter: 238, 296; John Carl Jacobs: 262; Jonathon M: 362, 386; BeverlyJam: 451; Jason Hollinger: 634, 635. MYCHILLYBIN/Clive Shirley: 42, 124, 139, 488, 534, 558. NATURFOTO/Jaroslav Maly: 272, 302, 392, 575. NATURE PICTURE LIBRARY/Guy Edwardes: 414. DR. V.S. NEGI, University of Delhi: 621. ROGER PHILLIPS: 9, 11b, 17b, 32–35, 37, 39, 43–49, 51, 53, 55–58, 60, 61, 63, 67–70, 75–82, 84, 86, 88, 91, 93, 94, 99, 100–102, 104, 105, 107, 108, 110, 111, 114, 116, 121, 123, 125, 127, 128, 130, 141, 143–145, 147, 148, 152–155, 158–160, 163, 165–167, 169, 170, 172–185, 187–192, 194, 198, 200, 202–204, 207–211, 213, 216–218, 222–225, 229, 237, 239, 240, 246, 248, 252–254, 257–260, 266, 269, 270, 273, 275–277, 279–283, 285–290, 292–295, 300, 301, 308–311, 313–319, 323, 327–330, 332, 333, 336, 337, 339–341, 343–345, 348–350, 352–356, 358–361, 365, 370, 375, 377, 379, 380, 387, 388, 390, 396, 399, 404, 409, 412, 413, 417–420, 422, 423, 428, 430, 433, 434, 442, 446, 447, 450, 452, 454, 455, 460, 461, 471, 474–478, 482, 484, 486, 487, 489, 491–494, 496, 499, 502, 504, 505, 509, 510, 511, 513, 515, 518, 519, 522, 524, 525, 527, 528, 530, 532, 533, 535, 543, 544, 552–555, 562–565, 569, 571, 572, 574, 576–578, 582, 583, 585,

586, 592, 594–608, 611–613, 616–619, 624, 625. Photolibrary/Oxford Scientific/David M. Dennis: 22. Dr. Alfredo Prim, Veterinarian and Mycologist: 321. Jon Rapp: 113, 199. Richard Rogers: 407. John D. Roper: 221. Katja Schulz: 526. Science Photo Library/Ed Reschke/Peter Arnold: 8. Stephen Sharnoff, www.sharnoffphotos.com: 627, 631, 632, 637-639, 641. Noah Siegel: 157, 368. Douglas Smith: 241. Malcolm Storey, www.bioimages.org.uk: 72, 109, 120, 142, 162, 205, 233, 234, 235. 261, 284, 416, 443, 570, 623. Leif Stridvall: 103, 201. 479. Debbie Viess, Bay Area Mycological Society, www.bayareamushrooms.org: 439. Miguel Villalba Gil: 40. Doug Waylett: 149. Ron Wolf: 122, 391. Woodchuckiam@flickr.com: 410. Natasha Wright, Florida Department of Agriculture and Consumer Services, Bugwood.org: 13.

译后记

　　近年来，各国对于蘑菇图鉴的出版似乎渐有升温趋势，中国就有不下20种之多！似乎预示着它的又一个春天到来了？在众多生物学家趋之若鹜涌向分子生物学领域的今天，人们把视野回归到更大的尺度上去认知生物，并将分子生物学技术应用于传统分类学中，应该说不是倒退而是一种进步！况且，无论尺度有多么大——大到景观生物学水平，物种多样性仍然是最基本的构件！

　　图鉴的出版应该也是一项研究，其科学性是要经得起考验的核心要素，张冠李戴、错讹相传是致命之伤！去年，我和李泰辉、杨祝良、图力古尔、戴玉成诸君共同完成了《中国大型菌物资源图鉴》一书的编写，收录了1800多个种，且相当一部分是编著者亲自研究的中国标本。虽然历经了三年的"折磨"而筋疲力尽，但是深知这远远没有能反映出中国大型菌物之九牛一毛。特别是近年来海外学成的菌物学人逐渐增多，与各国同行交流也日益频繁，发现原产中国的种类与原产西方诸国的种类有着很大的不同，一直沿用西洋人所定的名字顶在中国物种的头上，总是感觉别扭，更与事实不符。这似乎是从一个侧面验证着物种形成中地理居群概念的内涵，但又渴望能有全面、权威的对西方物种认知的参考资料。

　　恰在此时，北京大学出版社的唐知涵女士与中国科学院微生物研究所姚一建先生推荐了由彼得·罗伯茨等著的这本书！彼得是当年我在英国皇家植物园学习时的相识。当时的真菌部真的是只有三五个人（但远不只"七八条枪"），D. Pegler，B. Spooner，姚一建几人而已！彼得人很和善，略木讷，好助人！记得是年夏初我太太去英国"陪读"时，还是彼得开车去伦敦希思罗国际机场接机的。几年前他和 B. Spooner 的另一本巨著《蘑菇》*Fungi* 也曾相赠，并写上"All good wishes"的赠言！这次又遇老相识的大作，自然更有一睹为快的渴望！

　　翻开本书仔细读来，编排、内容、图片，尤其是优美的文字像讲故事一样对每个种娓娓道来，真是有引人入胜、渐入佳境的享受！虽然也是每页安排一个种，但是在内容的编排、版式上，甚至字体的大小上，都浸透着一种创新！每个种的隶属、分布，包括世界分布地图、生境、宿主、生长方式、频度，孢子印颜色和食用性，种的大小、尺寸和对每种的具体描述，都异于常规，极简洁且用了小一号的字体。而对每一个种的学名、俗名和对该种的内涵及与相似种的区分，这些颇为引人注目又不常在其他书籍中出现的内容则用了大一号的字体！其最精彩的部分从命名的词义学上、物种发生的生态学上，及所含的成分、植物化学上，采用了非专业人士都易于理解的表达方式，文字流畅易懂、妙趣横生，更从一个侧面反映了彼得在成长为一位著名菌物学家之前英国文学科班出身的专业功底！开篇的概述既简要生动，而又包含了最近的研究进展，后面的附录部分则高度概括了分类系统和有利于读者使用的便捷索引！

在翻译本书开工后，日本友人寄赠了一本日本出版的本书日译本，老友的佳作让日本人捷足先登了！我们岂能落后？不觉加快了翻译的进程！

从译书的角度，这虽不是第一次，却仍有初次上阵的感觉！大型图鉴的编著是与老朋友合作，而这次是对一支年轻队伍的培养！本书除主要译者外，参加翻译工作的还有付永平、刘朴。此外，王旭、戴丹、安小亚、王冬月和田风华参加了部分书稿的文字整理工作，戴玉成、崔宝凯、魏铁铮、韩丽、王丽兰对本书的翻译给予了帮助和指导。在此一并致谢！因每个人的学养不尽相同，功力参差不齐，难免无法完全精确地表达原著的意境，尤其涉及更深层次的文化历史内涵的理解和运用时。

不过，对于看惯了中国式图鉴的中国菌物学人和爱好者而言，本书的确给人耳目一新之感。

"偷来梨蕊三分白，借得梅花一缕魂"，希望本书能让中国读者对每一个物种进行全新解读。

2017年3月

主要译者、校者简介

译者

李　玉　男，1944年出生，山东济南人，汉族，中共党员，中国科学院理学硕士，日本筑波大学农学博士，中国工程院院士，俄罗斯科学院外籍院士。吉林农业大学教授、博士生导师，国际药用菌学会理事长，国务院学位委员会第四届、第五届学科评议组成员，《菌物研究》主编，《菌物学报》（至2009年）和 *International Medicinal Mushroom* 编委，国家级有突出贡献的中青年科技（管理）专家，全国优秀教育工作者和科技工作者，国家教学名师，国家食用菌产业技术体系育种室主任。

审校

姚一建　中国科学院微生物研究所研究员，博士生导师。毕业于英国伦敦大学英皇学院，获博士学位。国家杰出青年基金获得者，中国科学院"百人计划"入选者。主要从事真菌分子系统学、多样性和资源保护与可持续利用，以及药食用菌深层次开发等研究。现任中国科学院菌物标本馆馆长、国际菌物命名委员会委员；《菌物研究》《生命世界》《武夷科学》副主编，《菌物学报》《食用菌学报》《中国孢子植物志》、*Scientific Reports*、*Journal of Systematics and Evolution* 编委。

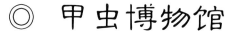